식물보호 기사 필기

김두석 지음

Engineer Plant Protection

BM (주)도서출판 성안당

식물보호기사 필기

2019. 7. 23. 초 판 1쇄 발행
2021. 1. 26. 개정증보 1판 1쇄 발행
2022. 1. 5. 개정증보 2판 1쇄 발행
2023. 1. 11. 개정증보 3판 1쇄 발행
2024. 1. 10. 개정증보 4판 1쇄 발행
2024. 9. 25. 개정증보 5판 1쇄 발행
2025. 2. 19. 개정증보 5판 2쇄 발행

지은이 | 김두석
펴낸이 | 이종춘
펴낸곳 | BM (주)도서출판 성안당
주소 | 04032 서울시 마포구 양화로 127 첨단빌딩 3층(출판기획 R&D 센터)
10881 경기도 파주시 문발로 112 파주 출판 문화도시(제작 및 물류)
전화 | 02) 3142-0036
031) 950-6300
팩스 | 031) 955-0510
등록 | 1973. 2. 1. 제406-2005-000046호
출판사 홈페이지 | **www.cyber.co.kr**
내용 문의 | **kds0307@korea.kr**
ISBN | 978-89-315-8679-4 (13520)
정가 | 36,000원

이 책을 만든 사람들
책임 | 최옥현
진행 | 최창동
교정·교열 | 인투
전산편집 | 인투
표지 디자인 | 박원석
홍보 | 김계향, 임진성, 김주승, 최정민
국제부 | 이선민, 조혜란
마케팅 | 구본철, 차정욱, 오영일, 나진호, 강호묵
마케팅 지원 | 장상범
제작 | 김유석

■ 도서 A/S 안내

성안당에서 발행하는 모든 도서는 저자와 출판사, 그리고 독자가 함께 만들어 나갑니다.
좋은 책을 펴내기 위해 많은 노력을 기울이고 있습니다. 혹시라도 내용상의 오류나 오탈자 등이 발견되면 **"좋은 책은 나라의 보배"**로서 우리 모두가 함께 만들어 간다는 마음으로 연락주시기 바랍니다. 수정 보완하여 더 나은 책이 되도록 최선을 다하겠습니다.
성안당은 늘 독자 여러분들의 소중한 의견을 기다리고 있습니다. 좋은 의견을 보내주시는 분께는 성안당 쇼핑몰의 포인트(3,000포인트)를 적립해 드립니다.

잘못 만들어진 책이나 부록 등이 파손된 경우에는 교환해 드립니다.

머리말

현재 우리나라의 농업 현실을 비추어 보면 안타깝게도 OECD 국가 중에서 농약 사용량이 세계 1위를 차지하고 있으며 화학비료 사용량도 세계 2위를 차지하고 있다. 이러한 결과는 아직도 방제에 대한 이해의 부족으로 종합적 방제를 실천하기보다는 화학적 방제에 의존하는 경향이 크기 때문으로 생각이 든다.

화학적 방제에 의존도가 높을수록 새로운 병해충 레이스의 출현 등으로 농약 사용량은 더욱더 증가할 수 있고 그에 따른 농약 오남용으로 농경지 등 토양환경 오염, 수질오염의 원인이 될 수 있어 결과적으로 지속 가능한 농업이 위협받을 수 있는 결과를 초래하게 될 우려가 있다.

식물보호기사는 작물 보호에 관한 전문적인 지식과 기술을 바탕으로 병해충의 발생 원인을 분석하고 진단하여 적용 약제의 선정과 재배 식물에 적합한 토양 및 환경 조건에 맞는 최적의 조건을 만들어 농약 사용에 따른 환경오염 방지, 농약의 잔류 독성 문제 등을 최소화할 수 있도록 그 역할과 직무를 수행하게 된다.

또한 이상기후에 따른 재배환경의 변화, 그리고 2019년 1월 1일부터 모든 작물에 도입되는 PLS제도의 시행으로 당해 작물에 등록된 농약 이외의 농약은 원칙적으로는 사용을 금지하고 있어 식물보호기사의 역할과 기능은 그 중요성이 크게 높아질 것으로 전망하고 있다.

본 수험서는 그동안 지난 20여 년간의 기출문제를 심층 분석하고 농과대학에서 전공 서적으로 쓰이는 교재와 농촌진흥청 홈페이지 등을 참고로 하여 수험생이 이해하기 쉽도록 구성하였으며, 특히 실기 시험과정과 절차 및 방법을 상세하게 기술하여 실기시험 절차를 잘 몰라서 곤혹스러워하는 수험생들에게 큰 도움이 될 것으로 생각한다.

그러나 수험서의 특성상 출제 경향 이외의 이론에 대해서는 생략한 부분이 있음을 널리 양지하기 바라며, 더 자세한 내용을 학습하고자 하는 경우 전공 서적을 참고하길 바란다.

끝으로 "도전은 결코 나를 배신하지 않는다."라는 말이 있듯이 뜻이 있는 곳에는 반드시 길이 있다는 희망을 품고 무엇보다 열정을 가지고 학습을 지속적으로 임한다면 뜻하는 바가 꼭 이루어질 것으로 생각하며 이 책의 미흡한 부분이나 개선이 필요한 사항이 있으면 많은 조언을 바라는 바이다.

저자 김두석

시험안내

1. 시행처 : 한국산업인력공단

2. 관련학과 : 대학 및 전문대학의 원예학과, 화훼원예과, 농(업)생물학과, 자원식물학과, 농화학과 등

3. 시험과목

구분	내용	
필기	1과목 식물병리학	기사·산업기사 공통
	2과목 농림해충학	
	3과목 재배원론	산업기사
	4과목 농약학	기사·산업기사 공통
	5과목 잡초방제학	
실기	식물보호실무	

4. 검정방법 및 합격기준

구분	검정방법	합격기준
필기	– 객관식 4지 택일형 – 과목당 20문항(과목당 30분)	– 100점을 만점으로 하여 과목당 40점 이상 – 전과목 평균 60점 이상
실기	– 작업형(2시간 30분)	– 100점을 만점으로 하여 60점 이상

필기 출제기준(필기)

필기과목명	문제수	주요항목	세부항목	세세항목
식물병리학	20	1. 식물병리 일반	1. 식물병리 일반	1. 식물병리의 개념 2. 식물병의 피해와 중요성
		2. 식물병의 원인	1. 병원의 종류	1. 비생물성 병원 2. 바이러스성 병원 및 생물성 병원 등
			2. 병원체의 분류 및 동정	1. 분류의 기준 2. 분류학적 위치 3. 병원체의 동정
		3. 식물병의 발생	1. 식물병의 병환	1. 월동(휴면)과 전염원의 의의 및 종류 2. 전반 3. 접종 및 침입 4. 감염 및 잠복 5. 병원체의 증식
			2. 발병환경	1. 생물적 환경 2. 비생물적 환경
			3. 병원성과 저항성	1. 병원성의 의미와 기작 2. 저항성의 의미와 기작
		4. 식물병의 진단	1. 진단 방법 및 특징	1 진단 방법의 종류 2 진단 방법의 특징
		5. 식물병의 방제	1. 식물병의 방제 방법	1. 법적 방제법(식물검역 관련 법규 등) 2. 생태학적(경종적) 방제법 3. 물리적·기계적 방제법 4. 화학적 방제법 5. 생물학적 방제법 6. 종합적 관리
		6. 식물병 각론	1. 주요 식물병	1. 균류에 의한 식물병 2. 세균에 의한 식물병 3. 바이러스에 의한 식물병 4. 기타 병원체에 의한 식물병 5. 생리장애
농림해충학	20	1. 곤충 일반	1. 곤충 일반	1. 곤충학의 개념 2. 곤충의 특성
		2. 곤충의 분류	1. 곤충의 분류	1. 종개념 및 명명규약 2. 곤충의 분류 및 형태 특성

필기과목명	문제수	주요항목	세부항목	세세항목
농림해충학	20	3. 곤충의 생태	1. 곤충의 생활사	1. 곤충의 생활사 2. 생활사 단계별 특징
			2. 곤충의 행동 습성	1. 행동 유형 2. 행동의 제어 3. 행동의 기능
			3. 개체군의 생태	1. 개체군의 특징 및 발생수준 2. 개체군의 동태
		4. 곤충의 형태	1. 외부 형태	1. 구조, 형태 및 기능
			2. 내부 기관	1. 구조, 형태 및 기능
		5. 곤충의 생리	1. 발육생리	1. 발육생리 및 생식
		6. 곤충과 환경	1. 환경요인	1. 비생물적 환경 2. 생물적 환경
		7. 해충 각론	1. 주요 해충의 생태	1. 주요 해충의 생활사 2. 주요 해충의 가해 형태
		8. 해충의 방제	1. 해충의 방제법	1. 법적 방제법 2. 생태학적(경종적) 방제법 3. 물리적·기계적 방제법 4. 화학적 방제법 5. 생물적 방제법 6. 종합적 관리
재배원론	20	1. 재배의 기원과 현황	1. 재배작물의 기원과 세계 재배의 발달	1. 석기시대의 생활과 원시재배 2. 농경법 발견의 계기 3. 농경의 발상지 4. 식물영양 5. 작물의 개량 6. 작물보호 7. 잡초방제 8. 식물의 생육조절 9. 농기구 및 농자재 10. 작부방식
			2. 작물의 분류	1. 작물의 종류 2. 작물의 종수 3. 용도에 따른 분류 4. 생태적 분류 5. 재배·이용에 따른 분류

필기과목명	문제수	주요항목	세부항목	세세항목
재배원론	20	1. 재배의 기원과 현황	3. 재배의 현황	1. 토지의 이용 2. 농업인구 3. 주요작물의 생산
		2. 재배환경	1. 토양	1. 지력 2. 토성 3. 토양구조 및 토층 4. 토양 중의 무기성분 5. 토양유기물 6. 토양수분 7. 토양공기 8. 토양오염 9. 토양반응과 산성토양 10. 개간지와 사구지 11. 논토양과 밭토양 12. 토양보호 13. 토양미생물 14. 기타 토양과 관련된 사항
			2. 수분	1. 작물의 흡수관련 사항 2. 작물의 요수량 3. 대기 중의 수분과 강수 4. 한해 5. 관개 6. 습해 7. 배수 8. 수해 9. 수질오염 10. 기타 수분과 관련된 사항
			3. 공기	1. 대기의 조성과 작물생육 2. 바람 3. 대기오염 4. 기타 공기와 관련된 사항
			4. 온도	1. 유효온도 2. 온도의 변화 3. 열해 4. 냉해 5. 한해
			5. 광	1. 광과 작물의 생리작용 2. 광합성과 태양에너지의 이용 3. 보상점과 광포화점 4. 포장광합성 5. 생육단계와 일사 6. 수광과 그 밖의 재배적 문제

필기과목명	문제수	주요항목	세부항목	세세항목
재배원론	20	2. 재배환경	6. 상적발육과 환경	1. 상적발육의 개념 2. 버널리제이션 3. 일장효과 4. 품종의 기상생태형
		3. 작물의 내적균형과 식물호르몬 및 방사선 이용	1. C/N율, T/R율, G-D 균형	1. 작물의 내적 균형의 특징 2. C/N율 3. T/R율 4. G-D 균형
			2. 식물생장조절제	1. 식물생장조절제 개념 2. 옥신류 3. 지베렐린 4. 시토키닌 5. ABA 6. 에틸렌 7. 생장 억제 물질 8. 기타 호르몬
			3. 방사선 이용	1. 추적자로서의 이용 2. 방사선 조사 3. 육종적 이용
		4. 재배 기술	1. 작부체계	1. 작부체계의 뜻과 중요성 2. 작부체계의 변천 및 발달 3. 연작과 기지 4. 윤작 5. 답전윤환 6. 혼파 7. 그 밖의 작부체계 8. 우리나라 작부체계의 변천 및 발전방향
			2. 영양번식	1. 영양번식의 특징 2. 영양번식의 종류 3. 접목육묘 4. 조직배양
			3. 육묘	1. 육묘의 필요성 2. 묘상의 종류 3. 묘상의 구조와 설비 4. 상토
			4. 정지	1. 경운 2. 쇄토 3. 작휴 4. 진압

필기과목명	문제수	주요항목	세부항목	세세항목
재배원론	20	4. 재배 기술	5. 파종	1. 파종시기 2. 파종양식 3. 파종량 4. 파종절차
			6. 이식	1. 가식과 정식 2. 이식시기 3. 이식양식 4. 이식방법 5. 벼의 이앙양식
			7. 생력재배	1. 생력재배의 정의 2. 생력재배의 효과 3. 생력기계화재배의 전제조건 4. 기계화 적응 재배 5. 기타 생력재배에 관한 사항
			8. 재배관리	1. 시비 2. 보식 3. 중경 4. 제초 5. 멀칭 6. 답압 7. 정지 8. 결실 관리 9. 기타 재배관리에 관한 사항
			9. 병해충 방제	1. 병해 2. 해충 3. 작물보호 4. 농약(작물보호제) 5. 기타 병해충 방제 사항
			10. 환경친화형 재배	1. 개념 2. 발전과정 3. 정밀농업 4. 유기농업
		5. 각종 재해	1. 저온해와 냉해	1. 저온해 2. 냉해
			2. 습해, 수해 및 가뭄해	1. 습해 2. 수해 3. 가뭄해
			3. 동해와 상해	1. 동해 2. 상해
			4. 도복과 풍해	1. 도복 2. 풍해
			5. 기타 재해	1. 기타 재해

필기과목명	문제수	주요항목	세부항목	세세항목
재배원론	20	6. 수확, 건조 및 저장과 도정	1. 수확	1. 수확 시기 결정 2. 수확 방법
			2. 건조	1. 목적 2. 원리와 방법
			3. 탈곡 및 조제	1. 탈곡 2. 조제
			4. 저장	1. 저장 중 품질의 변화 2. 큐어링과 예냉 3. 안전저장 조건
			5. 도정	1. 원리 2. 과정 3. 도정단계와 도정률
			6. 포장	1. 포장재의 종류와 방법 2. 포장재의 품질
			7. 수량구성요소 및 수량사정	1. 수량구성요소 2. 수량구성요소의 변이계수 3. 수량의 사정
농약학	20	1. 농약의 정의와 중요성	1. 농약의 정의 및 명칭	1. 농약의 정의 2. 농약의 명칭
			2. 농약의 중요성	1. 농약의 유해성과 유익성 2. 농약의 일반적인 중요성 3. 농약관리법 이해
		2. 농약의 분류	1. 농약의 종류	1. 살균제 2. 살충제 3. 살선충제 4. 살비제 5. 제초제 6. 식물생장조정제 등 7. 기타
			2. 농약의 작용기작	1. 생합성 저해제 2. 에너지대사 저해제 3. 신경기능 저해제 4. 광합성 저해제 5. 호르몬 작용교란제 등 6. 기타

필기과목명	문제수	주요항목	세부항목	세세항목
농약학	20	3. 농약의 제제 형태 및 특성	1. 농약제제의 분류	1. 액체제의 종류 및 특성 2. 고체제의 종류 및 특성 3. 훈증제의 종류 및 특성
			2. 농약제제의 물리적 성질	1. 액상제의 물리적 성질 2. 고상제의 물리적 성질
			3. 농약제제의 보조제	1. 계면활성제, 용제, 증량제의 종류 및 기능 2. 기타 보조제의 종류 및 기능
		4. 농약의 독성 및 잔류성	1. 농약의 독성	1. 급성 독성의 의미 및 증상 2. 만성 독성의 의미 및 증상
			2. 농약의 잔류와 안전사용	1. 잔류농약의 의미 및 피해 대책 2. 잔류성 농약의 종류 및 의미 3. 농약의 잔류허용기준 4. 농약의 안전사용 수칙 등
		5. 농약의 사용방법, 약해 및 약효	1. 농약의 사용 방법	1. 조제 방법 2. 혼용가부 3. 농약사용 전후의 주의사항 4. 농약처리 방법 및 기구
			2. 농약의 약효 · 약해	1. 약효 2. 약해
		6. 농약의 이화학적 특성	1. 살균제	1. 정의와 분류 2. 작용기작 3. 작용특성 4. 약제저항성
			2. 살충제	1. 정의와 분류 2. 작용기작 3. 작용 특성 4. 약제저항성
			3. 살선충제	1. 정의와 분류 2. 작용기작 3. 작용 특성 4. 약제저항성
			4. 살비제	1. 정의와 분류 2. 작용기작 3. 작용 특성 4. 약제저항성

필기과목명	문제수	주요항목	세부항목	세세항목
		6. 농약의 이화학적 특성	5. 제초제	1. 정의와 분류 2. 작용기작 3. 작용 특성 4. 약제저항성
			6. 식물생장조절제	1. 식물생장조정제의 작용기작 2. 식물생장조정제의 종류 및 특성
잡초방제학	20	1. 잡초의 분류 및 분포	1. 잡초의 분류	1. 식물분류학적 분류 2. 생활형에 따른 분류 3. 형태적 분류 4. 기타 분류
			2. 잡초의 분포	1. 주요 발생 장소별 분포
		2. 잡초의 생리 생태	1. 잡초 종자의 특성	1. 종자의 휴면 2. 종자의 수명 3. 발아와 출현
			2. 잡초의 번식 및 전파	1. 종자 및 지하경 번식법 2. 잡초의 전파
			3. 잡초의 생육 특성	1. 잡초 군락형성과 식생천이
		3. 경합	1. 경합의 종류	1. 종간경합 2. 종내경합
			2. 경합의 양상 및 진단	1. 경합의 주요 요인 2. 경합의 한계기간 및 밀도 3. 잡초에 대한 작물의 경합
			3. 잡초의 군락과 천이	1. 식생천이에 관여하는 요인
		4. 잡초방제	1. 잡초방제의 원리	1. 잡초에 의한 피해수준
			2 잡초방제의 원리	1. 잡초에 의한 피해수준
			3. 잡초의 방제 법	1. 법적 방제법 (식물검역 관련 법규 등) 2. 생태적(경종적) 방제 법 3. 물리적 · 기계적 방제 법 4. 화학적 방제 법 5. 생물적 방제 법 6. 종합적 관리
			4. 제초제	1. 제초제 사용의 필요성 2. 제초제의 분류 3. 제초제의 작용기작 4. 제초제의 종류 및 특성

이 책의 차례

식·물·보·호·기·사·필·기

Part 1 식물병리학

Chapter 1 식물병의 뜻과 중요성 · 36

Chapter 2 식물병의 원인(병원) · 39

Chapter 3 식물병의 발생 · 48

/이/책/의/차/례/

Part 1 식물병리학

Part 2 농림해충학

Part 2 농림해충학

Part 3 재배원론

Part 3 재배원론

Part 3 재배원론

Part 3 재배원론

Part 3 재배원론

Part 3 재배원론

Part 3 재배원론

Part 3 재배원론

Part 4 농약학

Part 4 농약학

Part 5 잡초방제학

Chapter 1 잡초의 정의 및 분류 · 446

Chapter 2 제초제 · 468

Part 6 기출문제

※ 2015년~2017년 기출문제와 해설은 성안당 사이트 (www.cyber.co.kr)의 [자료실]에서 PDF 파일로 제공합니다.

Part 1 식물병리학

CHAPTER

1 식물병의 뜻과 중요성

1 식물의 병

① **병** : 병이란 **끊임없는 외부의 자극**에 의해 식물의 **영양, 생장, 생식** 등 생리적 기능이 **악화**되는 **과정**을 말한다.

② **병해** : 병에 의해 **질적·양적인 피해**가 **발생**하는 것을 말한다.

2 식물병의 중요성

① **식량의 부족(생산량 감소에 따름)**

② 작물 **주산지의 변화(병해충 상습발생지를 피해 다른 곳으로 이동)**

- 커피의 최대 주산지는 **실론(현재의 스리랑카)**지방이었는데, 커피녹병 발생으로 **브라질과 중남미**로 주산지가 변화하였고 영국인들의 기호도 커피 대신 홍차를 마시게 되었다.

※ 실론지방은 영국의 식민지였으며, 영국은 식민지농업을 통해 이곳에서 커피를 생산하였었다.

③ **농산물의 품질 저하**

④ 방제작업에 따른 **경제적 손실**

⑤ **독소**에 의한 **인축의 피해** 발생**(맥류의 맥각중독병)**

3 식물병의 역사적 대발생

① **맥각중독병**

- 11~13세기까지 **독일, 프랑스**에서 계속 발생
- **인축에 공통적으로 피해**를 준다.
- 사람 : 구토, 복통, 설사, 경련, 팔다리 괴저

- 가축(송아지) : 출혈
- **발생** : 귀리, 호밀, 밀, 보리
- *Aflatoxin*(아플라톡신) : *Aspergillus flavus*(★)가 생산하는 균독소로 옥수수, 땅콩 등 저장 곡물의 부적합한 저장 시 발생할 소지가 있다.→1960년 영국에서 칠면조 수십만마리 폐사(원인 : 브라질에서 수입한 땅콩에 기생한 *Aspergillus flavus*에 의한 *Aflatoxin*(아플라톡신)으로 밝혀졌다.

② **감자 역병**

- **병원균** : *Phytophthora infestants*(★)
- 아일랜드(1845~1851년까지)에서 크게 발생
- **발생원인** : 잦은 강우
- **피해결과** : 100만 명 이상이 아사(**굶어 죽음**), 200만 명이 미국이나 캐나다로 기근을 피해 이주

③ **커피녹병**

- **발생지역** : 커피의 최대생산지인 **실론지방(현재의 스리랑카이며 당시 영국의 식민지였다.)**
- **결과**
  - **주산지의 변화**(실론 → 브라질, 중남미) : 커피농장의 황폐화로 커피 대신 차를 재배하기 시작한다.(실론 → 브라질, 중남미)
  - **기호의 변화** : 커피를 구할 수 없어 커피 대신 홍차를 마셨다.(영국)

④ **밤나무 수지동고병**(줄기마름병)

- 피해내용 : 미국의 중요한 산림 수종인 밤나무가 최초 뉴욕의 동물원에서 보고 된 이후 전역으로 확산 · 전멸
- 발생원인 : 동아시아(중국)에서 미국으로 가져다가 심은 동양계 밤나무를 통해 병원균 전파 → 법적 방제의 중요성을 일깨워준 사건이다.

⑤ **벼 깨씨무늬병**

- **발생지역** : 인도 뱅갈지방(1942년)
- **결과** : 200만 명 아사(굶어 죽음)

기출확인문제

Q1 *Aspergillus flavus*가 생산하는 균독소는?

① Aflatoxin　② Citrinin
③ Fumonisin　④ Zearalenone

| 해설 | • *Aspergillus flavus*가 생산하는 독소는 Aflatoxin(아플라톡신)이다.
• 옥수수, 땅콩 등 저장 곡물 등에 부적합한 저장 시 발생할 소지가 있으며, 특히 유지방 함량이 높고 수분 함량이 높은 곡물에 발생 위험이 많다.

정답 ①

Q2 식물병으로 인한 피해에 대한 설명으로 옳지 않은 것은?

① 20세기 스리랑카는 바나나 시들음병으로 인하여 관련 산업이 황폐화되었다.
② 19세기 아일랜드 지방에 감자 역병이 크게 발생하여 100만 명 이상이 굶어 죽었다.
③ 20세기 미국 동부지방 주요 수종인 밤나무는 밤나무 줄기마름병으로 큰 피해를 입었다.
④ 20세기 미국 전역에서 옥수수 깨씨무늬병이 크게 발생하여 관련 제품 생산에 큰 차질을 가져왔다.

| 해설 | 19세기 스리랑카는 커피녹병으로 인하여 관련 산업이 황폐화되었다.

정답 ①

4 식물병리 역사

① Teophrastus(**테오프라스투스**) : **식물학의 아버지**로 불리며 곡류, 두류, 수목의 병에 대해 관찰하여 **식물지**를 남겼다.
② Prevost(**프레보스트, 프랑스**) : **비린깜부기병**의 원인을 증명했다.
③ deBary(**디브레이, 독일**) : **감자 역병균**의 병원체를 밝혔다.
④ Pasteur(**파스테르, 프랑스**) : **미생물병원설**을 확립했다.
⑤ Millardet(**밀라뎃, 프랑스, 1885**, : **보르도액(황산구리수화제)**으로 포도 노균병 방제 가능성을 발견했다.
※ 자신이 경작하는 포도밭에 아이들이 포도를 훔쳐 먹는 것을 방지하기 위해 포도에 보르도액을 발라 놓았는데 노균병이 치료되는 사실을 발견하게 되었다.
⑥ Burrill(**브리일, 미국, 1878**, : 불마름병(**화상병**)의 원인이 세균임을 주장했다.

5 작물보호의 개념

작물보호는 모든 과학적 지식을 이용하고 병해, 충해, 잡초, 기상재해 등에 의한 작물의 손실을 줄이는 한편 생산성 감소를 억제시키는 것을 말한다.

CHAPTER

2 식물병의 원인(병원)

1 병원의 종류

① **병원**이란 **식물에 병**이 **발생하는 원인**을 말한다.

② 병원은 크게 **생물적 병원**과 **비생물적 병원**으로 구분한다.

③ 병의 발생 원인이 한 가지가 아닌 두 가지 이상 복합적으로 작용하는 경우 **주된 원인**을 **주인**(主因)이라고 하고, 식물의 **상처 또는 기상조건** 등 **2차적인 원인**을 **유인**(誘因)이라고 한다.

1) **생물성 병원** : **진균, 세균, 파이토플라스마, 바이러스, 바이로이드, 기생식물, 선충** 등

2) **비생물성 병원** : 기상요인, 대기오염, 약해, 영양장해 등 환경적 요인으로 전염이 되지 않고, 비생물학적 병해는 병징만 나타난다.

① **기상요인** : 동해, 냉해, 상해, 고온장해(**일소병**), 습해, 건조해 등

② **대기오염** : 황산화물, 비소화합물, 오존, 에틸렌 등

③ **약해** : 부적절한 농약 사용(**잘못된 혼용, 제초제 사용 과다 등**)

④ **영양장해**

- **칼슘(석회결핍)** : 토마토 배꼽썩음병(**칼슘=석회**)
- **붕소결핍(★★)** : 사과 · 포도의 **축과병**

기출확인문제

Q1 비생물학적 병원에 의해 발생하는 생리병해에 대한 설명으로 옳은 것은?

① 병징만 나타난다.
② 표징만 나타난다.
③ 병징과 표징이 모두 나타난다.
④ 환경적인 영향에 의해 표징이 나타날 수도 있다.

| 해설 | 일소병(과일이 햇빛에 데는 현상) 등 비생물학적 병해는 병징만 나타난다.

정답 ①

2 생물적 병원의 종류

1) 진균(사상균=곰팡이균)

- 진균은 **담자체의 생성방법**과 **포자(종자)의 모양**에 따라 분류한다.
- **종류 : 자낭균류, 불완전균류, 조균류, 담자균류**

① **자낭균류**

- **자낭(포자가 들어있는 주머니=유성생식을 함)**을 **만들기** 때문에 **자낭균류**라 부른다.
- **균사에 격막**이 있다.
- **균핵**을 만든다.(균핵병)
- 자낭포자는 월동 후 1차 전염원, 분생포자(**무성포자**)는 다음 월동기까지 2차전염원 역할을 한다.
- **종류** : 흰가루병, 흑성병, 맥류붉은곰팡이병, 깨씨무늬병, 복숭아잎오갈병, 벚나무빗자루병, 균핵병, 고구마검은무늬병, 벼키다리병, 콩미이라병, 소나무잎 떨림병, 탄저병

② **불완전균류**(Fungi. **펀지**)

- **생식방법이 불완전**하다(**불완전균류**라 한다).
- 균사에 격막이 있다.
- 무성포자(**분생포자**)만을 형성한다.
- *Alternaria*(**알터나리아**), *Botrytis*(**보트리티스**), *Cladosporium*(**클라도포리움**)
- 배나무검은무늬병, 잿빛곰팡이병, 토마토잎곰팡이병

③ **조균류(편모균류)**

- 조균류는 난균류와 접합균류로 분류한다.
- **유주자**를 가지고 있고, 유주자로 **헤엄을 쳐서 이동**한다.(빗물에 의해서도 전염된다)
- **균사에 격막이 없다.(★★★)**

㉠ **난균류(★★★)**

- ***Phytophthora***(파이토풋쏘라=**역병**), ***Pythium***(피디움=**모잘록병**), ***Sclerospora***(스클에로스포로라=**노균병**)
- **대표적인 토양전염병**이다.

㉡ **접합균류**

- ***Rhizopus***(리조프스=**고구마 무름병★★★**)

④ **담자균류**

㉠ **포자**(종자)가 **담자기**에서 만들어 지기 때문에 **담자균류**라고 한다. **버섯류**도 담자균류이다.

㉡ **유성생식**을 한다.

ⓒ **균사에 격막**이 있다.

ⓔ 담자균류의 종류

- 맥류 녹병균류 : *Puccinia* 등
- 붉은별무늬병 : *Gymnosporangium*(붉은별무늬병)
- 수목의 뿌리썩음병 : *Armillaria*(과수뿌리썩음병)
- 깜부기병(맥류 겉깜부기병, 속깜부기병, 비린깜부기병 등)
- 과수 자주날개무늬병 : *Helicobasidium mompa Tanaka*
- 기타 : 고약병, 떡병, 벼잎짚무늬마름병, 모잘록병, 자작나무 혹병, 흰비단병, 사탕수수 마름병 등

TIP

- 무성포자 : 분생포자, 유주포자
- 유성포자 : 난포자, 접합포자, 자낭포자, 담자포자
- 역병균 : Phytophthora, 토양전염병, 조균류 중 난균류이다.

기출확인문제

Q1 과수의 자주날개무늬병균은 분류학적으로 어느 균류에 속하는가?

① 난균　　② 담자균
③ 자낭균　　④ 접합균

| 해설 | **과수 자주날개무늬병**

- 병원체 : *Helicobasidium mompa*
  - 담자균류, 담포자와 균핵이 있다.
  - 토양에서 4년간 생존이 가능하다.
  - 감염된 나무의 지하부 표피에 적자색 균사를 볼 수 있다.
- 산림토양, 뽕나무밭 등에 많이 존재한다.

정답 ②

2) 세균(bacteria, 박테리아)

① **특징**

- **원핵**생물(**단세포**)이다.
- **이분법**으로 증식한다.
- **대부분 간균(막대기 모양, 원통모양)**이다. *Streptomyces*(**스트랩토마이시스**)
- **대부분 그람음성균**이다.

② **그람음성세균(★★★)**

- *Pseudomonas*(**슈도모나스**) : 가지과 작물 풋마름병
- *Xanthomonas*(**잔토모나스**) : 벼흰잎마름병, 감귤궤양병

- *Agrobacterium*(**아그로박테리움**) : 과수근두암종병(**뿌리혹병**)
- *Erwinia*(**에르위니아, 어위니아**) : 채소무름병, 화상병, 시듦병

※ **가지과(토마토 등) 풋마름병**은 가지과(**토마토, 고추, 가지**) 식물의 기부(**땅가 와닿는 바로 위쪽 줄기**) 측이 목질화되어 수분이 위로 상승하지 못해 푸른 상태로 고사하는 병이다. 이 병은 **줄기를 잘라** 컵이나 물속에 넣어두면 **우유빛 즙액**이 흘러나오는 것이 선명하게 보인다.

③ **그람양성균**

- *Clavibacter*(**클라비박터**) : **감자둘레썩음병**, 토마토궤양병
- *Streptomyces*(**스트렙토마이시스**) : 감자더뎅이병(**알카리성토양에서 많이 발생한다.**)

3) 파이토플라스마(마이코플라스마)

① **특징**

- 원핵생물, 세포벽이 없다.
- **테트라싸이클린계**에 **감수성(테트라싸이클린계로 치료 가능)**
- 인공배지에서 생장하지 않는다.
- 주로 각종 **매미충류**에 의해 매개된다.
- 식물의 체관부에 존재한다.
- RNA와 DNA, 리보솜을 가지고 있다.

② **주요 매개충(★★★)**

- **대추나무 빗자루병 : 마름무늬매미충**이 매개한다.
- 방제 : 옥시테트라사이클린 수화제로 수액이동이 활발한 4~5월과 7~8월에 수간주사를 한다.
- **오동나무 빗자루병 : 장님노린재**
- **뽕나무 오갈병 : 마름무늬매미충**이 매개한다.

③ **병징 : 총생, 빗자루모양**

④ **파이토플라스마(*Phytoplasmas*)에 의한 병**

과꽃 누른오갈병, 대추나무 빗자루병, 오동나무 빗자루병, 뽕나무 오갈병, 벼 황위병 등

기출확인문제

Q1 파이토플라스마에 의한 수목병인 뽕나무 오갈병의 치료제로 주로 쓰이는 것은?

① 페니실린 ② 그리세오풀빈
③ 옥시테트라사이클린 ④ 시클로헥시마이드

| 해설 | **파이토플라스마**

- 뽕나무 오갈병, 대추나무 빗자루병 매개
- 테트라사이클린계로 치료 가능

정답 ③

 균류에 의해 발생하는 수목병이 아닌 것은?

① 뽕나무 오갈병　　② 벚나무 빗자루병
③ 낙엽송 잎떨림병　　④ 은행나무 잎마름병

| 해설 | 뽕나무 오갈병은 균류가 아닌 파이토플라스마가 병원체로 마름무늬매미충이 매개한다.

정답 ①

Q3 대추나무의 빗자루병 방제를 위하여 옥시테트라사이클린 수화제로 수간주사를 하려고 한다. 다음 설명으로 옳지 않은 것은?

① 사용 적기는 3월 초이다.
② 안전사용기준은 수확 30일 전까지 사용하는 것이다.
③ 수돗물 1L에 약제 5g을 정량한 후 잘 저어서 녹인다.
④ 흉고직경이 15cm 이상인 경우 1회에 1.5L~2L주입한다.

| 해설 | 사용적기는 수액 이동이 활발한 4~5월과 7~8월이다.

정답 ①

4) 바이러스(virus)

① 특징

- 핵산과 단백질로만 구성된다.(**비세포성 병원체로 세포가 없다**)
- 식물바이러스 대부분은 핵산이 RNA로 구성된다.
- **전자현미경으로만 관찰**이 가능하다.
- **인공배지에서 배양이 불가능(순수배양이 불가능★)**하다.
- **전신병징**을 나타낸다.

② 주요 매개충(★★★)

- **벼 줄무늬잎마름병 : 애멸구**
- **벼 오갈병 : 끝동매미충, 번개매미충**
- **감자잎 말림병 : 복숭아혹진딧물**
- **각종 모자이크병** : 진딧물·응애(오이 모자이크병CMV(*Cucumber mosaic virus*)은 진딧물에 의해 비영속성 전염을 하며 세계적으로 가장 많이 분포한다.)

③ **종자전염 · 토양전염 바이러스**

- **오이녹반모자이크 바이러스**(CGMMV)
- **콩모자이크바이러스**(SMV)

④ **주요 증상 : 모자이크, 황화**

기출확인문제

Q1 배추 모자이크병의 주요 매개 곤충은?

① 진딧물 ② 애멸구
③ 이화명나방 ④ 담배나방

| 해설 | 진딧물은 각종 작물의 모자이크병을 매개한다.

정답 ①

Q2 오이 모자이크병에 대한 설명으로 옳지 않은 것은?

① 영속성 전염을 한다.
② 방제대책으로 저항성 품종을 이용한다.
③ 잎에서 황색의 반점이 다수 집합한다.
④ CMV(오이 모자이크 바이러스)는 세계적으로 가장 많이 분포한다.

| 해설 | 오이 모자이크병CMV(Cucumber mosaic virus)은 진딧물에 의해 비영속성 전염을 하며 세계적으로 가장 많이 분포한다.

정답 ①

Q3 식물 바이러스에 대한 설명으로 옳은 것은?

① 원생동물에 속한다. ② 원핵생물에 속한다.
③ 진핵생물에 속한다. ④ 세포를 갖고 있지 않다.

| 해설 | 바이러스는 세포가 없다.

정답 ④

5) 바이로이드(viroid)

① **특징**

- **핵산**(RNA)만으로 구성된다.
- 식물병원체 중 가장 작은 병원체이다.
- 전자현미경으로도 관찰이 쉽지 않다.
- **인공배지에서 배양이 불가능**하다.(★)
- 식물에서만 알려진 병원체이다.

② **주요 병 : 감자 걀쭉병(★)→감자**의 모양이 **길죽**해서 붙여진 이름으로 '**길죽병**'이라고도 한다.

③ 상록 광엽수

- 우리나라 남해안과 제주도의 상록 광엽수인 동백나무, 차나무, 쥐똥나무의 잎에 발생하는데 피해는 그다지 크지 않다.
- 방제법 : 수세를 강하게 하고 통풍이 잘되도록 한다.

6) 선충

① 특징

- 3배엽성의 좌우대칭 동물인 원체강류이다.
- 각피(cuticle)로 둘러싸여 있다.
- 몸길이는 0.5~1.5mm 정도인 주머니 모양을 하고 있다.
- 구침을 가지고 있다.(구침 : 뿌리조직에 집어넣어 양분을 갈취)
- 순환기관, 호흡기관이 없다.

② 선충에 의한 피해 증상

- 충영(혹), 병변의 형성과 괴사, 생장점의 생육 저해(왜화), 다른 병원체 매개(Fusarium, 사상균, 세균, 바이러스 등)

③ 선충병의 종류

- 감귤 뿌리썩음병
- 국화잎 마름선충
- 콩씨스트선충병
- 밀씨알선충병
- 벼이삭선충병
- 딸기 뿌리썩음선충병
- 뿌리혹선충병
- 인삼, 감자 썩이선충병

7) 조류에 의한 병

① 괴불

- 벼에서 발생한다.
- 우리나라 한랭지의 수온이 18~25℃에서 발생한다.
- 병징 : 볍씨를 파종한 후 논물에서 공기방울이 나타나고 못자리의 표토가 떠올라 뿌리 활착이 나빠진다.
- 병원체 : 조류 중 규조류(돌말무리)
- 방제 : 파종 후 석회유황합제를 살포한다.

② 해캄의 해

- 벼에 피해를 준다.
- 해캄이 발생하면 일광을 차단하여 광합성을 저하시키고 수온의 상승을 방해하며 심한 경우 벼의 생육을 저하시킨다.
- 방제 : 황산구리를 녹여 논에 살포한다.

8) 기생 식물에 의한 병

① 겨우살이
- 우리나라 참나무류에 큰 피해를 준다.
- 전파 : 겨우살이 열매를 먹은 새의 배설물을 통해 전파된다.

② 메꽃과 기생식물
- 종류 : 새삼, 실새삼, 갯실새삼
- 콩에 피해가 크다.
- 덩굴을 기주식물체에 감아서 흡반을 형성한 후 양분을 갈취한다.

③ 더부살이과 기생식물
- 종류 : 담배대 더부살이, 오리나무 더부살이, 산더부살이 등
- 담배대 더부살이는 발벼 등 화본과 식물에 기생하여 양분을 갈취한다.

④ 기생식물에 의한 주요 피해
- 국부적 이상 비대
- 기생식물이 기주로부터 양분과 수분 탈취
- 저장물질의 변화 및 생장 둔화

기출확인문제

Q1 기생성 종자식물이 수목에 미치는 주요 피해로 거리가 먼 것은?

① 국부적 이상 비대
② 기주로부터 양분과 수분 탈취
③ 저장물질의 변화 및 생장 둔화
④ 태양광선의 차단에 의한 생장 불량

| 해설 | 태양광선의 차단 등에 의한 생장 불량의 피해는 적다.

정답 ④

9) 주요 식물 병원체

작물명	진균	세균	바이러스
벼	잎집무늬마름병, 깨씨무늬병(자낭균), 모썩음병, 키다리병, 모잘록병, 도열병	흰빛잎마름병(도관침해)	줄무늬잎마름병(애멸구), 오갈병, 검은줄무늬병
보리	줄무늬병, 겉깜부기병, 보리 속깜부기병		
옥수수	깜부기병		

작물명	진균	세균	바이러스
밀	붉은녹병		
복숭아	잎오갈병	세균성구멍병	
수박	덩굴쪼김병		
오이	덩굴마름병		
콩	미이라병		
감자	역병, 겹둥근무늬병	둘레썩음병(물관병), 더뎅이병	잎말림병(복숭아혹진딧물)
고구마	검은무늬병	무름병(유조직병)	
감귤	그을음병	궤양병	
무, 배추	흰녹가루병	검은빛썩음, 세균성검은무늬병	
배추		연부병(무름병)	
사과	탄저병		
배나무	적성병(붉은별무늬병)		
과수	뿌리썩음병		
담배		불마름병, 들불병	모자이크병(마름무늬매미충)
가지과작물		풋마름병(물관병)	
~작물	노균병, 흰가루병(자낭균)	뿌리혹병, 유조직병, 물관병, 증생병	~모자이크병

※ 식물병의 대다수는 진균으로 이해하고 바이러스병과 세균성병을 숙지한다.

※ 바이러스성 오갈병과 진균성 오갈병을 구분 숙지한다.

3 주요 병원체와 학명(★★)

① 균핵병 : *Sclerotinia*(스크리어티니어)

② 역병 : *Phytophthora*(파이토풋쏘라)

③ 토마토(가지과) 시듦병, 박과 덩굴쪼김병 : *Fusarium*(후사리움)

④ 사과나무줄기 썩음병 : *Botryosphaeria ribis*(보트리오스패리아 리비스)

⑤ 과수탄저병 : *Glomerella cingulata*(글로메렐라 신굴라타)

⑥ 고추, 수박, 목화 탄저병 : *Colletotrichum acutatum*(콜레토트리쿰 아쿠타툼)

CHAPTER

3 식물병의 발생

1 병 발생의 3요소(★) : 기주식물, 병원, 환경조건

2 병환

① 병환 : 어떤 병이 되풀이해서 발생하는 과정을 말한다. 즉 병원체가 식물체에 침입한 후 계속해서 다음 감염을 일으키는 과정을 말한다.

② **주요 단계 : 월동→전반(전염)→침입→감염→정착→증식→병징→월동**

3 전염원

① 전염원의 종류
- 병든 식물의 잔재
- 종자 및 영양체(괴경, 인경, 구근, 묘목 등)
- 토양, 잡초(병원균의 월동처)
- 곤충(매개충)

② 주요 병원체의 월동처
- 벼 흰잎마름병(*X. campestris pv. orzae*) : 겨풀, 둑새풀(뚝새풀), 밀
- 벼 누른오갈병(*Sclerophthora macrospora*) : 개밀, 뚝새풀
- CMV : 쇠별꽃 등 포장 주위 잡초

기출확인문제

Q1 벼 흰잎마름병균은 주로 어디에서 월동하여 제1차 전염원이 되는가?

① 겨풀 뿌리　　② 바랭이 뿌리
③ 억새풀 뿌리　　④ 물달개비 뿌리

| 해설 | 주로 물가에서 서식하는 겨풀은 화본과 다년생 식물로 벼 흰잎마름병의 월동처가 된다.

정답 ①

4 병원체의 침입

1) 직접 침입(각피 침입)

- **각피를 통해 침입(★★)** : 탄저병, 벼 도열병, 녹병
  - **발아관**을 만든 후 **부착기를 형성**하고 표면에 부착 침입한다.

※ 세균, 바이러스는 직접 침입이 불가능하다.

2) 상처를 통한 침입

- 상처를 통해서 침입 하는 병원체 : 모든 세균, 곰팡이 균의 대다수, 모든 바이러스, 바이로이드
- 종류 : 사과 부란병(*Valsa mali*), 채소류 무름병(*Erwinia carotovora*), 뽕나무 눈마름병(*Gibberella latritium*)

3) 자연개구(기공, 수공, 피목, 밀선)를 통한 침입

자연개구 명칭	병원체
수공	흰가루병, 녹병균, 노균병, 벼 흰잎마름병, 양배추 검은빛썩음병
피목	감자 더뎅이병(*Streptomyces scabis*), 과수의 잿빛무늬병, 뽕나무줄기마름병(*Diaporthe nomurai*)
주두	보리 겉깜부기병
밀선	사과 · 배 불마름병(화상병, *Erwinia amylovora*)

- 수공 : 잎의 끝이나 가장자리에 있으며 항상 열려 있다.
- 피목 : 과실, 줄기, 괴경 등에 있으며 공기가 통할 수 있다.
- 주두 : 암술머리

TIP **병원체의 침입**

- 진균 : 직접 침입(**포자발아→발아관 형성→부착기 형성→침입**)
  ↳ 직접 침입, 자연개구를 통한 침입, 상처 침입 가능
- 세균 : 상처를 통해 침입, 직접 침입 불가능
- 바이러스, 파이토플라스마 : 매개충에 의하여 기주 세포 내 침입
  ↳ 직접 침입 불가능, 자연개구를 통한 침입 불가능

4) 기주교대(이종기생)

① **기주교대**란 2종류 이상의 식물에서 생활사를 완성한 것을 말한다.

② **종류(★★★) : 배나무 붉은별무늬병, 맥류녹병, 소나무 혹병**

㉠ **배나무 붉은별무늬병**

– **병원균** : *Gymnosporangium asiaticum*

– 겨울철을 **향나무(★★★)**에서 월동하고 여름철엔 배나무에서 기생한다.

㉡ **녹병균**

– **병원균** : *Puccinia*

– 중간기주 : 매자나무(★★★)

– 여름(하포자) 및 겨울포자(동포자) : 맥류

㉢ **소나무 혹병**

– **병원균** : *cronartium quercuum*

- **중간기주(★★★)** : 하포자 · 동포자(**상수리나무 · 졸참나무**)
- 녹포자 : 소나무

㉣ 잣나무 털녹병

- 중간기주 : 송이풀, 까치밥나무

기출확인문제

 맥류에 발생하는 줄기녹병의 중간기주는?

① 잣나무 ② 향나무
③ 매자나무 ④ 매발톱나무

| 해설 | 맥류 줄기녹병(*Puccinia*) 의 중간기주는 매자나무이다.

정답 ③

5 병원체의 전반(=전염. 기주식물로 이동하는 수단)

① 바람에 의한 전반(풍매전염)

- **진균**의 가장 중요한 전반방법이다.

② 물에 의한 전반

- 진균류 중 **유주자**를 가지고 있는 것은 유주자를 통해 물속을 헤엄쳐 스스로 이동한다.(**역병균**)
- 그밖에 진균류, 세균은 빗물의 흐름을 통해 다른 곳으로 이동한다.

③ 곤충에 의한 전반(충매전염)

- 흡즙성 곤충(**진딧물, 매미충류**)에 의해 전반 : **바이러스병**
- 경란전염 : 곤충의 알을 통해 전반, 끝동매미충·번개매미충(벼 오갈병), 애멸구(벼 줄무늬잎마름병)

기출확인문제

Q1 매개충에 의해 경란 전염하는 바이러스 병해는?

① 담배 모자이크병　　② 감자 X바이러스병
③ 벼 줄무늬잎마름병　　④ 보리 줄무늬모자이크병

| 해설 | **경란전염**

▶ 곤충의 알을 통해 바이러스가 전반되는 것을 경란전염이라고 한다.
▶ 해당 매개충 : 끝동매미충 · 번개매미충(벼 오갈병), 애멸구(벼 줄무늬잎마름병)

정답 ③

Q2 벼 오갈병의 주요 매개충은?

① 애멸구　　② 진딧물
③ 딱정벌레　　④ 끝동매미충

| 해설 | 벼 오갈병은 끝동매미충과 번개매미충에 의해 매개된다.

정답 ④

④ 종묘에 의한 전반(종자전염)

- 종류 : 벼 키다리병, 깜부기병, 콩 바이러스병

⑤ 토양에 의한 전반(토양전염)

- 종류 : 각종 식물의 **역병**, 박과류 **덩굴쪼김병**, 가지과 **풋마름병**

6 병 삼각형(식물병 발생 3대 요인)

① **주인**(병원체) : 병 발생에 가장 중요한 요인(병원성이 있는 병원체를 말한다.)

② **소인**(기주) : 감수성이 있는 기주식물

③ **유인**(환경요인) : 병의 발생에 유리한 환경조건(온도, 습도, 광, 토양 조건)

TIP
- 병원성(★) : 병원체가 기주에 감염하여 병을 일으키는 능력
- 감수성(★) : 식물에 병원균이 침입하면 병이 쉽게 발생하는 성질
- 저항성(★) : 감수성의 반대 개념으로 병의 발생이 어려운 성질

기출확인문제

Q1 식물병 발생에 필요한 3대 요인에 속하지 않는 것은?

① 기주 ② 매개충

③ 병원체 ④ 환경요인

| 해설 | 병 발생 3요소(요인) : 기주, 병원(병원체), 환경요인(환경조건)

정답 ②

7 병원체의 영양섭취 방법

1) 절대기생체(순활물기생체★★★)

- **살아 있는 식물체**에서만 **영양**을 **섭취**한다.
- **특징** : 인공배양이 불가능하다.
- **종류(★★★)** : **흰가루병, 녹병, 노균병, 바이러스, 바이로이드, 파이토플라스마, 배추무사마귀병** 등

기출확인문제

Q1 순활물기생균(절대기생균)의 일반적인 설명으로 옳은 것은?

① 임의기생균이라고 한다.

② 기주세포를 자력으로 죽여 양분을 섭취한다.

③ 죽은 생물체나 무기물로부터 양분을 섭취한다.

④ 인공배양은 어려우나 일부 녹병균에서 성공한 사례는 있다.

| 해설 | 순활물기생균은 살아 있는 식물체에서만 영양을 섭취하기 때문에 일반적으로 인공배양(순수배양)이 불가능하다. 그러나 일부 녹병균에서 성공한 사례는 있다.

정답 ④

2) **비절대기생체(임의기생체★★★)**

① **임의부생체(조건기생체)**

- 살아있는 식물체에서 영양섭취가 원칙이지만, 죽은 생물체에서도 영양을 섭취한다.
- 인공배양이 가능하다.
- **종류 : 벼 도열병균(★), 고추 탄저병균(★)**, 대부분의 진균(**곰팡이균**), 세균 등

② **임의기생체(조건기생체)**

- 죽은 생물체에서 영양섭취가 원칙이지만, 조건에 따라 살아있는 식물에서도 영양을 섭취한다.
- 인공배양이 쉽다.
- **종류 : 고구마 무름병**, 채소 모잘록병, 감귤 푸른곰팡이병

8 병원체의 월동

① **다년생 식물에서 기생하는 진균**

- **감염조직**에서 **균사** 또는 **포자**로 월동

② **1년생 식물을 감염하는 진균**

- 병든 식물의 잔재물에서 균사로 월동
- 잔재물이나 토양에서 휴면포자, 균핵으로 월동
- 종자 또는 번식기관에서 균사, 포자, 균핵으로 월동

9 환경조건과 식물병의 발병

구분	환경조건	많이 발생하는 병
공중습도	높음(과습)	대부분의 병이 해당
	낮음(건조)	흰가루병(★★)

구분	환경조건	많이 발생하는 병
온도	저온	벼 도열병, 균핵병
	저온다습	감자 역병(★★Phytophthora infestans)
일조	부족	광합성 저해(모든 병)
바람	강한 바람(식물에 상처)	벼 흰잎마름병, 복숭아 세균성구멍병, 감귤 궤양병
양분	부족	노후답(벼 깨씨무늬병)
토양	과습	감자 역병, 배추무사마귀병(산성토양에서 다발생)
	건조	오이 덩굴쪼김병
	산성	발생이 억제되는 병(감자 더뎅이병)
	알칼리성	발생이 억제되는 병(배추무 사마귀병)

※ 세균은 상처를 통해 침입한다.

- 감자 더뎅이병 : 알칼리성 토양에서 많이 발생
- 배추무 사마귀병 : 산성토양에서 많이 발생

기출확인문제

Q1 십자화과 작물에 발생하는 배추무 사마귀병에 대한 설명으로 옳지 않은 것은?

① 배수가 불량한 토양에서 발생이 많다.
② 병원균은 *Plasmodiophora brassicae*이다.
③ 토양산도 pH 6.5~7.0에서 발병이 잘된다.
④ 유주자가 뿌리털 속을 침입하여 변형체가 된다.

| 해설 | 배추무 사마귀병(배추무 뿌리혹병)은 산도 6.0 이하의 산성토양에서 잘 발생한다.

정답 ③

CHAPTER 4

병원성의 발현과 저항성

1 병원균이 생산하는 물질

다당류, 효소, 식물호르몬, 항생물질, 박테리오신(bacteriocin)

1) 다당류

기주식물 세포에 흡착과 누출·촉진시켜 수침상 병반 형성, 도관의 폐쇄로 위조 유발

2) 세포벽 분해효소(★★★)

- 큐틴 분해효소→cutinase(큐틴라제)
- 펙틴 분해효소→pectinase(펙틴라제)
- 셀룰로스 분해효소→cellulase(셀룰라제)

3) 독소(toxin)

병원균이 생산하는 독소는 식물의 아미노산 대사나 당 대사에 관여하는 효소를 저해하여 결국 식물이 **황화**(chlorosis)된다.

① **기주특이적 독소** : 기주식물에만 해 작용을 일으킨다.

- **빅토린**(*victorin*) : **귀리 마름병균**이 분비하는 독소
- T-toxin : **옥수수 깨씨무늬병균**이 분비하는 독소
- AK-toxin : **배나무 검은무늬병**이 분비하는 독소

② **비특이적 독소** : 기주식물과 다른 종의 식물에도 해 작용을 일으킨다.

- **fusaric acid(후사릭산, ★★★)** : 토마토 시듦병균인 *fusarum*(후사리움)이 생산하는 독소
- **tabtoxin(탭독신)** : *Pseudomonas syringae pv.tabaci*(**담배들불병균**)이 생산하는 독소
- **gibberelline(지베렐린)** : 벼 키다리병균인 *Gibberella*(지베렐라)가 생산하는 독소
- **coronatine($C_{18}H_{25}O_4N$)** : 줄무늬세균병균(*P. syringae Pv.tomato*)이 생산하는 독소는 감자 유조직 세포를 비대 시킨다.

③ **기타 미생물이 생산하는 독소**

미생물	생산 독소	비고
Alternaria alternata	tenuazoic acid tentoxin	tentoxin을 기주식물 유묘에 처리하면 황화를 일으킨다.
Penicillium citrinum	citrinin	
Aspergillus clavatus	patulin	
Fusarium graminearum	zearalenone	

④ **인축공통 독소 : mycotoxin(★★★)**

진균(곰팡이균)이 생산하는 독소 중에서 **인축에 공통으로 중독증상**을 일으키는 독소로 **보리 붉은곰팡이병균, 귀리 맥각병균인 *Aspergillus flavus*를** 생산한다.

기출확인문제

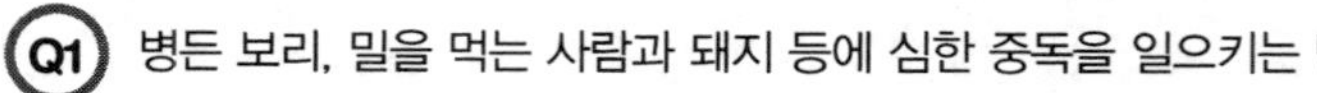

Q1 병든 보리, 밀을 먹는 사람과 돼지 등에 심한 중독을 일으키는 병해는?

① 깜부기병　② 흰가루병
③ 줄무늬병　④ 붉은곰팡이병

| 해설 | 맥류(보리, 밀) 붉은곰팡이병은 사람과 돼지 등에 중독을 일으킨다.

정답 ④

Q2 곰팡이의 대사산물 중 사람이나 척추동물에 생리적 장해를 일으키는 것이 알려진 병원균과 독소가 바르게 짝지어진 것은?

① *Alternaria alternata*−citrinin
② *Penicillium citrinum*−ochratoxin
③ *Aspergillus clavatus*−tenuazoic acid
④ *Fusarium graminearum*−zearalenone

| 해설 | **미생물이 생산하는 독소**

- *Alternaria Alternata*−Tenuazoic Acid
- *Penicillium Citrinum*−Citrinin
- *Aspergillus Clavatus*−Patulun
- *Fusarium Graminearum*−Zearalenone

정답 ④

4) 식물호르몬

식물에 혹을 형성하는 병원균은 인돌초산, 시토키닌(사이토키닌) 등의 식물호르몬을 생성하게 하여 감염부위의 세포 분열과 신장 촉진을 촉진한다.

- **옥수수 깜부기병** : *Ustilago maydis*
- **배추무 사마귀병**(산성토양에서 많이 발생 발생한다.) : *Plasmodiophora brassicae*
- **사과 붉은별무늬병** : *Gymnosporangium yamadae*
- **근두암종병(뿌리에 큰 혹을 만듦)** : *Agrobacterium tumefaciens*
- **뿌리혹병(뿌리에 작은 혹을 만듦)** : *Meloidogyne sp*(**선충**)
- **감자 역병** : *Phytophthora infestans*
- **벼 키다리병** : *Gibberella fujikuroi*가 식물에 지베렐린을 생성하게 하여 키가 커지게 만든다.

5) **항생물질(antibiotic)**

미생물이 생성하는 화학물질로서 다른 미생물(세균, 진균)이나 해충, 잡초의 발육 또는 대사작용을 억제시키는 생리작용을 지닌 물질이다.

6) **박테리오신**(bacteriocin)

세균이 생산하는 천연 항균물질이다.

2 레이스(Race)와 병 저항성

1) 레이스(Race)

① 레이스 : 레이스란 병원균 중에서 기주의 품종에 따라 저항성이나 감수성이 다른 것을 말한다.

② 판별 품종 : Race(병원성 분화형)를 구분하는 데 사용하는 기주 품종을 말한다.

- 판별 품종은 기주식물 중에서 저항성 유전자가 다르고 형질이 고정된 여러 개의 품종을 사용한다.
- 병원균을 판별 품종에 접종하여 나타나는 병징에 따라 감수성 또는 저항성으로 판정한다.

기출확인문제

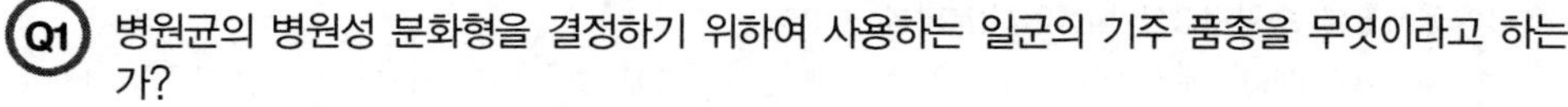

Q1 병원균의 병원성 분화형을 결정하기 위하여 사용하는 일군의 기주 품종을 무엇이라고 하는가?

① 생태 품종　② 판별 품종
③ 생리적 품종　④ 저항성 품종

| 해설 | 병원균의 병원성 분화형을 결정하기 위하여 사용하는 일군의 기주 품종을 판별품종이라고 한다.

정답 ②

2) 식물의 병에 대한 저항성의 종류

① **수직저항성(진정저항성=특이적 저항성)**

- 병원균의 레이스에 대하여 **기주의 품종 간에 감수성(병에 걸리기 쉬운 성질)이 다른 경우**의 저항성을 말한다.
- 기주의 품종이 병원균의 레이스에 따라 저항성 정도의 차이가 크게 나타난다.
- 병원균의 침입에 대해 **과민성 반응**이 나타난다.
- **특이적 저항성, 진정저항성**이라고 한다.
- 수직저항성은 **소수의 주동유전자**에 의해 발현된다.
- 재배 환경의 영향을 받지 않는다.
- 수직저항성을 가진 품종은 레이스의 변이로 감수성으로 되기 쉽다. 즉 병원균의 새로운 레이스가 생기면 기존 저항성은 무너지게 된다.

② **수평저항성**(포장저항성, 비특이적 저항성)

- 기주의 품종이 병원균의 레이스에 따라 저항성 정도의 차이가 크지 않는 저항성을 말하며 수평저항성, 레이스 비특이적 저항성 또는 포장저항성이라고 한다.

기출확인문제

Q1 저항성 품종을 이용한 방제 방법의 가장 큰 문제점은?

① 비경제성
② 비효과성
③ 약해 및 잔류독성
④ 저항성 품종의 이병화 현상

| 해설 | 저항성 품종을 이용한 방제 시 병원균의 새로운 레이스가 생기면 기존 저항성은 무너지게 된다.(이병화 현상)

정답 ④

Q2 식물병 저항성 관련 용어 중 나머지 셋과 의미가 다른 하나는?

① 포장저항성
② 수평저항성
③ 진정저항성
④ 레이스 비특이적 저항성

| 해설 | **포장저항성=수평저항성=비특이적 저항성**

- 병원균의 레이스에 대하여 기주의 품종 간에 감수성(병에 걸리기 쉬운 성질)이 다른 경우의 저항성을 말한다.

정답 ③

3) 식물이 병에 대한 저항성에 관련하는 요소

- 식물체 성분의 종류 및 함량
- pH
- 형태학적인 성질
- 다수의 저항성 관련 유전자(polygene)

4) 식물의 병 저항성 기구

① **정적 저항성(수동적 저항성)**

병원체가 접촉하기 전부터 식물체가 가지고 있는 저항성을 말한다.

- 표면을 구성하고 있는 **왁스(wax), 큐티클(cuticle)의 양과 질, 표피세포의 세포벽 구조와 두께, 기공, 수공, 피목의 모양**
- 큐틴 층의 지방산은 마이너스의 전하를 띠므로 마이너스의 전하를 띠는 포자의 흡착을 방해한다.
- 왁스와 털은 물방울을 튀겨 병원균의 포자발아 장소의 형성을 막아 준다.
- **기공, 수공, 표피의 양, 형상, 위치** 등은 감염방어에 중요한 요인이다.
- **식물의 조직에 존재하는 항균물질(폴리페놀류(★))**

병원균이 분비하는 펙틴 분해효소나 셀룰로스 분해효소의 활성을 억제한다.

② **동적 저항성(능동적 저항성)**

- 동적 저항성이란 식물체가 병원체의 침입에 대하여 방어하려는 반응저항성을 말한다.
- **파필라, 과민반응, 페놀성분 생산, 파이토알렉신 생산**

㉠ **파필라(papilla) : 작은 유두 모양의 돌기**를 말하며, 병원체가 침투한 부위의 세포벽을 더욱 두껍고 견고하게 하기 위함이다.

㉡ 목화 : 낙엽병

㉢ 이층형성 : 천공병

㉣ 과민반응(감반응)

- 기주체(식물)의 원형질 형태가 변화하여 스스로 세포가 죽는다.
- 과민반응으로 세포막의 투과성 상실, 호흡 증가, 페놀화합물의 축적, 산화, 파이토알렉신이 생산된다.
- 과민반응(감반응)으로 세포가 죽는 것은 침입한 균을 저지하려는 방위반응이다.

㉤ 페놀성 성분(항균물질)의 생산

- 종류 : 훌라본, 클로로제산, 카페인산, 타닌산

㉥ 파이토알렉신(phytoalexin. ★★★)의 생산

- 병원체가 기주체에 침입했을 때, 기주체(식물)가 만든 병원체의 발육을 저지하는 물질이다.
- **파이토알렉신**의 생합성을 유도하는 물질은 **엘리시터**(병원균이 생산하는 물질)이다.

5) 바이러스에 대한 식물의 저항성

① 바이러스의 국재화

국부감염만 일어나는 식물은 접종한 부분만이 바이러스의 감염, 증식되고 병징이 없는 부분에는 증식되지 않는다.

② 바이러스의 상호작용에 의한 저항현상

식물체에 동시에 2종류 이상의 바이러스에 감염되면 한쪽의 바이러스가 다른 쪽의 바이러스 감염이나 증식을 억제한다.

㉠ **교차방어**(cross protection) : CMV의 보통계를 담배에 접종하여 병징이 나타난 잎에 다시 CMV의 괴사계통을 접종하면 괴사병반이 일어나지 않는다. 따라서 이러한 작용을 이용해서 바이러스병의 방제에도 활용된다.

㉡ **획득저항성**(acquired resistance) : 담배 네크로시스 바이러스(TNV)를 담배의 잎에 접종하면 그 부분에 괴사병반이 형성된다. 국부병반이 나타난 후 다른 잎에 다시 TNV를 접종하면 병반은 그 수가 현저하게 줄어들고 병반의 크기도 작아지는데, 이와 같이 바이러스에 감염 된 후에 다시 바이러스를 접종하면 저항성이 유도되는 것을 획득저항성이라고 한다.

CHAPTER

5 식물병의 진단

1 육안(병징, 표징)에 의한 진단

1) 병징에 의한 진단

① 식물체가 병원균에 감염되어 식물체 **체내** 또는 **체외**에 나타나는 이상반응 변화를 말하다. 즉 **식물체 색깔의 변화, 외형의 이상**을 들 수 있다.

- **색깔의 변화** : 황화, 은색화, 갈색화(**갈변**), 괴사, 청변 등
- **외형의 변화** : 위조(**시들음**), 위축(**오갈**), 비대, 빗자루모양(**총생**), 액상 분출·부패 등

※ 일반적으로 병징은 **색깔**의 변화와 **외형**의 변화가 같이 나타난다.

2) 전신적 병징(시들음병, 오갈병, 황화병)

① **시들음병(위조병)**

- 기부(땅가 쪽 줄기) 측 도관부 등이 코르크화(목화) 하여 수분이 상승하지 못하여 시든다.
- 토마토 시들음병, 각종 모잘록병 등

② **오갈병(로제트병.** rosette)

- 초장이 짧아지고 분얼수가 많아진다. 잎에 무늬가 생기는 경우도 있다.
- 벼 오갈병, 보리 오갈병, 뽕나무 오갈병 등

③ **황화병**

- 엽록소의 형성이 방해되어, 식물체 전체가 누렇게 된다. 오갈현상이 같이 일어나면 위황병이라 한다.
- 과꽃 위황병, 복숭아나무 위황병 등

3) 부분적 병징(혹, 총생)

① **혹이 만들어지는 병**

- 병든 식물 세포가 비대 또는 증생에 의해서 혹같이 된다.
- **과수 근두암종병** : **세균**(*Agrobacterium*, **아그로박테리움**)

- **배추무 사마귀병** : **산성토양**에서 발생한다.
- **소나무 혹병** : **진균**(*cronartium quercuum*)

TIP 혹이 만들어지는 대부분의 병은 세균인 아그로박테리움에 의해 발생 하는데 배추무의 경우 산성토양, 소나무 혹병의 경우 진균에 의한 것임을 숙지하여야 한다.

② **빗자루병(총생병)**

- 병든 부분이 가늘고 잔가지가 조밀하게 나와서 마치 새집 또는 빗자루와 같이 보인다.
- 병원체가 파이토플라스마 : 대추나무·오동나무 빗자루병 등
- 병원체가 **진균** : **벚나무 빗자루병(★)**

③ **가지마름병**

- 가지의 끝부터 아래쪽으로 말라 내려가는 병이다.
- 감나무 가지마름병 등

④ **줄기마름병**

- 줄기 또는 큰 가지의 일부가 침해되어 변색되면서 말라 죽는다. 병든 부분이 퍼지면서 그 윗부분은 말라 죽는다. 병든 부분의 겉껍질은 거칠어지고 틈이 생기며, 흑갈색으로 변한다.
- 밤나무 줄기마름병, 배나무 줄기마름병 등

⑤ **불마름병**

- 조직이 급격히 말라 죽는다.
- **콩 불마름병**

⑥ **미이라병**

- 마르고 쭈그러들어 마치 미이라처럼 나타난다.
- **콩 미이라병** 등

⑦ **썩음병**

- 병든 부분이 썩으며 변색한다.
- 각종 썩음병

⑧ **잎말림병**

- 잎이 말리든가 주름이 잡히고 오그라든다.
- 감자 잎말림병

4) 국부적 병징

병징이 식물 전체에 나타나는 것이 아니고 일부에만 나타나는 것이다.

① **더뎅이병**

- 중앙부는 돌출하고 표면은 거칠고 코르크질로 변한다.
- 감자 더뎅이병, 감귤 더뎅이병 등

② **궤양병**

- 돌기가 생긴 조직이 거칠어지고 중앙부는 움푹 들어가며, 가장자리는 융기한다.
- 감귤 궤양병

③ **구멍병**

- 건전부와 병든 부분의 경계에 이층이 생겨 둥근 구멍이 뚫린다.
- 복숭아나무 세균성구멍병 등

④ **점무늬병**

- 병무늬가 점무늬로 나타난다.
- 벼 깨씨무늬병, 감나무 둥근무늬낙엽병, 배나무 검은무늬병 등

⑤ **무늬병**

- 병무늬가 불규칙하게 퍼진다
- 사과나무 갈색무늬병 등

⑥ **모자이크병**

- 바이러스에 의한 것으로 잎에 엷은 녹색과 진한 녹색의 모자이크 무늬가 생긴다.
- 담배 모자이크병, 오이 모자이크병 등

⑦ **줄무늬병**

- 잎, 줄기 등에 세로로 줄무늬가 생긴다.
- 보리 줄무늬병 등

2 표징에 의한 진단

표징은 병원균의 포자나 병원균 그 자체가 보여 지는 것으로 병원체의 번식기관에 의한 것과 영양기관에 의한 것이 있다. 표징은 병원균의 종류에 따라 특징이 다르며, 병원균의 생육과정에 따라 그 색깔이 변화하는 경우도 있다.

① **가루**

- 병든 부위의 눈에 보이는 가루는 병원균의 포자이다.
- **흰가루병** : 하얀 밀가루가 잎 등에 뿌려진 것처럼 보인다.

- **녹병** : 병든 부위가 마치 쇠가 녹이 슨 것처럼 보인다.
- **깜부기병, 떡병** 등

② **곰팡이**
- 병든 부분에 병원균의 균사, 분생자경 및 포자가 모여서 여러 가지 모양으로 보여진다.
- **솜털**모양 : 벼 모썩음병, 고구마 무름병
- **깃털**모양 : 과수날개무늬병(자주날개무늬병, 흰날개무늬병)
- **잔털**모양 : 감자 겹둥근무늬병, 수박 덩굴쪼김병(만할병)
- **서릿발** 모양 : 오이류 노균병, 감자 역병, 배나무 검은별무늬병

③ **흑색소립점**

병든 부분에 검은색의 작은 점이 생기는 것을 말한다.

④ **균핵**
- 병든 부분에 균사 조직의 덩어리가 형성된다.
- 각종 균핵병

⑤ **돌기**
- 돌기가 있다.
- 배나무 붉은별무늬병, 고구마 검은무늬병

⑥ **점질물**

병든 부분에 병원균의 포자가 끈끈한 덩어리로 모여 있다.

⑦ **냄새**
- 병든 식물의 병든 부분에서 특유한 냄새가 난다.
- 비린내(밀비린깜부기병), 알콜 냄새(사과 부란병)

기출확인문제

Q1 다음 설명 중 병의 표징은?

잎은 시들고 흑색으로 변해 말라 죽었으며 병환부에서 황색 점액이 누출된다.

① 말라 죽음　　② 황색 점액
③ 잎의 시들음　　④ 흑색으로 변함

| 해설 | ①, ③, ④ 는 병징이다.
- 표징의 종류 : 가루, 곰팡이, 균핵, 돌기, 점액물질, 냄새

정답 ②

3 육안관찰 이외의 진단방법

1) 해부학적 진단

이병된 식물의 조직을 해부하여 육안 또는 광학현미경, 전자현미경 또는 유출검사법 등으로 직접 관찰하여 진단한다. 유출검사법은 풋마름병 진단에 많이 사용되는 방법으로 세균에 감염된 식물의 기부 측을 잘라 물이 들어 있는 컵에 담가 보아 희뿌연 물질이 유출되는 것을 보고 감염 여부를 진단하는 방법이다.

기출확인문제

Q1 식물병을 진단하는 데 있어 해부학적 진단방법은?

① 괴경지표법
② 유출검사법
③ 파지의 검출
④ 코흐(Koch)의 원칙

| 해설 | 유출검사법은 세균에 감염된 식물의 기부 측을 잘라 물이 들어 있는 컵에 담가 보아 희뿌연 물질이 유출되는 것을 보고 감염 여부를 진단하는 방법으로 해부학적 진단법에 속한다.

정답 ②

2) 배양법

이병된 병반을 분리한 다음 배양하여 배양체를 다시 식물에 접종하여 병원성을 확인하여 진단한다.(코호의 원칙이 적용된다)

TIP

코호의 원칙(Koch's postulates ★★★)

- 병원균은 반드시 병환부에 존재한다.
- 병원균을 순수배양해서 접종하면 같은 병을 일으킨다.
- 접종한 식물로부터 같은 병원균을 다시 분리할 수 있다.

3) 생물학적 진단

① **지표식물을 이용한 진단**

- **지표식물** : 당해 병원체에 대하여 민감하게 반응하는 식물을 말한다.
- 주로 **바이러스병을 진단**하는 데 널리 이용된다.
- **바이러스 검정 지표식물(★★) : 명아주, 독말풀, 완두**
- **감자 둘레썩음병의 진단(★)** 지표식물 : **가지**의 유묘
- **사과 자주날개무늬병 진단(★)** : 포장에 **고구마**를 심어서 검정한다.

② **최아법(싹을 틔워서 검정) :** 괴경지표법 : 감자의 덩이줄기(괴경)를 잘라 포장에 심어 바이러스 감염 여부를 관찰하는 방법이다.

③ **박테리오파지 이용** : 특정 세균에 특이성을 갖는 **파지**를 이용한다.

④ **병징음폐 제거 의한 진단** : 병징억제 인자를 제거하여 명징을 명확히 발현시켜 주어 진단에 이용한다.

⑤ **협촉반응에 의한 진단** : 두 종류의 균을 같은 배지에 배양(대치배양)하면 동일 계통의 균은 혼생하지만, 서로 다른 종류의 균의 경우 획선대가 나타나는데, 이러한 원리로 진단에 이용한다.

⑥ **유전자에 의한 진단** : 핵산잡종진단법(핵산잡종형성법), PCR법, report phage법

기출확인문제

Q1 식물바이러스병의 생물학적 진단법은?

① 슬라이드법 ② 괴경지표법
③ 형광항체법 ④ X-체 검경법

| 해설 | 식물바이러스병의 생물학적 진단방법으로 괴경지표법이 있다. 괴경지표법은 감자의 덩이줄기(덩이줄기)를 잘라 포장에 심어 바이러스 감염 여부를 관찰하는 방법이다.

정답 ②

4) 혈청학적(면역학적) 진단

혈청학적 검정방법은 항원과 항체 사이에 나타나는 반응을 통해 진단한다.

① **한천겔확산법(면역이중확산법)** : 확산매체(한천 겔)에서 바이러스의 입자(**항원**)와 항체의 분자는 서로 각각 다른 두 방향으로 이동하게 되는 원리를 이용한 진단방법이다.

② **형광항체법** : 항체와 형광색소를 결합시켜 형광항체를 만들고 이를 슬라이드글라스 상에서 피검액과 혼합하면 시료 중의 병원체는 형광항체와 응집반응을 일으켜 형광을 발아하는 원리를 이용하여 진단한다.

③ **ELISA(효소결합항체법)** : 미리 효소와 항체를 결합시키고 그것과 항원을 섞은 후 다시 그 효소의 기질을 첨가하여 발색반응을 분광광도계로 측정하여 진단한다.(바이러스 진단에 이용한다)

5) 이화학적 진단

병든 식물이나 병환부를 물리적·화학적으로 진단하는 방법이다.

기출확인문제

Q1 식물병의 면역학적 진단방법을 의미하는 용어는?

① SSCP ② RACE
③ ELISA ④ RAPDs

| 해설 | **ELISA**(효소결합항체법) : 면역학적(혈청학적) 진단방법인 ELISA는 미리 효소와 항체를 결합시키고 그 것과 항원을 섞은 후 다시 그 효소의 기질을 첨가하여 발색반응을 분광광도계로 측정하여 진단하는 방법이다.

※ 면역학적 진단방법의 종류 : ELISA, 한천겔확산법(면역이중확산법), 형광항체법

정답 ③

CHAPTER

6 식물병의 방제 방법

1 환경위생

1) **포장의 위생관리**

① 병원체의 월동처를 제거한다.

② 병원균의 중간기주를 제거한다.

- **잣나무 털녹병** 중간기주(★) : **송이풀, 까치밥나무**
- **소나무 혹병**의 중간기주(★) : **참나무류**
- **배나무 붉은별무늬병(배나무적성병)**의 중간기주 : **향나무**

2) **저장환경**

① **현미** : 알곡의 수분을 **15% 이하**로 저장(**장기보관** 가능)

② **고구마** : 큐어링을 하면 **검은무늬병** 예방

2 경종적 방제

① 건전종묘 및 저항성 품종의 이용

② 파종시기(생육기)의 조절

- 감자의 역병·뒷박벌레 : 일찍 파종하여 일찍 수확하면 피해가 경감된다.
- 밀 녹병 : 밀의 수확기를 빠르게 하면 피해가 경감된다.
- 벼 도열병 : 조식재배(**일찍 식재**) 하면 경감된다.
- 벼 이화명나방 : 만식재배(**늦게 식재**)하면 피해가 경감된다.

※ 파종시기(**생육기**)의 조절을 통한 예방은 그 지역의 병해충 발생 정도에 따라 적합하게 선택한다.

③ 합리적인 시비

• 질소비료의 과용, 칼리나 규산 등이 결핍되면 모든 작물에서 병충해의 발생이 심해진다.

※ 질소질 비료 : 조직을 연화시킨다.(수도작에서 질소과다→도별병)

※ 규산질 비료 : 조직을 규질화한다.(수도작에서 도열병 예방)

④ 토양개량제의 시용(규산, 고토석회)

⑤ 윤작(돌려짓기)

⑥ 답전윤환

⑦ 접목

• **박과류**의 접목 재배→**덩굴쪼김병** 예방

• **포도**의 접목→**필록세라**에 대한 저항성 증진

⑧ 멀칭재배

⑨ 객토 · 환토

3 생물학적 방제

생물학적 방제란 천적(**곤충, 미생물**)을 이용하여 병해충 방제에 이용하는 것을 말하며, 근래 환경농업에 이용한다.

① **천적의 종류(★)**

㉠ **기생성 천적(곤충)** : 침파리, 고치벌, 맵시벌, 꼬마벌

• 기생성 천적은 해충에 기생하여 해충을 병들게 하는 곤충을 말한다.

• 침파리, 고치벌, 맵시벌, 꼬마벌 : 나비목의 해충에 기생한다.

㉡ **포식성(잡아먹음)의 천적** : 풀잠자리, 꽃등에, 됫박벌레

• 풀잠자리, 꽃등에, 됫박벌레 : 진딧물을 잡아먹는다.

• 딱정벌레 : 각종 해충을 잡아먹는다.

② **해충별 이용되는 천적의 종류(★)**

㉠ **진딧물** : **진디혹파리**, 무당벌레, **콜레마니진디벌**, 풀잠자리, 꽃등에

㉡ **잎굴파리** : 굴파리좀벌, 잎굴파리꼬치벌

㉢ **응애** : **칠레이리응애**, 캘리포니쿠스응애, 꼬마무당벌레

㉣ **온실가루이** : **온실가루이좀벌**, 카탈리네무당벌레

ⓜ **총채벌레 : 오리이리응애**, 애꽃노린재

ⓗ **나방류** : 알벌, 곤충병원성 선충

ⓢ **작은뿌리파리** : 마일스응애

③ **천적이용 방제의 문제점**

- 모든 해충을 구제할 수는 없다.
- 천적의 이용관리에 기술적 어려움이 있다.
- 경제적으로 부담이 된다.
- 해충밀도가 높으면 방제효과가 떨어진다.
- 방제효과가 환경조건에 따라 차이가 크다.
- 노력이 많이 들고 농약처럼 효과가 빠르지 못하다.

※ Banker Plant(★) : **천적을 증식하고 유지하는 데 이용되는 식물**

④ **병원성(항균성) 미생물을 이용한 방제**

병원성 미생물은 해충에 침입하여 해충을 병들어 죽게 하는 것을 말한다.

ⓐ **송충이(★) : 졸도병균, 강화병균을 살포**하여 송충이를 이병시킨다.

ⓑ **옥수수 심식충 : 바이러스를 살포**하여 심식충을 이병시킨다.

※ 병원성 미생물을 이용한 방제는 현재도 꾸준히 연구가 진행되고 있다.

⑤ **길항미생물을 이용한 방제**

길항미생물이란 미생물이 분비한 항생물질 또는 기타 활동산물이 다른 미생물의 생육을 억제하는 미생물을 말한다. 즉 식물에 병을 유발하는 병원성 미생물의 천적 미생물이라고 할 수 있다.

ⓐ **토양전염병 방제** : *Trichoderma harzianum* **(트리코더마 하지아눔)** 이용

ⓑ **고구마의 Fusarium(후사리움)**에 의한 **시듦병 : 비병원성** *Fusarium* **(후사리움)** 이용

ⓒ **토양병원균 방제** : *Bacillus Subtilis* **(바실루스 서브틸리스)**를 종자에 처리하여 이용한다.

ⓓ **과수근두암종병** 방제 : *Agrobacterium radiobacter* 84 **이용**

ⓔ **담배흰비단병** 방제 : *Trichoderma lignosum* 이용

ⓕ **Siderophore(사이드로포어)** : 청국장을 발효할 때 나타나는 *Bacillus Subtilis* **(바실루스 서브틸리스)**균이 생산하는 **항생물질**이다.

ⓖ **방선균을 이용한 방제** : 방선균인 *Streptomyces*(스트랩토마이시스)는 항생물질인 ***Streptomycin*** **(스트렙토마이신)**을 생산한다.

※ *Streptomyces* **는 감자더뎅이병의 원인균이기도 하지만, 다른 병원균에 대해서는 항균 작용을 한다.**

⑥ **교차보호(약독바이러스를 이용 = 바이러스의 간섭효과 이용)**

- 식물이 어떤 바이러스에 감염되면 통상적으로 동종의 바이러스에는 또다시 감염되지 않는다. 이것은 바이러스의 간섭효과에 의한 것이다. 따라서 이러한 원리로 바이러스를 예방(방제)할 수 있다.
- **방법** : **약독바이러스**를 이용(TMV(**담배모자이크바이러스**) 방제)

생물농약

병해충 방제에 사용되는 생물들을 생물농약이라고 하며 앞으로도 꾸준히 연구가 진행하여야 할 분야이다. *Bacillus Subtilis*(바실루스 서브틸리스)의 경우 청국장을 발효할 때 나타나는 미생물로 이를 이용하여 고추 탄저병 방제에 이용하기도 한다.

기출확인문제

Q1 식물병원균에 대한 길항균으로 많이 사용되는 것은?

① *Rhizoctonia solani* ② *Streptomyces scabies*
③ *Penicillium expansum* ④ *Trichoderma harianum*

| 해설 | **병원균의 길항균 종류**

- 토양전염병 방제 : *Trichoderma harzianum*
- 고구마의 *Fusarium*(후사리움)에 의한 시듦병 방제 : 비병원성 *Fusarium*(후사리움)
- 토양병원균 방제 : *Bacillus Subtilis*(바실루스 서브틸리스)
- 과수근두암종병 방제 : *Agrobacterium radiobacter*
- 담배흰비단병 방제 : *Trichoderma lignosum*

정답 ④

4 물리적 방제

물리적 방제는 화학제(농약 등)가 아닌 물리적 요소를 이용한 방제를 말하며 빛, 소리, 열, 냉온, 기구(덫, 끈끈이 등), 소각 등을 이용한다.

① 포살 및 채란

- 포살 : 손이나 포충망을 이용하여 직접 해충을 잡아 죽이는 것
- 채란 : 해충의 유충이나 알을 직접 채취하여 죽이는 것

② 소각

낙엽, 마른잡초 등에는 병원균이 많고 또 월동해충이 숨어 있는 경우가 있으므로 태워 버린다.

③ 소토법(흙 태우기 또는 흙을 가열하기)

상토로 사용할 흙을 태우거나 철판에 구워서 토양전염병을 사멸시킨다.

④ 담수처리

시설하우스 내 토양을 장기간 담수해 두면 토양 전염하는 병해충을 구제할 수 있다.

⑤ 차단법

- 과실의 봉지 씌우기
- 어린 식물을 폴리에틸렌 등으로 피복하기
- 도랑을 파서 멸강충 등의 이동 등을 차단

⑥ 유살법

- 대부분의 나방류는 광주성(야간에 빛으로 모여듦)이기 때문에 유인등이 장치된 포충기를 이용하여 야간에 이화명나방, 독나방, 솔나방 등 나방을 포살한다.
- 해충이 좋아하는 먹이로 해충을 유인하여 포살한다.
- 포장에 짚단을 깔아 해충을 유인하여 소각한다.
- 나무 밑둥에 가마니 짚을 둘러싸서 이에 잠복하고 있는 해충을 가마니 짚을 통째로 태워 구제한다.

⑦ 온도처리법

㉠ 온탕처리법 : 맥류의 깜부기병, 고구마의 검은무늬병, 벼의 선충심고병 등은 종자를 온탕처리하면 사멸한다.

㉡ 건열처리

- 보리나방의 알 : 60도에서 5분, 유충과 번데기는 60도에서 1~1.5시간의 건열처리하면 사멸한다.
- 건열처리는 바이러스 등 종자전염 병해충 방제에 널리 이용한다.

5 화학적 방제

화학적 방제법은 **농약**을 살포하여 병해충을 방제하는 것을 말한다.

① 살균제

- 동제(구리제) : 석회보르도액, 분말보르도액, 동수은제 등
- 유기수은제 : Uslpulun, Mercron, Riogen, Ceresan 등(현재 유기수은제는 사용하지 않고 있다.(제조금지 됨))

• 무기황제 : 황분말, 석회황합제

② 살충제

• **천연살충제 : 피레드린(제충국에서 추출★)**, 니코틴(**담배에서 추출**) 등

• 유기인제 : 그로메 유제, 디프 수화제, 파라티온 유제, 템프, 스미티온이피엔, 말라티온 등 (EPN(이피엔)은 현재 사용(제조) 금지됨)

• 염소계

• 살비제 : 응애 방제

• 살선충제 : 선충방제

③ 유인제 : 페르몬 등

④ 기피제 : 모기, 벼룩, 이, 진드기 등에 대한 기피제

⑤ 화학불임제 : 호르몬계

⑥ 보조제 : 용제, 계면활성제, 중량제 등

6 법적 방제

법적 방제는 식물방역법을 제정하여 **식물검역**을 실시(**해외 병해충의 국내 반입을 차단**하는 방법을 말한다. 우리나라는 농림축산검역본부에서 업무를 관장한다.)

① **식물검역** : 특정 병원균의 국가 간·지역 간 이동 차단

• 밤나무 줄기마름병 : 동양(일본, 중국)에서 미국으로 유입되어 미국 토종 밤나무에 큰 피해

② **품질인증** : 법적으로 식물체의 품질을 인증하고 보호

7 종합적 방제

종합적 방제는 여러 가지 방제 방법을 복합적으로 적용하는 방법이다. 종합적 방제의 핵심은 병해충을 **완전히 박멸하는 것이 아닌 경제적 피해 밀도 이하(★)**로 방제하는 것이다.

CHAPTER

7 주요 병

1 수도작

① **모썩음병**

- **발생시기** : 볍씨가 **발아하는 시기**에 가장 문제가 된다.
- **발생조건 : 흐리고 기온이 낮은 경우**

② 도열병

- 병원체(★★★) : *pyricularia*(피리큘라리아)
- 발생조건 : 질소과용, 냉온
- 월동처 : 병든 볏짚
- 방제(★) : 트리사이클라졸 수화제, 가드수화제(올타). 이소란유제(후지왕), 아이소프로티올레인 유제, 이프로벤포스 유제, 아족시스 트로빈 수화제

③ **키다리병**

- **병원체(★★★)** : *Gibberella fujikuroi*
- **발생조건** : 종자전염 한다.
- **예방 및 방제** : 종자 소독
- **병징** : 육묘기부터 발생한다. 벼의 키가 보통의 개체보다 1.5배 이상 신장한다.
- 키가 커지는 원인 : 병원체인 *Gibberella fujikuroi*균이 생산하는 '**지베렐린**'의 영향을 받는다.

④ **벼 세균성 벼알 마름병**

- 병원체 : *Burkholderia glumae*
- 발병환경 조건 : 출수기 전후 잦은 강우와 9월 상순 평균 기온보다 높은 경우
- 증상 : 일찍 감염된 벼 알은 발육이 정지되고 쭉정이가 된다. 벼알은 기부부터 황백색으로 변색되기 시작하여 전체가 변색되고 벼 알에 갈색의 줄무늬가 나타난다.
- 방제법 : 무병지에서 채종, 염수선(비중 1.13~1.14., 온탕처리, 건열처리)

⑤ 잎집무늬마름병

- 발생환경 조건 : 다비(질소과다), 조기 · 조식재배, 고온다습
- 병징 : 주로 잎집에 발생, 심한 경우 이삭 목에도 발생한다. 잎집에 발생되어 수분상승이 억제되어 잎이 말라죽는다.
- 병원균 : *Thanatephorus cucumeris*
- 방제법: 다비밀식 회피. 칼륨 시용

기출확인문제

Q1 벼 잎집무늬마름병(잎집얼룩병)의 발생조건으로 가장 거리가 먼 것은?

① 밀식 ② 비료과다
③ 늦은 파종 ④ 고온다습

| 해설 | 벼 잎집무늬마름병 발생환경 조건은 일찍 파종(조기 · 조식재배)하면 발병 환경이 조장된다.

정답 ③

2 전작(밭작물)

① **맥류녹병**

- **병원체** : *Puccinia* 속
- **특징** : **이종기생균(기주교대)**이다. 병원균의 race가 있다.
- **녹포자**
- **중간기주** : 매자나무
- **여름(하포자) 및 겨울포자(동포자)** : 맥류

② **잿빛곰팡이병**

- **병원체** : *Botrytis* 속
- **발생조건** : 저온다습 조건 지속
- **특징** : 기주범위가 넓다. 시설하우스에서 많이 발생한다.

③ **맥류붉은곰팡이병**

- **병원체(★★★)** : *Gibberella zeae*
- **병징** : 초기에는 이삭이 갈색으로 변하고 점자 **분홍색**의 분생포자퇴가 생긴다.

- **발생조건** : 개화기에 잦은 강우(다습조건)
- **특징** : 병원체가 생산한 독소로 인해 인축에 중독증세를 나타낸다.(사람이 먹으면 심한 구토증세)
- **전염** : 종자전염, 토양전염, 공기전염
- **방제** : 종자 소독. 이삭이 팰 때 석회황합제 살포

④ 감자 역병

- **병원체(★★★)** : *Phytophthora infestans*
- **기주식물** : 감자, 고추, 토마토, 가지 등 기주범위가 넓다.
- **병징** : 잎·줄기·괴경에 나타나는데, 줄기에 암갈색의 줄무늬가 생기고, 잎에는 암갈색 병반이 생긴다.
- **역사적 의의(★★★)** : 감자가 주식이었던 아일랜드에서 1845년과 1846년에 감자 역병이 크게 발생하여 100만 명이 굶어죽고 150만 명 이상이 기근(**굶주림**)을 피해 아메리카 대륙으로 이주하였다.

⑤ 흰가루병

- **병징** : 작물, 수목, 잡초에도 발생한다. 이병되면 곰팡이 균사류가 엉키기 때문에 마치 밀가루를 뿌려놓은 것처럼 보인다. 병든 부위는 흉한 모양으로 뒤틀리고 잎이나 줄기를 시들게 하고 열매의 질이 떨어진다.
- **발생조건** : 주야간 온도 차가 심한 경우. 박과채소류의 접목재배를 한 경우
- **전염 및 월동** : **분생포자**의 형태로 공기를 통해 전염되며 균사의 형태로 월동한다.
- **방제** : **디노캡**. 날씨가 더울 때는 효과가 없다.

⑥ 박과류 덩굴쪼김병

- **병원체(★★★)** : *Fusarium oxysporum*
- **병징** : 유묘기에는 잘록증상으로 나타나며, 생육기에는 잎이 퇴색되고, 포기 전체가 서서히 시들며 황색으로 변해 말라죽는다.
- **전염** : 토양전염(대표적인 토양전염병이다.)
- **예방방법** : 접목재배 한다.

⑦ 가지과 풋마름병

- **병원체** : *Pseudomonas solanacearum, Ralstonia solanacearum*
- **병징** : 초기에는 식물체의 지상부가 푸른 상태로 시들고, 발병이 좋은 환경이 되면 급속히 전체적으로 시든다.

- **진단방법** : 줄기를 잘라 물에 담가 보면 하얀 우유빛의 세균액이 분출된다.

⑧ **콩 자반병(자주무늬병)** : 콩의 특정병으로 지정됨

- **병원체** : *cercospora kikuchi*(**세르코스포라 키쿠치**)
- **병원균의 월동** : 종자, 이병된 식물체
- **병징** : 종실에 적갈색~보라색 병반
- **전염** : 종자, 바람, 빗물
- **예방** : 만숙종(**장엽콩**) 선택, 종자정선·소독(**벤네이트**), 수확 후 10일 이내 탈곡, 이병된 식물체 잔재 소각
- **방제** : 벤네이트-티, 호마이(**개화기 이후 결협기에 살포**)

⑨ **콩 세균성 점무늬병**

- 이 병에 걸리면 10% 이상 수량이 감소한다.
- 주로 잎에 발생하고 떡잎, 잎자루, 줄기, 콩 꼬투리에서도 발병된다. 콩 꼬투리에 수침상의 병반이 나타나고 중앙부가 다소 움푹 들어가서 즙액을 분비한다.
- 병원체 : *Pseudomonas savastanoi*
- 방제법 : 이병 식물체 소각, 건전종자 사용, 옥시테트라싸이클린 살포

※ 수침상 : 뜨거운 물에 담구었다 꺼낸 듯이 흐물흐물 함.

⑩ **오이 세균성점무늬병**

- 병원체 : *Pseudomonas syringae*
- 종자전염, 기공·수공·상처를 통해서 식물체 내에 침입한다.
- 종자전염은 종자가 발아할 때 자엽에 침입하고 유조직의 세포간극에서 증식한다.

⑪ **채소류 균핵병**

- 병원균 : *Sclerotinia sclerotiorum*이다.
- 자낭포자나 균핵에서 발아한 균사로 침입한다.
- 발병 후기에는 발병조직에 백색 균사가 나타난다.
- 저온성균으로 10~15℃에서 발병된다.

기출확인문제

Q1 국내에 발생하는 채소류의 균핵병에 대한 설명으로 옳지 않은 것은?

① 병원균은 *Sclerotinia Sclerotiorum*이다.
② 자낭포자나 균핵에서 발아한 균사로 침입한다.
③ 발병 후기에는 발병조직에 백색 균사가 나타난다.
④ 균핵이 땅속에 묻혀 있다가 고온(25℃이상)이 되면 발아한다.

| 해설 | • 균핵병은 저온성균으로 10~15℃에서 발병된다.
• 병징 : 수침상(뜨거운 물에 담구었다가 꺼낸 듯한 형상)

정답 ④

3 과수 및 수목

① 사과나무 부란병

- **병원체** : *Valsa ceratosperma*
- **발생부위** : 나무의 **줄기(주간)**, 가지에 발생한다.
- **병징** : 처음에는 수피가 갈색으로 변색되어 부풀어 오르고 쉽게 벗겨지며, **알콜(★) 냄새**가 난다.

② 사과·배 화상병(불마름병)

- 병원체 : *Erwinia amylovora* (**에르위니아 아밀로보라**)
- 북아메리카, 유럽의 일부, 뉴질랜드, 일본 등지에서 배와 사과 농장에 발생하였다.
- 병징 : 병반이 둥글고 움푹 들어간 형상을 띠며 암갈색 또는 자줏빛으로 불에 그을린 것처럼 보이며 죽는다.

③ 과수 그을음병

- **발생원인 : 면충, 진딧물, 꽃매미** 등 흡즙성 곤충의 **배설물**로 인해 **연기에 의해 그을음**이 생긴 것처럼 보인다.

④ 복숭아 세균성구멍병

- 병원체 : *Xanthomonas pruni*
- 병징 : 병든 부위와 건전부 사이에 이층(離層)이 생긴다. 병든 부위가 구멍이 뚫린다. 나뭇가지에서는 처음 자갈색 수침상 반점이 생겨 병든 부위는 움푹 들어가고 궤양 모양이 된다.

⑤ 소나무 혹병

- 병원체 : *Cronatium quercum*
- 병징 : 가지나 줄기에 큰 혹이 만들어진다.

- **특징** : 병원체가 **이종기생(★)** 한다.(녹포자→소나무/하포자 · 동포자→상수리나무 · 졸참나무)

⑥ 수지동고병(줄기마름병)

- 기주식물 : 밤나무, 배나무, 사과나무
- 병징 : 나뭇가지 · 줄기의 껍질에 갈색 또는 검은색의 작은 돌기가 형성되고 심해지면 병든 부위 위쪽의 가지 · 줄기가 말라 죽는다.
- 예방 및 방제 : 동해로 병반이 형성되면 칼로 깎아내고 알콜로 소독 후 살균제를 처리한다. 늦가을 석회유 또는 석회황합제를 처리한다.

⑦ 소나무(침엽수) 잎떨림병

- 병징 : 잎에 반점이 발생하며 심해지면 잎 전체가 갈색 · 적갈색으로 되고 결국 잎이 떨어진다.

⑧ 사과 뿌리혹병(근두암종병)

- 병원체(★★) : *Agrobacterium tumefaciens*
- 기주식물 : 사과, 배, 포도 등 과수
- 병징 : 뿌리에 큰 혹이 형성된다.

※ 선충에 의한 경우도 혹을 형성하는데, 선충의 경우 혹이 작고 뿌리혹병(근두암종병)의 경우 혹이 크다.

⑨ **사과 자주날개무늬병**

- 병징 : 균사막이 뿌리 전체를 둘러싼다. 심한 경우 기부 측(지표면 쪽 줄기)까지 자색의 균사가 나타나고, 지상부는 고사한다.
- **특징** : 이병된 나무의 지하부에 표징(**표피에 적자색 균사조직이 보여짐**)이 나타나기 때문에 쉽게 판정이 가능하다.

⑩ **과수**(사과 · 배) **붉은별무늬병(적성병)**

- **병원체** : *Gymnosporangium asiaticum*
- **병징** : 잎에 작은 황색 무늬가 생기면서 이것이 점차 커져 적갈색 얼룩반점이 형성된다. 잎의 뒷면은 약간 솟아오르고 털 모양의 돌기에서 포자가 나온다.
- **특징** : 병원균은 **이종기생**을 하는데 여름철엔 배나무에 기생하고, 겨울에는 **향나무(★★)**에서 균사의 형태로 월동한다.
- **예방** : 중간기주인 **향나무를 제거**하거나 방제할 때 **향나무를 같이 방제**한다.

⑪ **과수**(사과 · 배) **검은별무늬병(흑성병)**

- **병원체** : *Venturia nashicola*
- **병징** : 과실에 검은색의 부정형 점무늬가 생기고 열매가 점점 커지면 병무늬가 오목해지며 틈이 생긴다.

• **병원체의 월동태** : 가지나 낙엽에서 균사 또는 분생포자의 형태로 월동한다.

⑫ 과수 탄저병

• **병원체(★★★)** : *Glomerella cingulata* 또는 *Colletotrichum acutatum*

• **병징** : 과실의 표면에 연한 갈색의 둥근무늬가 생겨 차차 커지면서 흑갈색으로 변하고 폭탄이 떨어진 자리처럼 움푹해진다.

※ 겹둥근무늬병과 병반이 비슷하지만, 겹둥근무늬병의 경우 병반이 동심원 형태를 하고 있다.

• **기주식물** : 사과, 배, 포도, 복숭아, 고추, 수박 등 기주범위가 넓다.

⑬ 사과 갈색무늬병

• **병원체** : *Marssonina mali*(★)

• **병징**
  - 조기낙엽
  - 초기에는 잎에 갈색(褐色) 또는 황갈색 반점이 생긴다.
  - 점차 확대되면 불규칙한 병반(病斑)이 형성된다.
  - 병반 가장자리는 황색 또는 녹색의 얼룩무늬가 생긴다.
  - 병반 내부는 흑색의 포자층을 형성하고 흰포자가 그곳에서 나온다.

• **병원체의 월동태** : **병든 잎**에서 **포자**로 월동한다.

• **최근 사과에 문제되고 있는 병이다.**

기출확인문제

 병원균이 포도 탄저병균(*Glomerella cingulata*)과 같은 것은?

① 콩 탄저병　　② 사과 탄저병
③ 수박 탄저병　　④ 목화 탄저병

| 해설 | • 포도, 사과, 배, 호두, 감귤 탄저병균은 *Glomerella cingulata*이다.
• 수박, 목화, 고추 탄저병의 병원균은 *Colletotrichum acutatum*이다.

정답 ②

식·물·보·호·기·사·필·기

Part 2 농림해충학

CHAPTER

1 곤충의 특성

1 곤충의 일반특성

① 곤충은 지구상 동물 중 가장 번성하였다.

② 지구상 전체 동물의 3/4을 곤충이 차지한다.

③ 곤충은 마디(절지) 동물문에 속한다.

2 오늘날 지구상에서 곤충이 다양하게 번성하게 된 원인

① **외골격이 발달**하였다.

- 외골격의 기능 : 몸을 보호하고 수분 증발을 방지한다.

② **체구가 작다.**

- 체구가 작아 **소량의 먹이로도 생존이 가능**하다.
- 크기가 작아 **천적으로부터 피해, 숨기가 용이**하다.
- 바람에 의한 이동이 쉽다.
- 에너지 소모도 적다.
- 중력의 영향도 적어 추락에 의한 손상 문제도 없다.

③ **날개가 발달하였다.**

- 날개를 이용하여 새로운 곳으로 이동하여 종족 분산이 용이하다.

④ **세대가 짧다.**

⑤ **번식력(생식능력)이 높다.**

⑥ **냉혈동물이기 때문에 저온**에서도 **에너지 소모가 적다.**

⑦ **기관계의 발달**로 근육까지 외부로부터 직접 산소를 전달한다.

⑧ **변태**하여 **불량환경에 적응한다.**

- **여름**이나 **겨울**을 **번데기**로 살아남는 수단으로 활용한다(**애벌레**와 **성충**이 **각각 다른 환경에서 살거나 서로 다른 종류의 먹이를 먹음**(**환경 적응성이 높다**)).

⑨ **공진화**(곤충은 다양한 식물을 가해, 식물은 곤충의 가해를 방어하는 방향으로 진화)로 **종의 다양성**으로 이어졌다.

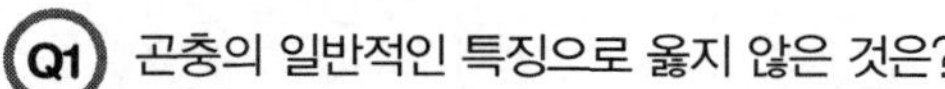

기출확인문제

Q1 곤충의 일반적인 특징으로 옳지 않은 것은?

① 변태나 탈피를 통해 성장한다.
② 연중 세대수가 많고 산란수도 많다.
③ 내골격이 발달되어 몸을 보호하는 능력이 강하다.
④ 몸의 크기가 작아 적은 먹이에도 견디는 능력이 강하다.

| 해설 | 곤충은 외골격이 발달되어 몸을 보호한다.

정답 ③

Q2 곤충의 일반적 특징으로 옳지 않은 것은?

① 온혈동물이다.
② 부속지들이 마디로 되어 있다.
③ 외골격이 발달하여 근육의 부착점이 된다.
④ 탈피를 통해 성장하고 변태과정을 거치기도 한다.

| 해설 | 곤충은 냉혈동물이기 때문에 저온에서도 에너지 소모가 적다.

정답 ①

3 곤충의 유용성

① **유기물 분해에 도움**

- 낙엽이나 나무의 분해를 돕는다.
- 동물의 사체나 배설물을 처리해 준다.

② **토양의 물리성 개선** : 지렁이처럼 흙을 갈아엎으며 섞어줌으로써 공기순환, 배수, 영양소 분해로 흙의 질을 높여준다.

③ **수분의 매개자 : 타가수정** 식물의 **화분을 매개**해 준다.

④ **작물을 가해**하는 **해충**의 **천적**의 역할을 한다.

⑤ 다양한 **천연화합물의 제공**

- **명주실**(실크=비단) : 누에고치에서 얻는다.
- **코치닐**(cochineal) : 가루깍지벌레류에서 추출한 붉은 염료
- **키틴**(chitin) : 곤충의 외골격을 구성하는 물질로 항응고제, 상처 치료제, 콜레스테롤 감소제의 원료, 생분해성 플라스틱, 수질오염물 제거 등에 이용된다.

⑥ **생물학적 연구**에 이용된다.

⑦ **정서 함양에 도움을 준다.**

⑧ **기호식품**으로의 기능도 한다.

CHAPTER

2 곤충의 외부형태

1 곤충의 형태적 특성

TIP

곤충의 외부형태 특징

- 곤충의 몸은 여러 개의 마디로 이루어져 있다.
- 곤충의 몸은 딱딱한 외골격(동물의 뼈에 해당)으로 이루어져 있다.
- 곤충의 몸은 머리, 가슴, 배, 3부분으로 구분되어 있다.
- 더듬이의 기본 구조는 3부분으로 되어 있다. 밑 마디(기절), 흔들 마디(경절), 채찍 마디(편절)
- 겹눈은 여러 개의 낱눈이 모여 이루어져 있다.

1) 머리

① 더듬이

㉠ **역할** : 냄새, 페로몬, 습도변화, 진동, 풍속, 풍향 등을 감지한다.

㉡ **구조** : **3부분**으로 되어 있다. → **제1절 밑 마디**(**기절**, 길고 크다), **제2절은 흔들 마디**(**경절**, 짧다), **제3절은 채찍 마디**(**편절**, 많은 마디로 구성, 형태 다양)

- **흔들 마디(경절)** : **존스턴씨기관(★★)**으로 **소리, 풍속** 감지
- **채찍 마디(편절)** : **냄새**를 맡는 감각기 발달

㉢ **존스턴씨기관**

- 모기류에서 잘 발달되어 있다.
- 더듬이 제2절 흔들마디(경절)에 있다.
- 청각기관의 일종이다.
- 편절에 있는 털의 움직임에 자극을 받는다.

㉣ **더듬이의 형태(★★★)**

형태	해당 곤충
실모양	노린재, 바퀴목, 강도래목, 집게벌레목, 흰개미붙이목
채찍모양	하루살이목, 잠자리목, 매미목
염주모양	벌목(잎벌과★), 흰개미목, 민벌레목

② **눈**

- **겹눈(복안)** : 시각의 주 기관으로 **많은 낱눈이 모여** 이루어져 있다.
- **홑눈(단안)** : 보통 1~3개, **없는 것도 있다. 수정체가 없다.**

③ **씹는형 입틀** : 메뚜기, 바퀴, 딱정벌레, 나비목의 유충

- 구성 : **큰 턱, 작은 턱, 입윗술, 아랫입술**로 구성되어 있다.

  ㉠ **큰 턱** : 좌우로 위치한 한 쌍의 **이빨에 해당**한다.

  - 역할 : 식물 조직을 뜯어서 자르고 씹는 역할. 경우에 따라 방어, 공격을 위한 무기로 사용

  ㉡ **작은 턱** : 음식을 잘게 자르고 음식물을 입안으로 넣는 역할을 한다.

  ㉢ 윗잎술·아랫잎술 : 입틀을 감싸고 있다.

  - 역할 : 음식물이 밖으로 빠져나가는 것을 방지

  ㉣ 혀 : 입틀 속에 있다.

  ㉤ 침샘 : 혀와 아랫입술 사이에 있다. 소화효소를 분비한다.

④ **빠는형 입틀** : 나비(나방), 진딧물, 매미, 노린재, 파리

- 즙액을 빨기 위한 펌프가 발달해 있다.
- 주요 곤충목의 입의 형태

형태	해당 곤충
저작구형 (씹는형)	• **해당 곤충(★★)** : 메뚜기, 풍뎅이, 나비류의 유충 • 큰 턱이 기주식물을 잘게 부수는 역할을 한다.
저작 핥는형 (씹고 핥는형)	• **해당 곤충** : 꿀벌, 말벌 • **큰 턱** : 먹이를 자르거나 씹기에 편리하다. • **작은 턱과 아랫입술** : 긴 주둥이 모양으로 변형
흡취형 (핥아먹는형)	• **해당 곤충** : 집파리
여과구형	• **해당 곤충** : 수서곤충(미생물을 여과한다.)
절단흡취형	• **해당 곤충** : 모기, 벼룩, 등에
자흡구형 (찔러서 빨아먹음)	• **해당 곤충(★★★)** : 진딧물류, 멸구류, 매미충류, 깍지벌레류 • 윗입술, 큰 턱, 작은 턱들이 하나의 바늘모양으로 가늘고 길게 변형
흡관구형 (빨아먹는형)	• **해당 곤충(★★)** : 나비, 나방 • **큰 턱** : 특별한 기능이 없다. • **작은 턱** : 외엽이 융합하여 **대롱모양(★)의 긴 주둥이**로 변형

기출확인문제

Q1 먹이를 빠는 형의 입틀을 가진 것은?

① 진딧물 ② 메뚜기
③ 딱정벌레 ④ 나비 유충

| 해설 | **입틀의 형태**

- 진딧물 : 자흡구형(찔러서 빨아먹음)
- 메뚜기, 딱정벌레, 나비유충 : 저작구형(씹는형)

정답 ①

Q2 씹어먹는 입을 가진 해충은?

① 벼멸구 성충 ② 파밤나방 유충
③ 목화진딧물 유충 ④ 온실가루이 성충

| 해설 | 씹는형 입틀 : 메뚜기, 바퀴, 딱정벌레, 풍뎅이, 나비목의 유충

정답 ②

Q3 존스톤기관에 대한 설명으로 옳지 않은 것은?

① 청각기관의 일종이다.
② 더듬이의 자루 마디에 존재한다.
③ 모기류의 수컷에서 잘 발달되어 있다.
④ 비행 중 바람의 속도를 측정하기도 한다.

| 해설 | 곤충의 존스톤기관은 더듬이의 제2절 흔들 마디(두 번째 마디)에 있다.
※ 자루 마디는 작은 턱 두 번째 마디를 말한다.

정답 ②

Q4 메뚜기류의 작은 턱 수염이 연결된 부위는?

① 밑 마디 ② 자루 마디
③ 도래 마디 ④ 바깥 조각

| 해설 | 작은 턱 수염이 연결된 부위는 작은 턱, 두 번째 마디인 자루 마디(stipes)이다.
※ 작은 턱 마디 : 기부 쪽에서부터 밑 마디(cardo), 자루 마디(stipes)

정답 ②

Q5 성충의 입틀 모양이 서로 다른 것으로 짝지어진 것은?

① 모기, 매미 ② 나방, 딱정벌레
③ 메뚜기, 풀무치 ④ 노린재, 진딧물

| 해설 | **곤충의 잎틀**

- 자흡구형 : 모기, 매미, 노린재, 진딧물
- 흡관구형 : 나방, 나비
- 저작구형 : 딱정벌레, 메뚜기, 풀무치

정답 ②

2) 가슴

① 다리

㉠ 다리의 위치 : 각 가슴마다 한 쌍씩 모두 3쌍이 있다.

• 앞가슴에 앞다리, 가운데 가슴에 가운데 다리, 뒷가슴에 뒷다리

㉡ 다리의 기본구조 : 5마디로 이루어져 있다.

• 몸쪽부터 마디 순서 : 밑 마디(기절)→도래 마디(전절)→넓적 마디(퇴절)→종아리 마디(경절)→발마디(부절)

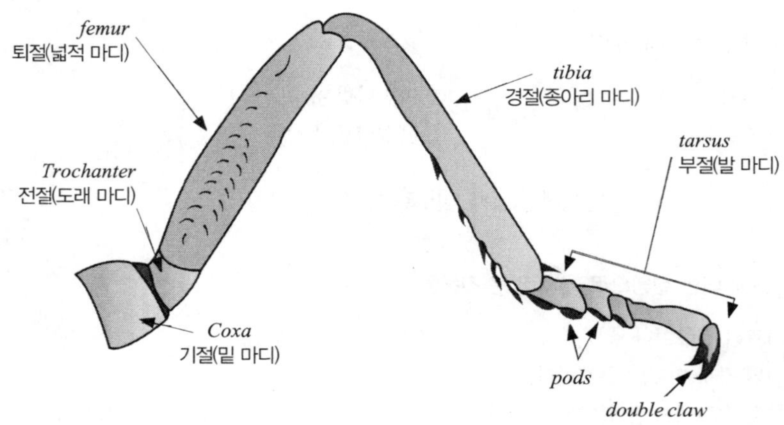

▲ 곤충의 다리 구조

㉢ 다리의 변형

• 땅강아지 : 굴삭기(땅파기)

• 사마귀 : 포획지

• 수중곤충 : 헤엄지

• 이 : 기주 부착

• 꿀벌 : 화분(꽃가루) 수집

② **날개 2쌍**

• **가운데 가슴**에 **앞날개 1쌍, 뒷가슴에 뒷날개 1쌍**이 붙어 있다.

• **앞가슴**은 날개가 붙어 있지 않다.

• **파리류의 평균곤** : **뒷날개가 퇴화**한 것이다.

• **부채벌레의 평균곤** : **앞날개가 퇴화**한 것이다.

• **하등곤충**에는 날개가 없다.

• **기생성 곤충(벼룩, 이)** : 날개가 2차적으로 **퇴화**되어 있다.

- **딱정벌레류·집게벌레류**는 **앞날개가 경화(시초)**되어 있다.
- **나비·나방류**는 **비늘가루**가 빽빽이 있다.
- 주요 해충목의 날개 특성

곤충목	날개의 특징
파리목	• 앞날개가 발달 • 뒷날개는 퇴화 → 평균곤(★)으로 변형되어 몸의 균형 유지
노린재목	• 앞날개는 변형된 반초시(반은 딱딱하고 끝부분은 막질로 구성)이다.
딱정벌레목 집게벌레목	• 앞날개가 시초(경화 됨)이다.

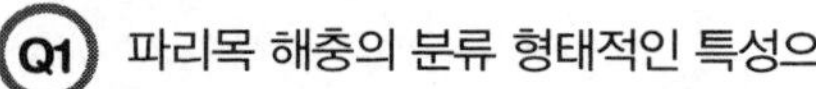

기출확인문제

Q1 파리목 해충의 분류 형태적인 특성으로 옳지 않은 것은?

① 유충의 다리는 3쌍이다.
② 번데기는 주로 비저작형 나용이다.
③ 뒷날개는 퇴화하여 평균곤으로 발달하였다.
④ 성충은 빠는 입 형태이고 유충은 씹는입 형태이다.

| 해설 | 유충은 다리가 없다.

정답 ①

Q2 곤충의 일반적인 특징이 아닌 것은?

① 머리에는 입틀, 더듬이, 겹눈이 있다.
② 배 마디에는 3쌍의 다리와 2쌍의 날개가 있다.
③ 곤충은 머리, 가슴, 배 3부분으로 구성되어 있다.
④ 곤충은 동물 중에 가장 종류가 많으며, 곤충강에 속하는 절지동물을 말한다.

| 해설 | 다리는 가슴에 있으며, 각 가슴마다 한 쌍씩 있다.(총 3쌍)

정답 ②

Q3 곤충의 다리 구조를 가슴에서부터 배열한 것으로 옳은 것은?

① 도래 마디-밑 마디-넓적 마디-종아리 마디-발목 마디
② 밑 마디-도래 마디-종아리 마디-넓적 마디-발목 마디
③ 밑 마디-도래 마디-넓적 마디-종아리 마디-발목 마디
④ 종아리 마디-밑 마디-도래 마디-넓적 마디-발목 마디

정답 ③

기출확인문제

Q4 날개가 두 쌍이 있는 곤충(잠자리 등)의 가슴구조에 대한 설명으로 옳지 않은 것은?

① 가슴 각 마디에 1쌍씩의 다리가 있다.
② 앞가슴과 가운데 가슴에 1쌍씩의 날개가 있다.
③ 가슴 안에는 날개와 다리를 움직이는 근육이 있다.
④ 가슴은 앞가슴, 가운데가슴, 뒷가슴의 3마디로 구분된다.

| 해설 | 가운데 가슴에 1쌍, 뒷가슴에 1쌍의 날개가 있다.(앞가슴엔 날개가 없다)

정답 ②

Q5 뒷날개가 퇴화하여 평균곤으로 발달하였고 앞날개 1쌍만을 가지고 비행하는 곤충목은?

① 벌목
② 파리목
③ 노린재목
④ 딱정벌레목

| 해설 | 파리목은 뒷날개가 퇴화된 평균곤이 발달하였다.

정답 ②

Q6 곤충의 일반적 특징이 아닌 것은?

① 외골격이다.
② 1쌍의 더듬이가 있다.
③ 개방 기관계를 가진다.
④ 가슴에 2쌍의 다리가 있다.

| 해설 | 가슴에 3쌍의 다리가 있다.

정답 ④

3) 배

① **위치** : 뒷가슴에 계속되는 부분

② **형상** : 보통 10개 내외의 마디로 구성

③ **생식기(생식공)·항문** : 배의 뒤쪽에 있다.

④ 운동성 있는 **부속지가 없다.**

⑤ 배의 일부가 변형된 것

- 발광기관 : 반딧불
- 발음기관 : 매미
- 청음기관 : 밤나방류

4) 쌍꼬리

① 배의 제일 끝 마디 부속지이다.

② 공기의 흐름을 감지하는 감각털이 집중되어 있다.

③ 가위모양으로 변형된 것도 있다.(집게벌레)

5) 피부(체벽) → 표피, 진피, 기저막

곤충은 외골격이라는 딱딱한 피부로 싸여 있다. 외골격은 3층으로 나누어져 **가장 바깥쪽에 표피, 그 아래에 진피**(眞皮), **안쪽에 기저막**(基底膜)으로 되어 있다.

TIP **체벽(곤충의 피부)의 기능**

- 물리적 보호 기능, 수분의 증발(손실) 방지, 영양분의 일시 저장
- 병원균으로부터 보호 · 감각기관이 있어서 자극을 감지
- 외부골격으로의 운동근육 부착점

6) 표피층

① 외표피(상표피)

- 몸의 가장 바깥쪽에 위치하고 여러 개의 층으로 구성되어 있다. →가장 바깥쪽에 시멘트층, 그 안쪽에 왁스층이 존재한다.
- 두께는 3㎛ 이하이고 단백질과 지질로 구성되어 있다.
- 표면은 왁스층으로 되어 있다.

  ※ 왁스층 : 표피 겉면으로 체내 수분 증발을 억제하여 건조로 인한 탈수를 방지하는 역할을 한다.
- 수수성을 가지고 있어 빗방울을 떨쳐낼 수 있다.
- 보호색을 가지고 있으며 자외선을 반사시키고 종 특이적 후각신호를 보내는 통로 역할을 한다.

② 외원표피

- 외표피(상표피) 아래에 위치한다.
- 색소 침착이 일어나 진한색을 띤다.
- 비수용성이다.

③ 내원표피

- 외원표피 안쪽에 형성되어 있다.
- 외원표피보다 두께가 두껍다.
- 경화과정을 거치지 않아 탈피과정에서 재활용이 가능하다.

④ 진피

- 내원표피의 아래에 위치한다.
- 한 층의 단세포 군이다.
- 진피 위에 놓이는 큐티클층을 형성하는 중요한 역할을 한다.

- 표피의 구성물질인 단백질, 지질, 키틴질을 합성한다.
- 진피의 상피세포 사이에 선세포(腺細胞)와 감각세포가 산재한다.
- 탈피 할 때에 내표피를 녹이는 탈피액을 분비한다.

⑤ 기저막

- 진피 아래에 위치하며 얇은 막으로 구성되어 있다.
- 막을 지나면 곤충의 몸에 해당하며 외골격과 체강을 구분지어 준다.
- 물질의 투과에는 관여하지 않는다.
- 점액다당류와 콜라겐으로 구성되어 있다.

7) 키틴

① 큐티클의 주성분으로 절지동물의 외골격과 진균류의 세포막에서 발견된다.

② 키틴의 구조 : N-acetylglucosamin이라는 단당류가 β-1,4결합구조로 연결되어 있는 일종의 다당류이다.

③ 키틴의 견고함은 주로 키틴의 사슬을 연결해 주는 수소결합 때문이다.

④ 상표피와 외원표피에서 단백질은 퀴논(quinone)과 반응하여 경화과정을 거쳐 큐티클은 더욱 강해진다.

⑤ 피부의 색깔

㉠ 화학적인 색소색

- 멜라닌 : 흑색, 갈색
- 카로티노이드 : 황색, 적색, 자색
- 프테린 : 백색, 황색, 적색
- 인섹트르빈 : 등적색
- 크산토프테린 : 황록색
- 이소크산토프테린 : 나비 · 누에 유충의 청자색

㉡ 물리적인 구조색

- 틴달산란광 : 청색
- 겹쳐진 박막(薄膜)과 능(稜)의 반사로 생기는 간섭색 : 무지개색
- 빽빽이 늘어선 가는 선에 의한 회절색(回折色)

㉢ 화학적 · 물리적 요소가 합쳐진 색

- 나비의 금록색(金綠色) 날개

기출확인문제

Q1 곤충의 표피 중 가장 바깥쪽에 있는 것은?

① 왁스층　　② 원표피
③ 기저막　　④ 시멘트층

| 해설 | 곤충 표피 중 가장 바깥쪽에 있는 층이 시멘트층이고, 그다음이 왁스층이다.

정답 ④

Q2 곤충의 내부구조 중 주요 역할이 체내 수분의 증산을 억제하는 기능을 갖는 것은?

① 외표피　　② 원표피
③ 내원표피　　④ 진피세포

| 해설 | 곤충의 외표피(단백질과 지질로 구성)는 왁스층이 있어 체내 수분 증발을 억제하여 건조로 인한 탈수를 방지하는 역할을 한다. 상표피라고도 한다.

정답 ①

 표피를 형성하는 단백질, 지질, 키틴 화합물 등을 합성하고 분비해 주는 한 층의 세포군으로 탈피 시에는 내원표피를 소화시키는 탈피액도 분비하는 것은?

① 체색　　② 표피층
③ 기저막　　④ 진피세포

| 해설 | **진피세포**

- 표피의 안쪽에 위치하며 표피의 구성물질인 단백질, 지질, 키틴질을 합성한다.
- 탈피할 때에 내원표피를 소화시키는 탈피액을 분비한다.

정답 ④

 곤충의 표피층에서 수분 증발에 관여하는 조직은?

① 상표피　　② 외원표피
③ 내표피　　④ 진표피

| 해설 | 상표피(외표피)는 곤충의 표피층 원표피를 덮고 있는 가장 바깥쪽 층으로 수분 증발에 관여한다.

정답 ①

 곤충의 외표피에 대한 설명으로 옳지 않은 것은?

① 수분의 증산을 억제하는 왁스층이 있다.
② 단백질과 지질로 구성된 매우 얇은 층이다.
③ 큐티클 단면에서 몸의 가장 바깥쪽에 위치한다.
④ 탈피 시 내원표피를 소화시키는 탈피액도 분비한다.

| 해설 | 탈피할 때에 내표피를 녹이는 탈피액을 분비하는 것은 진피세포이다.

정답 ④

기출확인문제

곤충 체벽의 진피층(epidernis)에 대한 설명으로 옳지 않은 것은?

① 단층으로 되어 있다.

② 내원표피 아래에 위치한다.

③ 외표피와 원표피로 구성되어 있다.

④ 단백질, 지질, 키틴 화합물을 합성한다.

| 해설 | • 외표피와 원표피는 표피층에 속한다.

• 표피층 아래에 진피층이 있다.

• 탈피할 때에 내원표피를 소화시키는 탈피액을 분비한다.

정답 ③

8) 기타 외부 특징

① **외골격**

㉠ 외골격은 몸을 둘러싼 **체벽** 자체를 말한다.

• 포유동물의 **뼈**에 해당한다.

• 벽 외부가 **큐티클**로 되어 딱딱하다.

※ 큐티클 : 큐티클은 생물체의 가장 바깥쪽 세포표면을 덮고 있는 층상 구조물을 말하며 각피라고도 한다.

㉡ **외골격의 구성**

• **3층**으로 구분 : **표피**(바깥쪽), **진피**(표피 안쪽), **기저막**(가장 안쪽)

㉢ **외골격의 역할**

• 외부의 충격으로부터 내부 조직(장기, 근육, 신경 등)을 보호

• 병원균의 침투 방지

• 벽 외부의 주 구성요소 : 큐티클

• 단단한 시초 또는 많은 털에 의해 보호되고 있다.

• **진피**의 **상포세포 사이**(**많은 감각세포**가 있다.)

㉣ 외골격은 단단한 시초 또는 많은 털에 의해 보호되고 있다.

㉤ 외골격 **진피**의 **상포세포 사이**(**많은 감각세포**가 있다.)

㉥ **마디(분절)**를 **형성**한다.

• 곤충의 몸이 여러 개의 마디로 나뉘는 것을 마디 형성 또는 분절이라 한다.

• 분절과정을 통해 **유연성**을 갖게 된다.

9) 곤충강과 거미강과의 차이

구분	곤충강	거미강 (응애)
몸의 구분	머리, 가슴, 배 3부분	머리가슴, 배 2부분
몸의 마디	가슴과 배에 마디	대개 몸에 마디가 없음
더듬이	1쌍	없음(다리가 변형된 더듬이 팔)
눈	겹눈과 홑눈	홑눈만 있다.(★★★)
다리	3쌍, 5마디로 구성	4쌍, 6마디로 구성
날개	2쌍(예외)	전혀 없음
생식문	배 끝에 있다.(★★★)	배의 앞부분에 있다.(★★★)
호흡기	기관이나 숨문이 몸의 옆에 위치	기관과 허파가 배 아래쪽에 위치
독선	없거나 있다면 배 끝에 침	큰 턱이나 머리가슴
거미줄돌기	없다.(흰개미붙이목 : 앞다리)	배 끝에 쌍으로 배열
탈피(변태)	대부분 한다.(★★★)	하지 않는다.(★★★)

기출확인문제

거미강의 특징으로 옳은 것은?

① 변태를 한다.
② 겹눈과 홑눈으로 되어 있다.
③ 더듬이를 가지고 있어 이동이 빠르다.
④ 몸의 구분은 머리·가슴과 배의 2부분으로 되어 있다.

| 해설 | **거미강의 특징**

- 변태하지 않는다.
- 홑눈만 있다.
- 더듬이가 없다.
- 몸의 구분은 머리·가슴과 배의 2부분으로 되어 있다.

정답 ④

거미와 비교한 곤충의 일반적인 특징으로 옳지 않은 것은?

① 겹눈과 홑눈이 있다.
② 더듬이는 한쌍이다.
③ 성충의 다리는 세쌍이다.
④ 생식문이 배의 배면 앞부분에 있다.

| 해설 | 곤충의 생식문은 배 끝에 있다.

정답 ④

CHAPTER

3 곤충의 분류

<table>
<tr><td rowspan="5">무시아강</td><td rowspan="5" colspan="2"></td><td>1. 톡토기목</td><td></td></tr>
<tr><td>2. 낫발이목</td><td></td></tr>
<tr><td>3. 좀붙이목</td><td></td></tr>
<tr><td>4. 돌좀목</td><td></td></tr>
<tr><td>5. 좀목</td><td></td></tr>
<tr><td rowspan="25">유시아강</td><td rowspan="2">고시류</td><td rowspan="2"></td><td>6. 하루살이목</td><td></td></tr>
<tr><td>7. 잠자리목</td><td></td></tr>
<tr><td rowspan="23">신시류</td><td rowspan="8">메뚜기군</td><td>8. 귀뚜라미붙이목</td><td></td></tr>
<tr><td>9. 바퀴목</td><td></td></tr>
<tr><td>10. 사마귀목</td><td></td></tr>
<tr><td>11. 흰개미목</td><td></td></tr>
<tr><td>12. 강도래목</td><td></td></tr>
<tr><td>13. 집게벌레목</td><td></td></tr>
<tr><td>14. 메뚜기목</td><td>메뚜기, 방아깨비, 여치, 귀뚜리미, 땅강아지 (★★★. 대표적인 토양해충)</td></tr>
<tr><td>15. 대벌레목</td><td></td></tr>
<tr><td rowspan="6">노린재군</td><td>16. 다듬이벌레목</td><td></td></tr>
<tr><td>17. 새털이목</td><td></td></tr>
<tr><td>18. 이목</td><td></td></tr>
<tr><td>19. 총채벌레목</td><td></td></tr>
<tr><td>20. 노린재목</td><td>방패벌레류, 노린재류</td></tr>
<tr><td>21. 매미목</td><td>벼멸구, 각종 매미충류, 진딧물류(★), 온실가루이(★), 나무이(★), 깍지벌레(★)</td></tr>
<tr><td rowspan="9">내시류</td><td>22. 풀잠자리목</td><td>알락명주잠자리</td></tr>
<tr><td>23. 딱정벌레목</td><td>솔나무하늘소, 무당벌레(★), 뽕나무하늘소, 넓적사슴벌레, 소나무좀(★), 바구미류(★), 오리나무잎벌레(★), 먼지벌레</td></tr>
<tr><td>24. 부채벌레목</td><td></td></tr>
<tr><td>25. 벌목</td><td></td></tr>
<tr><td>26. 밑들이목</td><td></td></tr>
<tr><td>27. 벼룩목</td><td></td></tr>
<tr><td>28. 파리목</td><td>등에, 고자리파리, 각다귀</td></tr>
<tr><td>29. 날도래목</td><td></td></tr>
<tr><td>30. 나비목</td><td></td></tr>
</table>

- 무시아강 : 날개가 없음
- 유시아강 : 날개가 있음
- 신시류 : 날개를 접을 수 있음
- 고시류 : 날개를 접을 수 없음
- 내시류 : 유충 때는 날개가 외부로 나타나지 않음
- 곤충의 종수가 많은 순서 : 딱정벌레목(26%)〉나비목(25%)〉벌목〉파리목〉노린재목
- 농림 해충이 많은 순서(★★★) : 나비목(45과 753종)〉딱정벌레목(27과 463종)〉매미목〉벌목〉노린재목(7과 44종)

1 곤충류의 분류학적 특성

① 곤충의 분류학상 기본단위는 종이다.

② 분류의 순서 : 강, 아강, 목, 아목, 과, 아과, 속, 아속, 종, 아종, 변종

③ 곤충의 목 분류 방법(★★★)

- 일반적으로 입과 날개의 진화 정도
- 날개의 모양
- 변태의 방식
- 진화의 정도

④ 곤충은 절지동물문에 속하며 그 중에서 가장 큰 비중을 차지한다.

- 종류는 30개 정도의 목들이 있다.

2 날개 유무에 따른 분류

1) 무시아강

① 무시아강의 특징

- 날개가 없다.
- 변태하지 않는다.
- 종류 : 톡토기목, 낫발이목, 좀붙이목, 좀목

㉠ 톡토기목

- 눈 : 홑눈(낱눈) 모양으로 집안을 이루고 있다.
- 입 : 저작구(씹는형)이고 머리의 내부에 함입되어 있다.(머리 속으로 들어감)

• 촉각(더듬이) : 짧다. 4~6마디이다.

• 날개가 없다.

• 배 : 5마디(절)이다. 4절에는 도약기 1쌍과 복관(★)이 있다.

※ 도약기: 점프할 때 사용되는 부속지

• 기관계와 말피기씨관이 없다. 따라서 피부로 가스교환을 한다.

• 변태하지 않는다.

㉡ 낫발이목

• **머리가 원뿔 모양**이고 몸은 길다.

• 눈 : 눈이 없다.

• 입 : 흡수구이다.

• 촉각(더듬이) : 퇴화하고 없다.

• 다리 : 몸의 1~3마디(절)에 1쌍씩의 다리가 있다. 앞다리는 더듬이처럼 들고 다닌다.

• 날개가 없다.

• 배의 마디가 자라면서 증가한다. **성충은 12마디**이다.

• 변태하지 않는다.

㉢ 좀목

• 눈 : 없다.

• 입 : 저작구(씹는형)이며 머리 속에 함입되어 있다.(머리 속으로 들어감)

• 촉각(더듬이) : 길고 마디가 여러 개다.

• 날개가 없다.

• 배 : 배의 마디는 10~11절(마디)이다.

• 배 끝에 쌍 꼬리(집게모양)가 있다.

• 변태하지 않는다.

기출확인문제

Q1 복관(collophore)을 갖고 있는 곤충은?

① 좀 ② 낫발이

③ 진딧물 ④ 톡토기

| 해설 | 톡토기 목의 배는 5마디(절)이며 4절에는 도약기 1쌍과 복관이 있다. 또한 기관계와 말피기씨관이 없어 피부로 가스교환을 한다.

정답 ④

기출확인문제

Q2 탈바꿈(변태)을 하지 않는 해충은?

① 응애 ② 진딧물
③ 방패벌레 ④ 깍지벌레

| 해설 | 응애는 거미강으로 여기에 속하는 것들은 탈바꿈(변태)을 하지 않는다.

정답 ①

Q3 수컷 해충의 생식기관이 아닌 것은?

① 저정낭 ② 부속샘
③ 수정관 ④ 부속지

| 해설 | 부속지(쌍꼬리)는 공기의 흐름을 감지하는 기관이다.

정답 ④

2) 유시아강(有翅亞綱. 날개가 있다.)

① **고시류**(날개를 접을 수 없는 유형 ★★★) : **하루살이목, 잠자리목**

㉠ 하루살이목

- 입 : 퇴화됨
- **약충은 물속**에 살고 **성충은 물가**에 산다.
- 앞날개 : 뒷날개보다 현저히 크고 삼각형이다.
- 뒷날개 : 둥글고 날개 맥이 많다.
- 날개가 발생한 후에 다시 탈피한다.

㉡ 잠자리목

② 신시류(날개를 접을 수 있는 유형)

㉠ 불완전변태(외시류)

메뚜기목, 그물날개목, 바퀴목, 사마귀목, 흰개미목, 갈르와벌레목, 대벌레목, 집게벌레목, 흰개미붙이목, 민벌레목, 다듬이벌레목, 이목, 털이목, 총채벌레목, 노린재목

㉡ 완전변태류(내시류★★)

풀잠자리목, 벌목, 나비목, 파리목, 벼룩목, 딱정벌레목, 부채벌레목, 밑들이목, 날도래목

기출확인문제

Q1 고시류(Paleoptera) 곤충에 속하는 것은?

① 밀잠자리 ② 담배나방
③ 분홍날개대벌레 ④ 밤애기잎말이나방

| 해설 | 고시류(날개를 접을 수 없는 곤충류) : 하루살이목, 잠자리목

정답 ①

Q2 곤충 분류학상 외시류가 아닌 것은?

① 매미 ② 밑들이
③ 집게벌레 ④ 하루살이

| 해설 | 밑들이목은 내시류(완전변태류)에 속한다.

정답 ②

Q3 곤충의 고시류와 신시류의 분류 기준으로 옳은 것은?

① 변태의 정도에 따른 분류이다.
② 날개의 유무에 따른 분류이다.
③ 번데기의 부속지 움직임 유무에 따른 분류이다.
④ 날개를 완전히 접을 수 있는지에 따른 분류이다.

| 해설 | 날개를 접을 수 있는지 여부에 따라 접을 수 있는 신시류와 접을 수 없는 고시류로 분류한다.
※ 고시류 : 하루살이목, 잠자리목

정답 ④

Q4 완전변태류에 속하는 것은?

① 메뚜기목 ② 노린재목
③ 풀잠자리목 ④ 총채벌레목

| 해설 | **완전변태류(내시류 : 알→유충→번데기→성충)**

- 풀잠자리목, 벌목, 나비목, 파리목, 벼룩목, 딱정벌레목, 부채벌레목, 뱀잠자리목, 약대벌레목, 밑들이목, 날도래

정답 ③

3 불완전변태류 주요 곤충목

① **메뚜기목**

- **입** : 저작구형(씹는형)이다.

- **더듬이** : 길고 마디가 30마디 이상이다.
- 배 마디 옆이나 앞다리 종아리 마디에 소리를 내는 **청음기관**이 있다.
- **먹이** : **약충과 성충 모두 식식성**이다.
- **종류** : 메뚜기, 귀뚜라미, 방아깨비, 풀무치, 여치, **땅강아지(★★★)**

② **총채벌레목**

- **몸** : **소형**이지만 **단단**하다.
- **빠는 형**(★★★)의 입을 가지고 있다.
- 대부분 초식성 곤충이다.
- **입틀** : 좌우가 **비대칭**(★)이다(입틀은 줄쓸어 빠는 형으로 오른쪽 큰 턱은 기능을 잃고 작게 퇴화되어 있어서 좌우 비대칭이다).
- **무성생식**(단위생식. ★★★)을 하는 것도 있다.
- 일부는 식물 **바이러스를 매개**한다(중요한 **농업해충**이다).
- **날개** : 있는 것도 있고 없는 것도 있다
- 불완전변태를 한다(번데기태가 있다).

③ **노린재목**

- 현재는 매미목이 노린재목에 포함되었다.
- **입** : 흡수형구기
- 장시형과 단시형이 있다. 날개가 없는 것도 있다.
- **단위생식**을 하는 것도 있다.
- 불완전 변태를 한다.
- 식식성이다.
- **종류** : 각종 노린재 종, 매미류, 진딧물류, 가루이, 깍지벌레

기출확인문제

Q1 총채벌레목에 대한 설명으로 옳지 않은 것은?

① 단위생식도 한다.
② 입틀의 좌우가 같다.
③ 불완전변태군에 속한다.
④ 산란관이 잘 발달하여 식물의 조직 안에 알을 낳는다.

| 해설 | 총채벌레의 입은 줄쓸어 빠는 형으로 오른쪽 큰 턱은 기능을 잃고 작게 퇴화되어 있어서 좌우 비대칭이다.

정답 ②

기출확인문제

Q2 사과면충은 분류상 어느 목에 속하는가?

① 벌목 ② 노린재목
③ 딱정벌레목 ④ 집게벌레목

| 해설 | 매미목 해충의 대표적 종류 : 면충류, 진딧물류, 멸구류, 매미충류, 나무이, 깍지벌레류
※ 현재는 매미목을 노린재류로 분류한다.

정답 ②

Q3 배나무이의 분류학적 위치는?

① 나비목 ② 매미목
③ 사마귀목 ④ 딱정벌레목

| 해설 | • 배나무이 : 매미목 나무이과
• 배나무 잎의 즙액을 빨아먹어 피해를 준다. 개미와 공생을 하므로 개미집을 제거하여 예방한다.
※ 현재는 매미목을 노린재류로 분류한다.

정답 ②

Q4 온실가루이가 속하는 목은?

① 벌목 ② 노린재목
③ 강도래목 ④ 딱정벌레목

| 해설 | 온실가루이는 매미목으로 분류하였으나 현재는 매미목을 노린재목으로 포함시킨다.

정답 ②

4 완전변태류 주요 곤충목

풀잠자리목, 벌목, 나비목, 파리목, 벼룩목, 딱정벌레목, 부채벌레목, 뱀잠자리목, 약대벌레목, 밑들이목, 날도래목

① **파리목**

- **날개가 한 쌍**이다.
- **뒷날개는 퇴화**되었다. 뒷날개는 주걱모양으로 퇴화하여 날개의 기능을 잃었지만, **평균곤**으로 변형되어 비행조절을 돕는다.
- **번데기**가 **위용(★★★)**이다.
- **종류** : 등에, 고자리파리

② **나비목**

- 곤충류에서 2번째로 큰 비중을 차지한다.
- 온 몸과 날개가 인편으로 싸여 있다.
- 애벌레는 나비유충형 또는 배추벌레형이다.
- 완전변태를 한다.
- **번데기**가 **피용**이다.

  ※**피용** : 번데기의 표면이 분비액에 의하여 강하게 경화되어 있어 움직이지 못합니다.
- 유충과 성충의 먹이가 완전히 다르다.(유충–식식성(식물체), 성충–꿀을 빨아먹음)
- 성충의 큰 턱은 거의 퇴화되어 있다.
- 교미구와 산란구가 별도로 있다.

③ **딱정벌레목**

- **완전변태류(번데기가 나용)**이다.
- 곤충 전체의 약 40%로 가장 많은 비중을 차지한다. 곤충류 중에서 종수가 가장 많고 가장 분화되고 다양하다.
- **앞날개는 뒷날개를 보호**하는 **시초(단단한 굳은 날개**–날개맥 없음)이다.
- 씹는 입틀을 가지고 있다.
- **외골격이 단단**하다.
- **종류** : 반날개과 곤충, 무당벌레, 뽕나무하늘소, 넓적사슴벌레, 소나무좀, 느티나무벼룩바구미, **오리나무잎벌레(★)**

④ **풀잠자리목**

- 홑눈이 없다.
- 씹는 입틀을 가지고 있다.
- 완전변태를 한다.
- 포식성이다.

⑤ **벌목**

- **곤충 중에서 가장 진화**된 그룹이다.
- 다른 곤충에 기생하는 벌류 : 맵시벌, 고치벌, 수중다리좀벌
- 씹는 입틀을 가지고 있다.
- 산란관이 잘 발달하였다.
- 완전변태를 한다.
- **포식성 벌 : 구멍벌, 말벌**
- **충영**을 형성하는 벌 : 혹벌

기출확인문제

Q1 파리목 해충의 분류 형태적인 특성으로 옳지 않은 것은?

① 유충의 다리는 3쌍이다.
② 번데기는 주로 비저작형 나용이다.
③ 뒷날개는 퇴화하여 평균곤으로 발달하였다.
④ 성충은 빠는 입 형태이고 유충은 씹는 입 형태이다.

| 해설 | 유충은 다리가 없다.

정답 ①

Q2 곤충 분류학상 딱정벌레목에 속하지 않는 종은?

① 소나무좀 ② 마름무늬매미충
③ 오리나무잎벌레 ④ 느티나무벼룩바구미

| 해설 | 마름무늬매미충은 노린재목 매미충과이다.

정답 ②

Q3 풀잠자리목의 특징으로 옳지 않은 것은?

① 완전변태를 한다.
② 생물적 방제에 많이 이용된다.
③ 더듬이는 길고 홑눈이 3개이다.
④ 유충과 성충은 모두 포식성이다.

| 해설 | 풀잠자리목은 홑눈이 없다.

정답 ③

5 토양해충

숯검은나방, 땅강아지, 담배거세미나방, 고자리파리유충, 뿌리응애

6 유충·약충 시기에 수서(물속)생활 곤충

① 하루살이

- 나방류와 비슷하며, 유충과 번데기시기에 수서 생활을 한다.

- 아성충 단계가 있다.
- 유충은 기관아가미로 호흡한다.

② **잠자리류**

③ **날도래목** : 죽은 생물을 먹어 분해자의 역할을 한다.

기출확인문제

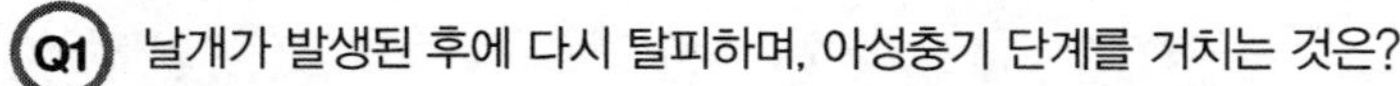

Q1 날개가 발생된 후에 다시 탈피하며, 아성충기 단계를 거치는 것은?

① 하루살이　　② 집게벌레
③ 깍지벌레　　④ 귀뚜라미

| 해설 | 잠자리목과 하루살이목은 약충과 성충 사이에 아성충기 단계가 있으며 성충과 유사하지만, 복안과 다리가 아직 미완성 단계이다.

정답 ①

Q2 유충이 육식성으로 수서생활을 하고, 물 밖으로 나와 번데기가 되어 성충으로 몇 시간 또는 며칠만 사는 것은?

① 뱀잠자리　　② 약대벌레
③ 부채벌레　　④ 풀잠자리

| 해설 | 뱀잠자리 유충은 수서생활을 하면서 작은 수서생물을 잡아먹는다.

정답 ①

CHAPTER 4

곤충의 내부구조 및 기능

1 소화계

① 소화효소

- **소화효소의 분비(★★) : 침샘, 중장**(중위)의 **원통상피**에서 분비
- **탄수화물, 단백질, 지방 분해**

② 장

소화관의 **주체**가 되며 **전장(전위), 중장(중위), 후장**으로 구성된다.

㉠ **전장(전위)**

- **인두** : 입과 연결되어 있다. 즙액을 빨아먹는 **곤충의 펌프**에 해당된다.
- **소낭(모이주머니 ★)** : 음식물을 일시 저장 역할
- **흡위** : 흡즙성 곤충에서 식도와 연결된 주머니
- **분문판** : 전장과 중장의 사이에 있으며, 중장 안에 들어온 **음식물의 역류**를 막는다.

㉡ **중장(중위 ★★★)**

- **위**에 해당한다.
- **음식물의 분해 및 양분 흡수(★★)**를 담당한다.
- **유문판(★★)** : 중장과 후장 사이에 있으며, 음식물의 이행을 조절한다.

㉢ **후장(배설기관)**

- **소장, 대장, 직장**으로 구분된다. 그러나 종류에 따라 소장과 대장이 구분되지 않은 것도 있다.
- **물**이나 **염** 등을 **흡수**하고 **배설(★★)**을 담당한다.
- **후장의 시작부분**에 **말피기소관**이 붙어 있다.
- **흰개미**의 경우 직장에 **공생미생물**이 있어 **목재섬유**인 **셀룰로스**를 분해할 수 있다.

기출확인문제

Q1 일반적인 곤충의 소화계에서 전장에 속하는 것은?

① 모이주머니(Crop) ② 위(Ventriculus)
③ 말피기관 ④ 위맹낭(Gastric Caecum)

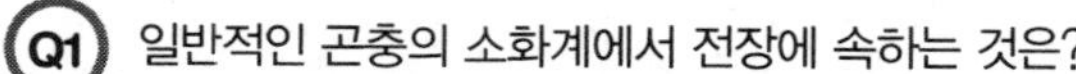

| 해설 | 모이주머니(소낭), 인두, 흡위, 분문판은 소화계의 전장에 속한다.

정답 ①

③ **말피기소관(★★★)의 기능**

- 체내에 쌓인 **노폐물을 제거**한다.
- **삼투압 조절**
- **물**과 함께 **요산**(uric acid)을 **흡수**하여 회장으로 보낸다.

기출확인문제

Q1 배자발육 과정 중 외배엽성 세포들이 함입하여 이루어진 기관이 아닌 것은?

① 중장　　② 전장
③ 후장　　④ 기관지

| 해설 | 중장은 내배엽성 세포들이 함입하여 이루어진 기관이다.

정답 ①

Q2 곤충의 말피기관의 설명으로 옳지 않은 것은?

① 말피기관이 없는 곤충도 존재한다.
② 혈림프의 이온 조성과 삼투압의 조절기능을 담당한다.
③ 최종적으로 배설하는 질소대사물질은 수용성이 아주 높은 요소형태이다.
④ 원치 않는 물질은 체외로 배출하고 필요한 화합물은 체내에 남게 하는 배설기관이다.

| 해설 | 최종적으로 배설은 요산($C_5H_4N_4O_3$)형태이다.

정답 ③

Q3 곤충의 소화기관에서 음식물이 중장으로 넘어가는 밸브 역할 또는 단단한 음식물을 부수는 역할을 하는 조직은?

① 전위　　② 맹장
③ 식도　　④ 모이주머니

| 해설 | 전위는 곤충의 소화기관에서 음식물이 중장으로 넘어가는 밸브 역할(식도) 또는 단단한 음식물을 부수는 역할을 하는 조직이다.

정답 ①

Q4 곤충의 소화기관에 속하지 않는 것은?

① 침샘　　② 전장
③ 중장　　④ 기문

| 해설 | 기문은 호흡기관이다.

정답 ④

기출확인문제

Q5 곤충의 말피기관에 대한 설명으로 옳은 것은?

① 바퀴 등 특수한 곤충에서만 볼 수 있는 감각기관이다.
② 대부분의 곤충에서 전장과 중장 사이에 위치하며 감각기관이다.
③ 대부분의 곤충에서 중장과 후장 사이에 위치하며 배설작용을 한다.
④ 곤충의 전장과 중장 그리고 후장 사이마다 위치하며 배설작용을 한다.

| 해설 | 말피기관은 대부분의 곤충에서 중장과 후장 사이에 위치하며 배설작용을 한다.

정답 ③

2 생식계

① 수컷의 생식기관

- 1쌍의 정소가 있다.
- 1쌍의 수정관과 저정낭(정자를 임시로 보관)을 가지고 있다.

② 암컷의 생식기관

- 1쌍의 **알집소관**을 가지고 있다.
- 1쌍의 옆 **수란관**을 가지고 있다.
- 저정낭(수정낭)은 수컷의 정자를 보관한다.

③ 곤충의 생식기관의 구조(자웅 상동성 비교(★★))

암컷	수컷
알집소관	고환소포
난소(알집) 1쌍	고환(정집) 1쌍
옆 수란관 1쌍	수정관
중앙 수란관	사정관
부속샘	부속샘
산란관	교미기

④ 배자 발생

- 수정→배자 형성→부화
- 포배엽 형성, 배자원기 형성

- 낭배 형성(중앙부위가 함입되어 있음)
- **외배엽(★)** : 전장, 후장, 신경계, 피부, 기관계 형성
- **중배엽** : 근육, 지방체, 생식기관, 순환기관 형성
- **내배엽** : **중장 조직** 형성

⑤ **알의 구조**

- 난자가 침투할 수 있는 정곡이 있다.
- 알속에는 배자가 형성될 때 필요한 산소를 외부로부터 흡수하는 기능을 가지고 있다.
- 알속에는 수분을 유지할 수 있는 기능을 가지고 있다.
- 난황물질의 축적이 끝나면 난모세포막 바깥쪽에 난황막이 생성된다.
- 난황막이 생기면 난각이 만들어진다.

기출확인문제

Q1 수컷 해충의 생식기관이 아닌 것은?

① 저정낭 ② 부속샘
③ 수정관 ④ 부속지

| 해설 | 부속지(쌍꼬리)는 공기의 흐름을 감지하는 기관이다.

정답 ④

Q2 암컷의 생식기관으로 수컷의 정자를 보관하는 것은?

① 수정낭 ② 생식소
③ 부속샘 ④ 저정낭샘

| 해설 | 수정낭(저정낭)은 수컷의 정자를 보관한다.

정답 ①

3 곤충의 휴면과 휴지

① **휴면을 하는 원인**

- 일장, 온도, 먹이, 생리상태, 어미의 나이 등 환경을 극복하기 위함이다(온도의 영향이 가장 크게 좌우된다).
- 휴면에서 깨어나기 위해서는 휴면타파 조건이 갖추어져야 한다.

② **휴면의 종류**

- 절대휴면(의무적 휴면) : 매 세대마다 휴면하는 것
- 1화성 곤충 : 소나무좀
- 일시휴면(기회적 휴면) : 여러 세대가 경과한 후 휴면

③ **휴지** : 곤충이 생활하는 도중 좋지 않은 환경에 맞추어 대사율을 낮추는 것을 말한다.

기출확인문제

Q1 곤충이 생활하는 도중 좋지 않은 환경에 맞추어 대사율을 낮추는 것은?

① 이주 ② 휴면
③ 휴지 ④ 탈피

| 해설 | 휴지는 곤충이 생활하는 도중 좋지 않은 환경에 맞추어 대사율을 낮추는 것을 말한다.

정답 ③

Q2 다음에서 설명하는 용어로 옳은 것은?

> – 곤충이 정상적으로 활동하기 위한 환경조건이 좋지 않아 발육 자체를 멈추는 현상이다.
> – 환경 조건이 좋아진다 해도 곧바로 발육을 다시 시작하지 않는다.

① 휴면 ② 휴지
③ 탈피 ④ 이주

| 해설 | • 휴면은 곤충이 정상적으로 활동하기 위한 환경조건이 좋지 않아 발육 자체를 멈추는 현상이다.
• 환경 조건이 좋아진다 해도 곧바로 발육을 다시 시작하지 않는다.
※ 휴지 : 좋지 않은 환경에 처하면 대사율을 떨어뜨리는 것

정답 ①

Q3 곤충이 휴면하는 데 영향을 주는 주요 요인은?

① 빛 ② 수분
③ 온도 ④ 바람

| 해설 | 곤충이 휴면하는 데는 온도의 영향이 크다.

정답 ③

4 순환계

순환계는 흡수된 양분, 대사생성물, 호르몬, 혈구 등의 이동을 담당한다.

① 곤충의 순환계는 **개방형순환계(★)**이다.

② 곤충의 몸 내부는 **혈액**(체액)으로 가득 차 있다.

③ 혈액은 **곤충의 등 중앙(복강(소화관)) 위쪽에 위치한 배맥관**(튜브형태의 심장)의 펌프작용으로 순환한다.

④ **혈액=혈구+혈장**

곤충의 혈액은 **혈구와 혈장으로 구성**되어 있으며 일반적으로 **무색**이나 **노랑, 초록, 파랑, 빨간색**을 띠는 것도 있다.

㉠ **혈구**

- **식세포 : 식균작용** 담당
- **포낭세포 : 상처치유 · 혈액응고** 담당
- **적혈구가 없다.**(혈액이 산소운반을 하지 않음(★★★))
  ※ **산소운반**은 호흡계에 속하는 **'기관소지'**가 담당한다.

㉡ **혈장**

- 세포, 조직 및 기관 간의 **물질교환**을 도와주는 **수송역할**을 한다.
- **물질들의 저장고 역할**을 한다.
- 몸 한 부위의 **압력**이나 **열**을 **다른 부위로 전파**시킨다.
- 유압에 의해 기관의 **공기순환**을 돕는다.
- **탈피**를 돕는다.
- **탈피 후 몸의 팽창**을 돕는다.

⑤ **곤충의 심실** : 9개, 심실 양쪽에 1쌍의 심문

⑥ **혈림프로 방출되는 탄수화물의 저장태 : 트레할로스(★★★)**

기출확인문제

Q1 곤충의 순환계에 대한 설명으로 틀린 것은?

① 개방계이다.
② 심장은 등 쪽에 있다.
③ 산소를 세포에 운반한다.
④ 혈액은 혈장과 혈구세포로 이루어진다.

| 해설 | 곤충은 적혈구가 없어서 산소를 운반하지 않는다. 산소공급은 호흡계에 속하는 기관소지가 담당한다.

정답 ③

기출확인문제

Q2 곤충의 생리에 대한 설명으로 옳지 않은 것은?

① 기관호흡을 한다.
② 연속되는 탈피를 통해 몸을 키운다.
③ 완전변태류의 경우 번데기 과정을 거친다.
④ 혈액 속 헤모글로빈에 의해 산소를 공급 받는다.

| 해설 | 곤충은 적혈구가 없어 혈액이 산소를 운반하지 않는다. 산소운반은 호흡계에 속하는 '기관소지'가 담당한다.

정답 ④

5 호흡계(기관계 : 기문, 기관, 기관소지)

① **기문**

- 가운데 가슴과 뒷가슴에 각각 1쌍, 매 마디에 8쌍이 있다.(총 10쌍)
- 모기붙이류(★)의 유충은 기문이 없다.

② **기관(기낭)**

- 몸의 양쪽 옆에 세로기관을 가지고 있다.
- 공기주머니로 체중을 가볍게 해주는 역할을 한다. 날을 수 있는 곤충에게 발달해 있다.(파리류, 벌류 등)
- **나선사** : 기관 내 압력이 낮을 때 위축을 방지하는 역할을 담당한다.

③ **기관소지**

- **산소**를 근육 등 여러 조직에 공급한다.

기출확인문제

Q1 다음 중 호흡계의 기문 수가 가장 적은 곤충은?

① 나방 유충
② 나비 유충
③ 모기붙이 유충
④ 딱정벌레 유충

| 해설 | 모기붙이 유충은 기문이 없다.

정답 ③

기출확인문제

Q2 곤충의 호흡기관과 관계없는 것은?

① 기문
② 세로기관
③ 모세기관
④ 말피기관

| 해설 | 말피기관은 배설기관이다.

정답 ④

Q3 곤충의 호흡 기능과 관련된 조직이 아닌 것은?

① 기관
② 기문
③ 수상돌기
④ 기관소지

| 해설 | 수상돌기는 신경조직이다.

정답 ③

6 신경계(뇌, 배신경줄)

① 뇌(구성 : 전대뇌, 중대뇌, 후대뇌)

TIP
곤충의 뇌

- 곤충의 뇌는 **전대뇌, 중대뇌, 후대뇌**로 구성되어 있다(**3쌍의 분절신경이 융합**되어 있다).
- 일반적으로 **식도신경환**에 의해 **앞 창자 배 쪽에 있는 신경절과 연결**되어 있다.
- **신경세포는 운동뉴런**과 **연합뉴런**의 2가지 형태가 있다.

㉠ **전대뇌(★★★)**

- **3개의 뇌 중에서 가장 크다.**
- **중앙분비 세포군**을 가지고 있다.
- **광 감각을 받아들이(★)**는 역할을 한다.
- **유병체** : 전대뇌 안에 축색과 함께 관속을 형성하는 조합세포군을 말하며 일개미처럼 사회성 곤충에서 발달해 있다. 그러나 사회성 곤충의 경우 시엽(시각, 빛의 흥분을 받아들임)은 퇴화되어 있다.

㉡ **중대뇌** : 더듬이로부터 감각 및 운동축색을 받는다.

㉢ **후대뇌** : 이마 신경질을 통해 뇌와 내장신경계를 연결해준다.

② **배신경줄**

- **말초신경계** : 운동신경, 감각신경
- **내장신경계** : 소화기관을 감싸고 있는 근육에 작용한다.

기출확인문제

Q1 곤충의 중추신경계가 아닌 것은?

① 전대뇌　　② 중대뇌
③ 측대뇌　　④ 후대뇌

| 해설 | 곤충의 뇌는 전대뇌, 중대뇌, 후대뇌로 구성되어 있다.

정답 ③

7 감각계(감각, 냄새, 맛)

① **촉각 : 감각모**

- **감각모(모감각기)** : 곤충의 몸 표면에 널려있는 미세한 털(접촉과 관련된 감각)로 감각기능을 한다.
- 종상감각기 : 위치를 감지

② **미각**(맛) : **입틀, 다리, 더듬이**

- **입틀**에 미각기관이 있는 곤충 : 대부분의 곤충
- **다리**(발목 마디와 종아리 마디)에 미각기관이 있는 곤충(★) : **파리, 네발 나비, 흰나비**
- **더듬이**에 미각기관이 있는 곤충 : **개미, 꿀벌**

③ **후각**(냄새) : 더듬이 또는 입술 수염

④ **청각**

㉠ **곤충의 청각(소리감지)기관** : 고막기관, 협하기관(무릎아래기관), 존스톤기관(더듬이의 흔들 마디(두 번째 마디)에 있다.)

※ 협하기관(무릎아래기관) : 청각, 현음기관

㉡ **고막기관의 위치**

- **메뚜기** : 복부
- **여치·귀뚜라미** : 앞다리의 정강이 마디
- **나비류** : 날개 밑

㉢ **운동수용기** : 대부분 곤충의 청각감지기관(존스턴기관(촉모))

⑤ **시각** : **눈(겹눈, 홑눈)**

기출확인문제

Q1 곤충의 청각기관이 아닌 것은?

① 고막기관 ② 존스턴기관
③ 종상감각기관 ④ 무릎아래기관

| 해설 | 종상감각기관은 피부의 수축, 위치를 감지한다.

정답 ③

Q2 곤충의 기관으로 미각과 관계가 없는 것은?

① 큰 턱 ② 윗입술
③ 작은 턱수염 ④ 아랫입술수염

| 해설 | • 큰 턱은 좌우로 위치한 한 쌍의 이빨에 해당하며 미각과 관련이 없다.
• 큰 턱의 역할 : 식물 조직을 뜯어서 잘게 자르는 역할을 한다.

정답 ①

8 대사

① **에너지의 흡수형태** : 단당류, 아미노산, 지방산

② **지방체**

- 중간 대사과정을 담당한다.
- 척추동물의 간에 해당하는 기관이다.
- **역할(★★★) : 양분저장, 단백질 합성, 해독작용**을 담당한다.

③ **대사과정**

- **탄수화물** : 글루코스 → glycogen(글리코겐★) 형태로 저장한다.
- **단백질** : 아미노산 → 혈액 속으로 방출 및 저장한다.
- **지방** : 지방산을 Triglyceride(트리글리세리드★) 형태로 저장한다.

기출확인문제

Q1 다음에서 설명하는 곤충의 조직은?

> 곤충의 중간대사에 관여하는 조직으로 척추동물의 간과 비슷한 기능(영양분의 저장, 단백질의 합성, 해독작용)을 한다.

① 전장 ② 후장

③ 지방체 ④ 카디아카제

| 해설 | **지방체**

- 중간 대사과정을 담당하며 척추동물의 간에 해당하는 기관이다.
- 역할 : 양분저장, 단백질 합성, 해독작용 담당

정답 ③

9 배설계(말피기관, 직장)

① **말피기관(★)**

- PH **조절, 무기이온 농도 조절, 배설작용**을 돕는다.
- **물**과 **무기이온**의 **재흡수** 담당 → **삼투압 조절** 담당
- **단백질 또는 핵산의 질소대사산물의 최종 방출**(배설)
- **지상의 모든 곤충** → **요산(★★)**으로 방출
- **수생곤충** → 암모니아태로 방출

② **직장**

- 수분 재흡수, 무기이온 재흡수 → 삼투압 조절
- 항문 : 배설

10 내분비계

① 내분비샘

- 앞가슴샘 : 탈피호르몬(MH) 분비
- 알라타체 : 유약호르몬(JH) 분비
- 탈피호르몬과 유약호르몬의 농도에 의해 탈피 또는 변태를 결정한다.

- 유약호르몬(알라타체 호르몬)은 유충기에 분비되는 호르몬으로 성장을 위해 유충의 변태를 막는 호르몬이며, 성충기에 가까워짐에 따라 분비량이 감소한다.
- 유약호르몬(JH)의 농도가 높으면 다음 령기에서 탈피한다.
- 유약호르몬(JH)의 농도가 감소하면 번데기가 된다.
- 유약호르몬(JH)이 없으면 성충이 된다.
- 탈피호르몬의 분비 자극 : 뇌호르몬(PTTH)
- 뇌호르몬(PTTH) : 전대뇌의 신경분비세포에서 합성되어 카디아카체를 통해 혈액 속에 분비되며 호르몬의 분비는 음식물이나 환경의 영향을 받는다.

② 신경분비세포

- 전대뇌 : 뇌호르몬, bursicon, 이뇨호르몬, 알라타체 자극 호르몬
  ※ bursicon(브루시콘) : 탈피 후 곤충의 표피를 경화시키는 호르몬
- 카디아카체
- 당과 지질의 이용을 촉진하는 호르몬
- 심장, 소화관, 말피기관의 근육운동을 자극하는 호르몬
- 식도하신경절 : 입틀의 큰 턱, 작은 턱, 아랫입술 등의 운동과 그곳의 감각신경을 지배한다.

종류	기능
카디아카체	• 심장박동 조절에 관여
알라타체	• 머릿속에 1쌍의 신경구 모양의 조직 • 변태호르몬을 분비
앞가슴선(전흉선)	• 번데기 촉진에 관여 • 탈피호르몬(MH)인 엑디손 분비, 허물벗기호르몬(EH)·경화호르몬 분비
환상선	• 파리류 유충에서 작은 환상 조직이 기관으로 지지
신경분비세포	• 누에의 휴면호르몬 분비(식도하신경절)

기출확인문제

Q1 곤충의 내분비계에 대한 설명으로 옳지 않은 것은?

① 곤충의 유약호르몬은 알라타체에서 분비된다.
② 뇌호르몬의 분비는 음식물이나 환경의 영향을 받지 않는다.
③ 탈피호르몬의 분비는 뇌호르몬에 의해서 자극을 받는다.
④ 곤충의 탈피와 변태작용은 탈피호르몬과 유약호르몬의 상대적인 농도에 따라서 결정된다.

| 해설 | 뇌호르몬의 분비는 음식물이나 환경의 영향을 받는다.

정답 ②

기출확인문제

Q2 곤충의 내분비계에 해당하는 기관이 아닌 것은?

① 앞가슴샘　② 알라타체
③ 존스톤기관　④ 카디아카체

| 해설 | 존스톤기관은 청각기관(청각감지)이다.

정답 ③

Q3 입틀의 큰 턱, 작은 턱, 아랫입술 등의 운동 및 감각신경과 가장 밀접한 것은?

① 전대뇌　② 중대뇌
③ 말초신경계　④ 식도하신경절

| 해설 | 식도하신경절은 입틀의 큰 턱, 작은 턱, 아랫입술 등의 운동과 그곳의 감각 신경을 지배한다.

정답 ④

Q4 내분비계에 대한 설명으로 옳지 않은 것은?

① 유약호르몬은 알라타체에서 분비된다.
② 탈피호르몬은 앞가슴샘에서 분비된다.
③ 유약호르몬은 성충기에 가까워짐에 따라 분비량이 늘어난다.
④ 곤충에 다양한 생리작용에 관여하는 물질로서 적은 양이 분비되지만, 그 영향은 매우 크다.

| 해설 | 유약호르몬(알라타제 호르몬)은 유충기에 분비되는 호르몬으로 성장을 위해 유충의 변태를 막는 호르몬이며 성충기에 가까워짐에 따라 분비량이 감소한다.

정답 ③

Q5 누에의 휴면호르몬이 합성되는 곳은?

① 앞가슴샘　② 알라타체
③ 카디아카체　④ 신경분비세포

| 해설 | 누에의 휴면호르몬이 합성되는 곳은 신경분비세포이다.

정답 ④

11 외분비계

① 페로몬 : 같은 종의 다른 개체 간에 정보전달 목적으로 분비되는 물질이다.

㉠ 성페로몬

- 여러 성분의 복합체이다.
- 미량으로 먼 거리까지 작용한다.

• 더듬이에 분포하는 화학수용기관에서 받아들여진다.

• 주로 나비목의 곤충에 많다.

• 주로 암컷이 분비하지만, 수컷이 분비하는 경우도 있다.

• 최초 성페로몬은 누에나방 암컷에서 분리되었다.

㉡ 집합 페로몬 : 먹이, 새로운 서식지를 찾았을 때 알리기 위함이다.

㉢ 경보 페로몬

• 위험을 감지했을 때 알리기 위함이다.

• 벌, 개미, 진딧물, 노린재류 등 주로 집단생활을 하는 곤충이 분비한다.

• 휘발성이 강하여 빠르게 전파된다.

㉣ 길잡이 페로몬

• 사회성 곤충인 개미가 서식지로 이동하기 위해 길을 표시하기 위해 분비한다.

㉤ 분산페로몬

• 같은 곤충 종 개체들의 과밀현상 막기 위해 분비한다.

• 다리의 감각기에 접촉하여 감지한다.

㉥ 계급 페로몬

• 사회성 곤충에서 계급질서 유지를 위해 분비한다.

② **타감물질** : 다른 종 개체 간 정보전달 목적으로 분비하는 물질

㉠ **알로몬**

• 곤충방어물질을 총징하여 알로몬(★★★)이라고 한다.

• 생산자는 유리하고 상대곤충은 불리하다.

• 방어물질의 주요 성분 : 알칼로이드, 테르페노이드, 퀴논, 페놀 등

㉡ **카이로몬**

• 생산자에게 불리하게 작용하고 상대 수용자에게는 유리한 방어물질이다.

12 특수조직

① **지방체** : 영양물질의 저장 및 배설작용을 돕는다.

② **편도세포** : 탈피할 때 특수작용에 관여한다.

기출확인문제

노린재와 같은 곤충은 포식자의 공격에 대항하여 방어물질을 분비하는데, 이러한 물질을 무엇이라고 하는가?

① 페로몬 ② 알로몬
③ 시노몬 ④ 카이로몬

| 해설 | • 알로몬 : 곤충이 천적으로부터 자기방어를 위해 방출하는 독물질 • 기피물질
• 카이로몬 : 섭식자극 · 산란자극물질
• 시노몬 : 공생관계에 작용하는 활성물질

정답 ②

같은 곤충 종 내 다른 개체 간에 통신을 목적으로 사용되는 휘발성 화합물은?

① 페로몬 ② 테르펜
③ 알로몬 ④ 카이로몬

| 해설 | 페로몬은 같은 곤충 종 내 다른 개체 간에 통신을 목적으로 사용되는 휘발성 화합물이다.

정답 ①

CHAPTER

5 곤충의 생활사

1 용어의 뜻

용어	정의(뜻)
부화	• 알 껍질 속의 배자가 완전히 발육하여 알 껍질을 깨뜨리고 밖으로 나오는 현상
탈피	• 유충이 더 자라기 위해 몸을 덮고 있는 표피를 벗는 현상
령기	• 부화한 유충이 탈피할 때까지의 기간 • 탈피한 후 다음 탈피할 때까지의 기간 • 마직막 탈피하여 번데기가 될 때까지의 기간
령충(★★★)	• 령기 기간 상태의 유충 • 1령충 : 부화하여 1회 탈피할 때까지의 유충 • 2령충 : 1회 탈피를 마친 유충 • 3령충 : 2회 탈피를 마친 유충
용화(★★★)	• 충분히 자란 유충이 먹는 것을 중지하고 껍질을 벗고 번데기가 되는 현상
우화(★★)	• 번데기가 탈피하여 성충이 되는 현상
세대	• 알→유충→번데기→성충을 거쳐 다시 알을 낳을 때까지의 기간
산란전기(★)	• 우화 후 다시 알을 낳을 때까지의 기간
난기	• 알이 부화할 때까지의 기간
유충기	• 부화한 유충이 번데기가 될 때까지의 기간
용기(★)	• 번데기가 우화할 때까지의 기간

2 곤충의 생식방법

① 난생(알로 번식)

- 난생 : 알을 낳아 부화하여 번식한다.
- 대부분의 곤충이 해당된다.

② 난태생

- 난태생 : 알이 몸 안에서 부화하여 구더기가 몸 밖으로 나온다.
- 해당 곤충 : 쉬파리

③ 태생 : 애벌레를 몸 안에서 키워 다 큰 애벌레를 몸 밖으로 낳는 것

④ 양성생식 : 암수의 교미에 의해 번식하는 방법이다.

⑤ 단위생식(★★★)

- 단위생식 : 수정과정 없이 암컷 혼자서 새끼를 낳는다.
- 해당 곤충 : 총채벌레, 밤나무순혹벌, 민다듬이벌레, 진딧물류(여름형), 수벌, 벼물바구미

※ 진딧물은 단위생식에 의한 태생과 양성생식에 의한 난생(알)을 같이 한다.

⑥ 자웅혼성(자웅동체)

- 좌우 중 한쪽이 암컷, 다른 한쪽이 수컷인 경우이다.

⑦ 다배생식

- 1개의 수정란에서 여러 마리의 유충이 나온다.
- 해당 곤충 : 송충알좀벌(★★)

⑧ 유생생식

- 유충이나 번데기가 생식을 하는 것이다.
- 해당 곤충 : 체체파리(인축 해충)

기출확인문제

Q1 곤충의 생식기관은 배자발육에서 어느 부분이 발달된 것인가?

① 내배엽　　② 외배엽
③ 중배엽　　④ 극세포

| 해설 | **배자발육**
- 외배엽 : 전장, 후장, 신경계, 피부, 기관계 형성
- 중배엽 : 근육, 지방체, 생식기관, 순환기관 형성
- 내배엽 : 중장 조직 형성

정답 ③

Q2 여름철의 진딧물, 밤나무순혹벌, 민다듬이벌레 등의 생식방법에 해당하는 것은?

① 양성생식　　② 다배생식
③ 무성생식　　④ 단위생식

| 해설 | 여름철의 진딧물, 밤나무순혹벌, 민다듬이벌레, 총채벌레 등은 단위생식(처녀생식)을 한다.

정답 ④

기출확인문제

Q3 진딧물의 생식방법에 대한 설명으로 옳은 것은?

① 양성생식에 의한 난생만을 한다.
② 양성생식에 의한 태생만을 한다.
③ 단위생식에 의한 난생만을 한다.
④ 단위생식에 의한 태생과 양성생식에 의한 난생을 모두 한다.

| 해설 | 진딧물은 단위생식에 의한 태생과 양성생식에 의한 난생을 모두 한다.

정답 ④

Q4 곤충의 출생방식으로 알이 몸 안에서 부화하여 애벌레 상태로 밖으로 나오는 것은?

① 난생　② 태생
③ 배발생　④ 난태생

| 해설 | **생식방법**

- 난생(알로 번식) : 알을 낳아 부화하여 번식. 대부분의 곤충이 해당된다.
- 난태생 : 알이 몸 안에서 부화하여 구더기(애벌레)가 몸 밖으로 나옴. (예 쉬파리)

정답 ④

3 탈피

① 탈피는 외골격이 진피로부터 분리되는 표피층의 분리와 새로운 큐티클이 형성된 후 바깥에 남은 헌 큐티클을 벗어버리는 탈피로 구분한다.

② 탈피 후 1~2시간 내에 색이 짙어지고 몸도 단단해진다.

③ 일부 원시적인 곤충들은 성충이 되어도 계속 탈피를 한다.

④ 령기 : 부화 유충이 탈피할 때까지의 기간이다.

⑤ 령충 : 각 기간의 유충

- 1령충 : 1회 탈피할 때까지
- 2령충 : 1회 탈피한 것
- 3령충 : 2회 탈피한 것
- 4령충 : 3회 탈피한 것

⑥ 우화 : 번데기(불완전 변태류의 경우에는 약충)가 탈피하여 성충이 되는 것이다.

4 변태(★★★)

애벌레가 성충이 되면서 크기와 형태가 바뀌는 것이다.

① 무변태

- 모양은 변하지 않고 탈피만 계속한다.
- **성충과 약충의 모양이 같다.**
- 해당 곤충 : 톡토기목, 낫발이목

② 불완전변태(반변태. 알→약충→성충)

- 알에서 부화한 애벌레는 탈피해도 그 모양의 차이가 없다.
- **애벌레(약충)가 성충이 되면서 모양이 완전히 달라진다.(★★)**
- 불완전변태하는 곤충의 애벌레를 약충이라고 한다.
- **종류(★★★) : 노린재목, 총채벌레목, 매미목, 메뚜기목, 집게벌레목**

※ 매미목 : 콩가루벌레(★★), 멸구류(애멸구, 벼멸구 등), 매미충류(끝동매미충, 번개매미충 등)

③ 완전변태(알→유충→번데기→성충)

- 알에서 깬 애벌레(유충)가 번데기와 성충을 거치는 것으로 번데기 과정이 하나 더 있다.
- 완전변태를 하는 곤충의 애벌레를 **유충**이라고 한다.
- 해당 곤충 : 딱정벌레목, 나비목, 뱀잠자리목, 풀잠자리목, 밑들이목, 벼룩목, 파리목, 날도래목, 벌목

④ 과변태

- 과변태는 완전변태(알→유충→번데기→성충)를 하지만, 유충의 초기와 후기에 체제변화가 일어나는 유형을 말한다.
- 해당 곤충 : 기생성 벌류, 부채벌레목, 가뢰

※ 부채벌레목은 완전변태류에 속하지만, 과변태도 한다.

기출확인문제

Q1 변태과정 없이 성충이 되는 곤충목은?

① 나비목 ② 낫발이목
③ 벼룩목 ④ 딱정벌레목

| 해설 | 낫발이목은 변태과정을 거치지 않는다. 눈이 없다.

정답 ②

5 번데기

① **용화** : 충분히 자란 유충이 먹는 것을 중지하고 유충시대의 껍질을 벗고 번데기가 되는 것이다.

② **번데기의 종류**

㉠ **나용**

- 다리 더듬이 날개 등 부속지가 몸과 구분되어 떨어진 상태로 된 번데기이며, 다리 등이 따로 움직일 수 있다.
- 해당 곤충 : 딱정벌레 등 대부분의 곤충

㉡ **피용**

- 부속지가 몸에 달라붙은 채로 번데기가 되어 있다.
- 다리 등을 따로 움직일 수 없다.
- 해당 곤충 : 대부분의 나비와 나방류의 번데기

㉢ **위용(가짜 번데기) ★★★**

- 번데기의 겉모습이 실제로 번데기가 아닌 애벌레의 껍질이다.
- **해당 곤충 : 파리(★★★)**

6 해충의 월동태(월동형태)

월동태	해당 해충
성충	벼물바구미, 향나무하늘소, 잎벌레류, 방패벌레류, 소나무좀, 점박이응애, 꼬마배나무이, 꽃노랑총채벌레, 노린재류(톱다리개미허리노린재 등), 네발나비, 왕뒷박벌레
유충(약충)	이화명나방, 포도유리나방, 포도호랑하늘소, 복숭아순나방, 감꼭지나방, 솔잎혹파리, 소나무굴깍지벌레, 으름밤나방, 조명나방, 담배거세미나방, 애멸구, 끝동매미충, 벼줄기굴파리, 솔나방(유충 : 송충이)
노숙유충	알락하늘소, 콩나방, 복숭아심식나방, 잣나무넓적잎벌, 밤바구미, 솔알락명나방, 도토리거위벌레
알	벼메뚜기, 진딧물류, 짚시나방, 박쥐나방
	겨울눈에서 월동(복숭아혹진딧물)
번데기	담배나방, 미국흰불나방(★), 사과굴나방(★), 배추흰나비, 도둑나방, 배추순나방, 아메리카잎굴파리, 고자리파리(★), 배추좀나방(기온이 높은 지역은 성충으로도 월동)
노지에서 월동 불가	온실가루이, 담배가루이

기출확인문제

Q1 사과굴나방에 대한 설명으로 틀린 것은?

① 알로 잎 속에서 월동한다.
② 가해 잎이 뒷면으로 말린다.
③ 잎 뒷면에 성충이 우화하여 나간 구멍이 있다.
④ 사과나무, 배나무, 복숭아나무의 잎을 가해한다.

| 해설 | 사과굴나방은 번데기로 월동한다.

정답 ①

Q2 알락하늘소는 어떤 형태로 월동하는가?

① 알　　② 유충
③ 성충　　④ 번데기

| 해설 | 알락하늘소는 노숙유충으로 월동한다.

정답 ②

Q3 수서곤충으로 성충으로 월동하는 것은?

① 담배나방　　② 벼물바구미
③ 꼬마배나무이　　④ 포도호랑하늘소

| 해설 | 벼물바구미는 수서곤충으로 성충으로 월동한다. 유충과 성충이 모두 벼를 가해한다.

정답 ②

Q4 곤충의 번데기에 대한 설명으로 옳지 않은 것은?

① 번데기의 모습은 부속지의 위치에 따라 피용과 나용으로 구분한다.
② 외시류에서 형태와 생리가 매우 다른 유충기와 성충기를 연결시켜 주는 발육단계이다.
③ 대부분의 번데기는 운동성이 없기 때문에 천적으로부터 취약하며, 휴면이나 월동처럼 오랜 기간 지속하는 환경조건에도 취약하다.
④ 먹이를 섭취하지 않는 시기로 내부적으로는 유충조직이 파괴되고 성충조직과 기관을 형성하는 매우 활발한 생리적 활성을 보이고 있는 시기이다.

| 해설 | 번데기 과정이 없는 불완전변태류를 외시류라고 한다. 따라서 번데기 과정이 없다.

정답 ②

CHAPTER

6 곤충의 생태특성

1 서식 장소 특성

① 육서 : 땅에서 서식하고 대부분 곤충류이다.

② 수서 : 물속에서 서식한다.

2 식성 특성

① 식물성을 먹이로 한다.

㉠ 식식성 : 식물체에서 영양을 섭취하는 것이다.

㉡ 부식성 : 낙엽, 사체, 배설물 등 썩고 있는 유기물을 먹는다.

- 종류 : 바퀴, 송장벌레, 톡토기

㉢ 균식성 : 곰팡이를 먹이로 하는 것이다.

- 종류 : 무당벌레붙이

② 육식성(동물성)을 먹이로 한다.

㉠ 포식성 : 살아있는 곤충을 잡아먹는 것이다.

- 무당벌레 : 진딧물, 온실가루이, 응애류, 나방류의 알 등을 잡아먹는다.
- 카탈리네무당벌레 : 온실가루이
- 풀잠자리 : 진딧물, 깍지벌레, 응애류, 온실가루이, 총채벌레
- 진디혹파리 : 진딧물
- 꽃등에 : 진딧물
- 칠레이리응애 : 응애류, 진딧물, 총채벌레
- 오이이리응애 : 총채벌레
- 애꽃노린재 : 진딧물류, 응애류, 나방류의 알과 애벌레 등

※ 유충과 성충이 모두 포식성 : 무당벌레, 딱정벌레, 침노린재

㉡ 기생성 : 다른 곤충에 기생생활을 하는 것이다.

- 콜레마니진디벌 : 진딧물
- 온실가루이좀벌 : 온실가루이
- 잎굴파리 좀벌 : 잎굴파리
- 침파리 · 고치벌 · 맵시벌 · 꼬마벌 : 나비목의 해충에 기생

기출확인문제

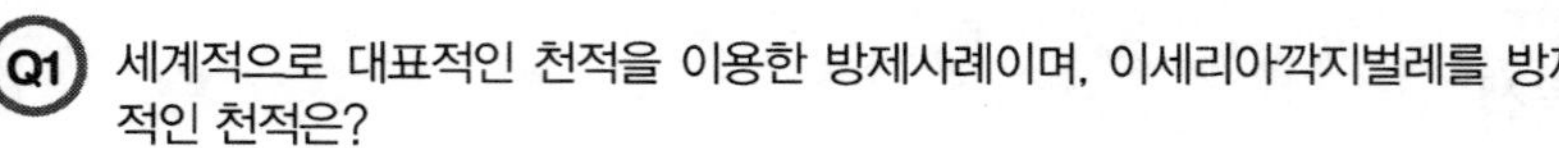

Q1 세계적으로 대표적인 천적을 이용한 방제사례이며, 이세리아깍지벌레를 방제하기 위한 효과적인 천적은?

① 황온좀벌　② 애꽃노린재
③ 칠레이리응애　④ 배달리아무당벌레

| 해설 | • 이세리아깍지벌레 천적 : 배달리아무당벌레
• 온실가루이 천적 : 황온좀벌
• 총채벌레 천적 : 애꽃노린재
• 응애 천적 : 칠레이리응애

정답 ④

Q2 생물적 방제에 사용되는 포식성 천적에 해당하지 않은 것은?

① 무당벌레　② 애꽃노린재
③ 칠레이리응애　④ 온실가루이좀벌

| 해설 | 온실가루이좀벌은 기생성 천적에 해당한다.

정답 ④

Q3 점박이응애의 천적으로 가장 효과적인 곤충은?

① 혹좀벌　② 무당벌레
③ 긴털이리응애　④ 온실가루이좀벌

| 해설 | 점박이응애의 천적은 긴털이리응애, 칠레이리응애이다.

정답 ③

Q4 진딧물을 방제하기 위한 천적으로 가장 적합한 것은?

① 애꽃노린재　② 칠성풀잠자리
③ 칠레이리응애　④ 온실가루이좀벌

| 해설 | 진딧물의 천적 : 칠성풀잠자리, 무당벌레, 진디혹파리, 콜레마니진디벌

정답 ②

3 곤충의 선천적 행동

선천적 행동의 종류(★) : 반사, 정위, 고정행위 양식

① 반사 : 뒤집힌 몸 바로세우기

② 정위 : 몸의 종축에 대해 일정한 방향 또는 각도를 가지고 움직이는 일정성을 보이는 행동양식이다.

㉠ 주성 : 외부 자극에 반응하여 일정한 방향성을 가지는 것이다.

- 주광성 : 빛에 대한 주성
  - 음성 주광성 : 빛을 보면 반대 방향으로 움직인다.(구더기, 바퀴벌레)
  - 양성 주광성 : 빛을 보면 빛 쪽으로 몰려든다.(나비, 나방)
- 주풍성: 바람에 대한 주성
- 주지성(★) : 중력에 대한 주성
  - 달팽이, 무당벌레는 땅에서 위로 올라간다.
- 주촉성 : 접촉자극에 대한 주성
- 주온성 : 온도에 대한 주성
- 주류성 : 물고기가 물 흐르는 방향으로 머리를 향하는 주성
- 주화성(★) : 화학물질에 자극하여 주성
  - 눈이 어두운 누에가 뽕잎을 찾아가서 먹이를 섭취한다.
  - 배추흰나비는 배추의 '시나핀' 물질에 반응하여 십자화과채소에 알을 낳는다.
- 주음성 : 음성에 대한 주성
- 주수성 : 물이 있는 곳으로 이동

㉡ 횡축정위 : 빛에 대한 체축의 각도를 기억하여 일정하게 움직인다(예 개미).

③ 고정행위 양식 : 어떤 자극이나 동기에 의하여 시작되지만, 이미 프로그램화되어 있는 복잡하고 선천적인 행동양식을 말한다.

- 고정행위 양식의 예 : 나방이 고치를 짓기 시작함. 꿀벌이 여왕벌이 자랄 방(왕대)을 만드는 일이다.

기출확인문제

Q1 곤충의 선천적 행동이 아닌 것은?

① 반사 ② 정위
③ 조건화 ④ 고정행위 양식

| 해설 | 조건화, 관습화(습관화)는 학습적 행동이다.

정답 ③

Q2 배추흰나비가 십자화과채소에만 알을 낳는 이유는?

① 주광성 ② 주화성
③ 주수성 ④ 주굴성

| 해설 | 주화성은 화학물질에 의해 반응하는 것으로 배추흰나비는 배추의 '시나핀' 물질에 반응하여 십자화과채소에 알을 낳는다. 눈이 어두운 누에가 뽕잎을 찾아가서 먹이를 섭취하는 것도 역시 주화성이다.

정답 ②

Q3 곤충의 선천적 행동이 아닌 것은?

① 반사 ② 주지성
③ 관습화 ④ 유충의 고치짓기

| 해설 | 관습화, 조건화는 학습적 행동이다.

정답 ③

Q4 중력에 대한 주성을 의미하는 것은?

① 주화성 ② 주온성
③ 주지성 ④ 주용성

| 해설 |
- 주화성 : 화학물질에 반응하여 이동
- 주온성 : 온도에 반응하여 이동
- 주지성 : 중력에 반응하여 이동
- 주수성 : 물이 있는 곳으로 이동

정답 ③

4 곤충의 학습적(후천적) 행동

① 관습화(습관화) : 반복적인 학습을 통해 자극에 반응

② 조건화 : 자극과 추가적인 자극이 반복될 때 반응

③ 잠재학습 : 주어진 환경요인들을 학습을 통해 인지하여 반응

CHAPTER

7 해충의 발생예찰

1 곤충의 선천적 행동

① **경제적 피해수준(EIL)**

- 경제적 손실이 나타나는 해충의 최저 밀도
- 해충에 의한 피해액과 방제비가 같은 수준의 밀도를 말한다.

② **경제적 피해허용수준(ET)**

- 해충의 밀도가 경제적 피해 수준에 도달하는 것을 막기 위해 방제 수단을 사용해야 하는 밀도 수준을 말한다.

③ **일반평형밀도(GEP)**

- 일반적인 환경조건에서 약제 방제 등 해충 방제의 일시적 간섭에서 영향을 받지 않는 장기간에 걸쳐 형성된 해충 개체군의 평균밀도이다.

기출확인문제

Q1 해충 방제에서 경제적 피해수준이란?

① 일반적인 환경조건에서 해충의 최저 밀도
② 일반적인 환경조건에서 해충의 최고 밀도
③ 경제적 피해가 나타나는 해충의 최저 밀도
④ 경제적 피해가 나타나는 해충의 최고 밀도

| 해설 | 경제적 피해수준이란 경제적 피해가 나타나는 해충의 최저 밀도를 말한다.

정답 ③

2 해충의 범주

① 잠재해충

• 경제적 피해 수준보다 훨씬 아래에 있는 해충으로 방제 대상이 아니다.

② 간헐해충

• 가끔 경제적 피해 수준을 넘는 해충 밀도로 방제 수단이 강구되어야 하는 해충이다.

③ 수시해충

• 경제적 피해 수준 바로 아래에 있는 해충으로 항상 경계가 필요한 해충이다.

④ 상시해충

• 경제적 피해 수준 이상인 해충 또는 경제적 피해수준 근처에 있는 해충이다.

• 주로 과실을 가해하는 해충이 속한다.(복숭아 심식나방)

3 해충의 발생예찰

① 곤충의 발육과 온도

• 곤충의 발육기간 : 온도가 증가할수록 감소하고 최적온도 이후에는 증가한다.

• 저온한계온도를 지나 온도가 증가할수록 발육률은 선형적으로 증가한다.

• 발육률이 최고점에 도달한 이후부터는 온도가 증가할수록 발육률이 급격히 감소한다.

• 발육률은 단위 시간당 발육이 완료되는 정도를 나타낸 것으로 발육률이 1.0이 되면 발육이 완료된 상태이다.

• 휴면이 유지되면 유효적산온도 법칙을 적용할 수 없다.

• 일반적으로 발육은 생식의 경우보다 넓은 허용온도 범위를 나타낸다.

• 휴면 중에는 저온에 대한 내성이 크다.

② 적산온도 모형

• 발육영점온도 : 발육률이 0이 되는 온도

• 적산온도 : 발육에 필요한 온량=일유효온도 누적

• 일유효온도=일평균온도 – 발육영점온도

→ 일평균온도가 발육영점온도 이하이면 그날의 일유효온도는 0이 된다.

• 유효적산온도 산출=(측정온도–발육영점온도)×측정온도에서 발육일 수

기출확인문제

Q1 어떤 곤충의 발육영점온도가 11℃이다. 월동 중 4월 6일부터 15일까지 10일 동안 일일평균온도가 아래와 같을 때 이 곤충의 10일간 발육적산온도(일도)는?

날짜	6	7	8	9	10	11	12	13	14	15
온도	10.5	11.5	12.0	13.5	12.3	15.0	13.5	11.0	13.7	14.8

① 16.8　　② 17.3
③ 17.8　　④ 18.3

| 해설 | ① χ일 동안의 발육적산온도=Σni

- ni=그날 그날의 유효적산온도=발육영점온도−그날의 일평균온도
- 일일평균온도가 발육영점온도보다 낮으면 그날의 유효적산온도는 0으로 적용한다.

② 위 공식대로 풀어 보면

0+(11.5−11)+(12−11)+(13.5−11)+12.3−11)+(15−11)+(13.5−11)+(11−11)+(13.7−11)+(14.8−11)=18.3

정답 ④

Q2 유효적산온도(Degree days: DD)를 이용하여 파밤나방 발생을 예측하려 한다. 파밤나방 알에서 성충 우화까지 발육영점온도가 12℃일 때 266DD가 소요된다. 이때 평균 25℃의 조건에서 알에서 우화까지의 경과기간은?

① 15.5일　　② 18.0일
③ 20.0일　　④ 22.5일

| 해설 | 유효적산온도=(측정온도−발육영점온도)×측정온도에서 발육일수

→ 여기서 측정온도 25℃, 발육영점온도 12℃, 유효적산온도 266DD이므로

$$266 = (25℃-12℃) \times \chi$$

$$\chi = \frac{266}{25℃-12℃} = \frac{266}{13} = 20.46$$

∴ 20.0일

정답 ③

 곤충의 발육과 온도에 관한 설명으로 옳지 않은 것은?

① 발육속도와 온도와의 관계를 적산온도법칙이라 한다.
② 곤충의 발육은 온도가 증가함에 따라 빠르게 진행된다.
③ 휴면이 유지되면 유효적산온도 법칙을 적용할 수 없다.
④ 일반적으로 발육은 생식의 경우보다 낮은 허용온도 범위를 나타낸다.

| 해설 | 일반적으로 생식은 발육의 경우보다 낮은 허용온도 범위를 나타낸다.

정답 ④

4 발생예찰

① **발생예찰의 종류**

- **발생시기의 예찰** : 유효적산온도에 의한 발생시기의 예측방법이다.
- **발생량의 예찰** : 해충의 번식능력에 의한 예찰방법이다.
- **피해량의 예찰** : 해충의 가해와 감수량과의 관계를 표시한 방법이다.
  → **번식능력**=산란수×성비
- **이화명나방의 피해량 예찰** : 피해경(피해줄기), 피해주
- **줄기굴파리의 피해량 예찰** : 피해엽, 피해수
- **멸강나방** : 식엽

② **방제여부의 예찰**

- **방제여부를 결정하기 위한 예찰요소** : 발생시기, 발생량, 피해 정도
- **살충제의 살포시기**(★★★) : 경제적 피해 허용밀도에 도달한 시기이다.
- **방제 결정** : 해충에 의한 피해액과 방제비와의 관계로 결정한다.
- **경제적 가해수준** : 일반적인 피해가 나타나는 최저 밀도이다.
- **방제를 결정할 때 지켜야 할 사항** : 종의 확인, 해충의 밀도, 농약의 선택적 사용
- **벼 멸구의 단시형 암컷 성충의 요방제 밀도**(7월하순~8월 상순) : 20마리 이하

③ **발생예찰 방법**

- **야외조사 및 관찰**에 의한 조사 : **가장 기본적인 조사법(★★)**
- **통계적 예찰**방법 : 환경요인, 발생시기, 발생량 사이에 성립되는 회귀식을 계산하는 방법이다.
- **실험적 예찰**방법 : 실험적 방법으로 예찰하는 방법이다.
- **컴퓨터**를 이용한 예찰방법 : 시뮬레이션모델, 크로스모델 작성 방법

④ **발생예찰을 위한 조사 방법**

- **유아등** 조사법 : **주광성** 해충에 이용 : 이화명나방, 솔나방, 독나방, 복숭아명나방
- **황색수반** 조사법 : **황색**에 유인되는 성질을 이용**(진딧물, 애멸구)**
- **포충망** 이용 조사법 : 멸구, 매미충류 등 비래해충
- **페로몬** 조사법 : 사과잎말이나방, **복숭아나방(★)**
- **먹이유인 유살** 조사법 : 고자리파리, 멸강나방

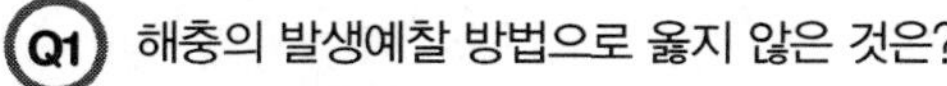

• **털어 잡기** 조사법 : 사각접시, 면포 등을 이용 털어서 잡아 조사

• 동력흡충기 이용 : **절대밀도조사법(★)**으로 이용된다.

기출확인문제

Q1 해충의 발생예찰 방법으로 옳지 않은 것은?

① 화학적 방법
② 통계적 방법
③ 실험적 방법
④ 야외조사 및 관찰에 의한 방법

| 해설 | 화학적 방법은 거리가 멀다.

정답 ①

Q2 해충의 발생 및 피해에 대한 설명으로 옳지 않은 것은?

① 해충번식력은 번식능력과 환경저항과의 관련에 따라 증감한다.
② 피해사정식이란 해충의 가해와 감수량과의 관계를 표시한 것이다
③ 환경저항에는 기상 등의 물리적 요인과 천적 등의 생물적 요인이 포함된다.
④ 번식능력을 산정할 때 성비란 (수컷의 수)÷(암컷과 수컷의 수)에 의한 값을 말한다.

| 해설 | 성비란 암컷 100마리당 수컷의 비율을 말한다.

정답 ④

Q3 곤충의 주광성을 이용하여 해충을 조사하는 방법은?

① 유아등 조사
② 공중 포충망 조사
③ 페로몬 트랩 조사
④ 말레이즈 트랩 조사

| 해설 | 주광성이란 빛을 보고 몰려드는 성질을 이용한 것으로 유아등 조사가 해당된다.

정답 ①

Q4 해충의 발생예찰 방법이 아닌 것은?

① 통계적 예찰법
② 피해사정 예찰법
③ 시뮬레이션 예찰법
④ 야외조사 및 관찰 예찰법

| 해설 | **해충의 발생예찰 방법**

- 야외조사 및 관찰에 의한 조사 : 가장 기본적인 조사법
- 통계적 예찰방법 : 환경요인, 발생시기, 발생량 사이에 성립되는 회귀식을 계산하는 방법
- 실험적 예찰방법 : 실험적 방법으로 예찰하는 방법
- 컴퓨터를 이용한 예찰방법 : 시뮬레이션모델, 크로스모델 작성 방법

정답 ②

5 병해충의 개념

① **해충 방제의 목적**

- 경제적 손실의 최소화
- 해충의 밀도를 억제하여 낮은 밀도 유지

② **방제 수단**

- 최소한의 경비, 환경의 영향이 가장 적은 방향으로 추진한다.
- **경제적 피해수준의 뜻** : 경제적 손실이 나타나는 해충의 최저 밀도, 즉 해충에 의한 피해액과 방제비가 같은 수준의 해충 밀도로, 현재 방제하지 않더라도 수확기에 해충 피해로 입은 경제적 손실과 약제방제 비용으로 투자한 비용이 같으므로 궁극적으로 경제적 손실이 없다는 것을 의미이다.
- **경제적 피해 허용수준** : 해충의 밀도가 경제적 피해수준에 도달하는 것을 억제하기 위하여 **방제 수단을 써야 하는 밀도수준이다.**
- **일반평형밀도** : 일반적인 환경조건에서 해충 방제의 일시적인 간섭에 영향을 받지 않는 장기간에 걸쳐 형성된 해충 개체군의 평균밀도이다.

③ **개체군의 밀도 변동**(출생률, 사망률, 이동)

- **출생률** : 암컷의 최대출산 능력, 실제출산수, 성비, 연령구성 비율
- **사망률** : 노쇠, 활력 감퇴, 사고, 물리화학적 조건, 먹이 부족, 은신처
- **이동** : 확산, 분산, 회귀
- **밀도 의존도 치사 요인** : 사망률은 밀도에 비례한다.
- **해충 개체군 크기의 밀도 의존적 요인** : 먹이의 양, 기생자, 종 내 경쟁

④ 밀도의존적 치사(밀도 종속적 사망)

- 개체군 내에 밀도가 커지면 서로 경쟁에 의해 사망하는 것으로, 사망률은 개체군 내 밀도 크기에 비례한다(밀도가 커질수록 사망률은 증가한다).

기출확인문제

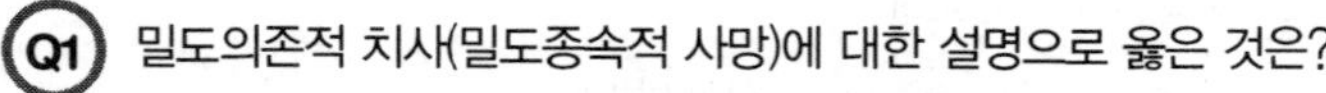

Q1 밀도의존적 치사(밀도종속적 사망)에 대한 설명으로 옳은 것은?

① 사망률은 개체군 내 밀도 크기에 비례한다.
② 탄생률은 개체군 내 밀도 크기에 비례한다.
③ 사망률은 개체군 내 밀도 크기에 반비례한다.
④ 탄생률은 개체군 내 밀도 크기에 반비례한다.

| 해설 | 밀도의존적 치사(밀도 종속적 사망)란 개체군 내에 밀도가 커지면 서로 경쟁에 의해 사망하는 것으로, 사망률은 개체군 내 밀도 크기에 비례한다(밀도가 커질수록 사망률은 증가한다).

정답 ①

 개체군의 밀도 변동에 영향을 가장 적게 미치는 것은?

① 이동 ② 출생률
③ 사망률 ④ 기주선호성

| 해설 | 개체군의 밀도 변동에 영향을 주는 것은 이동, 출생률, 사망률이다.

정답 ④

6 해충 개체군의 발생예찰 방법

① 곤충의 발육과 온도와의 관계

- 발육속도와 온도와의 관계를 적산온도법칙이라 한다.
- 곤충의 발육은 온도가 증가함에 따라 빠르게 진행된다.
- 휴면이 유지되면 유효적산온도 법칙을 적용할 수 없다.
- 일반적으로 발육은 생식의 경우보다 높은 허용온도 범위를 나타낸다.

② 개체군의 예찰방법

- **광역조사** : 넓은 지역을 대상으로 해충의 분포 및 밀도와 그로 인한 피해 관계를 통하여 방제여부나 시기를 조사한다.
- **집중적 조사** : 특정한 지역을 대상으로 일정한 간격을 두고 정기적으로 조사하여 발육단계별 개체군의 밀도를 조사하고 밀도의 변동에 미치는 주요 환경요인을 구명한다.

③ 개체군의 밀도를 조사하는 방법

- **절대밀도 조사** : 일정한 단위면적당 해충의 개체수를 조사한다.
- **상대밀도 조사** : 지역적인 차이를 알기 위하여 유아등이나 포충망 또는 유인제에 잡힌 개체수를 밀도의 지표로 이용하는 방법이다.
- **서식처밀도 조사** : 잎이나 가지 또는 식물체를 단위 조사한다.

7 농생태계의 특징

① 종의 다양도가 낮다.

② 영속성이 없다(수명이 짧다).

③ 식물 간에 경쟁력이 낮다.

④ 환경에 대한 저항성이 낮다.

⑤ 관리측면에서 인위적인 요소가 크게 작용한다.

8 해충 방제법

① **법적 방제법** : 검역, 국내 이동 제한

② **화학적 방제법**

㉠ **소화 중독제**

- 작물의 잎, 줄기에 살포하여 해충이 먹었을 때 독제가 입을 통해 먹이와 함께 소화관에 들어가 살충작용을 나타낸다.
- 흡즙성 유충에는 효과가 없다.

㉡ **접촉제** : 해충의 몸에 직접 또는 간접적으로 약제가 닿게 하여 숨구멍이나 표피를 통해 해충의 체내로 침투하여 살충한다.

- **직접 접촉제(★★★) : 제충국, 데리스, 니코틴**
- **잔효성 접촉제(★) : DDT, BHC, 유기염소계**

㉢ **침투성 살충제** : 약제가 식물체의 뿌리, 줄기, 잎을 통해 식물체 전체에 침투하여 살충한다.(흡즙성 해충 : 멸구, 진딧물 등 방제)

- 수간주사 약제 : 인축에 독성이 강하나 영향은 낮다.(솔잎혹파리 부화유충에 효과)

㉣ **훈증제** : 가스체가 해충의 숨구멍을 통하여 들어가 질식사하게 한다.(**저곡해충**, 토양해충, 목재해충)

㉤ **유인제** : 해충을 방향성 물질(효소, 과즙 등)이나 성유인 물질로 유인하여 독먹이를 먹게 하거나 포충기에 포살되게 하는 방법이다.

- **방향성 유인제** : 발효과즙, 당밀, Engenol
- **성 유인제** : **Gyplure**(매미나방 유인), Medlure

㉥ **기피제** : 해충의 접근을 방지하는 제제(**나프탈렌**)

ⓢ **불임제** : 해충의 생식세포 형성에 장해를 주거나 난자와 정자의 생식기능을 잃게 하여 알을 무정란으로 만드는 데 사용하는 제제이다.

- **방사선** : 해충의 대발생 시 효과가 저조하다.
- **Apholate**(애펄레이트) : 곤충불임제
- **Tepa**(테파) : 곤충불임제
- **Metepa**(메테파) : 곤충의 화학불임제

ⓞ **보조제** : 살충제의 약효를 충분히 발휘할 목적으로 사용

- **전착제(전착성 증일)** : 비누, 카제인석회, 계면활성제
- **협력제(약효 증대)** : **황산아연**, piperonyl butoxide, piperonyl cyclonene

ⓩ **제제의 형태에 따른 분류** : 유제(油濟), 유제(乳劑. 유화제=유탁제), 입제, 분제, 훈증제 등

ⓧ **화학적 방제의 장점**

- 방제효과가 빠르고 확실하다.
- 방제면적을 자유롭게 조절할 수 있다.
- 많은 해충을 동시에 방제할 수 있다.

ⓚ **화학적 방제의 단점(부작용)**

- 유용곤충의 소멸
- 잠재해충의 해충화
- 살충제 저항성 해충의 출현
- 인축에 대한 독성 및 약해문제 등

ⓣ **합리적인 살충제의 사용 방법** : 약제의 선택, 살포 방법, 살포농도 및 사용량, 살포시기 및 횟수

③ 생태적 방제법(재배적 방제법=경종적 방제)

환경조건에 변화를 주거나 숙주 자체가 내충성을 갖도록 하는 방법이다.

㉠ **윤작** : 윤작을 할 때 해충의 식성을 고려하여 윤작작물을 선택한다.

- 윤작을 통해 밀도가 경감 : 방아벌레
- 선충 방제에 효과가 큰 윤작작물 : 메리골드, 아스파라거스
- 생활사가 짧은 해충류는 윤작효과가 적다.

㉡ **혼작** : 주작물과 다른 작물을 적당히 배합하여 경작한다.

㉢ **경운** : 휴한기에 경운작업을 하면 잔존작물이나 그루터기 및 잡초가 제거되어 해충의 기계적인 피해를 받아 부화 및 우화(번데기로 됨)하지 못한다.

㉣ **월동장소의 제공·유인** : 해충이 월동하기 좋은 장소를 마련해주고 유인하여 소각한다.

ⓜ **포장의 위생관리** : 포장에 해충의 월동장소나 증식장소 등 번식원을 제거한다.

ⓑ **재배관리의 개선** : 작물의 재배시기를 조정하며 해충 발생의 최성기를 회피하는 것으로 작물의 조생종이나 만생종과 같은 품종의 특성을 이용한다.

ⓢ **내충성 품종의 이용**

- 저항성 품종을 경작하는 것으로 가장 완벽한 방제법이다.
- 내충성 품종의 저항성의 원인 : 비선호성, 항생성, 항충성

④ **기계적 · 물리적 방제**

㉠ **포살** : 해충(알, 유충, 번데기, 성충)을 직접 잡아죽인다.

㉡ **고온처리** : 태양열, 온탕, 증기(스팀), 불 등을 이용한다.

㉢ **저온처리** : 활동이 정지

㉣ **수분** : 곡물의 수분을 12% 이하로 보관하면 발육이 불가능하다.

ⓜ **차단** : 방충망, 과실에 봉지를 씌우기(나방류, 바구미류, 노린재류의 피해를 줄임)

ⓑ **유인등 설치** : 곤충의 주광성(야간에 빛을 보면 몰려드는 성질)을 이용한다.

ⓢ **가시광선과 자외선 이용** : 곤충행동의 억지교란 기피

⑤ **생물학적 방제**

㉠ **생물학적 방제의 목표**

해충의 완전박멸이 아닌 생물을 이용하여 경제적 피해 허용수준 이하로 조절하는 것이다.

㉡ **생물학적 방제의 요점**

- 유용곤충을 보호하고 유지할 것
- 인축 및 환경오염에 대하여 안전할 것
- 반영구적인 효과를 발휘할 것

㉢ **천적이용 성공사례**

- **이세리아깍지벌레** : 배달리아무당벌레
- **루비깍지벌레** : 루비깍지좀벌
- **사과면충** : 사과면충좀벌

㉣ **주요 이용 천적**

해충	천적	
진딧물, 깍지벌레	포식성	• 무당벌레, 꽃등에, 풀잠자리
점박이응애		• 칠레이리응애, 긴털이리응애
총채벌레류(★★)		• 애꽃노린재(★★)
진딧물기생봉		• 진디벌
온실가루이		• 온실가루이좀벌

해충	천적	
진딧물	기생성	• 콜레마니진디벌
온실가루이		• 황온좀벌, 온실가루이좀벌, 카탈리네무당벌레
잎굴파리		• 잎굴파리좀벌
나비, 나방		• 침파리 · 고치벌 · 맵시벌

ⓜ 천적이용의 단점

- 모든 해충을 구제할 수는 없다.
- 이용 및 관리측면에 있어 기술적 어려움이 있다.
- 경제적으로 부담이 된다.
- 해충밀도가 높으면 방제효과가 떨어진다.
- 방제효과가 환경조건에 따라 차이가 크다.
- 노력이 많이 들고 농약처럼 효과가 빠르지 못하다.

ⓑ **미생물농약을 이용한 방제**

- **BT제(★★)** : **나비목**(★★) 해충 방제에 탁월한 효과가 있다.

  ※ **BT제는 누에의 졸도병원균**(★★)을 이용하여 제제화 한 것이다.

ⓢ 곤충의 천적 바이러스의 종류

- 핵다각체병바이러스(최초 이용됨) : 독나방 방제에 이용
- 과립병바이러스(GVs)
- 세포질 다각체 바이러스

⑥ 페로몬을 이용한 방제

ⓖ **성페로몬** : 같은 곤충 종 내에 다른 성의 개체를 유인하기 위해 몸 외부로 분비하는 화학물질을 이용한다.

- 대량유살 : 많은 트랩을 설치하고 수컷유인을 계속하면 암컷은 수컷과의 만남의 기회가 줄어들어 교미가 불가하다.
- 교미교란제 : 수컷이 암컷에게로 접근하는 것을 방해한다.
- **methyl eugenol(★)** : 귤 광대파리 방제에 효과적이다.

ⓛ **집합페로몬** : 군서 습성이 있는 곤충이 집합페로몬을 분비하여 다른 개체를 불러 모으며 먹이를 찾았거나 서식지를 발견했을 때 나타난다.

ⓓ **경고페로몬** : 사회성 곤충이 외적의 침입을 알리는 물질을 방출하면 집합을 하거나 회피(**꿀벌, 개미류, 복숭아혹진딧물, 노린재류**)한다.

㉣ **길잡이페로몬** : 사회성 곤충이 다른 개체를 유인하거나 새로운 서식처로 이동 시 사용(**개미**)한다.

⑦ **호르몬을 이용한 방제(★★)**

- **유약호르몬(JH)** : 유약호르몬은 곤충의 뇌 뒤쪽에 있는 1쌍의 샘인 **알라타체(★)**에서 분비되는 호르몬이며 **곤충의 변태를 억제**한다.

  ※ **알라타체** : 곤충의 탈피와 변태에 관여하는 호르몬을 분비하는 머리 속에 있는 한 쌍의 신경구 모양의 조직이다.

- methoprene(**메토프렌**, kabat) : **합성유약호르몬**으로 **다색알락명나방, 권연벌레의 변태를 억제**한다.

⑧ **곤충생장조절제를 이용한 방제**

- **가루이, 굴깍지벌레, 진딧물, 버섯파리 생장 저해** : **kinoprene(키노프렌)**
- **곤충의 키틴 생합성 저해**(성장 저해) : 디플로벤주론(diflubenzuron, **주론수화제** =Dimilin)
- **곤충의 섭식 저해제 : Triazine, Organotin, Carbamate**

⑨ **타감작용물질**(allelochemical)을 이용한 방제 : **알로몬, 카이로몬, 시노몬**

㉠ **알로몬** : 곤충이 천적으로부터 자기방어를 위해 방출하는 독물질·기피물질

㉡ **카이로몬** : 섭식자극·산란자극물질

㉢ **시노몬** : 공생관계에 작용하는 활성물질

⑩ **종합적 해충관리(IPM) : 가장 이상적인 방제 방법**

- 각종 방제 수단을 서로 모순되지 않게 유기적으로 조화시켜 병용하여 경제적 피해 허용수준이하에서 유지되도록 하는 방제체계이다.

기출확인문제

Q1 작물의 재배시기를 조절하여 해충의 피해를 줄이는 방법은?

① 경종적 방제법　　② 화학적 방제법

③ 생물적 방제법　　④ 물리적(기계적) 방제법

| 해설 | • 작물의 재배시기를 조절하여 해충의 피해를 줄이는 방법은 경종적 방제에 속한다.
• 경종적 방제의 예
  – 파종시기의 조절
  – 윤작, 혼작, 간작, 답전윤환 등

정답 ①

기출확인문제

Q2 방사선 불임법을 이용하는 방제법에 대한 설명으로 옳지 않은 것은?

① 효과가 다음 세대 후에 나타난다.
② 해충의 대발생 시에도 효과적이다.
③ 저항성이 생긴 해충에도 유효하다.
④ 평생 1회만 교미하는 해충에만 적용된다.

| 해설 | 방사선 불임법을 이용한 방제법은 해충의 대발생 시에는 효과가 적다.

정답 ②

Q3 윤작(돌려짓기)에 의한 해충 방제의 효과성을 높이려고 할 때 유의사항으로 옳지 않은 것은?

① 윤작 주기를 짧게 한다.
② 대상 해충 식성을 고려한다.
③ 토양 곤충 여부를 확인한다.
④ 유연관계가 먼 작물을 선택한다.

| 해설 | 윤작 주기를 짧게 하면 윤작효과가 적다.

정답 ①

Q4 곤충의 천적으로 활용할 수 있는 바이러스가 아닌 것은?

① 과립 바이러스
② 베고모 바이러스
③ 핵다각체 바이러스
④ 세포질다각체 바이러스

| 해설 | **천적 바이러스의 종류**

- 핵다각체병 바이러스(최초 이용됨) : 독나방 방제에 이용
- 과립병 바이러스(GVs)
- 베큘로 바이러스
- 곤충폭스 바이러스

정답 ②

Q5 생물적 방제에 대한 설명으로 옳지 않은 것은?

① 효과 발현까지는 시간이 걸린다.
② 인축, 야생동물, 천적 등에 위험성이 적다.
③ 생물상의 평형을 유지하여 해충밀도를 조절한다.
④ 거의 모든 해충에 유효하며 특히 대발생을 속효적으로 억제하는 데 더욱 효과가 크다.

| 해설 | 대상 해충이 제한적이며 속효적이지 못하다.

정답 ④

CHAPTER

8 주요 농업 해충 각론

1 외국에서 유입된 주요 해충

버즘나무방패벌레, 담배가루이, 아메리카잎굴파리, 오이총채벌레, 꽃노랑총재벌레, 꽃매미, 온실가루이 등이 있다.

2 수도작 주요 해충

① **벼물바구미(★★)**

㉠ **발생 경과**

- 발생 횟수 : 연 1회 발생. 단위생식을 한다.
- 월동방법 : 성충으로 야산 낙엽 밑이나 잡초 밑에서 월동한다.

㉡ **피해 : 성충과 유충** 모두 **피해**를 주는 대표적 해충(★)이다.

- **성충 : 벼 잎을 갉아 먹어** 잎에 가는 흰색 선이 나타난다.
- **유충 : 뿌리를 갉아 먹어** 뿌리가 끊어지게 되어 피해 받은 포기는 키가 크지 못하고 분얼이 잘되지 않는다(**유충의 피해가 가장 크다**).

㉢ **방제법** : 적용약제를 육묘상과 본답 수면처리를 한다.

② **이화명나방(★★★)**

㉠ **형태**

- 성충 : 회백색의 나방
- 유충 : 몸길이는 25mm, 짙은 갈색, 등에서부터 측면에 걸쳐 5줄의 세로 선이 있다.

㉡ **발생 : 연 2회(★)**

- **월동방법** : 볏짚줄기 속, 벼 그루터기에서 **유충태로** 월동한다.
- 제1화기 성충 : 6월 상·중순경에 출현한다.
- 제2화기 성충 : 8월 상·중순경에 출현한다.

㉢ **가해특성(★) : 한 마리의 유충이 여러 개의 벼줄기를 가해(★)**한다.

- 제1부화기 : 알에서 부화한 유충이 잎을 갉아 먹다가 **잎집 속으로 파고 들어가 잎과 줄기가 갈색으로 변하고 고사시킨다.**
- 제2화기 : 수잉기나 출수기에 피해를 받게 되는데, 출수 후 줄기에 피해를 받으면 **백수현상**(하얗게 마름)이 나타난다.

㉣ **암·수특성(★)**

- 암컷의 날개 센털은 3개가 있다.
- 암컷은 수컷보다 빛깔이 엷다.
- 암컷은 수컷보다 크기가 크다.
- 수컷의 앞날 앞쪽 끝부분은 넓다.

③ **혹명나방(★★)**

㉠ **형태**

- 유충 : 몸길이는 14mm, 황녹색에서 점차 붉은 색을 띤다.
- 성충 : 나방

㉡ **발생 경과 : 중국** 남부지역에서 날아와 **연 3~4회** 발생하는 **비래해충**이다.

㉢ **피해(★★)**

- **유충이 벼 잎을 한 개씩 세로로 말고** 그 속에서 잎살을 갉아 먹어 잎은 백색으로 변한다.
- 그물로 말아놓은 듯한 통 모양으로 말라 죽는다.

④ **벼멸구**

㉠ **학명** : *Nilaparvata Lugens*

㉡ **형태**

- **성충 : 장시형(갈개가 긴 형)**은 길이가 4.5~5mm, **단시형(날개가 짧은 형)**은 3.3mm
- **몸 빛깔** : 연한 갈색 또는 어두운 갈색
- **날개** : 반투명한 갈색

㉢ **발생 경과**

- **비래해충(우리나라에서 월동은 불가**이다(**장시형(날개가 긴 형)**만 우리나라에 매년 **비래(날아온다)** 한다)).
- 연 2~3세대 발생한다.
- 제2세대 성충은 한곳에서 집중 산란 및 가해한다.

㉣ **피해**

- 약충과 성충 모두 피해를 준다. 벼 포기의 하부를 흡즙하고 밀도가 높아지면 하엽부터 황색으로 변한다.
- **방제** : 비피(밧사)유제

⑤ **흰등멸구**

㉠ **형태** : 성충의 장시형은 4~4.5mm, 단시형은 2.5mm

㉡ **발생 경과**

- 장마철 중국 남부지역에서 비래하는 비래해충이다.
- 연 3~4세대 발생한다.

㉢ **피해**

- 성충과 약충 모두 피해를 준다.
- 벼 밑동의 줄기를 흡즙하여 잎을 변색시킨다.
- 심하면 상위엽까지 갈변하며 출수가 지연된다.

⑥ **애멸구(★★)**

㉠ **형태적 특징**

- 장시형은 3.5~4mm, 단시형은 2.3~2.5mm
- 머리의 돌출부는 장방형에 가깝다.

㉡ **발생 경과**

- **연5회 발생**한다.
- **비래해충**이다. 매년 장마철에 중국에서 비래한다.
- 우리나라에서도 **월동이 가능**하다.
- 1년에 5회 발생한다.
- 맥류에서 1세대를 경과한다.
- 4령 약충으로 월동한다.

㉢ **피해**

- 약충, 성충 모두 즙액을 빨아먹어 피해를 준다.
- 줄무늬잎마름병 바이러스를 전파한다.
- 보독충의 알에도 바이러스 병원균이 있을 수 있다.
- **바이러스를 전파**하여 **벼줄무늬잎마름병(★★), 벼검은줄오갈병**을 매개한다.

⑦ 끝동매미충(★)

㉠ 형태적 특징

- 암컷 : 몸길이는 6mm, 날개 끝이 담갈색
- 수컷 : 4~5mm로 날개 끝은 검정색

㉡ 발생 경과

- 연 4~5회 발생한다.
- 월동방법 : 제방이나 밭둑 등의 잡초에서 월동한다.

㉢ 피해

- 약충과 성충 모두 기주식물을 흡즙하여 피해를 준다.
- 등숙이 불량, 분비물로 인해 **그을음병**을 일으킨다.
- 바이러스병를 매개하여 **벼오갈병(★)**을 매개한다.

TIP

- **줄기를 가해하는 해충** : 이화명나방
- **바이러스 매개 해충** : 벼멸구, 흰등멸구, 애멸구, 끝동매미충
  - **애멸구 : 벼줄무늬잎마름병, 벼검은줄오갈병**
  - **끝동매미충 : 벼오갈병**
- **뿌리를 가해하는 해충** : 벼잎벌레, 벼물바구미 유충
- **비래해충** : 혹명나방, 벼멸구, 애멸구, 흰등멸구
- **둑새풀에서 월동해충** : 벼줄기굴파리
- **촉각단자를 가지고 있는 해충** : : 벼줄기굴파리
- **성충과 유충이 모두 벼 잎을 가해해충** : 벼잎벌레
- **유충은 뿌리를 가해, 성충은 잎을 가해해충** : 벼물바구미
- **저장곡물을 가해** : 화랑곡나방, 장두, 쌀바구미

⑧ 줄점팔랑나비

㉠ **피해** : 유충이 몇 개의 벼 잎을 끌어 모아 철하고 그 속에 숨어 있다가 해가 진 후에 나와서 벼 잎을 잎가에서부터 먹어 들어가 주맥만 남긴다.

기출확인문제

벼 오갈병을 매개하는 해충명은?

① 벼멸구　② 애멸구
③ 흰등멸구　④ 끝동매미충

| 해설 | 벼 오갈병을 매개하는 해충은 끝동매미충, 번개매미충이다.

정답 ④

기출확인문제

Q2 중국으로부터 비래하는 것으로 우리나라에서 월동하며 벼에 바이러스병을 매개하는 것은?

① 애멸구 ② 꽃매미
③ 벼멸구 ④ 흰등멸구

| 해설 | 애멸구는 비래해충으로 우리나라에서 월동이 가능하며, 바이러스병인 줄무늬잎마름병을 매개한다.

정답 ①

Q3 수도작물에서 애멸구의 발생 증가요인과 관계가 높은 것은?

① 만식재배를 실시한 경우
② 보리 재배면적이 증가된 경우
③ 평지에서 산지로 재배지를 바꾼 경우
④ 남부지방에서 중부지방으로 재배지를 바꾼 경우

| 해설 | 보리를 재배하면 애멸구의 월동처가 될 수 있다.

정답 ②

Q4 유충과 성충이 모두 잎을 가해하는 해충은?

① 독나방 ② 솔잎혹파리
③ 오리나무잎벌레 ④ 꼬마버들재주나방

| 해설 | 오리나무잎벌레는 유충과 성충이 모두 수목의 잎을 가해한다.

정답 ③

Q5 유충이 몇 개의 벼 잎을 끌어 모아 철하고, 그 속에 숨어 있다가 해가 진 후에 나와 벼 잎을 가해하는 해충은?

① 벼애나방 ② 조명나방
③ 벼잎벌레 ④ 줄점팔랑나비

| 해설 | 줄점팔랑나비에 대한 설명이다.

정답 ④

Q6 애멸구에 대한 설명으로 옳지 않은 것은?

① 약충기에만 벼 즙액을 빨아 먹는다.
② 우리나라 남부지방에서 월동이 가능하다.
③ 줄무늬잎마름병 같은 바이러스병을 매개한다.
④ 이모작 맥류재배를 하면 많이 발생하기도 한다.

| 해설 | 약충, 성충 모두 즙액을 빨아먹어 피해를 준다.

정답 ①

기출확인문제

 벼 줄기 속을 가해하여 새로 나온 잎이나 이삭이 말라 죽도록 가해하는 해충은?

① 벼멸구 ② 혹명나방
③ 이화명나방 ④ 끝동매미충

| 해설 | 이화명나방은 벼 줄기 속을 가해하여 새로 나온 잎이나 이삭이 말라 죽도록 가해한다.

정답 ③

3 시설재배 주요 해충

① **온실가루이** : 오이, 수박, 토마토, 딸기, 장미 등

② **담배가루이** : 고구마, 수박, 가지, 호박, 고추, 참외, 오이 등

③ **꽃노랑총채벌레** : 고추, 토마토, 장미, 국화 등

④ **오이총채벌레** : 고추, 가지, 오이, 피망, 감자 등

⑤ **아메리카잎굴파리** : 콩과, 국화과, 박과 등

⑥ **응애류**

4 노지작물 주요 해충

① **고자리파리**

㉠ **발생원인 : 미숙퇴비의 시용**(고자리파리가 퇴비에 알을 낳아 구더기가 작물의 뿌리를 가해)

㉡ **피해양상 및 예찰 : 마늘의 경우** 하엽(아랫잎)부터 고사하기 시작한다. 포기의 인경을 파내서 보면 구더기 같은 유충을 볼 수 있다.

② **복숭아혹진딧물**

㉠ **분류** : 매미목 ㉡ **발생** : 연 10수회

㉢ **월동방법** : 식물의 **겨울눈** 근처에서 **알**로 월동한다.

㉣ **피해양상** : 어린잎이 세로, 그리고 뒤로 말린다.

- 흡즙성(즙액을 빨아먹음)
- 온실에서는 휴면을 하지 않는다.
- 바이러스를 매개한다.

③ **배추흰나비** : **유충**이 피해를 준다.

- **성충** : **꿀**을 빨아먹고 산다.
- **유충** : **십자화과채소**(배추, 양배추 등)의 **잎**을 닥치는 대로 갉아먹는 **다식성 해충**이다. 먹이 습성상 몸이 푸른색을 띠어 일명 배추청벌레로 부르기도 한다.

④ **배추순나방**

- 발생 : 연 10수회
- 월동 : 번데기로 월동
- 피해양상 : 어린잎이 세로, 그리고 뒤로 말린다.

⑤ **벼룩잎벌레**

- 발생 : 연 4~5회
- 기주와 피해 : 배추, 무, 양배추 등 십자화과 작물의 어린 시기에 피해를 많이 준다.(★)
  → 성충은 잎을 갉아 먹어 작은 구멍을 만든다.

⑥ **담배나방**

- 학명 : *Helicoverpaassulta*
- 기주식물 : 고추, 담배, 토마토 등(1세대는 담배, 2세대는 고추로 추정)
- 발생(★) : 연 3회
- 월동(★) : 번데기로 땅속
- 1세대 경과기간 : 26일~32일

⑦ **점박이응애**

- **기주식물** : 채소류(기주범위가 대단히 넓다.)
- 약제에 대해 저항성이 쉽게 생긴다.
- **성충**으로 월동한다.

⑧ **톱다리개미허리노린재**

- 가해식물 : 주로 콩꼬투리를 가해한다.
- 약충의 형태가 개미와 유사하다.
- 유충과 성충이 모두 흡즙성 해충이다.
- 성충의 나는 모습이 벌과 비슷하다.

TIP

대다수 노린재류는 콩과작물의 꼬투리와 과일나무의 열매 등을 흡즙하여 수량과 품질을 크게 떨어뜨리는 해충이다.

※ 먹노린재 : 벼를 가해한다.

⑨ 배추좀나방
- 가해식물 : 유충이 배추, 양배추 결구(포기) 속을 들어가 가해한다.
- 세대기간이 짧아 번식이 빠르다.
- 일부 지역에서는 낙하산벌레라고도 한다.
- 겨울철에도 월평균기온이 영상 이상이면 발육과 성장이 가능하다.

⑩ 뿌리응애
- 가해식물 : 마늘 등 각종채소류, 과수류, 화훼류
- 가해부위 : 작물의 지하부, 상처를 통해 지상부 줄기까지 가해
- 마늘 수확 후 저장 중에도 물러 썩게 하여 피해를 준다.(★)

⑪ 파굴파리
- 기주식물 : 파, 쪽파, 양파 등
- 월동태 : 땅속에서 번데기
- 연 4~5회 발생
- 유충이 식물체의 잎을 주로 가해한다.
- 성충의 발생 최성기 : 늦봄, 초가을

⑫ 조명나방
- 기주식물 : 옥수수, 조, 수수 등
- 부화 유충은 잎을 가해하고 2~3령 이후에는 줄기 속을 먹어 들어간다.
- 월동태 : 유충
- 주광성을 이용하면 효과적으로 유살이 가능하다.
- 천적 : 좀벌류, 맵시벌류, 고치벌류, 알벌류

기출확인문제

Q1 점박이응애에 대한 설명으로 옳지 않은 것은?

① 알은 투명하다.
② 기주범위가 넓다.
③ 부화 직후의 약충의 다리가 4쌍이다.
④ 여름형과 월동형 성충의 몸 색깔이 다르다.

| 해설 | 부화 직후의 약충 다리는 3쌍이다. 탈피 후 4쌍이 된다.

정답 ③

기출확인문제

Q2 부화 유충은 잎을 가해하고 2~3령 이후에는 줄기 속을 먹어 들어가는 해충은?

① 조명나방　② 거세미나방
③ 고자리파리　④ 배추벼룩잎벌레

| 해설 | 조명나방에 대한 설명이다.

정답 ①

Q3 마늘 수확 후에도 피해를 주는 해충은?

① 파굴파리　② 뿌리응애
③ 고자리파리　④ 벼룩잎벌레

| 해설 | 뿌리응애은 마늘 수확 후에도 물러 썩게 한다.

정답 ②

Q4 생육 중인 마늘이 하엽부터 고사하기 시작하여 포기의 인경을 파내어 보았더니 구더기 같은 회백색의 유충이 발견되었다면 어느 해충의 피해인가?

① 파밤나방　② 고자리파리
③ 담배거세미나방　④ 아메리카잎굴파리

| 해설 | 고자리파리에 대한 설명이다. 미숙퇴비를 사용하면 고자리파리 피해가 클 가능성이 높다.

정답 ②

Q5 벼룩잎벌레에 대한 설명으로 옳은 것은?

① 번데기로 월동한다.
② 성충이 뿌리를 가해한다.
③ 고추의 가장 대표적인 해충이다.
④ 일반적으로 작물이 어린 시기에 피해가 많다.

| 해설 | 벼룩잎벌레는 배추, 무, 양배추 등 십자화과 작물의 어린 시기에 피해를 많이 준다.

정답 ④

Q6 유충이 식물체의 잎을 주로 가해하며, 년 4~5회 발생하고 땅속에서 번데기로 월동하는 것은?

① 사과면충　② 파굴파리
③ 고자리파리　④ 아메리카잎굴파리

| 해설 | **파굴파리**

- 유충이 파의 잎을 가해한다.
- 성충의 발생 최성기 : 늦봄, 초가을
- 발생 횟수 : 년 4~5회 발생
- 월동 : 땅속에서 번데기

정답 ②

5 과수 및 수목의 주요 해충

① **깍지벌레**

㉠ **발생** : 연 3회

- **월동** : 거친 껍질 밑에서 월동한다.

  ※ **버들가루깍지벌레** : **땅속**에서 월동한다.

- **피해** : 배나무류, 사과, 포도, 복숭아, 포도 등 수목의 즙액을 빨아먹어 수세가 약해지고 그을음병을 일으킨다. 과수의 열매가 기형이 되어 상품적 가치를 떨어뜨린다.
- **방제** : 스프라이트, 스미티온

② **면충**

- **기주식물** : 배나무, 사과나무
- **매미목** : 면충과에 속한다.
- **형태** : 날개가 없다. 몸은 흰색의 솜털로 덮여있다.
- **월동** : 흡지(지표면 가까운 새가지), 뿌리
- **피해**
- 새가지의 기부(원줄기와 만나는 가지의 아랫부분), 가지가 잘린 부분, 흡지(지표면 가까운 새가지), 뿌리를 가해한다(새로 발생한 흡지를 제거하지 않은 과원에서 많이 발생한다).
- **예방** : 흡지를 제거하고 태운다. 주간부(원줄기)의 나무껍질을 제거한다. 전지전정 시 상처 난 부위에 도포제를 바른다.

③ **포도유리나방**

- **발생** : 연 1회
- **월동** : 포도나무 줄기(**가지**) 속에서 유충으로 월동한다.
- **피해** : 유충이 포도나무의 줄기를 가해한다.

④ **포도호랑하늘소**

- **발생** : 연 1회
- **월동** : 포도나무 줄기 속에서 유충으로 월동한다.
- **피해** : 유충이 포도나무 줄기 형성층(목질부)을 가해한다.

  ※ **유리나방과 구별법** : 포도호랑하늘소는 머리가 적색이고 날개에 황색 띠가 3개 있다.

⑤ **복숭아심식나방**

- **발생** : 연 1회~3회(불분명함)

- **월동** : 노숙유충으로 땅속에서 월동한다.
- **피해** : 복숭아, 사과에 피해를 준다. 부화유충은 실을 내며 과육 속으로 파먹고 들어가거나 과피 밑에 그물 모양의 불규칙한 갱도를 만든다. 복숭아의 경우 파먹어 들어간 구멍으로 진이 나오며 사과의 경우 즙액이 말라 백색의 작은 덩어리가 생긴다.

⑥ 복숭아순나방

- **발생** : 연 4~5회
- **형태** : 몸 빛깔은 암회색 또는 암색이다. 앞날개는 암갈색이고 앞 가두리에 13~14개의 회백색 줄이 있으며 날개의 바깥가두리에 7개의 검은 점이 있다.
- **월동** : 유충으로 거친 나무껍질 틈에서 월동한다.
- **피해** : 유충이 배나무, 복숭아나무, 사과나무, 자두나무 등의 새순과 과실을 파먹어 들어가 피해를 준다.
- **예방** : 과일에 봉지를 씌운다.

※ 복숭아심식나방과 구별방법 : 복숭아순나방은 파고들어간 구멍 밖으로 똥을 배출하여 구별이 가능하다.

⑦ 향나무하늘소(측백나무하늘소)

- **기주식물** : 향나무, 측백나무, 편백나무
- **발생** : 연 1회
- **월동** : 성충으로 피해목에서 월동한다(기주식물의 기부(땅가 쪽 줄기) 또는 뿌리에 구멍을 파고 들어가 성충으로 월동한다).
- **피해** : 유충이 수피를 뚫고 형성층과 목질부의 일부를 가해하면서 줄기(★)를 한 바퀴 돌면 위쪽 줄기가 말라죽는다.

⑧ 감꼭지나방

- **발생** : 연 2회
- **월동** : 나무껍질 속에서 유충으로 월동한다.
- **피해** : 유충이 감나무, 고욤나무 등의 잎을 먹고 과일꼭지에서 파먹어 들어가면 과일이 떨어지게 된다.
- **방제** : 방제는 겨울부터 봄 사이에 나무껍질 틈 속에 숨어 있는 고치를 포살하고, 성충의 경우 야간에 유인등으로 포살한다.

⑨ 말매미

- **피해** : 성충이 2~3년 된 **나뭇가지에 알을 낳으면 그 가지는 말라 죽는다.** 또 수액을 빨아 먹음으로써 피해를 주는데, 가해한 부위에서 수액이 흘러나와 **그을음병**이 발생하고 수세가 약해진다.

- **방제** : 유기인계 살충제 살포

⑩ **솔잎혹파리**

- 1929년에 서울에서 처음 발견되었다.
- 유충은 솔잎 밑에 벌레혹(충영)을 만들고 그 속에서 즙액을 빨아먹는다. 피해솔잎은 말라죽는다.
- **피해수종** : 해안지역의 **곰솔**(해송)
- **발생** : 연 1회
- 유충으로 땅속에서 월동한다. 암컷 성충은 소나무류의 잎에 알을 6개 정도씩 무더기로 낳는다.
- 성충의 수명은 1~2일(★★)이다(알을 낳고 바로 죽는다).
- **방제** : '**수간주사법**'에 의한 방제가 효과적이다.
- **생물학적 방제** : **백강균** 포자를 솔잎혹파리의 피해림에 살포하면 유충의 몸에 묻어 발아 번식하게 된다. 충체는 **경화병**을 일으켜 죽게 된다.

⑪ **소나무재선충**

- **특징** : **솔수염하늘소(★★★)**가 매개한다.
- **피해** : 재선충(*Bursaphelenchus Xylophilus*)에 의해 소나무가 100% 말라 죽는다 .
- **방제** : 아직까지 완전한 방제약이 없다.
- **예방** : 고사목 벌채 및 훈증소독

⑫ **밤나무혹벌**

- **발생** : 연 1회 발생
- **월동** : **밤나무의 눈** 속에서 월동
- **피해** : 이른 봄, 눈이 트기 시작할 무렵부터 급속히 자라, **눈에 벌레 혹**을 만들어 순이 자라지 못하고 꽃도 과실도 붙지 않고 말라 죽는다.

⑬ **솔수염하늘소**

- **특징(★★★)** : **소나무재선충**을 매개한다.
- **피해** : 성충이 소나무의 어린 가지 수피를 갉아 먹는다.

⑭ **배나무방패벌레**

- **발생** : 연 3~4회 발생한다.
- **월동** : 원줄기 하부, 조피 틈, 잡초 등에서 월동한다.

- **피해** : 성충과 유충이 모두 배, 사과, 복숭아 등 과수의 잎 뒤쪽에서 즙액을 빨아먹어 잎이 회백색 또는 갈색으로 변하고 심하면 고사한다.
- **예방** : 조피 제거, 낙엽을 모아 태운다.
- **방제** : 발생 초기 유기인계 살충제

⑮ 잣나무 털녹병

- **중간기주(★)** : 송이풀, 까치밥나무
- **기주식물** : 잣나무, 스트로브잣나무, 섬잣나무
- **피해** : 줄기의 형성층이 파괴된다. 병든 부위가 부풀어 올라 윗 부분이 죽는다.
- **예방** : 중간 기주(송이풀)를 제거 하거나 중간 기주를 피하여 식재한다. 병든 나무를 제거한다. 병든 부위를 잘라낸다.

⑯ 미국흰불나방

- **학명(★)** : *Hyphantria Cunea Drury*
- **발생** : **연 2~3회 발생**한다. **주광성**이 특히 강하다.
- **월동** : **나무껍질 속에서 번데기로 월동**한다.
- **피해** : 유충이 광엽성 식물의 잎을 가해 함. 대표적인 산림해충으로 도시의 가로수에 많은 피해를 준다.

⑰ 소나무굴깍지벌레

- **학명(★)** : *Lepidosaphes Pini*
- **발생** : 연 2회
- **기주식물** : 소나무, 스트로브잣나무
- **식성** : 소나무 즙액 흡즙
- **월동** : 약충으로 솔잎에서 월동한다.
- **피해** : 소나무잎의 황화, 조기낙엽, 그을음병이 발생한다.

⑱ 으름밤나방

- **학명** : *Adristyrannus*
- **피해식물** : 감귤, 사과. 기주식물(으름나무)
- **월동** : 노숙유충, 번데기
- **피해** : 성충이 과실의 즙액을 빨아먹는다.

⑲ 사과응애

- **가해식물** : 사과, 배, 복숭아 등 100여 종

- **월동** : 알, 암컷은 수정한 상태로 성충으로 월동한다.
- **서식장소** : 약충과 유충은 잎의 뒷면, 성충은 잎의 앞면
- 암컷 성충 몸길이 : 약 0.4mm로 체형은 길다.
- 암적색의 몸통에 흰 반문이 나 있으며 몸의 등면에 횡선이 나 있으며, 등면에 난 털은 길고 굵다.
- 수컷은 녹갈색이며 암컷보다 몸이 작고 납작하다.

⑳ 솔껍질깍지벌레

- **최초 발생** : 1963년 전남 고흥지방으로 추정되며 1983년 피해가 확인됐다.
- **가해식물** : 주로 해안가의 소나무(해송=곰솔=흑송)
- **피해** : 약충은 해송이나 적송의 껍질 밑부분에 정착하여 계속해서 흡즙 가해한다.
- 피해를 받는 나무는 고사한다. 3~5월에 가장 피해가 심하다.

㉑ 솔나방

- **가해식물** : 유충이 소나무류, 솔송나무, 전나무의 잎을 먹는다.
- 유충을 **송충이**라고 부른다.
- 연 1회 발생하고 유충으로 월동한다.
- 성충의 길이가 수컷은 30mm 정도이다.
- 고치는 긴 타원형이고 황갈색이다.
- 개체에 따라 색깔의 변화가 심하다.

㉒ 말매미

- 매미 중에서 가장 크다.
- 성충이 2~3년생 가지에 알을 낳으면 그 가지는 말라 죽는다.(산란에 의한 피해 해충)
- 애벌레는 땅속에서 6~7년간 생활한다(1세대를 경과하는데 해충 중에서 가장 긴 시간을 요한다).
- **일생동안 입틀의 형태가 바뀌지 않는다.**

㉓ 사과굴나방

- 피해엽 속에서 번데기(★)로 월동한다.
- 연 4~5회 발생하며 가해한 잎이 뒷면으로 말린다.
- 잎 뒷면에 성충이 우화하여 나간 구멍이 있다.
- 사과나무, 배나무, 복숭아나무, 앵두나무, 해당나무의 잎을 가해한다.

㉔ 은무늬굴나방

- 유충이 주로 사과나무, 복숭아나무 등 과실수의 잎을 가해한다.
- 1년에 6회 발생하지만, 최근에는 발생이 드물다.
- 유충이 6월 초에 발생하여 잎에 텐트모양의 굴을 만들고 그 속에서 산다. 성충은 7월부터 발생하며 여름형과 월동하는 겨울형이 있다.

기출확인문제

Q1 솔잎혹파리의 생태적 특징으로 옳지 않은 것은?

① 성충의 수명이 1~2개월로 긴 편이다.
② 유충상태로 땅속이나 벌레혹 속에서 월동한다.
③ 부화한 유충이 새로 자라는 솔잎 아랫부분에 벌레혹을 만든다.
④ 암컷 성충은 소나무류의 잎에 알을 6개 정도씩 무더기로 낳는다.

| 해설 | 솔잎혹파리 성충의 수명은 1~2일이다(알을 낳고 죽는다).

정답 ①

Q2 유충이 주로 사과나무, 복숭아나무 등 과실수의 잎을 가해하며, 1년에 6회 발생하지만, 최근에는 발생이 드문 해충은?

① 솔나방 ② 혹명나방
③ 은무늬굴나방 ④ 미국흰불나방

| 해설 |
- 은무늬굴나방에 대한 설명이다.
- 유충이 6월 초에 발생하여 잎에 텐트모양의 굴을 만들고 그 속에서 살며, 성충은 7월부터 발생한다.

정답 ③

Q3 부화유충이 처음 과일 표면을 식해 하다가 과일 내부로 뚫고 들어가 가해하는 해충은?

① 배나무이 ② 사과굴나방
③ 포도유리나방 ④ 복숭아심식나방

| 해설 |
- 복숭아심식나방은 부화한 유충이 처음 과일 표면을 식해 하다가 과일 내부로 뚫고 들어가 가해한다.
- 복숭아심식나방은 똥을 과실 밖으로 배출하지 않고, 복숭아순나방은 똥을 밖으로 배출한다.

정답 ④

Q4 보통 1년에 2회 발생하고 수피 사이나 지피 물밑 등에서 번데기로 월동하며 유충이 기주식물을 가해하는 해충은?

① 솔나방 ② 밤나무혹벌
③ 천막벌레나방 ④ 미국흰불나방

| 해설 | 미국흰불나방은 1958년에 미국에서 유입된 해충으로 가루수, 정원수 등 수목에 피해를 주며 보통 1년에 2회 발생하고 수피 사이나 지피 물밑 등에서 번데기로 월동한다.

정답 ④

기출확인문제

Q5 솔껍질깍지벌레의 가해 형태 및 피해에 대한 설명으로 옳지 않은 것은?

① 가지에 기생하여 흡즙 가해한다.
② 후약충이 가장 많이 피해를 준다.
③ 피해가 심한 경우 임목이 고사한다.
④ 수관 상부 가지의 잎부터 갈색으로 변한다.

| 해설 | 피해는 수관 하부 가지의 잎부터 갈색으로 변한다.

정답 ④

Q6 우리나라에서 솔잎혹파리가 주로 가해하는 수종은?

① 곰솔
② 잣나무
③ 리기다소나무
④ 방크스소나무

| 해설 | 우리나라에서 솔잎혹파리가 주로 가해하는 수종은 곰솔(해송)이다.

정답 ①

6 주요 해충의 학명

해충명	학명	비고
노랑쐐기나방(★)	Monema Flavescens Walker	
담배나방	Helicoverpa Assulta	
독나방	Euproctis Subflava	
매미나방(★)	Lymantria Dispar	
목화진딧물(★)	Aphis Gossypii Glover	
미국흰불나방(★)	Hyphantria Cunea	
벼멸구(★)	Nilaparvata Lugens	
복숭아순나방	Grapholita Molesta	
복숭아심식나방	Carposina Sasakii Matsumura	
복숭아혹진딧물(★)	Myzus Persicae	
사과굴나방	Phyllonorycter Ringoniella	
소나무좀	Tomicuspiniperda	
솔잎혹파리(★)	Thecodiplosis Japonensis	

해충명	학명	비고
솔수염하늘소(★)	Monochamus Alternatus	★ 소나무재선충병 매개
애멸구	Laodelphaxstriatellus	★ 줄무늬잎마름병 매개
이화명나방	Chilo Suppressalis	
으름밤나방(★)	Adrias Tyrannus Guenee	
점박이응애(★)	Tetranychus Urticae	
솔나방	Dendrolimus Superans Sibiricus	

기출확인문제

Q1 솔잎혹파리에 대한 분류 및 형태적 설명으로 옳지 않은 것은?

① 파리목 혹파리과에 속한다.
② 성충의 크기는 2mm 내외이다.
③ 알은 긴타원형이며 담황색이다.
④ 학명은 SpodopTera Exigua이다.

| 해설 | 학명 : Thecodiplosis Japonensis

정답 ④

Q2 미국흰불나방의 학명으로 옳은 것은?

① Adrias Tyrannus
② Hyphantria Cunea
③ Monema Flavescens
④ Pygeara Anachoreta

| 해설 | **미국흰불나방**

- 학명 : Hyphantria Cunea Drury
- 발생 : 연 2~3회 발생한다. 주광성이 특히 강하다.
- 월동 : 나무껍질 속에서 번데기로 월동한다.

정답 ②

7 주요 해충의 연 발생 횟수

발생 횟수	해당 해충
연 1회	메뚜기, 벼물바구미, 포도유리나방, 포도호랑하늘소, 향나무하늘소, 밤나무혹벌, 밤나방, 땅강아지
연 2회	이화명나방, 미국흰불나방, 감꼭지나방, 소나무굴깍지벌레

발생 횟수	해당 해충
연 3회	담배나방, 깍지벌레
연 3~4회	혹명나방, 배나무방패벌레
연 4~5회	끝동매미충, 번개매미충
연 10회(이상)	복숭아혹진딧물, 배추순나방, 점박이응애, 파총채벌레

기출확인문제

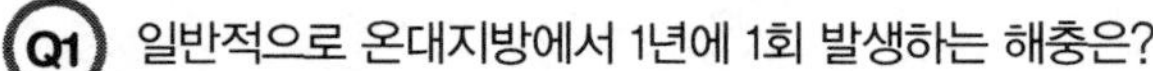

Q1 일반적으로 온대지방에서 1년에 1회 발생하는 해충은?

① 땅강아지 ② 벼룩잎벌레
③ 파총채벌레 ④ 거세미나방

정답 ①

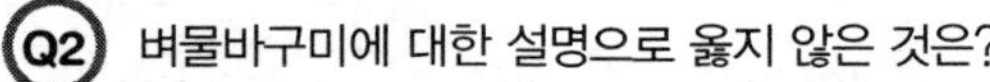

Q2 벼물바구미에 대한 설명으로 옳지 않은 것은?

① 연 3회 발생한다.
② 성충으로 월동한다.
③ 성충은 벼 잎을 가해한다.
④ 유충이 주로 땅속에서 뿌리를 가해한다.

| 해설 | 연 1회 발생하며 단위생식을 한다.

정답 ①

Q3 1년에 1회 발생하는 해충은?

① 조명나방 ② 감자나방
③ 벼물바구미 ④ 미국흰불나방

| 해설 |
- 조명나방 : 연 2~3회 발생
- 감자나방 : 연 6~8회 발생
- 미국흰불나방 : 연 2회 발생

정답 ③

8 주요 해충의 생식방법

생식방법	해당 곤충
양성생식	대다수 곤충
단위생식	총채벌레, 밤나무순혹벌, 민다듬이벌레, 진딧물(여름형), 수벌, 벼물바구미
다배생식	송충이알좀벌

9 주요 해충의 섭식 및 기타 특성

특성	해당 해충
흡즙성 해충(흡수구를 가짐)	진딧물류, 방패벌레류, 총채벌레류, 깍지벌레류, 이류(꼬마배나무이, 담배가루이 등), 굴파리류, 구류(벼멸구, 애멸구 등), 매미충류, 노린재류, 응애류
종실을 가해하는 해충	밤바구미, 복숭아명나방, 도토리거위벌레
유충, 성충이 모두 즙액을 섭취	배나무방패벌레
유충과 성충이 모두 포식성	꽃등에
중국에서 비래해충	혹명나방, 벼멸구, 애멸구, 흰등멸구, 멸강나방, 조명나방
비래해충 중 월동이 가능한 해충	애멸구
충영(혹)을 만드는 해충	밤나무혹벌, 솔잎혹파리
과실을 가해하는 해충	꽃노랑총채벌레, 복숭아순나방, 복숭아심식나방, 복숭아명나방
분열조직을 가해하는 해충	소나무좀, 향나무하늘소
토양해충	땅강아지, 거세미나방, 뿌리혹선충, 뿌리썩이선충, 뿌리응애
지상부 선충	심고선충(벼선충심고병 발생시킴)

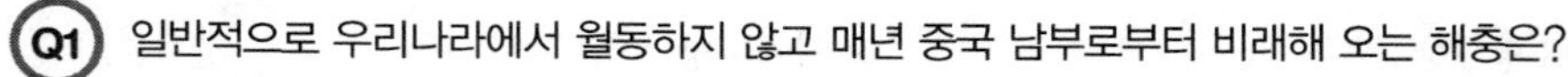

기출확인문제

Q1 일반적으로 우리나라에서 월동하지 않고 매년 중국 남부로부터 비래해 오는 해충은?

① 벼멸구 ② 애멸구
③ 끝동매미충 ④ 번개매미충

| 해설 | 벼멸구는 우리나라에서 월동하지 않고 매년 중국 남부로부터 비래해 온다.

정답 ①

Q2 향나무하늘소의 주요 가해 부위는?

① 잎 ② 줄기
③ 뿌리 ④ 열매

| 해설 | 향나무하늘소는 주로 쇠약한 나무의 줄기의 형성층 부분을 가해한다. 성충으로 피해목에서 월동한다.

정답 ②

10 유입해충

유입경위	해당 해충
중국에서 비래해충	혹명나방, 벼멸구, 애멸구, 흰등멸구, 멸강나방, 조명나방
비래해충 중 월동이 가능한 해충	애멸구(줄무늬잎마름병 매개)
외국에서 유입된 해충(법적 방제 대상 해충)	아메리카잎굴파리, 꽃노랑총채벌레, 오이총채벌레, 루비깍지벌레, 미국흰불나방(가로수 등 수목에 피해 줌), 감자나방, 온실가루이, 이세리아깍지벌레, 포도뿌리혹벌레, 뿌리응애

• 연도별 유입해충 및 침입경로

유입해충	주요 기주식물	우리나라 발생 연도	침입경로
사과면충	사과	1910	미국, 유럽
이세리아깍지벌레	귤	1910	미국, 대만
포도뿌리혹벌레	포도	1917	미국
솔잎혹파리(★)	소나무류	1929	일본
미국흰불나방	가로수, 정원수	1958	미국
밤나무혹벌	밤나무	1958	중국
감자나방(감자뿔나방)	가지과 작물	1968	일본
온실가루이	시설채소 작물	1977	일본
벼물바구미	벼	1988	일본
소나무재선충	소나무	1988	일본
꽃노랑총채벌레	채소류 및 화훼류	1993	유럽
아메리카잎굴파리	채소류	1994	유럽
담배가루이	채소류, 화훼류	1998	이스라엘
꽃매미	포도, 과수	2006	중국
미국선녀벌레	수목류	2009	미국, 유럽

기출확인문제

Q1 다음 중 가장 먼저 우리나라에 들어온 해충은?

① 감자나방　　② 온실가루이
③ 솔잎혹파리　　④ 미국흰불나방

| 해설 | **도입해충**

• 감자나방(감자뿔나방) : 1968년(일본)
• 온실가루이 : 1977년(일본)
• 솔잎혹파리 : 1929년(일본)
• 미국흰불나방 : 1958년(미국)

정답 ③

기출확인문제

외국에서 화훼류 수입 시 침입된 해충으로 시설하우스 내에서는 휴면 없이 연중 15회 이상 발생 가능하며, 토마토 등 다양한 작물에 피해를 주는 것은?

① 꽃매미 ② 잠두진딧물
③ 대만총채벌레 ④ 아메리카잎굴파리

| 해설 | 아메리카잎굴파리는 유럽에서 화훼류 수입 시 침입된 것으로 추정되며 우리나라에서는 1994년 거베라 재배 농장에서 발견되었다. 시설하우스에서는 휴면 없이 15회 이상 발생한다.

정답 ④

다음 중 외국으로부터 유입된 해충이 아닌 것은?

① 벼밤나방 ② 벼물바구미
③ 온실가루이 ④ 꽃노랑총채벌래

| 해설 | 벼밤나방은 외국으로부터 유입된 해충이 아니다.

정답 ①

다음 중 외래 침입해충이 아닌 것은?

① 사과면충 ② 콩가루벌레
③ 온실가루이 ④ 이세리아깍지벌레

| 해설 | 콩가루벌레는 외래 침입해충이 아니다.

정답 ②

Q5 솔잎혹파리에 대한 설명으로 옳은 것은?

① 벌목에 속한다.
② 주로 1년에 1회 발생한다.
③ 소나무와 밤나무를 모두 가해한다.
④ 우리나라에서 1970년대에 처음 발견되었다.

| 해설 | **솔잎혹파리**

- 파리목 혹파리과에 속한다.
- 1년에 1회 발생한다.
- 소나무류를 가해한다.
- 우리나라에서 1929년에 처음 발견되었다.(일본에서 유입)

정답 ②

외국으로부터 침입한 해충은?

① 벼잎벌레 ② 온실가루이
③ 콩잎말이나방 ④ 복숭아혹진딧물

| 해설 | 온실가루이는 1977년 일본으로부터 침입한 해충이다.

정답 ②

11 시험에 나오는 해충 월동태

월동태	해당 해충
성충	벼물바구미, 향나무하늘소, 잎벌레류, 방패벌레류, 소나무좀, 점박이응애, 꼬마배나무이, 꽃노랑총채벌레, 노린재류(톱다리개미허리노린재 등), 네발나비, 왕뒷박벌레
알	진딧물류, 짚시나방, 박쥐나방
	겨울눈에서 월동(복숭아혹진딧물(★))
유충	이화명나방(★), 포도유리나방, 포도호랑하늘소, 복숭아순나방, 감꼭지나방, 솔잎혹파리
번데기	담배나방, 미국흰불나방(★), 사과굴나방(★), 배추흰나비, 도둑나방, 배추순나방, 배추좀나방, 아메리카잎굴파리, 고자리파리(★), 보리굴파리(★)
노지에서 월동 불가	온실가루이, 담배가루이

기출확인문제

Q1 겨울을 나기 위하여 유충으로 동면하는 것은?

① 벼애나방 ② 벼메뚜기
③ 보리굴파리 ④ 이화명나방

| 해설 | 유충으로 동면 : 이화명나방, 포도유리나방, 포도호랑하늘소, 복숭아순나방, 감꼭지나방, 솔잎혹파리

정답 ④

Q2 번데기로 월동하는 것은?

① 조명나방 ② 이화명나방
③ 보리굴파리 ④ 섬서구메뚜기

| 해설 | 번데기로 월동 해충 : 굴파리류(보리굴파리, 아메리카잎굴파리), 굴나방류(사과굴나방), 담배나방, 미국흰불나방, 배추흰나비, 도둑나방, 배추순나방, 배추좀나방, 고자리파리

정답 ③

Q3 담배나방 유충에 대한 설명으로 옳지 않은 것은?

① 어린 유충은 주로 잎을 가해한다.
② 땅속에서 월동하고 나서 번데기가 된다.
③ 제3령 이후에는 낮에는 잎 뒷면에 숨는다.
④ 부화 유충은 밤낮을 가리지 않고 가해한다.

| 해설 | 담배나방은 땅속에서 번데기로 월동한다.

정답 ②

기출확인문제

해충과 월동태의 연결이 옳지 않은 것은?

① 점박이응애-성충
② 벼물바구미-성충
③ 이화명나방-성충
④ 복숭아혹진딧물-알

| 해설 | 이화명나방은 유충으로 월동한다.

정답 ③

해충의 휴면이 나타나는 발육단계로 올바르게 짝지어진 것은?

① 복숭아명나방-알
② 미국흰불나방-유충
③ 이화명나방-번데기
④ 오리나무잎벌레-성충

| 해설 | 오리나무잎벌레는 성충으로 월동한다.

정답 ④

Part 3 재배원론

CHAPTER 1

재배의 기원과 전파

I 재배의 특징

1 재배식물의 특징

① 작물은 **야생종으로부터 순화**하여 재배된 식물들이다.

② 재배식물은 **이용성과 경제성이 높은 식물을 대상**으로 하였다.

③ 농업생산은 환경의 지배를 크게 받는다.

④ 농산물은 **가격의 변동이 심하다.**

⑤ 공산품보다 수요의 탄력성이 적고(★) **다양성이 적다.**(★)

⑥ 작물은 **특정부위만 발달**한 일종의 **기형식물**(★)이다.

⑦ 일반적으로 야생식물보다 생존 경쟁력이 떨어지고, 불량 환경에 대한 적응력이 낮다.

2 재배의 특징

① 토지를 생산수단으로 이용한다.

② 자연환경 조건의 영향을 크게 받는다.

③ 생산조절이 자유롭지 못하다.(★)

④ 수확체감의 법칙이 적용된다.

TIP **수확체감의 법칙**
일정한 농지(토지)에서 종사하는 노동자(농업인)가 많을수록 1인당 생산량은 줄어든다는 이론

⑤ 자본의 회전이 느리다.(★)

⑥ 노동의 수요가 연중 균일하지 못하다.

⑦ 수송비가 많이 든다.

⑧ 중간상인의 역할이 크다.

⑨ 농산물의 소비측면은 비탄력적이다.(★)

⑩ 가격 변동이 심하다.(★)

3 작물의 생산성과 재배동향

① 작물생산성(수량)의 3대 요소(★) : 작물의 유전성, 환경조건, 재배기술

② 최초의 재배 작물 : 밀, 보리(약 1만~1.5만년)

③ 세계의 3대 작물(★) : 쌀(벼), 밀, 옥수수

- 인류의 전체 곡물 소비량의 75%를 차지한다.

④ 빵밀(보통계)의 게놈 조성(★) : AABBDD(이질6배체)

4 작물의 분화과정

- 순서(★) : 유전적 변이의 발생→도태와 적응→순화→격리(고립, 격절)

1) 유전적 변이(새로운 형질)의 발생

① 자연교잡·돌연변이에 의해 자연적으로 변이가 발생한다.

2) 도태·적응

① 도태 : 새로운 유전적 변이체 중에서 환경조건이나 생존경쟁에서 이겨내지 못하는 것이다.

② 적응 : 도태의 반대 개념, 즉 견뎌 내는 것이다.

3) 순화

① 순화는 환경조건이나 생존경쟁에서 적응한 개체들이 오랫동안 생육하게 되면서 생태 조건에 잘 적응하게 되는 것을 말한다.

4) 격리(고립, 격절)

① 격리란 순화한 개체들이 유전적인 안정상태를 유지하는 것을 말한다. 유전적 안정상태를 유지한다는 의미는 적응형 상호간에 유전적 교섭, 즉 자연교잡이 생기기 않는 것을 의미하며, 이러한 것을 격절 또는 고립이라고 한다.

② 격리(고립)는 지리적 격리와 생리적 격리로 구분한다.

㉠ 지리적 격리 : 지리적으로 멀리 떨어져 있어 상호간 유전적 교섭(자연교잡)이 방지되는 것을 지리적 격리라고 한다.

㉡ 생리적 격리 : 상호간 개화기의 차이, 교잡불임(불화합성) 등으로 같은 장소에 있더라도 유전적 교섭(자연교잡)이 발생하지 않는 것을 생리적 격리라고 한다.

5 야생식물이 재배식물로 발전하면서 변화된 특징

① 휴면성이 약화되었다.(★)

야생식물은 휴면성이 강하지만, 재배식물이 되면서 강한 휴면성이 약화되었다. 그 원인은 발아 억제 물질이 감소 또는 소실되었기 때문이다.

② 대립종자로 발전하게 되었다.

③ 종자의 저장 단백질 함량이 낮아지고 탄수화물 함량이 증가하였다.

④ 분얼이나 분지가 거의 동시에 이루어진다.

⑤ 성숙 후 탈립성(종실이 떨어짐)은 낮아졌다.

⑥ 수량은 증가하였다.

Ⅱ 작물의 기원지

1 기원지

어떤 식물이 최초로 발생하게 된 지역을 말한다.

2 식물의 기원지를 연구한 학자

1) 드캉돌(De Candolle, 1816, 스위스, 식물학자)

① **고고학, 역사학, 언어학적으로 고찰하였다.**

② 재배식물의 조상 식물이 자생하는 곳을 재배적 기원지로 추정하였다.

2) 바빌로프(Vavilov. 1887~1943. 구소련. 식물육종학자)

① 지리적 미분법을 적용하였다.

② 유전자 중심설(8개 지역)을 제창하였다.

3 바빌로프(Vavilov)의 유전자 중심설(★★)

1) 유전자 중심설의 주요 내용

① 작물의 기원지는 지구상 **8개 지역**에 집중되어 있음을 확인하였다.

② **발생중심지에**는 많은 **변이가 축적**(★★)되어 있으며 유전적으로 우성적인 형질(★★)을 가진 형이 많다.

③ **열성의 형질**은 **발상지**로부터 **멀리 떨어진 곳**(★★)에 위치한다.

④ **2차적 중심지**에는 **열성형질**(★★★)을 가진 형이 많다.

2) 재배식물의 발상 8개 지구(★★★)

① **중국지구** : 복숭아, 동양배, 6조보리, 조, 피, 메밀, 콩, 팥, 파, 인삼, 배추, 감

② **인도 동남아 지구** : 벼, 참깨, 사탕수수, 왕골, 오이. 박, 가지, 생강

※ 국제 쌀 연구소 : IRR(필리핀에 소재)

③ **중앙 아시아지구** : 완두, 양파, 무화과, 귀리, 기장, 삼, 당근

④ 코카서스·중동지역 : 시금치, 서양배, 사과, 보리, 보통밀, 호밀, 유채, 포도, 1립계와 2립계의 귀리, 알파파, 양앵두 등

⑤ 지중해 연안지구 : 완두, 유채, 사탕무, 양귀비, 화이트클로버, 티머시, 오처드그라스, 무, 순무, 우엉, 양배추, 상추

⑥ 중앙아프리카 : 진주조, 수수, 수박, 참외 등

⑦ 멕시코·중앙아메리카 : 옥수수, 강낭콩, 고구마, 호박, 해바라기 등

⑧ 남아메리카 지역 : 감자, 토마토, 고추, 땅콩

4 주요 작물의 기원지(★★★)

① 벼(★) : 인도(아삼지역), 중국(윈난지역)

② 옥수수(★) : 중앙아메리카, 남아메리카 북부

③ 콩(★) : 중국 북동부(만주)
④ 팥 : 한국, 중국, 일본
⑤ 완두 : 중앙아시아~지중해 연안
⑥ 강낭콩 : 멕시코, 중앙아메리카
⑦ 고구마(★★) : 멕시코, 중앙아메리카
⑧ 감자(★★) : 남아메리카(안데스)
⑨ 참깨(★) : 인도
⑩ 사탕무(★) : 지중해 연안
⑪ 이탈리안라이그라스 : 이탈리아
⑫ 담배(★) : 남아메리카
⑬ 수박(★★) : 아프리카
⑭ 호박(★★) : 멕시코(중앙아메리카)
⑮ 참외 : 아프리카(서부지역)
⑯ 토마토(★★) : 남아메리카(서부지역)
⑰ 무 : 지중해 연안
⑱ 시금치 : 이란, 코카서스
⑲ 상추 : 지중해 연안
⑳ 사과(★) : 동유럽, 코카서스
㉑ 복숭아(★) : 중국(황하강 상류)
㉒ 감 : 한국, 중국, 일본
㉓ 쑥갓 : 중국, 지중해 연안
㉔ 포도 : 서부아시아, 코카서스
㉕ 무화과 : 중앙아시아

기출확인문제

Q1 재배의 기원지가 중앙아시아에 해당하는 것은?

① 대추 ② 양배추
③ 양파 ④ 고추

| 해설 | 양파의 기원지는 중앙아시아이다.
- 대추 : 북아프리카, 서유럽
- 양배추, 완두, 무, 순무, 상추 : 지중해 연안
- 고추, 감자, 담배, 땅콩 : 남아메리카

정답 ③

Q2 작물의 기원지에서 중국지역에 해당하는 것으로만 나열된 것은?

① 배추, 복숭아 ② 옥수수, 강낭콩
③ 수박, 참외 ④ 담배, 토마토

| 해설 | 배추, 복숭아, 팥, 콩, 인삼, 감, 자운영, 동양배, 파, 메밀, 조의 기원지는 중국지역이다.

정답 ①

5 농경의 발상지(★★★)

학자마다 농경의 발상지는 큰 강 유역, 산간부 또는 해안지대일 것으로 추정하였다.

① 큰 강 유역 : De Candolle(드캉돌, 1816, 스위스 식물학자)

② 산간부 : N. T. Vavilov(바빌로프)

③ 해안지대 : P. Dettweiler(데트웰러)

기출확인문제

Q1 다음과 같이 농경의 발상지를 추정한 사람은?

> "기후가 온화한 산간부 중 관개수를 쉽게 얻을 수 있는 곳이 농경에 용이하고 안정하므로 이곳을 최초의 농경 발상지로 추정하였다."

① De Candolle ② N.T. Vavilov
③ P. Dettweiler ④ Aristoteles

| 해설 | **농경 발상지 추정 학자**

- 큰 강 유역 : De Candolle(드캉돌, 1816, 스위스 식물학자)
- 산간부 : N. T. Vavilov(바빌로프)
- 해안지대 : P. Dettweiler(데트웰러)

정답 ②

Q2 큰 강 유역은 주기적으로 강이 범람해서 비옥해져 농사짓기에 유리하므로 원시농경의 발상지이었을 것으로 추정한 사람은?

① Vavilov ② Dettweiler
③ De Candolle ④ Liebig

| 해설 | De Candolle(드캉돌)은 큰 강 유역을 원시농경의 발상지로 추정하였다.

정답 ③

6 재배기원과 학자(★★★)

① **G. Allen(알렌)** : 묘소에 공물로 바쳐 뿌려진 야생 식물의 열매가 자연적으로 싹이 터서 자라는 것을 보고 재배라는 관념을 배웠을 것으로 추정하였다.

② **De Candolle(캉돌)** : 산야에서 채취한 과실을 먹고 집 근처에 버려둔 종자에서 같은 야생 식물이 싹이 터서 자라는 것을 보고 파종이라는 관념을 배웠을 것으로 추정하였다.

③ **H.J.E. Peake(피크)** : 채취해 온 식물의 열매가 잘못하여 집 근처에 흩어진 것이 싹이 터서 자라는 것을 보고 재배의 관념을 배웠을 것으로 추정하였다.

7 식물영양과 학자(★)

① Aristoteles(아리스토텔레스) : 식물의 영양은 유기물로부터 얻는다고 주장하였다.

② Liebig(리비히★) : 무기영양설 및 최소율의 법칙을 주장하였다.

㉠ 무기영양설 : 식물의 필수 영분은 무기물이다.

㉡ 최소율의 법칙 : 식물의 생육은 아무리 다른 양분이 충분하여도 가장 소량으로 존재하는 양분에 의해 생육이 지배된다.

③ Boussingault(**보우스싱아울트) : 콩과식물이 공중질소를 고정한다는 것**을 밝혔다.

8 식물개량과 학자(★)

① R.J. Camerarius(카메라리우스, 독일) : 식물에 암수의 구별이 있음을 밝혔다.

② J.G. Koelreuter(켈로이터, 독일) : 최초로 인공교잡을 성공하였다.

③ C.R. Darwin(다윈, 영국) : 진화론(획득 형질은 유전한다)을 발표하였다.

④ Weismann(웨이스만, 독일) : 용불용설(획득형질은 유전하지 않는다)을 발표하였다.

⑤ G.J Mendel(멘델, 오스트리아) : 멘델의 유전법칙 발표(완두를 이용하여 교잡실험)

⑥ Johannsen(요한센, 덴마크★) : **순계설 발표(자식성 작물의 품종개량에 이바지하였다.)**

⑦ J.DE Vries(**드브리스★**) : 돌연변이 발견(달맞이꽃 연구)→돌연변이 육종에 기여하였다.

⑧ Morgan(모건) : 반성유전을 발견하였다(초파리 실험을 통해).

⑨ Muller(뮐러) : X선으로 돌연변이가 유발되는 것을 발견하였다.

9 식물보호와 학자(★)

① A. Van Leeuwenhoek : 현미경을 발견하여 박테리아를 발견하였다.

② L. Pasteur : 병원균설을 제창하였다(식물병의 과학적 방제 시작 계기).

③ 깍지벌레의 천적 발견(1872년) : 뒷박벌레

④ 소의 가축열병 : 진드기가 매개한다는 것을 발견하였다.

⑤ 배 화상병 : 벌에 의해 매개된다는 것을 발견하였다(1891년).

⑥ Pokorny(포코니, 미국, 1941) : **최초의 화학적** 제초제 2,4-D를 합성하였다.

10 식물생육조절과 학자(★)

① KOEGL(코겔) : 옥신의 존재를 밝혔다.(귀리의 어린 줄기 선단부에 생육조절물질이 존재→이 물질이 옥신)

② 쿠로자와(일본. 식물병리학자. 1926) : 벼의 키다리병(★)을 일으키는 원인물질이 병원균의 대사산물이라는 사실을 밝히고 이 물질이 지베렐린(★)이라는 사실을 밝혔다.

③ C.O. Miller./F. Skoog : 시토키닌류의 키네틴을 발견하였다.

④ 오오쿠마/J.W.Cornforth(콘포스. 1965) : 아브시스산(ABA) 발견→Ookuma(오오쿠마)는 목화의 어린 식물로부터 이층의 형성을 촉진하여 낙엽을 촉진하는 물질로서 아브시스산(ABA)을 순수 분리하였다.

⑤ R. Gane(가네. 1930) : 식물의 성숙(노화)을 촉진하는 호르몬이 에틸렌가스임을 밝혔다.

⑥ Mitchel(미첼. 1949) : 강낭콩 줄기신장을 억제하는 물질인 2,4-DNC를 발견하였다.

Ⅲ 작부방식의 변천

① **이동경작(대전법)** : 가장 원시적인 작부방식
- 원시 농경시대의 경작 방법이다.
- 한 곳에서 경작을 한 다음 다른 장소로 옮겨 다니며 이동하여 경작하는 방식이다(우리나라 : 화전, 일본 : 소전, 중국 : 화경).
- 한곳에서 오래 농사를 지으면 지력이 떨어지기 때문에 이동 경작을 하였다.

② **3포식농업**(휴한농업)
- 경작지의 2/3는 추파(가을파종) 또는 춘파(봄파종) 곡물을 재배하고, 1/3은 휴한(휴경)하는 방법이다.
- 해마다 휴한지(휴경지)를 이동하여 3년 1주기로 휴한(휴경)한다.

③ **개량3포식농업**
- 3포식농업과 경작방법은 같지만, 휴한지(휴경지)를 그냥 놀리지 않고 클로버, 알팔파, 베치 등의 콩과작물을 재배, 지력의 증진 도모

④ **노퍽(Norfolk)식 윤작체계(★)**
- 순무 → 보리 → 클로버(두과) → 밀 재배
- 특징 : 두과(콩과)목초와 사료용 근채류(순무)가 조합된 윤작체계이다.

⑤ **자유작(★)**

- 20세기 들어오면서 화학비료, 합성농약을 사용하기 시작하면서 3포식농업처럼 휴한(휴경)지를 별도로 두지 않고 휴한지 없이 언제 어느 때나 자유롭게 재배를 하게 되었다.

TIP
작부방식 변천 순서(★★★)
이동경작(대전법)→3포식농업→개량3포식농업

기출확인문제

Q1 노포크(Norfolk)식 윤작법의 예로 가장 적합한 것은?

① 콩→밀→클로버　　② 옥수수→클로버→보리→밀
③ 밀→옥수수→순무　　④ 순무→보리→클로버→밀

| 해설 | 노포크식 윤작은 순무→보리→클로버(두과)→밀

정답 ④

Ⅳ 작물의 분류

1 작물의 재배동향(★)

① 현재 세계적으로 재배되고 있는 작물의 종류 : **2,500여 종**

② 재배작물의 구성 : **식량작물〉채소작물〉사료작물〉조미료작물**

2 린네의 이명법(★)

① 린네는 식물을 형태적 구조, 주로 꽃의 구조를 중심으로 분류하였다.

② 오늘날 **학명**이라고 하며, 국제적으로 식물의 종명을 나타내는 데 사용되고 있다.

③ 학명표기법 : 앞에 **속명**, 다음에 **종명**을 쓰고, 마지막에 **명명자**의 이니셜을 쓴다.(속+종+명명자)

④ 식물별 학명표기

식물명	속명	종명	명명자명
벼(★)	Oryza	sativa	L.
인삼	Panax	ginseng	C.A. Meyer
소나무	Pinus	densiflora	SIEB.Et ZUCC

3 식물학적 분류방법(★)

① 계통은 상위로부터 문, 강, 목, 과, 속, 종의 6계급으로 나눈다.

② 식물학상 종과 재배학상 작물의 종류와는 항상 일치하지 않는다.

4 생태학적 분류방법(★)

1) 생존연한에 의한 분류(★★★)

① **1년생 작물** : 봄에 종자를 뿌려 그 해에 개화 결실해서 일생을 마치는 것(벼, 콩, 옥수수, 해바라기)

② **월년생 작물** : 가을에 종자를 뿌려 월동해서 이듬해에 개화 결실하는 식물(가을밀, 가을보리, 금어초)

③ **2년생 작물** : 종자를 뿌려 1년 이상을 경과해야 개화, 성숙하는 것(무, 사탕무(★), 당근)

④ **영년생 작물** : 여러 해에 걸쳐 생존을 계속하는 것(**호프(★)**, 아스파라거스, 대부분의 목초류)

기출확인문제

Q1 2년생 작물은 어느 것인가?

① 아스파라거스 ② 사탕무
③ 호프 ④ 옥수수

| 해설 | 2년생 작물 : 종자를 뿌려 1년 이상을 경과해야 개화, 성숙하는 것(무, 사탕무(★), 당근)

정답 ②

2) 생육적온에 따른 분류

① **여름작물(하작물)** : 고온기인 여름철을 중심으로 생육하는 작물(콩, 옥수수, 담배)

② **겨울작물(동계작물)** : 추운 겨울을 월동하는 월년생 작물(가을밀, 가을보리)

3) **온도적응성에 의한 분류**

① **저온작물** : 비교적 저온에서 생육이 잘되는 작물(맥류, 감자(★))

② **고온작물** : 고온조건에서 생육이 잘되는 작물(벼, 콩, 담배)

③ **열대작물** : 열대적 기온조건에서 생육이 좋다.(카사바, **고무나무**, 망고)

④ **하고현상(★)** : 티머시, 알팔파 등과 같이 서늘한 기후 조건에서 생육이 양호한 목초작물의 경우 여름철(고온기)이 되면 생육이 정지되고 말라 죽는 현상이다.

5 생육형에 따른 분류

① **주형작물** : 하나하나의 그루가 포기를 형성하는 작물(벼, 맥류)

② **포복형작물** : 줄기가 땅을 기어서 지표면을 덮는 식물(딸기, 고구마, 화이트클로버)

6 저항성에 따른 분류

① **내산성작물** : 산성토양에 강한 작물(감자(★), 호밀, 유채, 밀, **귀리**, 땅콩, 토마토, 아마, 벼(밭벼), 수박)

② 내건성작물 : 가뭄에 강한 작물**(수수)**

③ 내습성작물 : 과습 토양에 강한 것**(밭벼(★★★))**

④ 내염성작물 : 간척지 염분토양에 강한 것(양배추, 순무, 사탕무, 목화, 라이그라스, 유채, 목화, 양배추)

⑤ 내풍성작물 : 바람에 강한 작물(고구마)

기출확인문제

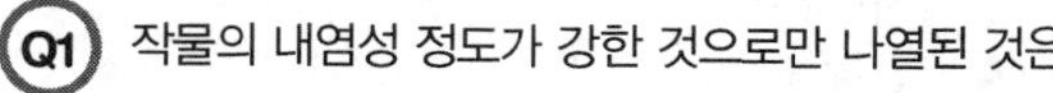

Q1 작물의 내염성 정도가 강한 것으로만 나열된 것은?

① 완두, 셀러리　　② 감자, 고구마
③ 살구, 복숭아　　④ 양배추, 순무

| 해설 | 내염성 정도가 강한 작물 : 양배추, 순무, 사탕무, 목화, 라이그라스, 유채

정답 ④

7 번식방법에 따른 분류

식물의 번식방법은 크게 종자에 의한 유성번식(종자번식)과 잎, 줄기, 뿌리 등 영양기관에 의한 영양번식으로 구분한다.

1) **유성번식**(종자번식)

① **자웅동화** : 한 개체(그루)에 있는 하나의 꽃 속에 암술과 수술이 함께 있는 작물(식물)(벼, 콩, 토마토, 가지, 고추)

② **자웅이화동주** : 한 개체(그루)에 암꽃과 수꽃이 따로 있는 작물(옥수수, 오이, 호박, 수박)

③ **자웅이주**(★★) : 암꽃나무와 수꽃나무가 따로 있는 식물(시금치, 삼, 호프, 아스파라거스, 은행나무)

2) **영양번식**(무성번식)

식물의 **줄기, 뿌리, 잎** 등을 **영양기관**라고 하며 영양기관을 이용하여 번식하는 것을 영양번식이라고 한다. 수정과정이 없으므로 **무성번식**이라고도 한다.

① **괴근**(덩이뿌리) : **뿌리가 비대**한 작물(**고구마**, 다알리아, 카사바)

② **괴경**(덩이줄기) : **땅속줄기가 비대한** 작물(**감자**, 뚱딴지(돼지감자), 시클라멘)

③ **구근**(알줄기) : **줄기가 비대**하여 **둥근 모양**이 되고 잎의 기부가 막상으로 감싸고 있는 작물(글라디올러스, 프리지아, 크로커스)

④ **인경번식**(비늘줄기 ★)

- 줄기가 단축되고 비대한 잎이 비늘모양으로 겹쳐져 둥근 모양으로 있는 작물
- 종류 : 튤립, 히아신스, 양파, **마늘**, 쪽파

※ 지하부 형태가 마늘이나 양파 형상을 띤 구근은 인경이다.

⑤ **지하포복경 번식**

- 지하에 수평으로 신장하는 작물
- 종류 : 버뮤다그라스, 벤트그라스, 잔디

기출확인문제

Q1 다음 중 덩이줄기(괴경) 식물은?

① 연　　② 마늘
③ 글라디올러스　　④ 토란

| 해설 | 덩이줄기(괴경) 식물 : 토란, 감자, 돼지감자

정답 ④

8 작물학적 분류

1) **식용작물**(목적 : 식용)

- 화곡류 : 벼, 밀, 보리, 호밀, 귀리, 조, 옥수수, 기장, 메밀 등
- 두류 : 콩, 팥, 강낭콩, 완두, 녹두, 땅콩, 누에콩 등
- 서류 : 감자, 고구마, 카사바 등

2) **공예작물**(목적이 특별한 용도=특용작물★★★)

공예작물은 목적이 섬유, 유지(기름), 전분, 당, 기호식품, 염색, 약용 등 특별한 용도로 재배하는 작물이기 때문에 특용작물이라고도 한다.

① **섬유작물** : 목화, 아마, 삼, 닥나무, 황마, 골풀, 모시풀 등

※ 목화－면, 삼－삼베, 황마－마대, 모시풀－모시

② **유료작물** : 참깨, 들깨, 유채, 땅콩, 해바라기, 홍화, 아주까리, 기름야자 등

※ 참깨－참기름, 들깨－들기름, 유채－캐롤라유

③ **전분작물** : 벼, 맥류, 옥수수, 감자, 고구마, 카사바, 구약, 뚱딴지 등

④ **당료작물** : 사탕수수, 사탕무, 사탕야자, 사탕단풍, 스테비아

⑤ **기호료작물** : 차, 담배, 호프, 카카오, 콜라

⑥ **염료작물** : 사프란, 인도남, 쪽, 잇꽃(홍화)

⑦ **약용작물** : 인삼, 감초, 작약, 대황, 목단, 박하, 제충국, 양귀비, 호프 등

※ 약용작물 : 한약재 등

3) **사료작물**(용도 : 가축 먹이)

① **화본과(벼과)목초** : 옥수수, 귀리, 오처드그라스, 티머시, 페레니얼 라이그라스, 이탈리안 라이그라스, 톨페스큐, 메도우페스큐, 버뮤다그라스 등

② **콩과(두과)목초** : 헤어리베치, 화이트클로버, 레드클로버, 화이트스위트클로버, 알팔파

③ **청예용작물** : 옥수수, 수수, 맥류, 콩류, 수단그라스, 자운영, 헤어리베치, 루핀 등

④ **사료용 근채류** : 순무, 루터베이거, 비트

4) **채소류**

① 과채류 : 오이, 메론, 호박, 수박, 참외, 가지, 토마토, 고추, 오크라, 딸기

② 엽채류 : 배추, 양배추, 브로콜리, 겨자, 갓, 쑥갓

기출확인문제

Q1 작물분류 시 용도에 따라 사용하는 명칭은?

① 다년생 작물　② 사료작물
③ 내냉성 작물　④ 내염성 작물

| 해설 | 용도에 따른 분류 : 식용작물, 공예작물, 사료작물, 채소류

정답 ②

Q2 작물을 용도에 따라 분류할 때 약용작물로만 나열된 것은?

① 사탕무, 사탕수수　② 어저귀, 왕골
③ 유채, 땅콩　④ 제충국, 박하

| 해설 | 약용작물 : 제충국, 박하, 호프 등

정답 ④

9 과수류

① **인과류**(★) : 꽃받침이 발달하여 과육이 된 것. 예 사과, 배, 비파
② **핵과류** : 씨방의 중과피가 발달하여 과육이 된 것. 예 복숭아, 자두, 살구
③ **각과(견과)류** : **자엽**이 발달하여 과실이 된 것. 예 호도, 밤, 아몬드, 은행
④ **장과류**(★) : 씨방의 외과피가 발달하여 과실이 된 것. 예 포도, 딸기, 무화과
⑤ **준인과류** : 씨방이 발달하여 과실이 된 것. 예 대추, 감, 귤

기출확인문제

Q1 다음 중 장과류에 해당하는 것으로만 나열된 것은?

① 배, 사과　② 복숭아, 앵두
③ 딸기, 무화과류　④ 감, 귤

| 해설 | 딸기, 무화과, 포도는 장과류에 속한다.

정답 ③

10 재배이용에 따른 분류

① **중경작물**

- 잡초의 피해가 경감되는 작물
- 종류 : 옥수수, 수수

② **휴한작물**

- 휴한하는 경작지에 지력증진을 목적으로 재배하는 작물
- 종류 : 클로버, 헤어리베치, 자운영 같은 두과작물

③ **대파작물**

- 어떠한 사유로 인해 해당 작물의 파종 시기를 놓쳤을 때 대신 심는 작물
- 종류 : 메밀 등

④ **구황작물**

- 흉작으로 식량 대용으로 사용할 수 있는 작물
- 종류 : 조, 피, 기장, 메밀, 고구마, 감자 등

기출확인문제

Q1 (　　)에 알맞은 내용은?

옥수수, 수수 등을 재배하면 잡초가 크게 경감되므로 (　　　)이라고 한다.

① 휴한작물　　② 동반작물
③ 중경작물　　④ 환금작물

| 해설 | 중경작물에 대한 설명이다.

정답 ③

11 경영적 측면에 따른 작물의 분류

① **자급작물** : 농가에서 자가 소비용 작물

② **환금작물** : 판매를 목적으로 경작하는 작물

③ **경제작물** : 환금작물 중에서 수익성이 높은 작물

12 토양보호 측면에 따른 작물의 분류

① 피복작물 : 토양을 피복하기 위한 작물(잔디)

② 토양보호 작물 : 토양침식을 방지하기 위해 심는 작물

13 사료작물의 용도에 의한 분류

① 청예용 작물 : 사료작물 중에서 풋베기하여 사료로 이용하는 작물

② 건초작물 : 예취한 다음 건조하여 사료로 이용하는 작물

③ 사일리지(엔실리지) : 예취한 생초를 발효(젖산발효)시켜 이용하는 작물

14 우리나라의 경지 동향

① 우리나라의 국토면적에서 64.3%가 산림이다.

② 농경지 면적 비율은 해마다 줄어들고 있다.

③ 밭보다 논 면적이 많다.

④ 생산성이 떨어지는 사질답, 미숙답, 습답 등의 비율이 높다.

⑤ 토양은 적정 범위보다 낮은 약산성이다.

⑥ 토양에 유효인산의 함량은 높은 편이다.

⑦ 논의 유효규산 함량은 적정 범위보다 미달한다.

⑧ 관개 수리시설이 아직 미흡하다.

⑨ 경지면적 비율이 아직 저조하다.

⑩ 기계화가 아직 미흡하다.

⑪ 식량자급률이 미흡하다.(쌀은 제외)→26.8%

15 우리나라 농업의 특징

① 토지이용률이 낮다.

② 기상재해가 크다.

③ 주곡(쌀) 중심이다.

④ 지력(토양비옥도)이 낮다.

⑤ 윤작 비중이 낮다.

⑥ 식량 자급률이 낮다.(전체 약 29.7%)

⑦ 쌀은 100% 자급

16 우리나라 농업의 당면 과제

① 생산성 향상

② 품질향상을 통한 경쟁력 확보

③ 작형의 분화 및 합리적 작부체계의 도입

④ 농산물의 저장성 향상

⑤ 유통구조의 개선

⑥ 국제경쟁력 확보

⑦ 친환경 농업의 실천(저투입 · 지속가능한 농업)

⑧ 수출 지향적 농업 추구

CHAPTER

2 재작물의 유전성

I 품종

1 종과작물

1) 식물분류학에서 식물의 종류를 나누는 기본단위는 종이다.

① 종 바로 위의 분류 단위는 속(genus)이다.

② 벼속은 24종이 있으며, 재배종은 아시아벼(O. sativa. 사티바)와 아프리카벼(O. glaberrima. 글라베리마)이다.

③ 작물의 종류와 식물학적 종은 일치하는 경우가 많다.(예 벼, 밀)

④ 한 가지 작물에 여러 종이 있는 경우도 있다.

- 한 가지 작물에 2가지 종 : 유채(Brassica compestris, Brassica napus)
- 한 가지 작물에 여러 종 : Beta vulgaris(근대, 꽃근대, 사탕무, 사료용 사탕무)

2) 생태종과 생태형

① 아종 : 하나의 종 내에서 형질의 특성이 차이 나는 개체군을 말하며 변종이라고도 한다.

- 아종(변종)은 특정 지역 환경에서 적응하면서 발생하는 것으로 생태종이라고 한다.

② 아시아벼의 생태종 : 인디카(indica), 열대 자포니카(troplcal japonica), 온대 자포니카(temperate japonica)

③ 생태종 사이에는 교잡이 어렵기 때문에 형태적 차이가 난다.

④ 생태종 내에서 재배유형이 다른 것은 생태형으로 구분한다.

- 생태형의 예 : 겨울벼, 여름벼, 가을벼, 춘파형 보리, 추파형 보리
- 생태형끼리는 교잡친화성이 높아 유전자 교환이 일어난다.

2 품종

1) 생태형에는 많은 품종이 속해 있다.

2) 품종은 작물의 기본단위이며 재배적 단위로서 특성이 균일한 집단이다.

3) 품종의 요건

① 다른 품종과 구별되는 특성을 지니고 있어야 한다.

② 그 특성이 재배 이용상 지장이 없을 정도로 균일하여야 한다.

③ 세대가 진전되어도 균일한 특성이 변하지 않아야 한다.

4) 계통

① 품종 내에서 유전적 변화가 일어나 새로운 특성을 지닌 변이체가 생기는데, 이들의 자손을 계통이라고 한다.

② 계통 중에서 유전적으로 고정된 것을 순계라고 한다.

• 자식성 작물은 우량한 순계를 골라 신품종으로 육성한다.

③ 영양번식 작물은 우량한 변이체를 골라 증식한 것을 영양계라고 하며 우량한 영양계를 신품종으로 육성한다.

기출확인문제

 (　　)에 알맞은 내용은?

> (　　　)은 교배나 돌연변이에 의한 유전변이 또는 실생묘 중에서 우량한 것을 선발하고 삽목이나 접목 등으로 증식하여 신품종을 육성한다.

① 영양계 선발　　② 타가수정 선발
③ 자가수정 선발　　④ 배수성 선발

| 해설 | 영양번식작물의 영양계 선발은 교배나 돌연변이에 의한 유전변이 또는 실생묘 중에서 우량한 것을 선발하고 삽목이나 접목 등으로 증식하여 신품종을 육성한다.

정답 ①

3 신품종의 구비 조건(DUS)

① **구별성** : 신품종의 한 가지 이상의 특성이 기존의 알려진 품종과 뚜렷이 구별되는 경우

② **균일성** : 신품종의 특성이 균일한 것

③ **안정성** : 세대를 반복하여 재배해도 신품종의 특성이 변하지 않는 것

기출확인문제

Q1 신품종의 구비조건만으로 짝지어진 것은?

① 신규성 – 생산성 – 균일성
② 신규성 – 다수성 – 안정성
③ 구별성 – 균일성 – 안정성
④ 구별성 – 생산성–적응성

정답 ③

4 유전자원의 침식

유전자원을 이용하여 그동안 많은 신품종들이 육성 및 보급되었다. 그 결과 기존 재래종들이 급속히 사라져 가는 현상을 초래하였는데, 토양침식에 비유하여 유전적 침식(유전자원 침식)이라고 한다.

기출확인문제

Q1 다음 중 (　　)에 알맞은 내용은?

> 유전자원을 이용하여 많은 우량품종을 육성하였다. 그 결과 유전적으로 다양한 재래종들이 급속히 사라지게 되었으며, 이를 (　　)이라고 한다.

① 유전적 취약성　　② 유전적 침식
③ 생리적 취약성　　④ 지리적 침식

| 해설 | 신품종의 육성 및 보급으로 재래종들이 급속히 사라져가는 현상을 토양침식에 비유하여 유전적 침식(유전자원 침식)이라고 한다.

정답 ②

Ⅱ 유전

1 변이

변이란 개체들(그루들) 사이에 형질(색깔, 키, 수량 등)의 특성이 다른 것을 말한다. 즉 신품종을 개발하는 것은 새로운 변이를 만드는 것이다.

1) 변이의 종류

① **형질의 종류(특성)**에 따라 형태적 변이, 생리적 변이로 구분한다.

- 형태적 변이 : 키가 큰 것과 작은 것
- 생리적 변이 : 병충해에 약한 것과 강한 것

② **변이의 양상에 따라(★★)** 연속변이, 불연속변이로 구분한다.

- 불연속변이(질적형질) : 꽃 색깔
- 연속변이(양적형질) : 키가 작은 것부터 큰 것

③ **변이의 성질**에 따라 대립변이, 양적변이로 구분한다.

④ **변이의 원인**에 따라(★) 장소변이, 돌연변이, 교잡변이로 구분한다.

⑤ **유전성의 유무**에 따라 유전변이, 환경변이로 구분한다.

- 유전변이 : 유전적으로 나타나는 변이로 다음 세대에 유전된다.
- 환경변이 : 환경요인에 의해 나타나는 변이로 다음 세대에 유전되지 않는다.

2) 변이의 작성 방법

① 인공교배

② 돌연변이 유발

③ 염색체 조작(세포융합)

④ 유전자 전환

3) 변이의 선발

① 특성검정

② 상관관계 이용

③ 후대검정 : 검정개체를 자식을 시킨 후 자손에서 나타나는 특성, 즉 형질의 분리여부를 보고 동형접합체인지 이형접합체인지를 검정한다.

④ 분자표지이용 선발 : DNA표지(marker.마커)를 이용

2 유성생식

1) 중복수정

① 생식모세포(2n)가 감수분열 하여 암·수 배우자를 만들고 수정에 의해 접합자(배) 2n을 형성한다.

② 세대교번 : 유성생식을 하는 작물은 배우체 세대와 포자체 세대를 번갈아 나타나는 것을 말한다.

2) 자식성 작물 : 벼, 밀, 보리, 콩, 담배, 완두, 토마토, 가지, 참깨, 복숭아나무

① 자식성 식물은 모두 **양성화**(같은 꽃 속에 암술과 수술이 함께 있음)이다.

② **자웅동숙**(암술과 수술의 성숙 시기가 같음)이다.

③ **자가불화합성**을 나타내지 **않는**다.

④ 화기구조가 잘 열리지 않는다.

⑤ 화기가 열리기 전에 화분이 터진다.

⑥ 화기가 열린 후에도 주두의 모양이나 위치가 자식에 적합하다.

※ **주두** : 암술머리

3) 타식성 작물 : **자식성을 제외한 대부분 작물**

① 타식성 작물은 **자웅이주**(암술과 수술이 서로 다른 개체에서 생김)이거나 **웅예선숙**(수술이 먼저 생김)이거나 **자가불화합성**(자식으로 종자를 형성할 수 없음)이다.

② 따라서 **서로 다른 개체에서 수분**이 이루어지기 때문에 자식성식물보다 유전변이가 크다.

※ 자식 : 같은 개체의 꽃끼리 수정=자가수정=폐화수정

기출확인문제

Q1 다음 중 자식성 작물로만 이루어진 것은?

① 벼, 콩, 토마토　　② 벼, 옥수수, 호밀
③ 옥수수, 콩, 메밀　　④ 보리, 호밀, 양파

| 해설 | 자식성(자가수정)작물의 종류 : 담배, 완두, 벼, 밀, 보리, 콩, 토마토, 가지, 참깨, 복숭아나무

정답 ①

Q2 다음 중 자식성 식물로만 나열된 것은?

① 딸기, 호밀　　② 양파, 메밀
③ 담배, 완두　　④ 시금치, 호프

정답 ③

3 아포믹시스

1) **아포믹시스**

감수분열이나 **수정과정**을 거치지 않고 식물의 조직세포가 직접 **배를 형성하기 때문에** 무배생식에 **Mix가 없는 생식**, 즉 **아포믹시스**라고도 한다.

2) 아포믹시스는 **배를 만드는 세포**가 어떤 것이냐에 따라 **부정배형성, 무포자생식, 복상포자생식**으로 나눈다.

① 부정배형성(주심배생식)

- 배낭을 만들지 않고 주심 또는 배주껍질 등 포자체의 조직세포가 직접 배를 형성한다.
- 대표적인 식물 : 밀감

② 무포자생식

- 배낭을 만들지만, **배낭의 조직세포(반족세포)가 배를 형성**한다.
- 대표식물 : 부추, 파

③ 복상포자생식

- **배낭모세포**가 감수분열을 못하거나 비정상적인 분열하여 배를 형성한다.
- 대표식물 : 볏과식물, 국화과 식물

④ 위수정생식(처녀생식)

- 위수정생식이란 **수정하지 않은 난세포**가 **수분작용 자극**을 받아 **배로 발달**하는 것을 말한다.
- 위수정생식으로 **아포믹시스**가 생기는 아포믹시스를 **위잡종**이라 하며, 주로 **종속 간 교배**에서 나타난다.
- 대표적인 작물 : 담배, 목화, 벼, 밀, 보리

⑤ 웅성단위생식(무핵란생식)

- 웅성단위생식은 **난세포**에 들어온 **정핵**이 **난핵과 융합**하지 **않고 정핵 단독**으로 분열하여 배를 만드는 것이다.
- **대표식물 : 달맞이꽃, 진달래**

기출확인문제

Q1 배낭을 만들지 않고 포자체의 조직세포가 직접 배를 형성하는 것은?

① 위수정생식　　② 부정배형성

③ 웅성단위생식　　④ 무성생식

| 해설 | 부정배형성(주심배생식)은 배낭을 만들지 않고 주심 또는 배주껍질 등 포자체의 조직세포가 직접 배를 형성하며 대표적인 작물은 밀감이다.

정답 ②

4 무성번식(영양번식)

식물의 영양기관인 괴경, 괴근, 잎, 줄기, 뿌리 등을 이용해 삽목, 취목, 접목 등으로 번식을 하는 것을 말한다.

5 유성번식 식물의 배우자 형성 과정

1) 체세포분열(유사분열. 식물체의 성장을 위한 세포분열)

체세포분열은 하나의 체세포가 **2개의 딸세포**로 되며, 일정한 세포 주기를 가지고 **반복적**으로 일어난다.

① 세포주기 : G1기→S기→G2기→M기의 순서로 진행된다.

- G1기 : 세포가 성장하는 시기
- S기 : DNA의 합성이 이루어지는 시기(염색체가 복제되어 자매염 색분체를 만든다.
- G2기 : 체세포분열(유사분열)을 준비하는 성장기
- M기 : 체세포분열에 의해 딸세포가 형성된다.

② 체세포분열(유사분열) 과정

체세포분열 과정은 간기, 전기, 중기, 후기, 말기로 구분한다.

- 간기 : DNA의 복제가 일어난다.(★★★)
- 전기 : 인과 핵막이 소실된다.(★★★) 염색사가 염색체구조로 된다.
- 중기 : 각 염색체가 적도판으로 배열 및 이동한다.(★★★)
- 후기 : 자매염색분체가 분리된다. 서로 반대 방향으로 이동한다.
- 말기 : 핵과 인이 다시 형성된다. 2개의 딸세포가 생긴다.

2) 감수분열(식물의 생식을 위한 세포분열)

※ **감수분열**은 **생식기관**의 **생식모세포(2n)**에 의해서만 이루어지며 연속적인 **두 번**의 분열을 거쳐 완성된다.

① 제1감수분열

- **생식모세포(2n)**의 **상동염색체가 분리**하여 **반수체** 딸세포(n)가 형성된다. 따라서 유전자 재조합이 일어난다.
- 제1감수분열 전기는 세사기→대합기→태사기→이중기→이동기의 5단계로 나눈다.

- 이 기간에 염색체가 압축포장 되어 염색체 구조를 이루고 상동 염색체가 짝을 지어 2가염색체를 형성하고 교차가 일어나며 2가 염색체들이 적도판으로 이동한다.

② **제2감수분열**

- **반수체 딸세포(n)**의 **자매염색분체가 분리**하여 똑같은 반수체 딸세포(n)를 만드는 동형분열이다.
- 감수분열의 과정은 전기, 중기, 후기, 말기로 이루어진다.
- 제1감수분열, 제2감수분열이 끝나면 **1개의 생식모세포(2n)**에서 **4개**의 **반수체 딸세포(n)**가 생기게 된다.

  ※ 이들 반수체는 염색체의 구성과 유전자형이 서로 다르다. 그 이유는 **제1감수분열 과정에서 유전자 재조합**이 일어나 **염색체들이 재배치**되었기 때문이다.

- 감수분열은 **유전변이의 원인**이 될 뿐만 아니라 감수분열로 생긴 암배우자(n)와 수배우자(n)가 수정에 의하여 접합자(2n)를 형성함으로써 생물종의 염색체 수(2n)가 일정하게 유지된다.
- 감수분열 과정에서 상동염색체가 분리하기 때문에 멘델의 유전법칙이 성립하게 된다.

3) 화분과 배낭의 발달과정

① **화분(소포자)의 형성**

- **수술의 꽃밥 속**에서 **화분모세포** 1개가 **감수분열**을 하면 **4개(★★★)의 반수체 화분세포**가 형성된다.
- 화분세포는 **두 번의 체세포분열**이 일어나 **화분**으로 성숙한다.
- 각 화분에는 1개의 화분관세포와 2개의 정세포가 있다.
- **화분관세포**는 **화분관**으로 신장하여 정세포를 배낭까지 운반하는 역할을 한다.

② **배낭(대포자)의 형성**

- **암술의 씨방 속 밑씨** 안에서 **배낭모세포 1개가 감수분열**을 하면 **4개의 반수체 배낭세포**를 만든다. 그중 3개는 퇴화하고 1개만 살아 남아 세 번 체세포분열하여 배낭으로 성숙한다.
- 주공은 화분관이 배낭으로 침투해 들어가는 통로이다.

4) 수분

① 수분 : 화분이 암술의 주두로 이동하는 것을 말한다.

② 수분은 자가수분과 타가수분으로 나눈다.

③ 자식성 작물의 타식률은 보통 4% 이하이다.

④ 타식성 작물의 자식률은 5% 이하이다.

5) 수정

① 수정 : 정세포(n)와 배낭의 난세포(n)가 융합하여 접합자(2n)를 만들어 가는 과정이다.

② 수정결과 접합자는 배로 되고 배유핵은 배유가 된다.

③ 겉씨식물(나자식물)은 중복수정을 하지 않는다.

6) 종자형성

① 밑씨 : 성숙하여 종자가 된다.

② 씨방 : 발달하여 열매가 된다.

③ 크세니아 : 배유(3n)에 우성유전자의 표현형이 나타나는 것을 말한다.

- 예 메벼×찰벼=메벼

④ 메타크세니아 : 크세니아를 일으키는 유전자가 과실의 크기, 빛깔, 산도 등에 영향을 끼치는 것을 말한다.

기출확인문제

Q1 제1감수분열 전기에 나타나는 단계순서로 옳은 것은?

① 세사기→대합기→태사기→이중기→이동기
② 세사기→이중기→대합기→태사기→이동기
③ 세사기→이중기→태사기→대합기→이동기
④ 태사기→세사기→이중기→대합기→이동기

| 해설 | 제1감수분열 전기에 나타나는 단계순서는 세사기→대합기→태사기→이중기→이동기의 5단계로 나눈다.

정답 ①

6 자가불화합성

1) 자가불화합성 : 화분의 암술과 수술의 기능이 정상임에도 불구하고 자가수분으로 종자가 형성되지 못하는 성질을 말한다.

2) 자가불화합성의 메커니즘 : 암술머리에서 생성되는 특정 단백질(S-glycoprotein)이 화분의 특정 단백질(S-protein)을 인식하여 화합 내지 불화합을 결정한다.

3) 자가불화합성은 S유전자좌의 복대립 유전자가 지배한다.

4) 자가불화합성 유전양식의 종류 : 배우체형, 포자체형

① 배우체형 : 화분의 유전자가 화합 내지 불화합을 결정한다.(가지 과, 볏과, 클로버)

② 포자체형 : 화분을 생산한 식물체(포자체. 2n)의 유전자형에 의해 화합 내지 불화합을 결정한다. (배추과, 국화과, 사탕무)

5) 이형화주형 자가불화합성

메밀처럼 암술대(화주)와 수술대(화사)의 길이가 차이가 나기 때문에 자가 수분이 안되는 것을 말하며 유전양식은 포자체형이다.

7 웅성불임성

1) **웅성불임성** : 자연계에서 일어나는 일종의 돌연변이로 유전적 또는 환경적인 원인에 의해 웅성기관, 즉 수술의 결함으로 수정 능력이 있는 화분을 생산하지 못하는 현상이다.

2) 웅성불임성 관여 유전자 : 핵 내 ms유전자와 세포질의 미토콘드리아 DNA가 관여한다.

3) 웅성불임성의 종류

① 유전자웅성불임성(GMS) : 핵 내 유전자에 의해 웅성불임이 일어난다.

- 해당작물 : 벼, 보리, 토마토

② 세포질웅성불임(CMS) : 세포질의 유전자에 의해 웅성불임이 일어난다.

- 해당작물 : 벼, 옥수수
- 모계 유전을 하기 때문에 화분친과 상관없이 불임이므로 고추처럼 열매를 수확하는 작물에는 이용할 수 없고 양파처럼 영양기관을 이용하는 작물의 1대잡종 종자생산에 이용된다.

② 세포질·유전자 웅성불임(CGMS) : 핵 내 유전자와 세포질의 유전자의 상호작용에 의해 웅성불임이 일어난다.

- 해당작물 : 벼, 양파, 사탕무, 아마
- 임성회복유전자인 Rf(★)에 의해 임성이 회복된다.
- 웅성불임성과 임성회복 유전자를 가진 개체를 교배하여 1대잡종 생산에 이용한다.

4) 환경감응형 웅성불임성

- 온도, 일장, 지베렐린 등에 의하여 임성이 회복되는 것을 말한다.
- 벼 : 온도가 21~26℃에서 95% 이상 임성을 회복한다.

Ⅲ 염색체와 유전자

1 염색체와 유전자

1) 염색체

① 생물체를 구성하는 기본단위 : 세포

② 모든 세포에는 염색체가 들어 있다.

③ 염색체는 DNA와 단백질이 들어 있다.

④ DNA는 유전자를 이루는 유전물질이다.

⑤ chromosome(염색체)는 chroma(색체)와 soma(몸)의 합성어이다.

⑥ 작물은 종류에 따라 체세포에 들어있는 염색체 수가 일정하다.

- 벼의 염색체 수 : 2n=24

  →24개 중에서 12개는 자방친, 12개는 화분친으로부터 물려 받은 것이다.

- 보리의 염색체 수 : 2n=14

  →14개 중에서 7개는 자방친, 7개는 화분친으로부터 물려 받은 것이다.

⑦ 삼, 뽕나무의 암그루 성염색체는 XX, 수 그루의 성염색체는 XY이다.

2) 염색체 돌연변이

① 뜻 : 염색체의 구조적 변화로 인한 염색체 이상을 말한다.

② 염색체 돌연변이의 발생기작 : 결실, 중복, 역위, 전좌

③ 결실 : 염색체의 중간 부분 또는 끝부분이 절단되어 없어지는 것으로 결실로 인해 우위성이 나타난다.

④ 중복 : 같은 염색체에 동일한 염색체 단편이 2개 이상 있는 것을 말한다(염색체의 위치가 변동하여 표현형이 달라지게 된다. 위치효과라고 한다).

⑤ 역위 : 염색체 단편이 180° 회전하여 다시 그 염색체에 결합하여 유전자의 배열이 달라지는 것을 말한다.

⑥ 전좌 : 염색체 단편이 같은 염색체의 다른 위치로 이동하거나 다른 염색체로 이동하여 결합하는 것을 말한다(달맞이꽃은 14개의 염색체 중에서 12개가 상호전좌와 관련되어 있다).

3) 게놈 돌연변이

염색체의 숫자가 변화하여 염색체 이상이 발생한 것을 게놈 돌연변이라고 하며 동질배수체, 이질배수체, 이수체가 있다.

① 동질배수체 : 유전물질이 증가한 것을 말하며 임성이 떨어져서 영양번식을 이용한다.

- 바나나 : 3배체(X=11)
- 감자 : 4배체(X=12)

② 이질배수체(복2배체) : 같은 게놈을 복수로 가지고 있는 것을 말한다.

- 담배 : 이질 4배체→TTSS(2n=48)
- 빵밀 : 이질 6배체→AABBDD(2n=42)
- 트리티케일 : 빵밀(AABBDD)×호밀(RR)=AABBDDRR

③ 이수체 : 게놈 내에 염색체 1~2개가 없어지거나 증가한 것을 말한다.

- 1염색체 : 2n−1
- 3염색체 : 2n+1
- 이수체는 감수분열을 할 때 염색체에 중복, 결실이 생겨 식물체가 생존할 수 없다.

4) 트랜스포존

① 트랜스포존 : 게놈의 한 장소에서 다른 장소로 위치를 이동할 수 있는 유전자를 말한다.

② 트랜스포존은 유전자 조작에서 유전자 운반체로 이용되며 돌연변이를 유기할 때도 이용된다.

5) 플라스미드

① 플라스미드 : 박테리아 세포에 들어있는 작은 고리모양의 두 가닥의 DNA를 말하며, 항생제 저항성, 제초제 저항성 유전자를 가지고 있다.

② *Agrobacterium tumefaciens*의 Ti−플라스미드는 유전자 조작에서 유전자 운반체로 많이 이용된다.

2 멘델의 법칙

1) 분리의 법칙(멘델의 제1의 법칙)

우성과 열성을 교잡하여 얻은 F1은 이형접합체(Aa=단성잡종)이며, 이것을 자식(F1이 배우자를 형성)으로 하여 얻은 F2에서는 대립유전자가 분리한다. 이처럼 대립유전자가 분리되기 때문에 분리의 법칙이라고 한다.

① 완두는 자가수정(자식성)식물이기 때문에 순계(AA 또는 aa)이다. 그런데 인위적으로 우성순계(AA)와 열성순계(aa)를 인공교배를 하면 AA×aa=Aa로 자손은 우성만 출현한다.(우성의 법칙)

② 그러나 Aa(F1)가 배우자를 형성(자식=자가수정)하면 Aa×Aa=AA, Aa, Aa, aa로 분리한다.

- 유전자형 : AA, Aa, aa→이 중에서 우성 3개(AA, Aa, Aa), 열성 1개(aa)이다. 즉 우성과 열성 비율이 3:1로 분리된다.(분리의 법칙)
- 표현형의 분리비는 1:2:1(AA 1개, Aa 2개, aa 1개)

2) 독립의 법칙(멘델의 제2의 법칙)

둥글고 황색 콩–WG, 주름지고 녹색 콩–wg

위 두 개체를 인공수정(타식=타가수정)을 하면

→ WG(둥글고 황색)×wg(주름지고 녹색)=F1은 WwGg(둥글고 황색)

→ WwGg(둥글고 황색)가 배우자를 형성하면 자가수정에 의해

→WwGg×WwGg=9:3:3:1로 분리

기출확인문제

Q1 독립유전의 경우 YYRR × yyrr의 교잡에서 F2의 표현형 분리비는?
(단, Y가 y에 대하여, R이 r에 대하여 완전 우성인 경우)

① 9:3:3:2:1　　② 3:1
③ 9:3:3:1　　④ 27:9:3:1

| 해설 | 멘델의 독립의 법칙 표현형 분리비 문제로 9:3:3:1로 분리한다.

정답 ③

Q2 AABB x aabb 교잡에서 F2세대의 표현형은 몇 개인가? (단, A와 B는 a와 b에 대하여 각각 완전우성이고, 서로 독립적이다.)

① 9　　② 4
③ 2　　④ 3

| 해설 |
- AABB×aabb 교잡하면 F1은 AaBb가 된다.
- F2세대 배우자의 표현형은 AB, Ab, aB, ab가 된다.(4개)

정답 ②

3 유전자의 상호작용

1) 유전자 상호작용 : **한 가지의 형질을 발현**하는 데 있어 **두 개 이상의 비대립유전자가 관여**하는 것을 말한다.(★★★)

2) **상위성** : 비대립유전자의 상호작용에서 한쪽 유전자의 기능만 나타나는 것이다.

3) 유전자 상호작용의 종류

① 완전 상위성

- 둥근콩×주름진콩=둥근콩(F1)
- 단성잡종 **F1**에 우성형질만 나타나고 F2의 분리비는 우성:열성=3:1이다.

② 불완전 우성

- F1의 표현형이 **양친의 중간형질**을 나타낸다.
- 붉은꽃×흰꽃=붉은꽃:분홍꽃:흰꽃(1:2:1)

③ 공우성 : 이형접합체에서 두 대립유전자의 특성이 함께 나타나는 것이다.

④ 복대립유전자

- 여러 개체의 같은 유전자 자리에 **돌연변이**가 발생하여 생긴 것으로 집단에서 같은 유전자 자리에 있는 세 개 이상의 대립유전자를 말한다.
- 종류 : **자가불화합성**((S유전자자리)★★), **다양한 색깔**(벼의 C유전자 자리와 A유전자 자리)
- **복대립유전자**가 다른 두 개체 간 교배에서 기대되는 분리비는 3:1 또는 1:2:1로 변하지 않는다.

기출확인문제

Q1 붉은꽃과 흰꽃을 교배하여 F1에서는 분홍꽃이 나오고, F2는 붉은꽃:분홍꽃:흰꽃이 1:2:1로 분리되었다. 이러한 유전현상을 무엇이라고 하는가?

① 완전 우성 ② 불완전 우성
③ 공동 우성 ④ 우성상위

정답 ②

Q2 복대립 유전자의 두 대립형질 간에 교배하여 F2에서 모두 3:1로 분리되었다면 이러한 유전현상을 무엇이라고 하는가?

① 완전 우성 ② 불완전 우성
③ 복대립유전자 ④ 우성상위

정답 ③

Q3 비대립 유전자 간에 일어날 수 있는 상호작용만으로 짝지어진 것은?

① 불완전 우성, 상위와 하위 현상
② 상위와 하위 현상, 보족유전자 작용
③ 복수유전자 작용, 복대립유전자 작용
④ 복대립유전자 작용, 불완전 우성

| 해설 | 유전자 상호작용의 종류 : 완전 우성, 불완성 우성, 공우성, 복대립유전자

정답 ④

4) 상위성(비대립유전자 간의 상호작용)이 있는 양성잡종 F2의 분리비 종류

① 열성상위

- 열성상위의 예 : 현미의 종피색, 양파의 색깔, 나무딸기 가시 색깔
- 열성상위는 조건유전자 작용일 때 나타난다.
- 현미의 종피색이 적색(AABB)과 백색(aabb)인 것을 교배하면?

→F1은 적색

→F2는 적색:갈색:백색=9:3:4로 분리한다.

② 우성상위

- 우성상위의 예 : 귀리의 외영색, 관상용호의 과피 색깔
- 우성상위는 피복유전자 작용일 때 나타난다.
- 귀리의 외영색이 흑색(AABB)과 백색(aabb)인 것을 교배하면?

→ F1은 흑색

→ F2는 흑색:회색:백색=12:3:1로 분리한다.

③ 이중열성상위(보족작용)

- 이중열성상위의 예 : 나팔꽃의 색깔, 채송화의 색깔, 옥수수의 이삭 길이
- 벼의 밑둥이 녹색인 것끼리 교배(AAbb × aaBB)인 것을 교배하면?

→ F1은 자색

→ F2는 자색:녹색=9:7로 분리한다.

④ 복수유전자

- 복수유전자의 예 : 관상용호박의 과형, 벼의 까락 길이
- 관상용 호박 원반형(AABB)과 장형(aabb)인 것을 교배하면?

→ F1은 원반형

→ F2는 원반형:난형:장형=9:6:1로 분리한다.

⑤ 중복유전자

- 중복유전자의 예 : 냉이의 꼬투리 형태
- 냉이의 삭과형에서 '부채꼴과 창꼴'을 교배하면?

→ F1은 부채꼴

→ F2는 부채꼴:창꼴=15:1로 분리한다.

⑥ 억제유전자

- 억제유전자는 비대립유전자 사이에 자신은 아무런 형질도 발현하지 못하고 다른 유전자작용을 억제하기만 한다.

→ F2는 13:3으로 분리한다.

TIP

상호작용 유형	F2분리비	유형의 예
열성상위	9:3:4	현미의 종피색, 양파의 색깔, 나무딸기 가시 색깔
우성상위	12:3:1	귀리의 외영색, 관상용호박의 과피 색깔
이중열성상위	9:7	나팔꽃 · 채송화의 색깔, 옥수수의 이삭 길이
복수유전자	9:6:1	관상용호박의 과형, 벼의 까락 길이
중복유전자	15:1	냉이의 꼬투리 형태
억제유전자	13:3	

기출확인문제

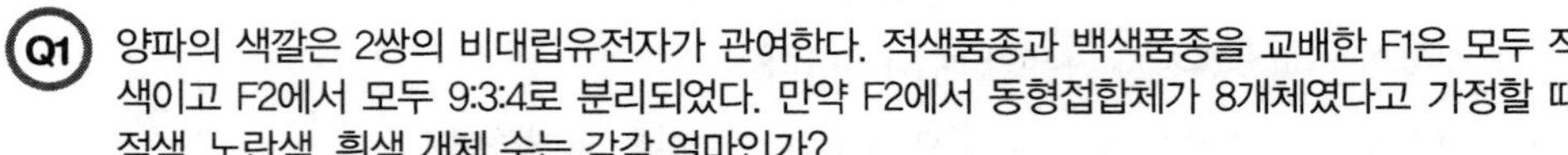

Q1 양파의 색깔은 2쌍의 비대립유전자가 관여한다. 적색품종과 백색품종을 교배한 F1은 모두 적색이고 F2에서 모두 9:3:4로 분리되었다. 만약 F2에서 동형접합체가 8개체였다고 가정할 때 적색, 노란색, 흰색 개체 수는 각각 얼마인가?

① 적색 1, 노란색 1, 흰색 1　　② 적색 9, 노란색 3, 흰색 2
③ 적색 11, 노란색 6, 흰색 5　　④ 적색 72, 노란색 24, 흰색 32

| 해설 | 8개체이므로 9:3:4를 적용하면 8×9=72, 8×3=24, 8×4=32
∴ 적색72, 노란색 24, 흰색32

정답 ④

Q2 나무딸기 가시가 적색인 것과 녹색인 것을 교배하면 F2에서 자색:적색:녹색의 분리비는?

① 12:3:1　　② 9:3:4
③ 6:9:1　　④ 1:1:1

| 해설 | 나무딸기 가시 색깔은 열성상위로 9:3:4로 분리한다.

정답 ②

Q3 관상용 호박에서 과색의 백색종(WWYY)과 녹색종(wwyy)의 교배 시 W가 Y에 대하여 상위에 있다고 한다면 백색종과 녹색종의 F2 에서의 표현형의 분리비는? (단, 백색:황색:녹색의 비로 한다.)

① 1:2:9　　② 3:1:8
③ 6:9:1　　④ 12:3:1

| 해설 | 관상용 호박의 과피 색깔은 우성상위로 12:3:1로 분리한다.

정답 ④

Q4 비대립적인 두쌍의 유전자가 보족작용을 나타낼 경우 F2의 분리비는?

① 13:3　　② 12:3:4
③ 9:7　　④ 9:3:3:1

| 해설 | 비대립적인 두 쌍의 유전자가 보족작용을 나타내는 이중열성상위는 9:7로 분리한다.

정답 ③

기출확인문제

 다음 중 F2의 표현형분리에서 상위성이 있는 경우 억제유전자의 분리비는?

① 9:7 ② 15:1
③ 13:3 ④ 9:6:1

| 해설 | 상위성이란 비대립유전자의 상호작용에서 한쪽 유전자의 기능만 나타나는 것을 말하며, 억제유전자는 비대립유전자 사이에 자신은 아무런 형질도 발현하지 못하고 다른 유전자 작용을 억제하기만 하며 F2 분리비는 13:3이다.

정답 ③

Q6 다음 중 상위성이 있는 경우의 유전자 상호작용에서 피복유전자의 분리비는?

① 9:7 ② 12:3:1
③ 15:1 ④ 9:3:4

| 해설 | 우성상위는 피복유전자 작용일 때 나타나며 귀리의 외영색이 흑색(AABB)과 백색(aabb)인 것을 교배하면 F2는 흑색:회색:백색은 12:3:1로 분리한다.

정답 ②

4 연관과 재조합

염색체보다 유전자 수가 월등히 많다. 벼의 기본 염색체 12개, 유전자는 5만 개이다. 따라서 염색체에는 많은 유전자가 들어 있으며 같은 염색체상에 여러 유전자들이 함께 있는 것을 연관이라고 한다.

1) 연관

① 연관 : 같은 염색체상에 여러 유전자들이 함께 있는 것을 말한다.

② 연관군 : 연관된 유전자 그룹을 말한다.

- 벼 : 배우자의 염색체 수가 n=12이므로 12개의 연관군이 있다.

③ 상인 : 우성유전자 또는 열성유전자끼리 연관되어 있는 유전자 배열을 말한다.

④ 상반(트랜스 배열) : 우성유전자와 열성유전자가 연관되어 있는 것을 말한다.

⑤ 연관은 완두에서 처음 발견되었다.

2) 교차

① 교차는 제1감수분열 전기의 태사기에 일어난다.

② 교차로 인하여 유전자가 재조합 되고 재조합형 배우자가 생긴다.

③ 교차는 2가염색체에서 염색체의 특정 부위가 절단된 다음 서로 다른 염색분체끼리 재결합 된다.

④ 교차는 초파리 실험을 통해 입증되었다.

⑤ 양성잡종 AABB×aabb→AaBb에서 두 쌍의 대립유전자(Aa와 Bb)가 서로 다른 염색체상에 있을 때 배우자는 4가지가 형성되고 AB:Ab:aB:ab=1:1:1:1로 분리된다.

- 여기서 AB와 ab는 양친형이고 Ab, aB는 재조합형이다.

3) 재조합

① 연관된 유전자 사이의 재조합 빈도(RF)는 0~50% 범위에 있다.

② RF=0일 때 완전연관이라고 한다.

③ RF=50은 유전자들이 독립적임을 나타낸다.

4) 유전자 지도

① 연관된 두 유전자 사이의 재조합빈도(RF)는 유전자 거리에 비례한다.

② 유전자 지도 : 재조합빈도를 이용하여 유전자들의 상대적 위치를 표시한 것을 말한다.

③ 유전자지도에서 지도 거리 1단위(1cM)는 재조합빈도 1%이다.

- 100개의 배우자 중에서 재조합형이 1개 나올 수 있는 유전자 간 거리를 뜻한다.

④ 염색체지도 : 유전자표지를 이용하여 작성한 유전자지도를 말한다.

- 염색체지도 작성은 3점 검정배를 이용한다.

5 핵외유전(세포질 유전)

1) 핵외유전

세포질의 색소체 DNA(cPDNA)와 미토콘드리아(mtDNA)에 있는 핵외 유전자의 유전을 핵외유전이라고 한다.

2) 핵외유전의 특징

① 정역교배의 결과가 일치하지 않는다.

② 멘델의 법칙이 적용되지 않는다.

③ 핵 게놈의 유전자지도에 포함되지 않는다.

3) cPDNA(색소체 DNA)

① 고리 모양의 두 가닥 2중 나선이다.

② 독자적인 rRNA 유전자와 tRNA유전자를 가진다.

4) mtDNA(미토콘드리아 DNA)

① 고리 모양의 두 가닥 2중 나선이다.

② 자체 rRNA 유전자와 tRNA유전자를 가진다.

③ 세포질웅성불임은 mtDNA에 의해 지배된다.

6 양적유전

1) 양적유전

① 수량, 품질, 적응성 등 재배상 중요한 형질을 양적형질이라고 한다.

② 질적형질은 소수의 주동유전자가 지배하고 양적형질은 폴리진(plygene)이 지배한다.

③ 폴리진이란 연속변이의 원인이 되는 유전시스템을 말한다.

- 폴리진은 상가적이고 누적 효과를 나타낸다
- 폴리진이 관여하는 양적형질을 다자인유전이라고 한다.
- 폴리진은 멘델의 법칙을 따르지만, 멘델식 유전분석을 할 수 없다.

④ 양적형질은 분산과 유전력을 구하여 유전적 특성을 추정한다.

⑤ 연속변이를 하는 표현형 분산은 유전분산과 환경분산을 포함한다.

⑥ 유전력(h2)은 표현형분산(vp)에 대한 유전분산(VG)의 비율을 말하며 0~1까지의 값을 가진다.

⑦ 유전력은 양적형질의 선발지표로 이용된다.

⑧ 유전력이 높은 양적형질은 초기세대에 집단선발을 하고 후기세대에는 개체선발을 한다.

7 집단유전

1) 하디바인베르그(Hardy–Weinberg)의 법칙

① 의의 : **타식성식물 집단**의 경우 어떠한 요인이 작용하지 않는 한 **아무리 세대가 경과하더라도 최초**의 **유전자빈도와 유전자형 빈도**가 **변화하지 않**는다.

2) 이 법칙에 의하면 **타식성식물 집단**에서 **최초의 대립유전자 빈도** A=0.8, a=0.2가 매 세대 똑같을 때, 그 집단은 대립유전자 A와 a가 0.8:0.2의 비율로 유전적 평형을 이룬다고 말하며, 집단의 '유전적 평형'을 '하디–바인베르크 평형'이라고도 한다.

3) 이 법칙이 성립하기 위한 전제 조건

① **대집단**으로 유전적 부동이 없어야 한다.

- 집단의 크기가 작을수록 유전적 부동이 일어난다.

② 개체들 간에 **무작위 교배**가 이루어져야 한다.

- 근친교배가 일어나는 집단은 동형접합체 비율이 증가하고 이형접 합체 비율이 감소하여 유전자형 빈도에 영향을 준다.

③ 서로 **다른 집단 사이에 이주가 없어야** 한다.

④ **자연선택이 일어나지 않아야** 한다.

⑤ 집단 내에 **돌연변이가 발생하지 않아야** 한다.

- 이러한 전제조건 중 어느 하나라도 만족하지 못할 경우는 집단 내의 대립유전자 빈도가 변화한다. 자연계에는 돌연변이나 자연 선택과 같은 일이 끊임없이 일어나고 있으므로 열거한 전제조건을 모두 만족하는 이상적인 집단은 실제 존재하지 않으며 따라서 진화가 일어난다.

4) 자연상태에서 돌연변이 발생률(★) : 10^{-7}~10^{-6}

Ⅳ 육종

1 육종과정

1) **육종목표 설정**

육종목표는 **기존품종의 결점, 농업인과 소비자의 요구, 미래의 수요** 등을 **충분히 인식**하여 신품종이 갖추어야 할 특성을 구체적으로 정한다.

① 불량 온도 등 환경저항성 증진

② 병·해충 등 내병성 증진

③ 생산물 물리적 특성 및 품질개량

2) **육종재료 및 육종방법 결정**

목표형질의 특성검정법 개발 및 **육종가의 경험과 지식**이 중요하며, 이에 따라 육종의 능률과 성패가 좌우된다.

3) **변이의 작성방법**

자연변이, 인공교배, 돌연변이 유발, 염색체 조작, 유전자 전환 등의 방법을 사용한다.

4) **유망계통 육성**

① **반복적인 선발**을 통하여 유망계통을 육성한다.

② 이 단계는 여러 해가 걸리며 많은 개체, 계통을 재배할 포장과 특성검정을 위한 **시설, 인력, 경비** 등이 필요하다.

5) **신품종 결정 및 등록**

① 선발된 유망계통은 **생산성 검정**과 **지역적응성 검정**을 거쳐서 **가장 우수한 계통을 신품종으로 결정**하여 **국가기관에 등록**한다.

② **생산성 및 지역적응성 검정**은 반복시험을 한다.

6) **증식 및 보급**

신품종은 종자 증식체계에 의해 보급종자를 생산하고, 종자 공급절차에 따라 농가에 보급한다.

2 자식성 작물의 육종

1) 자식성 작물의 유전적 특성

① 유전자 자리가 1개인 이형접합체(Aa)를 자식(자가수정)을 계속한 m세대 집단의 이형접합체 및 동형접합체의 빈도

- 이형접합체 빈도 : $[(1/2)^{m-1}]$
- 동형접합체 빈도 : $[1-(1/2)^{m-1}]$

② 독립적인 n개의 유전자 자리에 대한 이형접합체(Aa)를 m세대까지 자식(자가수정)하였을 때 이형접합체 및 동형접합체의 빈도

- 이형접합체 빈도 : $[(1/2)^{m-1}]^n$
- 동형접합체 빈도 : $[1-(1/2)^{m-1}]^n$

2) 자식성 작물의 육종 방법의 종류

자식성 작물의 육종은 순계선발, 계통육종, 집단육종, 파생계통육종, 1개체1계통육종, 여교배육종 방법이 있다.

3) 순계선발

순계선발은 재래종 집단에서 우량한 **개체를 선발**하여 순계를 육성한다.

4) 계통육종

① 계통육종법은 먼저 **인공교배**하여 F1을 만든 다음, 잡종이 분리하는 세대인 **F2부터** 매 세대에서 **개체선발**을 하고 **선발개체별**로 **계통재배**를 계속하면서 계통 간을 비교하는 **계통선발하여** 우량한 유전자형의 **순계**를 육성하는 방법이다.

② 이 방법은 **잡종 2세대부터 형질이 분리**되는 **멘델의 유전법칙**을 기초로 하고 있다.

③ 우리나라 **벼, 보리, 밀** 등 우량품종은 대부분 이 방법을 통해 육성되었다.

④ 이 방법은 **목표하는 형질에 관여하는 유전자 수가 적을 때 적용**하기 용이하며 **육종에 따른 면적도 적게 든다.**

⑤ 그러나 **선발 및 조사 과정**에서 **많은 노력**이 든다.

⑥ **장점**

- 잡종 초기(**F2세대)부터 선발**을 시작하므로 **출수기, 간장, 내병성** 등 **육안관찰**이나 **특성검정이 용이한 형질**의 **선발효과가 크다.**
- **질적형질**의 **개량**에 효율이 높다.

⑦ **단점 : 선발이 잘못**되었을 때 **유용유전자를 상실**하는 **결과**를 초래한다.

⑧ 통일벼는 유라카와 대중재래1호를 교배한 F1을 IR8을 3원교배하여 계통육종으로 육성한 우리나라 최초의 품종이다.

5) 집단육종

① 집단육종법은 잡종초기 세대(F2)에서는 선발을 하지 않는다. **혼합채종과 집단재배**를 계속 하다가 **집단의 80%** 정도가 **동형접합체로** 된 **후기세대**(F5~F6)에 가서 **개체선발**하여 **순계를 육성**하는 방법이다.

② **집단육종을 실행할 때 고려해야 할 사항**

- **집단재배기간**
- **집단규모**
- **자연선택**
- **경쟁**

③ **장점** : 집단육종은 잡종초기에 선발하지 않고 집단재배하기 때문에 **유용유전자를 상실할 염려가 없다.**

④ **단점 : 여러 세대**를 거치기 때문에 **생육경쟁에서 열세인 바람직한 유전자를 가진 개체가 크게**

줄어들고 불량한 개체들이 많이 포함되어 있어서 집단재배하기 때문에 육종에 있어서 **대면적이 소요**된다.

TIP 계통육종법과 집단육종법

	계통육종법	집단육종법
대상형질	• 질적형질 개량 • 유전력 높은 양적형질	• 양적형질
선발시기	• 초기 F2부터	• 후기세대 F5~F6부터
우량형 선발방법	• 인위도태	• 후기세대 : 자연도태 • 후기 : 인위도태
생산력 검정시기	• F5~F6	• F7~F8부터
장점	• 육종연한이 짧다. • 집단육종보다 소면적 소요	• 우량개체 상실 염려가 적다.
단점	• 우량개체 상실 염려가 있다.	• 육종연한이 길다. • 대면적 요구

6) 파생계통육종

F2세대에서 소수의 주동유전자가 지배하는 조만성(早晩性), 내병성(耐病性) 등 **질적형질**에 대하여 **개체선발**을 한 다음 **파생계**통을 만들고, 파생계통별로 집단재배를 한 후 **F5~F6세대**에서 **양적형질**에 대하여 개체선발을 하는 방법이다.

① **장점**

- 파생계통육종은 F2(또는 F3)에서 개체 선발한 것을 파생계통별로 집단재배하므로 매 세대 개체 선발하는 계통육종보다 우량한 유전자형을 상실할 염려가 적다.
- 파생계통을 집단재배하는 동안 열등한 계통을 제거함으로써 몇 세대를 선발 없이 집단재배하는 집단육종보다 포장면적을 줄일 수 있고 육종연한도 단축할 수 있다.

② **단점**

- F3세대 이후에 집단재배하므로 계통육종보다 선발의 효율이 떨어진다.

7) 1개체1계통육종

잡종 F2~F4세대 : **매 세대 모든 개체로부터 1립씩 채종**하여 **집단재배**를 하고 **F4 각 개체별로 F5계통재배**를 한다. 따라서 F1 각 계통은 F2 각 개체로부터 유래한 것이다.

① **장점**

- **집단육종과 계통육종의 이점을 모두 살리는 육종방법**이다.

- **잡종초기 세대에 집단재배**를 하므로 **유용유전자를 유지**할 수 있다.
- **육종규모가 작기** 때문에 **온실 등에서 세대 촉진**을 통해 **육종연한을 단축**할 수 있다.

② **단점**

- **유전력이 낮은 형질**이나 **폴리진이 관여**하는 **형질의 개체가 선발**될 수 있다.
- **도복저항성**과 같이 **조식이 필요**한 경우에는 **불리**하다.
- **밀식재배**로 인해 **우수하지만, 경쟁력이 약한 유전자형을 상실**할 **염려**가 있다.

8) 여교배육종

① 여교배육종법은 기존 우량품종에 한두 가지 결점이 있을 때 이를 보완하는 데 효과적인 육종 방법이다.

② 여교배란 양친 A와 B를 교배한 F1을 양친 중 어느 하나와 다시 교배 하는 것이다.

→ [(A×B)×B]×B 또는 [(A×B)×A]×A

③ 여교배를 여러 번 할 때 처음 단교배에 한 번만 사용한 교배친을 1회친이라 하고, 반복해서 사용하는 교배친을 반복친이라고 한다.

④ 1회친은 비실용품종을 사용하고, 반복친은 실용품종으로 한다.

⑤ 우리나라 '통일찰' 품종은 이 방법에 의하여 육성되었다

⑥ **여교배를 성공하기 위한 조건(★★★)**

- **만족할 만한 반복친**이 있어야 한다.
- 여교배를 하는 동안 **이전형질의 특성이 변하지 말아야** 한다.
- 여러 번 교배를 한 후에 **반복친의 특성을 충분히 회복**하여야 한다.

⑦ **여교배 육종의 장점**

- 연속적으로 교배하면서 목표형질만을 선발하므로 육종효과가 확실하다.
- 계통육종이나 집단육종과 같이 **여러 형질의 특성검정을 하지 않아도 된다.**

⑧ **여교배 육종의 단점 : 목표형질 이외 다른 형질의 개량을 기대하기 어렵다.**

기출확인문제

 [(A×B)×B]×B로 나타내는 육종법은?

① 다계교잡법　　② 여교잡법
③ 파생계통육종법　　④ 집단육종법

| 해설 | 여교잡법(여교배)은 양친 A와 B를 교배한 F1을 양친 중 어느 하나와 연속적으로 교배하는 것이다.

정답 ②

3 타식성 작물의 육종

1) 타식성 작물의 육종 방법은 집단선발법, 순환선발, 합성품종이다.

2) 집단선발

① 집단속에서 우량한 개체를 선발한 다음 다시 우량개체를 집단재배하여 우량개체 간에 방임 상태로 자유로운 수분(타식)을 시키는 방법이다.

② 집단재배하여 방임상태로 자유수분(타식)을 하면 불량개체나 이형개체가 분리되기 때문이다.

③ 따라서 이러한 과정을 반복적으로 하여야 불량개체를 크게 줄일 수 있다.(반복적인 선발이 필요)

④ 집단선발을 하는 이유는 자식에 의한 **근교약세를 방지**하고 우량개체들 간에 자유수분(타식)으로 **잡종강세를 유지**하기 위해서이다.

3) **순환선발**

우량개체를 선발하고 그들 간에 상호 교배함으로써 집단 내에 우량유전자의 빈도를 높여가는 육종방법이다.

4) **합성품종**

① 조합능력이 우수한 몇 개의 근교계를 격리된 포장에서 혼합재배(다계교배)하여 방임상태로 자연수분에 의해서 육성한 품종을 말한다.

② 합성품종은 혼합 재배를 통해 집단의 특성을 유지할 수 있다.

③ 사료작물에 널리 이용된다.

4 영양번식 작물의 육종

① 영양번식 식물은 인공**교배**나 **돌연변이**(**과수의 아조변이** 등)에 의한 **유전변이** 또는 **씨모** 중에서 우량한 것을 선발하고, **삽목**이나 **접목** 등으로 증식하면 그대로 신품종이 된다. 이러한 방법을 영양계 개량이라고 한다.

② 영양계선발이나 증식과정에서 바이러스에 대한 감염을 방지하는 것이 중요하다.

③ 바이러스 무병주 개체를 얻기 위해 **생장점을 무균배양**한다.

5 1대 잡종 품종 육성

1) 1대 잡종 품종의 장점

① 수량성이 높다.

② 균일한 생산물을 얻을 수 있다.

③ 우성유전자를 이용하기 유리하다.

④ 매년 새로 만든 F1종자를 사용하므로 종자산업 발전에 큰 몫을 한다.

2) 1대 잡종 품종 종자의 경제적 채종을 위한 방법

- 자가불화합성 이용, 웅성불임성 이용

3) 1대 잡종 품종 육성

① 품종 간 교배

- 자연수분 품종 간 교배
- 자식계통 간 교배
- 여러 개의 자식계통 간 교배(합성품종)

② 자식계통 간 교배

- 단교배 : (A×B) → 잡종 강세가 가장 크게 나타나지만, 종자값이 비싸다.
- 3원교배 : (A×B)×C
- 복교배 : (A×B)×(C×D)

③ 조합능력

- 일반조합능력 검정 : **톱교배**(top cross test ★)를 이용한다.
- 특정조합능력 검정 : 일반조합능력을 검정하고 거기서 선발된 자식 계통으로 **단교배**(★)하여 특정조합능력을 검정한다.
- 이면교배 : 일반조합능력과 특정조합능력을 동시에 검정하는 방법이다.

4) 1대 잡종 종자의 채종

① 인공교배 이용 : 박과채소류(오이, 수박, 호박, 멜론, 참외 등)

② 웅성불임성 이용 : 고추, 양파, 당근, 토마토

③ 자가불화합성 이용 : 배추과채소(배추, 무, 양배추, 브로콜리, 순무)

5) 웅성불임성을 이용한 F1 채종(3계통법)

① A계통 : 웅성불임친, 완전불임이어야 한다. 채종량이 많아야 한다.

② B계통 : 웅성불임 유지친

③ C계통 : 임성회복친. 화분량이 많아야 한다. F1의 임성을 온전히 회복할 수 있어야 한다.

6) 자가불화합성을 이용한 F1 채종

① 자가불화합성을 이용한 F1 채종은 S유전자형이 다른 자식계통을 재배하고 자연수분에 의하여 F1종자를 생산한다.

② 배추의 경우 자식계통을 육성하고 A/B//C/D조합의 복교배 F1종자를 생산한다.

③ 자식계통 육성을 위한 자가불화합성 타파 방법

- 뇌수분 : 꽃봉오리를 열개하고 수분
- 이산화탄소 처리 : 3~10%

기출확인문제

Q1 작물육종 시 일반조합능력을 검정하기 위한 조합능력 검정법은?

① 2면교배　　② 3계교잡
③ 톱교배　　④ 단교배

| 해설 | 일반조합능력 검정에 사용되는 방법은 톱교배이다.

정답 ③

Q2 1대 잡종 육종에서 조합능력의 검정법으로 볼 수 없는 것은?

① 톱교배　　② 단교배
③ 이면교배　　④ 여교배

| 해설 | 여교배는 교배육종 방법이다.

정답 ④

Q3 (A*B)*(C*D)와 같은 교잡 방법은?

① 단교잡법　　② 여교잡법
③ 삼계교잡법　　④ 복교잡법

| 해설 | 복교잡에 대한 설명이다.

정답 ④

6 배수성 육종

1) 배수체의 특성

① 세포와 크기가 크다.

② 병해충 저항성이 크다.

③ 함유성분이 증가한다.

④ 임성(결실성)이 낮다.

2) 배수체 작성 방법 : 0.01~0.2%의 콜히친(colchicine) 처리

3) 동질배수체

① 주로 3배체, 4배체를 육성한다.

② 사료 작물에 널리 이용한다.

4) 이질배수체

① 트리티케일 : 밀×호밀

② 하쿠란 : 배추×양배추

5) 반수체

① 인위적인 반수체 작성 방법 : 약배양, 화분배양, 종속간 교배, 반수체 유도 유전자 이용

② 반수체 육종 품종 : 화성벼(최초의 반수체 육종 품종), 화진벼 등

기출확인문제

 동질배수체의 특성이 아닌 것은?

① 발육이 왕성하여 거대화된다.
② 결실성이 대체로 높아진다.
③ 내병성이 대체로 증대한다.
④ 식물체 함유성분에 변화가 생긴다.

| 해설 | 동질배수체는 임성(결실성)이 낮다.

정답 ②

7 돌연변이 육종

1) 자연 상태에서의 돌연변이는 10^{-7}~10^{-6}의 빈도로 발생빈도가 매우 낮다.

2) 인위적인 돌연변이 유기 방법

① **방사선 처리 : χ선, γ선, β선이 사용되며 이중** χ선, γ선이 가장 많이 이용되는데, 그 이유는 균일하고 안정한 처리가 쉽고 잔류방사능이 없기 때문이다.

② **화학물질 처리 :** NMU, DES, NaN_3 등이 사용된다.

3) 돌연변이 육종은 교배육종이 어려운 영양번식 작물에 이용된다.

4) 키메라 : 영양번식작물의 체세포 돌연변이는 조직의 일부 세포에 생기므로 정상조직과 변이 조직이 함께 있게 되는 것을 말한다.

5) 돌연변이 유발원을 처리한 당대를 M1세대라고 한다.

6) 인위돌연변이체에 수량성이 낮은 이유

① 돌연변이유전자가 원품종의 유전배경에 적합하지 않은 경우

② 세포질에 결함이 생긴 경우

③ 돌연변이와 함께 다른 형질이 열악해진 경우

8 생물공학적 육종

1) 조직배양

① 조직배양 기술의 이용 범주

- 원연종 또는 속간잡종의 육성
- 바이러스 무병주 생산
- 우량한 이형접합체의 증식
- 인공종자의 개발
- 유용 물질의 생산
- 유전자원의 보존

② 기내수정 : 기내에서 자방의 노출된 배주에 직접 화분을 수분시켜 기내에서 수정을 유도하는 것으로 잡종의 어린 배를 분리하여 **배배양, 배주배양, 자방배양을 통해 F1을 생산한다.**

③ 인공종자 : **조직배양기술**을 통해 **성숙한 개체**의 **체세포조직**으로부터 배 발생을 유도할 수 있는데, 이를 체세포배라고 하며 **배상체**에 **종피**와 같은 캡슐(**인공막**)을 씌우고 **배유의 기능**을 담당하도록 **영양제를 주입**한 것을 **인공종자**라고 한다.

- 캡슐재료 : 알긴산을 이용한다.

2) 세포융합

① 세포융합은 서로 다른 식물종의 protoplast(프로토플라스트, 나출 원형질체)를 융합시키고 융합한 세포를 배양하여 식물체를 재분화시키는 배양기술이다.

② 체세포잡종 : 서로 다른 두 식물종의 세포융합으로 얻은 재분화 식물체를 말한다.

③ 세포질 잡종 : 핵과 세포질이 모두 정상인 나출원형질체와 세포질만 정상인 나출원형질체를 융합하여 생긴 잡종을 말한다.

3) 유전자 전환

① 유전자 전환 : 다른 생물의 유전자를 유전자운반체(벡터) 또는 물리적 방법으로 직접 도입하여 형질전환식물을 육성하는 기술을 말한다.

② 유전자 전환은 원하는 유전만을 도입할 수 있는 것이 세포융합과 다른 점이다.

③ 형질전환 육종의 4단계

유전자를 분리하여 클로닝(cloning)→벡터에 재조합(식물세포에 도입)→증식 및 재분화→특성평가 및 신품종 육성

④ 형질전환 품종의 예

- 내충성 품종(★) : *Bacillus thuringiensis*의 BT 유전자를 도입
- 바이러스 저항성 품종 : TMV의 외피 단백질을 도입
- 제초제 저항성(★) : *salmonella typhimunrium*의 aroA 유전자 및 *Streptomyces hygroscopicus*의 bar 유전자를 도입
- 최초의 형질전환 품종 : 토마토의 Flavr Savr(플레이버 세이버)

⑤ 형질전환 품종 육성 시 고려해야 할 사항 : 예상치 못한 생물재해에 대비가 필요하다.

9 신품종의 등록과 증식

1) 신품종 육성자의 권리보호 기간 : 20년(과수 임목은 25년)

2) 신품종의 품종보호 요건 : 신규성, 구별성, 균일성, 안정성, 고유한 품종의 명칭

3) 신품종의 3대 구비요건 : 구별성, 균일성, 안정성

4) 신규성

품종보호 출원일 이전에 대한민국에서는 1년 이상, 그 밖의 국가에서는 4년(과수(果樹) 및 임목(林木)인 경우에는 6년) 이상 해당 종자나 그 수확물이 상업적으로 이용 및 양도되지 않은 품종을 말한다.

5) UPOV(국제식물신품종보호연맹)

UPOV는 국제식물신품종보호연맹의 약어로 신품종 육성자의 권리를 보호받으려면 회원에 가입하여야 한다.

6) 신품종의 특성 유지 방법

① 개체집단 선발

② 계통집단선발

③ 주 보존

④ 격리재배

7) 우리나라 자식성 작물의 종자갱신 연한 : 4년 1주기

8) 우리나라 해외 채종 증가 원인 : 채종지의 환경조건이 불리하기 때문이며, 배추과채소의 경우 고온조건에서 자가불화합성이 타파되어 자식개체가 출현한다.

9) 우리나라 자식성 작물의 종자 증식 체계(4단계)

기본식물→원원종→원종→보급종

① 기본식물 : 육종가들이 직접 생산한 종자

- 옥수수 기본 식물 : 3년마다 톱교배에 의해 조합능력을 검정한다.
- 감자 기본식물 : 조직배양에 의하여 만든다.

② 원원종 : 기본식물을 증식한 종자

③ 원종 : 원원종을 증식한 종자

④ 보급종 : 원종을 증식한 종자. 농가에 보급할 종자

10) 기본식물 양성기관

① 기본식물 : 국립시험연구기관

② 원원종 : 각 도 농업기술원

③ 원종 : 각 도 농산물 원종장(종자사업소)

④ 보급종 : 국립종자원

11) 유전자원의 보존과 이용

① 유전자원 : 식물 중에서 인류가 이용가능한 유전변이를 말한다.

② 유전자원의 침식 : 유전자원을 이용하여 식물육종을 통해 지금까지 많은 우량품종이 육성 보급되면서 농가들은 기존 품종 대신 새로운 품종을 재배하게 된다. 따라서 종래에 있던 많은 유전변이를 가지고 있던 재래종, 즉 유전자원이 사라져 가는 현상을 토양침식과 비유하여 유전적 침식이라 한다.

③ 유전적 취약성 : 우량품종의 보급으로 병해충이나 냉해 등 재해로부터 일시에 급격한 피해를 받는 것을 말한다.(예 우리나라 통일벼의 냉해 피해)

④ 유전자원의 수집 대상 : 종자, 비늘줄기, 덩이줄기, 접수, 식물체, 화분, 배양조직

⑤ 수집한 유전자원은 특성 평가를 한 다음 컴퓨터에 입력하여 데이터베이스를 한다.

⑥ IPGRI(국제식물유전자연구소) : 유전자원의 탐색·수집 및 이용을 위한 세계적 조직망이다.

⑦ 종자수명이 짧은 작물이나 영양번식작물의 보존 방법 : 조직배양하여 기내 보존을 한다.

기출확인문제

 우량품종 종자갱신의 채종체계는?

① 원종포 – 원원종포 – 채종포 – 기본식물포
② 기본식물포 – 원원종포 – 원종포 – 채종포
③ 채종포 – 원원종포 – 원종포 – 기본식물포
④ 기본식물포 – 원종포 – 원원종포 – 채종포

| 해설 | 채종체계 : 기본식물 – 원원종 – 원종–보급종

정답 ②

CHAPTER

3 재배환경

I 토양

1 지력(토양비옥도)

① **지력**

토양의 이화학적 및 생물학적 성질이 종합되어 작물생산에 영향을 끼치는 능력 중에서 토양의 작물생산력을 말한다.

※ 토양비옥도 : 물리화학적인 지력조건을 말한다.

② **지력(토양비옥도)을 향상(증진)시키기 위한 조건**

- **토성**(★★★) : 양토(사양토~식양토)가 적합하다.
- **토양구조**(★★) : 입단구조가 형성되어야 한다.
- **토층** : 작토가 깊고 투수성, **통기성이 우수**할 것
- **토양반응**(★★) **: 중성~약산성**이 적합
- **무기성분** : 풍부하고 균형 있게 분포되어 있고, 특정성분이 과다하지 않아야 한다.
- **유기물** : 많을수록 좋다. 그러나 습답의 경우 유기물 함량이 많으면 오히려 해가 되는 수도 있다.(유해가스 때문(메탄, 황화수소))
- **토양수분** : 알맞아야 한다.
- **토양공기** : 산소가 부족하지 않아야 한다. 이산화탄소 농도가 높으면 뿌리의 생장과 기능이 상실된다.
- **토양미생물** : 유용미생물의 번식을 조장하여야 하며 병원성 미생물이 적어야 한다.
- **유해물질** : 없어야 한다.

③ **토양의 3상**(★★★) **: 고상, 액상, 기상**

- 고상→유기물+무기물, 액상→토양수분, 기상→토양공기
- 가장 이상적인 토양의 3상 비율 : **고상 50%〉액상 25%〉기상 25%**
- 기상과 액상은 기상조건에 따라 크게 변화한다.

2 토양입경에 따른 토양 분류

미국농무성법에 의한 토양입자의 구분

① **자갈** : 입경이 2.0mm 이상

- 보비성, 보수성이 나쁘다.(화학적 교질작용이 없기 때문)
- 투기성, 투수성은 좋다.(입경이 크기 때문)

② **모래** : 입경이 2.0~0.002mm

- 석영을 많이 함유한 암석인 사암, 화강암, 편마암 등이 부서져서 만들어진 것이다.
- 석영은 풍화가 되어도 점토가 되지 않는 영구적인 모래이다.
- 운모, 장석, 산화철 등은 풍화되면 점토가 된다.

③ **점토** : 0.002mm 이하로 1g당 입자의 수와 면적이 가장 크다.

- 보수성이 크다.
- 투기성·투수성이 나쁘다.
- 음전하를 띄고 있어 양이온을 흡착하는 힘이 강하다. 따라서 보비성(양분을 보유하는 성질=능력)이 크다.

TIP
토양입자 크기 순서 : **자갈〉모래〉점토**

3 C.E.C(양이온치환용량=염기성치환용량)

※ 여기서 말하는 양이온은 곧 양분(NH_4^+, K^+, Ca^{++}, Mg^{++} 등)을 의미하고 토양 속에서 이들은 이온상태로 존재하기 때문에 염기라고 한다.

① **C.E.C**

- 토양 1Kg이 보유하는 치환성양이온 총량을 cmol(+)kg^{-1}로 표시한 것

② **C.E.C와 토양 양분과의 관계**

- 점토, 부식은 입자가 매우 작으며 1㎛ 이하의 입자는 교질(colloid. 음이온을 띈다)로 되어 있다.
- 교질(colloid.콜로이드) 입자는 음전하를 띠고 있기 때문에 양이온을 흡착한다.
- 점토, 부식의 함량이 많을수록 C.E.C도 커진다.
- C.E.C가 커지면 NH_4^+, K^+, Ca^{++}, Mg^{++} 등 비료성분의 흡착 능력도 커진다. 따라서 비료의 용탈이 적어서 비효가 늦게까지 지속된다.

- 토양의 C.E.C가 커지면 토양완충능(토양반응에 저항하는 능력)이 커진다.
- 성숙한 부식의 C.E.C(양이온교환용량. ★★★) : 200~600
- Montmorillonite의 C.E.C : 80~150
- Kaolinite의 C.E.C : 3~15

토양콜로이드	CEC(meq/100g)	토양콜로이드	CEC(meq/100g)
부식(★)	100~300	카올리나이트	3~15
버미큐라이트	80 ~150	가수산화물	0~3
몽모리오나이트	60~100	알로팬	50~200
일라이트	25~40		

토성	CEC(meq/100g)	토성	CEC(meq/100g)
사토	1~5	식양토	15~30
세사양토	5~10	식토(★)	30 이상
양토 · 미사질양토	5~15		

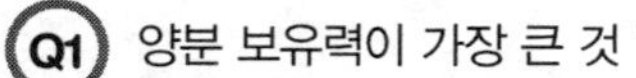

Q1 양분 보유력이 가장 큰 것 ?

① 카올라이트　　② 일라이트
③ 알로팬　　④ 부식

정답 ④

4 토성

① **토성의 분류**(점토 함량에 따라)

- 사토 : 12.5% 이하
- 사양토 : 12.5~25.0%
- 양토(★★★) : 25.0~37.5%(작물생육에 가장 적합(★))
- 식양토 : 37.5~50.0%,
- 식토 : 50.0% 이상
- **사토의 특징**
  - 모래 함량이 70% 이상이다.
  - 점착성은 낮으나 통기성과 투수성이 좋다.

– 지온의 상승이 빠르나 물과 양분의 보유력이 약하다.

– 사토에서 자란 식물은 식물의 조직이 무르다.

- **식토의 특징**

– 점토 함량이 40% 이상 함유되어 있다.

– 물과 양분의 보유력이 좋다.

– 지온 상승이 늦고 투수성과 통기성은 좋지 않다.

– 식토에서 자란 식물은 조직이 치밀하고 단단하다.

② **토성과 보수력**

- 토성별 유효수분 함량 : 양토에서 가장 크며, 사토에서 가장 작다.
- 보수력 : 식토에서 가장 크고, 사토에서는 유효수분 및 보수력이 가장 작다.
- 증산률 : 건물 1g을 생산하는 데 필요한 물의 양을 말한다.
- 모세관 : 지름이 클수록 이동속도가 빠르다. 올라가는 높이는 반지름에 반비례한다.

5 토양의 구조

① **토양구조**

- 토양구조란 토양을 구성하는 입자들이 모여 있는 상태를 말한다.
- 경토(경작이 이루어지는 토양)의 토양구조는 크게 단립구조, 이상구조, 입단구조로 구분한다.

② **단립구조**(홑알구조)

- 토양입자들이 서로 결합되어 있지 않고 독립적으로 모여 이루어진다.
- 따라서 대공극이 많고 소공극이 적어서 투기성과 투수성은 좋다.
- 그러나 **토양이 공극이 커서 보수성, 보비성이 낮아** 작물생육에 좋지 않다.
- 해안의 사구지에서 볼 수 있다.

③ **이상구조**

- 과습한 식질토양에서 볼 수 있는 토양 구조이다.
- 소공극은 많지만, 대공극이 적어 통기성이 부량하다.
- 건조해지면 부정형의 흙덩어리를 형성한다.
- 무구조 상태, 단일구조 상태로 집합된 구조이다.
- 작물생육에 좋지 않다.

④ **입단구조**(떼알구조)
- 단일입자가 결합하여 2차입자로 되고, 다시 3차, 4차 등으로 집합하여 입단을 구성하고 있는 구조
- 소공극과 대공극이 모두 균형 있게 발달되어 있어 투기성, 투수성, 보비성(양분 보유성)이 좋다.
- 작물생육에 가장 적합한 토양구조이다.

⑤ **입단구조 형성 방법**(★★)
- 토양에 **유기물**과 **석회를 시용한다.**
- **녹비재배**를 한다.
- **콩과(두과)**작물의 재배
- 토양의 피복(건조, 바람, 토양유실을 막아주어 입단 촉진)
- 토양개량제 시용
- 객토(새로운 흙을 넣어줌)
- 심경(깊이갈이)
- 토양반응 : 중성~약산성(★)
- 토성 : 사양토 내지 식양토(★)

  ※ **잦은 경운, 나트륨 첨가**는 입단을 파괴한다.(★★★)

⑥ **입단토양의 특징**
- 소공극과 대공극이 균형 있게 발달하여 있다.
- 비옥하고 보수성과 보비성이 크다.
- 토양침식이 줄어든다.
- 유용미생물의 활성이 커진다.
- 유기물의 분해가 촉진된다.

⑦ **입단을 파괴하는 요인**
- 잦은(지나친) 경운
- 습윤과 건조, 동결과 융해, 고온과 저온 등 입단의 팽창과 수축
- 심한 비와 바람
- 지나친 건조상태
- 나크륨(Na^+)의 첨가(나트륨 : 점토의 결합을 느슨하게 하여 입단을 파괴한다)

6 토층

① **토층** : 토양이 수직으로 분화된 층위를 말한다.

② **작토층**(경토)

- 경운이 이루어지는 층위이다.
- 작물의 뿌리는 이 층위에서 발달한다.
- 부식이 많고 입단의 형성 상태도 좋다.
- 작토층의 올바른 관리방법
  - 심경하여 작토층이 깊게 유지되도록 한다.
  - 유기물을 충분히 시용한다.
  - 토양산도를 알맞게 교정하여 준다.
- 우리나라 논토양의 작토층 깊이 : 12cm 정도

③ **서상층**(심층)

- 경운되는 작토층 바로 밑의 층이다.
- 작토층 보다 부식이 적다.

④ **심토층**(기층)

- 서상층 바로 밑의 층이다.
- 부식이 극히 적고 구조가 치밀하다.
- 논에서 심토층의 구조가 너무 치밀하면 토양공기 부족, 유기물의 분해 억제, 유해가스의 발생, 지온의 낮아짐 등이 발생하여 벼의 생육이 나빠진다.

7 토양중의 무기성분

① **필수원소**(16원소)

- 작물생육에 필수적으로 필요한 원소를 필수원소라고 한다.
- 필수원소의 종류 : P(인), O(산소), K(칼륨), Ca(칼슘), Mg(마그네슘), S(황), C(탄소), H(수소), N(질소), Mo(몰리브덴), Cl(염소), B(붕소), Fe(철), Mn(망간), Cu(구리), Zn(아연)

② **필수무기원소** : 필수원소에서 물에서 공급되는 C(탄소), H(수소), O(산소)를 제외한 원소

③ **다량원소**(6가지 원소)

• 식물 생육에 다량으로 필요한 성분을 다량원소라고 한다.

• 다량원소의 종류 : Ca(칼슘), Mg(마그네슘), S(황), N(질소), P(인), K(칼륨)

④ **미량원소**(7가지 원소)

• 작물생육에 있어 미량으로 공급하여도 되는 성분

• 종류 : Mn(망간), Fe(철), Zn(아연), Mo(몰리브덴), Cl(염소), B(붕소)

⑤ **비료의 3요소**(3원소)

• 인위적인 공급의 필요성이 가장 큰 원소

• 종류(★★) : N(질소), P(인), K(칼륨)

⑥ **비료의 4요소**(4원소)

• N(질소), P(인), Ca(칼슘), K(칼륨)

⑦ **비필수 원소 중 주요한 원소**

• 규소 : 벼 및 화곡류에서 중요한 생리적 역할(생체조직의 규질화 도모)을 한다(벼의 일생 중 가장 많이 필요한 원소가 규소(★)이다).

8 필수원소의 생리작용

1) 질소(N)

① 작용 : 분얼증진, 엽면적 증대, 동화작용 증대

② 작물에 흡수형태(★★★) : NO_3^-(질산태), NH_4^+(암모니아태)

③ 결핍장해 : 하위엽이 황백화, 화곡류의 분얼 저해

• 작물 체내에서 전류 이동이 잘 이루어져 결핍될 경우 결핍증상이 오래된 잎에 먼저 나타난다.

④ 질소과잉 장해

• 도장(웃자람), 도복(쓰러짐) 발생

• 저온 피해, 가뭄(한발)에 약해짐, 기계적 상해에 약해짐

2) 인(P)

① 작용(★★★) : 세포핵 구성, ATP구성 성분, 세포분열, 광합성, 호흡작용, 질소와 당분의 합성 분해, 질소동화

② **인의 흡수형태**(★★★) : $H_2PO_4^-$ 또는 HPO_4^{2-}

③ **인 결핍 장해**

- 어린잎이 암녹색으로 되며 둘레에 오점(검은점)이 생긴다.
- 뿌리의 발육이 약해진다.
- 심하면 황화, 결실 저해, 종자형성·성숙이 저해한다.

3) **칼륨**(k)

① 이온화되기 쉬운 형태로 잎, 생장점, 뿌리의 선단에 많이 분포한다.

② **작용**(★★★)

- 탄소동화작용 촉진 → 일조가 부족할 때에 비효 효과가 크다.
- 세포의 팽압을 유지한다.

③ **칼륨 결핍장해**

- 생장점이 고사한다.(말라 죽음)
- 줄기가 연약해진다.
- 잎 끝 및 둘레가 황화한다.

4) **칼슘**(Ca)

① **작용**

- **세포막의 주성분**이다.
- **체내 이동이 어렵다.**
- **단백질 합성**과 **물질의 전류**에 관여한다.
- **알루미늄(Al)의 과잉 흡수를 제어**한다.

② **결핍장해**

- 뿌리, 생장점이 붉게 변하여 죽는다.
- **토마토-배꼽썩음병**, 고추-열매 끝이 썩는다.

③ 칼슘과잉 장해

- **마그네슘**, 철, 아연, 코발트, 붕소의 흡수를 저해하여 이들 원소의 **결핍**증세를 유발시킨다.

5) **마그네슘**(Mg)

① **작용**

- **엽록소(★)**의 구성원소이다.
- 체내 이동이 쉽다.

② **결핍장해**

- 황백화. 생장점의 발육 불량
- 체내 비단백태질소 증가, 탄수화물 감소
- 종자의 성숙 지연

※ 칼리(칼륨), 염화나트륨, 석회(칼슘)을 과다하게 시용하면 마그네슘 결핍증세가 나타난다.

6) **황**(S)

① **작용**

- 단백질, 아미노산, 효소 등의 **구성성분**이다.
- 엽록소의 형성에 관여한다.
- 체내 이동성이 낮다.
- 두과식물의 뿌리혹박테리아에 의한 질소고정에 관여한다.
- 황 성분의 요구도가 높은 작물 : 양배추, 파, 마늘, 양파, 아스파라거스

② **결핍 장해**

- 단백질의 생성 억제
- 엽록소의 형성 억제
- 결핍증세는 새조직에서부터 나타난다.
- 황백화 : 생육 억제(세포분열 억제)

7) **철**(Fe)

① **작용**

- **호흡효소**의 구성성분이다.
- 엽록소의 형성에 관여한다.

8) **결핍**

- **엽맥 사이가 퇴색한다.**

9) 기타 기작

- 토양 속에 철의 농도가 높으면 인(P), 칼륨(K) 흡수를 저해한다.
- 토양 PH가 높거나 인산, 칼슘 농도가 높으면 철의 흡수를 방해하여 철 결핍증세가 나타난다.
- 벼가 철을 과잉흡수하면 잎에 갈색반점 또는 갈색무늬가 생긴다.

10) 망간(Mn)

① 작용

- 효소활성을 높여준다.
- 동화물질의 합성 및 분해, 호흡작용, 엽록소의 형성에 관여한다.

② 결핍장해

- 엽맥에서 먼 부분이 황색으로 된다. 화곡류는 세로로 줄무늬가 생긴다.
- 강알칼리성 토양이나 과습한 토양, 철분이 과다한 토양에서는 망간 결핍증세가 나타난다.

11) 과잉

- 뿌리가 갈색으로 변한다.
- 잎이 황백화, 만곡현상(구부러짐), 사과에서는 적진병이 발생한다.

12) 붕소(B)

① 작용

- 촉매 또는 반응물질로 작용한다.
- 생장점 부근에 함량이 많다.
- 체내 이동성이 낮다.

② 결핍장해(★★★)

- 체내 이동이 낮기 때문에 결핍 증세는 생장점이나 저장기관에서 나타난다. →생장점(분열조직)이 갑자기 괴사(★★★)한다.

  예 사탕무 근부썩음병, 순무의 갈색속썩음병, 셀러리의 줄기쪼김병, 담배의 끝마름병
- 수정장해(결실 저해)
- 특히 배추과(십자화과)채소에서 채종재배 시 결핍되면 장해가 크다.
- 콩과작물의 근류균(뿌리혹박테리아) 형성 저해(★★)→공중질소 고정 저해

③석회(칼슘) 과잉장해

- 산성토양, 개간지 토양에서 결핍증세가 나타난다.

13) 아연(Zn)

① 작용

- 여러 가지 효소의 촉매작용을 한다.
- 반응조절 물질로 작용한다.

- 단백질대사, 탄수화물대사에도 관여한다.
- 엽록소 형성에도 관여한다.

② 결핍장해

- 황백화, 괴사, 조기낙엽
- 감귤 잎무늬병, 소엽병, 결실불량을 초래한다. 우리나라 석회암 지대에서 결핍증세가 나타난다.

14) 구리(Cu)

① 작용

- 산화효소의 구성 물질이다.
- 광합성, 호흡작용에 관여한다.
- 엽록소의 생성을 촉진한다.

② 결핍장해

- 황백화, 괴사, 조기낙엽
- 단백질 생성 저해

③ 과잉장해

- 뿌리의 신장 억제

15) 몰리브덴(Mo)

① 작용

- 질소환원효소의 구성물질이다.
- 근류균(뿌리혹박테리아)의 질소고정에 필요하다.
- 콩과작물에 많이 함유되어 있다.

② 결핍장해

- 황백화, 모자이크병 유사 증세

16) 염소(Cl)

① 작용

- 광합성작용과 물의 광분해 과정에서 망간과 함께 촉매작용

② 결핍장해

- 어린잎의 황백화. 식물체의 전체 부위가 위조한다.

기출확인문제

Q1 엽록소의 구성원소로서 결핍 시 잎에서 황백화 현상이 나타나는 무기성분은 무엇인가?

① 질소　　② 인
③ 칼슘　　④ 마그네슘

| 해설 | 마그네슘은 엽록소의 구성원소로 결핍 시 잎의 황백화 현상이 일어나고 생장점의 발육이 불량해진다.

정답 ④

Q2 다음 중 작물재배 시 부족하면 수정, 결실이 나빠지는 미량원소는?

① Mn　　② B
③ Mo　　④ Zn

| 해설 | 붕소(B)가 부족하면 수정, 결실이 나빠진다.

정답 ②

Q3 다음에서 설명하는 내용은?

> 질산환원효소의 구성성분이며, 질소대사에 필요하고, 콩과작물 뿌리혹박테리아의 질소고정에도 필요하다. 콩과작물에 그 함량이 많으며, 결핍하면 모자이크병과 비슷한 증세가 나타난다.

① 칼륨　　② 몰리브덴
③ 마그네슘　　④ 질소

| 해설 | 몰리브덴에 대한 설명이다.

정답 ②

Q4 작물 영양성분 중 결핍되면 분열조직에 괴사를 일으키며, 대표적으로 사탕무의 근부썩음병(속썩음병)을 일으키는 것은?

① 망간　　② 철
③ 칼륨　　④ 붕소

| 해설 | 붕소결핍에 대한 설명이다.

정답 ④

Q5 작물 체내에서 전류 이동이 잘 이루어져 결핍될 경우 결핍증상이 오래된 잎에 먼저 나타나는 필수원소는?

① 질소　　② 철
③ 붕소　　④ 칼슘

| 해설 |
- 질소는 결핍 시 오래된 잎에서 나타난다.
- 철 결핍 시 : 어린잎에 증상
- 붕소 : 분열조직(생장점)에서 나타난다.
- 칼슘 : 뿌리나 눈 생장점 등

정답 ①

기출확인문제

Q6 작물 잎의 엽록소 구성성분으로 결핍되면 황백화 현상이 노엽에서부터 생기며, 산성이 강한 토양과 칼리비료를 과다 시용한 토양에서 결핍을 보이는 원소는?

① 붕소 ② 마그네슘
③ 철 ④ 칼슘

| 해설 | 마그네슘은 엽록소 구성성분으로 결핍되면 황백화 현상이 노엽에서부터 생긴다.

정답 ②

9 비필수원소의 생리작용

① **규소**(si)

- 화본과(벼과) 식물에 함량이 극히 많다. 벼가 일생동안 가장 많이 필요로 하는 원소가 규소(규산질)이다.
- 생체조직의 규질화(★★★)를 도모하므로 내병성이 향상(도열병)된다.
- 경엽이 직립하므로 수광태세가 양호하여 동화량 증대, 내도복성(도복 저항성)이 향상된다.
- 증산을 억제하여 한해(가뭄해)기 경감된다.
- 규산의 흡수를 저해하는 요소 : **황화수소(H_2S)**

② **코발트**(Co)

- 코발트가 결핍된 토양에서 생산된 목초를 가축의 사료로 사용할 경우 가축이 코발트결핍증세가 나타난다.
- 비타민 B_{12}를 구성하는 성분이다.

③ **나트륨(★)**

- C_4식물(★)에서는 요구도가 높다.

기출확인문제

Q1 벼 도열병 방제에 가장 효과적인 비료는?

① 질소질 비료 ② 규산질 비료
③ 인산질 비료 ④ 칼륨질 비료

| 해설 | 규산질 비료는 벼가 자라는 일생동안 가장 많이 필요로 하는 비료로 생체조직을 규질화 하여 도열병을 예방한다.

정답 ②

기출확인문제

Q2 화곡류에서 규질화를 이루어 병에 대한 저항성을 높이고, 잎을 꼿꼿하게 세워 수광태세를 좋게 하는 것은?

① 질소　　② 칼륨
③ 규산　　④ 철

| 해설 | 규산은 화곡류에서 규질화를 이루어 병에 대한 저항성을 높이고, 잎을 꼿꼿하게 세워 수광태세를 좋게 한다. 벼는 일생동안 규산을 가장 많이 필요로 한다.

정답 ③

10 토양유기물과 미생물

① 토양유기물이란 동물, 식물, 미생물의 유체로 되어 있으며, 부식(humus)이라고도 한다.

② 토양이 **흑색**으로 보이는 것은 부식에 의한 것이다.

- 부식 함량이 10% 이상에서는 거의 흑색을 띤다.
- 5~10%에서는 흑갈색을 띤다.

③ 토양유기물은 토양의 성질을 좋게 하여 **지력**을 높이므로 퇴비, 녹비 등의 유기물을 사용하여 적정수준의 유기물 함량을 유지하도록 토양관리를 해주어야 한다.

11 토양유기물의 기능(★★)

① 암석의 분해 촉진

② 양분의 공급

③ 대기 중의 이산화탄소 공급→유기물이 분해될 때 이산화탄소가 발생하여 광합성을 촉진한다.

④ 토양개량 및 보호　　⑤ 입단의 형성

⑥ 보수·보비력 증대　　⑦ **완충능의 증대**

⑧ 미생물의 번식조장　　⑨ 지온의 상승

⑩ 생상 촉진물질 생성

기출확인문제

Q1 토양유기물의 주된 기능과 관계가 적은 것은?

① 입단의 형성 ② 보수, 보비력의 증대
③ 미생물의 번식조장 ④ 완충능의 저하

| 해설 | 완충능이 커진다.

정답 ④

12 토양유기물(부식)의 과잉 시 해작용

① 부식산이 생성되어 토양산성이 강해진다.

② 상대적으로 점토(흙)의 함량이 줄어들어 불리할 수 있다.

③ 습답에서는 고온기에 토양을 환원상태로 만들어 해작용이 나타난다. 배수가 잘되는 밭이나 투수가 잘되는 논에서는 유기물을 많이 시용해도 해작용이 나타나지 않는다.

13 토양수분 함량 표시법

① 토양수분 함량은 **pF(potential Force)로 표시**한다.

② 토양수분의 함량이란 건토에 대한 수분의 중량비로 표시한다.

③ 수분장력은 토양이 수분을 지니는 것이다.

④ 토양수분장력의 단위 : 기압 또는 수주(水柱)의 높이나 pF(potential Force)로 나타낸다.

14 토양수분장력이 1기압(mmHg)일 때 pF3(★)

① 수주의 높이를 환산하면 약 **1천cm**에 해당하며, 이 수주의 높이를 log로 나타내면 3이므로 **pF3**이 된다.

② 1(bar)=1기압=13.6×76(cm)=1,033(cm)≒1,000(cm)=10^3(cm)

③ 토양수분 함량과 토양수분장력의 함수관계 : 수분이 많으면 수분장력은 작아지고 수분이 적으면 수분장력은 커지는 관계가 유지

15 토양수분의 종류

① **결합수**(화합수) : 토양의 고체분자를 구성하는 수분(pF 7.0 이상)

② **흡습수** : 작물은 거의 이용하지 못하는 수분. 토양입자에 응축시킨 수분(pF 4.5~7)

③ **모관수(★★)** : 물 분자 사이의 응집력에 의해 유지되는 것으로, **작물이 주로 이용**하는 유효수분(pF **2.7~4.5(★)**)

④ **중력수**(자유수) : 중력에 의해 **토양층 아래로 내려가는 수분**(pF 0~2.7)

⑤ **지하수** : 지하에 정체하여 모관수의 근원이 된다.

⑥ **토양수분장력의 순서(★)** : 결합수 〉 흡습수 〉 모관수 〉 중력수

기출확인문제

Q1 작물에 많이 이용되는 토양수분은?

① 모관수　② 결합수
③ 중력수　④ 흡착수

| 해설 | 작물이 많이 이용되는 토양수분은 모관수이다.

정답 ①

16 토양의 수분항수

① **최대용수량** : 토양의 모든 공극이 물로 포화된 상태(**pF는 0**)

② **포장용수량**(최소용수량) : 최대용수량에서 중력수를 완전히 제거하고 남은 수분상태(수분장력 1/3기압, pF 2.5~2.7)

③ **초기위조점** : 생육이 정지하고 하위엽이 위조하기 시작하는 토양의 수분상태(pF 약 3.9)

④ **영구위조점** : 시든 식물을 포화습도의 공기 중에 24시간 방치해도 회복되지 못하는 토양의 수분상태(pF는 4.2)

⑤ **흡습계수** : 상대습도 98%의 공기 중에서 건조토양이 흡수하는 수분상태(pF는 4.5 작물이 이용 못 함)

⑥ **풍건상태의 토양** : pF≒6

⑦ **건조한 토양** : 105~110℃에서 항량이 되도록 건조한 토양의 수분 상태(pF≒7)

기출확인문제

Q1 포장용수량의 수분범위로 알맞은 것은?

① pF 1.5~1.7
② pF 2.5~2.7
③ pF 2.5~2.7
④ pF 4.5~4.7

| 해설 | 포장용수량(최소용수량)은 최대용수량에서 중력수를 완전히 제거하고 남은 수분상태로 수분장력 1/3기압인 pF 2.5~2.7이다.

정답 ②

17 토양의 유효수분

① **잉여부분** : 포장용수량 이상의 수분

② **무효수분** : 영구위조점 이하의 수분

③ **유효수분**(★★) : 포장용수량~영구위조점 사이의 수분

- 초기위조점 이하의 수분은 작물의 생육을 돕지 못한다.
- 최적함수량 : 최대용수량의 60~80%
- 작물이 직접 이용되는 유효수분 범위(★★) : **pF 1.8~4.0**
- 작물이 정상생육 하는 유효수분 범위 : pF 1.8~3.0

18 토양의 용기량

① 토양공기의 용적 : 전공극 용적에서 토양수분의 용적을 공제한 것이다.

② 토양의 용기량 : 토양의 용적에 대한 공기로 차 있는 공극의 용적 비율로 표시한다.

③ 대기 중 공기 조성(%) : 질소 79.01 〉 산소 20.93 〉 이산화탄소 0.03

④ 토양 중 공기조성(%) : 질소 75~80 〉 산소 10~21 〉 이산화탄소 0.1~10

19 토양공기의 조성 지배요인

① **사질 토양**이 비모관 공극이 많아 토양의 **용기량이 크다.**

② 식질 토양의 경우 **입단의 형성이 조장**되면 비모관공극이 증대하여 용기량이 증대한다.

③ **경운작업**이 깊게 이루어지면 토양의 깊은 곳까지 용기량이 증대한다.

④ **토양의 함수량이 증대**하면 용기량은 적어지고 **산소의 농도는 낮아**지며, 이산화탄소의 농도는 높아진다.

⑤ **미숙유기물**을 시용하면 **산소의 농도**가 훨씬 **낮아진다.**

⑥ 식생 : 뿌리의 호흡에 의해 **이산화탄소**의 농도가 **높아진다.**

⑦ 토양 중 CO_2 농도는 여름철에 높다.

⑧ 토양공기는 대기보다 CO_2 농도가 높고 O_2 농도는 낮다.

⑨ 토양공기는 분압의 차이에 따라 결정되는 방향으로 확산된다.

20 토양공기와 작물 생육

① 이산화탄소 : 물에 용해되기 쉽고, 수소이온을 생성하여 토양을 산성화시킨다.

② 작물의 **최적용기량의 범위**(★★★) : **10~25%**

③ 벼 · 양파 · 이탈리안 라이그라스 : 10%

④ 귀리와 수수 : 15%

⑤ 보리, 밀, 순무, 오이 : 20%

⑥ 양배추와 강낭콩 : 24%

⑦ 종자의 발아할 때 산소의 요구도가 비교적 높다.

⑧ 산소 요구도가 높은 작물 : 옥수수, 귀리, 밀, 양배추, 완두 등

⑨ 산소농도가 낮아지면(용기량 감소) 뿌리의 호흡이 저해되고 수분흡수가 억제된다.

⑩ 산소가 부족 하면(용기량 감소) 칼륨의 흡수가 가장 저해되고 잎이 갈변된다.

기출확인문제

Q1 토양공기가 작물의 생육에 미치는 영향으로 옳은 것은?

① 토양 중의 이산화탄소 농도가 높아지면 토양이 산성화되고 무기염류의 흡수가 저해된다.
② 토양 용기량이 증가하면 환원성 유해물질이 생성되어 뿌리가 상한다.
③ 토양 용기량이 증가하면 산소의 농도가 감소한다.
④ 미숙유기물의 시용은 토양 내 산소의 농도를 높여 흡수를 촉진시킨다.

정답 ①

기출확인문제

Q2 다음 중 최적용기량이 가장 낮은 작물은?

① 강낭콩 ② 보리
③ 양파 ④ 양배추

| 해설 | • 작물의 최적용기량은 양파가 가장 낮다.
• 강낭콩, 양배추 : 25%
• 보리, 밀, 순무, 오이 : 20%
• 양파, 벼, 이탈리안라이그라스 : 10%

정답 ③

21 토양반응(pH)과 작물생육

① **토양반응**을 표시하는 토양 pH는 토양용액 내의 **유리수소이온 H^+ 농도**이다.

② H^+의 생성은 활산성과 잠산성의 2가지에 의해 이루어진다.

③ 토양반응(**pH**)은 토양 중 양분의 가급도, 양분의 흡수, 미생물의 활동 등에 영향을 준다

④ 작물의 생육 적합한 pH(토양반응★)는 6~7범위(약산성~중성)가 가장 알맞다.

⑤ 산성토양의 개량 : 석회와 유기물을 넉넉히 주어서 토양반응과 토양 구조를 개선한다.

⑥ **강산성**이 되면(산성토양에서) **가급도(용해도)가 저하**되는 성분(★★) : Mo(몰리브덴), P(인), Ca(칼슘), Mg(마그네슘), B(붕소)

⑦ **강알칼리성**에서 **가급도(용해도)**가 **저하**되는 성분 : B(**붕소**), **Fe(철), Zn(아연), Mn(망간)**

22 토양 산성화의 원인

1) 우리나라 토양은 **산성**을 나타내는 것이 많다.

2) 원인

① 치환성염기**(Ca^{++}, Mg^{++}, K^+ 등)의** 용탈에 의한 미포화교질물((Colloid) H+)의 증가가 가장 보편적(주된 원인)이다.

② 산성비료의 과용 : 유안(황산암모니아), 황산칼리, 염화칼리

③ 토양유기물의 분해(미숙유기물)

기출확인문제

Q1 토양산성화 원인 중 미포화교질에 대한 설명으로 가장 적합한 것은?

① H^+가 흡착된 것
② Ca^{2+}가 흡착된 것
③ Mg^{2+}가 흡착된 것
④ K^+가 흡착된 것

| 해설 | Ca^{2+} Mg^{2+} K^+, Na^+ 등으로 흡착된 것을 포화교질이라고 하고 H^+도 함께 흡착된 것을 미포화교질이라고 한다.

정답 ①

23 산성토양의 해작용

① 활성알루미늄으로 인해 **인산**이 **결핍**된다.

② 강산성은 **Al, Mn, Zn**의 용해도를 **증대**시킨다.

③ 미생물 활동이 저하된다.

④ 무기, 유기영양의 유효화가 지연된다.

24 산성토양에 대한 작물의 저항성

① **산성토양에 강한 작물(★) : 벼, 밭벼(★), 감자, 토마토, 밀, 유채**, 귀리, 아마, 수박

② **산성토양에 약한 작물** : 보리, 팥, 양배추, 완두, 상추, 고추

③ **산성토양에 가장 약한 작물** : 알팔파, 셀러리, 사탕무, 자운영, 시금치, 양파, 콩, 팥, 가지, 파

기출확인문제

다음 중 산성토양에 가장 강한 것은?

① 고구마
② 콩
③ 팥
④ 사탕무

| 해설 | • 보기에서 고구마가 산성토양에 가장 강하다.
• 산성토양에 매우 강한 작물 : 벼, 밭벼, 귀리, 기장, 호밀, 수박, 감자
• 산성토양에 강한 작물 : 고구마, 당근, 옥수수, 오이, 포도, 수수, 호박, 딸기, 토마 토, 밀, 조, 담배, 베치, 목화
• 산성토양에 매우 약한 작물 : 콩, 팥, 알팔파, 자운영, 사탕무, 셀러리, 부추, 양파

정답 ①

25 산성토양의 개량과 대책(★)

① 석회의 시용

② 유기물을 시용

③ 내산성작물을 선택한다.

④ 산성비료의 시용을 피한다.

⑤ 용성인비를 시용한다

⑥ 붕사(붕소)를 시용 : 10a당 0.5~1.3kg

26 개간지 토양의 특성

① 대체로 산성을 띈다.

② 치환성 염기가 적고 토양구조가 불량하다.

③ 인산 등 비효성분이 적다.

④ 토양비옥도가 낮다.

※ 개간지 토양의 개선 대책 : 산성토양 개선대책과 같다.

27 논토양의 특성(★★★)

1) 토양 중 산소농도가 낮다. 밭 토양과는 달리 담수상태이기 때문이다.

2) 토층이 분리되어 있다. 담수상태이기 때문에 **작토층**은 산소가 부족하기 때문에 **환원층**(산화제2철(적갈색))이 되고, 심층은 **산화층**(산화제1철, 청회색)으로 되어 토층이 분리(**토층분화**) 되어 있다.

3) **환원층**(작토층)의 특징(★★★)

① 환원층 : 토양유기물이 분해되기 때문에 산소가 소모되어 pH6에서 산화환원 전위가 0.1~0.3 Volt 이하가 되는 것을 말한다.

② **환원층은 토양색깔**이 청회색, 암회색을 띈다.

③ 환원층에서는 Fe^{+++}→Fe^{++}**가 되고** Mn^{+++}→Mn^{++} 가 된다.

④ 환원층에서는 **황산기($-SO_4$)가 환원**되어 **황화수소(H_2S)**가 발생하고, 암모니아는 1가의 형태로 안정된다.

※ **황화수소(H_2S)가스는 달걀 썩은 냄새**가 난다.

4) 암모니아태질소를 산화층에 사용하면 호기성균에 의해 **질화작용** 후 환원층으로 용탈되어 **탈질현상**(질소가 공중으로 날아감)이 일어난다. 따라서 **암모니아태질소**는 심부 환원층(심층시비)에 주어야 한다.

① **질화작용** : **암모늄태질소**를 **산화층**에 시비하면 $NH_4^+ \rightarrow NO_2^- \rightarrow NO_3^-$로 되는 현상을 말한다.

※ NO_2^-(아질산성질소)→NO_3^-(질산성질소)

② **탈질현상** : 질산성(태)질소가 환원층으로 이동하면 $NO_3^- \rightarrow NO \rightarrow N_2O \rightarrow N_2$로 되어 공기 중으로 질소가 날아가는 현상을 말한다. 즉 질소의 손실을 가져온다. 따라서 **암모늄태질소**는 **환원층(심층시비)**에 시비하여야 한다.

5) 논토양은 벼가 그대로 이용할 수 없는 유기태질소가 많다.

기출확인문제

논에 황산암모늄 비료를 표층시비 할 때 산화층에서 일어나는 작용은?

① 암모니화 작용
② 질산화 작용
③ 탈질작용
④ 용탈작용

| 해설 | 논에 황산암모늄 비료를 표층시비 할 때 질화작용(질산화 작용)이 일어난다.

정답 ②

28 노후답의 특성

1) 노후답

① **작토층에** Fe(철), Mn(망간), K(칼륨), Mg(마그네슘), Si(규소), P(인) 등 **수용성 무기염류 용액**이 용탈(씻겨나감)되어 **결핍된 토양**을 말한다.

TIP
- 수용성 : 물에 녹는 성질
- 불용성 : 물에 녹지 않는 성질
- 지용성 : 기름에 녹는 성질

2) 노후답의 대책

① 객토(새 흙으로 바꾸어 줌) : 가장 근본적인 대책

② 심경(심경 쟁기를 이용(깊이갈이))

③ 철 함유 자재 사용

④ 규산질비료의 시용

⑤ 조기재배

⑥ 무황산근비료의 시용(★), 추비중심 재배, 엽면시비

TIP
- **누수답**(사질토양의 답)의 경우 **완효성 비료를 시용**하는 것이 좋다.
- **습답 · 만식재배**의 경우 심층시비를 피해야 한다.
- **추락현상** : 작토 **환원층**에서 생성되는 **H_2S(황화수소)**가 **철(Fe)**의 부족을 보이는 노후화답에서 **벼 뿌리**를 상하게 하여 **생육장해**를 일으켜 양분흡수 불량, 깨씨무늬병 발생, 수량이 저하되는 현상을 말한다.
  ※ **불량 논토양** : 노후화답, 혼답, 중점토답, 사역질답

29 간척지 토양

1) 특성

① 염분 농도(나트륨 이온)가 높다.
② 황화수소(H_2S) 가스가 발생한다.
③ 토양반응은 알칼리성이나 산성에 가깝다.
④ 지하수위가 높다.
⑤ 투수성 · 통기성이 불량하다.

2) 간척지 토양 개선대책

① 관 · 배수 시설하여 황산, 염분을 제거한다.

② 석회 등 토양개량제 시용

③ 염분제거 방법

- 담수법 : 담수를 공급한 후 배수한다.
- 명거법 : 도랑을 일정간격 마다 만들어 빗물에 의해 염분이 씻겨 내려가도록 한다.
- 여과법 : 땅속에 암거(배수관 표면에 구멍이 일정 또는 불규칙으로 무수하게 뚫어져 있다.)를 설치하여 염분을 제거한다.

④ 기타 대책은 습답의 대책과 같다.

3) 간척지 토양에서 작물재배 대책

① 내염성이 강한 작물의 선택

- 내염성 작물(★★) : 사탕무, 비트, 수수, 유채, 목화, 배추, 라이그라스
- 간척지 벼 재배 시 일반적으로 재배는 가능하나 염분 농도가 0.1% 농도에서는 염해가 발생할 우려가 있다.

② 석회, 토양개량제를 시용한다(토양 물리성이 개선된다).

- 황산암모니아 비료의 시용을 피한다.

③ 조기재배(조식재배) 및 휴립재배 한다.

④ 논물을 말리지 않으며 자주 환수한다.

기출확인문제

Q1 간척지 벼 재배 시 일반적으로 재배는 가능하나 염해가 발생할 우려가 있는 염분 농도는?

① 0.001% ② 0.01%
③ 0.1% ④ 1%

정답 ③

Q2 염분이 많은 간척지 토양에서 벼 재배법으로 옳지 않은 것은?

① 만식재배를 한다.
② 휴립재배를 한다.
③ 논물을 말리지 않으며 자주 환수한다.
④ 황산암모니아 비료를 피하고 석회를 충분히 시용한다.

| 해설 | 만식재배가 아닌 조식재배를 한다.

정답 ①

30 토양미생물의 유익한 기능

① 알맞은 토양조건을 갖추어 주도록 한다.

② 유기물을 분해하고 양분을 공급해 준다.

③ 유리질소(공중질소)를 토양에 고정한다.

- Azotobacter(아조토박터) : 호기성 단독 질소고정균(★)
- Azotomonas(아조토모나스)
- Clostridium(크로스트리움) : 혐기성 단독 질소고정균(★)
- Rhizobium(리조비움)

④ 질산화작용을 한다

- 질산화 작용 : 암모니아(NH_{4^+})를 아질산(NO_{2^-})과 질산(NO_{3^-})으로 산화되는 작용으로 밭작물에는 이롭다.

$$NH_4^+ + \frac{3}{2}O_2 \rightarrow NO_2^-$$

$$NO_2^- + \frac{1}{2}O_2 \rightarrow NO_3^-$$

⑤ 무기물·무기성분을 산화시켜 인산 등의 용해도가 높아진다.

⑥ 무기물의 유실 경감

⑦ 입단 형성에 기여

⑧ 길항작용(유익미생물이 식물 병원성 미생물을 경감시킴)

⑨ 생장 촉진물질 분비, 근권을 형성한다.

31 토양미생물의 불리한 작용

① 토양미생물 중에는 작물에 **각종 병을 유발**하는 유해 미생물이 많다.

② **탈질균**에 의해 **탈질작용**(NO_3^-를 환원시킴)을 일으킨다.

- $NO_3^- \rightarrow NO_2^- \rightarrow N_2O$ 또는 N_2로 되므로 손실이 된다.

③ **황산염을 환원**시켜 **황화수소** 등 **환원성물질**을 생성한다.

④ **미숙퇴비**를 시용한 경우 **질소기아 현상**을 일으킨다.

32 토양 중 유용미생물이 많이 발생할 수 있는 조건

① 토양 중에 충분히 부숙 된 유기물질이 많을 것

② 토양의 통기성이 좋고 **토양반응은 중성내지 약산성**일 것

③ 토양이 과습하지 않고 온도가 알맞을 것(20~30℃)

33 토양침식

1) 토양침식은 토양(흙)이 소실되는 현상을 말하며 크게 **수식**과 **풍식으로 구분한다.**

① **수식** : **강우**에 의한 토양침식

② **풍식** : **바람**에 의한 토양침식

2) **토양침식 요인(★) : 강우, 바람, 기온, 지형, 토양성질, 식생, 재배 방식**

34 수식(강우에 의한 토양침식)

1) **수식의 주요 요인(★★)**

① 강우 : 강한 비

② 토성

- 사토·식토는 침식이 쉽다.
- 심토의 투수성이 높은 토양은 침식이 적다.

③ 지형

- 급경사 지역은 토양침식이 크다.
- 경사면이 길수록(★) 토양침식이 크다.
- 적설량이 많은 곳, 바람이 센 곳, 토양이 불안정한 곳은 침식이 크다.

④ 식생

- 식생(나무, 잡초 등)이 적을수록 침식이 크다.

2) **수식의 대책(★★★)**

① **산림조성, 초지조성, 과수원의 경우 초생재배**(목초, 녹비작물)

② **단구재배**(경사가 급한 지역의 경우 계단식 논 또는 밭 조성)

③ **등고선 재배**(등고선을 따라 이랑을 만들어 경작)

④ **대상재배**(등고선 재배에서 일정 간격으로 목초를 재배하는 것)

⑤ **토양피복** : 볏짚, 비닐(멀칭)

⑥ **합리적인 작부체계 선택** : 피복작물을 윤작 또는 간작

35 풍식(강풍에 의한 토양침식)

1) 풍식의 주요 원인 : 토양이 가볍고 건조할 때 강풍이 부는 경우

2) 풍식의 대책

- 방풍림 식재, 방풍울타리 설치, 관개하여 토양을 젖게 한다.
- **이랑을 풍향과 직각**으로 낸다.

36 중금속의 유해성

① **비소**(As) : 논 토양에 10ppm 이상이면 수량 감소

② **구리**(Cu) : 생육장해, 맥류에서 피해 민감

③ **수은**(Hg) : 인체에 축적되면 미나마타병 유발

- 미나마타병 : 지각장애(맛, 시각, 청각, 후각 등)

④ **카드뮴**(Cd) : 인체에 축적되면 이타이이타이병 유발

- 이타이이타이병 : 뼈가 몹시 아프고 쉽게 골절된다.

※ 이타이 : 일본어로 '아프다'라는 뜻이다.

37 중금속 오염 토양 개선 대책

① 담수재배

② 환원물질의 시용

③ 석회 시용 : 수산화물화 한다.

④ 인산질 시용 : 인산화로 불용화된다.

⑤ 점토광물 시용(중금속을 흡착함) : 제올라이트, 벤토나이트

기출확인문제

Q1 다음 중 중금속을 불용화 상태로 만드는 방법이 아닌 것은?

① 석회질 비료 시용
② 환원물질 시용
③ 건조재배
④ 제올라이트 등의 점토광물 시용

| 해설 | 중금속 불용화로 건조재배는 거리가 멀다.

정답 ③

38 염류장해

① **염류장해**

염류장해에서 말하는 염류는 소금(염분)을 지칭하는 게 아니고 토양에 투입된 양분들이 이온 상태(+)로 존재하기 때문에 염류라고 하며 작물이 이용하고 남은 특정한 염류(양분, 양이온)가 과도하게 토양에 잔류하여 작물에 생리장해를 유발하는 것을 말한다.

② **피해양상**

- 염류장해는 노지보다는 시설에서 피해가 더 큰데, 그 이유는 노지의 경우 강우에 의해 염류가 용탈되지만, 시설의 경우 강우가 차단되기 때문에 강우에 의한 용탈이 이루어지지 못하기 때문이다.
- 주요 피해 : 생육부진, 양분결핍, 수분결핍, 고사

③ **대책**

- 답전윤환 : 시설의 경우 밭과 논을 2~3년 주기로 돌려가며 경작한다.
- 담수처리 : 담수를 공급한 다음 배수를 하는 것을 반복한다.
- 심근성작물(호밀 등)을 재배한다.

Ⅱ 수분

1 수분의 생리작용

① 생체의 70% 이상이 물이며, 원형질의 75% 이상이 수분을 함유하고 있다.

② 작물 원형질의 생활상태를 유지한다.

③ 식물체 구성물질이 된다.(작물 체내 수분 함량 **70~90%**)

④ 필요 물질 흡수의 용매역할을 한다.

⑤ 필요물질 흡수·분해의 매개체 역할을 한다.

⑥ 세포의 긴장상태를 유지한다.(식물의 체제 유지)

2 수분 퍼텐셜

1) 물은 높은 수분 퍼텐셜에서 낮은 페턴셜로 이동한다. 즉 낮은 삼투압에서 높은 삼투압으로 이동한다.

2) 수분퍼텐셜의 단위 : bar 또는 MPa

3) 수분퍼텐셜의 구성 : 삼투퍼텐셜, 압력퍼텐셜, 매트릭퍼텐셜

① **삼투퍼텐셜**

- 용질의 농도가 높으면 감소한다.
- 압력, 온도가 높아지면 증가한다.
- 높은 곳에서 낮은 곳으로 이동한다.
- 용질이 첨가될수록 감소하며 항상 음(−)의 값을 가진다.

② 압력퍼텐셜
- 식물 세포 내에서 벽압이나 팽압의 결과로 생기는 정수압에 따른 퍼텐셜 에너지를 말한다.
- 식물 세포에서 일반적으로 양(+)의 값을 가진다.

③ 매트릭퍼텐셜
- 교질물질과 식물세포의 표면에 대한 물의 흡착친화력에 의해 나타나는 퍼텐셜이다.
- 매트릭퍼테셜은 항상 음(−)의 값을 지닌다.
- 토양의 수분퍼텐셜 결정에 중요하다.

4) 토양의 수분퍼텐셜의 경우 식물체 내보다 삼투압이 크기 때문에 식물체 내의 수분퍼텐셜보다 크고 식물체는 중간값을 나타내며 대기에서 가장 낮다.

기출확인문제

Q1 용질이 첨가될수록 감소하며, 항상 음(−)의 값을 가지는 퍼텐셜은?

① 삼투퍼텐셜　② 압력퍼텐셜
③ 매트릭퍼텐셜　④ 중력퍼텐셜

| 해설 | **삼투퍼텐셜**
- 용질의 농도가 높으면 감소한다.
- 압력, 온도가 높아지면 증가한다.
- 높은 곳에서 낮은 곳으로 이동한다.
- 항상 음(−)의 값을 가진다.

정답 ①

Q2 식물체 내의 수분퍼센셜에 대한 설명으로 틀린 것은?

① 압력퍼텐셜과 삼투퍼텐셜이 같으면 팽만상태가 된다.
② 수분퍼텐셜과 삼투퍼텐셜이 같으면 원형질 분리가 된다.
③ 물은 수분퍼텐셜이 높은 곳에서 낮은 곳으로 이동한다.
④ 식물의 수분퍼텐셜에는 메트릭퍼텐셜이 가장 크게 영향을 미친다.

| 해설 | 식물의 수분퍼텐셜에는 메트릭퍼텐셜은 거의 영향을 주지 않는다.

정답 ④

3 수분 흡수의 기구

① 식물세포의 **원형질막**은 **인지질**로 된 **반투명막**이다.

② 삼투 : 액의 수분이 반투성인 원형질막을 통해 세포 속으로 확산하여 들어가는 것이다.

③ 삼투압 : 내액과 외액의 농도 차에 의해 삼투를 일으키는 압력

④ 팽압 : 세포의 크기를 증대(팽창)시키려는 압력

⑤ 막압 : 세포막에 탄력이 생겨 다시 안쪽으로 수축하는 압력

⑥ 확산압차(DPD. 흡수압) : 수분흡수는 삼투압과 막압의 차이인 확산 압차에 의해 이루어진다.

⑦ 팽만상태 : 세포가 물을 최대한 흡수하여 삼투압과 막압이 같은 상태, 즉 흡수압(DPD)이 0(Zero)인 상태를 말한다.

⑧ SMS(soil moisture stress : 작물의 수분 흡수=DPD) : 토양의 수분 보유력 및 삼투압을 합친 것이다.

> **TIP**
> DPD − SMS = (a − m) − (t + α′)
> a : 세포의 삼투압, m : 세포의 팽압(막압), t : 토양의 수분보유력, α : 토양용액의 삼투압

⑨ 확산압차구배(DPDD. diffusion pressure deficit difference) : **세포 사이의 수분 이동**에 직접적으로 관여한다.

⑩ 수동적 흡수 : 물관 내의 **부압**에 의한 흡수

⑪ 적극적 흡수 : 세포의 **삼투압**에 기인하는 흡수

⑫ 증산작용이 왕성할 때 물관 내의 DPD가 주위의 세포보다 매우 커진다. 따라서 수분 흡수력이 매우 커진다.

※ 증산작용이 왕성하지 않을 때보다 10~100배 흡수한다.

⑬ 일비현상(★★) : 식물체의 줄기를 절단(상처)하면 여기에서 수분이 나오는 현상을 말한다. 예컨대 수세미의 줄기를 절단하면 **절단면에서 수분이 솟아 나온다**. 이러한 현상을 **일비현상**이라고 말한다. 이것은 뿌리세포의 삼투압(**★근압**)에 의하여 생긴다.

> **TIP**
> **일액현상**
> - 이른 아침 잎 끝에 이슬처럼 물방울이 맺히는 현상
> - 원인 : 토양 과습

⑭ 뿌리에서는 토양의 수분보유력(★)이 **관여**한다.

⑮ **근계의 발달**은 작물의 **흡수능력을 증대**시키며 뿌리에서 흡수의 주체는 근모(★)이다.

4 작물의 요수량

① 요수량 : 작물의 **건물**(乾物) **1g**을 생산하는 데 **소비된 수분량(g)**을 말한다.

② 증산계수 : **건물(乾物) 1g**을 생산하는 데 **소비된 증산량**을 말한다.

③ 증산능률 : 요수량과 증산계수의 반대 개념이다.

④ 요수량에 관여하는 요인(★)

- 공기습도가 낮으면 요수량은 높다.
- 한지식물 : 고온에서 요수량이 높다.
- 난지식물 : 저온에서 요수량이 높다.
- 바람이 불면 요수량은 증가한다.
- **요수량이 작은 작물**(★) : **옥수수**(★), **기장**, **수수**(322g)
- **요수량이 큰 작물 : 호박(834g★), 알팔파, 클로버**
- **요수량이 가장 큰 식물**(★★) : **명아주**(★★)
- 요수량이 작은 식물일수록 내한성(가뭄에 견디는 힘)이 크다.

기출확인문제

Q1 다음 중 요수량이 가장 적은 작물은?

① 호박　　② 완두
③ 감자　　④ 수수

| 해설 | **요수량**

- 호박 834g, 완두 788g, 감자 636g, 수수 322g
- 보기에서 수수가 가장 적다.

정답 ④

Q2 다음 중 요수량이 가장 적은 작물은?

① 오이　　② 호박
③ 클로버　　④ 옥수수

| 해설 |
- 보기에서 옥수수가 가장 적다.
- 오이 713g, 호박 834g, 클로버 799g, 옥수수 368g
- 요수량이 적은 작물(적은 순) : 기장 〉 수수 〉 옥수수
- 요수량이 가장 큰 작물 : 호박

정답 ④

5 공기 중의 수분과 작물생산량

① **공기습도**

- 공기습도가 높지 않고 적당히 건조해야 증산이 조장되며, 양분 흡수가 촉진된다.
- 공기습도가 포화상태에 이르면 기공은 거의 닫은 상태로 되어 기공으로부터의 **가스 침입이 억제**된다.
- 공기습도가 높아지면 **표피가 연약**해지고 **작물체가 도색**하게 되어 **낙과(과실이 떨어짐)** 및 **도복(쓰러짐)**의 원인이 된다.
- 공기의 과습 : 작물의 **개화수정**에 **장해**가 된다.

② **이슬**

- 이슬은 잎을 적셔서 증산작용을 억제하므로 식물을 도장(웃자람)하게 하는 경향이 있다.
- 증산과 광합성을 감퇴시키고 작물에 대한 병원균 침투를 조장한다.

③ **안개**

- 안개의 상습다발지대 : 일광을 차단·지온이 하강하여 생육이 부진
- 벼의 경우 : 도열병 발생이 조장된다.

6 한해(旱害)

① **한해**(旱害)

한해(旱害)란 토양의 수분이 부족하여 작물이 생육장해, 위조, 고사의 피해를 입는 것을 말한다.

※ 혼돈주의 : 한해(寒害 : 동해, 동상해), 한해(旱害 : 건조해, 가뭄해)

② **한해의 원인**

- **토양수분 부족**
- **근계(뿌리)발달 미약으로** 수분 흡수 불충분에 따른 한해 유발

③ **작물의 내한성**(내건성 ★★★)

- 내한성은 그 작물의 형태적·세포적·물질대사적 특성에 의해 좌우된다.
- 표면적/체적의 비가 **적을수록** 내한(건)성이 강하다(잎이 작다).
- 뿌리가 깊고 근군(뿌리)의 발달이 좋을수록 내한(건)성이 강하다.
- 기공이 작을수록 내한(건)성이 강하다.
- 품종, 생육시기(수도 감수분열기), 재배조건(비료, 파종방법, 멀칭, 중경, 체온, 재식밀도)에 따라 달라진다.

- 세포가 작을수록 원형질의 변형이 작아 내한(건)성이 강하다.
- 세포액의 삼투압이 높아야 내건성이 강해진다.
- 건조할 때 호흡이 낮아지는 정도가 클수록, 광합성이 감퇴하는 정도가 낮을수록 내한(건)성이 강하다.

④ **한해(旱害. 가뭄해)의 대책(★★★)**

- 관개 : 물을 공급하는 것(가장 근본적인 한해대책이다.)
- **내한(건)성 품종(가뭄에 강한 품종)**의 선택
- 화곡류 : 수수, 조, 피, 기장
- 두류 : 콩, 강낭콩, 완두
- 서류 : 고구마, 감자, 뚱딴지(돼지감자)
- 토양입단 조성
- 내건농법(**드라이파밍(dry farmaing)**) : 내건농법이란 **수분을 절약하는 농법**이다. 심경(깊이갈이)하여 땅속깊이 수분이 침투하게 한 다음 한발(가뭄) 시에 파종을 깊이하며 진압 후에 복토하고 지표를 엉성하게 중경하여 모세관이 연결되지 않게 함으로써 지표면으로부터의 **증발을 억제하는 농법**이다.
- 피복, 중경제초
- **증발 억제제(OED 용액)**를 살포 : 증발 및 증산 억제
- 뿌림골을 낮고 좁게, 재식밀도는 성기게 한다.
- 질소과용을 피하고 **퇴비, 인산, 칼리**를 증시한다.
- 봄철에 맥류의 경우 답압(밟아 줌)을 한다.
- 천수답 지대에서는 건답직파한다.

기출확인문제

Q1 내건성이 강한 작물의 일반적 특성으로 옳은 것은?

① 세포가 커서 수분이 감소해도 원형질의 변형이 작다.
② 원형질의 점성이 낮아야 한다.
③ 세포액의 삼투압이 높아야 한다.
④ 원형질막의 수분투과성이 작아야 한다.

| 해설 | 세포액의 삼투압이 높아야 내건성이 강해진다.

정답 ③

기출확인문제

Q2 다음 중 내건성이 강한 작물의 형태적 특성으로 틀린 것은?

① 근군의 발달이 좋다. ② 다육화의 경향이 있다.
③ 체적비와 잎이 크다. ④ 기동세포가 발달되어 있다.

| 해설 | **내건성이 강한 작물의 형태적 특성**
- 근군의 발달이 좋다.
- 다육화의 경향이 있다.
- 체적비와 잎이 작다(왜소하고 잎이 작다).
- 기동세포가 발달되어 있다(건조하면 잎이 말려서 잎의 표면적이 축소한다).

정답 ③

7 관개(용수공급)

1) 관개의 목적

관개는 생리적으로 필요한 수분공급 외에 천연양분공급, 지온조절 등의 부수적 효과를 가지며, 벼는 생육단계별로 관개정도가 다르다.

2) 관개방법

① 지표관개 : 지표면에 물을 흘려 대는 방법이다.

지표관개 방법은 고랑관수, 점적호스를 이용한 관수, 분수호수를 이용한 관수방법 등이 있다.

② 살수관개 : 공중에서 물을 뿌려대는 방법이다.

- 다공관 관개 : 관개용 파이프에 직접 작은 구멍을 무수히 내어 공중에 설치한 후 구멍을 통해 물을 공급하는 방법으로 주로 과수에 많이 이용한다.
- 스프링클러 관개 : 스프링클러에 의해 살수하는 방법이다.

④ 지하관개·개거법 : 개방된 상수로에 물을 대어 이것을 침투시키면 모관 상승하여 뿌리영역에 공급하는 방법이다.

- 암거법 : 지중에 배관을 묻어 물을 대고, 간극으로부터 스며 오르게 하는 방법이다.
- 압입법 : 물을 주입하거나 기계적으로 압입하는 방법이다.

⑤ 보더관개 : 완경사의 포장을 알맞게 구획하고 상단의 수로로부터 전체 표면에 물을 흘려 펼쳐서 대는 방법이다.

기출확인문제

Q1 포장을 수평으로 구획하고 관개하는 방법은?

① 수반법 ② 일류관개
③ 보더관개 ④ 고랑관개

| 해설 | 보더관개는 완경사의 포장을 알맞게 구획하고 상단의 수로로부터 전체 표면에 물을 흘려 펼쳐서 대는 방법이다.

정답 ③

8 습해

① 습해 : 밭작물의 최적함수량은 **최대용수량의 70~80%**이다. 이 범위를 넘어서면 과습 상태가 되어 해 작용이 나타나는 것을 말한다.

② **토양과습의 해**

- **토양 산소부족** 초래→**뿌리의 호흡 억제**→에너지 방출이 억제→지상부 황화·위조·고사
- **환원성 유해물질이 생성**되어 **생육장해를 유발**한다.
- 지온이 높을 때 과습하면 토양산소의 부족으로 **환원상태가 조성**된다.
- 환원성인 **철(Fe^{++})**, **망간(Mn^{++})** 등도 유해한다.
- **황화수소(H_2S)**가 생성되면 피해가 심해진다.
- 습해는 생육 초기보다 생장 성기에 더 심하다.(★)
- 생육 성기부터 출수기까지 환원성 유해물질이 생기는 외에 새 뿌리의 발생이 쇠퇴하기 때문에 이 시기에 습해가 크다.(★)

9 작물의 내습성

작물의 내습성은 뿌리의 구조(통기조직의 발달 여부), 뿌리 세포막의 목화 정도, 뿌리의 발달 습성에 의해 좌우된다.

① 벼는 잎, 줄기, 뿌리에 통기계가 발달하였다.

② 뿌리의 피층세포가 **직렬구조**인 것이 산소공급 능력이 크기 때문에 내습성이 강하다.

③ 맥류(★) : 내습성이 강하다.

④ 파 : 목화가 생기기 때문에 내습성이 약하다.

⑤ 새 뿌리의 발생이 용이하고, **근계가 얕게 발달하면 내습성이 강하다.**

⑥ 뿌리가 **황화수소**나 **이산화철** 등에 대해 저항성이 큰 작물은 내습성이 강하다.

기출확인문제

Q1 습해에 강한 작물의 특성을 설명한 것으로 옳은 것은?

① 경엽으로부터 뿌리로의 산소공급능력이 작다.
② 뿌리조직의 목화정도가 낮다.
③ 뿌리의 분포가 얕고, 부정근의 발생이 작다.
④ 뿌리가 환원성 유해물질에 대해 저항성이 크다.

| 해설 | **습해에 강한 작물의 특성**

- 경엽으로부터 뿌리로의 산소공급능력이 크다.
- 뿌리조직의 목화정도가 높다.
- 뿌리의 분포가 깊고, 부정근의 발생이 크다.
- 뿌리가 환원성 유해물질에 대해 저항성이 크다.

정답 ④

10 습해의 대책

1) **배수** : 근본적인 습해 대책 방법이다.

2) **정지 :** 고휴(高畦)재배를 한다.

※ 고휴재배 : 이랑을 높게 만들어 여기에 식재를 하는 것을 말한다.

※ 이랑 : 작물이 심겨지는 부분

※ 고랑 : 배수로 역할을 하는 부분

3) **토양개량**

객토 · 부식(유기물 시용) · 석회 시용 · 토양개량제 시용

4) **내습성 작물 및 품종의 선택**

- 작물의 내습성 : 골풀 · 미나리 · 택사 · 연 · 벼 〉 밭벼 · 옥수수 · 율무 · 토란 · 고구마 〉 보리 · 밀 〉 감자 · 고추 〉 토마토 · 메밀 〉 파 · 양파 · 당근 · 자운영 등

② 채소의 내습성 : **양상추 · 양배추** · 토마토 · 가지 · 오이

③ 과수의 내습성 : **올리브 〉 포도** 〉 밀감 〉 감 · 배 〉 밤 · 복숭아 · 무화과의 순

5) **미숙유기물**과 **황산근 비료**의 시용을 피한다.(★★)

6) 표층시비 한다.

7) 엽면시비를 한다.

8) **과산화석회**를 시용한다. (습지에서의 발아 및 생육이 조장)

기출확인문제

Q1 다음 중 내습성이 가장 강한 작물은?

① 옥수수　　② 고구마
③ 양파　　④ 고추

| 해설 | 작물의 내습성 : 벼 〉 밭벼 〉 옥수수 〉 율무 〉 토란 〉 유채 · 고구마

정답 ①

11 수해

① **관수의 해**

- **침수** : 작물이 물에 잠기는 것
- **관수** : 작물이 **완전히** 물에 잠기는 것
- 관수가 되면 산소를 공급받기 어렵기 때문에 생명유지를 위해 무기 호흡을 하게 된다. 무기 호흡은 일반 호흡보다 수십 배의 에너지가 더 소모된다. 따라서 **양분고갈**로 **생육장해**가 유발된다.

② **수해의 발생과 조건**

- **침수에 강한 작물**(★) : **화본과 목초**(★), 피, 수수, **옥수수**(★), **땅콩**(★)
- 침수에 약한 작물 : 채소, 감자, 고구마, 메밀 등
- **침수에 강한 품종**(★) : 삼강벼(★)
- **침수에 약한 품종**(★) : 낙동벼, 동진벼, 추청벼
- 벼가 관수될 때 피해가 큰 기간(★) : 수온이 20℃에서는 2일 정도
- 청고(靑枯) : 수온이 높은 정체탁수(정체된 탁한 물)의 경우에 발생한다.
- 적고(赤枯) : 수온이 낮은 유동청수(흐르는 맑은 물)에서 발생한다.
- 질소비료를 많이 한 경우 관수해가 크다.
- 수해의 피해 정도는 작물의 품종, 생육시기, 생육의 건전도, 수온, 수질, 유속 등에 따라 크게 차이가 있다.

- **침수보다 관수(완전침수)**에서 피해가 크다.
- 출수개화기에 관수를 입은 경우 피해가 가장 크다.
- 수온과 기온이 높을 때 피해가 크다.
- **청수**(맑은 물)보다 **탁수**(혼탁한 물)인 경우 피해가 크다.
- **정체수**(정지한 상태의 물)는 유수(흐르는 물)보다 피해가 크다(정체수는 수온이 높고 용존 산소가 부족하기 때문에 피해가 크다).
- 관수가 4~5일 이상 지속하면 피해가 매우 크다.

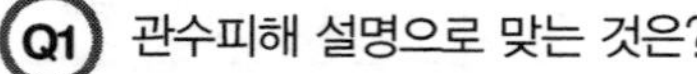

Q1 관수피해 설명으로 맞는 것은?

① 출수개화기에 가장 약하다.
② 침수보다 관수에서 피해가 적다.
③ 수온과 기온이 높으면 피해가 적다.
④ 청수보다 탁수에서 피해가 적다.

| 해설 | 관수해는 출수개화기에 가장 약하고, 침수보다 관수에서 피해가 크며, 수온이 높을 때 피해가 크며, 청수보다 탁수에서 피해가 크게 나타난다.

정답 ①

Q2 작물의 수해에 대하여 가장 올바르게 기술한 것은?

① 피, 수수, 옥수수 등은 침수에 강한 작물이다.
② 수온이 낮으면 높을 때보다 피해가 크다.
③ 수해 상습지에서는 질소비료를 증시한다.
④ 벼의 분얼기가 수잉기보다 침수피해가 심하다.

| 해설 | 피, 수수, 옥수수 등은 침수에 강하다.

정답 ①

Q3 다음 중 벼의 관수해가 가장 심하게 나타나는 수질은?

① 흐르는 맑은 물 ② 흐르는 흙탕물
③ 정체한 맑은 물 ④ 정체한 흙탕물

| 해설 | 정체한 흙탕물이 관수해 피해가 가장 크다.

정답 ④

Ⅲ 공기

1 대기의 조성

① **대기의 조성(★★★)** : 질소 78% 〉 산소 21% 〉 이산화탄소 0.03%

② 작물의 호흡에 지장을 초래하는 산소 농도는 5~10% 이하

③ 대기 중의 이산화탄소의 농도가 높아지면 **호흡은 감소, 광합성은 증가한다.**

2 이산화탄소(CO_2) 보상점(★★★)

① 뜻 : **광합성**에 의한 **유기물의 생성 속도와 호흡에 의한 유기물의 소모 속도가 같아지는 이산화탄소의 농도**를 말한다. 따라서 작물의 생장이 계속되려면 이산화탄소보상점 이상의 이산화탄소가 필요하다.

② **C_4식물**은 **C_3식물**보다 **이산화탄소 보상점**이 **낮다.** 따라서 C_4식물의 광합성 효율이 C_3식물보다 높다.

3 이산화탄소(CO_2) 포화점(★★★)

① 뜻 : 이산화탄소의 농도가 어느 한계에 이르면 농도가 높아져도 더 이상 광합성의 속도가 증가하지 않는 이산화탄소의 농도(한계점)를 말한다.

② **작물의 이산화탄소(CO_2) 포화점**은 **0.21~0.3%로** 대기 중의 농도보다 **7~10배** 높다.

4 탄산시비

① 탄산시비 : 시설 내에 이산화탄소를 인위적으로 공급해 주는 것을 말한다. 이산화탄소의 공급은 이산화탄소 공급장치(설비)를 통해 이루어진다. 시설이 아닌 노지의 경우 퇴비나 녹비를 시용하면 탄산시비 효과를 얻을 수 있다.

② **탄산시비의 목적(★)** : **광합성을 촉진**하여 생육 및 수량이 증수된다.

③ **탄산시비 시기(★)** : 오전 일출 30분 후부터 2~3시간까지만 한다.

④ **탄산가스 공급원(★)** : 액화탄산가스, 프로판가스

5 탄산가스 농도에 관여하는 요인

① **계절** : 여름철이 이산화탄소 농도가 높다.

② **지면과의 거리** : 지면과 가까울수록 이산화탄소 농도가 높다.

③ **식생** : 식생이 무성하면 지면과 가까울수록 농도는 높아진다.

④ **바람** : 이산화탄소의 불균형을 해소해준다.

⑤ **유기물** : 미숙퇴비, 낙엽, 구비(동물의 분뇨), 녹비를 시용하면 이산화탄소의 농도가 높아진다.

6 대기오염 물질

① **아황산가스**(SO_2, SO_3)

- 피해증상 : 광합성 저하, 줄기 및 잎이 퇴색, 잎끝이나 가장자리 황록화

② **불화수소**(HF)

- 피해증상 : 잎끝, 가장자리 백변(하얗게 변색)
- **지표식물 : 글라디올러스**

③ **오존**(O_3)

- **피해증상 : 어린잎보다 성엽에서 피해 크다. 암갈색 반점, 황백~적색**
- **지표식물 : 담배**
- **오존을 생성하는 대기오염 물질 :** NO_2(자동차 배출 가스)+자외선=광산화작용으로 생성

④ **암모니아 가스**

- 배출원 : 비료공장, 냉동공장, 자동차 등
- 피해증상 : 잎 표면에 흑색반점이 무수하게 많이 생성
- 감수성이 높은 식물 : 무, 알팔파

⑤ PAN

- 탄화수소, 오존, 이산화질소가 화합해서 생성된다.
- 광화학적인 반응에 의하여 식물에 피해를 끼친다.
- 담배, 페튜니아는 10ppm에서 5시간 접촉되면 피해 발생
- 잎의 뒷면에 황색 내지 백색 반점이 잎맥 사이에 발생

⑥ **에틸렌**

- 피해증상 : 조기낙엽, 생장 저해, 줄기신장 저해

⑦ **산성비**

- 원인물질(★) : SO_2(이산화황), NO_2(이산화질소), HF(불화수소), Hcl(염화수소)
- 피해증상 : 잎이 백색 또는 적갈색

기출확인문제

Q1 (　　)에 알맞은 내용은?

> 탄화수소, 오존, 이산화질소가 화합해서 생성되는 (　　)은/는 광화학적인 반응에 의하여 식물에 피해를 끼치는데, 담배의 경우 10ppm으로 5시간 접촉되면 피해증상이 생기고 잎의 뒷면에 백색 반점이 엽맥 사이에 나타난다.

① 연무　　② PAN
③ 아황산가스　　④ 불화수소가스

| 해설 | PAN에 대한 설명이다.

정답 ②

Ⅳ 바람

1 연풍(약한 바람)의 효과(★★)

① 연풍은 풍속 4~6km/hr(시간당 4~6km 이동하는 속도)로 작물 생육에 이롭다.

② 증산 및 양분흡수를 촉진한다.

③ 병해 경감(과습이 경감되기 때문이다.)

④ 광합성을 촉진해준다.

⑤ 서리피해를 방지한다.

⑥ 화분 매개 조장→수정 및 결실 조장

⑦ 지나친 지온 상승을 억제해 준다.

2 연풍(약한 바람)의 부작용(해작용)

① 잡초를 전파시킨다.

② 건조를 더욱 조장한다.

③ 냉해를 유발시킨다.

3 풍해(강풍해)

① **풍해**

- 강풍으로 인해 작물이 기계적·생리적 장해를 받는 것을 말한다

※ 강풍 : **풍속 4~6km/hr(1시간당 4~6Km 이동 속도)** 이상의 바람

② **기계적 장해**

- **벼** : 도복, 수발아, 부패립 증가, 수분·수정 장해로 불임립 발생, 이삭목도열병 발생, 자조(알곡이 적색)
- **과수** : 절상, 열상, 낙과

③ **생리장해**

- 호흡 증대로 체내 양분 고갈(심하면 고사)
- 광합성 감소 : 강풍이 불면 기공이 폐쇄되어 이산화탄소 흡수가 감소되기 때문이다.
- 백수피해 유발 : 강풍(습도 60%에서 풍속 10m/s에서 발생)으로 체내 수분이 빠져나가 수분 부족이 생기고 햇빛에 의해 광산화반응이 일어나 원형질이 죽으므로 백수가 발생한다.
- 냉해 발생 : 체온을 낮추어 심하면 냉해를 유발한다.
- 강풍은 대기 중 이산화탄소를 경감(★)시킨다.

④ **풍해의 대책(★★★)**

- 방풍림 설치, 방풍 울타리 설치(관목식재, 옥수수·수수 등으로 포장 둘레에 식재한다)
- 풍식경감 조치 : 피복작물 재배, 객토, 유기물 시용
- 풍향과 직각으로 작휴
- 내풍성 작물 선택 : 고구마, 목초
- 내 도복성 품종 선택, 작기의 이동,
- 담수 : 벼의 경우 태풍이 올 때 논물을 깊이 대어 준다. (도복 경감)
- 칼리비료 증시, 질소 과용회피, 밀식회피, 낙과방지제 뿌리기

V 온도와 작물생육

1 온도계수(Q_{10})

① 온도계수 : 온도가 10℃ 상승하는 데 따르는 이화학적 반응이나 생리작용의 증가배수를 말한다.

② **작물의 온도계수**(Q_{10}) : 2~4

③ **벼의 온도계수**(Q_{10}) : 1.6~2.0

2 온도계수와 작물의 생리작용

1) 광합성

① 온도가 상승함에 따라 광합성 속도는 증가하나 적온보다 높으면 둔화한다.

② 30~35℃까지 광합성의 Q_{10}은 2 내외이다.

② 광합성이 정지하는 온도 : 40~45℃

2) 호흡

① 온도가 상승하면 호흡은 급격히 증가한다.

② 적온을 넘어서 고온이 되면 호흡속도가 오히려 감소한다. 호흡이 감소하기 시작하는 온도는 32~35℃이다.

③ 호흡이 정지하는 온도 : 50℃(Q_{10}은 2~3)

3) 동화물질의 전류

① 적온까지는 온도가 상승할수록 동화물질의 전류가 빠르다.

② 저온에서는 뿌리의 당류농도가 높아져 전류가 감소한다.

③ 고온에서는 호흡이 왕성해져서 뿌리나 잎의 당류가 급격히 소모되어 전류물질이 줄어든다.

④ 동화물질이 곡립으로 전류되는 양은 조생종이 만생종조다 많다.

4) 수분 및 양분의 흡수 이행

① 온도의 상승과 함께 수분의 흡수가 증대된다.

② 온도가 상승하면 양분의 흡수 및 이행도 증가하지만, **적온 이상으로 온도가 상승**하면 오히려 양분의 흡수가 감퇴한다. C_3식물은 온도가 상승하면 온도반응이 커져 광호흡이 증가하기 때문에 C_4작물보다 불리하다.(★★★)

5) **증산작용**

① 온도가 상승하면 양분의 흡수 및 이행도 증가한다. 그러나 적온 이상으로 온도가 상승하면 오히려 양분의 흡수가 감퇴한다.(★★)

② 온도가 상승하면 수분 흡수가 증대한다(엽내 수증기압이 증대 한다).

③ 온도가 상승하면 증산량은 증가한다.

④ **광합성속도** : 온도의 상승에 따라 증가하나 적온보다 높으면 둔화되며 호흡은 급격히 증가한다.

⑤ 적온을 넘어서 고온이 되면 호흡속도가 오히려 감소한다.

기출확인문제

Q1 온도와 작물의 생리작용에 대한 설명이 잘못된 것은?

① 광합성의 Q_{10}은 고온보다 저온에서 작다.
② 호흡작용의 Q_{10}은 일반적으로 30℃ 정도까지는 2~3이고, 32~35℃에 이르면 감소하기 시작한다.
③ 동화물질이 곡립으로 전류하는 양은 조생종에서 많고, 만생종에서는 적다.
④ 온도가 상승함에 따라 세포의 투과성이 증대하고 수분의 점성이 감소한다.

| 해설 | 광합성의 Q_{10}은 온도가 상승하면 증가하고 생육적온보다 높아지면 둔화한다.

정답 ①

3 유효온도

1) **유효온도**

작물의 생육이 가능한 온도를 말하며 최고온도, 최저온도, 최적온도의 범위를 말한다. 작물재배에 있어서 가능한 한 최적온도에 가깝게 여건을 만들어 주는 것이 바람직하다.

① 최고온도 : 작물생육이 가능한 가장 높은 온도

② 최저온도 : 작물생육이 가능한 가장 낮은 온도

③ 최적온도 : 작물생육에 가장 적합한 온도

2) **주요 작물별 주요 온도**

① 최고온도 : 삼(★45℃) 〉 옥수수(★40~44℃) 〉 담배(35℃) 〉 벼(36~38℃)

② 최저온도 : 호밀 · 삼 · 완두(★1~2℃) 〉 보리(3~4.5℃) 〉 귀리(4~5℃) 〉 담배(13~14℃)

③ 최적온도 : 삼 · 멜론(★35℃) 〉 오이(33~34℃) 〉 벼 · 옥수수 (30~32℃) 〉 담배(28℃)

기출확인문제

Q1 다음 중 작물의 주요 온도에서 최적온도가 가장 낮은 것은?

① 삼 ② 멜론
③ 오이 ④ 담배

| 해설 | 삼 35℃, 멜론 35℃, 오이 33~34℃, 담배 28℃

정답 ④

Q2 작물재배 시 담배의 최적온도는?

① 12℃ ② 18℃
③ 28℃ ④ 35℃

| 해설 | 담배의 최적온도 28℃, 최저온도 13~14℃, 최고온도 35℃이다.

정답 ③

4 적산온도

어떤 작물의 **발아부터 성숙까지**의 생육기간 중 **0℃ 이상의 일평균기온**을 합산한 온도(작물 생육에 필요한 총 온도량의 개념이다.)

① **여름작물**

• 벼 3,500~4,500℃(★★★) 〉 담배 3,200~3,600℃ 〉 메밀 1,000~1,200℃ 〉 조 1,800~3,000℃

② **겨울작물**

• 추파맥류 : 1,700~2,300℃

③ **봄작물**

• 아마(1,600~1,850℃), 봄보리(1,600~1,900℃)

기출확인문제

Q1 다음 여름작물 중 적산온도가 가장 낮은 것부터 높은 순으로 나열된 것은? (단, 가장 낮은 것을 왼쪽부터 나열한다.)

① 메밀 〈 조 〈 담배 ② 벼 〈 조 〈 담배
③ 벼 〈 메밀 〈 담배 ④ 담배 〈 메밀 〈 벼

| 해설 | **여름작물 적산온도 낮은 순**

메밀(1,000~1,200℃) 〈 조(1,800~3,000℃) 〈 담배(3,200~3,600℃) 〈 벼(3,500~4,500℃)

정답 ①

5 변온(일변화)의 효과

1) 변온

변온은 낮과 밤의 온도 차, 즉 일교차(낮에 높고 밤에 낮음)가 있는 것을 말한다.

2) 변온의 효과

① 발아를 촉진한다.

② 동화물질의 축적이 많아진다.

③ 식물의 생장은 변온이 작은 것이 유리하다.

④ 고구마, 감자〉변온에서 덩이뿌리 및 덩이줄기 발달이 촉진된다.

⑤ 토마토(★★) : 변온(야간온도 20℃ 내외)에서 과실이 비대한다(토마토는 낮의 고온, 밤의 저온이 좋다).

⑥ 콩 : 변온(야간온도 20℃)에서 결협율이 최대이다.

⑦ 벼 : 초기 야간온도 20℃, 후기 16℃에서 등숙 양호

※ 결협율 : 콩 한포기의 전체 꽃수에서 결실이 되는 꽃수의 비율

⑧ 변온조건에서 결실이 좋아지는 작물이 많다.

기출확인문제

Q1 작물의 결실과 온도의 관계에 대한 설명으로 옳은 것은?

① 생육가능 온도 내에서 주야간 온도는 항온이 변온보다 좋다.
② 변온조건에서 결실이 좋아지는 작물이 많다.
③ 주간은 저온이고 야간은 온도가 높을수록 좋다.
④ 주간, 야간 모두 저온인 것이 좋다.

| 해설 | 변온에서 결실이 좋아지는 작물이 많다.

정답 ②

6 지온 · 수온 · 작물체온의 변화

① 지온

- 토양의 빛깔이 진하면 지온이 높아지며, 함수량이 높으면 지온은 저하하지만, 변화의 폭이 적어진다.

- 지중심도가 깊을수록 지온의 변화는 적다.
- 남쪽으로 경사진 곳은 평지보다 낮의 지온이 높아진다.

② **수온**

- 물은 비열이 크고 온도의 변화가 적다.
- 지하수는 12~17℃이므로 지하수를 직접 관개하면 작물이 냉해를 받기 쉽다.
- 수온의 최고온도 · 최저온도는 기온의 최고온도 · 최저온도 시각보다 2시간쯤 늦다.

③ **작물체온**

- 흐린 날이나 밤과 음지에서의 작물체온은 기온보다 낮은데, 흡열(흡수하는 열)보다 방열(방출하는 열)이 많기 때문이다.
- 여름 맑은 날은 흡열(흡수하는 열)이 많아 기온보다 10℃ 이상 높다. 따라서 여름 고온기에 열사를 유발하는 원인이 된다.
- 바람이 없고 습도가 높을 때 작물의 체온은 상승한다.
- 군락의 밀도가 높으면 통풍이 잘되지 않아 작물체온은 상승한다.

7 고온장해(열해)

1) 열해

작물이 지나치게 기온이 높아진다는 것에 따라 입는 피해를 열해라고 한다.

① **열사**(heat killing)

㉠ 열사 : 단시간(보통 1시간)에 받은 열해로 작물체가 고사하는 것을 열사라고 한다.

㉡ 열사점(열사온도)

- 열사를 일으키는 온도를 열사온도 또는 열사점이라고 한다.
- 열사온도 : 대체로 50~60℃

② **열사의 기구**(★★★)

- 원형질단백질의 응고
- 원형질막의 액화
- 전분의 점괴화
- 팽압에 의한 원형질의 기계적 피해
- 유독물질의 생성

2) **열해의 기구**

① 지나친 고온으로 인해 **광합성보다 호흡이 왕성**→유기물 소모 과잉, 당 소모→**단백질 합성이 저해→암모니아 축적(유해물질)**

② 철분이 침전되어 황백화 현상 초래

③ 수분흡수보다 증산과다→위조 유발

3) **작물의 내열성(열에 견디는 성질)**

① 내건성(건조에 견디는 성질)이 큰 것은 내열성도 크다.

② 세포 내의 결합수가 많고 유리수가 적으면 내열성이 크다.

③ 세포의 점성, 염류농도, 단백질, 유지, 당분 등이 증가하면 내열성도 커진다.

4) **열해의 대책**

① 내열성작물의 선택

② 재배시기의 조절에 의한 열해의 회피

③ 관개수를 이용한 지온을 낮추어 준다(가장 효과적인 재배적 조치이다).

④ 해가림이나 피복으로 지온 상승 억제

⑤ 시설 하우스의 경우 환기조치

⑥ 재식밀도를 낮춤, 질소과용 회피 등

8 목초의 하고현상

① **뜻** : 북방형 목초가 여름철에 접어들어 생장이 쇠퇴하고 황화·고사하는 현상을 말한다. 여름철에 기온이 높고 건조가 심할수록 피해가 증가한다.

② **하고의 유발 요인(★★★)** : **고온, 건조, 장일, 병충해, 잡초의 무성**

③ **하고의 대책(★)**

- 스프링플러시(북방형 목초가 봄철에 생육이 왕성하여 생산성이 집중되는 현상)의 억제
- 관개(수분공급)
- 초종의 선택 및 혼파
- 방목과 채초

④ **피해가 큰 목초** : 한지형 목초(티머시·블루그라스·레드클로버)

⑤ **피해가 경미한 목초** : 오처드그라스·라이그라스·화이트클로버

기출확인문제

Q1 다음 중 목초의 하고대책이 아닌 것은?

① 스프링플러시의 억제　② 과대한 방목과 채초
③ 고온건조기에 관개　④ 난지형 목초 혼파

| 해설 | 과대한 방목과 채초는 하고 발생을 조장한다.

정답 ②

Q2 목초의 하고현상을 일으키는 유인은?

① 고온　② 습윤
③ 단일　④ 저온

| 해설 | 목초의 하고현상은 고온이 유인작용을 한다.

정답 ①

9 냉해

하계작물(여름작물)이 생육적온보다 낮은 온도에 처하여 받는 냉온장해를 냉해라고 한다(동해 : 동계작물이 겨울철 한파로 인해 받는 피해).

1) 냉해의 양상(★★★)

① 병해형 냉해

- 냉온에서 벼는 규산흡수 저해→도열병 발생
- 질소대사 이상, 광합성 감퇴, 체내 유리아미노산이·암모니아 축적→병원균 침입 용이→병의 발생

② 장해형 냉해(★★)

- 작물 생육 기간 중 특히 냉온에 대한 저항성이 약한 시기에 저온과의 접촉으로 뚜렷한 장해를 받게 되는 냉해
- 벼의 타페트(융단조직)의 비대로 불임을 일으킨다.
- **유수형성기부터 개화기**까지, 특히 **생식세포의 감수분열**에 영향을 준다.→생식기관이 정상적으로 형성되지 못하거나, 꽃가루 방출 억제로 수정장해

③ 지연형 냉해

벼에 있어서 오랜 기간 냉온이나 일조 부족으로 등숙이 충분하지 못하여 감수를 초래하게 되는 냉해

④ **혼합형 냉해(★)**

장기간에 걸친 저온에 의하여 혼합된 형태로 나타나는 현상으로 수량 감소에 가장 치명적 영향을 준다.

기출확인문제

Q1 유수형성기부터 개화기까지, 특히 생식세포의 감수분열에 영향을 주는 냉해는?

① 지연형 냉해 ② 장해형 냉해

③ 병해형 냉해 ④ 등숙불량형 냉해

정답 ②

Q2 다음 설명의 (　　)에 알맞은 내용은?

> 장해형 냉해는 (　　)부터 (　　)까지, 특히 생식세포의 감수분열기에 냉온으로 벼의 정상적인 생식기관이 형성되지 못하거나 또는 화분 방출, 수정 등에 장해를 일으켜 불임 현상이 나타나는 형의 냉해이다.

① 유수형성기, 개화기 ② 유수형성기, 출수기

③ 생육초기, 고숙기 ④ 생육초기, 출수기

| 해설 | 장해형 냉해는 유수형성기부터 개화기까지, 특히 생식세포의 감수분열기에 냉온으로 인한 불임 장해이다.

정답 ①

2) 냉해의 기구

① 세포막의 손상

② 광합성능력의 저하, 양분의 흡수장해, 양분의 전류 및 축적장해, 단백질합성 및 효소활력 저하

③ 꽃밥 및 화분의 세포 이상

3) 냉해에 대한 재배적 대책(★★★)

① **수온상승책**

- 누수답은 객토와 밑다짐 등을 한다.
- 냉수 관개가 불가피한 경우 물의 입구 부근에 분산판을 사용하여 입수를 꾀하며 입수구를 자주 바꾼다.
- 물이 넓고 얕게 고이도록 하는 온수저류지 설치
- 수온상승제(OED) 살포

② **재배적 조치**

- 보온육묘
- 조파(일찍 파종), 조식(일찍 심음) : 조생종이 만생종보다 냉해를 회피할 수 있다.

③ **인산, 칼리, 규산, 마그네슘** 등의 충분한 공급

④ 논물을 깊이 댐(15~20cm)

⑤ 저항성 및 회피성 품종의 선택

4) **벼의 생육시기별 냉해 양상**

① **유묘기**

- PH가 중성 이상의 토양의 경우 모잘록병 발생
- 기온이 13℃ 이하일 경우 발아가 늦어지고 유묘의 생육이 지연된다.

② **생장기**

- 기온이 17℃ 이하일 경우 초장(키), 분얼(새 줄기 및 잎 발생) 감소

③ **감수분열기(★★★)**

- **냉해에 가장 민감한 시기**이다.
- 냉해를 받는 온도 : 20℃에서 10일
- 소포자가 형성될 때 세포막이 형성되지 않는다.
- 타페트(융단조직)의 이상비대로 생식기관의 이상을 초래한다.

④ **출수 및 개화기**

- 냉해를 받는 온도 : 17℃에서 3일 이상
- 출수기 : 출수지연, 불완전 출수, 출수 불가능
- 개화기 : 화분의 수정능력 상실, 불임

5) **등숙기**

① 등숙기의 경우 등숙 초기의 피해가 크다.

② 피해양상

- 배유의 발달이 저해된다.
- 입중(낟알 1립의 무게)이 가벼워진다.(충실하게 여물지 못하기 때문)
- 청치(청미)가 많이 발생한다.

  ※ **청치** : 현미의 상태가 푸른 색깔을 띄는 낟알이며 쌀로 도정했을 때 완전립 쌀이 되지 않는다.

- 수량이 감소하며 쌀의 품질이 떨어진다.

기출확인문제

Q1 벼에서 냉해에 의하여 발생이 많아지는 병해는?

① 도열병 ② 잎집무늬마름병
③ 흰잎마름병 ④ 줄무늬잎마름병

| 해설 | 냉해는 생육적온보다 낮은 온도에 처했을 때 발생하는 것으로 벼에서는 냉해로 인해 도열병이 발생하기 쉽다.

정답 ①

10 한해(寒害. 동해)

한해(寒害)는 겨울을 나는 작물(월동작물)이 겨울철의 지나친 추위로 받는 피해를 총칭하는 것을 말하며 동상해(작물체가 결빙), 상주해(서릿발 피해), 건조해와 습해를 모두 포함한다.

1) 동상해와 상주해의 예방 대책

① 퇴비의 시용량을 높인다.

② 객토하여 준다.

③ 배수하여 생육을 건실하게 한다.

④ 칼리 비료 시용량을 높인다.

⑤ 맥류의 경우 이랑을 세워 뿌림골을 얕게 한다.

⑥ 맥류의 경우 줄뿌림을 넓게 하면 서릿발 피해(상주해)를 경감한다.

⑦ 발로 밟거나 진압(로울러로 눌러줌) : 상주해 피해 경감

2) 한해(寒害. 동해)의 응급 대책(★★★)

① **관개법** : **저녁에 관개**(물을 공급)해 준다. (물이 가진 열을 토양에 공급 효과)

② **송풍법** : 송풍을 하면 기온역전을 막아 작물 부근의 온도를 높일 수 있다.

③ **피복법** : 보온덮개 등으로 작물체를 피복한다. (보온효과)

④ **발연법** : 연기를 피운다. (서리피해 경감)

⑤ **연소법** : 불을 피워 열을 발생(보온효과)

⑥ **살수결빙법** : 작물체를 분무기로 물을 뿌려준다(물을 살수해 주면 작물체 표면의 물이 얼면서 잠열이 발생(1g당 약 80cal)하기 때문에 생육한계 이하의 온도하강을 막을 수 있어 피해를 경감할 수 있다).

3) 작물의 내동성 관계 요인(★★★)

① 작물의 내동성은 영양생장단계가 생식생장단계보다 더 강하다.

② 포복성 식물이 강하다.

③ 생장점이 땅속에 깊이 있는 것이 강하다.

④ 잎 색깔이 진한 것이 강하다.

⑤ **세포 내의 자유수 함량이 많으면** 내동성은 **약하다**(세포 내의 결합수 함량이 많을수록 내동성은 커진다).

⑥ **세포액의 삼투압이 높을수록** 내동성은 커진다.

⑦ **전분 함량이 많을수록** 내동성은 **저하**된다.

⑧ **당분 함량이 많을수록 내동성은 증대**된다.

⑨ **원형질의 친수성콜로이드가 많을수록** 내동성은 커진다.

⑩ 체내 칼슘과 마그네슘 함량이 많을수록 내동성은 커진다.

⑪ **원형질단백질의 −SH가 많은 것**이 내동성이 강하다.

4) 내동성의 계절적 변화

① 월동작물 내동성은 기온이 내려감에 따라 점차 증대되고 다시 기온이 높아짐에 따라 차츰 감소한다.

② 월동작물이 5℃ 이하의 저온에 계속 처하게 되면 내동성이 증가하며 이러한 현상을 경화라고 한다.

③ 경화된 것이라도 다시 반대의 조건을 주면 원래의 상태로 돌아온다. 이러한 현상을 경화상실이라고 한다.

④ **휴면이 깊은 상태**일수록 내동성은 크다.

Q1 작물의 내동성에 관한 설명이 바른 것은?

① 세포액의 삼투압이 높으면 내동성이 증대한다.
② 원형질의 친수성콜로이드가 적으면 내동성이 커진다.
③ 전분 함량이 많으면 내동성이 커진다.
④ 조직 즙의 광에 대한 굴절률이 커지면 내동성이 저하된다.

| 해설 | 세포액의 삼투압이 높으면 내동성이 증대한다.

정답 ①

기출확인문제

Q2 작물의 내동성에 대한 설명으로 옳은 것은?

① 지방 함량이 높으면 내동성이 낮아진다.
② 당분 함량이 많으면 내동성이 증대된다.
③ 원형질의 수분투과성이 크면 내동성이 낮아진다.
④ 세포의 수분 함량이 높아서 자유수가 많아지면 내동성이 증대된다.

| 해설 | 당분 함량이 많으면 작물의 내동성이 증대된다.

정답 ②

Q3 다음에서 설명하는 내용은?

> 저온에 의하여 작물의 조직 내에 결빙이 생겨서 받는 피해이다.

① 냉해 ② 습해
③ 동해 ④ 수해

| 해설 | • 냉해는 당해 작물의 생육적온보다 낮은 온도에 처했을 때 받는 피해를 말한다.

정답 ①

Q4 작물의 동상해 대책이 아닌 것은?

① 배수하여 생육을 건실하게 한다.
② 칼리 비료 시용량을 높인다.
③ 퇴비 시용량을 높인다.
④ 맥류의 경우 이랑을 세워 뿌림골을 얕게 한다.

| 해설 | 맥류의 경우 이랑을 세워 뿌림골을 높게 한다.

정답 ④

Ⅵ 광과 작물의 생리

1 굴광현상

① 식물의 한쪽에 광을 조사하면 조사한 쪽으로 식물체가 구부러지는 현상으로 조사된 쪽의 **옥신 농도가 낮아지고 반대쪽은 높아진다.(★)**

② **굴광성에 가장 유효한 광과 파장(★★)** : 4,400(440nm)~4,800Å (480nm) **청색광(★)**이 **가장 유효**하다.

※ 1nm = 10^{-10}m

1Å=10^{-9}m

∴ 100nm=1,000Å

기출확인문제

Q1 다음 중 굴광현상에 가장 유효한 광은?

① 자색광 ② 자외선
③ 녹색광 ④ 청색광

| 해설 | 굴광현상에 가장 유효한 파장은 440~480nm의 청색광이다.

정답 ④

2 착색·신장·개화

① **빛** : 굴광현상, 착색, 줄기의 신장 및 개화에 영향을 미친다.

② **착색에 관여하는 안토시안** : 저온, 단파장의 자외선 또는 자외선, 자색광에 의해 생성이 증대된다.(볕에 잘 쬐면 착색 증대)

③ **엽록소 형성**(★★★)에 유효한 광과 파장 : 4,300(430nm)~4,700Å (470nm)의 청색광, 6,200~6,700Å의 적색광

④ 광의 조사가 좋으면 줄기의 신장 및 화성·개화가 증대된다.(광합성이 증가하여 탄수화물의 축적이 많아져 C/N율이 높아지기 때문)

기출확인문제

Q1 딸기나 들깻잎에 장일 조건을 부여하기 위해 사용되는 LED등은 무슨 색 광인가?

① 적색광 ② 자색광
③ 청색광 ④ 녹색광

| 해설 | 일장효과에 가장 큰 효과를 가지는 광은 600~680nm의 적색광이며, 그다음으로 자색광(400nm)이다.

정답 ①

기출확인문제

Q2 광합성에 가장 효과적인 광은?

① 녹색광 ② 황색광
③ 적색광 ④ 주황색광

| 해설 | 광합성 효과 : 적색광 〉 청색광
※ 녹색, 황색, 주황색은 효과 적음

정답 ③

3 C_3식물과 C_4식물의 특성(★★★)

① C_4식물은 C_3식물보다 강한 광조건에서 광합성 효율이 높다.

② C_4식물은 엽록유관속초 세포가 발달되어 있지만, C_3식물은 발달되어 있지 않다.

③ C_4식물은 C_3식물보다 CO_2를 고정하기 위한 많은 에너지가 필요하다.

④ C_4식물은 고온건조 및 습한 곳에 적응되어 있고, C_3식물은 저온다습 및 고온 다습조건에 적응되어 있다.

특성	C_3식물	C_4식물	CAM식물
CO_2고정계	칼빈회로	C_4회로+칼빈회로	C_4회로+칼빈회로
잎 조직 구조	엽육세포	유관속초 세포	유관속초가 발달하지 않음
광합성 능력 ($mgCO_2$.㎠)	15~40	35~80	1~4
내건성	약함	강함	매우 강함
해당 작물	벼, 보리, 밀, 담배	옥수수, 수수, 수단그라스, 사탕수수, 기장, 진주조, 버뮤다그라스, 명아주	파인애플 등

기출확인문제

Q1 다음 C_3 및 C_4식물의 대사특성 비교 중 틀린 것은?

① C_3 나트륨 : 불필요, C_4 : 필요
② C_3 광호흡 : 아주 낮음, C_4 광호흡 : 높음
③ C_3 광합성 최적온도 : 15~25도, C_4 광합성 최적온도 : 30~45도
④ C_3 잎구조 : 엽록체가 풍부한 엽육 세포, C_4 잎구조 : 엽록체를 가지며 잘 발달된 유관속초 세포

| 해설 | • C_3 광호흡 : 아주 높다.
• C_4 광호흡 : 아주 낮다.

정답 ②

Q2 다음 중 C_3작물에 해당하는 것은?

① 밀 ② 수수
③ 기장 ④ 명아주

| 해설 | **C_3작물의 종류 : 밀, 보리, 벼, 담배**
• C_4작물 : 수수, 기장, 명아주, 옥수수, 수단그라스, 사탕수수, 기장

정답 ①

4 광합성과 태양에너지 이용

• 태양에너지는 47%만이 지표에 도달되며, 그중 2~4%를 작물이 이용한다.
• 지구상의 광합성량을 100%로 볼 때, 해양식물이 90%, 육지식물이 10%를 차지하며, 경작작물로 볼 때는 전체의 2.5%에 불과하다.

5 광보상점

1) 광보상점

• 광도를 높이면 광합성의 속도가 점점 증가하는데, 어느 정도 낮은 조사광량에서는 진정광합성속도와 호흡속도가 같아서 **외견상 광합성속도가 0이 되는 조사 광량을 광보상점(★)**이라고 한다.
• 진정광합성 : 호흡을 무시한 상태에서의 광합성
• 외견상 광합성 : 호흡으로 소모된 유기물을 빼고 외견으로 나타난 광합성

2) 광보상점과 생리작용

① CO_2 방출속도와 흡수속도가 같다.
② 식물은 광보상점 이상의 광을 받아야 지속적인 생장이 가능하다.
③ 음생식물은 광보상점이 낮다. 그늘에 잘 적응한다. 강한 광을 받으면 오히려 해롭다.

6 광포화점

1) 광포화점

광의 조도가 광포화점을 넘어 증가하면 광합성의 속도가 증가하다가 어느 한계점에 이르렀을 때는 더 이상 광합성이 증가하지 않는 때의 조도를 광포화점(★)이라고 한다.

2) 고립상태에서의 광포화점(★★)

① 광포화점은 온도와 이산화탄소의 농도에 따라 변화한다.

② 고립상태의 광포화점은 전광의 30~60% 범위에 있고, 군락상태의 광포화점은 고립상태보다 낮다.

③ 생육적온까지는 온도가 높을수록 광합성 속도는 높아지지만, 광포화점은 낮아진다.(★)

④ 온난지보다 한랭지에서 더 강한 일사량이 필요하다.

⑤ 이산화탄소포화점까지 대기 중의 이산화탄소 농도가 높을수록 광합성 속도와 광포화점은 높아진다.

⑥ 대기 중의 이산화탄소의 농도를 약 4배로 증가시키면 광포화점은 거의 전광의 조도에 가깝다.

⑦ 작물의 재식 밀도가 증가하면 광포화점은 증가한다. 결국 수광태세가 좋을수록 광포화점은 낮아진다.

⑧ **벼의 광포화(★) : 영양생장기 50~60Klux, 수잉기 60~70Klux**

Ⅶ 포장에서의 광합성

1 포장동화능력

1) 포장동화능력

- 포장이란 작물이 재배되고 있는 논이나 밭을 말한다.
- 포장상태에서 단위면적당 동화능력을 **포장동화능력**이라고 한다.

2) **포장동화능력** : $P = A \cdot f \cdot P_0$

※ P(포장동화능력), A(총엽면적), f(수광능률), P_0(평균동화능력)

기출확인문제

Q1 다음 중 포장동화능력의 식으로 옳은 것은?

① 총엽면적×(수광능률+평균동화능력)
② 총엽면적×수광능률÷평균동화능력
③ 총엽면적×수광능률×평균동화능력
④ 총엽면적÷수광능률×평균동화능력

| 해설 | 포장동화능력은 단위면적당 동화능력(광합성능력)을 말하며 '총엽면적×수광능률×평균동화능력'으로 산출한다.

정답 ③

2 최적엽면적(LAI)

1) 최적엽면적

군락상태에 건물 생산을 최대로 할 수 있는 엽면적을 **최적엽면적**이라고 한다.

2) 최적엽면적과 생산성과의 관계

① 최적엽면적은 **일사량**과 **군락의 수광태세**에 따라 **크게 변화**한다.

② 최적엽면적이 크면 군락의 건물 생산량을 증대시켜 수량이 증대된다.

③ 최적엽면적에 도달한 후에는 엽면적의 증대보다는 **단위동화 능력**이 커지도록 하여야 한다.

3 군락의 수광태세

1) 군락의 최적엽면적지수

군락의 수광태세가 좋아야 커진다. 결국 광투과율이 좋으면 최적 엽면적 지수가 좋아진다.

2) 군락의 수광태세의 개선

① **초형**과 **엽군 구성**이 좋아야 한다

② **재배법도 개선**하여야 한다.

- 벼의 경우 **규산, 칼리**를 충분히 시용한다. 무효분얼기에 질소질 비료의 시비를 적게 한다.
- 벼, 콩을 밀식할 경우 줄 사이를 넓히고 포기 사이를 좁힌다.
- 맥류 : 광파보다 **드릴파재배**를 한다.

3) 수광태세가 좋은 초형

① 벼

- 잎이 두껍지 않고 약간 가는 것
- 상위엽이 직립한 것
- 키가 너무 크거나 작지 않은 것
- 분얼이 개산형
- 잎이 균일하게 분포하는 것

② 옥수수

- 하위엽이 수평인 것
- 수이삭이 작고 잎혀가 없는 것
- 암이삭은 1개보다 2개인 것

③ 콩

- 가지를 적게 치고 짧은 것
- 꼬투리가 주경에 많이 달리고 아래까지 착생한 것
- 잎줄기가 짧고 일어선 것
- 잎은 작고 가는 것

기출확인문제

Q1 수광태세가 좋아지는 벼의 초형으로 틀린 것은?

① 잎이 넓을수록 좋아진다.
② 상위엽이 직립한다.
③ 분얼이 조금 계산형인 것이 좋다.
④ 키가 너무 크거나 작지 않다.

| 해설 | 잎이 약간 좁은 것이 수광태세가 좋다.

정답 ①

4 벼의 생육시기별 소모도장효과

1) 소모도장효과

일조의 건물생산효과에 대한 온도의 호흡 촉진 효과의 비율을 말한다.

2) 소모도장효과와 생육과의 관계

① **소모도장 효과가 크면** 웃자란다.(광합성에 의한 유기적 생산보다 호흡에 의한 소모가 커지기 때문)

② **등숙기간** 중 우리나라 소모도장효과는 작다. 따라서 등숙에 유리하다.

③ 그러나 **유수형성기(★)**에 우리나라 소모도장 효과는 **최대**이다.

㉠ 따라서 유효경 비율이 낮다.

㉡ 지경과 영화의 퇴화가 많다.

㉢ 단위 면적당 영화수가 적다.

㉣ 저장 탄수화물 축적이 적다.

5 일사(日射)와 작물의 재배조건

1) 광포화점이 높은 작물

① **종류 : 벼, 목화**, 조, 기장, **알팔파**

② 광포화점이 높은 작물의 특징

- 고온 적응성이 높다.
- 가뭄에도 강하다.
- 맑은 날이 지속하여야 수량성이 높아진다.

2) 광포화점이 낮은 작물

① **해당작물 : 강낭콩, 딸기, 목초, 감자**, 당근, 비트

② 광포화점이 낮은 작물의 특징 : 흐린 날이 상당기간 있는 것이 생육과 수량성이 높다.

3) **초생재배** : 과수원 내에 목초작물 등을 재배하여 잡초방제 효과를 기대하는 재배방식으로 **내음성이 강한 작물**이 좋다.

4) 이랑의 방향과 수광량

① 동서이랑보다 남북이랑이 수광량이 많다.

② 건조가 심한 경우 남북이랑보다 동서이랑이 유리하다.

③ 봄감자의 경우 동서이랑이 유리하며 북쪽에 바짝 심어야 수광량이 좋다.

④ 가을감자의 동서이랑의 경우 남쪽방향으로 바짝 심어야 여름철 고온을 피할 수 있다.

5) 보온자재와 투광률

시설 자재의 경우 투광률은 **유리, 플라스틱필름(★)**이 가장 좋다.

Ⅷ 상적발육과 환경

1 상적발육

작물(식물)은 발육이 완성되기까지 순차적으로 몇 가지 발육상을 거치는데, 이러한 현상을 상적발육이라 한다. 즉 발아단계→영양생장단계→화성→개화→결실 등과 같은 순차적인 과정을 거쳐 발육이 완성되는 양상을 말한다.

2 발육상

작물 생육에 있어서 아생(싹이 틈), 화성, 개화, 결실 등과 같은 작물의 단계적 양상을 말한다.

3 화성

영양생장에서 생식생장으로의 이행을 말한다.

4 리센코(Lysenko)의 상적발육설(★★)

① 1개의 작물체나 식물체가 개개의 발육상을 완료하는 데는 서로 다른 환경조건이 필요하다.

② 개개의 발육단계 또는 발육상은 서로 접속하여 발생하고 있으며, 앞의 발육상이 완료되지 못하면 다음 발육상으로 이행할 수 없다. 즉 영양생장은 발아 과정을 거쳐야 이행되며 화성 및 개화는 영양생장 단계를 거쳐야 한다.

③ 일년생 종자식물의 전 발육과정은 개개의 단계에 의해서 성립한다.

④ 생장은 작물의 여러 기관의 양적 증가를 의미하며, 발육은 작물체 내의 순차적인 질적 재조정 작용을 의미한다.

IX 화성의 유인(유도)

1 화성유도(화성유인) 주요 요인

① C/N율 ② 옥신, 지베렐린 등 식물호르몬

③ 일장(광조건) ④ 온도

2 C/N율설

① **C/N율(탄질률)** : 식물체 내의 **탄수화물(C)과 질소(N)의 비율로 개화에 있어** C/N율이 높아야 한다.(**탄수화물의 비율이 질소의 비율보다 높아야 함★★★**)

② **C/N율설의 주요 골자** : C/N율이 식물의 화성 및 결실을 지배한다는 것이다.

- 고구마순을 나팔꽃 대목에 접목 : 개화 · 결실이 조장
- 과수에서 환상박피 · 각절 목적 : 개화 촉진(C/N율을 높여 줌)

기출확인문제

Q1 나팔꽃 대목에 고구마 순을 접목하여 개화를 유도하는 이론적 근거는?

① 접목효과 ② G-D균형

③ T/R율 ④ C/N율

정답 ④

X 일장효과

1 일장효과(광주기효과)

일장효과란 일장이 식물의 개화 및 화아분화 및 발육에 영향을 미치는 현상을 말하며 **광주기효과**라고도 한다.

① 일장효과의 발견 : 가너(Garner)와 앨러드(Allard, 1920)에 의해 발견된다.

② 유도일장 : 식물의 화성을 유도할 수 있는 일장

③ 비유도일장 : 개화를 유도하지 못하는 일장

④ 한계일장 : 유도일장과 비유도일장의 경계가 되는 일장

⑤ 일장효과는 낮 길이(명기)보다 밤의 길이(명기)가 식물의 계절적 행동을 결정하며, 이러한 식물의 행동 특성을 피토크롬(★ phytochrome)이라 한다.

※ **피토크롬**(phytochrome ★★★) : **빛**을 **흡수**하는 **색소단백질**

기출확인문제

Q1 식물의 상적발육에 관여하는 식물체의 색소는?

① 엽록소(chlorophyll)
② 피토크롬(phytochrome)
③ 안토시아닌(anthocyanin)
④ 카로테노이드(carotenoid)

정답 ②

2 일장효과에 영향을 미치는 조건(★★★)

① **광질**

- 일장효과에 **가장 큰 효과**를 가지는 광은 **600~680㎚의 적색광(★)이며,** 다음으로 **자색광(400㎚)**이고, 그다음이 **청색광(480㎚)순이다.**
- 일장효과 : 적색광 〉 자색광 〉 청색광

② **광의 강도** : **광도가 증가**할수록 일장효과가 커진다.

③ **온도** : **일장효과가 발현**되기 위해서는 어느 한계의 **온도**가 필요하다.

④ **처리일 수** : 나팔꽃, 도꼬마리는 처리일 수에 민감한 단일식물이다.

⑤ **발육단계** : 어느 정도 발육단계를 거쳐야 일장에 감응한다.

⑥ **연속암기** : 단일식물은 개화유도에 일정한 시간 이상의 **연속암기가 절대로 필요**하다.

⑦ **야간조파**(★ night break, 광 중단) : 단일식물의 연속암기 도중에 광을 조사하여 암기를 요구도 이하로 중단하면 암기의 총합계가 아무리 길다고 해도 단일효과가 발생하지 않는데, 이러한 것을 야간조파라고 한다.

⑧ **질소**

- 장일성 식물 : 질소가 부족한 경우에 개화가 촉진된다.
- 단일성 식물 : 질소가 충분한 경우 단일효과(개화 촉진)가 잘 나타난다.

3 일장효과의 기구

① **일장처리에 감응하는 부위**(★★★) : **잎**

- 나팔꽃의 경우는 **완전히 전개한** 자엽(★)이다.
- 춘화처리의 감응부위(★★★)는 생장점(★)이다.

② **일장효과에 관여하는 물질**(★★★) : 플로리겐 또는 개화호르몬

③ **일장처리에 의한 자극의 전달** : 잎에서 생성하여 줄기의 체관부 또는 피층을 통해 화아가 형성 되는 정단분열조직(줄기나 가지 꼭대기에 있는 생장점)으로 이동한다.

④ **화학물질과 일장효과**(★★★)

- **장일성 식물** : 옥신에 의해 화성이 촉진된다.
- **단일성 식물** : **옥신**에 의해 화성이 억제되는 경향이 있다.

4 작물의 일장형

① 단일성 식물

- 단일조건(보통 8~10시간)에서 화성이 유도되고 촉진된다.
- 만생종 벼, 콩, 들깨, 담배, 샐비어, 나팔꽃, 옥수수, 호박, 오이, 목화 등
- **호박**은 품종에 따라 일장형이 다르다.(동양계 : 단일, 서양계 장일)
- 단일성 식물들은 일장이 짧아지는 조건에서 개화하는 식물들이며 주로 재배적 기원 원산지가 사계절이 뚜렷한 지역이다.

② 장일성 식물

- 장일상태(보통 16~18시간)에서 개화가 유도되고 촉진되는 식물이다.
- 추파맥류(가을에 파종하는 맥류), 완두, 시금치, 상추, 감자, 티모시, 박하, 아주까리, 시금치, 양딸기, 북방형 목초, 해바라기, 양귀비 등

③ 중성식물(중일성식물. 중간식물)

- 한계일장과 관계없이 온도조건만 맞으면 개화하는 식물이다.
- 고추, 가지, 토마토, 강낭콩, 당근, 셀러리 등

④ 정일식물

- 좁은 범위의 일장에서만 화성이 유도되고 촉진되며 2개의 한계일장이 있다.
- 사탕수수

⑤ **장단일식물**

- 처음은 장일조건, 나중에 단일조건이 되면 화성이 유도되는 식물이다.
- 늦여름과 가을에 개화(야래향, 브리오필룸, 칼랑코에)

⑥ **단장일식물**

- 처음은 단일조건, 나중에 장일조건에 화성이 유도되는 식물이다.
- 초봄에 개화한다. 토끼풀, 초롱꽃, 에케베리아

기출확인문제

Q1 다음 중 단일식물로만 나열된 것은?

① 도꼬마리, 콩　　② 양귀비, 시금치
③ 아마, 상추　　④ 양파, 티머시

| 해설 | 도꼬마리, 콩, 들깨 등은 단일식물이다.

정답 ①

Q2 중간식물은 어떤 일장형의 식물인가?

① 화성이 일장의 영향을 받지 않는다.
② 어떤 좁은 범위의 특정한 일장에서만 화성이 유도된다.
③ 초기 장일이었다가 후기에 단일상태로 되어야 화성이 유도된다.
④ 일정한 한계일장이 없고 대단히 넓은 범위의 일장에서 화성이 유도된다.

| 해설 | 중간식물은 일정한 한계일장이 없고 대단히 넓은 범위의 일장에서 화성이 유도된다.

정답 ④

5 개화 이외의 일장효과

① **수목의 휴면** : 온도가 15~21℃에서는 일장과 관계없이 수목이 휴면한다.

② **등숙 · 결협** : 콩이나 땅콩의 경우 단일조건에서 등숙 · 결협이 조장된다.

③ **영양번식기관의 발육**

- 단일에서 고구마의 덩이뿌리(덩이뿌리), 감자의 덩이줄기(덩이줄기), 다알리아의 알뿌리 등이 비대한다.
- 장일에서 양파의 비늘줄기는 발육이 조장된다.

④ **영양생장**

- 단일식물이 장일에 놓일 때는 거대형이 된다.
- 장일식물이 단일에 놓일 때 근출엽형 식물이 된다.

⑤ **성의 표현**

- 모시풀 : 8시간 이하의 단일에서는 자성(雌性. 암컷), 14시간 이상의 장일에서는 웅성(雄性. 수컷)이 된다.
- 박과채소 : 고온장일 조건에서 수꽃이 많이 피고, 저온단일 조건에서 암꽃이 많이 핀다.

6 일장효과의 농업적 이용(★★★)

① **재배상의 이용**

- 단일성인 가을국화의 경우 단일처리로 개화를 촉진하고 장일처리로 개화를 억제하여 주년 생산이 가능하다.
- 단일성식물인 들깨를 깻잎 생산 목적으로 재배하는 경우 단일조건이 되면 개화를 하기 때문에 영양생장을 멈춰 버린다. 따라서 장일처리(전조재배 : 시설 내 야간에 조명)로 장일조건을 조성하여 개화를 억제하여 깻잎 수확을 증대할 수 있다.

② **육종상의 이용** : 고구마를 나팔꽃에 접목하여 재배한 후 8~10시간의 단일처리를 하면 개화가 유도되어 교배육종이 가능하다.

③ **성전환에 이용** : 삼은 단일에 의해 성전환이 되므로 이를 이용해 암그루만을 생산할 수 있다.

④ **수량 증대**

- 단일성인 들깨의 경우 깻잎 생산을 목적으로 하는 경우 장일처리로 개화를 억제하여 깻잎 수확을 증대할 수 있다.
- 장일성 식물인 북방형 목초의 경우 야간조파를 통해 일장효과를 기대하여 절간신장을 도모할 수 있다.

※ 야간조파 : 단일식물의 연속암기 도중에 광을 조사하여 암기를 요구도 이하로 중단하면 암기의 총합계가 아무리 길다고 해도 일장효과가 발생하지 않는 것을 말한다.

XI 춘화처리(버날리제이션)

1 춘화

① **좁은 의미** : 동계작물의 화아(꽃눈)유도를 위하여 종자를 흡수 시킨 다음 저온에서 발아시키는 것(춘화처리)

② **넓은 의미** : 동계작물이 저온에 접하여야만 화아(꽃눈)가 유도되는 것

- 호맥(호밀)의 경우 저온에 접하여야만 화아가 유도된다.
- 사탕무, 당근은 **여름에 영양생장**을 하고 **겨울동안 저온에 춘화(저온)**가 되어야만 개화한다.
- 토마토의 경우 **밤의 저온, 낮의 고온**에 접하여야만 화아가 유도된다.

③ **온도유도** : 식물들에 있어서 생육의 일정한 시기에 일정한 온도에 처하여 개화를 유도하는 것이다.

2 춘화의 종류

① **종자춘화형식물** : 종자가 수분을 흡수하여 발아의 생리적인 준비를 갖추고 배가 움직이기 시작하는 시기부터 녹체기 때까지 언제 어느 시기이든지 저온에 감응하면 적당한 시기에 개화하는 식물

- 해당식물 : 추파맥류(가을에 파종하는 맥류), 완두, 봄무, 잠두 등

② **녹식물춘화형식물(★★★)**

종자의 발아기 때는 별 영향을 받지 않다가 식물체가 어느 정도 자란 상태, 즉 녹식물상태가 되어 저온에 감응하면 개화하는 식물

- 해당식물(★) : 양배추, 양파, 당근, 히요스

기출확인문제

Q1 종자춘화형 식물이 아닌 것은?

① 완두　　② 추파맥류
③ 봄무　　④ 양배추

| 해설 | **녹식물춘화형 식물** : 양배추, 양파, 당근

정답 ④

기출확인문제

Q2 다음 중 녹체춘화형 식물은?

① 추파맥류 ② 잠두
③ 완두 ④ 양배추

| 해설 | 녹체춘화형(녹식물춘화형) 작물 : 양배추, 양파, 당근, 히요스

정답 ④

3 춘화처리에 관여하는 조건

① **건조** : 고온과 건조는 저온처리의 효과를 경감 또는 소멸시킨다.

② **광선** : 온도를 유지하고 건조를 방지하기 위하여 암중에 보관하는 것이 좋다.

③ **산소** : 산소가 부족하여 호흡이 불량하면 춘화처리의 효과가 지연되거나(저온) 발생하지 못한다.

④ **처리온도와 기간** : 일반적으로 겨울작물은 저온, 여름작물은 고온이 효과적이다.

⑤ **최아(싹틔우기)** : 최아종자는 처리기간이 길어지면 부패하거나 유근 이 도장될 우려가 있다.

※ 춘화의 감응부위 : 생장점(★)

4 이춘화와 재춘화

① **이춘화(離春花)** : 저온춘화처리를 실시한 직후에 35℃의 고온에 처리하면 춘화처리효과가 상실된다.

② **재춘화** : 이춘화 후에 저온춘화처리를 하면 다시 춘화처리가 되는 것을 말한다.

5 춘화처리의 농업적 이용(★★★)

① **수량 증대** : 벼의 경우 최아종자를 9~10℃에 35일간 보관하였다가 파종하여 재배함으로써 불량환경에 대한 적응성이 높아져 증수가 가능하다.

② **대파** : 추파맥류가 동사하였을 때 춘화처리하여 봄에 대파할 수 있다.

③ **촉성재배** : 딸기의 경우 여름에 춘화처리하여 겨울철에 출하할 수 있는 촉성 재배 딸기를 생산할 수 있다.

※ 촉성재배 : 보통의 경우보다 일찍 수확 하는 재배법

④ **채종** : 월동채소 등에서는 춘화처리하여 춘파해도 추대·결실하므로 채종에 이용될 수 있다.

⑤ **육종에의 이용** : 맥류에서는 춘화처리하여 파종하고 보온과 장일조건을 줌으로써 1년에 2세대를 재배할 수 있어 육종연한을 단축할 수 있다.

⑥ **종 또는 품종의 감정** : 라이그라스의 경우 종자를 춘화처리를 한 다음 발아율을 보고 종 또는 품종을 구분할 수 있다.

⑦ **재배법의 개선** : 추파성이 높은 품종은 조파해도 안전하며 추파성 정도가 낮은 품종은 조파하면 동사의 위험성이 있어 만파하는 것이 안전하여 재배법 개선에 응용되고 있다.

기출확인문제

Q1 춘화처리(Vernalization)에 대한 설명으로 옳은 것은?

① 일정 기간 인위적인 저온을 주어 화성을 유도하는 것
② 봄에 꽃이 피도록 고온 처리하는 것
③ 월동작물을 겨울에 일장 처리하는 것
④ 식물이 잘 자랄 수 있도록 온도와 일장을 처리하는 것

| 해설 | 춘화처리란 일정 기간 인위적인 저온을 주어 화성을 유도하는 것을 말한다. 추파맥류 등 월동 작물의 춘파재배에 필요하다.

정답 ①

Q2 버널리제이션의 농업적 이용으로 볼 수 없는 것은?

① 감광형 벼의 조기재배
② 딸기의 촉성재배
③ 맥류 육종의 세대 단축
④ 추파맥류의 대파

| 해설 | 감광형 벼의 조기재배는 거리가 멀다.

정답 ①

XII 작물의 기상생태형

1 작물의 기상생태형의 분류

① **감광형**(bLt형)

- 기본영양생장기간이 짧고 감온성은 낮다.
- 감광성만이 커서 생육기간이 감광성에 지배되는 형태의 품종이다.

② **감온형**(blT형)
- 기본영양생장성과 감광성이 작다.
- 감온성만이 커서 생육기간이 감온성에 지배되는 형태의 품종이다.

③ **기본영양생장형**(Blt형) : 기본영양생장성이 크고 감온성·감광성이 작아서 생육기간이 주로 기본 영양생장성에 지배되는 형태의 품종이다.

④ **blt형** : 어떤 환경에서도 생육기간이 짧은 형의 품종이다.

2 기상생태형의 지리적 분포

① **중위도지대**
- 위도가 높은 북쪽에서는 감온형이 재배된다.
- 위도가 낮은 남쪽에서는 감광형이 재배된다.(예 일본과 우리나라)

② **고위도지대**
- 여름의 고온기에 일찍 감응되어 출수·개화하여 서리가 오기 전에 성숙할 수 있는 감온성이 큰 감온형(blT형)이 재배된다.
- 일본의 홋카이도, 만주, 몽골 등

③ **저위도지대**
- 기본영양생장성이 크고 감온성·감광성이 작아서 고온단일인 환경에서도 생육기간이 길어 수량이 많은 기본영양생장형(Blt형)이 재배된다.
- 대만, 미얀마, 인도 등

3 기상생태형과 재배적 특성

① 조만성 : blt형과 감온형은 조생종이 된다.

② 묘대일수 감응도 : 감온형은 높고, 감광형, 기본영양생장형은 낮다.

③ 만파만식(늦게 파종 또는 늦게 식재) : 출수기지연은 기본영양생장형과 감온형이 크고, 감광형은 작다.

④ 만식적응성 : 감광형은 만식(늦게 식재)을 해도 출수의 지연도가 적다.

4 우리나라 작물의 기상생태형

① 감온형 품종은 조생종이고, 감광형 품종은 만생종이다.(★)

작물	감온형(blT형)	감광형(bLt형)
벼	조생종	만생종
콩	올콩	그루콩
조	봄조	그루조
메밀	여름메밀	가을메밀

② 우리나라는 북부 쪽으로 갈수록 감온형인 조생종, 남쪽으로 갈수록 감광성이 큰 만생종이 재배된다.(★)

③ 감온형은 조기파종으로 조기수확하고, 감광형은 윤작관계상 늦게 파종한다.

기출확인문제

Q1 작물의 기상생태형과 재배적 특성에 관한 설명이 잘못된 것은?

① 조기수확을 목적으로 조파조식을 할 때는 감온형이 알맞다.
② 만식적응성은 감광형이 감온형보다 크다.
③ 묘대일수감응도는 감온형이 감광형보다 낮다.
④ 출수, 성숙을 앞당기지 않고 파종, 모내기를 앞당겨서 생육기간을 연장시켜 증수를 꾀하려고 할 때는 감광형이 가장 알맞다.

| 해설 | 묘대일수감응도는 감온형이 높고 감광형과 기본영양생장형이 낮다.

정답 ③

Q2 다음 중 벼 품종의 만식적응성과 관계가 가장 적은 기상생태적 특성은?

① 묘대일수감응도 ② 감온성
③ 감광성 ④ 내건성

| 해설 | 내건성과 기상생태적 특성과는 거리가 멀다.

정답 ④

CHAPTER

4 재배기술

I 작부체계

1 연작과 기지

① **연작** : 동일 포장에 동일 작물(같은 과에 속하는 작물)을 해마다 반복해서 재배하는 것을 말한다.

② **기지(연작장해)** : 연작(동일 포장에 동일 작물을 계속 재배)을 할 때 작물에 병해가 발생하는 등 생육과 수량성이 크게 떨어지는 현상을 말한다.

2 기지(연작장해)의 원인(★★★)

① 토양비료분의 소모(특정 필수원소의 결핍)

② 염류의 집적

③ 토양물리성의 악화

④ 토양의 이화학적 성질 악화

⑤ 토양전염병 및 선충의 번성

⑥ 상호대립 억제작용 또는 타감작용

⑦ 유독물질 축적

⑧ 잡초의 번성

3 연작과 기지

1) **연작의 해가 적은 작물(★★★)** : 벼, 맥류, 고구마, 조, 옥수수

2) **연작의 해가 큰 작물**

① 아마, 인삼 (★) 〉 수박, 가지, 고추, 완두, 토마토 〉 참외 〉 땅콩 〉 시금치 〉 벼, 맥류

② 과수류 : **복숭아(★)** 〉 감나무 〉 사과, 포도, 자두, 살구

- 1년 휴작을 요하는 작물 : 콩, 시금치, 파, 생강

- 2년 휴작을 요하는 작물 : 감자, 땅콩, 오이, 잠두
- 3년 휴작을 요하는 작물 : 강낭콩, 참외, 토란, 쑥갓
- 5년 휴작을 요하는 작물 : 수박, 가지, 고추, 완두
- 10년 휴작을 요하는 작물(★★★) : 아마, 인삼

4 기지(연작장해)의 대책(★★★)

① 토양소독 ② 유독물질의 제거

③ 저항성 품종 및 대목의 이용

④ 객토(새로운 흙을 넣어줌) 및 환토(심토의 흙을 경작층으로 옮겨줌)

⑤ 담수처리 ⑥ 합리적 시비 ⑦ 윤작

⑧ 답전윤환(**논상태, 밭상태를 2~3년 주기로 돌려가며 재배)**

기출확인문제

Q1 작물의 기지 정도에서 1년 휴작이 필요한 작물로만 나열된 것은?

① 가지, 완두 ② 토란, 고추
③ 시금치, 콩 ④ 아마, 인삼

| 해설 | **휴작이 필요한 작물**

- 1년 휴작을 요하는 작물 : 시금치, 콩, 파, 생강
- 2년 휴작을 요하는 작물 : 감자, 땅콩, 오이, 잠두
- 3년 휴작을 요하는 작물 : 강낭콩, 참외, 토란, 쑥갓
- 5년 휴작을 요하는 작물 : 수박, 가지, 완두
- 10년 휴작을 요하는 작물(★★★) : 아마, 인삼

정답 ③

Q2 3년 휴작이 필요한 작물은?

① 수수 ② 고구마
③ 담배 ④ 토란

정답 ④

Q3 다음 중 연작의 피해가 상대적으로 가장 작은 것으로만 이루어진 것은?

① 담배, 양파 ② 잠두, 토란
③ 가지 , 토마토 ④ 밀, 우엉

| 해설 | 연작의 해가 적은 작물 : 담배, 양파, 호박, 사탕수수, 벼, 맥류(보리, 밀 등), 옥수수, 고구마, 무, 당근, 아스파라거스, 미나리, 딸기

정답 ①

5 윤작

동일 포장에 동일 작물이나 비슷한 작물(같은 과에 속한작물)을 연이어 재배하지 않고 몇 가지 작물을 순차적으로 조합하여 돌려가며 재배하는 방식을 말한다. 유럽에서 발달하였다.

1) 윤작의 효과

① 지력의 유지 및 증진
② 기지의 회피
③ 병해충 및 잡초의 경감
④ 토지이용도의 향상
⑤ 수량 및 생산성의 증대
⑥ 노력분배의 합리화
⑦ 농업경영의 안정성 증대
⑧ 토양 보호

2) 윤작의 방법

① 순 3포식 농법
포장을 3등분 한 후 2/3는 춘파곡물 또는 추파곡물을 재배하고 1/3은 휴한을 하는 방법이다.

〈경지〉

밀(식량)	보리(식량)	휴한

② 개량 3포식 농법
순 3포식 농법의 휴한지에 클로버(고비)를 재배하는 방법이다.

〈경지〉

밀(식량)	보리(식량)	클로버(녹비)

③ **노포크식 윤작법**(norfolk system of rotation) : 식량작물과 가축사료를 생산하면서 지력을 유지하고 중경효과를 기대하기 위하여 적합한 작물을 조합하는 방법이다.

〈경지〉

밀(식량)	순무(중경)	보리(사료)	클로버(녹비)

3) 윤작작물 선택 시 고려사항

① 사료작물(목초류) 생산을 병행한다.
② 두과작물(콩류, 자운영, 헤어리베치), 화본과(호밀 등) 녹비작물을 재배한다.
③ 중경작물이나 피복작물을 재배한다.
④ 여름작물과 겨울작물을 재배한다.

⑤ 이용성과 수익성이 높은 작물을 재배한다.

⑥ 기지 회피 작물을 재배한다.

기출확인문제

Q1 윤작의 효과로 적합하지 않은 것은?

① 토양보호　② 잡초의 증가
③ 지력의 유지 증진　④ 병해충의 경감

| 해설 | 윤작을 통해 잡초가 감소한다.

정답 ②

6 답전윤환

1) 답전윤환

- 답전윤환은 포장을 2~3년 주기로 논 상태와 밭 상태로 돌려가면서 작물을 재배하는 방식을 말한다.

  예 우리나라 : 벼→콩

2) 답전윤환의 효과(★★)

① 지력 증진　② 잡초의 감소

③ 기지현상(연작장해)의 회피　④ 수량의 증가

⑤ 노력의 절감　⑥ 병충해 피해 감소

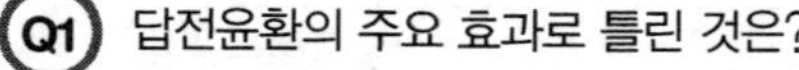

Q1 답전윤환의 주요 효과로 틀린 것은?

① 지력 증강　② 기지의 회피
③ 병충해 증가　④ 잡초의 감소

| 해설 | 답전윤환을 통해 병충해가 감소한다.

정답 ③

7 혼파

1) 혼파

두 종류 이상의 작물 종자를 함께 섞어서 뿌리는 방식이다.

2) 장점

① 가축영양상의 이점
② 입지공간의 합리적 이용
③ 비료성분의 합리적 이용
④ 잡초의 경감
⑤ 생산의 안정성 증대
⑥ 목초 생산의 평준화
⑦ 건초 및 사일리지 제조상의 이점

3) 단점

① 혼파가 가능한 작물의 종류가 제한적이다.
② 병충해 방제가 곤란하다.
③ 채종목적인 경우 작업이 곤란하다.
④ 수확기가 일치하지 않는 한 수확의 제한이 있다.

4) 목야지 혼파를 조성할 때 화본과 목초 8 : 콩과 목초 2 비율이 좋다.

기출확인문제

Q1 혼파하여 목야지를 조성할 때 화본과 목초와 콩과 목초의 가장 알맞은 파종 비율은?

① 화본과 목초 8 : 콩과 목초 2
② 화본과 목초 2 : 콩과 목초 8
③ 화본과 목초 6 : 콩과 목초 4
④ 화본과 목초 4 : 콩과 목초 6

| 해설 | 화본과 목초와 콩과 목초의 혼파 비율 : 8~9 : 1~2

정답 ①

Q2 혼파(混播)의 이점이 아닌 것은?

① 비료성분의 효율적 이용
② 잡초발생의 경감
③ 건초 제조상의 이점
④ 파종작업이 편리

| 해설 | 혼파 시 파종작업이 편리하지는 않다.

정답 ④

8 혼작

1) 혼작

혼작은 생육기가 비슷한 작물을 동시에 같은 포장에 섞어서 재배하는 작부방식이다.

2) 혼작의 장점(★★★)

① 생산의 안정성 확보
② 균형된 영양가치의 사료 생산
③ 입지공간과 양분의 합리적 이용
④ 노력의 절감
⑤ 건초 및 사일리지 제조의 이점
⑥ 비료성분의 합리적 이용

3) 혼작의 단점

① 혼파한 각 작물은 그 특성에 맞게 생육시키는 것이 단일작물의 경우보다 어렵다.
② 병충해 방제가 어렵다.
③ 수확기가 일치하지 않는 한 수확작업의 제한을 받는다.

9 간작

1) 간작

주 작물이 생육하고 있는 이랑 사이 또는 포기 사이에 다른 작물을 재배하는 작부 방식을 말한다. 따라서 생육의 일부 기간만 함께 자란다.

2) 장점

① 토지의 이용 면에서 단작보다 유리하다.
② 노력의 분배조절 용이
③ 비료의 경제적 이용
④ 녹비에 의해서 지력 증대
⑤ 병충해에 대한 보호 역할

3) 단점

① 기계화가 곤란
② 후작의 생육 장해가 심하고 토양수분의 부족으로 발아 저해
③ 후작으로 토양의 비료 부족

기출확인문제

Q1 한 가지 작물이 생육하고 있는 줄 사이에 다른 작물을 재배하는 것을 무엇이라 하는가?

① 간작 ② 교호작
③ 자유작 ④ 주위작

| 해설 | 간작은 한 가지 작물이 생육하고 있는 줄 사이에 다른 작물을 재배하는 것을 말한다.

정답 ①

10 교호작과 주위작

① 주위작
- 포장의 주위에다 포장 내의 작물과는 다른 작물을 재배하는 방법이다.
- 예) 우리나라 논두렁 콩

② 교호작
- 생육기간이 비슷한 두 종류 이상의 작물을 일정한 이랑씩 교호 배열하여 재배하는 방법이다.
- 예) 옥수수 + 콩 또는 수수 + 콩

Ⅱ 종묘

1 종묘의 뜻과 종류

1) 종묘

종자와 모를 합하여 종묘라고 하며 번식에 이용되는 줄기, 잎도 포함된다.

2) 종자의 분류

① 광의적 개념 : 종자에 버섯의 종균도 종자에 포함된다.

② 식물학적 개념 : 유성생식을 통해 수정과정을 거쳐 밑씨가 발육한 것을 말하며 아포믹시스(무수정 생식), 인공종자도 포함된다.

2 종자의 형태에 의한 구분

1) 종자 기관별 유래

① 씨방벽 : 과피 ② 씨방 : 과실

③ 주피 : 종피 ④ 주심 : 내종피

⑤ 밑씨 : 종자

2) 식물학상의 종자

두류(콩, 완두, 강낭콩), 유채, 담배, 목화, 아마, 참깨, 배추, 무, 토마토, 수박, 오이, 고추, 양파

3) 식물학상의 과실

① 과실이 나출된 것 : 밀, 쌀보리, 옥수수, 메밀, 호프, 삼, 차조기, 박하, 제충국, 상추, 우엉, 쑥갓, 미나리, 근대, 비트, 시금치

② 과실이 영에 싸여 있는 것 : 벼, 겉보리, 귀리

③ 과실이 내과피에 싸여 있는 것 : 복숭아, 자두, 앵두

4) 포자 : 버섯, 고사리

5) 영양기관 : 감자, 고구마

6) 배유의 유무에 따른 구분

① 배유종자 : 대부분의 종자

② 무배유종자 : 콩, 팥, 완두 등 콩과작물 종자, 상추, 오이

7) 저장물질에 따른 구분

① 전분종자 : 미곡, 맥류 등

② 지방종자 : 참깨, 들깨 등

기출확인문제

Q1 무배유 종자에 해당하는 것은?

① 벼 ② 밀

③ 피마자 ④ 상추

| 해설 | 무배유 종자의 종류 : 상추, 오이, 콩, 팥, 완두 등

정답 ④

3 종자의 형태에 의한 구분

1) 눈 : 마, 포도

2) 잎 : 베고니아 등

3) 줄기

① 지상경(지상줄기) : 사탕수수, 포도, 사과

② 땅속줄기(지하경) : 생강, 연, 박하, 호프

③ 덩이줄기(괴경) : 감자, 토란, 돼지감자(뚱단지)

④ 알줄기(구경) : 글라디올러스

⑤ 비늘줄기(인경) : 나리, 마늘, 양파

⑥ 흡지 : 박하, 모시풀

4) 뿌리

① 지근 : 닥나무, 고사리, 부추

② 덩이뿌리(괴근) : 다알리아, 고구마, 마

기출확인문제

Q1 감자는 작물체의 어느 부분이 비대해진 것인가?

① 측근 ② 직근
③ 지하줄기 ④ 종자근

| 해설 | • 감자의 작물체는 지하줄기(지하경)가 비대한 것이다.
• 고구마는 뿌리 부분이 비대해진 것이다.

정답 ③

Q2 종묘로 이용되는 영양기관을 분류할 때 지근에 해당하는 것은?

① 글라디올라스 ② 돼지감자
③ 토란 ④ 고사리

| 해설 | • 지근으로 번식 작물 : 고사리, 닥나무, 부추 등
• 글라디올러스 : 알줄기(구경)
• 돼지감자, 토란 : 덩이줄기(괴경)

정답 ④

기출확인문제

Q3 다음 중 덩이줄기(괴경) 식물은?

① 연 ② 마늘
③ 글라디올러스 ④ 토란

| 해설 | 덩이줄기(괴경) 식물 : 토란, 감자, 돼지감자

정답 ④

Q4 다음 중 알줄기에 해당하는 것은?

① 글라디올러스 ② 생강
③ 박하 ④ 호프

| 해설 | 글라디올러스는 알줄기(구경)로 번식한다.

정답 ①

4 종자의 형태와 구조

1) 배유종자(단자엽 식물 종자)

① 배유종자는 배유에 양분을 저장하고 있다.

② 배반 : 배유의 양분을 배축에 전달해 주는 기능을 한다.

③ 배는 2n, 배유는 3n이다.

④ 1개의 자엽(떡잎)을 가지고 있다.

2) 무배유종자(쌍자엽 식물 종자)

① 배유 조직이 퇴화하여 없다.

② 배, 자엽, 종피로 구성되어 있다.

③ 2개의 자엽(떡잎. 2n, 배)을 가지고 있다.

④ 대부분 지상 자엽형 발아를 한다.(잠두, 완두 예외)

5 종자의 품질

1) 외적 조건

순도, 종자의 크기와 중량, 색택 및 냄새, 수분 함량, 건전도

2) 내적 조건

① 유전성 : 우량품종이며 이형종자가 섞이지 않은 종자

② 발아력 : 발아율이 높고 균일하며 초기 신장이 우수한 종자일 것

③ 순활종자 = $\frac{\text{발아율} \times \text{순도}}{100}$

기출확인문제

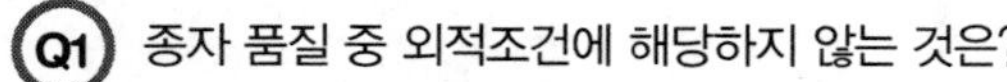

Q1 종자 품질 중 외적조건에 해당하지 않는 것은?

① 순도　② 유전성

③ 수분 함량　④ 종자의 중량

| 해설 | **종자의 품질**

- 내적조건 : 유전성, 발아력
- 외적조건 : 순도, 종자의 크기와 중량, 빛깔 및 냄새, 수분 함량, 건전도(병충해)

정답 ②

6 종자검사

1) 종자검사 항목

① 순도 분석　② 발아검사　③ 수분검사

④ 천립중 검사　⑤ 종자건전도 검사　⑥ 품종검증

2) 형태적 특성에 의한 검사 방법

① 유묘의 특성조사　② 전생육 검사

③ 생화학적 검정　④ 자외선 형광검정

⑤ 페놀검사　⑥ 염색체 수 조사

3) 영상분석법

종자의 특성을 카메라와 컴퓨터를 이용하여 전산화하고 프로그램을 이용하여 분석하는 방법이다.

4) 분자생물학적 검정

전기영동법, 핵산증폭지문법 등의 방법으로 단백질의 조성을 분석하거나 단백질을 만들어 내는 DNA를 추적하여 품종을 구별한다.

5) 종자보증

종자 보증을 받으려면 농식품부장관, 종자관리사로부터 생육기 1회 이상 포장 검사를 받아야 한다.

6) 종자보증 표시 사항

분류번호, 종명, 품종명, 소집단(Lot)번호, 발아율, 이품종률, 유효기간, 수량, 포장일자

Ⅲ 채종재배

1 채종포의 선정

1) 기상조건

① 기온(온도) : 채종지 조건에서 가장 중요한 조건이다.

② 강우

③ 일장

2) 토양조건

① 배수가 양호한 양토

② 토양 병해충의 발생 밀도가 낮아야 한다.

2 채종포의 환경

1) 지역

① 콩은 평야지보다 중산간 지대의 비옥한 곳에서 생산된 콩이 충실하다.

② 감자를 평야지에 재배하면 진딧물이 많이 발생하여 바이러스병에 걸리기 쉽다. 따라서 대관령 같은 고랭지에서 씨감자를 생산한다.

2) 포장

종자생산 포장은 한 지역에서 단일 품종을 집중적으로 재배하여야 혼종의 혼입을 방지할 수 있다.

3 채종포의 관리

1) 토양 수분이 충분하지 않으면 종자 지름의 1~1.5배 깊이로 종자를 심는다.

2) 파종 방법은 조파(줄뿌림, 골뿌림)를 하는 것이 이형주 제거에 이롭다.

3) 콩과작물, 참깨, 들깨, 토마토, 고추, 박과채소 등은 개화기간이 길고 착과 위치에 따라 종자의 숙도가 다르기 때문에 적심(순지르기)을 한다.

4) 작물의 생식생장기에는 수분이 부족하지 않도록 해야 불임이 발생하지 않는다.

5) 무, 배추, 셀러리 등은 붕소를 많이 요구한다.

6) 콩 종자의 칼슘 함량은 발아율과 정상관이 있다.

7) 종자생산 포장에서 이형주는 반드시 제거해 주어야 품종의 순도를 높일 수 있다.

8) 너무 일찍 수확한 경우

채종량이 감소하고 종자의 활력이 떨어지고 너무 늦게 수확하면 기계적인 손실을 받을 수 있다.

① 화곡류 : 황숙기에 수확한다.

② 배추과채소 : 갈숙기에 수확한다.

9) 채소 종자는 수확 후 일정기간 후숙하여야 발아율과 발아속도가 좋아지고 종자의 수명이 연장된다.

4 종자의 수명

① 단명종자(수명이 1~2년)

콩, 땅콩, 강낭콩, 상추, 파, 양파, 고추, 당근, 목화, 옥수수, 팬지, 해바라기, 베고니아. 메밀, 기장

② 상명종자(수명이 3~5년)

배추, 양배추, 시금치, 무, 호박, 우엉, 피튜니아, 시클라멘 등

③ 장명종자(수명이 5년 이상)

오이, 토마토, 가지, 사탕무, 나팔꽃, 접시꽃, 클로버, 알팔파, 백일홍

기출확인문제

Q1 다음 중 단명종자로 나열된 것은?

① 클로버, 사탕무　　② 팬지, 해바라기

③ 비트, 수박　　④ 나팔꽃, 데이지

| 해설 | 단명종자 : 팬지, 해바라기, 베고니아, 고추, 당근, 상추, 파, 양파, 콩, 땅콩, 강낭콩, 목화, 메밀, 기장

정답 ②

기출확인문제

 다음 중 종자의 수명이 가장 긴 것은?

① 메밀　　② 가지

③ 고추　　④ 양파

| 해설 | 장명종자의 종류 : 가지, 녹두, 수박, 오이, 토마토, 나팔꽃, 접시꽃

정답 ②

5 종자의 퇴화

1) 유전적 퇴화

자연교잡, 이형 유전자의 분리, 돌연변이, 이형종자의 기계적 혼입에 의한 퇴화를 말한다.

① 옥수수 : 400m 이상 격리재배

② 호밀 : 250~300m 이상 격리 재배

③ 배추과 작물 : 1,000m 이상 격리 재배

④ 이형주는 출수기~성숙기에 포기째로 제거한다.

2) 생리적 퇴화

종자 생산지의 환경조건, 재배조건, 저장조건이 불량하여 퇴화하는 것을 말한다.

① 감자 : 평야지보다 고랭지가 좋다.

② 벼 : 평야지보다 분지가 좋다.

③ 콩은 서늘 지역의 차지고 수분이 넉넉한 토양에서 생산된 것이 충실하다.

3) 병리적 퇴화

바이러스 등 병 발생에 의한 퇴화를 말한다.

① 감자를 평야지에 재배하면 바이러스병이 발생하여 퇴화한다.

② 병리적 퇴화 예방 : 무병지에 채종, 종자 소독, 이병주 제거, 씨감자 검정 등

4) 저장 중 종자의 퇴화 원인

① 저장 중에 발아력을 상실하는 주원인 : 원형질단백의 응고

② 효소의 활력 저하 및 저장양분의 소모

③ 유해물질의 축적
④ 발아 유도기구의 분해
⑤ 리보솜의 분리 저해
⑥ 효소의 분해와 불활성
⑦ 지질의 자동산화
⑧ 가수분해 효소의 형성과 활성
⑨ 균의 침입
⑩ 기능상 구조변화

5) 퇴화 종자의 증상

① 호흡 감소
② 유리지방산의 증가
③ 발아율 저하
④ 발아율 저하 및 비정상묘 증가
⑤ 발아의 균일성 감소 등

기출확인문제

Q1 종자의 생리적 퇴화에 대한 설명으로 틀린 것은?

① 감자는 평지에서 채종하면 고랭지보다 생육기간이 짧고 기온이 높으므로 충실한 씨감자가 생산되지 못한다.
② 콩은 건조한 토양에서 생산된 것이 차지고 축축한 토양에서 생산된 것보다 충실한 경향이 있다.
③ 벼 종자는 평야지보다 분지에서 생산된 것이 임실이 좋다.
④ 종자는 재배적 조건이 불량하면 생리적으로 퇴화한다.

| 해설 | 콩은 건조한 토양에서 생산된 것이 차지고 축축한 토양에서 생산된 것보다 충실하지 못한 경향이 있다.

정답 ②

Ⅳ 선종·종자 소독

1 선종

1) 선종의 뜻

선종은 종자로 쓰일 좋은 종자와 나쁜 종자를 가려내는 것을 말한다.

2) 선종 방법

- 육안선별
- 체를 이용, 풍구·선풍기 이용, 비중을 이용, 선별기 이용 선별

3) **비중을 이용한 선별 방법**

- 비중을 이용하는 방법은 비중선을 이용하여 종자를 용액에 담그면 좋은 종자는 가라앉고 나쁜 종자는 물 위에 뜨는 원리를 이용하여 선별하는 방법이다.

  ② 비중선의 재료(★★) : 소금, 황산암모늄(유안), 염화칼륨, 재

  ③ 비중선의 비중(★★★)

  ㉠ 메벼 유망종 : 1.10 ㉡ 메벼 무망종 : 1.13

  ㉢ 찰벼 · 밭벼 : 1.08 ㉣ 겉보리 : 1.13,

  ㉤ 쌀보리 · 밀 · 호밀 : 1.22

2 침종

1) 침종의 뜻

침종은 종자를 파종하기 전 물에 일정시간 담그는 것을 말한다.

2) **침종의 이점(목적★★)**

① 신속한 발아 가능

② 발아의 균일성

③ 발아기간 중 피해 경감

3) **침종 시 유의 사항**

① 침종기간은 작물의 종류 및 수온에 따라 다르다.

② 연수보다 경수에서 침종기간이 길다.(★)

※ 경수 : 지하수에서처럼 칼슘, 마그네슘 등 2가양이온이 많이 함유된 물

③ 수온이 너무 낮지 않도록 한다.(수온이 너무 낮으면 산소부족으로 발아 장해 요인)

4) **벼 종자의 경우(★★★)** : 벼 무게의 23%의 수분이 흡수하여야 한다.

3 최아

1) 최아의 뜻

최아는 파종 전 종자의 싹을 틔우는 것을 말한다.

2) **최아의 목적**(이점★★★)

① 벼의 경우 조기육묘 가능

② 한랭지에서 벼 재배 가능

③ 맥류의 만파재배 가능

④ 생육 촉진

3) **최아 방법**

- 벼의 경우 침종기간을 포함하여
- 10℃에서 10일
- 20℃의 경우 5일
- 30℃에서는 약 2일간

① 발아적산온도 100℃, 어린싹이 1~2mm 정도 출현할 때까지 한다.

4 종자 소독

1) **화학적 방법**

① 침지소독 : 농약 수용액에 종자를 담그는 방법이다.

② 분의 소독 : 농약분말을 종자에 묻히는 방법이다.

2) **물리적 방법**

① 냉수온탕침법

㉠ 효과(★) : **벼의 선충심고병, 맥류 겉깜부기병**

㉡ 방법 : 종자를 냉수에 담궜다가(6~8시간) 다시 온탕(45~50℃)에 담그는 방법이다.

② 온탕침법

㉠ 효과 : **맥류 겉깜부기병, 고구마 검은무늬병**

㉡ 방법 : 종자를 온탕(45℃)에 8~10시간 담근다.

3) **건열처리(★★★)**

① 효과 : 채소종자(박과, 가지과, 배추과)의 병원균, 바이러스 사멸

② 방법 : 종자를 1~7일 동안 열처리(60~80℃)한다. 건열처리를 할 때는 온도를 단계적으로 상승 시켜줘야 안전하다.

4) 기피제처리 방법

① 효과 : 쥐, 새, 개미 접근 차단

② 방법 : 연단, 콜타르 등을 종자에 묻혀 파종한다.

기출확인문제

Q1 메벼의 무망종을 선종할 때 알맞은 비중은?

① 1.08　　② 1.10

③ 1.13　　④ 1.22

| 해설 | **비중선의 비중**

- 메벼 유망종 : 1.10
- 메벼 무망종 : 1.13
- 찰벼 · 밭벼 : 1.08
- 겉보리 : 1.13.
- 쌀보리 · 밀 · 호밀 : 1.22

정답 ③

Q2 파종 전에 수분을 가하여 종자가 발아에 필요한 생리적인 준비를 하게 함으로써 발아의 속도와 균일성을 높이는 방법은?

① 최아　　② 프라이밍

③ 박피제거　　④ 종자코팅

| 해설 | 최아의 목적은 파종 전에 수분을 가하여 종자가 발아에 필요한 생리적인 준비를 하게 함으로써 발아의 속도와 균일성을 높이기 위함이다.

정답 ①

V 종자의 발아와 휴면

1 종자의 발아

1) 발아

① 발아 : 종자에서 유아 · 유근이 출현하는 것

② 출아 : 토양에 파종 후 발아한 새싹이 지상으로 출현하는 것

③ 맹아 : 지상부의 눈에서 새싹이 출현하는 것

2) 발아의 내적 조건

① 유전성의 차이　② 종자의 성숙도　③ 종자의 휴면 여부

3) 발아의 외적 조건

① 수분

- 벼, 옥수수 : 종자 무게의 30% 수분 흡수 후 발아
- 콩 : 종자 무게의 50% 수분 흡수 후 발아

② 산소

- 발아에 있어 산소는 필수적이다.
- 벼 종자는 무기호흡을 통해 산소가 없어도 발아가 가능하다.

③ 온도

- 저온작물이 고온작물보다 발아에 필요한 온도가 낮다.
- 발아의 최저온도 : 0~10℃
- 발아의 최적온도 : 20~30℃
- 발아의 최고온도 : 30~50℃
- 변온이 발아를 촉진하는 종자 : 셀러리, 오처드그라스, 켄터키블루그 래스, 버뮤다그라스, 피튜니아, 담배, 아주까리, 박하, 가지과채소
- 변온은 저온에서 16시간 고온에서 8시간 정도 처리한다.

④ 광(광선)

- 혐광성 종자(광이 없는 조건에서 발아 촉진) : 오이, 호박, 가지, 토마토, 가지, 수박, 수세미, 양파, 파
- 호광성 종자(광이 있는 조건에서 발아 촉진) : 상추, 담배, 피튜니아, 켄터키블루그라스, 베고니아, 우엉

4) **발아과정** : 수분흡수→저장양분 분해효소 생성과 활성화→저장양분의 분해·전류 및 재합성→배의생장 개시→종피의 파열→유묘의 출현

5) 발아 조사

① 발아율 : $\dfrac{\text{발아 종자 수}}{\text{파종된 총종자 수}} \times 100$

② 발아세 : 치상 후 일정 기간까지의 발아율

③ 평균발아속도 : 발아한 모든 종자의 평균적인 발아속도

④ 발아속도지수 : 발아율과 발아속도를 동시에 고려한 값으로

$PI = \Sigma\{(T - ti + 1)\ ni\}$

- T : 총 조사일 수
- ti : 치상부터의 일 수
- ni : 그날그날의 발아 수

⑤ 재배포장에서 발아 상태 용어

- 발아 시 : 발아한 것이 처음 나타난 날
- 발아기 : 파종 종자의 40%가 발아한 날
- 발아 전 : 파종 종자의 80%가 발아한 날
- 발아일 수 : 파종부터 발아기까지의 일 수

6) 종자의 발아력 간이검정 : 테트라졸륨법(TZ), 전기전도도 검사법 등

① 테트라졸륨법(TZ)

- 수침(물에 담굼) 시간 : 17시간
- 절단한 종자의 TTC용액 반응시간 : 40℃에서 2시간
- TTC용액 농도(★) : 벼과 0.5%, 콩과 1.0%
- 결과 판정 : 활력 종자는 배와 유아의 단면이 적색으로 염색되고 비활력 종자는 염색이 되지 않거나 일부만 염색된다.

② 전기전도도 검사법

- 방법 : 종자를 물에 침지 후 전기전도계로 측정한다.
- 판정 : 비활력종자는 전기전도도가 높고 반대로 활력 종자는 전기전 도도가 낮다.
- 완두와 콩을 이 방법으로 많이 사용된다.

기출확인문제

Q1 테트라졸리움 방법에 의한 종자의 활력검사에 대한 설명이 잘못된 것은?

① 종자 조직의 호흡에 의해 방출된 탈수소효소는 수소이온을 생성한다.
② 호흡능이 왕성할수록 테트라졸리움과 결합할 수 있는 수소이온의 양이 많기 때문에 진한 붉은색으로 착색된다.
③ 산화상태인 테트라졸리움 염의 환원에 의하여 수소이온을 받아들인다.
④ TTC용액의 농도는 볏과 2.0%, 콩과 5.0%가 알맞다.

| 해설 | 테트라졸륨법의 TTC용액의 농도는 벼과작물 0.5%, 콩과작물 1.0%이다.

정답 ④

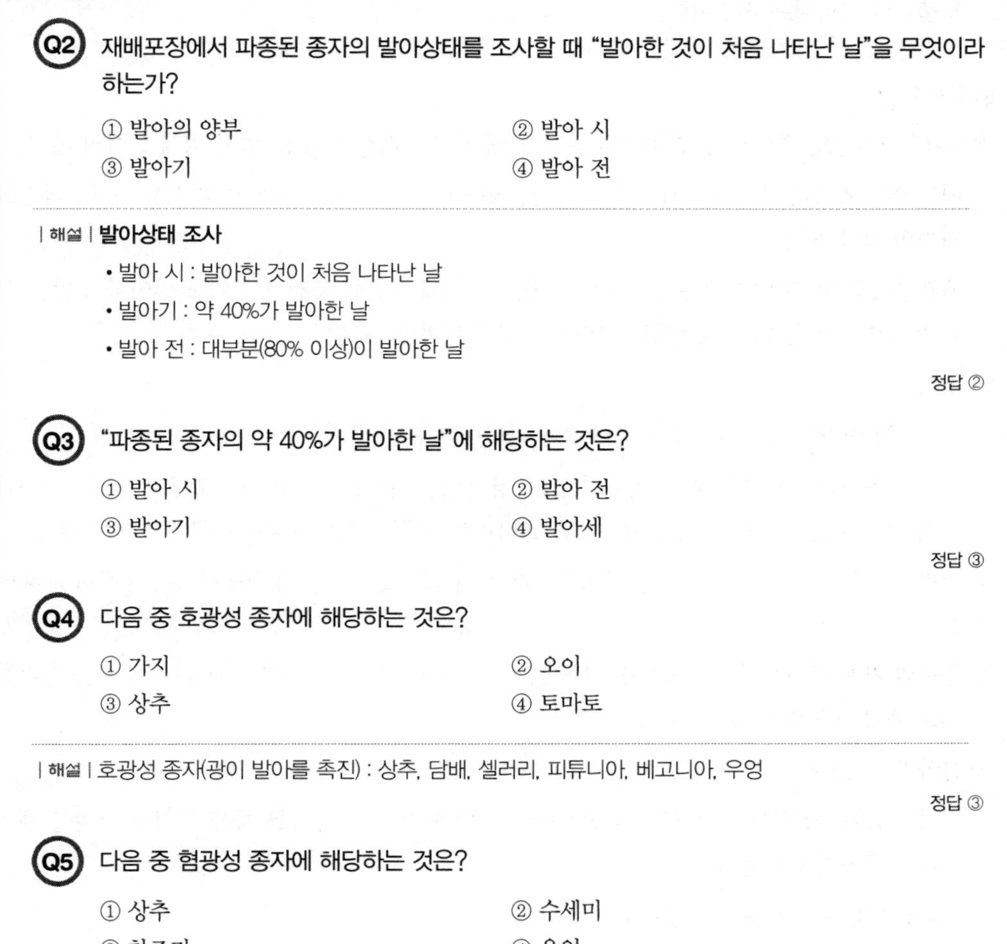

기출확인문제

Q2 재배포장에서 파종된 종자의 발아상태를 조사할 때 "발아한 것이 처음 나타난 날"을 무엇이라 하는가?

① 발아의 양부
② 발아 시
③ 발아기
④ 발아 전

| 해설 | **발아상태 조사**

- 발아 시 : 발아한 것이 처음 나타난 날
- 발아기 : 약 40%가 발아한 날
- 발아 전 : 대부분(80% 이상)이 발아한 날

정답 ②

Q3 "파종된 종자의 약 40%가 발아한 날"에 해당하는 것은?

① 발아 시
② 발아 전
③ 발아기
④ 발아세

정답 ③

Q4 다음 중 호광성 종자에 해당하는 것은?

① 가지
② 오이
③ 상추
④ 토마토

| 해설 | 호광성 종자(광이 발아를 촉진) : 상추, 담배, 셀러리, 피튜니아, 베고니아, 우엉

정답 ③

Q5 다음 중 혐광성 종자에 해당하는 것은?

① 상추
② 수세미
③ 차조기
④ 우엉

| 해설 | 혐광성 종자 : 수세미, 오이, 호박, 가지, 토마토, 파, 양파, 무

정답 ②

2 종자의 휴면

1) 휴면의 뜻과 형태

① 휴면 : 적당한 발아 조건을 주었는데도 불구하고 발아하지 않는 성질을 말한다.

② 1차 휴면

- 자발휴면(진정휴면) : 내적 원인에 의한 휴면
- 타발휴면(강제휴면) : 광, 산소 부족 등 외적 조건이 부적합하여 휴면

③ 2차 휴면 : 휴면하고 있지 않은 종자가 발아에 부적합한 환경(고온, 저온, 건조 등)에 장기간 노출되어 나타나는 휴면이다.

2) 휴면의 원인

배의미숙, 배휴면, 경실휴면, 종피의 불투기성, 종피의 기계적 저항성, 발아 억제 물질의 존재

① 배의 미숙으로 휴면하는 종자 : 인삼, 은행, 장미과 식물, 미나리아재비과 식물→후숙과정을 거치면 발아를 한다.

② 배휴면(생리적 휴면) : 배는 성숙상태이지만, 발아에 적합한 조건을 주어도 발아하지 않는 상태의 휴면→저온처리, 지베렐린 처리로 휴면을 타파할 수 있다.

③ 경실

- 종피가 딱딱하여 수분을 흡수하지 못해 나타나는 휴면
- 경실 종자의 식물 : 클로버, 알팔파, 자운영, 베치, 아카시아, 강낭콩, 고구마, 연 등→콩과의 경우 배꼽, 주공, 봉 선에 큐티클층 울타리세포에서 수분 투과를 저해하기 때문이다.

④ 종피의 불투기성 : 보리, 귀리는 산소흡수가 저해되는 불투기성 때문에 발아하지 못하고 휴면을 한다.

⑤ 종피의 기계적 저항성 : 잡초종자, 나팔꽃, 땅콩, 체리 종자는 종피가 딱딱하여 수분을 흡수하여도 배가 팽창하지 못하여 휴면을 한다.

⑥ 발아 억제 물질

- 벼 : 영(穎)에 발아 억제 물질이 존재하여 휴면을 한다.→종자를 물에 씻거나 과피를 제거하면 휴면이 타파된다.
- 옥신 : 곁눈의 발육을 억제한다.
- ABA(아브시스산) : 자두, 사과, 단풍나무의 겨울눈의 휴면을 유도한다.
- 블라스토콜린(blastokolin) : 발아 억제 물질을 총칭한 개념이다.
- 발아 억제 물질의 종류 : ABA, 시안화수소(HCN), 암모니아

3) 휴면 타파와 발아 촉진

① 경실종자의 휴면타파 방법의 종류

- 종피파상법
- 진한황산처리법
- 저온처리
- 건열처리
- 습열처리
- 진탕처리
- 질산염 처리
- 기타 : 알코올처리, 이산화탄소처리, 펙티나아제 처리

② 화곡류 휴면타파 방법

- 벼 : 40℃에서 3주일간 처리한다. 또는 50℃에서 4~5일간 처리한다.
- 맥류 : 0.5~1.0%의 과산화수소(H_2O_2)액에 24시간 침지한 후 5~10℃의 저온에서 젖은 상태로 수일간 보관한다.

③ 감자의 휴면타파방법 : 감자를 절단한 후 2ppm의 지베렐린 수용액에 30~60분간 침지한다.

④ 볏과 목초종자의 휴면타파 방법 : 질산칼륨 0.2%, 질산암모늄 0.1%, 질산알루미늄 0.2%, 질산소다 0.1%, 질산망간 0.2%, 질산마그네 0.1% 수용액에 침지한다.

⑤ 발아 촉진 물질 : 지베렐린, 시토키닌(사이토키닌), 에틸렌

※ 에틸렌은 종자에 따라 발아 억제 물질이 되기도 하고 발아 촉진 물질이 되기도 한다.

⑥ 발아 억제 물질 : 암모니아, 시안화수소(HCN), ABA

4) 휴면 연장과 발아 억제

① 감자 : 0~4℃ 내외로 장기간 저장하면 발아가 억제된다.

② 양파 : 1℃ 내외로 장기간 저장하면 발아가 억제된다.

③ 감자, 양파를 MH수용액에 처리하면 발아가 억제된다. 그러나 발암물질로 인하여 지금은 사용하지 않는다.

④ 방사선 처리 : 감자, 당근, 양파, 밤의 경우 20,000rad의 γ선 조사를 하면 발아가 억제된다.

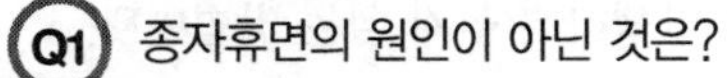

Q1 종자휴면의 원인이 아닌 것은?

① 종피의 상처 ② 급히 건조시킨 종자의 경실
③ 배의 미숙 ④ 종피의 산소흡수 저해

| 해설 | 종피의 상처는 오히려 휴면이 타파된다.

정답 ①

Q2 씨감자(절단면)의 휴면타파를 위하여 지베렐린을 처리하고자 한다. 2ppm 지베렐린 수용액에 침지하는 가장 적당한 시간은?

① 30~60분 ② 3~4시간
③ 5시간 ④ 7시간

| 해설 | 30~60분 침지한다.

정답 ①

VI 영양번식

1 영양번식의 뜻과 이점

1) 영양번식

식물의 잎, 줄기, 뿌리 등 영양기관을 번식의 수단으로 사용하는 것을 말한다.

2) 영양번식의 이점

① 종자번식이 어려운 작물의 번식 수단이 된다.

② 모체의 우량 유전특성을 영속적으로 유지할 수 있다.

③ 종자번식보다 생육이 왕성하다.

④ 암수 중 이용가치가 높은 쪽만을 재배할 수 있다.(예 호프)

3) 분주(포기나누기)

① 분주 : 어미식물을 뿌리가 달린 채로 포기를 나누어 번식시키는 것을 말한다.

② 해당작물 : 아스파라거스, 작약, 나무딸기, 석류, 닥나무, 머위, 토당귀

4) 취목

① 성토법

- 포기 밑에서 발생한 새 줄기에 흙을 쌓아 두어 뿌리가 발생하면 옮겨 심는 방법이다.
- 해당작물 : 사과, 자두, 뽕나무, 양앵두

② 휘묻이 : 가지를 휘어서 땅속에 묻어두어 뿌리가 발생하면 잘라서 옮겨 심는 방법이다.

- 선취법 : 가지의 선단부를 휘어서 묻는 방법으로 나무딸기에서 이용된다.
- 파상취목 : 긴 가지를 파상으로 휘어서 하곡부마다 흙을 덮어 한 가지에서 여러 개를 취목하는 방법으로, 포도나무에서 이용된다.

③ 고취법

- 높은 곳의 가지에 상처를 주어 점토 또는 물이끼로 감싸고 비닐로 감아서 뿌리가 발생하면 잘라서 옮겨 심는 방법이다.
- 해당작물 : 고무나무 등 관상수

④ 꺾꽂이(꺾꽂이)

- 뿌리, 가지, 잎 등을 잘라서 삽상에 꽂아 둔후 뿌리가 발생하면 옮겨 심는 방법이다.

- 뿌리번식(근삽) : 땅두릅
- 잎(엽삽) : 베고니아, 펠라고늄
- 가지(지삽) : 카네이션, 포도, 무화과 등

5) 접목

① 접목의 이점
- 결과연한의 단축
- 수세의 조절
- 환경적응성 증대
- 병해충 저항성 증대
- 품질의 향상
- 수세의 조절

② 2중 접목의 목적 : 접목 친화성을 향상하고자 실시한다.

6) 채소류 접목

① 장점(이점)
- 토양전염병 억제(수박, 오이, 참외 덩굴쪼김병 등)
- 저온신장성 강화
- 흡비성 증대
- 과습 저항성 증대
- 품질 향상

② 단점
- 질소 과다흡수 우려
- 기형과 발생 우려
- 당도 저하
- 흰가루병에 취약

7) 영양번식 시 발근 촉진 방법

① 황화 : 흙을 덮거나 검은 종이로 광을 차단한다.

② 생장호르몬 처리 : 옥신류 처리

③ 자당액 침지 : 6%의 자당액에 60시간 침지

④ 과망간산칼륨액 처리 : 0.1~1.0% 수용액에 24시간 침지

⑤ 환상박피

⑥ 증산 경감제 처리

8) 조직배양

① 조직배양의 이용 범위
- 급속대량 증식
- 신품종 육성
- 바이러스 무독묘 생산
- 인공종자의 생산

② 조직배양의 종류

- 배배양
- 약배양
- 병적조직배양
- 세포융합 : 감자+토마토=포메이토
- 유전자전환 : 품종의 특성을 바꾸지 않고 원하는 유전만을 도입한다(Bt Corn : 조명나방에 대한 저항성 옥수수 품종으로 Bacillus thuringiensis의 Bt 유전자를 옥수수에 도입한 형질전환 품종이다).

기출확인문제

 다음 중 형질전환 품종의 내충성 품종에 도입한 것은?

① Salmonella typhimunrium의 aroA 유전자
② bar 유전자
③ Bacillus thuringiensis의 Bt 유전자
④ TMV의 외피단백질합성 유전자

| 해설 | Bacillus thuringiensis의 Bt 유전자는 나방류 내충성 품종에 도입하였다.

정답 ③

 다음 중 (가), (나)에 알맞은 내용은?

- (가)은 가지의 선단부를 휘어서 묻는 방법으로 나무딸기에서 이용된다.
- (나)은 긴 가지를 파상으로 휘어서 하곡부마다 흙을 덮어 한 가지에서 여러 개를 취목하는 방법으로, 포도나무에서 이용된다.

① 가 : 성토법, 나 : 파상취목법 ② 가 : 성토법, 나 : 당목취법
③ 가 : 선취법, 나 : 파상취목법 ④ 가 : 선취법, 나 : 고취법

| 해설 | (가)는 선취법 (나)는 파상취목법에 대한 설명이다.

정답 ③

Q3 나무딸기에서 이용되며 가지의 선단부를 휘어서 묻는 방법은?

① 분주 ② 성토법
③ 고취법 ④ 선취법

| 해설 | 선취법은 가지의 선단부를 휘어서 묻는 방법이다.

정답 ④

 영양번식법 중 휘묻이에 해당하지 않는 것은?

① 선취법 ② 파상취목법
③ 당목취법 ④ 고취법

| 해설 | 고취법은 높은 위치의 가지를 습기가 있는 수태로 감싸 발근시켜 새로운 개체를 발생시키는 방법으로 휘묻이(묻어떼기)에 속하지 않는다.

정답 ④

2 육묘

1) 육묘의 목적

① 직파가 불리한 경우 ② 증수 ③ 조기수확 가능
④ 토지이용도 증대 ⑤ 재해의 방지 ⑥ 용수 절약
⑦ 노력 절감 ⑧ 추대의 방지 ⑨ 종자 절약

2) 상자육묘(상자에 기른 모)

① 기계로 모내기를 하기 위한 방법이다.

② 어린 모 : 파종 후 8~10일 기른 모

③ 치묘 : 파종 후 20일 기른 모

④ 중모 : 파종 후 30일 기른 모

3) 묘상의 구조 및 관리

① 발열재료의 C/N율이 20~30일 때 발열상태가 양호하다.

② 발열에 적합한 수분 함량 : 60~70%. 발열재료 거물중의 1.5~2.5배가 적당하다.

③ 상토의 PH : 4.5~5.5

④ 육묘관리 온도

- 출아기 : 30~32℃
- 녹화기 : 낮 25℃, 밤 20℃
- 경화기 : 처음 8일 동안 낮 20℃, 밤 15℃ 그 후 20일간 낮 15℃, 밤 10~15℃

⑤ 공정육묘 상토

- 상토의 재료 : 버미큘라이트, 피트모스, 펄라이트 등을 혼합 사용
- 유기물과 흙의 혼합 비율 : 5:5 또는 3:7

기출확인문제

Q1 정식 전에 정식지의 불량 환경에 묘가 잘 견딜 수 있게 적응시키는 과정을 무엇이라 하는가?

① 경화 ② 도색
③ 추대 ④ 개화

정답 ①

Ⅶ 정지·파종

1 정지

정지는 작물을 심기 좋은 상태로 만들기 위해 경운(논갈이, 밭갈이), 쇄토(로타리 작업(흙덩이 부수기)), 작휴(이랑 만들기), 진압(눌러주기, 다져주기) 등 일련의 작업을 말한다.

2 경운(논갈이, 밭갈이)

1) **경운의 효과**

- 토양물리성 개선, 잡초경감, 해충경감
- 지나친 잦은 경운은 토양물리성을 악화시킨다.

2) 토양에 유기물 함량이 많은 경우 추경(가을갈이)을 하는 것이 좋다

3) 사질토양의 경우 추경을 하면 오히려 **양분의 용탈**이 이루어져 해롭기 때문에 춘경(봄갈이)만 한다.

4) **건토효과**

① 건토 : 논에서 수확이 끝나고 흙을 건조시키면 유기물이 분해되어 토양에 비료분 성분이 많아지는 것이다.

② 건토효과는 밭보다 논에서 크다.

③ 겨울에서 봄까지 강우량이 적으면 건토효과는 커진다.

④ 봄철에 강우량이 많은 경우 건토효과가 적어진다. 따라서 추경보다는 춘경이 유리하다. (빗물에 의해 암모니아태 질소, 질산태질소가 유실되기 때문)

⑤ 추경에 의한 건토효과를 증대하려면 유기물 투입을 많이 한다.

5) **심경**(20cm 이상 깊이갈이)

① 대부분의 작물은 심경(깊이갈이)이 유리하다.

② 심경을 하는 경우는 심토에는 유기물 함량이 적으므로 유기물 투입을 늘려야 한다.

③ 누수가 심한 논은 양분 용탈이 심해 심경이 오히려 해롭다.

6) 간이정지

맥류 수확 후 콩을 심으려고 할 때 경운을 하지 않고 그대로 간이 골타기를 하거나 구멍을 내어 파종하는 방법이다.

7) 부정지파(답리작에서 무경운 파종 · 복토)

벼를 수확한 후 보리나 이탈리안라이그라스를 파종할 때 경운을 하지 않고 그대로 파종 복토하는 방법이다.

8) 제경법

경사가 심한 곳에서 경운을 하지 않고 가축을 방목한 다음 거이에다 종자를 파종하고 다시 방목하는 방법으로 경사지 토양침식을 방지할 수 있다.

기출확인문제

Q1 경운시기에 대한 설명으로 옳은 것은?

① 유기물 함량이 많을 경우 춘경하는 것이 좋다.
② 토양이 습하고 차진 경우 추경하는 것이 좋다.
③ 사질토양의 경우 추경하는 것이 좋다.
④ 겨울에 강수량이 많을 경우 추경하는 것이 좋다.

| 해설 | 경운 시 토양이 습하고 차진 경우 추경을 해주는 것이 좋다.

정답 ②

Q2 다음에서 설명하는 내용은?

- 경사가 심한 곳에 초지를 조성할 때 사용한다.
- 방목하여 잡초를 없애고 목초 종자를 파종한 다음, 다시 방목을 하고 땅을 밟아 목초의 발아를 조장하는 방법이다.

① 간지정지　② 써레질
③ 제경법　④ 경운 깊이

정답 ③

3 쇄토(로타리작업(흙덩이 부수기))

① 쇄토 : 흙덩이를 1~5mm 크기로 부수는 것(로타리 작업)

② **이점 : 파종·이식 작업·종자의 발아용이**

③ **써레질**(물로타리) : 논에서 경운 후 물을 댄 다음 써레로 흙을 곱게 부수는 것

- 효과 : 논의 바닥이 평평해짐, 비료가 토양 중에 고루 분산(전층시비 효과), 모내기 작업의 용이

4 작휴(이랑 만들기)

1) 이랑

작물이 심겨질 부분(흙이 올라온 부분)

2) 고랑

흙이 파여진 부분(배수로 역할)

3) 작휴법(이랑 만드는 방법의 종류)

① 평휴법(평평한 이랑) : 이랑과 고랑의 높이가 같게 만든다.(밭벼, 채소 등에 이용)

② 휴립법(이랑을 높게)

- 이랑은 높게 고랑은 낮게
- 휴립구파법 : 이랑을 세우고 낮은 골에 파종(맥류의 동해예방 목적으로 이용)
- 휴립휴파법 : 이랑을 세우고 이랑에 파종(고구마)→배수 용이, 통기성 양호

③ 성휴법

- 이랑을 1.2m로 넓고 평평하게 만드는 방법(맥류, 콩)
- 장점 : 파종용이, 초기 건조피해 경감, 습해 방지, 노력 절감

기출확인문제

Q1 이랑을 세우고 낮은 골에 파종하는 방식은?

① 휴립구파법 ② 성휴법
③ 평휴법 ④ 휴립휴파법

| 해설 | 휴립구파법은 이랑을 세우고 낮은 골에 파종하는 것으로 맥류의 동해예방 목적으로 이용된다.

정답 ①

5 진압(눌러주기, 다져주기)

① 진압 : 발로 밟거나 소형 로울러로 토양을 눌러 주는 것

② 목적 : 출아 촉진 및 출아의 균일성 모도

※ 출아 : 지하부에서 새싹이 지상으로 나오는 것

6 파종 시기를 결정하는 요인(★★★)

① 작물의 종류

- 작물의 종류에 따라 파종시기도 다르다.
- 월동작물은 추파(가을에 파종), 하계작물은 춘파(봄에 파종)

② 품종

- 품종에 따라서 파종시기가 다르다.
- 추파성이 큰 품종은 조파(早播. 제철보다 일찍 파종), 추파성이 낮은 품종은 만파(晩播 : 제철보다 늦게 파종)
- 조생종 벼(감광형)는 조파조식(早播早植. 제철보다 일찍 파종 식재), 만생종벼(감온형)는 만파만식(晩播晩植. 제철보다 늦게 파종 식재)

③ 재배지역 및 기후 조건

- 제주도의 경우 맥주보리 파종은 추파(가을에 파종)
- 중부지방은 맥주보리 파종은 춘파(봄에 파종)
- 평야지에서 하지감자 파종은 이름 봄
- 산간지에서 하지감자 파종은 늦은 봄

④ 작부체계

- 콩, 고구마 파종 : 단작의 경우 5월, 맥후작의 경우 6월
- 벼 모내기 : 1모작의 경우 5월 중순~6월 상순, 2모작의 경우 6월 하순

⑤ 재해회피

- 벼의 냉해 회피 : 조파조식(早播早植. 제철보다 일찍 파종 식재)이 유리
- 조의 명나방 피해 회피 : 만파(晩播. 제철보다 늦게 파종)

⑥ 토양조건

- 천수답의 경우 비가 온 후 담수하여 모내기
- 토양이 건조한 경우 비가 올 시기에 맞추어 파종
- 토양이 과습한 경우 땅이 질어 어느 정도 마른 후에 파종

⑦ **출하기**

- 가격이 좋을 것으로 예상되는 시기에 맞추어 촉성재배(정상 수확기보다 일찍 수확) 또는 억재재배(정상수확기보다 늦게 수확)

⑧ **노력사정**

- 일손 부족→파종시기 지연

기출확인문제

Q1 파종시기를 결정하는 요인에 대한 설명으로 틀린 것은?

① 내한성이 약한 쌀보리는 만파에 적응을 잘한다.
② 추파성 정도가 높은 품종은 조파하는 것이 좋다.
③ 감자는 고랭지에서 평지보다 늦게 파종한다.
④ 고구마는 맥후작보다 단작일 때 빨리 심는다.

| 해설 | 내한성이 약한 쌀보리는 만파에 적응이 약하다.

정답 ①

7 파종양식의 종류

1) 산파(흩어뿌림)

① 산파 : 포장전면에 종자를 흩어서 뿌리는 방법이다.

② **장점** : **노력이 절감**된다.

③ **단점**

- 종자가 많이 소요된다.
- 통기성, 투광성이 나쁘다. (병해발생 용이, 도복 우려)

2) 조파(條播. 골에 줄지어 뿌림)

① 조파 : 골타기를 한 다음 여기에 **종자를 줄지어 뿌리는 방법**이다.

② **장점**

- 수분공급, 양분공급이 좋다.
- 통기성, 투광성이 좋다. →작물생육 양호
- 관리 작업이 용이하다.

3) **점파**(점뿌림)

① 점파 : 일정한 간격을 두고 종자를 한 개 또는 몇 개씩 띄엄띄엄 파종하는 방법이다.

② 적용작물 : 콩, 감자

③ 장점

- 종자가 적게 소요된다
- 통기성, 투광성이 좋다.(작물생육 양호)

④ 단점 : 노력이 많이 든다.

4) **적파**

점파와 같은 방법이지만, 적파는 한 곳에 여러 개의 종자를 파종한다.

8 초화류 파종 방법

초화류(초본성 화초)의 파종방법은 **재배할 포장에 직접 파종**하는 직파 방식이 있고, **파종상**을 설치한 다음 여기에 종자를 파종하는 상파(**bed-sowing**)가 있으며, **상자에** 종자를 파종하는 상파(**box-sowing**), **화분**에 파종하는 분파(**pot-sowing**) 방식이 있다.

1) **직파(field-sowing)**

① 직파 : 포장에 직접 파종하는 방식이다.

② 재배량이 많거나 양귀비처럼 **직근성 초화류**의 경우 **편식재배를 하면 오히려 해로운** 경우에 이용되는 방법이다.(**양귀비**, 스위트피, 루피너스, 맨드라미, 코스모스, **과꽃**, 금잔화)

2) **상파**(bed-sowing)

① 상파 : 배수가 잘되는 장소에 파종상을 설치하고 파종하는 방법이다.

② 보통 비닐하우스나 노지의 일정장소에 설치한다.

③ 파종상은 20㎝ 내외의 깊이로 하고 점파, 산파 또는 조파를 한다.(팬지, 페츄니아, 코레우스, 만수국)

3) **상자파 · 분파**(box-sowing · pot-sowing)

① 뜻 : 상자나 화분(포트)에 파종하는 방법이다.

② **종자가 소량**이거나 **미세종자**이거나 **귀중한 종자** 또는 **고가종자로 집약적 관리가 필요**한 경우에 이용한다.(시네라리아, 프리뮬라)

9 초화류(초본성 화초) 파종 후 관리

① 발아온도는 생육온도보다 높게 관리한다.

② 발아 시까지 습도변화가 없게 관리한다.

③ 관수는 저면관수를 하는 것이 좋다.

④ 미세종자 파종 시 복토는 하지 않고 진압판으로 살짝 눌러주거나 얇게 복포한다.

- 파종토 또는 파종용기 위에 비닐 또는 유리판을 덮는다.(온도, 습도 유지)
- 발아가 대략 70% 정도 이루어지면 유리를 제거한다.

⑤ 파종 전 토양소독(클로르피크린 살포, 열처리)을 하면 좋다.

- 화훼류의 입고병을 예방할 수 있다.

10 파종량을 결정할 때 고려해야 할 조건(★★)

① **작물의 종류 및 품종** : 작물의 종류 및 품종마다 파종량은 다르다.

② **파종시기** : 파종시기가 늦으면 파종량을 늘린다.

③ **재배지역**

- 맥류 : 중부지방은 남부지방보다 파종량을 늘린다.
- 감자 : 평야지는 산간지보다 파종량을 늘린다.

④ **재배방식**

- 조파(줄뿌림)보다 산파(흩어뿌림)할 때 파종량을 늘린다.
- 콩, 조 : 단작보다 맥·후작인 경우 파종량을 늘린다.
- 청예용, 녹비용 : 알곡 수확용보다 채종량을 늘린다.

⑤ **토양비옥도**

- 척박한 토양 : 파종량을 늘린다.
- 다수확 목적 : 파종량을 늘린다.

⑥ **종자의 상태나 조건**

- 종자의 순도가 떨어지는 경우 파종량을 늘린다.
- 병충해 피해를 입은 종자의 경우 파종량을 늘린다.
- 발아율이 떨어지는 종자 파종량을 늘린다.

11 복토

① 종자가 보이지 않을 정도로 복토하는 작물 : 소립목초종자, 파, 양파, 당근, 상추, 유채, 담배

② 0.5~1.0cm 복토(★) : 양배추, 가지, 토마토, 고추, 배추, 오이, 순무, 차조기

③ 2.5~3.0cm 복토 : 보리, 밀, 호밀, 귀리, 아네모네

④ 3.5~4.0cm 복토 : 콩, 팥, 옥수수, 완두, 강낭콩, 잠두

⑤ 5.0~9.0cm 복토 : 감자, 토란, 생강, 크로커스, 글라디올러스

⑥ 10cm 이상 복토(★) : 튤립, 수선화, 히아신스, 나리

기출확인문제

Q1 다음 중 복토 깊이를 10cm 이상으로 해야 하는 작물은?

① 콩, 팥　　② 옥수수, 완두
③ 아네모네, 잠두　　④ 수선화, 나리

| 해설 | 파종 시 10cm 이상 복토 작물 : 수선화, 나리, 히아신스, 튤립

정답 ④

Q2 다음 중 작물의 복토 깊이가 5~9cm인 것은?

① 호박　　② 수수
③ 생강　　④ 시금치

| 해설 | 복토깊이 5~9cm인 작물 : 감자, 토란, 생강, 크로커스, 글라디올러스

정답 ③

Q3 종자(종구) 파종 시에 복토를 가장 깊게 해야 하는 작물은?

① 소립 채소류　　② 콩
③ 감자　　④ 튤립

| 해설 | 파종 시 10cm 이상 복토 작물 : 수선화, 나리, 히아신스, 튤립

정답 ④

Q4 파종 시 작물의 복토 깊이가 0.5~1.0cm인 것으로만 나열된 것은?

① 감자, 토란　　② 가지, 토마토
③ 생강, 크로커스　　④ 수선화, 글라디올러스

| 해설 | 복토깊이 0.5~1.0cm인 작물 : 가지, 토마토, 소립목초종자, 파, 양파, 당근, 상추, 유채, 담배, 양배추, 순무, 차조기, 고추 등

정답 ②

VIII 이식과 정식

1 용어의 뜻

① **이식(옮겨심기)** : 현재 자라고 있는 장소에서 다른 장소로 옮겨 심는 것

② **가식(잠정적으로 옮겨심기)** : 정식할 때까지 잠정적으로 이식해 두는 것

③ **정식(아주심기)** : 현재 자라고 있는 장소(보통은 묘상)에서 **본포에 옮겨 심는 것**

2 이식(옮겨심기)의 양식

① **조식** : 조식은 골에 줄지어 이식하는 방법이다. (파, 맥류)

② **점식** : 포기 사이를 일정한 간격을 두고 이식하는 방법이다. (콩, 수수)

③ **혈식** : 포기 사이를 많이 띄우고 구덩이를 파고 이식하는 방법이다. (양배추, 토마토, 오이, 수박, 호박 등)

④ **난식** : 일정한 간격을 두지 않고 이식하는 방법이다. (간작에 이용)

기출확인문제

Q1 다음 중 포기를 많이 띄워서 구덩이를 파고 이식하는 방법은?

① 조식 ② 혈식
③ 점식 ④ 난식

| 해설 | 혈식은 포기 사이를 많이 띄우고 구덩이를 파고 이식하는 방법이다.(양배추, 토마토, 오이, 수박, 호박 등)

정답 ②

3 이식의 장점(목적★★)

① 생육 촉진, 수량 증대

② 토지의 이용효율 증대

③ 도장(웃자람) 방지 · 숙기 단축

④ 이식 과정에 단근(잔뿌리가 끊어짐)이 되어 새로운 잔뿌리가 많이 생겨 활착이 증진된다.

4 이식의 단점

① 직근성(무, 당근, 우엉 등) 작물의 경우 이식이 오히려 해롭다.

② 수박, 참외, 결구배추(김장배추), 목화의 경우는 이식이 오히려 해롭다.

③ 벼의 경우 한랭지에서는 이식(모내기, 이앙)이 오히려 해롭다.

5 가식의 필요성(목적★★)

① **묘상 절약** : 작은 면적에 파종하였다가 자라는 대로 가식을 하면 처음부터 큰 면적의 묘상이 필요하지 않다.

② **활착증진** : 가식할 때 단근(뿌리 끊어짐)이 되면 가식 중 밑둥 가까이에 새로운 잔뿌리가 발생하여 정식 후에 활착이 좋아진다.

③ **재해방지**(한해 · 도장 · 노화)

- 한발(가뭄)로 천수답(자연수에 의존하는 논)에 모내기가 늦어질 때 무논(물이 있는 논)에 일시 가식하였다가 비가 온 뒤에 모내기를 하면 한해(가뭄)를 극복할 수 있다.
- 채소 등에서 포장조건 때문에 이식이 늦어질 경우 가식을 해두면 모의 도장(웃자람) 및 노화를 방지할 수 있다.

기출확인문제

Q1 육묘하여 이식하는 필요성과 거리가 먼 것은?

① 조기수확 가능
② 직파가 불리한 경우
③ 추대 촉진
④ 토지이용도 증대

| 해설 | 추대 촉진은 육묘이식의 목적과 거리가 멀다.

정답 ③

Ⅸ 비료의 종류

1 3요소 비료(질소, 인산, 칼륨)

① **질소질 비료**

- 요소, 황산암모늄(유안), 질산암모늄(초안), 염화암모늄, 석회질소
- **질소 함량(★) : 요소(46%)** 〉 질산암모늄(33%) 〉 염화암모늄(25%) 〉 황산암모늄(21%)

② **인산질 비료**

- 인산암모늄, 중과인산석회(중과석), 용성인비, 과인산석회(과석), 용과린, 토머스인비
- 인산 함량 : 인산암모늄(48%) 〉 중과인산석회(46%) 〉 용성인비 〉 과인산석회

③ **칼리질(칼륨) 비료**

- 염화칼륨, 황산칼륨
- 칼륨 함유량 : 염화칼륨(60%) 〉 황산칼륨(50%) 〉 나뭇재
- **저온에서 흡수 장해가 큰 비료** : 인산〉칼리〉NO_3

2 3요소 이외 화학비료

① **석회질(칼슘) 비료**

- **생석회(CaO)** : 석회석을 태워 이산화탄소 휘발 알칼리도 80% 이상
- **소석회($Ca(OH)_2$)** : 생석회+물 알칼리도 60% 이상
- **탄산석회($CaCO_3$)** : 석회석 분세 10메쉬 98%, 28메쉬 60%, 알칼리도 45%
- **고토석회 ($CaCO_3$, $MgCO_3$)** : 백운석 분세 알칼리도 45%
- **패화석회($CaCO_3$)** : 조개껍질을 분세 알칼리도 40~50%
- **부산소석회($CaCO_2$)** : 카바이트재, 석회질소의 부산물

※ 칼슘 함유량(★) : 생석회(80%) 〉 소석회 · 석회질소(60%) 〉 탄산석회(50%)

② **규산질 비료** : 규산석회고토, 규회석

③ **마그네슘(고토)질 비료** : 황산마그네슘, 수산화마그네슘, 탄산마그네슘, 고토석회, 고토과인산

④ **붕소질 비료** : 붕사

⑤ **망간질 비료** : 황산망간

⑥ **기타** : 토양개량제, 호르몬제, 세균성비료

3 비효의 지속성에 따른 분류

① **속효성**(분해가 빠름) 비료 : 요소, 황산암모늄, 과석, 염화칼륨

② **완효성**(분해가 서서히) 비료 : 깻묵, 피복비료(SCV, PCV), METAP

③ **지효성**(분해가 지속적) 비료 : 퇴비, 구비

※ 구비 : 가축의 분뇨(외양간 거름)

기출확인문제

Q1 완효성 비료에 해당하는 것은?

① 요소 ② 황산암모늄
③ 염화칼륨 ④ 깻묵

| 해설 | 완효성 비료 : 깻묵, METAP, 피복비료(SCV, PCV)

정답 ④

4 화학적 반응에 의한 분류

① **화학적 산성비료** : 과인산석회, 중과인산석회

② **화학적 중성비료** : 황산암모늄(유안), 염화암모늄, 요소, 질산암모늄(초안), 황산칼륨, 염화칼륨, 콩깻묵, 어박

③ **화학적 염기성비료** : 석회질소, 용성인비, 나뭇재, 토머스인비

5 생리적 반응에 따른 분류

① **생리적 산성비료(★)** : 황산암모늄(유안), 염화암모늄, 황산칼륨, 염화칼륨

② **생리적 중성비료(★)** : 질산암모늄, 요소, 과인산석회, 중과인산석회, 석회질소

③ **생리적 염기성비료(★)** : 석회질소, 용성인비, 나뭇재, 칠레초석, 토머스인비, 퇴비, 구비

기출확인문제

Q1 생리적 중성비료는?

① 황산암모늄 ② 염화칼륨 ③ 요소 ④ 용성인비

| 해설 | 생리적 중성비료 : 요소, 질산암모늄, 과인산석회, 석회질소

정답 ③

6 비료의 급원에 따른 분류

① **무기질 비료** : 요소, 황산암모늄, 과인산석회, 염화칼륨

② **유기질 비료**

- 동물성 비료 : 어분, 골분, 계분
- 식물성 비료 : 퇴비, 구비, 깻묵

7 경제적 견지에 의한 분류

① **금비**(판매 비료) : 요소, 과인산석회, 염화칼륨

② **자급비료** : 퇴비, 구비, 녹비

기출확인문제

Q1 화학적 · 생리적 염기성 비료에 해당하는 것은?

① 요소 ② 유안
③ 용성인비 ④ 칼륨

| 해설 | 화학적 · 생리적 염기성 비료 : 용성인비, 석회질소, 토머스인비

정답 ③

X 최소양분율의 법칙

1 최소양분율의 법칙(Law of Minimum')

작물의 생육은 여러 가지 양분들 중에 어느 한 가지 양분이라도 그 양분이 필요한 양보다 공급한 양이 적으면 생육이 제한된다는 법칙이다.

2 LIEBIG(리비히. 1840)

리비히는 작물의 생육에는 필수적으로 여러 가지 원소의 양분들이 필요하지만, 실제적으로 모든 종류의 양분이 동시에 작물의 생육을 제한하는 것은 아니며 필요량에 대해 공급이 가장 작은 양분에 의하여 작물 생육이 제한된다는 최소양분율을 제창(★)하였다.

XI 수량점감의 법칙

작물의 생육은 어느 한계까지는 시용량이 증가할수록 생육도 증가하지만, 어느 한계 이상으로 시용량이 많아지면 수량의 증가량이 점점 적어지고 결국은 시용량은 증가해도 수량이 증가하지 못한다.

기출확인문제

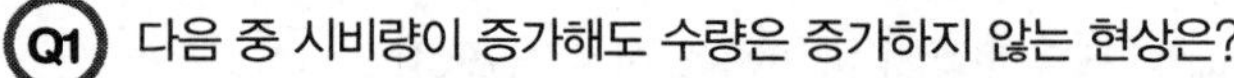

Q1 다음 중 시비량이 증가해도 수량은 증가하지 않는 현상은?

① 수량점감의 법칙 ② 최소율의 법칙
③ 멘델의 법칙 ④ 엔트로피의 법칙

| 해설 | 수량점감의 법칙에 대한 설명이다.

정답 ①

XII 비료의 형태 및 특성

1 질소

1) 질산태 질소(NO_3^-−N)

① 질산태질소 함유 : 질산암모늄, 칠레초석, 질산칼륨, 질산칼슘, 황질황산암모늄

② 특징

- 속효성이고 물에 녹기 쉽다.
- 토양에는 흡착이 잘 안 되고 유실되기 쉽다.
- 논에 투입한 암모니아태 질소의 흡수율을 100이라고 할 때 질산태 질소의 흡수율은 47% 정도이다.
- 논에서 질산태질소의 비효가 적은 이유(★)는 탈질균에 의하여 아질산염으로 되어 유해작용을 나타내기 때문이다.

2) 암모니아태질소(NH_4^+−N)

① 암모니아태질소 함유 : 황산암모늄, 질산암모늄, 염산암모늄, 인산암모늄, 부숙 된 인분뇨, 완숙퇴비

② 특징

- 물에 잘 녹고 속효성이지만, 질산태질소보다는 완효성이다.
- 양이온이다.
- **토양에 흡착이 잘되고(★)** 유실되지 않는다.
- 논의 환원층에 시용하면 비효가 오래 지속된다.
- 밭토양에 시용하면 신속하게 질산태로 변하여 작물에 흡수된다.
- 그러나 유기물을 함유하지 않은 암모니아태질소를 해마다 시용하면 지력이 소모되고 토양을 산성화시킨다.
- 황산암모늄의 경우 질소의 3배 황산을 함유하고 있어 농업상 불리하다.

3) **요소**($(NH_2)_2CO$)

① 물에 잘 녹는다.

② **토양에 잘 흡착되지 않는다. 그 이유는 이온상태가 아니기 때문**이다.

③ 그러나 토양미생물의 작용을 받아 탄산암모늄[$(NH_4)_2CO_3$)]을 거쳐 암모니아태로 되어 토양에 잘 흡착한다. 따라서 비효효과는 암모니아태질소와 비슷하다.

④ 암모니아태질소와 마찬가지로 토양을 산성화시킨다.

4) **시안아미드**(cyanamide)**태 질소**

① 시안아미드(cyanamide)태 질소 함유 : 석회질소(★)

② 작물에 해롭다(토양 중에 디시안디아미드(dicyanamide)로 변하기 때문이다).

③ 분해가 잘 안 된다

5) **유기태질소**(단백태질소)

① 유기태질소 함유 : 어비(생선발효액), 깻묵, 골분, 녹비, 쌀겨

② 시용효과

- 토양에 투입하면 미생물작용으로 암모니아태질소 또는 질산태질소로 되어 작물에 흡수된다.
- 지효성(효과가 오래 지속)이다.
- 논과 밭에 알맞은 비료로 최근 환경농업에 많이 이용된다.

2 인

1) 화학적 성질(용해성)에 따른 인의 분류

① **수용성**(물에 녹는다.)

- **과인산석회(과석), 중과인산석회(중과석)**
- 속효성으로 작물에 잘 흡수된다. 그러나 산성토양에서는 흡수율이 극히 낮다(철·알루미늄과 반응하여 불용화되고 토양에 고정되기 때문이다).

② **구용성**(물에는 녹지 않고 구연산에 녹는다.)

- 용성인비(★)
- 작물에 쉽게 흡수되지 못한다. 따라서 수용성인 과인산석회 등과 함께 사용하여야 한다. 규산, 칼슘(석회), 마그네슘을 함유하고 있어 산성토양을 개량하는 토양개량제로 좋다.

③ **불용성**(녹지 않는다) : 대부분의 인산질

2) 원료의 유래에 따른 분류

① 유기질 인산비료 : 골분(동물의 뼛가루), 쌀겨, 보릿겨, 구아노(새의 배설물)

※ 쌀겨 : 쌀을 도정할 때 현미의 호분층을 깎은 것

② 무기질 인산비료 : 인광석

3 칼리(가리, 칼륨)

① 칼리의 형태 : 유기태 칼리, 무기태 칼리

② 대부분 수용성이다.(단백질과 결합된 칼리는 난용성임)

③ 주된 칼리비료 : 황산칼륨, 염화칼륨

4 칼슘(석회)

① 필수원소이면서 토양의 물리적 화학적 성질을 개선해 준다(토양개량제이다).

② 토양 중에 가장 많이 함유되어 있다.

③ 비료 중에 함유되어 있는 칼슘의 종류(★) : CaO, $Ca(OH)_2$, $CaCO_3$, $CaSO_4$

④ 가장 많이 이용되는 석회질(칼슘) 비료(★★★) : $Ca(OH)_2$(소석회)

5 작물별 3요소 흡수비율

① 콩 5:1:1.5　② 벼 5:2:4　③ 맥류 5:2:3
④ 옥수수 4:2:3　⑤ 고구마 4:1.5:5　⑥ 감자 3:1:4

기출확인문제

Q1 N:P:K 흡수비율에서 5:1:1.5에 해당하는 것은?

① 옥수수　② 콩
③ 고구마　④ 감자

| 해설 | 콩의 3요소 흡수비율은 5:1:1.5이다.

정답 ②

6 작물별 이용 부위에 따른 시비관리 방법

① 수확대상이 종자인 경우

- 영양생장기 : **질소**의 비효가 크다.
- 생식생장기 : **인, 칼리(칼륨)**의 효과가 크다.

② 수확대상이 과실인 경우

- 질소 : 적당하게 지속되도록 유지해야 한다.
- 인, 칼리 : 결과기에 충분하도록 유지해야 한다.

③ 수확대상이 잎(상추, 배추 등)**의 경우**

- 질소 : 충분하게 계속 유지해야 한다.

④ 수확대상이 줄기(아스파라거스, 토당귀 등)인 경우

- 전년도의 저장양분에 의하여 생장이 이루어지는 작물(셀러리, 파, 아스파라거스, 토당귀 등 연화재배 작물)은 전년도의 충분한 시비가 필요하다.

※ 연화재배 : 전년도의 영양체에서 새로 자라는 것을 수확하기 때문에 조직이 질기지 않고 연하게 키우기 위해 북주기 또는 차광재배를 하는데, 이러한 재배방식을 연화재배라고 한다.

⑤ 수확대상이 땅속줄기(감자 등)인 경우

- 생육초기 : 질소를 충분하게 시용
- 양분저장 시기 : **칼리질(칼륨★★)**을 충분히 시용

⑥ **수확대상이 꽃인 경우**

- 꽃망울이 생길 때 질소의 효과가 나타나도록 시비

7 작물에 따른 비료의 흡수속도(효과)

① 흡수효과 : 콩과식물(알팔파) 〉 화본과(오처드그라스)

② 화본과 목초와 두과 목초를 혼파한 경우 질소를 많이 주면 화본과 목초가 우세해지고, 칼리(칼륨), 석회(칼슘)을 많이 주면 두과목초가 우세해진다.

8 작물별 비료의 특수한 효과

① 질산태질소암모니의 효과가 크고 암모니아태 질소를 주면 오히려 해로운 작물(★) : 담배, 사탕무

② 규산의 효과가 크고 인산의 효과는 적고 철분 결핍피해가 큰 작물 : 논벼

- 벼가 일생동안 가장 많이 필요한 원소가 규산이다.

③ 칼리(칼륨), 두엄의 효과가 큰 작물(★) : 고구마(★)

④ 석회(칼슘), 인산의 효과가 큰 작물 : 콩

⑤ 마그네슘 효과가 큰 작물 : 귀리

⑥ 구리 결핍증이 큰 작물 : 맥류(보리, 밀 등)

⑦ 아연 결핍이 문제가 되는 작물 : 감귤류, 옥수수

⑧ 붕소 요구량이 큰(결핍되기 쉬운) 작물 : 유채, 사탕무, 셀러리, 사과, 알팔파, 채종용 십자화과채소(배추, 무 등)

⑨ 몰리브덴의 요구량이 큰(결핍되기 쉬운) 작물 : 꽃양배추

⑩ 나트륨의 요구량이 큰 작물 : 사탕무

9 다수성 벼 품종의 특징

① 질소의 동화능력이 크다.

② 규산의 흡수가 많다.

③ 줄기가 짧고 잎이 좁으며, 직립하고 분얼이 많다. → 도복발생이 적다. → 수광태세가 좋다.

10 생육과정과 재배조건에 따른 시비 방법

① **인·칼리(칼륨)** : 초기에 충분히 주면 비효가 오래 지속되어 부족하지 않다.

② **질소**

- 초기에 많이 주면 후기에 부족 증세가 나타난다.
- 날씨가 따뜻한 평야지(평난지)의 감자재배(초기에 질소를 밑거름으로 많이 주는 것이 유리하다.)
- 벼의 경우 밑거름, 분얼기거름, 이삭거름, 알거름으로 알맞게 주어야 한다.
- 등숙기에 일사량이 많은 지역에서의 벼 재배(다비밀식 재배해도 안전하다.)
- 벼 만식재배(적기보다 늦게 심어 늦게 수확하는 경우)의 경우 도열병 발생이 우려되어 질소 시비량을 줄여야 한다.

XIII 시비법

1 시비량

① **단위면적당 시비량(★)**

$$\text{시비량} = \frac{\text{비료요소 흡수량} - \text{천연공급량}}{\text{비료요소의 흡수율}}$$

- **천연공급량** : 관개수에 의해 천연적으로 공급되는 비료요소의 양
- **비료요소의 흡수량** : 단위면적당 전 수확물 중에 함유되어 있는 비료요소의 양
- **비료요소의 흡수율** : 시용한 양에 대한 작물이 실제 흡수한 양의 비율

2 시비법

1) 시비시기에 의한 거름의 분류 및 방법

① 밑거름 : 파종 또는 정식 전에 주는 비료

② 덧거름(웃거름, 중거름) : 생육 도중에 주는 거름

- 벼의 분얼비료 : 모내기 후 12~14일에 준다.

- 벼의 이삭거름 : 출수 전 25일쯤 준다.
- 벼의 알거름 : 완전히 출수한 시기(수전기)에 준다.
- 영년생 작물의 밑거름 : 가을부터 이른 봄까지 지효성 비료를 많이 준다.
- 생육기간이 긴 작물 : 밑거름을 줄이고 덧거름(웃거름)을 많이 준다.
- 사질답(누수답) : 덧거름(웃거름)의 주는 횟수를 늘린다.
- 엽채류 : 질소질 비료를 늦게까지 추비해 준다.

2) 시비할 위치에 따른 분류

① 전면시비 : 논 또는 과수원에서 여름철에 속효성 비료를 줄 때 이용되며 포장의 전체적인 시비를 하는 것이다.

② 부분시비 : 작물체에서 일정 거리를 두고 시비할 구멍을 파고 비료를 주는 방법이다.

3) 시비의 입체적 위치에 따른 분류

① 표층시비(밭작물·목초) : 작물의 생육 기간 중에 토양 표면에 시비하는 것이다.

② 심층시비(벼·과수·수목) : 땅을 파고 작토 속에 비료(퇴비)를 주는 방법이다.

③ 전층시비 : 비료를 작토 전 층에 걸쳐 골고루 혼합하여 주는 방법이다.

4) 배합비료(=조합비료, 복합비료)

① 배합비료 : 두 가지 이상의 비료를 혼합한 비료

② 배합비료(복합비료)의 장점

- 비료의 지효는 조절이 가능하다.
- 시비의 번잡을 피할 수 있고 균일한 살포가 가능하다.
- 취급이 편리하다.

③ 배합비료(복합비료)의 단점 및 주의할 점

- 암모니아태질소와 석회를 혼합하면 암모니아가 기체로 변한다.
- 질산태질소를 과인산석회(산성비료)와 혼합하면 질산이 기체로 변한다.
- 질산태질소를 유기질소와 혼합하면 질산이 환원되어 소실된다.
- 과인산석회(수용성인산비료)가 주성분인 비료에 칼슘, 알루미늄, 철 등 알칼리성 비료와 혼합하면 인산이 물에 녹지 않아 불용성이 된다.
- 과인산석회 등 석회성분이 있는 비료와 염화칼륨을 배합하면 흡습성이 높아져 액체로 되거나 굳어 버린다.

3 엽면시비

1) 엽면시비

비료를 용액상태로 작물의 잎에 살포해 주는 것을 말한다. 식물은 잎의 표면을 통해서도 양분흡수가 가능하다. 따라서 잎에 양분을 살포해주면 생육이 촉진된다.

2) 엽면시비 시 양분의 흡수 정도

① 질소가 매우 결핍된 상태에서 요소를 살포 시 살포된 요소량의 1/2~3/4ℓ가 흡수된다. 살포 후 엽록소가 증가하여 잎이 진한 녹색이 된다.

② 잎(엽면)에서 흡수속도는 24시간 이내 50% 흡수된다.

3) 엽면시비의 목적(이점★★)

① 미량요요소의 공급

② 뿌리의 양분 흡수력이 약해졌을 때 양분 공급

③ 급속한 영양 회복

④ 영양균형으로 품질이 향상된다.

⑤ 비료분의 유실 방지

⑥ 노력 절감(농약과 혼용하기 때문)

4) 비료별 엽면시비 시 적정 농도

① 질소 : 요소가 가장 안전하다.(0.5~1.0%)

② 칼리(칼륨) : 황산칼륨(K_2SO_4, 0.5~1.0%)

③ 마그네슘 : 황산마그네슘($MgSO_4$, 0.5~1.0%)

④ 망간 : 황산망간($MnSO_4$, 0.2~0.5%)

⑤ 구리 : 황산구리($CuSO_4$, 1%)

⑥ 붕소 : 붕사(0.1~0.3%)

⑦ 몰리브덴 : 몰리브덴산염(0.0005~0.01%)

⑧ 철 : 황산철($FeSO_4$, 0.2~1.0%)

※ 실제 영농작업에서 사용하는 엽면시비용 비료는 작물별로 위 성분들이 복합되어 제품으로 나온다.

5) 엽면시비 시 양분의 흡수속도에 영향을 미치는 요인(★)

① 잎의 표면보다 이면(반대쪽 면)에서 흡수율이 높다.

② 표피가 얇은 쪽이 흡수율이 높다.

③ 젊은 잎이 늙은 잎보다 흡수율이 높다.

- 이면흡수율 : 젊은 잎 59.6% 〉 늙은 잎 37.0%
- 표면흡수율 : 늙은 잎 16.6% 〉 젊은 잎 12.5%

④ 잎의 호흡작용이 왕성할 때 흡수율이 높다.

⑤ 줄기나 가지의 정부로부터 가까운 잎에서 흡수율이 높다.

⑥ 낮에 흡수율이 밤보다 높다.

⑦ 살포액의 pH가 미산성인 경우가 흡수율이 높다.

⑧ 어느 정도까지는 살포액의 농도가 높을수록 흡수율이 높다.(너무 높은 농도는 잎에 피해 발생)

⑨ 석회와 함께 시용하면 고농도의 피해가 경감 된다.

⑩ 기상조건이 좋을 때 흡수율이 높다(작물의 생리작용이 왕성하기 때문이다).

기출확인문제

Q1 일시적인 무기성분의 결핍증상이 나타날 경우 신속하게 양분을 공급하기 위해 이용하는 방법은?

① 토양시비　　② 관비
③ 엽면시비　　④ 추비

| 해설 | 엽면시비는 작물의 잎에 액비를 시비하는 것으로 일시적인 무기성분의 결핍증상이 나타날 경우 신속하게 양분을 공급하기 위해 이용한다.

정답 ③

Q2 다음 중 비료의 엽면 흡수에 미치는 요인에 대한 설명으로 옳은 것은?

① 낮보다 밤에 더 잘 흡수된다.
② 잎의 호흡작용이 저조할 때 더 잘 흡수된다.
③ 잎의 표면보다 이면에서 더 잘 흡수된다.
④ 살포액의 pH가 약알칼리성인 것이 흡수가 잘 된다.

| 해설 | **엽면 흡수에 미치는 요인**

- 밤보다 낮에 더 잘 흡수된다.
- 잎의 호흡작용이 왕성할 때 더 잘 흡수된다.
- 잎의 표면보다 이면에서 더 잘 흡수된다.
- 살포액의 pH가 미산성인 것이 흡수가 잘 된다.

정답 ③

XIV 토양개량

1 토양개량제

토양개량제란 주로 토양의 입단 형성을 조장하기 위해 토양에 투입하는 자재를 말한다.

2 토양개량의 종류(★★★)

① **유기물** : 퇴비, 구비, 볏짚, 맥간, 야초, 이탄, 톱밥

- 구비 : 동물의 분뇨를 원료로 만든 비료
- 야초 : 들녘의 풀
- 이탄 : 식물체가 오랜 세월 동안 퇴적·분해되어 변화된 것(석탄이 되기 전 단계)

② **무기물** : 벤토나이트, 제올라이트, 버미큘라이트, 피트모스, 펄라이트

③ **합성고분자계** : 크릴륨(★)

XV C/N율과 T/R율

1 C/N율

① 식물체 내의 탄수화물과 질소의 비율을 말한다.

② C/N율이 높다는 의미는 식물체 내에 탄수화물의 비율이 질소보다 높다는 의미이다.(C : 탄수화물, N : 질소)

2 C/N율설의 요지

식물의 생장과 발육은 C/N율이 지배한다는 것이다.

3 C/N율설이 적용되는 주요 사례

① **환상박피** : 식물 줄기의 어느 부분에서 형성층으로부터 바깥쪽 외부까지 둥글게 칼로 제거하는 것

② **각절** : 식물 줄기 여기저기를 칼로 유관속 부분(나무껍질)을 상처 내는 것

③ **환상박피 · 각절을 하는 이유(★★★)** : **C/N율을 높여 주어** 동화물질의 전류를 억제시켜 결국 화아분화 촉진, 과실의 발달 촉진을 위함이다.

> TIP
> • 과수에서 환상박피를 하는 목적 : 화아분화 촉진(과실의 발달 촉진)
> • 환상박피나 각절은 주로 과수에서 많이 이용한다. 실무적으로는 환상박피의 경우 칼로 나무껍질 일부분을 제거하는 것이며, 각절은 나무껍질에 칼로 군데군데 상처를 주는 것이다.

④ **고구마의 인위적인 개화 유도** : 고구마 순을 나팔꽃 대목에 접목한다.(지상부 잎으로부터 지하부로의 양분 이동이 차단→C/N율 향상→화아분화 및 개화 촉진)

⑤ **C/N율설에 대한 평가**

- C/N율을 적용할 때 C와 N의 비율 못지않게 C와 N의 절대량도 중요하다.
- C/N율의 영향은 시기나 효과에 있어 결정적으로 뚜렷한 효과를 나타내지 못한다.
- 식물의 개화 및 결실에 관여하는 것은 C/N율보다 식물체 내 호르몬, 버널리제이션(춘화), 일장 등이 더 많은 영향을 끼친다.

4 T/R율

① 작물의 지상부의 생장량에 대한 지하부의 생장량 비율을 말한다.

② T : top(지상부), R : root(뿌리, 지하부)

③ T/R율이 높다는 의미는 지상부(T)가 지하부(R)보다 생장량이 많다는 의미이다.

④ 고구마, 감자처럼 지하부를 수확하는 작물의 경우 T/R율이 낮아야 수확량이 높다.(★★★)

5 환경조건에 따른 T/R율의 변화

① 고구마, 감자 : 파종 또는 이식시기가 늦어지면 T/R율이 커진다. 따라서 수확량이 감소한다.

② 일사량이 적은 경우 T/R율이 커진다.(체내 탄수화물 축적이 감소되기 때문)

③ 질소를 과다 시용하면 T/R율이 커진다.

※ 고구마를 심기 전 기비(밑거름)로 질소(퇴비, 요소 등)를 시용하면 고구마 줄기만 무성하고 고구마는 잘 들지 않는데, 이러한 원인이 바로 T/R율이 커졌기 때문이다.

④ 토양수분이 부족하면 T/R율이 감소한다.(수분 부족으로 지상부 생장이 억제되기 때문)

⑤ 토양의 통기성이 불량하면 T/R율이 증대한다.(뿌리의 호흡 저해로 지하부의 생장이 감퇴하기 때문)

6 G-D균형(growth-differentiation balance)

① G-D균형이란 식물의 생장과 분화의 균형이 작물의 생육을 지배한다는 것이다.

② G : growth(생장), D : differentiation(분화), balance(균형)

XVI 식물생장호르몬

1 식물생장조절제의 종류

1) **옥신류**

① 천연 : IAA(인돌아세트산), IAN, PAA

② 합성 : NAA, IBA, 2,4-D, 2,4,5-T, MCPA, BNOA

2) **지베렐린**(천연, GA) : GA_2, GA_3, GA_{4+7}, GA_{55}

3) **시토키닌**(사이토키닌)

① 천연 : 제아틴, IPA

② 합성 : 키네틴, BA

- 키네틴은 1955년 F. Skoog(스크그)가 DNA의 가수분해 물질 속에서 발견하여 구조를 결정한 물질로 키네틴을 처리하면 엽록소, 단백질, 핵산 함량의 감소가 억제된다.

4) **에틸렌**

① 천연 : C_2H_4

② 합성 : 에세폰

5) **생장 억제제**

① 천연 : ABA(아브시스산), 페놀(Phenol)

② 합성 : CCC, B−9, phosphon−D, AMO−1618, MH−30

기출확인문제

Q1 다음 중 시토키닌(cytokinin)류의 키네틴(kinetin)을 발견한 사람은?

① R. Gane ② T. H. Morgan
③ C. R. Darwin ④ F. Skoog

| 해설 | • 1955년 F. Skoog(스크그)가 DNA의 가수분해 물질 속에서 발견하여 구조를 결정한 물질로 키네틴을 처리하면 엽록소, 단백질, 핵산 함량의 감소가 억제된다.
• 키네틴=시토키닌

정답 ④

Q2 다음 중 천연 에틸렌에 해당하는 것은?

① GA_2 ② IBA
③ C_2H_4 ④ MH−30

| 해설 | 천연에틸렌은 C_2H_4이다.

정답 ③

2 식물생장조절제의 농업적 이용

1) **옥신류**

① **옥신의 발견**

㉠ 발견자 : **웬트**(Went. 미국의 식물생리학자로 귀리의 초엽 선단부를 실험(굴광현상(★)의 원인 물질을 **옥신**이라 명명함)

㉡ 아베나 굴곡시험 : 귀리엽초의 굴곡 정도는 옥신의 농도에 비례한다. 식물체에서 추출한 미지의 옥신을 처리하여 귀리초엽의 굴곡 정도를 측정하면 옥신의 농도를 추정할 수 있다.

② **옥신의 생성 및 기능**

- **옥신**은 식물의 줄기의 선단, 어린잎, 수정이 끝난 꽃의 씨방에서 생합성되어 **체내의 아래쪽으로 이동**한다.
- 줄기와 뿌리의 신장, 잎의 엽면 생장, 과실의 부피 증대 조장
- 정아우세(★) : 줄기의 끝에 있는 분열조직(생장점)에서 생성된 옥신은 정아(줄기 끝에 있는 눈)의 생장을 촉진하지만, 측아(곁눈)의 생장은 억제하는 현상을 말한다.

③ **옥신의 재배적 이용(★★)**

㉠ 발근(뿌리발생) 촉진

- 발근 촉진제 : 루톤(주성분 : 옥신류의 NAA와 IBA)
- 조직배양에서 발근 촉진 물질로 이용

㉡ 접목 시 활착 촉진 : 접목 시 접수의 절단면이나 접착부에 IAA 라놀린 연고를 바르면 활착이 촉진된다.(앵두나무, 매화나무)

㉢ 개화 촉진 : **NAA, β-IBA, 2,4-D**를 살포하면 화아분화가 촉진된다.

㉣ 가지의 굴곡유도 : IAA 라놀린연고를 수목의 구부리려고 하는 반대편 가지에 바르면 가지가 굴곡된다.

㉤ 낙과의 방지 : NAA, 2,4,5-TP, 2,4-D를 살포하면 **낙과가 방지**된다.(사과나무)

㉥ 적화 및 적과

- 사과나무 적과 : NAA를 만개 후 1~2주 사이에 살포
- 감나무 적과 : NAA를 만개 후 3~15일 사이에 살포
- 온주밀감 : 만개 후 25일 정도에 휘가론 살포

㉦ 착과증진

- 사과나무 : 포미나 살포 • 포도 : 후라스타 살포

㉧ 과실의 비대 촉진

- 토마토 : 토마토란 살포 • 사과 : 포미나 살포 • 참다래 : 플메트 살포

㉨ 과실의 성숙

㉩ 생장 촉진 및 수량 증대

- 담배 : 아토닉액제(파종전 및 생육기에 처리)

㉪ 단위결과(무핵과)

- 토마토, 무화과 : PCA, BNOA 살포
- 오이, 호박 : 2,4-D 살포

㉫ 제초제로 이용 : **2,4-D, 2,4,5-T, MCPA**(농도를 높이면 제초제로 쓰여지는 것이다.)

2) **지베렐린**(gibberellin. 약자 GA)

① 지베렐린의 생성 및 작용

- 벼의 키다리병균에 의해 유래(★)된 식물생장조절물질이다(키다리병에 걸린 벼는 웃자람이 심한데, 이러한 원인이 키다리병균이 생산하는 물질이며 이물질이 지베렐린이다).

  ※ 키다리병의 병원균 : Gibberella fujikuroi(지베렐라 후지쿠로이)

- 식물의 모든 기관에 널리 분포한다.

• 농도가 높아도 억제효과가 나타나지 않는다.

• 체내 이동이 자유롭다.

• 작용(★) : 신장생장(키가 커짐), 종자의 발아 촉진, 휴면타파, 개화 촉진, 과실의 비대 생장

② 지베렐린의 농업적 이용

• 휴면타파 및 종자의 발아 촉진

• 화성유도 및 개화 촉진

• 꽃잎에 뿌리 살포하면 2년초를 1년째에 개화 가능

• 경엽(잎줄기)의 신장 촉진

• 단위결과(무핵과) **유도(★)**

• 거봉포도→지베렐린 처리→씨 없는 포도 생산

• 토마토, 오이→지베렐린 처리→단위결과(무핵과)

• 수량 증대

• 채소류·목초·섬유작물→경엽의 신장을 촉진하여 수량 증대

• 단백질 함량 증가

• 뽕나무→지베렐린 처리→단백질 함량 증가

• 전분의 가수분해작용 촉진 및 배가 없는 종자의 효소활성 증진

• 추대 촉진(양배추)

• **왜성식물**이나 **로제트형** 식물 줄기의 신장 촉진효과가 크다.

※ 왜성 : 키가 작은, 왜화 : 키를 작게

• 여름국화의 생장 촉진

③ 지베렐린의 생합성을 억제하는 물질(★) : Amo−1618(★), 포스폰−D(★), CCC(★), 클로르메쿼트, 안시미돌(A−rest), 파클로브트라졸(Bonzi), 유니코나졸(★)

3) **시토키닌**(사이토키닌)

① 생성 및 작용

• 뿌리(★)에서 합성 및 생성된다.→물관을 통해 이동→세포분열 촉진, 분화에 관여하는 여러 가지 생리작용에 관여한다.

• 대표적인 시토키닌 : 키네틴(★)

② 농업적 이용

• 종자의 발아 촉진

- 고온으로 인한 2차 휴면타파(상추)
- 잎의 생장 촉진, 호흡 억제, 잎의 노화지연, 착과증진, 저장 중 신선도 유지(예 아스파라거스), 내한성(내동성) 증진
- **조직배양**에서 배지에 시토키닌을 첨가하여 **신초발생 촉진**

TIP 조직배양에서 옥신과 시토키닌의 역할 : 옥신–발근(뿌리발생) 촉진, 시토키닌–신초발생 촉진

③ 특징

- 옥신은 작물체 내에서 충분히 생산되어 부족한 일은 없다.
- 또한 옥신과 함께 사용해야 효과가 증진된다. **(인돌비=IAA(천연옥신)+BA(합성시토키닌))**

④ ABA(아브시스산) : 대표적인 발아 억제 물질(★)

㉠ ABA(아브시스산)의 발견

- 오오쿠마(Ookuma. 일본. 1963) : 목화의 어린 식물로부터 이층 형성을 촉진하여 낙엽을 촉진하는 물질로부터 아브시스산(ABA)을 순수분리한다.

㉡ **아브시스산**의 생리적 기작

- 휴면유도(발아 억제), 탈리 촉진, 기공폐쇄, 생육 억제, 노화 촉진
- 아브시스산은 일종의 스트레스호르몬이라고 한다.
- 대표적인 휴면유도 물질, 발아 억제 물질이다.
- 노화 촉진, 낙엽 촉진을 유도한다(생육 중인 단풍나무에 ABA를 처리하면 휴면아를 형성한다).
- 장일 조건에서 단일성 식물의 개화를 유도한다. (나팔꽃, 딸기)
- 토마토의 경우 ABA처리(위조저항성 증진)
- 목본성 식물의 경우 ABA처리(냉해저항성 증진)
- 자스몬산과 비슷한 생리작용을 한다.

㉢ ABA(아브시스산)의 화학구조

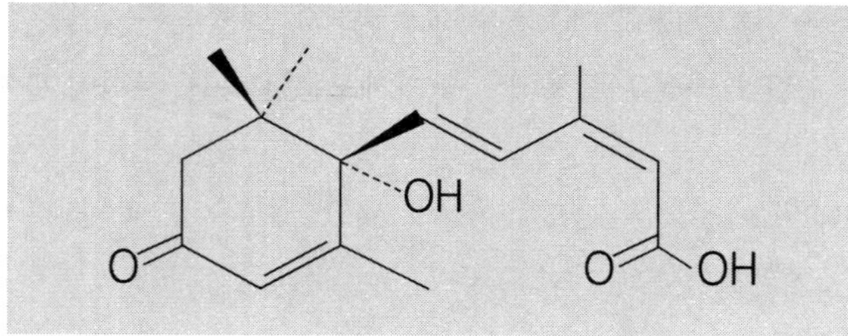

기출확인문제

Q1 다음 중 (　　)에 알맞은 내용은?

> Ookuma는 목화의 어린 식물로부터 이층의 형성을 촉진하여 낙엽을 촉진하는 물질로서 (　　)을 순수 분리하였다.

① ABA　　② 지베렐린
③ 시토키닌　　④ 에세폰

| 해설 | 오오쿠마(Ookuma. 일본. 1963) : 목화의 어린 식물로부터 이층 형성을 촉진하여 낙엽을 촉진하는 물질로부터 아브시스산(ABA)을 순수 분리하였다.

정답 ①

Q2 뿌리에서 합성되어 물관을 통해 수송되며, 측지발생을 촉진하고 세포의 분열과 분화에 관여하는 식물생장조절물질은?

① 옥신　　② 지베렐린
③ 시토키닌　　④ 에틸렌

| 해설 | 시토키닌에 대한 설명이다.

정답 ③

Q3 다음 중 천연 옥신류에 해당하는 것은?

① IAA　　② 키네틴
③ BA　　④ GA_3

| 해설 | 천연옥신은 IAA이다.

정답 ①

4) **에텔렌**(ethylene. 기체)=에세폰 · 에스렐(엑체)

① 생성기작

- 과일이 성숙할 때 · 식물체가 노화할 때, 식물체에 상처가 났을 때, 병원체가 침입했을 때, 산소가 부족할 때, 생육적온보다 저온에 처했을 때 에틸렌 가스가 발생한다.

  ※ 과실을 수확 후 저장하면 에틸렌가스 발생이 증가한다.

- 에틸렌은 기체상태이며, 에세폰이나 에스렐은 액체상태이다. 에텔렌은 기체 상태이므로 농업적으로 이용할 땐 에세폰이나 에스렐을 수용액으로 하여 살포하면 에틸렌가스가 발생한다.

② 에틸렌의 화학식 : $C_2 H_4$

```
      H    H
      |    |
H  —  C  — C  — H
      |    |
      H    H
```

③ 에틸렌의 생리작용 및 농업적 이용

- 식물의 **노화를 촉진(★)**하는 **기체상태**의 호르몬이다.
- 종자의 발아 촉진 : 양상추, 땅콩
- 정아우세타파 : 측아 발생 촉진
- 생장 억제, 개화 촉진, 성발현의 조절
  - ※ **오이, 호박**에 에세폰을 처리하면 암꽃(★)이 많이 핀다.
  - ※ **오이, 호박**에 **지베렐린**이나 **질산은**을 처리하면 수꽃(★)이 많이 핀다.
- 낙엽 촉진, 적과, 착색증진 : 토마토, 자두 등

5) 기타

① 아토닉(atonik) 액제

- 담배 생장 촉진제 : 파종전 및 생육기에 처리

② 토마토톤(4−CPA)

- 토마토 착과 촉진목적으로 사용(옥신에서 유래된 합성 호르몬제)

> **TIP** 토마토의 경우 꽃가루(화분) 대신 토마토톤을 분무해 주어도 수정(착과)이 된다. 따라서 착과를 증진하기 위한 목적으로 스프레이를 이용하여 토마토에 토마토톤을 살포해준다. 그러나 정상적인 꽃가루에 의한 수정이 아니므로 씨가 맺히지 않아 공동과(씨가 없어 겔 상태가 꽉 차지 않고 비어 있음)가 발생하기도 한다.

XVII 생장 억제 물질

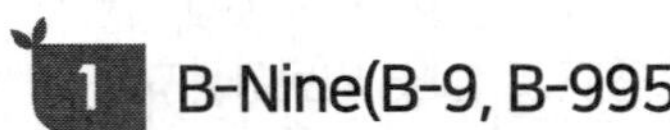

1 B-Nine(B-9, B-995)

① 밀 : 줄기가 짧고 굵어짐(도복방지)

② 국화 : 변착색 방지

③ 사과나무 : 가지 신장 억제, 수세의 왜화, 착화 증대, 개화 지연, 낙과 방지, 숙기 지연, 저장성 향상

④ 포도 : 가지의 신장 억제, 엽수 증대, 송이의 발육 양호

⑤ 포인세티아 : 생장 억제

2 Phosfon-D

① 국화, 포인세티아 : 줄기의 신장 억제

② 콩, 메밀, 땅콩, 강낭콩, 목화, 스위트피, 해바라기, 나팔꽃, 콜레우스 : 초장 신장 억제

3 CCC(Cycocel)

① 많은 식물의 절간신장을 억제한다.

② 국화, 시클라멘, 콜레우스, 제라늄, 메리골드, 옥수수 : 줄기신장 억제

③ 토마토 : 개화 촉진, 하위 절부터 개화 유도

④ 밀 : 줄기신장 억제(도복경감)

4 Amo-1618

① 국화의 삽수에 처리하여 왜화(키가 작아짐), 개화 지연

② 포인세티아, 해바라기, 강낭콩 : 왜화, 잎은 녹색을 띄게 한다.

5 MH(★★★)

① 감자, 양파 : 발아 및 맹아 억제

② 담배 : 측아(곁눈) 발생 억제

③ 잔디 : 생장 둔화

④ 당근, 파, 무 : 추대(꽃대가 생김) 억제→추대(꽃대가 발생)되면 먹을 수 없어 상품성이 없어진다. 일반적으로 기온이 갑자기 떨어진 다음 정상 기온으로 회복되면 불시에 추대될 수 있다.

6 CCDP(Rh-531)

① 맥류(보리, 밀, 호밀 등)의 간장 신장 억제(도복 방지)

② 벼 : 어린 모의 생장 억제(기계이양 가능)

7 BOH

파인애플 : 줄기신장 억제, 화성(개화) 유도

8 2,4-DNC

강낭콩 : 신장 억제, 초생엽 중(생육 초기의 잎의 중량)을 증대시킨다.

9 morphactin(모르파크린)

① 모르파크린의 종류 : **IT-3233, IT-3235, IT-3456**

② 생장 억제 효과가 현저하다.

③ 식물의 굴지성·굴광성을 없애 준다. (식물이 꼬여서 자라는 것을 방지)

④ 벼과(화본과) 식물 : 분얼 수는 증가하나 줄기는 가늘어짐(화본과 목초작물에 이용 가능)

> **TIP** 생장 억제 물질의 종류
>
> B-Nine(B-9, B-995), Phosfon-D, CCC(Cycocel), Amo-1618, MH(★★), CCDP(Rh-531), BOH 2,4-DNC, morphactin(모르파크린)

XVIII 동위원소의 이용

1 동위원소

① **동위원소** : 원자번호는 같고 원자량이 다른 원소를 말한다.

② **방사성동위원소** : 방사능을 가진 동위원소를 말한다.

2 농업적으로 이용되는 동위원소의 종류

① **종류 : ^{12}C, ^{32}P, ^{45}Ca, ^{36}Cl, ^{35}S, ^{59}Fe, ^{60}Co, ^{131}I, ^{42}K, ^{64}Cu, ^{137}Cs, ^{99}Mo, ^{24}Na, ^{15}N, ^{65}Zn, ^{86}Rb**

② **방사성 동위원소가 방출하는 방사선의 종류** : α선(알파선), β선(베타선), γ선(감마선)

③ 가장 효과가 크고 많이 사용되는 방사선(★★★) : γ선(감마선)

3 동위원소의 농업적 이용 범주

돌연변이 육종, 작물의 물질대사 연구, 농업토목에 이용, 식품의 살충·살균 및 저장 농산물의 저장

1) 돌연변이 육종에 이용

① 종자번식 식물 : 종자에 방사선 조사(돌연변이 유발)

② 수목 및 영양번식 식물 : 낮은 선량을 식물체에 조사하여 돌연변이를 유발 시킨다.

2) 작물의 물질대사 연구에 이용

① 작물 영양생리의 연구

- ^{32}P, ^{42}K, ^{45}Ca, ^{5}N의 표지화합물을 이용(질소(N), 인(P), 칼륨 (K), 칼슘(Ca)의 식물체 내에서의 이동 경로를 파악할 수 있다.)

② 식물 광합성의 연구

- ^{14}C, ^{11}C로 이산화탄소를 표지하여 식물의 잎에 공급, 시간 변화에 따른 광합성(탄수화물의 합성과정)을 규명할 수 있다.
- ^{14}C : 동화물질의 전류 및 축적과정 규명 가능

3) 농업토목에 이용

① ^{24}Na(★★) : 저수지나 댐 등 제방의 누수 장소를 찾아낼 수 있다.

② 지하수 탐색 가능

③ 유속의 정확한 측정 가능

4) 식품의 살충·살균 및 저장

^{60}Co, ^{137}Cs에서 방출한 γ선(감마선)을 식품(육류, 통조림 등)에 조사(방사선을 쪼임)하여 살균·살충하여 식품 저장에 이용한다.

5) **농산물의 저장**

^{60}Co, ^{137}Cs에서 방출한 γ선(감마선) : 감자·당근·양파·밤 등에 조사(방사선을 쪼임)하면 맹아(싹이 나는 것)를 억제하여 장기 저장이 가능하다.

XIX 보식과 솎기

1 보식

① **보파** : 파종 후 발아가 잘 안 된 곳에 보충하여 파종하는 것

② **보식** : 발아가 잘 안 된 장소나 이식 후 고사한 장소에 추가로 이식하는 것

2 솎기

파종 후 발아한 개체가 너무 밀집하여 일부 개체들을 뽑아내는 것으로 주로 불량한 개체들을 뽑아낸다.

XX 중경

1 중경

- 작물이 생육하는 동안에 작물 주변 표면의 흙을 도구를 이용하여 쪼거나 긁어 깨어서 부드럽게 하는 것을 말한다.
- 우리나라의 경우 호미를 이용한 김매기 작업이 중경작업과 제초를 겸한 작업이라 할 수 있다.
- 중경제 초기의 사용도 역시 중경작업과 제초작업을 겸한 작업이다.

2 중경의 효과(★★★)

① **발아를 잘되게 조장해준다.** : 비가 온 후 토양 표면이 굳었을 때 중경을 하면 발아가 조장된다.

② **토양의 통기성 양호** : 토양 표면이 부드러워져 통기성이 좋아진다.

③ **토양수분 증발 억제** : 토양의 모세관이 파괴되어 수분증발이 경감된다.

④ **비효의 증진 효과** : 수도작(논벼)의 경우 웃거름을 주고 중경을 하면 비료성분이 환원층으로 들어가게 되므로 비효가 지속된다.

⑤ **잡초의 제거 효과** : 중경을 하면 잡초도 제거되므로 잡초제거 효과가 있다.

기출확인문제

Q1 중경의 이점으로 틀린 것은?

① 모세관이 절단되어 토양수분의 증발이 증대한다.
② 피막을 부숴 주어 발아가 조장된다.
③ 토양통기 조장으로 생장이 왕성해진다.
④ 중경으로 비료가 환원층으로 섞여들어 비효가 증대된다.

| 해설 | 모세관이 파괴되어 수분증발이 경감된다.

정답 ①

3 중경의 불리한 점

① **단근**(뿌리 끊어짐) : 작물의 뿌리 일부분이 끊어질 수 있다.

② **풍식**(바람에 의한 토양침식) 조장 : 바람이 심한 지역은 풍식이 조장될 수 있다.

③ **작물의 동상해 조장** : 중경을 하면 지열이 지표면까지 상승을 감소시켜 어린 유묘가 동상해 피해를 받을 수 있다.

4 합리적인 중경 방법

① 건조할 때는 얕고 곱게 중경한다.

② 작물의 생육이 왕성한 시기의 중경 금지 : 작물 생육이 왕성할 때 중경은 자칫 단근(뿌리 끊김)이 될 수 있다.

③ 중경의 횟수는 총 2~3회 정도

④ 생육시기별 중경의 깊이 조절

- 생육초기 : 깊게 한다.(단근 우려 없기 때문)
- 생육후기 : 얕게 한다.(단근 우려가 크므로)

XXI 멀칭

1 멀칭

작물의 경작지 표면을 피복(덮어줌)해 주는 것을 말한다. 멀칭의 재료로는 플라스틱필름, 볏짚, 왕겨, 건초 등이 사용된다.

※ 토양멀칭(Soil mulching) : 토양의 표면을 얕게 갈면 하층과 표면의 모세관이 단절되기 때문에 표면이 굳어져서 멀칭과 같은 효과를 발휘하는 것을 말한다.

2 멀칭의 효과 및 이점(★★)

① 토양의 건조방지

멀칭은 토양 중의 모관수의 지표면으로의 이동이 차단되고 멀칭 내부의 습도가 높아질 뿐만 아니라 수분증발이 억제되어 토양의 건조를 방지한다.

② 지온의 조절

- 여름철 : 열의 복사가 억제되어 과도한 지온상승을 막을 수 있다.
- 겨울철 : 토양에 보온효과가 발휘되어 지온을 상승시켜 준다. 저온기(겨울, 이른봄)에는 유색비닐보다 투명비닐로 멀칭을 하는 것이 지온상승에 유리하다.

③ 토양의 침식방지

멀칭을 하게 되면 강우 시 빗방울이 직접 땅에 떨어지지 않게 되므로 토양침식을 막을 수 있다.

④ 잡초의 발생 억제

대부분의 잡초종자는 광발성종자(호광성)이기 때문에 멀칭을 하게 되면 잡초의 발아를 억제할 수 있고 발아한 잡초라도 광이 차단되어 생육이 억제된다. 따라서 비닐로 멀칭을 하는 경우는 검정색 비닐이 투명 비닐보다 잡초발생 억제효과가 크다.

⑤ 과채류의 품질 향상

과채류에 짚으로 멀칭을 해주면 과실의 품질이 향상된다.

기출확인문제

Q1 작물재배에 있어서 피복의 효과로 틀린 것은?

① 습도의 감소 ② 토양의 건조방지
③ 지온변화의 억제 ④ 토양의 침식방지

| 해설 | 습도의 감소는 틀리다. 습도의 유지이다.

정답 ①

기출확인문제

Q2 멀칭의 효과로 옳은 것은?

① 동해의 경감　　② 비료절감
③ 풍해유도　　④ 낙과방지

| 해설 | 멀칭의 효과 : 지온 상승 및 동해 경감, 잡초 발생 경감, 토양 보습, 토양침식 방지

정답 ①

XXII 배토

1 배토

이랑 사이의 흙을 작물의 그루 밑에 긁어모아 주는 것을 말한다. 호미, 괭이, 배토기 등 농기구(농기계)를 이용한다.

2 배토의 효과(목적)

① 작물 도복의 피해를 예방할 수 있다.
② 새 뿌리의 발생이 조장되어 생육을 좋게 한다.
③ 밭벼, 맥류 등은 유효분얼이 끝난 다음 배토를 하면 무효분얼의 발생이 억제되어 증수효과가 있다.
④ 파, 셀러리 등은 연백(連白 ; 흰 부분이 많게)의 목적으로 배토를 한다.
⑤ 감자의 경우 배토를 하면 수확량이 증가한다.

3 배토의 시기와 방법

① 배토는 목적에 따라 중경제초와 겸하여 한 번 정도 한다.
② 파, 셀러리처럼 연백화가 목적인 배토의 경우 여러 차례 한다.

③ 배토를 할 때 단근(뿌리 끊김)이 되지 않도록 주의하여야 한다.

④ 맥류의 도복 방지를 위한 배토는 건조기에 하게 되므로 배토의 깊이, 토양, 습도, 일기 등에 주의하여야 하며, 특히 신장 초기의 단근은 크게 해롭기 때문에 신장후기에 배토하여야 한다.

XXIII 토입

1 토입

이랑 사이의 흙을 곱게 부수어서 작물이 자라고 있는 골속에 넣어주는 작업을 말하며, 주로 월동하는 맥류에 이루어진다.

2 맥류의 토입(흙 넣어주기) 효과

① 월동성을 향상시켜 준다.

② 유효분얼종지기에 2~3cm의 토입(흙넣기)은 무효분얼 억제 효과가 있다.

③ 봄철에 1cm 정도의 토입으로 분얼이 촉진되고 한해(건조해)가 경감된다.

④ 수잉기에 3~6cm의 토입을 하면 도복이 경감된다.

⑤ 건조할 때의 토입은 뿌리가 마르게 되어 오히려 해가 된다.

XXIV 답압

1 답압

월동 중인 작물을 밟아 주는 것을 말하며, 주로 맥류에서 이루어진다.

2 답압의 효과

① 동해 예방(서릿발의 피해 경감)

② 도장(웃자람)방지

③ 한해(旱害. 건조해)피해 경감

④ 분얼을 조장하며 유효경수를 증대하고 고른 출수를 기대할 수 있다.

⑤ 건조한 토양의 풍식(바람에 의한 토양침식)이 경감

3 답압의 시기

① 서릿발이 발생하는 시기(12~2월)

② 3월 하순~4월 상순 토입(흙넣기)을 한 다음 답압(밟아줌)한다.

③ 답압은 생육이 왕성한 경우에만 한다.

④ 땅이 질거나 이슬이 맺혔을 때는 답압을 피한다.

XXV 생육형태의 조정

1 정지

주로 과수에서 원하는 수형으로 자연적 생육형태를 크게 변형하여 목적하는 생육형태로 유도하는 것을 정지라고 한다.

※ 유도방법 : 전정, 유인, 가지 벌려주기, 가지 비틀기 등

① **원추형(주간형)**

- 수형이 원추상태가 되도록 하는 정지법
- 적용수종 : 왜성사과(★)
  - ※ 왜성사과 : 사과나무의 수고(나무의 높이)를 낮게 키우는 방식
  - ※ 왜성 : 키를 작게

② **배상형(술잔형. 개심형)** : 주간(원줄기)을 일찍이 끊고 3~4본의 주지를 발달시켜 수형이 술잔 모양이 되게 하는 정지법

③ **변칙주간형**

- 수년간 원추형으로 기르다가 뒤에 주간의 선단을 잘라서 주지가 바깥쪽으로 벌어지도록 하는 정지법
- 적용수종 : 서양배(★), 사과나무, 감나무, 밤나무

④ **개심자연형**

- 배상형의 단점을 보완한 정지법
- 적용수종 : 복숭아(★)

⑤ **울타리형**

- 철선을 직선으로 길게 설치하고 여기에 가지를 결속시키는 방법
- 적용수종 : 포도(★), 머루
- 장점 : 시설비가 적게 든다.
- 단점 : 수량이 적다. 나무의 수명이 짧아진다.

⑥ **덕식(덕형)**

- 철사 등을 공중 수평면으로 가로·세로로 치고, 가지를 수평면의 전면에 유인하는 정지법
- 적용수종 : 포도, 배, 키위
- 단점 : 시설비가 많이 든다. 농작업에 따른 노력이 많이 든다.

기출확인문제

Q1 다음 중 ( )에 알맞은 내용은?

> ( )은 짧은 원줄기 상에 3~4개의 원가지를 발달시켜 수형이 술잔모양으로 되게 하는 정지법이다.

① 원추형　② 덕형
③ 울타리형　④ 배상형

| 해설 | 배상형(술잔형, 개심형)은 주간(원줄기)을 일찍이 끊고 3~4본의 주지를 발달시켜 수형이 술잔모양이 되게 정지하는 방법이다.

정답 ④

2 전정

1) 전정

기본적인 정지를 하기 위해서나 또는 생육과 결과를 조절·조장하기 위해서 과수 등의 가지를 잘라주는 것

2) **전정의 효과**

① 원하는 수형(나무의 형태)을 만든다.

② 죽은가지, 묵은가지, 병충해 가지를 제거하고 새 가지로 갱신

③ 수광태세 · 통기성을 좋게 한다.　　　④ 관리의 용이

⑤ 해거림 방지 · 결과의 양호

3 주요 과수의 결과 습성

① 1년생 가지에서 결실 : 감, 밤, 포도, 감귤, 무화과, 비파, 호두

② 2년생 가지에서 결실 : 복숭아, 자두, 양앵두, 매실, 살구

③ 3년생 가지에서 결실 : 사과, 배 등

기출확인문제

Q1 과수의 결과습성에서 1년생 가지에 결실하는 과수는?

① 사과　　② 복숭아
③ 포도　　④ 양앵두

| 해설 | **결과 습성**

- 1년생 가지 : 포도, 감, 밤, 감귤
- 2년생 가지 : 복숭아, 양앵두, 자두
- 3년생 가지 : 사과, 배

정답 ③

4 그 밖의 생육형태 조정법

① 적심(순지르기)

② 적아(눈 따주기)

③ 환상박피 : 화아분화나 숙기를 촉진할 목적으로 실시한다.

④ 적엽(잎 따주기)

⑤ 절상 : 눈이나 가지의 바로 위에 가로로 깊은 칼금을 넣어 그 눈이나 가지의 발육을 조장시킨 것이다.

5 결실의 조절

① **적화** : 개화수가 너무 많을 때는 꽃망울이나 꽃을 솎아서 따 주는 것

② **적과** : 착과가 너무 많은 경우 열매를 솎아 준다.

6 수분의 매조

① **수분의 매조가 필요할 경우**

- 수분을 매조하는 곤충이 부족할 경우
- 자체의 꽃가루가 부적당하거나 부족할 경우
- 다른 꽃가루로 수분되는 것이 결과가 더욱더 좋을 경우

② **수분 매조의 방법** : 인공수분, 곤충의 방사, 수분수의 혼식

> TIP **수분수**
>
> 사과, 배 등 과수들은 타가수정식물이기 때문에 다른 품종의 꽃가루를 받아야 수정 및 결실이 된다. 따라서 주 품종 사이사이에 다른 품종을 심어 주는데, 이렇게 심은 다른 품종을 수분수라고 한다. 또 한 가지 방법은 주 품종 가지에 다른 품종을 고접하여 수분수 역할을 하도록 한다.

③ **수분수의 구비조건(★)**

- 주 품종과 친화성이 있어야 한다.
- 개화기가 일치하거나 약간 빨라야 한다.
- 건전한 화분을 많이 가지고 있어야 한다.
- 수분수 자체 과실의 생산 및 품질도 우수하여야 한다. 즉 수분수도 경제성이 있어야 한다.

7 단위결과(무핵과=씨 없음)의 유도

① **씨 없는 수박의 생산 방법**

- 보통의 수박(2배체)을 3배체로 만들어 씨 없는 수박 생산
- 1년 차 : 보통의 2배체 수박에 콜히친을 처리하여 4배체 육성
- 2년 차 : 4배체를 모계로 2배체를 부계로 교잡(3배체 생산)
- 상호전좌를 이용한 씨 없는 수박 생산

② **씨 없는 포도** : 지베렐린을 처리한다. (분무법, 침지법)

③ **씨 없는 토마토·가지** : 착과제(생장조절제)의 처리로 씨 없는 과실 생산

TIP **씨 없는 포도 유기방법**

- 포도의 경우 암술의 자방이 화분 대신 지베렐린을 받아도 비대 및 성장하여 과실이 형성된다.
- 그러나 정상적인 수분과정이 이루어진 경우가 아니므로 종자는 형성되지 않는다.
- 따라서 지베렐린을 처리하여 포도의 단위결과(무핵과)를 유기할 수 있다.
- 지베렐린 처리는 지베렐린 수용액에 포도 봉우리를 담그는 침지법이나 분무기로 분무하는 분무법으로 처리하는데, 만개 14일 및 10일 전(전엽수가 8~9매 되는 시기) 2회에 걸쳐 처리한다.
- 1회 처리는 무핵과(단위결과) 및 숙기 촉진을 위하여 실시하며 2회 처리는 과립비대를 위하여 실시한다.

8 낙과(과실이 떨어짐)의 방지

1) 낙과의 종류

① 기계적 낙과 : 폭풍우나 병충해에 의한 낙과를 말한다.

② 생리적 낙과 : **생리적 원인**에 의해서 **이층이 발달**하여 낙과하는 것을 말한다.

2) 생리적 낙과의 원인(★)

① **수정이 되지 못한 경우(수정장해)**

② **기상조건(환경조건) 불량**(잦은 강우, 일조 부족에 의한 동화량 감소)

③ **토양 과습**에 의한 **뿌리의 활력 저하**

④ **결실량의 과다**로 인한 **양분 부족**

⑤ **수세가 강**하여 신초 생장이 과실 생장을 저해한 경우

⑥ 유과기에 저온 피해를 받은 경우

3) 생리적 낙과의 방지대책

① **수분수의 적정 유지 및 수분매개체** 반입(수분의 매조) : 단위결과성이 약해 종자 형성력이 강한 품종의 경우 수분이 잘 이루어 질 수 있도록 **수분수를 적절하게 심고 개화 전에 벌통을 반입**하는 등의 조치하여야 한다.

② **수광태세 확보** : 과원 내 수광태세가 불량할 경우 **동화작용 및 양분의 전류에 장해**를 받게 되므로 **통풍과 광**이 잘 투과할 수 있도록 **수형에 알맞은 전정 및 전지**를 해준다.

③ **수세의 안정** : 수세(나무의 세력)가 너무 강할 경우 신초생장이 왕성하여 과실의 생장을 억제하기 때문에 여름철 추비를 억제하고 수세안정을 위해 환상박피를 하기도 한다.

④ **배수관리 철저** : 과원에 배수가 불량한 경우 토양 과습에 의해 뿌리의 활력이 저하 되어 양분 흡수에 지장을 받게 되므로 배수를 철저히 한다.

⑤ **질소질 비료의 과용 억제** : 질소질 비료의 과용을 억제하여 신초생장이 과다하지 않도록 한다.

⑥ 동상해의 방지 : 동상해 대책을 이용하여 동상해를 받지 않도록 관리한다.

⑦ 건조의 방지 : 관개·바닥의 멀칭으로 토양의 건조를 방지

⑧ 생장조절제의 살포 : 옥신 등의 생장조절제를 살포하여 이층의 형성 억제(후기낙과 방지)

4) 해거리의 방지

① 해거리 : 과수가 격년마다 착과가 되지 않거나 착과가 되었어도 낙과되는 현상을 말한다.

② 방지대책

- 착과지(착과한 가지)의 전정
- 조기 적과(일찍 과실 솎기) 실시
- 시비관리(미량요소가 부족하지 않게)
- 토양관리
- 여름철 건조 방지(토양 수분이 부족하지 않게)
- 병충해 방제

5) 봉지씌우기(복대)

① 복대 : 적과를 끝마친 다음 과실에 봉지를 씌우는 것

② 목적 및 효과

- 병충해방지(검은무늬병, 탄저병, 흑점병, 심식나방, 밤나방 등)
- 외관양호 및 상품성 향상
- 열과의 방지
- 농약 잔류성 경감

③ 단점

- 노력과 경비가 많이 든다.
- 비타민 C의 함량이 저하된다.

※ 무대재배 : 봉지를 씌우지 않고 재배하는 것

CHAPTER

5 병충해 · 재해방지

I 병충해 방제

1 경종적 방제

① **적합한 경작지역을 선정한다.**

- 경작하고자 하는 작물과 토지의 조건이 적합한 곳을 선정한다.
- 우리나라 채종용 감자의 경작지는 대부분 강원도나 전북 무주 등 고랭지에서 이루어지고 있다. 이처럼 고랭지에서 채종을 하는 이유는 고랭지에서는 바이러스병 발생이 적기 때문이다.
- 경작지에 통풍이 불량한 곳은 병해가 발생하기 쉽다.
- 경작지에 오수가 유입되는 곳은 일반적으로 충해가 많이 발생한다.

② **적합한 품종을 선택한다.**

- 벼의 줄무늬잎마름병 : 남부지방에서 벼를 조식재배하는 경우 저항성 품종을 선택하여야 피해가 경감된다.
- 밤나무혹벌 : 저항성 품종으로 예방이 가능하다.
- 포도의 필록세라(뿌리혹 진딧물) : 접목을 통해 예방이 가능하다.

③ **건전한 종자를 선택한다.**

- 건전한 종자(무병종자)를 선택하여야 한다.
- 각종 작물의 바이러스병 : 무병종자를 선택해야만 방제가 가능하다(바이러스는 건열처리를 하면 사멸한다).
- 벼의 선충심고병이나 밀의 곡실선충병 : 종자 소독을 통해 선충을 제거한 다음 종자로 사용하여야 한다.

④ **윤작**(돌려짓기)

- 가장 대표적인 경종적 방제 방법이다.
- 연작장해가 심한 작물의 경우 연작을 하면 기지현상(연작장해)현상이 나타나는데, 윤작을 통해 이를 극복할 수 있다.

⑤ 재배 양식의 변경

- 벼의 모 썩음병 : 보온육묘 하면 예방된다.
- 벼의 줄무늬잎마름병 : 직파재배를 하면 발생이 경감된다.

⑥ 혼작(섞어 심기)

- 팥의 심식충 : 콩을 혼식하면 피해가 경감된다.
- 밭벼의 충해 : 밭벼 포장 중간중간 무를 혼식하면 피해가 경감된다.
- 모든 작물의 선충 : 메리골드를 혼식하면 피해가 경감된다.

⑦ 생육기의 조절

- 감자의 역병 · 뒷박벌레 : 조파조수(早播早收. 일찍 파종하여 일찍 수확)하면 피해가 경감된다.
- 밀의 녹병 : 밀의 수확기를 빠르게 하면 피해가 경감된다.
- 벼의 도열병 : 조식재배(일찍 식재) 하면 경감된다.
- 벼의 이화명나방 : 만식재배하면 피해가 경감된다.

※ 생육기의 조절을 통한 예방은 그 지역의 병해충 발생 정도에 적합하게 선택한다.

⑧ 시비법의 개선

- 질소비료의 과용, 칼리나 규산 등이 결핍되면 모든 작물에서 병충해의 발생이 심해진다.

※ 질소질 비료 : 조직을 연화시킴, 규산질 비료(조직을 규질화한다.)

⑨ 포장의 위생관리 철저

- 재배 포장의 위생관리를 철저히 하여 잡초 · 낙엽 등을 제거해 주어 병충해의 전염경로를 차단한다.
- 통풍과 투광도 잘되게 관리한다.

⑩ 수확물의 건조

- 수확물을 잘 건조시키면 병충해의 발생이 예방된다.
- 보리나방 : 보리를 잘 건조시키면 피해가 방지된다.
- 밀의 바구미 피해 : 밀의 수분 함량을 12% 정도까지 건조시키면 피해가 방지된다.

⑪ 중간기주식물의 제거

- 배의 적성병 : 주변에 중간 기주식물인 향나무를 제거하면 피해가 방지된다.

※ 향나무를 제거할 수 없는 경우 향나무도 같이 방제한다.

2 생물학적 방제

생물학적 방제란 천적(곤충, 미생물)을 이용하여 병해충 방제에 이용하는 것을 말하며, 근래 환경농업에 이용한다.

1) 천적의 종류(★)

① **기생성 천적**(곤충) : 침파리, 고치벌, 맵시벌, 꼬마벌

- 기생성 천적은 해충에 기생하여 해충을 병들게 하는 곤충을 말한다.
- 침파리, 고치벌, 맵시벌, 꼬마벌 : 나비목의 해충에 기생한다.

② **포식성**(잡아먹음)의 천적 : 풀잠자리, 꽃등에, 됫박벌레

- 풀잠자리, 꽃등에, 됫박벌레 : 진딧물을 잡아먹는다.
- 딱정벌레 : 각종 해충을 잡아먹는다.

③ **병원성**

④ **길항성**

2) 해충별 이용되는 천적의 종류(★)

① 진딧물 : **진디혹파리**, 무당벌레, 콜레마니진디벌, 풀잠자리, 꽃등에

② 잎굴파리 : 굴파리좀벌, 잎굴파리 꼬치벌

③ 응애 : 칠레이리응애, 캘리포니쿠스응애, 꼬마무당벌레

④ 온실가루이 : 온실가루이좀벌, 카탈리네무당벌레

⑤ 총채벌레 : 오리이리응애, 애꽃노린재

⑥ 나방류 : 알벌, 곤충병원성 선충

⑦ 작은뿌리파리 : 마일스응애

3) 천적이용 방제의 문제점

① 모든 해충을 구제할 수는 없다.

② 천적의 이용관리에 기술적 어려움이 있다.

③ 경제적으로 부담이 된다.

④ 해충밀도가 높으면 방제효과가 떨어진다.

⑤ 방제효과가 환경조건에 따라 차이가 크다.

⑥ 노력이 많이 들고 농약처럼 효과가 빠르지 못하다.

※ Banker Plant : 천적을 증식하고 유지하는 데 이용되는 식물

4) **병원성 미생물을 이용한 방제**

병원성 미생물은 해충에 침입하여 해충을 병들어 죽게 하는 것을 말한다.

① **송충이 : 졸도병균·강화병균**을 살포하여 송충이를 이병시킨다.

② **옥수수 심식충 : 바이러스**를 살포하여 심식충을 이병시킨다.

※ 병원성 미생물을 이용한 방제는 현재도 꾸준히 연구가 진행되고 있다.

5) **길항성 미생물을 이용한 방제**

길항미생물이란 미생물이 분비한 항생물질 또는 기타 활동산물이 다른 미생물의 생육을 억제하는 미생물을 말한다. 즉 식물에 병을 유발하는 병원성 미생물의 천적 미생물이라고 할 수 있다.

① 토양전염병 방제 : *Trichoderma harzianum*(트리코더마 하지아눔) 이용

② 고구마의 *Fusarium*(후사리움)에 의한 시듦병 : 비병원성 Fusarium(후사리움) 이용

③ 토양병원균 방제 : *Bacillus Subtilis*(바실루스 서브틸리스)를 종자에 처리하여 이용한다.

3 물리적 방제

물리적 방제는 화학제(농약 등)가 아닌 물리적 요소를 이용한 방제를 말하며 빛, 소리, 열, 냉온, 기구(덫, 끈끈이 등), 소각 등을 이용한다.

① **포살 및 채란**

- 포살 : 손이나 포충망을 이용하여 직접 해충을 잡아 죽인 것
- 채란 : 해충의 유충이나 알을 직접 채취하여 죽이는 것

② **소각** : 낙엽, 마른잡초 등에는 병원균이 많고 또 월동해충이 숨어 있는 경우가 있으므로 태워 버린다.

③ **소토법(흙 태우기 또는 흙을 가열하기)** : 상토로 사용할 흙을 태우거나 철판에 구워서 토양전염병을 사멸시킨다.

④ **담수처리** : 시설하우스 내 토양을 장기간 담수해 두면 토양 전염하는 병해충을 구제할 수 있다.

⑤ **차단법**

- 과실의 봉지 씌우기
- 어린 식물을 폴리에틸렌 등으로 피복하기
- 도랑을 파서 멸강충 등의 이동 등을 차단

⑥ **유살법**

- 대부분의 나방류는 광주성(야간에 빛으로 모여듦)이기 때문에 유인등이 장치된 포충기를 이용하여 야간에 이화명나방 등 나방을 포살
- 해충이 좋아하는 먹이로 해충을 유인하여 포살
- 포장에 짚단을 깔아 해충을 유인하여 소각
- 나무 밑둥에 가마니 짚을 둘러싸서 이에 잠복하고 있는 해충을 유인하고 가마니 짚을 통째로 태워 구제

⑦ **온도처리법**

㉠ 온탕처리법 : 맥류의 깜부기병, 고구마의 검은무늬병, 벼의 선충심고병 등은 종자를 온탕처리하면 사멸한다.

㉡ 건열처리

- 보리나방의 알 : 60도에서 5분, 유충과 번데기는 60도에서 1~1.5 시간의 건열처리하면 사멸한다.
- 건열처리는 바이러스 등 종자전염 병해충 방제에 널리 이용한다.

4 화학적 방제

화학적 방제법은 농약을 살포하여 병해충을 방제하는 것을 말한다.

① **살균제**

- 동제(구리제) : 석회보르도액, 분말보르도액, 동수은제 등
- 유기수은제 : Uslpulun, Mercron, Riogen, Ceresan 등→현재 유기수은제는 사용하지 않고 있다.(제조금지 됨)
- 무기황제 : 황분말, 석회황합제

② **살충제**

- 천연살충제 : 피레드린(★제충국에서 추출), 니코틴(담배에서 추출) 등
- 유기인제 : 템프, 파라티온, 스미티온, 이피엔, 말라티온 등→EPN(이피엔)은 현재 사용(제조) 금지됨
- 염소계
- 살비제 : 응애 방제
- 살선충제 : 선충방제

③ **유인제** : 페르몬 등

④ **기피제** : 모기, 벼룩, 이, 진드기 등에 대한 기피제

⑤ **화학불임제** : 호르몬계

⑥ **보조제** : 용제, 계면활성제, 증량제 등

5 법적 방제

법적 방제는 식물방역법을 제정하여 식물검역을 실시하고 해외 병해충의 국내 반입을 차단하는 방법을 말한다. 우리나라는 농림축산검역본부에서 업무를 관장한다.

6 종합적 방제

종합적 방제는 여러 가지 방제 방법을 복합적으로 적용하는 방법이다. 종합적 방제의 핵심은 병해충을 완전히 박멸하는 것이 아닌 경제적 피해 밀도 이하(★)로 방제하는 것이다.

> **TIP**
> 종합적 방제 : 작물의 병충해 방제법은 크게 경종적 방제, 생물학적 방제, 물리적(기계적) 방제, 화학적 방제법으로 구분할 수 있다. 또한 이러한 방제법 중 두 가지 이상을 복합적으로 적용하는 것을 종합적 방제라고 한다.
> - 경종적 방제 : 합리적인 경작을 통해 병해충을 사전 예방
> - 물리적 방제 : 화학제(농약 등)가 아닌 물리적 요소를 이용한 방제. 빛, 소리, 열, 냉온, 기구(덫, 끈끈이 등), 소각 등 물리적 요소
> - 화학적 방제 : 농약 및 화학제를 이용한 방제
> - 생물학적 방제 : 천적(곤충, 미생물) 등을 이용한 방제

Ⅱ 도복

1 도복

작물체가 비바람에 쓰러지는 것을 도복이라고 한다. 다비재배(질소과용)를 하는 경우 피해가 크게 발생한다.

2 도복이 유발되는 원인의 정도

① 줄기의 좌절저항과 외력을 받는 잎·줄기의 상태에 따라 유발되는 정도가 다르다.

② 줄기의 길이에 따라 다르다 .

③ 이삭의 무게에 따라 다르다. 무거울수록 도복 발생률이 높다.

④ 지상부의 무게 차에 따라 정도가 다르다.

⑤ 줄기의 굵기, 간벽의 두께, 절간장의 장단 등에 따라 다르다.

⑥ 기계조직의 발달 정도에 따라 다르다.

⑦ 칼리, 규산 함량 등 줄기의 화학적 조성과도 영향이 있다.

3 도복이 발생하는 조건

① **품종**

- 키가 크고 생체조직이 약한 품종일수록 도복이 심하다.
- 키가 작은 품종이 일반적으로 도복 발생이 적다.

② **재배조건** : 밀식재배, 질소질 비료의 과용, 칼리 및 규산이 부족한 경우 도복이 잘 발생한다.

③ **병충해 피해 정도**

- 벼 : 잎집무늬마름병, 마디도열병, 가을멸구가 발생한 포장은 도복 발생이 조장된다.
- 맥류 : 줄기녹병이 발생한 포장은 도복이 조장된다.

④ **도복이 유발되는 환경조건**

- 비바람이 강하게 부는 경우 도복이 조장된다.

4 도복방지 대책(★★★)

① 도복저항성 품종의 선택 : 내도복성 품종(단간품종)을 선택한다.

② 질소과용을 회피한다.

③ 인산, 칼리, 규산, 석회의 시용을 충분하게 해준다.

④ 벼, 맥류는 하위절간의신장기(출수 45~30일 전)에 질소비료의 시용을 피한다.

- 심수관계(깊게 물 대기)가 되지 않도록 한다.
- 2.4-D 등을 살포한다.

> TIP **2.4-D(합성옥신류)** : **높은 농도**에서는 **제초제**로 사용하고, **낮은 농도**에서는 **신장 억제제**로 사용한다.

⑤ 밀식재배를 피한다. (밀식하면 식물이 웃자라기 때문)

⑥ 배토·답압·토입 등을 한다.

⑦ 각종 병충해방제를 철저히 한다.

기출확인문제

Q1 맥류의 도복을 적게 하는 방법으로 옳지 않은 것은?

① 단간성 품종의 선택 ② 칼륨 비료의 시용
③ 파종량의 증대 ④ 석회 시용

| 해설 | 파종량을 증대하면 웃자람이 발생하여 도복하기 쉽다.

정답 ③

Ⅲ 수발아

1 수발아

수발아란 수확되기 전 성숙기에 **맥류**의 경우 **저온강우 조건, 벼의 경우 고온강우 조건** 등에 의해 장기간 비를 맞아서 젖은 상태로 있거나, 우기에 도복해서 이삭이 젖은 상태로 오래 접촉해 있으면 **수확 전의 이삭에서 싹이 트는데,** 이처럼 **종실이 이삭에 붙어 있는 상태로 발아**를 하는 것을 수발아라고 한다.

2 원인

맥류의 경우 **저온강우 조건, 벼의 경우 고온강우 조건** 등에 의해 휴면이 타파되어 흡수한 상태로 처하게 되므로 휴면을 일찍 끝내고 발아하게 된다.

3 대책

① 맥류의 경우 보리가 밀보다 성숙기가 빠르므로 성숙기에 비를 맞는 일이 적어서 수발아의 위험이 적다.
② 맥류의 경우 조숙종을 선택한다. 조숙종을 선택해야 하는 이유는 조숙종이 만숙종보다 수확기가 빠르기 때문에 장마철을 피하여 수확할 수 있어 수발아의 위험성이 적기 때문이다.
③ 휴면성이 긴 품종을 선택한다.
④ 조기수확 한다. 수확 시기가 늦어지면 장마비를 맞을 수 있기 때문이다.
⑤ 벼·보리는 수확 7일 전쯤에 건조제를 경엽(줄기와 잎)에 살포한다.
⑥ **도복**되지 않도록 관리한다.
⑦ 출수 후 발아 억제제(MH)**를 살포한다.**

CHAPTER 6

생력재배

I 생력재배

1 생력재배

농업에 따르는 노동력을 기계화·제초제의 사용 등으로 크게 절감하는 재배 방식을 생력재배라고 한다.

※ 생력재배=노동력절감 재배

2 생력재배의 전제조건

① 경지정리가 되어 있어야 한다.(기계작업이 용이)

② 동일 작물로 집단화한다.(관리 용이)

③ 여러 농가가 공동으로 집단화를 조성한다. 능률이 향상되며 우리나라의 경우 작목반이나 영농조합법인의 경우이다.

④ 생력재배로 절감되는 노동력을 수익으로 연결하는 방안 강구

⑤ 제초제를 사용한다.(★)

⑥ 기계화작업에 알맞은 작물이나 품종 선택

⑦ 정부의 적극적인 지원

⑧ 농업인의 협동심·연구심 강구

3 생력재배의 목적 및 이점

① 노동력 절감

② 단위면적당 수량 증대

③ 지력 향상→대형기계로 심경이 가능하기 때문

④ 농작업을 적기에 수행 가능

⑤ 인력을 이용한 농작업 방법(재배방식)의 개선

⑥ 작부체계의 개선

⑦ 재배면적 확대 가능

⑧ 농가소득 향상

Ⅱ 기계화 재배

1 벼의 기계화 재배

① 생력화에 가장 유리→직파재배(모내기하지 않고 직접 종자로 파종하는 방법)

- 건답직파 : 마른논에 직접 볍씨종자를 파종
- 담수직파 : 물이 있는 논에 직접 볍씨종자를 파종

② 직파재배의 단점(이앙재배에 비해)

- 입모율이 낮다.
- 잡초방제가 어렵다.
- 도복하기 쉽다.

2 맥류 기계화를 위한 적합한 품종의 구비조건

① 다비밀식재배에 따른 내도복성이 강한 품종(★)

② 한랭지의 경우 내한성이 강한 품종

③ 내병성 품종

④ 초장이 중간정도인 품종(70cm)

⑤ 초형이 직립하는 품종

⑥ 조숙성 품종→수확 시기가 늦는 품종은 장마기가 겹쳐 기계작업이 곤란하기 때문이다.

3 맥류기계화 재배방법의 종류

① 드릴파 재배 : 골 너비 · 골 사이를 아주 좁게(골 너비 5cm × 골 사이 20cm) 하여 여러 줄로 파종하는 방법

② 휴립광산파 재배 : 골 너비를 아주 넓게 파종하는 방법

③ 전면전층파 재배

- 먼저 포장 전면에 종자를 산파(흩어뿌림)하고 기계로 일정 깊이로 땅을 갈아 섞어 넣는 방법
- 장점 : 파종작업이 매우 간편하다.

CHAPTER 7

시설재배 · 정밀농업

I 시설재배 · 정밀농업

1 우리나라 시설재배 작물의 재배동향

채소류 93% 〉 과채류 54% 〉 화훼류 7%

2 시설재배 환경의 특성(★★★)

① 일교차가 크고 지온이 높다. (낮 동안 고온, 밤 동안 저온)

② 광질이 다르고 광량이 감소하며 불균일하다.

③ 탄산가스가 부족하고 유해가스가 집적되기 쉽다.

④ 토양이 건조해지기 쉽고 공중습도는 높다.

⑤ 토양 염류농도가 높고 물리성이 나쁘다.

⑥ 노지보다 연작장해가 발생하기 쉽다.

TIP

시설이 염류장해 발생요인이 높은 이유?

시설에서 염류농도가 높은 이유는 시설은 자연강우가 차단되기 때문에 강우에 의한 염류의 용탈을 기대할 수 없기 때문이다.

3 정밀농업

첨단 공학기술을 이용하여 포장의 위치별 잠재적 수확량을 조사하여 동일포장 내에서도 위치에 따라 종자, 비료, 농약 등 자재를 작물의 잠재적 수확량에 따라 다르게 적용하여 농업으로 인한 환경문제를 최소화하고 생산성을 향상시키는 농업이다.

4 정밀농업의 추구 목적(방향)

① 농업 생산성 증대

② 농업으로 인한 환경오염의 최소화(친환경농업)

③ 농산물의 안전성 확보

④ 단위면적당 생산량 증대

기출확인문제

Q1 시설재배의 환경특이성을 옳게 설명한 것은?

① 온도는 일교차가 작고 분포가 고르다.
② 광선은 광질이 다르고 광량이 감소한다.
③ 공기는 탄산가스가 풍부하고 유해가스가 없다.
④ 토양이 습해지기 쉽고 공중습도가 낮다.

| 해설 | 광질이 다르고 광량이 감소하며 불균일하다.

정답 ②

CHAPTER

8 수확 · 저장

I 수확

1 벼의 수확 시기

① 조생종 : 출수 후 40~45일　　② 중생종 : 출수 후 45~50일

③ 만생종 : 출수 후 50일 전후

2 벼 수확 시 탈곡기의 적정 회전수

① 종자용 : 300rpm.

② 식용 : 500rpm

※ rpm : 1분당 회전속도

3 사료작물의 수확 시기

① 사일리지용 옥수수 · 화본과 목초 : 유숙기

※ 화본과=벼과, 십자화과=배추과

② 두과(콩과)목초 : 개화 초기

4 클라이맥트릭형(호흡급등형) 과실(★★)

수확 후 호흡이 급등하는 과실을 클라이맥트릭형이라고 한다.(사과, 배, 복숭아, 감, 살구, 토마토, 수박, 멜론, 바나나, 키위)

5 수확 후 에틸렌 가스의 발생

① 과실은 수확 후 후숙이 진행되면서 에틸렌가스가 발생한다.

② 특히 클라이맥트릭형 과실의 경우 에틸렌 가스가 다량 발생한다.

③ 클라이맥트릭형이 아니어도 상처가 발생하면 에틸렌 가스가 발생한다.

Ⅱ 건조 및 저장

1 건조의 목적

① 가공을 위한 경도 유지 : 건조를 통해 어느 정도 경도를 유지해야 가공이 가능하다. 벼의 경우 도정을 위해 수분 함량을 17~18% 이하로 건조해야 한다.

② 안전 저장을 위한 건조 : 저장을 위해서는 15% 이하로 건조해야 곰팡이 등의 발생을 막을 수 있다.

2 건조방법

① 천일건조 : 햇볕이나 음지에서 건조

② 상온통풍건조 : 상온의 바람을 불어 넣어 건조시킴

③ 화력건조 : 화력건조기로 건조하는 것으로 열풍으로 건조

④ 곡물의 경우 건조기의 승온은 1시간당 1℃가 적당하다.

3 화력건조(열풍건조) 시 유의 사항

① 곡물의 경우 적합한 건조온도 : 45℃에서 6시간

② 고온건조(55℃) 시 문제점

- 동할미(끊어진 쌀) 발생 증가
- 싸라기(깨진 쌀) 발생 증가
- 단백질의 응고→전분의 노화로 발아율 저하, 미질(식미) 저하

4 곡물의 저장 중 나타나는 이화학적·생리적 변화

① 호흡으로 인한 저장양분의 소실

② 발아율 저하

③ 지방의 자동산화에 의한 산패(유리지방산 증가)

④ 전분의 분해

⑤ 침해균 · 해충의 피해

⑥ 쥐 피해

5 큐어링(상처 치유=아물이)

① 큐어링 : 고구마 · 감자 등 수분 함량이 많은 작물을 수확 시 상처가 발생한 것을 치유(아물이) 하는 것을 말한다.

㉠ 고구마 : 수확 후 30~33℃, 상대습도 90~95% 조건에서 3~6일간 처리

㉡ 감자

수확 후 7~10℃, 상대습도 85~90% 조건에서 10~14일간 처리한다.

② 큐어링의 목적 : 상처 치유(안전 저장)

6 작물별 안전 저장 조건

① 쌀 : 온도 15℃, 상대습도 70%, 수분 함량 15% 이하

② 보리 : 수분 함량 15% 이하

③ 콩 : 수분 함량 11% 이하

④ 감자, 씨감자 : 온도 3~4℃, 상대습도 85~90%

⑤ 고구마 : 온도 15~33℃, 습도 85~90%

⑥ 과실류 : 온도 0~4℃, 상대습도 80~85%

⑦ 엽, 근채류 : 온도 0~4℃, 상대습도 90~95%

⑧ 고춧가루 : 수분 함량 11~13%, 상대습도 60%

⑨ 마늘

- 상온저장 : 온도 0~20℃, 상대습도 70%
- 저온저장 : 온도 3~5℃ 상대습도 65%

⑩ 바나나 : 온도 13℃ 이상

7 수량의 구성요소

① 곡류

- 수량=단위면적당 수수(이삭 수)×1수영화수×등숙비율×1립중

※ 1립중(낟알 1,000개의 평균 중량)

② 과실

- 수량=나무 당 과실수×과실의 크기(무게)

③ 뿌리작물

- 수량=단위면적당 식물체 수×식물체당 덩이뿌리(덩이줄기)×덩이뿌리(덩이줄기)의 무게

④ 사탕무·성분채취용 작물

- 수량=단위면적당 식물체 수×덩이뿌리의 무게×성분 함량

⑤ 벼의 수량구성요소의 연차변이계수

- 수수(이삭 수)가 가장 큰 영향을 준다.
- 수수(이삭 수) 〉 1수영화수 〉 등숙비율 〉 천립중

※ 천립중 : 알곡 1,000립의 중량(천립중이 높을수록 충실하게 여문 것이다.)

⑥ 수량의 산정방법

㉠ **평뜨기법**(평예법) : 표본 3개소를 선정→1평당 수량 측정→전체면적으로 산정

㉡ **입수계산법** : 생육상태가 중간 정도인 표본을 3개소 이상 선정한 후 각 표본에서 일정면적 또는 일정개체를 선정한 다음 단위면적당 식물체 수 또는 식물체당 입수를 측정하여 전체 수량을 환산(추정)하는 방법이다.

㉢ **달관법** : 포장 전체를 돌아보면서 육안으로 관찰하여 수수(이삭 수)와 입수를 헤아려 보고 과거의 경험을 통해 수량을 추정하는 방법이다. 숙련된 경험이 필요하다.

MEMO

Part 4 농약학

CHAPTER

1 농약의 범위·구비조건

1 농약의 범위

① 살충제

② 살균제

③ 제초제

④ 식물생장조정제

⑤ 살비제(**응애 방제약**)

⑥ 살선충제(**선충 방제약**)

⑦ 살서제(**쥐 등 설치류 방제**)

⑧ 기타 농업에 사용되는 모든 약제

※ **농약관리법상**에서 **살서제(★)**는 **농약으로 지정하지 않고** 있다.

2 농약의 구비조건

① 적은 양으로 약효가 확실할 것

② 농작물에 대한 약해가 없을 것

③ 인축 및 어류 등 생태계에 안전할 것

④ 다른 약제와의 **혼용 범위가 넓을 것**(★★)

⑤ 값이 싸고 사용 방법이 편리할 것

⑥ 물리적 성질이 양호할 것

⑦ 대량생산이 가능할 것

⑧ 천적 및 유용곤충류에 대하여 독성이 낮거나 선택적이어야 한다.

기출확인문제

Q1 농약의 구비조건이 아닌 것은?

① 효력이 정확하고 커야 한다.
② 인축 및 어류에 대한 독성이 커야 한다.
③ 천적 및 유용곤충류에 대하여 독성이 낮거나 선택적이어야 한다.
④ 다른 약제와 혼용 범위가 넓어야 한다.

| 해설 | 농약은 인축 및 어류에 대한 독성이 적어야 한다.

정답 ②

3 농약 사용의 장단점

1) 장점

- 병해충 방제에 크게 기여하였다.
- 인류의 보건 증진에 이바지하였다.
- 식량증산에 이바지하였다.(기근(**굶주림**)으로부터 해방)

2) 단점

- 생태계 파괴
- 약제 저항성 해충의 출현
- 인축에 대한 독성
- 잠재적 곤충의 해충화
- 환경오염(수질, 토양 등) 유발

4 농약의 자연분해

① 화학적 분해
② 미생물에 의한 분해
③ 광분해(주로 자외선)

5 세계의 농약 발달 과정

① 석회유황합제 : 1880년, Hoble 및 Covel

② 석회보르도액 : 1885년. Millardet. 포도 노균병

③ 송지합제 : 1887. Koeble. 이세리아깍지벌레

④ DDT : 1939년 살충력 인정(1945년부터 농업용으로 사용)

⑤ BHC : 1942년 살충력 인정

⑥ schradan(슈라단) : 1941년 Schrader

⑦ TEPP : 1946년 유기인계

⑧ parathion : 1947년

⑨ Endosulfan(엔도설판) : 1956년 독일

⑩ Oxadixyl : 1960년

기출확인문제

Q1 다음 중 가장 오래전부터 제조되어 사용되었던 농약은?

① Lime Sulfur　　② Schradan

③ Endosulfan　　④ Oxadixyl

| 해설 | • Lime Sulfur(석회유황합제) : 1880년

• Schradan(슈라단) : 1941년 독일

• Endosulfan(엔도설판) : 1956년 독일

• Oxadixyl : 1960년

정답 ①

CHAPTER

2 농약의 분류

1 사용목적에 따른 분류

1) 살균제

① **보호살균제** : 병원균이 침투하기 전 **예방**이 주목적이다. 즉 병원균의 포자가 좋아하는 것을 저지하거나 식물이 병원균에 대하여 저항성을 가지게 하여 병을 예방하는 약제를 말한다.

㉠ **보르도액(황산구리+생석회=석회보도액)**

㉡ **동제(염기성 황산구리+증량제=안정제)**

㉢ **석회유황합제(생석회+황)**→생석회:황=1:2

• 유효성분 : CaS_5

② **직접살균제** : 병원균 사멸이 주목적

③ **종자소독제** : 종자에 부착된 병해충 사멸(베노밀(상품명 : 벤레이트), 티람)

④ **토양살균제** : 토양 병해충 사멸(클로로피크린 등)

⑤ **과실방부제** : 티오요소, 디페닐 등

⑥ **농용항생제**

기출확인문제

Q1 종자 소독제로 주로 사용되는 농약은?

① 베노밀 · 티람
② 오리사스트로빈
③ 이미녹타딘트리아세테이트
④ 에디펜포스 · 아이소프로티올레인

| 해설 | 베노밀(벤네이트) · 티람은 종자 소독제로 사용되고 있다.

정답 ①

기출확인문제

Q2 석회유황합제의 주된 유효성분은?

① CaS ② CaS_2O_3
③ $CaSO_4$ ④ CaS_5

| 해설 | 석회유황합제의 유효성분은 CaS_5이다.

정답 ④

Q3 보호살균제의 특성에 대한 설명 중 틀린 것은?

① 균사체에 대하여 강력한 살균작용을 나타낸다.
② 살포 후 작물체 표면에서의 부착성과 고착성이 우수하다.
③ 강력한 포자발아 억제작용을 나타낸다.
④ 약효가 일정기간 유지되는 지효성이 있다.

| 해설 | 보호살균제는 병원균의 포자가 좋아하는 것을 저지하거나 식물이 병원균에 대하여 저항성을 가지게 하여 병을 예방하는 약제로 그 자체가 강력한 살균력을 가지고 있는 것은 아니다.

정답 ①

2) 살충제

① **소화중독제** : 약제를 입을 통해 섭취시켜 방제

② **접촉제** : 해충의 피부에 접촉·흡수시켜 방제

③ **침투성 살충제** : 식물체 내로 약제가 침투되어 살충

④ **훈증제** : 유효성분을 가스로 해서 해충을 방제

- **사용대상** : 저장곡물 해충, 토양소독, 검역대상 해충

⑤ **기피제** : 해충의 접근을 차단하기 위한 약제

⑥ **유인제** : 해충이 모이게 유인해서 방제(페로몬)

⑦ **불임제** : 해충의 생식능력이 없도록 하여 번식을 억제(호르몬계)

3) 살비제

응애류 방제 약제

4) 살선충제

선충을 방제하는 약제

5) 살서제

쥐, 두더지 등 설치류 방제약제

※ 두더지도 작물에 피해를 준다. 경작지 땅속에 굴을 파고 다녀 작물의 뿌리를 끊어버려 작물이 고사한다.

6) 제초제

① **비선택성 제초제** : 약제가 처리된 전체식물 제거(TCA, TOK)

② **선택성 제초제** : 화본과 식물에는 안전하고 광엽성 식물을 제거한다.(2.4-D, MCP)

7) 식물생장조정제

식물의 생장 촉진·억제, 개화 촉진, 착색증진, 낙과방지 등 약제(지베렐린, 옥신, α-나프탈렌초산, MH)

8) 보조제

보조제란 **살충제의 효력을 증진**할 목적으로 사용하는 약제를 말하며 **전착제, 증량제, 용제, 유화제, 협력제**가 있다.

① **전착제** : 주성분을 병해충 또는 식물체에 전착시키기 위한 약제

㉠ 전착제가 갖추어야 할 요건 : 확전성, 부착성, 고착성

㉡ **실록세인 액제** : 농약의 부착성 및 습전성이 좋게 한다.

② **증량제** : 분제의 주성분 농도를 낮추어 주는 약제

㉠ **증량제의 요건**

- 증량제의 PH는 농약의 주성분 분해에 영향을 주며 가급적 중성일 것
- 비중이 너무 크거나 작으면 안 된다. 가비중은 0.4~0.6 정도가 좋다.
- 흡습성이 없을 것
- 저장 중 주제에 작용해서 분해되는 성질을 가지지 않을 것
- 증량제의 강도가 강할수록 농약을 살포할 때 살분기의 마모가 커서 바람직하지 못하다.

㉡ **증량제의 종류(★★★)** : 벤토나이트, 규조토, 고령토, 탈크

- **베토나이트**(bentonite) : 물에 잘 팽윤되어 점착성을 띠며, 주로 수화제의 증량제로 사용되고, 비교적 무거운 점토광물로 흡유가가 천연의 증량제 중 가장 높아 우리나라에서 가장 많이 사용한다.
- **규조토** : 주성분은 규산(SiO_2)이고 약간의 산화알루미늄(Al_2O_3)과 석회를 함유하고 약 4배 무게의 수분을 보존할 수 있다. 특히, 마찰력이 커서 살충효과가 있다.

- **고령토**
- **탈크**(Talc, 활석)는 물에 잘 젖지 않고 약알칼리성 광물이나 대부분 농약이 이 조건에서 안정하고 토분성이 좋아 분제제조용으로 널리 이용된다.

③ **용제** : 물에 잘 녹지 않는 약제의 유효 성분을 녹이는 약제

④ **유화제** : 유제의 유화성을 높이기 위한 약제(계면활성제)

- **알켄**($-CnH_{2n+1}$) : 계면활성제를 구성하는 원자단 중 친유성(親油性)이 가장 강하다.

⑤ **협력제** : 유효 성분의 효력을 증진시키기 위한 약제(황산아연)

- 메틸렌디옥시페닐(methylene dioxyphenyl)
- Sulfoxide
- Sesamex
- Piperonyl butoxide(피페로닐 부톡사이드) : Pyrethrin의 협력제로 현재 가장 실용적으로 사용되고 있다.

기출확인문제

Q1 다음 중 농약의 분류상 맞지 않는 조합은?

① 보호용 살균제–석회보르도액　② 소화중독제–페니트로티온
③ 훈증제–메틸브로마이드　④ 직접살균제–석회유황합제

| 해설 | 석회유황합제는 보호살균제이다.

정답 ④

Q2 사용목적에 따른 살충제 농약의 분류에 해당하지 않는 것은?

① 식독제　② 미립제
③ 유인제　④ 기피제

| 해설 | • 미립제는 농약의 형태에 따른 분류이다.
• 사용목적에 따른 분류 : 식독제, 접촉독제, 침투성살충제, 유인제, 기피제, 불임화제

정답 ②

Q3 다음 중 농약의 사용목적에 따른 분류에 해당하는 것은?

① 유제농약　② 유기인제농약
③ 살충제농약　④ 잔류성농약

| 해설 | 사용목적 : 살충제, 살균제, 살서제, 살응애제, 살선충제 등

정답 ③

기출확인문제

Q4 농약 보조제의 작용으로 전착제가 갖추어야 할 조건으로 가장 거리가 먼 것은?

① 확전성 ② 부착성
③ 고착성 ④ 침윤성

| 해설 | 침윤성은 수분이 침투하여 젖어 드는 성질로 전착제가 갖추어야 할 조건과 거리가 멀다.

정답 ④

Q5 농약 유효성분의 효력을 증진시키기 위하여 사용되는 협력제가 아닌 것은?

① Sulfoxide ② Sesamex
③ Piperonyl Butoxide ④ Fenclorim

| 해설 | Fenclorim은 Chloroacetamide계 제초제에 이용되고 있는 약해 방지제이다.

정답 ④

Q6 물에 잘 팽윤되어 점착성을 띠며, 주로 수화제의 증량제로 사용되고, 비교적 무거운 점토광물로서 흡유가가 천연의 증량제 중 가장 높은 것은?

① 활석(탈크) ② 카올린
③ 벤토나이트 ④ 규조토

| 해설 | 벤토나이트는 물에 잘 팽윤시키면 호상으로 되고 점착성을 띠며, 주로 수화제의 증량제로 사용된다.

정답 ③

Q7 피페로닐 부톡사이드(Piperonyl butoxide)는?

① Pyrethrin의 협력제이다.
② 유기황계 살균제이다.
③ 유기인계 살충제이다.
④ 유기염소계 살충제이다.

| 해설 | 피페로닐 부톡사이드(Piperonyl Butoxide)는 Pyrethrin의 협력제로 현재 가장 실용적으로 사용되고 있다.
※ 협력제 : 농약의 생물활성을 상승시켜 주는 첨가제

정답 ①

2 농약의 주성분에 따른 분류

1) 무기농약

무기화합물이 주성분이다.

2) 유기농약

유기화합물이 주성분이다.

① **천연 유기농약**

㉠ **제충국(국화과 식물)**

- **살충성분** : 피레트린(pyrethrin)
- **살충기작** : 신경독
- 살충제로 피레트린 Ⅱ가 가장 살충성분이 강하다.
- 가정용 파리약, 모기약은 피레트린 Ⅰ을 사용한다.

㉡ **데리스(콩과식물)**

- **살충성분** : 로테논(rotenon)

② **유기합성 농약** : 유기인계, 유기염소계, 카바메이트계, 유기황계, 유기비소계, 유기불소계

㉠ **유기인계**

- 인산기(PO)를 골격으로 한다.
- 잔류성이 짧다.
- 인축에 독성이 높다.
- 적용해충이 다양하다.
- 농약 중 가장 많은 비중을 차지한다.

㉡ **유기염소계**

- 잔류성이 길다.
- 축에 독성이 낮다.
- 물농축이 크다.

㉢ **카바메이트계**(cabamate) 농약

- $R_1-NHC-O-R_2$의 화학구조를 기본 골격으로 한다.
- **종류** : 카보퓨란, 가벤다수화제, 지오판수화제
- **유기황계** • **유기비소계** • **유기불소계**

기출확인문제

Q1 다음 제충국의 유효성분 중 집파리에 대한 독성이 가장 큰 것은?

① 피레트린 Ⅰ ② 피레트린 Ⅱ
③ 시네린 Ⅰ ④ 시네린 Ⅱ

| 해설 | 가정용 파리약, 모기약은 피레트린 Ⅰ을 사용한다.

정답 ①

기출확인문제

Q2 다음 중 신경독 살충제는?

① 클로로피크린　　② 기계유유제
③ 유기수은제　　④ 제충국제

| 해설 | 제충국은 피레트린성분이 신경독을 일으켜 살충작용을 한다.

정답 ④

3 농약의 제제

1) 희석살포용 제제

① **유제**

㉠ 주제가 **지용성**으로 물에 녹지 않는 것을 **용제(유기용매)**에 용해시켜 유화제인 **계면활성제**를 **첨가**하여 제조한 것이다.

㉡ **물**과 **혼합** 시 **우유 모양**의 유탁액이 된다.

㉢ **유제가 갖추어야 할 성질(★★★)** : 유화성, 안정성, 확전성, 고착성, 부착성, 침투성, 습전성을 갖추어야 한다.

- **유화성** : 액상 입자가 균일하게 잘 퍼지는 성질로 물에 희석하였을 때 유효성분이 석출되지 않고 유탁액을 만들어야 한다.
- **침투성** : 약제가 식물체나 병원균, 곤충체 내로 잘 스며드는 성질
- **확전성** : 부착한 약제가 잘 퍼지는 성질
- **부착성** : 식물체나 고충의 표면에 잘 부착하는 성질로 살포 후에 작물이나 해충의 표면에 고르게 퍼지며 부착이 되어야 한다.
- **고착성** : 살포한 약제가 작물에서 씻겨 내려가지 않고 표면에 붙어있는 성질
- **습전성** : 습윤성+확전성(약제가 작물이나 곤충 표면에 잘 적셔지고 잘 퍼지는 성질)
- **안정성** : 유효성분이 보존 중 또는 사용 중에 분해 변화되지 않아야 한다.

② **액제** : 주제가 **수용성**인 것으로 가수분해의 우려가 없는 경우에 주제를 물 또는 메탄올에 녹인 후 계면활성제나 **동결방지제인 ethylene glycol(에틸렌 글리콜)을 첨가**하여 만든 액상 제형이다.

③ **수용제**

- 형태는 수화제와 같다.
- **수용성**이므로 물에 넣으면 **투명한 액제**가 된다.

④ **수화제**

- 수화제란 **물에 녹지 않는** 주제를 **카올린, 벤토나이트** 등으로 희석한 후 **계면활성제**를 혼합한 것을 말한다.
- 특성 : **물**에 **희석**하면 유효 성분의 입자가 물에 고루 분산되어 **현탁액**이 된다.
- 수화제가 갖추어야 할 중요한 물리성 : **현수성**을 갖추어야 한다.

⑤ **액상수화제**(Supension Concentrate)

- 수화제의 분말이 비산되는 단점을 보완하기 위한 제형이다.
- 증량제로 물을 사용한다.
- 분진이 발생하지 않아 사용 시 안전하다.
- 증량제로 물을 사용하므로 환경오염 측면에서 유리하다.

⑥ **입상수화제**(Water Dispersible Granule)

- 수화제 및 액상수화제의 단점을 개선한 신제형 농약이다.
- 과립상으로 가루날림이 적어 작업자의 안전성이 높다.
- 유동성이 좋아 취급이 용이하고 포장 내 부착성이 낮아 잔유물이 적다.
- 유효성분의 고밀도제제가 가능하다.
- 단점은 생산설비 투자비용이 고가이고 고도의 제조기술이 요구된다.

⑦ **유탁제**

- 유제에 사용되는 유기용제를 줄이기 위해 개발된 제형이다.
- 소량의 소수성 용매에 농약 원제를 용해하고 유화제를 사용하여 물에 유화시켜 제제한 것이다.

기출확인문제

Q1 입상수화제(Water Dispersible Granule)에 대한 설명으로 옳지 않은 것은?

① 과립상으로 가루날림이 적어 작업자의 안전성이 높다.
② 유동성이 좋아 취급이 용이하고 포장 내 부착성이 낮아 잔유물이 적다.
③ 유효성분의 고밀도제제가 가능하다.
④ 유제의 단점을 개선한 신제형 농약이다.

| 해설 | 입상수화제는 수화제 및 액상수화제의 단점을 보완하기 위한 신제형 농약이다. 따라서 ④항은 거리가 멀다.

정답 ④

기출확인문제

유제에 대한 설명으로 옳지 않은 것은?

① 유제란 주제의 성질이 수용성인 것을 말한다.
② 살포액의 조제가 편리하나 포장, 수송 및 보관에 각별한 주의가 필요하다.
③ 유제에서 주제가 유기용매의 25% 이상 용해되는 것이 원칙이다.
④ 유제에서 계면활성제를 가하는 농도는 5~15% 정도이다.

| 해설 | 유제는 주제가 지용성으로 물에 녹지 않는 것을 용제(유기용매)에 용해시켜 유화제인 계면활성제를 첨가하여 제조한 것이다.

정답 ①

약의 액제 제형을 제조할 때 겨울에 동결을 방지하기 위하여 주로 사용하는 것은?

① 석고(Gypsum)
② 규조토(Diatomite)
③ 황산아연(Zinc Sulfate)
④ 에틸렌 글리콜(Ethylene Glycol)

| 해설 | 액제의 동결방지제는 에틸렌 글리콜(Ethylene Glycol)이다.

정답 ④

수화제(Wettable Powder)를 물에 풀면 어떤 액이 되는가?

① 유탁액
② 현탁액
③ 투명한 수용액
④ 유용액

| 해설 | 수화제는 물에 녹지 않기 때문에 물에 풀어서 희석하면 물속에 수화제 입자가 분산 및 현탁되어 현탁액이 된다.

정답 ②

Q5 농약 원제를 물에 녹이고 동결 방지제를 가하여 제제화한 제형은?

① 유제
② 액제
③ 수화제
④ 수용제

| 해설 | 액제는 농약 원제를 물에 녹이고 계면활성제나 동결 방지제를 가하여 제제화한 제형이다.

정답 ②

Q6 물에 녹지 않은 원제를 벤토나이트 고령토점토광물의 증량제와 혼합하고, 여기에 친수성·습전성·고착성 등을 부가시키기 위하여 적당한 계면활성제를 가하여 미분말화시킨 농약의 제형은?

① 수용제
② 수화제
③ 분제
④ 유제

| 해설 | 수화제는 물에 녹지 않은 원제를 벤토나이트 고령토점토광물의 증량제와 혼합하고, 여기에 친수성·습전성 및 고착성 등을 부가시키기 위하여 적당한 계면활성제를 가하여 미분말화시킨 농약의 제형이다.

정답 ②

2) 직접살포용 제제

① **분제**

㉠ 분제 : 주제를 증량제, 물리성 개량제, 분해방지제 등과 균일하게 혼합 및 분쇄하여 제조한 것

㉡ 단점 : 분말(**가루**)이기 때문에 입제보다 뿌리기 작업이 어렵다.(**바람에 날림 등**)

② **미분제**

㉠ 분제의 단점인 비산성을 오히려 활용하여 비산성을 높인 것으로 평균 입경은 5.5㎛ 이하이다.

㉡ 시설하우스처럼 밀폐된 곳에 적합하다.

3) **저비산 분제**

분제의 일종이지만, 미립자를 최소화한 증량제와 응집제를 사용하여 약제의 표류 및 비산을 경감시킨 제제이다.

4) **입제**

① 입제 : 유효성분을 고체증량제와 혼합 및 분쇄하고 보조제로써 고합제, 안정제, 계면활성제를 가하여 입상으로 성형한 것이다.

② **장점**

- 사용이 간편하다. 모래알 또는 국수 가닥이 끊어진 형태의 제형으로 바로 뿌리기만 하면 되기 때문이다.
- 비산에 의한 환경오염의 우려가 낮다.

③ **입제가 갖추어야 할 요건** : 침투이행성이 우수해야 한다.

④ **입제의 중요한 물리적 성질** : 경도

⑤ **성질** : 수용성(**물에 녹음**)이다. 증기압이 낮다. 휘발성이 있다.

⑥ **입제의 제법에 따른 종류**

㉠ 압출조립법(습식조립법) : 농약 원제에 활석, 점토 등의 증량제와 PVA, 전분가 같은 점결제 및 계면활성제 같은 분산제를 균일하게 혼합하여 분쇄한 후 물에 반죽하여 일정한 크기로 조립, 건조한 후 일정한 범위의 입자를 선별하여 제제한 것이다.

㉡ 흡작법 : 고흡유가(高吸油價)의 천연 점토광물을 분쇄하여 일정한 크기의 입자를 체로 선별하거나 압출조립법으로 조립한 입사물질에 액상의 농약 원제를 분무하여 균일하게 흡착시켜 제제한 것이다.

㉢ 피복법 : 규사(硅砂), 탄산석회, 모래 등 비흡유성 입상 담체(擔體)를 중심핵으로 액상의 원제를 입상의 중심핵 표면에 피복시키는 방법이다.

5) 미립제

① 입제 및 분제의 단점을 개선한 것으로 벼의 생육 후기 벼의 하부를 가해하는 해충을 방제하는 데 적합하다.

② 약제의 표류 비산에 의한 환경오염 방지에 적합하다.

③ 살포가 쉽다.

6) 세립제

입제보다 알갱이를 작게 만든 것으로 단위면적당 살포량이 입제보다 작다.

7) 수면부상성입제

① 담수된 논에 살포하면 중량제의 큰 비중으로 인하여 가라앉은 후 물에 용해되어 수면에 부상한 후 수면에 유상의 약제층이 형성된다.

② 장점 : 살포작업이 용이하다.

③ 단점 : 바람, 조류 등의 발생 시 확산층 형성이 다소 불량하다.

8) 수면전개제

① 담수 된 논에 일정 간경으로 약제를 부으면 빠르게 확산되어 수면에 균일한 층을 형성하여 살포작업이 매우 용이하다.

② 단점 : 수면부상성입제보다 확산층 형성이 불량하고 약해 발생 우려가 있다.

기출확인문제

Q1 입제의 제법으로 옳지 않은 것은?

① 흡착법　② 피막법
③ 적시법　④ 압출조립법

| 해설 | 입제의 제법에 따른 종류 : 흡착식, 피막식, 압출조립식

정답 ③

Q2 다음 중 직접살포제가 아닌 것은?

① 미립제　② 세립제
③ 유탁제　④ 저비산분제

| 해설 | 유탁제는 희석살포제이다.

정답 ③

기출확인문제

Q3 하우스 내의 시설재배에 있어서 병충해 방제를 목적으로 하여 개발된 것으로 미분쇄로 된 분제인 플로우더스트(FD) 제형의 평균 입경은 얼마 정도인가?

① 2㎛ ② 10㎛
③ 20㎛ ④ 40㎛

| 해설 | 수화성미분제는 하우스 같은 밀폐된 시설 내에서 효과적으로 사용할 수 있도록 고안된 제형으로 평균 입경은 5.5㎛ 이하이다.

정답 ①

Q4 다음 중 주로 원상태로 사용되는 농약제제 형태는?

① 액상수화제 ② 미탁제
③ 세립제 ④ 분상선액제

| 해설 | 세립제, 입제는 살포용 제형이다.

정답 ③

Q5 농약의 제제 중 유효성분의 작용력을 충분히 발휘시키기 위해서는 제제 형태나 유효성분에 대응한 적당한 사용법을 선택하는 것이 중요하다. 다음 중 지상액제 살포방법이 아닌 것은?

① 수면시용법 ② 분무법
③ 미스트법 ④ 스프링클러법

| 해설 | 수면시용법은 적당한 제제를 만들어 직접 수면에다 부어주는 약제이다.

정답 ①

Q6 다음 중 희석하여 살포하는 제형이 아닌 것은?

① 유제 ② 분제
③ 수용제 ④ 수화제

| 해설 | 분제, 입제는 직접 살포용 제형이다.

정답 ②

Q7 농약의 제형에 의한 분류에 있어서 희석살포제인 제형에 해당하는 것은?

① 수면부상성입제 ② 미립제
③ 분제 ④ 과립수화제

| 해설 | 수면부상제, 미립제, 분제는 직접살포용 제형이다.

정답 ④

3) 기타 제형

- **훈증제** : 용기를 열면 대기 중에 가스가 방출하여 병해충을 방제하는 제형이다.
- **훈연제** : 불을 붙이면 유효성분이 연기가 발생하여 방제되며, 주로 시설 내에서 많이 사용한다.

4 농약 주성분의 용해도와 살포형태

① **물에 녹는 원제** : 액제, 수용제

② **물에 녹지 않는 원제** : 수화제, 액상수화제, 분산성액제, 입상수화제

③ **물에 희석 살포** : 액제, 수용제, 수화제, 액상수화제, 입상수화제, 미탁제, 유탁제, 유현탁제, 캡슐현탁제

④ **물에 희석하지 않는 재제(★)** : 입제, 분제, ULV, 과립훈연제, 훈증제

TIP
입자의 크기(★ 액제가 가장 작다.)
점보제 〉 입제 〉 미립제 〉 분제 〉 수화제 〉 액상수화제 〉 분산성액제

기출확인문제

Q1 농약제제화의 목적으로 가장 거리가 먼 것은?

① 사용자에 대한 편의성을 위하여
② 최적의 약효발현과 최소의 약해 발생을 위하여
③ 소량의 유효성분을 넓은 지역에 균일하게 살포하기 위하여
④ 유통기간을 단축하여 유효성분의 안정성을 향상시키기 위하여

| 해설 | ④항은 거리가 멀다.

정답 ④

5 농약의 살포기술

1) **분무법**

① 가장 보편화된 살포방법이다.

② 분무기를 이용하여 살포하는 방법이다.

2) **미스트법**

① 고속으로 송풍되는 미스트기로 살포하는 방법이다.

② 살포액의 농도를 3~5배 높게 하여 살포액량을 1/3~1/5로 줄여 살포하여 살포시간, 노력, 자재 등을 절약할 수 있다.

3) **미량살포법(항공살포법**. LV, ULV)

① 농약 원액 또는 높은 농도의 미량살포제(ULV) 등을 살포하는 방법이다.

② 주로 항공방제에 이용된다.

③ 살포기술 : 정전기 살포법(미세한 살포액적에 정전기를 띠도록 하여 작물체나 해충에 부착성을 향상시키는 방법)

4) **살분법**(분제에 사용)

① **장점**

- 분무법보다 작업이 간편하고 노력이 적게 든다.
- 희석 용수가 필요치 않다.

② **단점**

- 약제의 소요량이 많이 든다.
- 방제효과가 비교적 떨어진다.

5) **살립법**

입제농약의 살포 방법

6) **연무법**

① 미스트보다 미립자의 연무질 형태로 살포하는 방법이다.

② 연무질은 공기 중에 미세한 고체 또는 액체 입자가 브라운운동 상태로 부유하는 것으로 식물이나 해충에 부착성이 우수하다.

7) **기타**

① 훈증법 : 저장곡물을 밀폐된 곳에 넣고 약제를 가스화하여 방제하는 방법이다.

② 침지법 : 종자를 농약 희석액에 담그는 방법이다.

③ 분의법 : 분상의 농약을 종자의 표면에 분의 시키는 방법이다.

④ 도포법 : 병반이나 상처 부위에 직접 약제를 바르는 방법이다.(예 사과 부란병 방제에 약제를 병환부에 발라줌)

⑤ 관주법 : 약제를 작물의 뿌리 부근에 주입하거나 토양 전면에 30~60cm 간격으로 약제를 주입한 후 흙을 덮는 방법이다.

⑥ 토양혼화법 : 경운전 입제를 토양에 살포 후 경운하여 약제가 토양에 골고루 혼화되도록 하는 방법이다.

기출확인문제

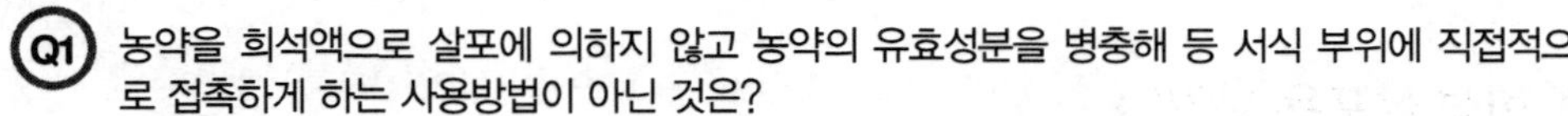

Q1 농약을 희석액으로 살포에 의하지 않고 농약의 유효성분을 병충해 등 서식 부위에 직접적으로 접촉하게 하는 사용방법이 아닌 것은?

① 분무법
② 훈증법
③ 도포법
④ 도말법

| 해설 | 분무법은 희석액을 살포하는 방법이다.

정답 ①

CHAPTER

3 농약제재와 물리성

1 희석 살포용 농약(★★★)

① **유화성** : 액상 입자가 균일하게 잘 퍼지는 성질

② **습윤성** : 약액이 식물체나 해충의 표면에 잘 적시는 성질

③ **현수성** : 수화제 농약 입자가 물 중에 균일하게 퍼지는 성질

④ **침투성** : 약제가 식물체나 병원균, 곤충체 내로 잘 스며드는 성질

⑤ **확전성** : 부착한 약제가 잘 퍼지는 성질

⑥ **부착성** : 식물체나 고충의 표면에 잘 부착하는 성질

⑦ **고착성** : 부착한 약액이 달라붙게 하는 성질

⑧ **습전성** : 습윤성+확전성(약제가 작물이나 곤충 표면에 잘 적셔지고 잘 퍼지는 성질)

TIP **농약의 물리성**

- 유제가 갖추어야 할 특성 : 유화성, 습전성, 부착성, 침투성
- 계면활성제의 전착제로서의 성질 : 습전성, 유화성

2 직접 살포용(분제) 제제

① **입자의 크기** : 입자의 크기(분산성, 비산성, 토분성에 영향을 준다.)

② **용적비중**(가비중) : 표류, 비산에 영향을 준다.

③ **분산성** : 살포한 분제 입자가 광범위하게 분산하는 성질

④ **비산성** : 살포한 분제 입자가 목적 장소까지 날아가는 성질

⑤ **토분성** : 살포기에서 잘 토출되는 성질

기출확인문제

Q1 농약의 제형 중, 분제의 물리적 성질에 해당하지 않는 것은?

① 분산성　　② 비산성
③ 안정성　　④ 연무성

| 해설 | 분제의 물리적 성질과 연무성은 거리가 멀다.

정답 ④

Q2 분제의 물리적 성질에 해당하는 것으로만 나열된 것은?

① 현수성, 유화성　　② 습전성, 표면장력
③ 수화성, 접촉각　　④ 용적비중, 비산성

| 해설 | 분제의 중요한 물리적 성질은 분말도(용적비중), 토분성, 분산성(비산성)이다.
※ 현수성, 수화성 : 수화제의 물리적 성질
유화성 : 유제의 물리적 성질
습전성 : 액제의 물리적 성질

정답 ④

CHAPTER

살균제

1 살균제의 분류

1) 사용목적에 따른 분류

① 종자소독제 ② 경엽처리제

③ 과실방부제 ④ 토양소독제

2) 작용특성에 따른 분류

① 직접살균제 ② 보호살균제

3) 침투성에 따른 분류

① 침투성 살균제 : 약제가 식물체 내로 침투되어 균사체까지 사멸시킨다.

② 비침투성 살균제 : 약제가 잎 표면에 집적되어 접촉 독성으로 균사를 사멸시킨다.

2 보르도액(구리제. 황산구리+생석회)

1) **특징**

황산구리는 물에 잘 녹고 **강력한 살균**작용을 가지고 있다. 그러나 작물에 약해를 일으킬 수 있어 **불용성인 석회와 반응시켜 사용**한다.

2) **조제 및 사용상 주의사항**

- 원료의 순도는 황산구리 98.5%, 생석회 90% 이상이어야 한다.
- **제조한 즉시 살포**해야 한다. (시간이 지나면 약해 발생)
- 제조할 때 반드시 **비금속 용기를 사용**해야 한다.(금속용기 사용 금지)
- 교반용 막대는 나무 제품을 사용한다.
- 교반할 때 충분히 냉각시킨 후 작업한다.

- 생석회액에 황산구리용액을 서서히 부어주면서 서서히 저어주어야 한다.
- **발병 2~7일 전에 사용**할 것
- **약해 방지**를 위해 **황산아연**을 황산구리 정량의 ½을 첨가한다.

3) 보르도액은 엽면에 살포 후 이산화탄소에 의해 pH11.3이 되며, 이때 구리의 용해도가 최고치가 되어 40ppm 정도 이르게 된다.

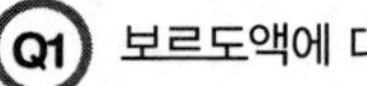
기출확인문제

Q1 보르도액에 대한 설명으로 옳지 않은 것은?

① 원료의 순도는 황산구리 98.5%, 생석회 90% 이상이어야 품질이 좋은 액이 된다.
② 조제 시 금속제 용기를 사용하면 좋지 않다.
③ 황산구리 용액을 세게 저으며 석회를 소량씩 부어야 품질이 좋은 액이 된다.
④ 조제한 즉시 살포하는 것이 좋다.

| 해설 | 생석회액에 황산구리용액을 서서히 부어주면서 서서히 저어주어야 한다.

정답 ③

Q2 보르도액을 조제할 때 주의해야 할 사항으로 틀린 것은?

① 교반용 막대는 나무 제품이어야 한다.
② 석회유에 황산구리 용액을 첨가해야 한다.
③ 황산구리 및 석회석은 순도가 높아야 한다.
④ 액을 교반할 때 따뜻한 상태에서 반응이 잘 된다.

| 해설 | 액을 교반할 때 충분히 냉각시킨 후 잘 저어준다.

정답 ④

Q3 다음 중 보르도액의 주성분은?

① 벤젠(C_6H_6)
② 다황산칼슘(CaS_5)
③ 황산구리($CuSO_4 \cdot 5H_2O$)
④ 페닐초산수은($Hg \cdot OOC \cdot CH_3$)

| 해설 | 보르도액의 주성분은 황산구리이다.

정답 ③

3 무기유황제

1) 살균작용 기작

① 유황의 가스 또는 유황 자체가 살균작용을 한다. 유황이 식물 또는 병원균의 생체 조직에 접하면 환원되어 황화수소가 발생하여 살균작용을 한다.

② 유황의 살균력은 병원균 포자 중의 lipid질 함량에 비례한다.

③ 유황의 살균력은 유황의 입자가 작을수록 살균력이 크다.

2) **종류**

① **수화성 유황제**

- 약해가 없어 과수나 채소에 모두 사용 가능하다.
- 보르도액 및 유기인제와 혼용이 가능하다.

② **석회 유황합제**

- 살균 및 살충작용을 모두 지니고 있다.
- 약해가 발생하기 쉽다.
- 온습도가 높으면 효력이 저하된다.
- 기계유제 또는 유기유황제와 혼용하면 화학반응으로 유독성물질이 생성되어 약해가 발생하기 때문에 절대 혼용하면 안 된다.

4 유기유황제

1) **특징**

① **장점**

- 동제나 유황제보다 약해 작용이 적고 지효성이다.
- 효과가 확실하다.
- 알칼리제를 제외한 모든 약제와 가능
- 과수 채소에 널리 이용 가능

② **단점** : 살균 작용에 있어서 선택성이다.

2) **종류** : 지람(백색), 파아밤(흑색), 티람, 나밤, 지네브

5 유기비소제

1) **특징**

- **주성분** : 다황화칼슘(CaS_5), 티오 황산칼슘(CaS_2O_3)
- **강한 알칼리성**이다.

- 탈수소 효소저해, 황산화물, 황화수소에 의해 살균작용
- 약해주의, **유기인제와 혼용 불가**

2) **종류** : 우루바지드(튜제트), 아소진, 네오아소진제

6 유기주석제

1) **특징**
   - 살균력이 강하다.
   - **살충**작용 및 **제초**작용도 있다.
   - 약해와 악취가 있다.
   - 독성이 강해 사용상 주의가 필요하다.

2) **종류** : 수산화물(TPTH), 염화물(TPTC), 초산염(TPTA) 등

7 농용 항생제

1) **농용 항생제의 뜻**

Streptomyces(**스트렙토마이시스**)같은 **방선균**은 항생물질인 **Streptomycin(스트렙토마이신), 블라스티시딘-S, 카수가마이신, 발리다마이신, 폴리옥신** 등 화학 물질을 생산하여 다른 미생물의 발육 또는 대사작용을 억제시키는 생리작용을 하는데, 이러한 물질을 농용 항생제라고 한다.

2) **종류(★★★)**

① **항 세균성 항생제 : 스트렙토마이신**(Streptomycin)

② **항 진균성 항생제**
   - **블라스티시딘-S, 카수가마이신 : 벼 도열병** 등 방제에 사용한다.
   - **가수가마이신**(Kasugamycin) : 단백질 합성을 저해하는 작용을 한다.
   - **발리다마이신 : 벼의 잎집무늬마름병** 등 방제에 사용한다.
   - **폴리옥신** : 사과흑반병 등

3) **농용 항생제의 요건**
   - 병원균에 대하여 살균력(항균력)을 갖추어야 한다.
   - 일광이나 공기에 의해 분해되지 않을 것

• 식물에 대해 약해 없고 독성이 없을 것
• 가격이 저렴할 것

기출확인문제

Q1 농용 항생제로서 갖추어야 할 구비조건이 아닌 것은?

① 식물병원균에 대하여 향균력을 갖추어야 한다.
② 농용 살균제는 일광이나 공기에 의하여 잘 분해하여야 한다.
③ 식물에 대하여 약해작용이 없어야 한다.
④ 가격이 싸야 한다.

| 해설 | 농용 살균제는 일광이나 공기에 의하여 잘 분해되지 않아야 한다.

정답 ②

Q2 농용 항생제에 대한 설명으로 옳지 않은 것은?

① 다른 미생물의 발육 또는 대사작용을 억제시키는 생리작용을 지닌 물질을 말한다.
② 글리서풀빈(Griseofulvin)은 토마토의 궤양병방제제이다.
③ 가수가마이신(Kasugamycin)은 단백질 합성을 저해하는 작용을 하는 약제이다.
④ 스트렙토마이신(Streptomycin)의 제품은 염산염과 황산염이 주로 사용된다.

| 해설 | 글리서풀빈(Griseofulvin) : 상추 잿빛곰팡이병, 토마토 겹둥근무늬병 방제약제이다.

정답 ②

Q3 다음 농용 항생제가 아닌 것은?

① 클로로피크린(Chloropicrin)
② 블라스티시딘 에스(Blasticidin-S)
③ 카수가마이신(Kasugamycin)
④ 스트렙토마이신(Streptomycin)

| 해설 | 클로로피크린(Chloropicrin)은 살충제로 훈증제이다.

정답 ①

Q4 농용 항생제가 갖추어야 할 조건으로 가장 거리가 먼 것은?

① 분해가 빨라야 한다.
② 식물에 대하여 약해가 없어야 한다.
③ 식물병원균에 대해 항균력이 있어야 한다.
④ 인축에 대한 독성이 가급적 없어야 한다.

| 해설 | 분해가 빠르면 효과가 떨어진다.

정답 ①

8 침투성살균제

1) 침투성살균제

침투성 살균제는 식물체 내로 침투되어 식물의 대사를 변화시키는 물질로 변하거나 기생식물과 기생균 간의 생화학적 상호관계에 작용하거나 기생균이 분비하는 독소(효소)를 불활성화시키는 물질로 변하거나 하여 식물 자체의 저항성을 높여 주는 특성을 지닌다.

2) 종류

① 비타박스제 슈라단(Pestox−3)
② Metasystox
③ 벤레이트제 시스톡스
④ 톱신제
⑤ 피라카블리드제

9 살균제의 작용

1) 살균기작

① 병원균의 포자를 죽이는 것
② 병원균의 포자 발아를 억제시키는 것
③ 작물체 내에 침입한 독소를 중화하여 발병을 피하는 것

2) 살균작용

① 다작용점 저해

- **SH기** : 단백질 분자 중 증산기능을 지배한다.(탈수소)
- **SH효소** : 대사에 관여 탈수소, 효소 내 산화 촉진

② 호흡 저해

- 산화적 인산화 반응 및 전자전달계를 저해
- 호흡 및 해당작용 저해로 균은 급격히 사멸

③ 균체 성분성 합성 저해

- 균체 성분생합성의 특이적 부분을 저해
- **protein(프로테인) 합성 저해제** : Blasticidin−s, Kasugamycine, 스트렙토마이신 등
- **chitin(키틴)** 합성 저해
- 지질 합성 저해제 : Steroid 생합성을 저해
- 핵산생합성 저해 : YRNA 합성관련 Polymerase 저해(Phenylamide계(페닐아미드계))

④ **증식 저해** : 세포분열 저해, 사상균의 쥬베린 중합을 방해

⑤ **세포막 기능의 저해**

- 양이온 계면활성제 중 일부 막의 물질 이동의 지배기능을 저해
- 세포 내용물 누출 또는 물질의 세포 내 흡수 저해

⑥ **작물의 병해 저항성 증대** : 체내 항균성분 증가(α−Lynoleic산, 오리자메트, 인돌초산)

10 살균제의 가용화(태)

작물에 살포하는 살균제는 대부분 물에 녹지 않으며 그 자체로는 살균력을 발휘하지 못하고 가용화하여야 하는데, 다음과 같은 요인에 의해 가용화하여 살균력을 발휘한다.

① 숙주식물이 분비하는 물질에 의해

② 병원균이 분비하는 물질에 의해

③ 대기 중의 탄산가스(CO_2)

11 주요 살균제

① 만코제브

- 탄저병을 비롯한 광범위한 보호살균제로 가장 널리 이용되고 있다.
- 유기유황제이다.
- 품목명은 만코지, 상품명은 다이센 M−45이다.
- 단점 : 고온다습 조건에서 불안정하다. 잘 밀봉하여 냉암소에 보관해야 한다.

② 아이소프로티올레(Isoprothiolane. 품목명 : 이소란)

- 도열병 예방적 효과가 크다.
- 방제처리 후 식물체 내로 침투이행이 잘되는 침투이행성약제로 약효지속 시간이 길다.
- 유기유황제이다.

③ 아이비(IBP.품목명 : 아이비(유제, 입제))

- 도열병 방제에 효과가 크다.
- 유기인계 살균제

④ 사이프로코나졸 액제(아테미)

- 사과 부란병 방제에 사용된다.

기출확인문제

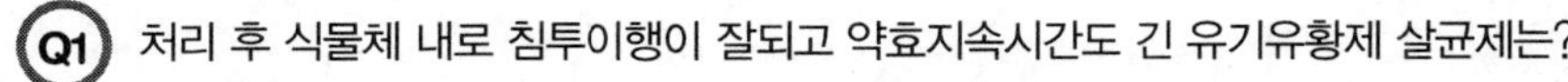

Q1 처리 후 식물체 내로 침투이행이 잘되고 약효지속시간도 긴 유기유황제 살균제는?

① 베노밀 ② 베날락실엠

③ 아이소티아닐 ④ 아이소프로티올레인

| 해설 | 아이소프로티올레(Isoprothiolane)는 유기유황계 침투이행성 약제로 도열병 예방적 효과가 크다.

정답 ④

Q2 주성분 manganese ethylenebis(dithiocarbamate)의 아연 배위화합물로서 광범위한 작물에 탄저병을 포함한 광범위한 병해에 보호살균제로 사용되는 농약은?

① 빈졸(Vincolzolin) ② 이프로(Iprodione)

③ 훼나진(Phenazine) ④ 만코제브(Mancozeb)

| 해설 | 만코제브는 탄저병을 비롯한 광범위한 병해에 보호살균제로 가장 널리 이용되고 있다.

정답 ④

Q3 이프로디온(Iprodion), 프로사미디온(Procymidione)은 다음 중 어디에 해당하는가?

① 살균제 ② 살충제

③ 제초제 ④ 생장조절제

| 해설 | 이프로디온(Iprodion), 프로사미디온(Procymidione)은 살균제이다.

정답 ①

Q4 유기인계 살균제로서 도열병에 대한 효과가 가장 큰 농약은?

① 아이비(IBP) ② 캡탄(Captan)

③ 다코닐(Daconil) ④ 가스가마이신(Kasugamycin)

| 해설 | 아이비(IBP)는 살균제로서 도열병 방제에 대한 효과가 크다.

정답 ①

CHAPTER 5

살충제의 종류

1 살충제의 분류

1) **화학적 살충제**

① 무기화합물

② 유기화합물

㉠ 천연살충제 : 제충국, 데리스, 니코틴

㉡ 합성살충제 : 유기인계, 유기염소계

2) **생물적 살충제**

길항미생물, 천적

2 살충기작에 따른 살충제의 분류

1) **접촉제**

해충의 몸에 직접 또는 간접적으로 약제가 닿게 하여 숨구멍이나 표피를 통하여 해충의 체내로 침투하여 죽게 하는 것

① **직접 접촉제** : 살포할 때 해충의 몸에 직접 닿았을 때 살충작용(제충국제, 데리스제, 니코틴제)

② **간접 접촉제** : 작물체에 남아 있는 것이 지나던 해충에 닿아서 죽게 됨(DDT, BHC, 유기염소제)

2) **식독제**(소화중독제)

① 해충이 먹었을 때 독제가 입을 통하여 먹이와 함께 소화관에 들어가 살충작용을 나타낸다. 딱정벌레목, 벌목, 메뚜기목, 나방목 등의 **유충**에 사용된다.

② **사용할 수 없는 대상 해충(★★★)** : 빠는 입틀을 가진 멸구나 진딧물

3) 침투성 살충제

식물체의 뿌리, 줄기 또는 잎을 통하여 약제가 식물체 전체에 침투함으로써 즙액을 흡수하는 멸구류나 진딧물을 죽게 한다.

① **특징**

- 처리 시 급속히 식물체 내에 흡수되어 식물체 전체에 퍼진다.
- 효력이 2~6주 동안 지속된다.
- 천적을 살해하지 않는다.
- 잔류 위험성이 크다.
- 흡즙성 해충에는 효과적이나 식해충, 식입해충은 유효하지 않다.
- 종류 : 슈라단(Pestox-3), 시스톡스, 메타시스톡스

4) 훈증제

① 비등점이 낮은 농약의 원제를 액상, 고상 또는 압축가스의 형태로 용기에 충전한 것을 열어 대기 중에 가스상으로 방출시켜 병해충을 방제하는 농약 제형이다.

② 약제가 가스체로 되어 **해충**의 **숨구멍**을 통하여 들어가 **질식**하여 죽게 한다.

③ **종류(★★★)**

- 인화늄정제(에피흄) : 건조상태에서는 안정하나 습기가 있으면 가수반응을 일으켜 포스핀(H_3P)을 생성하여 저장 곡물류 등 훈증제로 이용된다.
- 클로르피크린(Chloropicrin)
- 메틸브로마이드(MethylBromide)
- 청산제(청산가스)
- 이황화탄소
- 아조벤젠

5) 유인제

① 해충의 주화성을 이용하여 유인하는 물질로써 독먹이나 포충기와 같이 사용된다.

② **종류**

- **방향성 물질** : 괴일즙, 효소, 당밀, Eugenol(유제놀. 향료)
- **성유인 물질** : 짚시나방, 매미나방 수컷(Gyplure(지플러))

6) 기피제

해충이 작물근처에 접근하지 못하도록 하는 데 사용

7) 불임제

해충의 생식세포 형성에 장해를 주거나 난자나 정자의 생식력을 잃게 하여 알을 무정란으로 만드는 데 사용하는 것

기출확인문제

Q1 비등점이 낮은 농약의 원제를 액상, 고상 또는 압축가스의 형태로 용기에 충전한 것을 열어 대기 중에 가스상으로 방출시켜 병해충을 방제하는 농약 제형은?

① 훈증제　　② 연무제
③ 훈연제　　④ 플로우더스트제

정답 ①

Q2 해충의 주화성을 이용하는 약제는?

① 해독제　　② 훈연제
③ 유인제　　④ 생물농약

| 해설 | 유인제는 해충의 주화성을 이용한 것이다.
※ 곤충이 화학물질에 의해 반응하는 것. 예) 눈이 어두운 누에가 뽕잎을 찾아가서 먹이를 섭취함

정답 ③

Q3 다음 중 훈증제가 아닌 농약은?

① 메틸브로마이드제　　② 크로로피크린제
③ 디코폴유제　　④ 인화알루미늄제

| 해설 | 디코폴유제는 응애 방제 약제로 훈증제가 아니다.

정답 ③

Q4 사용목적에 따른 살충제 농약의 분류에 해당하지 않는 것은?

① 식독제　　② 미립제
③ 유인제　　④ 기피제

| 해설 | 미립제는 제제의 형태에 의한 분류이다.

정답 ②

3 살충제의 작용

① **신경독** : DDT, BHC, pyrethrin, 유기인계, Sevin

② **원형질독** : 비소제, 유기수은제(균체효소의 SH기와 반응하여 그 기능을 저하시켜 살균)

③ **피부독** : 알카리제, 기계유 유제

④ **호흡독** : 클로로피크린, 청산가스

⑤ **근육독** : 데리스제(로데논)

⑥ **식독제**

㉠ 비산연 : 나비목

㉡ 비산석회 : 딱정벌래목의 유충

4 유기인계 살충제

1) 최초개발

유기인계 살충제의 최초 개발 : Schrader(슈라더, 1941)

2) 유기인계 살충제 구조

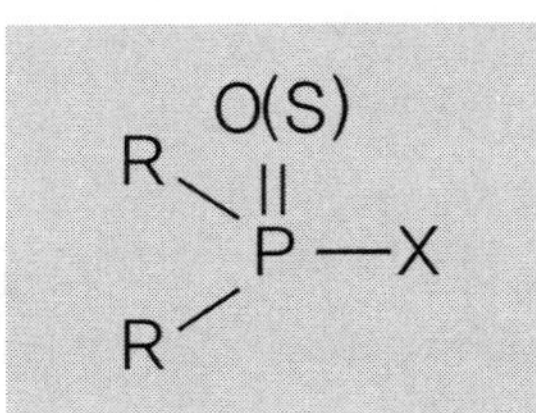

① 5가의 인(P)이 중심이 되고 산소가 인에 2중 결합을 하거나 황(S)과 결합되어 있다.

② R은 alkoxy, alkylthio, alkyl, amide 등이다.

③ X는 이탈기이며 치환 alkyl 또는 aryl의 유기 잔기와 결합되어 있다.

3) 살충기작

신경전달물질인 Ach의 분해효소인 AChE의 활성을 저해하여 살충력을 발휘한다.(acetylcholine esterase의 작용 저해)

4) 유기인계 살충제의 활성화

① ester 결합을 하고 있어 알칼리에 의해 쉽게 분해된다. 따라서 알칼리성인 농약과 혼용이 불가하다.

② 생체 내에서 phosphatase, carboxylesterase, amidase 등 효소에에 의해 분해되어 활성이 떨어진다. 따라서 환경 중에서 잔류성이 짧다.

③ Parathion은 Paraoxon으로 활성화된다.

④ 친유성이기 때문에 곤충의 체내에 쉽게 침투된다.

⑤ 식물 경엽으로부터 침투가 쉬워 접촉독제, 침투성살충제, 식독제로 활용된다.

5) 주요 특징

① 살충력이 강력하다.

② 적용 해충 범위가 넓다.

③ 접촉독, 가스독, 식독작용, 심달성, 신경독, 침투성작용이 있다.

④ 이화명충, 과수의 응애, 심식충 등 흡즙성해충에 유효하다.

⑤ 인축에 대한 독성이 강하다.

⑥ 알칼리에 분해(가수분해)되기 쉽다. 따라서 알칼리성농약과 해서는 안 된다.

⑦ 일반적으로 잔류성은 짧다.

⑧ 약해가 적다.

⑨ 기온이 높으면 효과가 크고 기온이 낮으면 효과가 감소한다.

6) 파라티온(Parathion)

① 구조식

C_2H_5O S

P — O — (벤젠고리) — NO_2

C_2H_5O

② Schrader(슈라더. 1946)에 의해 합성된 최초의 유기인계 살충제이다.

③ 접촉독, 식독, 흡입독제로 신경전달에 관여하는 효소인 Cholinesterase의 작용을 저해(초산과 choline으로 가수분해)하여 살충효과를 발휘한다.

④ 비침투성이다. 심달성이 있다.

⑤ 포유동물에 독성이 매우 강하다.

⑥ 급성경구독성 LD50(rat)은 3.6mg/kg이다.

⑦ 급성경피독성 LD50(rat)은 6.8mg/kg이다.

7) Fenitrothion(메프)

① 접촉독제, 식독작용이 있다. 심달성이 있다.

② 포유동물에 대한 독성은 낮다.

③ fenitrooxon로 산화하여 곤충에 강한 독성을 발휘한다.

④ 이화명나방, 굴파리류, 멸구, 심식충류, 잎말이나방류, 진딧물류 등 해충 방제에 이용된다.

⑤ 상품명 : 수미티온, 호리티온, 아코티온이다.

8) Fenthion(펜티온)

① Fenitrothion의 3-methyl-4nitrophenol 부분의 nitro기가 methylthio기로 치환된 것이다.

② 접촉독, 식독작용을 한다.

③ 침투이행성이다. 증기압이 낮다.

④ 알칼리에 안정하여 잔효성도 있다.

⑤ 이화명나방, 굴파리류, 과수 잎말이 나방류에 사용된다.

9) Diazinon(디아지논)

① 토양, 식물체에서 비교적 신속히 분해되어 잔류성이 낮다.

② 이화명나방, 멸구류, 도둑나방, 노린재류 방제에 이용된다.

③ 상품명 : 다수진(분제, 유제, 입제)

10) Chlorpyrifos(클로르피리포스)

① 접촉독, 시독, 흡입독제이다.

② 고농도에서 약해가 있다.

③ 토양에서 60~120일간 약효가 지속하는 잔효성이 길다.

④ 거세미나방, 고자리파리, 배추흰나비, 심식나방, 귤나방 등에 사용된다.

11) Malathion(말라티온)

① 침투이행성 접촉독제이다.

② 분해가 쉬워 잔효성이 짧다.

③ 세대가 짧은 해충에 반복사용하면 저항성이 발현된다.

12) EPN(이피엔)

① 약효 지속기간이 2~3주로 비교적 길다.

② 포유동물에 독성이 높은 고독성 농약이다.

③ 진딧물, 깍지벌레, 매미충류 등에 사용된다.

④ 구조식

C_2H_5O S P — O — NO_2

13) **DDVP(Dichlorvos)**

① 증기압이 높아 훈증제로도 사용된다.

② 잔효성이 짧다.

③ 온실, 비닐하우스, 곡물 저장 창고 저곡해충방제에 사용된다.

④ 유제의 경우 잎말이나방, 심식나방 방제에 이용된다.

14) **Fonofos**

① 굼벵이 등 토양해충 방제에 이용된다.

② 잔효기간이 길다.

※ 급성경구독성(쥐) : 파라티온 10mg/kg 〉 EPN 25mg/kg(급성경구 독성이 가장 강한 것은 파라티온제이고 그 다음이 EPN이다.)

기출확인문제

Q1 다음 중 파라티온의 구조식은?

① $(CH_3O)_2P(=S)-O-CH_3-NO_2$

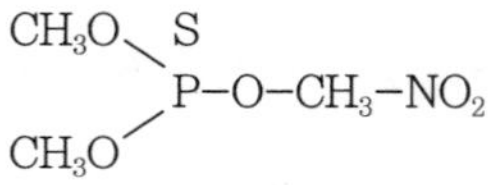

② $(CH_3O)_2P(=S)-O-NO_2$

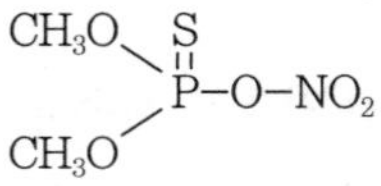

③ $(C_2H_5O)_2P(=S)-O-NO_2$

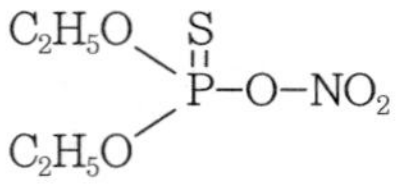

④ $(CH_3O)_2P(=S)-O-Cl-NO_2$

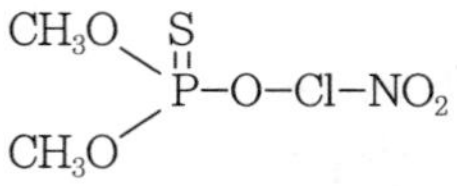

| 해설 | 파라티온 : C_2H_5O

정답 ③

Q2 Parathion제의 살충기작이 일어나는 주된 이유는?

① 침투성이 우수하기 때문이다.

② 체내에서 분해가 빠르기 때문이다.

③ CytochroMe Oxidase를 저해하기 때문이다.

④ Cholinesterase의 작용을 저해하기 때문이다.

| 해설 | Parathion제의 살충기작은 신경전달에 관여하는 효소인 Cholinesterase의 작용을 저해(초산과 Choline으로 가수분해)하기 때문이다.

정답 ④

기출확인문제

Q3 급성 경구독성이 가장 강한 농약은?

① Zineb제 ② Parathion제
③ DDVP제 ④ Diazinon제

| 해설 | 쥐에 대한 급성경구 독성이 가장 강한 것은 파라티온제이고 그다음이 EPN이다.
※ 쥐 경구독성 : 파라티온 10mg/kg 〉 EPN 25mg/kg

정답 ②

Q4 말라티온에 대한 설명으로 틀린 것은?

① 접촉독제이다. ② 적용대상의 범위가 넓다.
③ 대표적인 고독성 약제이다. ④ 선택성의 침투이행성약제이다.

| 해설 | **말라티온(Malathion)**

- 유기인계 살충제
- 선택성의 침투성이행성 약제. 접촉독제
- 저독성 약제(포유동물에 매우 안전함)
- 적용대상의 범위가 넓다.

정답 ③

5 카바메이트(carmate)계

1) 특징

① 현재 사용되고 있는 카바메이트계 살충제 대부분은 N−monomethylcarmate(엔−모노메틸 카바메이트)이다.

② carbamic acid의 영향은 alcohol 부분의 영향보다 적으므로 살충력은 alcohol 부분의 구조에 크게 지배한다.

③ 종 특이성이 높아 멸구류, 매미충류 방제에 주로 이용된다.

④ 거미에는 영향이 거의 없다.

⑥ 일반적 구조 : R_2−NCOOX

2) Carbaryl(NAC. 나크제)

① naphthyl carbmate의 화합물이다.

② 침투이행성, 접촉독제이다.

③ 사과 적과제로도 이용된다.

3) BPMC(BP=밧사)

① 저온에서도 우수한 효과를 발휘한다.

② 천적에 대한 영향이 적다.

③ 타 약제와 혼합 범위가 넓다.

4) Carbofuran(Carbo=Furadan)

① 침투이행성이다.

② 살충제, 살응애제, 살선충 효과가 있다.

③ 반감기가 30~60일로 토양 잔류 우려가 없다.

④ 포유동물에 대한 경구 독성이 매우 강하여 살포제로는 사용되지 않고 입제형태로 사용된다.

기출확인문제

Q1 다음 중 카바메이트계(carbamate)의 농약이 아닌 것은?

① 나크(carbaryl) ② 카보(carbofuran)

③ 메소밀(methomyl) ④ 지오릭스(endosulfan)

| 해설 | 지오릭스(엔도설판)는 유기염소계 농약이다.

정답 ④

6 유기염소계

유기염소계는 살충력이 강하고, 적용 범위가 넓으며 저렴한 값에 대량생산의 장점이 있으나 잔류독성의 문제를 일으킬 위험요인이 가장 크다.

1) DDT

① 1873년 Zeidler에 의해 합성되었으나 살충제로는 1939년 실용화되었다.

② 살충기작 : 신경축색에서의 신경자극 전달을 교란시켜 반복흥분을 일으켜 살충력을 발휘한다.

③ 구조식

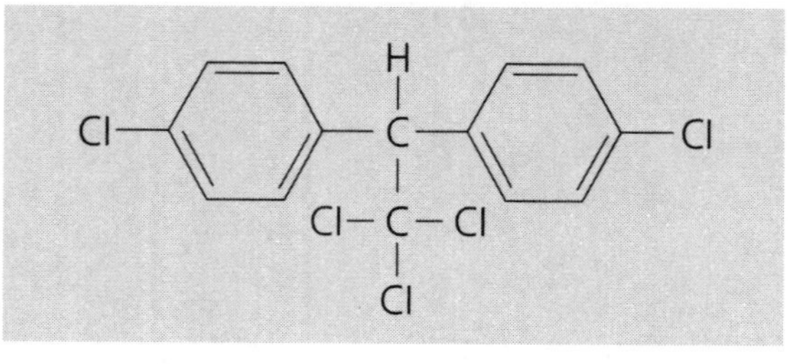

④ 살충력이 우수하다. ⑤ 적용 범위가 넓다.

⑥ 취급이 간편하다. ⑦ 화학적인 안정성과 잔효성이 길다.

⑧ 인축에 대한 급성 독성은 비교적 낮다. 살균제, 제초제로도 생산할 수 있다.

2) BHC계

① 곤충의 중추신경에 강한 자극작용을 일으켜 살충작용을 한다.

② 1825년 Michael Faraday에 의해 합성되었다.

③ BHC의 각 이성체 중 살충력을 갖는 것은 γ-BHC이다.

3) Cyclodiene계

① 우리나라에서 사용하고 있는 유일한 Cyclodiene계이다.

② Ⅰ과 Ⅱ의 2개 이성질체(isomers)가 있으며 접촉독 및 식독작용에 의하여 살충효과를 발휘한다.

기출확인문제

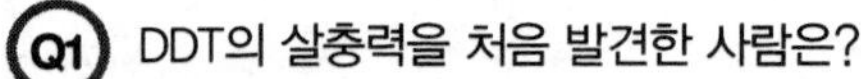

Q1 DDT의 살충력을 처음 발견한 사람은?

① D.Zeidler ② G.Schrader
③ Van der Lindane ④ Paul Hermann Muller

| 해설 | **DDT**
- 최초의 합성 : Zeidler
- DDT의 살충력 최초 발견 : Paul Hermann Muller(1939)

정답 ④

Q2 Cyclodiene계로서 2개의 이성질체가 있으며 접촉독 및 식독작용에 의하여 살충효과가 있는 약제는?

① 메소밀 ② 피레스린
③ 엔도설판 ④ 이미다클로프리드

| 해설 | 엔도설판(endosulfan)은 우리나라에서 사용하고 있는 유일한 Cyclodiene계로서 Ⅰ과 Ⅱ의 2개 이성질체(isomers)가 있으며 접촉독 및 식독작용에 의하여 살충효과를 발휘한다.

정답 ③

Q3 과거 어느 살충제보다 살충력이 강하고, 적용 범위가 넓으며 저렴한 값에 대량생산의 장점이 있으나 잔류독성의 문제를 일으킬 위험요인이 가장 큰 계통의 농약은?

① 유기황계 ② 유기인계
③ 유기염소계 ④ 카바메이트계

| 해설 | 유기염소계는 살충력이 강하고, 적용 범위가 넓으며 저렴한 값에 대량생산의 장점이 있으나 잔류독성의 문제를 일으킬 위험요인이 있다.

정답 ③

7 천연살충제

1) 식물성 살충제

① **제충균제**

- 국화과 식물로 일명 여름국화이다.
- 가정용 모기약으로도 사용된다.
- 유효성분 : Pyrethrin(피레드린)
- 살충기작 : 곤충의 숨구멍, 피부를 통해 침입, 곤충의 체내에 지방분해 효소 Lipase에 의해 분해 효력을 상실시켜 살충
- **피레트린(pyrethrin)의 효력증진제** : piperonyl butoxide

② **데리스제**(Derris제, 로테논제)

- 어류에 독성이 매우 강하다.
- 유효성분 : 데리스 식물의 뿌리에 함유된 로테논(rotenone)
- 살충기작 : 근육독, 신경 저해, 전자전달 저해

③ **니코틴제**

- 니코틴은 담배에 함유되어 있으며 살충력이 강하다.
- 살충기작 : 니코틴이 곤충의 기문을 통해 침입하여 곤충의 중추신경에 장해를 일으켜 살충
  ※ 아나바신($C_{10}H_{14}N_2$) 담배과 식물에 들어있는 알칼로이드이며 천연살충제로 이용된다.

2) 광유유제(석유류)

- 유제의 화학적 성질보다 물리적 성질에 의하여 살충작용을 한다.
- 해충에 처리하면 **해충표피에 피막을 형성**하여 해충을 질식사시킨다.

3) 천연살충제의 대량생산 문제점

생산비용이 많이 든다.

기출확인문제

Q1 제충국의 유효성분은?

① rotenone ② pyrethrin
③ pyrethrolone ④ allethrin

| 해설 | 제충국의 유효성분은 pyrethrin이다.
※ rotenone은 데리스 유효성분이다.

정답 ②

기출확인문제

 살충제 농약의 작용기작이 바르게 연결되어 있지 않은 것은?

① 유기인계–신경전달 저해
② 유기염소계–자극전달 교란
③ 유기수은계–단백질 응고
④ 데리스제–피부 부식

| 해설 | 데리스제– 신경 저해, 전자전달 저해

정답 ④

8 생물농약

1) 생물농약

병해충의 방제에 있어서 병해충과 길항관계 또는 천적관계인 생물을 이용하여 방제에 사용되어지는 것을 말한다.

2) **미생물농약**

① 병원균과 길항세균·진균, 약독바이러스, 원생동물을 이용 살충한다.
- 해충기생균, 주복기생균, 유도저항균 이용

② BT제 : 대표적인 미생물 농약
- 유효성분은 내독소 단백질로서 곤충의 장내에서 독소작용을 한다.
- 독성발현 시간을 매우 짧으며 화학농약과 대등한 살충효과를 얻는다.
- 나비목이나 파리목 곤충 등 숙주 범위가 상당이 넓다.

③ Abamectin : 방사상균인 Streptomyces Avermitilis에 의하여 생산되는 발효물질인 Abamectin 계통의 미생물 기원 살충제

④ 미생물 농약의 단점
- 약효가 저조하다.
- 지효성이다.
- 광범위 적용이 어렵다.
- 환경 중 불안정

3) **생화학농약**

항생물질, 식물성분, 페로몬

4) **천적**

해충과 길항해충

5) **유전자조작(변형)식물(GMO)**

기출확인문제

Q1 미생물 농약의 특성으로 가장 거리가 먼 것은?

① 약효저조 ② 지효성

③ 광범위 적용 ④ 환경 중 불안정

| 해설 | 미생물 농약은 광범위에 적용되지 못한다.

정답 ③

Q2 미생물 살충제인 BT의 특성에 대한 설명으로 틀린 것은?

① 유효성분은 내독소 단백질로서 곤충의 장내에서 독소작용을 한다.
② 독성발현 시간이 매우 짧으며 화학농약과 대등한 살충효과를 얻는다.
③ 나비목이나 파리목 곤충 등 숙주 범위가 상당이 넓다.
④ 산성조건에서 용해되어 살충성 독소로 작용한다.

정답 ④

Q2 방사상균인 Streptomyces Avermitilis가 주성분인 농약은?

① Abamectin ② Bensultap

③ Cartap ④ Methomyl

| 해설 | Abamectin은 방사상균인 Streptomyces Avermitilis에 의하여 생산되는 발효물질인 Abamectin 계통의 미생물 기원 살충제이다.

정답 ①

9 훈증제

1) 훈증제

주로 가스상태로 병해충을 방제하는 방법으로 여기에 사용되는 약제를 훈증제라고 한다.

2) **훈증제가 갖추어야 할 성질(★★★)**

① **휘발성이 커야** 한다. ② **비인화성**이어야 한다.

③ **침투성이 커야** 한다. ④ **물리적 화학적 변화가 없어야** 한다.

3) 훈증제의 종류

① 청산제(청산가스) ② 클로로피크린
③ 메틸브로마이드 ④ 이황화탄소
⑤ 인화늄정제(인화알루미늄제) ⑥ 아조벤젠
⑦ **주요 방제 대상** : 저장곡물 해충(쌀바구미, 화랑곡나방, 깍지벌레류)

기출확인문제

Q1 저장 곡류의 훈증제로 주로 사용되는 것은?

① DEP제 ② ProCymidone제
③ Methyl Bromide제 ④ Alphamethine제

| 해설 | Methyl Bromide(메틸브로마이드)제는 저장 곡류의 훈증제로 사용된다.

정답 ③

10 훈연제

① 열을 가하면 유효 성분이 연기모양으로 공기 중에 확산되어 물체의 표면에 부착되어 접촉 및 훈증 작용으로 효력을 나타내는 약제이다. 주로 저장 곡물류, 원예시설, 실내 등의 해충을 방제하는 데 사용된다
② 액제나 분제 작업이 곤란한 경우 사용이 용이하다.
③ 잔효성은 길지만, 작용력이 약하다.
④ 창고 내부 잠복해충 또는 외부 침입해충 방제에 효과적이다.
⑤ 훈증제처럼 완전밀폐는 하지 않아도 된다.

11 화학불임제

곤충의 불임화란 방사선이나 화학물질을 이용하여 곤충의 정자 또는 난자 중의 유전물질만을 파괴하는 등 해충의 번식을 정지시키는 것이다.

12 곤충생장조절제 이용

① 곤충의 변태과정을 방해하는 화합물을 이용하는 것이다.

② **송지합제** : 루비깍지벌레 방제

③ **분말송지합제**

④ **소오다합제**(주론 수화제=Dimilin)

13 기타 살충제

① **비산연** ② **비산석회**

③ **유기불소제** ④ **알칼리제**

기출확인문제

Q1 유기인계 살충제 농약이 아닌 것은?

① 디프(DEP) ② 펜티온(Fenthion)

③ 메프(Fenitrothion) ④ 네오아소진(MAFA)

| 해설 | 네오아소진은 사과부란병 등 살균제이다.

정답 ④

Q2 주로 접촉제 및 소화중독제로서 작용하며 벼의 이화명나방에 적용되는 유기인제는?

① DDVP제 ② 메프제

③ EPN제 ④ 파라티온제

| 해설 | 메프(fenitrothion, 페니트로티온)는 접촉제, 소화중독제로 이화명나방 방제에 적용된다.

정답 ②

Q3 배추의 벼룩잎벌레에 주로 적용하는 약제는?

① 다이아지논 ② 델타메트린

③ 디메토에이트 ④ 디플루벤주론

| 해설 | 배추벼룩잎벌레 : 다이아지논(Diazinon)

정답 ①

CHAPTER

6 살비제·살선충제

1 살비제(살응애제)

① 곤충에 대한 살충 효과는 없다.

② **응애류**(★★★) 방제에 이용된다.

③ **종류** : Dicofol(kelthane), Propargite(progi), Tetradifon(tedion)

④ 살충제와 살비제의 작용점 및 작용기작은 같다.

2 살선충제

① 식물의 뿌리에 기생하는 선충을 방제하는 약제이다.

② **종류(★★★)**

- 클로르피크린(chloropicrin)
- 메틸브로마이드(MethyBromide) : 훈증제
- D−D제
- EDB제
- DBCP제 : 유효성분은 주로 가스체로 되어 있는 토양처리 훈증제이다.
- carbam(카밤)
- ethoprphos(에토프로포스)
- 메타시스톡스(Demeton−S−metyl) : 벼 선충심고병 방제, 유기인계
- 포스티아제이트 : 소나무 재선충 등 선충방제, 토마토, 참외와 같은 장기 재배형 작물에 토양 선충 방제를 통한 풋마름병 등을 예방하는 데 있어서 적합하다.
- 밀베멕틴(Milbemectin) : 소나무 재선충 방제, 응애류 방제

기출확인문제

 다음 중 살선충제로 사용되는 약제는?

① Ethoprophos ② Pencycuron
③ Mancozeb ④ Thiram

| 해설 | Pencycuron : 잎집무늬마름병 살균제, Mancozeb : 탄저병 살균제, Thiram : 종자처리 살균제

정답 ①

 다음 중 살비제(살응애제)의 작용점 및 작용기작과 같은 양상을 나타내는 농약은?

① 살균제 ② 제초제
③ 살선충제 ④ 살충제

| 해설 | 살충제와 살비제의 작용점 및 작용기작은 같다.

정답 ④

CHAPTER

7 제초제

1 제초제의 대사과정

① **제1단계** : 제초제의 산화 환원 또는 가수분해를 통해 독성이 완화되는 과정

② **제2단계** : 제1단계에서 분해 산물이 식물체 내의 여러 물질과 결합하는 과정

③ **제3단계** : 동물에서는 나타나지 않고 식물체에서만 나타나는 반응으로 결합물질이 다른 물질과 결합하여 제2의 결합물질을 만든다.

2 제초제의 흡수

① 식물체의 제초제 흡수는 일반적으로 뿌리나 잎, 줄기를 통해 흡수된다.

② 식물의 잎을 통한 흡수는 대부분 잎의 표면을 통해 이루어진다.

③ 제초제의 식물체 내로의 침투 정도는 제초제의 극성 정도에 따라 크게 영향을 받는다.

㉠ 극성인 제초제 : 왁스층은 침투가 어려우나 그 내부는 침투가 용이하다.

㉡ 비극성 제초제 : 왁스층은 통과가 쉬우나 그 내부는 침투가 어렵다.

기출확인문제

Q1 제초제의 살초작용에 대한 설명으로 틀린 것은?

① 식물체의 제초제 흡수는 일반적으로 뿌리나 잎, 줄기를 통해 흡수된다.
② 잎을 통한 흡수는 극성과 무관하게 cellulose, pectin, wax의 순으로 흡수된다.
③ 식물의 잎을 통한 흡수는 대부분 잎의 표면을 통해 이루어진다.
④ 제초제의 식물체 내로의 침투정도는 제초제의 극성 정도에 따라 영향을 받는다.

| 해설 | 제초제가 잎을 통해 침투하려면 비극성물질인 왁스층을 통과해야 하므로 제초제의 극성(이온화) 정도에 따라 크게 영향을 받는다.

• 극성인 제초제 : 왁스층은 침투가 어려 우나 그 내부는 침투가 용이하다.
• 비극성제초제 : 왁스층은 통과가 쉬우 나 그 내부는 침투가 어렵다.

정답 ②

3 제초제의 선택성

① **생태적 선택성** : 작물과 잡초 간의 **생육시기(연령)**가 서로 다른 차이와 **공간적 차이**에 의해 잡초만을 방제하는 방법이다.

② **형태적 선택성** : 식물체의 **생장점**이 밖으로 **노출**되어 있는지의 여부에 따라 나타나는 선택성의 차이에 의해 잡초를 방제하는 방법이다.

③ **생리적 선택성** : 제초제의 화학적 성분이 식물체 내에 흡수 이행되는 정도의 차이에 따라 잡초를 방제하는 방법이다.

④ **생화학적 선택성** : 작물과 잡초가 제초제에 대한 감수성이 다른 차이를 이용한 방제 방법이다.

예) 벼는 프로파닐 유제 제초제의 성분을 분해하는 아실아릴아미다아제(acylarylamidase)를 가지고 있지만, 광엽성 잡초는 가지고 있지 않아 잡초만 살초하게 된다.

4 제초제의 구비조건

① 제초효과가 커야 한다.

② 약해가 없어야 한다.

③ 환경오염이 없어야 한다.

④ 사용이 편리하고 취급이 용이해야 한다.

⑤ 가격이 적당(저렴)해야 한다.

5 제초제의 작용기작에 따른 구분

① **광합성 저해**

㉠ **전자전달계 저해(★★★)** : Urea(우레아계=요소계), Triazine(트리아진계), Propanil(프로파닐계)

㉡ **카로틴 생합성 저해** : Pyrazole(피라졸계)–테부펜피라드

㉢ **엽록소 생합성 저해** : Diphenyl Ether(디페닐 에테르계)

② **식물체 내 생합성 저해**

㉠ **단백질 생합성 저해(★★)** : Acetamide(아세타미드) 단백질의 생합성을 저해하는 제초제는 광합성이나 호흡 저해 등에 의해 식물이 고사하는 것보다 기형(畸形)으로 되는 경우가

많다. 기형이 유발되는 원인은 세포분열 저해, 핵이나 염색체 수 등의 변화가 유발되기 때문이다.

ⓒ **지방산 생합성 저해(★★)** : Aryloxyphenoxy Propionic Acid

ⓒ **아미노산 생합성 저해(★★)** : Sulfonylurea(슬포닐우레아)

③ **옥신작용 교란** : Phenoxy(페녹시계 제초제)

㉠ 2,4-D(★★★) : **가장먼저 개발**된 제초제(제초제의 원조), 후기경엽처리제, 광엽성 제초제

ⓒ MCPB(Tropotox, 트로포톡스)

ⓒ Mecoprop(메코프롭) : **잔디밭**에 **클로버** 제거

㉣ Cyhalofop(시할로홉) : 논에 피 제거, 후기경엽처리제

④ 세포분열을 저해(★★) : Dinitroaniline(디니트로아닐린)

⑤ 과산화물을 생성(★★) : Paraquat(파라콰트=파라코액제=그라목손)

기출확인문제

Q1 제초제의 살초 기작으로 가장 거리가 먼 것은?

① 광합성 저해　　② 호흡작용 억제
③ 신경기능의 저해　　④ 호르몬 작용의 교란

| 해설 | 신경기능 저해는 거리가 멀다.

정답 ③

6 제초제의 선택성에 따른 구분

① **선택적 제초제** : 작물에는 피해를 주지 않고 잡초만 죽인다.

- **종류** : 2,4-D(★), MCPB(Tropotox, 트로포톡), DCPA 등

② **비선택적 제초제(★★★)** : 작물·잡초를 모두 죽임

- **종류** : glyphosate(글리포세이트=글라신액제=근사미), paraquat(파라콰트=파라코액제=그라목손, 접촉형 제초제이다.)

기출확인문제

Q1 잡초방제에 많이 사용하고 있는 Glyphosate 액제에 대한 설명으로 옳지 않은 것은?

① 접촉형 제초제로 약액이 묻은 잎과 줄기만 죽인다.
② 비선택성 제초제로 과수원이나 조림지 등에 사용된다.
③ 사용 시 부주의로 눈에 들어갔을 때 즉시 물로 충분히 씻어낸다.
④ 농약 살포 후 비가 오면 약효가 현저히 떨어진다.

| 해설 | Glyphosate는 침투이행성 제초제이다.

정답 ①

Q2 다음 중 잡초 생육기 처리용 비선택성 제초제는?

① 헥사지논 ② 피리벤족심
③ 피라졸레이트 ④ 글리포세이트포타슘

| 해설 | 글리포세이트포타슘(glyphosate-potassium)은 비선택성 제초제이다.

정답 ④

Q3 다음 중 이행형 제초제가 아닌 것은?

① 이사디 ② 엠시피
③ 파라쿼트 ④ 리뉴론

| 해설 | 파라쿼트(그라목손)는 접촉형 제초제이다.

정답 ③

7 제초제의 처리 시기에 따른 구분

① 파종 전 처리제(★★★) : 파종하기 전에 살포
- 종류 : Paraquat(파라콰트=파라코액제=그라목손)

② 파종 후 처리제(★★★) : 파종 후 3일 이내에 토양 전면에 살포
- 종류 : Simazine(시마진), Alachlor(아라클로르), Tachlor(브타클로르)

③ 생육초기 처리제(★★★) : 출아(새싹이 나옴) 후 생육초기에 살포
- 종류 : 2,4-D, Bentazon(벤타존)

8 제초제의 처리 위치(방법)에 따른 구분

① 경엽처리제 : 토양처리제를 제외한 모든 제초제

② 토양처리제 : Simazine(시마진), Alachlor(아라클로르), Tachlor(브타클로르)

기출확인문제

Q1 다음 중 제초제를 처리방법에 따라 분류한 것은?

① 토양 및 경엽처리 제초제
② 이행형 및 접촉형 제초제
③ 선택성 및 비선택성 제초제
④ 호르몬형 및 비호르몬형 제초제

| 해설 | 제초제의 처리방법에 따른 분류는 토양처리제, 경엽처리제로 분류한다.

정답 ①

9 제초제 사용에 따른 문제점

① 동일 계통의 제초제 사용으로 인한 **제초제 저항성 잡초 출현**

② **제초제 저항성 논잡초의 종류** : 물달개비, 미국외풀, 마디꽃, 알방동사니(**설포닐우레아계**에 대한 저항성)

CHAPTER

8 농약의 독성

1 농약 등록에 따른 시험 항목

① 약효시험 ② 약해시험 ③ 잔류독성시험

2 포유동물에 대한 독성의 구분

① 투여 경로에 따른 구분

- **흡입 독성** : 호흡기를 통해 흡수되며, 가장 독성이 크다.
- **경구 독성** : 입을 통해 섭취 및 흡수
- **경피 독성** : 피부를 통해(피부염, 알레르기 등)

② 독성 발현 속도에 따른 구분

- **급성 독성**(직접 독성) : 주로 유기인계 살충제(흡입 독성 > 경구 독성 > 경피 독성)
- **만성 독성**(간접 독성) : 주로 유기염소계 살충제(잔류농약이 함유된 농식품을 섭취하여 발현되는 중독)

③ 독성의 정도에 따른 구분

- **Ⅰ급 독성**(맹독성)
- **Ⅱ급 독성**(고독성)
- **Ⅲ급 독성**(보통독성)
- **Ⅳ급 독성**(저독성)

※ **현재 맹독성, 고독성은 생산(사용) 금지되었다.**

④ 독성 평가 : 농약의 제품을 가지고 평가한다.

- **독성평가 기준** : LD_{50}(반수치사량)→실험동물의 반절의 수, 즉 전체에서 50%가 죽는데 소요되는 농약의 양을 말한다.
- **농약의 급성 경피 독성 단위(★★★)** : **LD_{50} mg/kg**(실험동물의 50%가 죽는데 소요되는 체중 1kg당 농약의 양(mg))

⑤ **농약의 급성독성 구분**(WHO의 기준)

구분	LD, mg/kg 체중			
	경구독성		경피독성	
	고상	액상	고상	액상
1급(맹독성)	〈5	〈20	〈10	〈40
2급(고독성)	5~49	20~199	10~99	40~399
3급(보통독성)	50~499	200~1,999	100~999	400~3,999
4급(저독성)	≧500	≧2,000	≧1,000	≧4,000

⑥ **주요 농약의 독성 특성**

- **유기인계 살충제** : 대체로 독성이 강하지만, 체내에서 비교적 빨리 분해되어 급성중독을 일으킨다.
- **무기염소계 살충제** : 대체로 화학적으로 안정한 화합물로 체내에서 거의 분해되지 않고 지방층이나 뇌신경 등에 축적되어 만성중독을 일으킨다.

기출확인문제

Q1 우리나라 농약의 독성 구분 중 맞지 않는 것은?

① 무독성　　② 보통독성
③ 저독성　　④ 고독성

| 해설 | 무독성은 독성 구분에 포함되지 않는다.

정답 ①

Q2 다음 급성 독성 중 그 강도의 순서가 옳게 나열된 것은?

① 흡입 독성〉경피 독성〉경구 독성　　② 경구 독성〉흡입 독성〉경피 독성
③ 흡입 독성〉경구 독성〉경피 독성　　④ 경피 독성〉경구 독성〉흡입 독성

| 해설 | 흡입 독성〉경구 독성〉경피 독성 순이다.

정답 ③

3 환경생물에 대한 독성

1) 각종농약의 독성 정도

① **살충제** : 어류에 중간 정도의 독성, 곤충생장조절제는 갑각류에 독성

② **살비제** : 어류에 독성이 강함(수중생물에 독성은 중간 정도)

③ **살균제** : 담수어에는 독성이 약함. 해양 어류에는 독성이 강함(유기염소계, 유황제는 어류에 독성이 강함)

④ **제초제** : 일반적으로 독성이 낮음(다만 페녹시계, 브타클로르계 제초제는 어류에 독성이 강함)

2) 농약의 어독성 구분

- **잉어**에 대한 **반수치사농도**(mg/l/48hr) : 48시간 후에도 50%가 견뎌내는 약제농도(**TLm**으로 표시)

구분	잉어 반수치사농도(ppm, 48시간)
Ⅰ급	0.5ppm 미만
Ⅱ급	0.5~2.0ppm
Ⅲ급	2.0ppm 이상
Ⅱs급	0.1ppm 이하

- 가장 어독성이 강한 약제 : 벤드린
- 어독성의 강도 : 유제 〉 수화제 〉 분제

3) 유용 곤충에 대한 독성

- **꿀벌** : 군집 흥분, 산란이상, 사멸→과수원 화분매개활동 저하→대책 : 개화기에 유해약제 살포 금지
- **누에** : 농약에 오염된 뽕잎 급여로 이상증후 후 누에가 사멸
- **천적의 소멸** : 이리응애, 노린재, 진디벌, 좀벌
- **조류(새)** : 유기인제 살충제가 조류에 독성이 강함
- **토양생물** : 유용미생물의 감소

4) 농약의 자연 분해

① 대기 중으로 증발 분해
② 햇빛에 의한 분해
③ 강우에 의한 분해
④ 식물이 생산한 효소에 의한 분해
⑤ 토양미생물에 의한 분해
⑥ 하천, 강, 바다로 이동 분해

기출확인문제

Q1 어독성 검정은 보통 잉어를 사용하는데, 약제처리 후 며칠 만에 조사하여 독성을 구분하는가?

① 1일(24시간)
② 2일(48시간)
③ 5일(120시간)
④ 10일(240시간)

| 해설 | 어독성 검정은 잉어에 대한 반수치사농도(mg/l/48hr)이다. 즉 48시간 후에도 50%가 견뎌내는 약제농도로 TLm으로 표시한다.

정답 ②

4 토양잔류 농약

① **평가기준**

- **토양** 중 농약 **반감기**(단위 :일)로 평가한다.
- **반감기** : 토양잔류농약이 **50%가 분해**되는데 **소요**되는 **시간**

② **토양 잔류성 농약의 기준**

- **반감기가 6개월(180일) 이상인 농약**
- **작물잔류성농약**이란 토양 중 농약의 **반감기가 6개월(180일) 이상**인 농약을 말하며 사용한 결과 토양에 잔류되어 **후작물에 잔류되는 농약**을 말한다.

③ **토양잔류성에 영향을 미치는 요인**

- 농약의 화학적·물리적 성질
- 농약의 제형 : 입제 〉 분제 〉 유제 〉 수화제 〉 액상수화제 〉 훈연제
- 사용방법 : 처리방법, 사용량, 사용 시기, 살포 횟수
- 작물의 종류, 경작방법, 시비, 관개(물 공급)
- 대기온도, 습도, 강우, 바람
- 토성(토양의 성상), 토양유기물 함량, 지온, ph, CEC

※ CEC : 양이온치환용량

기출확인문제

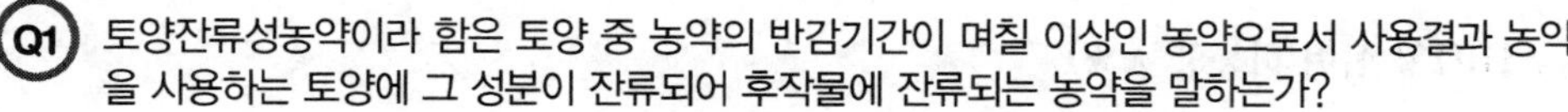

Q1 토양잔류성농약이라 함은 토양 중 농약의 반감기간이 며칠 이상인 농약으로서 사용결과 농약을 사용하는 토양에 그 성분이 잔류되어 후작물에 잔류되는 농약을 말하는가?

① 30일　　② 60일
③ 90일　　④ 180일

| 해설 | 반감기가 180일이다.

정답 ④

CHAPTER

9 잔류농약과 안전성

1 농작물과 농약의 잔류성

① **표면적**이 **넓은 작물**이 **잔류량**이 **많다.**

- 엽채류 〉 과채류 · 과실류(작은 과일 〉 큰 과일)

② **털이 많은 작물**이 **잔류량**이 **많다.**(복숭아, 살구 등)

③ 잔류농약은 **주로 표면**의 **껍질**에 **분포**한다.

④ **노지보다 시설재배 농작물이 잔류량이 많다.**(원인 : 비, 바람 차단)

⑤ 농산물의 잔류량은 **90% 이상이 과피**에 잔류한다.

⑥ 작물표피의 **왁스층**은 **지용성 농약**의 **식물체 내**의 **침투를 용이**하게 한다.

2 잔류농약의 안전성 평가

① NOEL(**최대 무작용량**) : 동물이 일생동안을 먹어도 해가 없는 양

② ADI(**1일 섭취 허용량 ★★**)

- 실험동물에 매일 일정량의 농약을 혼합한 사료를 장기간 투여하여 2세대 이상에 걸친 영향을 조사하고, 전혀 건강에 영향이 없는 양을 구한 후 여기에 적어도 **100배의 안전계수를 적용한다.**
- $ADI = \frac{\text{최대무작용량}(NOEL)\text{ 또는 최대무독성량}(NOAEL)}{100}$

  따라서 나누기로 표현하면, $\frac{\text{최대무작용량}(NOEL)\text{ 또는 최대무독성량}(NOAEL)}{100}$

  곱하기로 표현하면, $ADI = \text{최대무작용량}(NOEL)\text{ 또는 최대무독성량}(NOAEL) \times \frac{1}{100}$

③ **농약잔류허용 기준(MRL, 최대허용 한계)**

- 국민 1인당 식품섭취량에 따라 농산물별로 정한 기준이다.
- MRL(ppm)=ADI(㎎/kg/1일)×국민체중(kg)/적용 농산물의 섭취량(kg/1일)→1일 농약섭취 허용량×국민 평균 체중/1인1일 농산물평균섭취량

④ **식품계수** : 어떤 농약이 잔류할 우려가 있는 식품군의 전체 식사량 중에서 차지하는 평균적 비율

기출확인문제

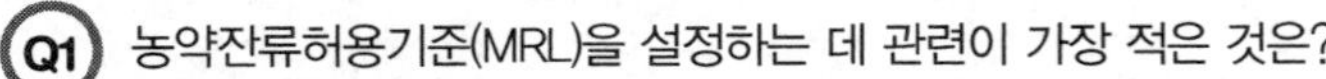

Q1 농약잔류허용기준(MRL)을 설정하는 데 관련이 가장 적은 것은?

① 인체 1일 섭취허용량
② 농약의 안전사용량
③ 최대무작용량
④ 안전계수

| 해설 | 농약의 안전사용량은 관련이 없다.
※농약잔류허용기준(MRL)=1일농약섭취허용량×국민평균체중/1인1일 농산물평균섭취량
• 1일농약섭취허용량(ADI)=최대무작용량÷안전계수

정답 ②

Q2 농약 잔류허용기준 설정 시 내용에 포함되지 않는 것은?

① 안전계수(1/100)
② 농약의 유효성분
③ 최대무작용량(NOEL)
④ 국민평균체중/식품별 1일 섭취량

| 해설 | 농약의 유효성분은 해당하지 않는다.

정답 ②

Q3 농약의 잔류에 대한 설명 중 옳지 않은 것은?

① 작물잔류성농약이란 농약의 성분이 수확물 중에 잔류하여 농약잔류허용기준에 해당할 우려가 있는 농약을 말한다.
② 안전계수란 사람이 하루에 섭취할 수 있는 약의 양을 말한다.
③ 작물체 내의 잔류 농약은 경시적으로 계속하여 감소한다.
④ 농약의 작물잔류는 사용횟수와 제제형태에 따라서 다르다.

| 해설 | 안전계수는 100을 적용한다.

정답 ②

3 농약의 안전사용 기준

수확한 농산물의 잔류농약이 허용기준을 넘지 않도록 농약 사용 방법을 법으로 정한 기준을 농약의 안전사용 기준이라고 한다.

① 적용 대상 작물

② 살포농도 및 양

③ 살포횟수

④ 살포 후 수확까지의 기간

CHAPTER

10 농약의 안전사용

1 농약의 사용상 주의할 사항

① 기상 조건을 고려하여 살포한다.

② 농약의 혼용 시 다른 농약과 혼용가능 여부를 확인한다.

③ 작물에 약해가 일어나지 않도록 사용농도, 횟수를 지킨다.

④ 동일농약의 연용은 병해충의 저항성, 약해의 원인이 되므로 주의한다.

⑤ 방제복과 마스크를 착용한다.

⑥ 건강한 상태에서 살포한다.

⑦ 장시간 연속 작업은 하지 않는다.

⑧ 남은 농약은 안전하게 보관한다.

⑨ 작업 후 온몸을 깨끗이 씻는다.

2 농약의 조제 시 주의할 사항

① 알칼리성 물은 사용하지 않는다.

② 경도가 높은 물(**2가 양이온을 많이 함유한 물 = 경수**)은 피하고, 경도가 낮은 물(**연수**)을 사용한다.

③ 수온은 낮은 것이 좋다.

④ 전착제는 조제가 끝난 후 첨가한다.

⑤ 희석배수를 준수한다.

⑥ 충분히 혼화한다.

기출확인문제

Q1 살포액 조제 시 고려할 사항으로 가장 거리가 먼 것은?

① 병해충의 종류
② 희석용수의 선택
③ 소정의 희석배수 준수
④ 충분한 혼화

| 해설 | **살포액 조제 시 고려사항**

- 희석용수 선택
- 희석배수 준수
- 충분한 혼화

정답 ①

3 농약의 혼용 시 주의사항

① 혼용에 의한 활성의 변화
② 혼용에 의한 화학적 변화
③ 혼용에 의한 물리성의 변화

기출확인문제

Q1 불합리한 농약의 혼용은 약효의 경감, 약해의 원인, 또는 급성독성의 현저한 증가를 야기한다. 농약 혼용 시 주의할 사항이 아닌 것은?

① 혼용에 의한 활성의 변화
② 혼용에 의한 화학적 변화
③ 혼용에 의한 물리성의 변화
④ 혼용에 의한 살포시기의 변화

| 해설 | 혼용에 따른 살포시기의 변화는 거리가 멀다.

정답 ④

Q2 농약 혼용 시 준수하여야 할 사항이 아닌 것은?

① 표준 희석배수를 준수한다.
② 혼용한 살포액은 되도록 즉시 살포한다.
③ 가능하면 여러 종류의 농약을 혼용한다.
④ 혼용 시 침전물 생성이 있는 경우 사용하지 않는다.

| 해설 | 가능하면 여러 종류의 농약을 혼용하지 않아야 한다.

정답 ③

4 농약의 살포 시 약효에 영향을 주는 요인

살포시기, 약제살포량, 기상상태

5 농약의 희석 방법

① **액제의 희석에 소요되는 물의 양 산출**

- 원액의 용량(cc)×(원액의 농도/희석하려는 농도−1)×원액의 비중

② **분제의 희석에 소요되는 증량제의 양 산출**

- 분제의 무게(g)×(분제의 농도/원하는 농도−1)

③ **소요약의 분량 산출**

- 단위면적당 사용량(l)÷소요 희석 배수

※ **농가**에서 가장 많이 사용하는 살포액 조제방법은 **배액 조제법**이다.

6 농약의 약해

1) 약해의 구분

① **급성 약해** : 약제 살포 후 1주일 이내 발생하는 약해

② **만성 약해** : 약제 살포 1주일 이후부터 수확 때까지 나타나는 약해

③ **2차 약해** : 처리한 농약이 토양에 잔류하여 후작물에 일으키는 약해

2) 약해의 발생 원인

① 대상작물의 생육상태가 불량한 경우

② 사용 약제의 농도나 사용량이 과다한 경우

③ 약제의 혼용으로 화학적 변화가 일어난 경우

④ 생육적온보다 고온인 경우 농약의 과잉 흡수

⑤ 생육적온보다 저온인 경우 약제에 대한 저항성 감소

⑥ 공중습도가 높은 경우 농약의 침투량 증대

⑦ 토양의 유기물 함량, 토양수분

※ **약해가 발생하는 환경 조건 : 가뭄 〉 고온 〉 과습**

3) 약해의 증상

① 급성 약해 : 발아, 발근불량, 엽소, 반점, 잎의 왜화, 낙화, 낙과

② 만성 약해 : 영양생장, 화아형성, 과실의 발육 저해

Q1 다음 농약의 약해증상 중 만성적 약해에 해당하는 것은?

① 낙과(樂果) ② 화아(花芽) 형성
③ 엽소(葉燒) ④ 발근(發根) 불량

| 해설 | 낙과, 엽소, 발근불량은 급성 약해이다.

정답 ②

4) 생장단계별 약해

① 유묘기 등 생장 초기에는 약해가 발생하기 쉽다.

② 휴면기에는 약해 우려가 적다.

③ 토양처리제초제에 대해 콩의 경우 자엽이 토양 표층을 밀어 올려 약해 우려가 적으나 팥은 자엽이 지하에 남고 경부가 직접 토양 표면을 통과하므로 약해의 우려가 있다.

Q1 다음 중 약해의 원인이 아닌 것은?

① 고농도 살포 ② 부적합한 약제 사용
③ 합리적 혼용 ④ 사용방법 미숙

| 해설 | • 농약의 합리적 혼용은 약해가 발생하지 않는다.
• 약해가 발생하는 원인 : 고농도 살포, 부적합한 약제의 사용, 사용방법 미숙 등을 들 수 있다.

정답 ③

Q2 약해의 종류 중 급성 약해의 발현시기로 옳은 것은?

① 즉시 ② 일주일 이내
③ 11~15일 이내 ④ 15일 이후

| 해설 | 급성 약해는 약제 살포 후 1주일 이내 발생하는 약해를 말한다.

정답 ②

Q3 약해에 대한 설명으로 옳지 않은 것은?

① 약해란 농약에 의해서 식물이 정상적인 생육을 저해하는 것이다.
② 약해라고 해서 전부 작물의 수확에 영향을 끼치는 것은 아니고, 환경조건에 따라 회복되는 일시적 약해도 있다.
③ 살충제의 약해 발생은 유기인계 계통이 많다.
④ 만성적인 약해는 약제를 살포한지 1주일 이내에 나타난다.

| 해설 | 만성적인 약해는 약제를 살포한지 1주일 이후부터 수확기까지 나타난다.

정답 ④

기출확인문제

Q4 식물 생육단계 중 약해의 염려가 가장 적은 시기는?

① 휴면기 ② 영양생장기
③ 생식생장기 ④ 개화기

| 해설 | 휴면기에는 약해의 염려가 가장 적다.

정답 ①

7 농약에 대한 저항성

1) 저항성의 정의

생물체가 치명적인 농약의 약의 분량에도 견딜 수 있는 능력이 발달되는 현상으로 내성이 유전자에 의해 후대에 유전된다.

2) 저항성의 종류

① 교차저항성 : 어떤 농약에 대하여 이미 저항성이 발달된 경우 한 번도 사용하지 않은 농약에 대하여 저항성을 나타내는 현상이다.

② 복합저항성 : 작용 기작이 다른 2종 이상의 약제에 대하여 저항성을 나타내는 것

3) 농약 사용에 따른 병해충의 저항성 회피방법

① 약제사용 횟수를 줄인다.

② 동일 계통 약제의 연용을 피한다.

③ 혼용 가능한 다른 계통의 약제를 혼용하여 사용한다.

4) 저항성의 발달 정도

저항성의 발달 정도는 저항성 계통과 살충제 계통의 비로 나타낸다. 즉 저항성계수는 '저항성 계통 LD_{50}/감수성 계통 LD_{50}'이다.

기출확인문제

Q1 살충작용이 다른 2종 이상에 대하여 동시에 해충이 저항성을 나타내는 현상을 무엇이라 하는가?

① 내성(tolerance) ② 선발압(selective pressure)
③ 교차저항성(cross-resistance) ④ 복합저항성(multiple resistance)

| 해설 | 복합저항성이란 살충작용이 다른 2종 이상에 대하여 동시에 해충이 저항성을 나타내는 현상을 말한다.

정답 ④

Q2 교차저항성에 대한 설명으로 가장 옳은 것은?

① 어떤 약제에 의해 저항성이 생긴 곤충이 다른 약제에 저항성을 보이는 것
② 동일 곤충에 어떤 약제를 반복 살포함으로써 생기는 저항성
③ 동일 곤충에 두 가지 약제를 교대로 처리함으로써 생긴 저항성
④ 어떤 약제에 대한 저항성을 가진 곤충이 다음 세대에 그 특성을 유전시키는 것

| 해설 | 교차저항성이란 어떤 약제에 의해 저항성이 생긴 곤충이 다른 약제에 저항성을 보이는 것을 말한다.

정답 ④

Q3 A약제의 유제 50%를 0.08%로 희석하여 10a 당 5말로 살포하려고 할 때 소요 약 량은?(비중이 1.25일 때)

① 360cc ② 156.2cc
③ 115.2cc ④ 112.5cc

| 해설 | • 공식 : 소요되는 물의 양=원액의 용량(cc)×(원액의 농도/희석하려는 농도−1)×원액의 비중
• 1말=18L ∴ 5말=5×18L=90L

$$= \frac{0.08\% \times (5말 \times 18L) \times 1{,}000cc/2}{50\% \times 1.25}$$

$$= \frac{7{,}200cc}{62.5} = 115.2cc$$

정답 ③

Q4 지오판 수화제 (70%)를 1,000배로 희석하여 10a당 200L를 살포할 때 지오판수화제 원액 소요약의 분량은 ?

① 140mL ② 160g
③ 180g ④ 200g

| 해설 | • 소요약의 분량 산출 공식 : 단위면적당 사용량(l)÷소요 희석 배수
• 1L=1,000g=1,000mℓ

$$= \frac{200L \times 1{,}000g/L}{1{,}000배} = 200g$$

정답 ④

8 농약 중독 시 응급처리

① 환자는 흥분되어 있으므로 마음을 안정시킨다.

② 환자를 공기가 맑고 그늘진 서늘한 곳에 옮기고 단추와 허리띠를 풀어주며 쉬도록 하고 걷지 않게 한다.

③ 무의식 상태일 경우 본래 누워있는 편안한 자세를 유지한다.

④ 따듯한 소금물을 1~2컵 마시게 한 후 토하게 한다.

⑤ 설사약을 투여한다.

⑥ 활성탄을 복용한다.

⑦ 담배, 술, 우유를 마시게 해서는 안 된다. 물은 마실 수도 있다.

⑧ 신속히 병원으로 이송한다.

⑨ 눈 오염시 물로 씻어준다.

⑩ 중독되어 경련을 일으키거나 그 증상을 보일 때는 황산아트로핀을 복용하거나 주사한다.

기출확인문제

Q1 농약 중독 시 응급처치 요령이 아닌 것은?

① 피부 오염 시 비눗물로 목욕을 한다.
② 눈 오염 시 포화소금물로 15분간 씻어낸다.
③ 음독 시 황산나트륨, 황산마그네슘을 설사약으로 복용한다.
④ 인공호흡을 실시한다.

| 해설 | 눈 오염 시 물로 씻어내어야 한다.

정답 ②

Q2 농약 중독에 대한 응급조치 방법으로 가장 거리가 먼 것은?

① 응급조치의 근본적인 방법은 중독의 원인물질을 가능한 빨리 환자의 체외로 제거하는 것이다.
② 경피적으로 중독 시에는 오염된 작업복을 벗기고 피부를 비눗물로 깨끗이 씻겨야 한다.
③ 흡입으로 중독되었을 때는 환자를 신선한 장소로 옮겨 의복을 느슨하게 하여 주고 보온시켜 준다.
④ 중독되어 경련을 일으키거나 그 증상을 보일 때는 따뜻한 소금물을 마시게 하여 토하게 한다.

| 해설 | 중독되어 경련을 일으키거나 그 증상을 보일 때는 황산아트로핀을 복용하거나 주사한다.

정답 ④

9 농약의 환경독성

① 유기인계 농약은 담수어에 대한 독성이 낮은 편이다.

② 카바메이트 농약은 담수어, 패류에는 독성이 낮으나 갑각류에 독성이 높다.

③ PCP, endrin은 강한 어독성으로 현재는 생산 및 사용금지 되어 있다.

④ DDT, BHC는 화학적으로 안정하고 지용성인 농약이 기질 등 생체성분과 결합하기 쉬워 동물체 내에 축적되기 쉬워 현재는 사용 금지되었다.

⑤ 생물농축이란 체 조직 중에 축적된 농약의 농도는 물, 토양 등의 환경과 먹이 중의 농도보다 높게 나타나는 것을 말한다.

⑥ 생물농축계수(BCF)는 수질환경 중 화합물 농도에 대한 생물체 내에 축적된 화합물의 농도비를 말한다.

- 생물농축계수(BCF)= $\frac{Cb}{Cw}$
- Cb : 생물체 중 화합물의 농도
- Cw : 수질환경 중 화합물의 농도

기출확인문제

Q1 생물농축계수(BCF)란 생물농축의 정도를 수치로 표현한 것을 말한다. 수질 중의 화합물의 농도가 1ppm이고, 송사리 중의 농도가 10ppm이라면 이 화합물의 생물농축계수는 얼마인가?

① 1 ② 10
③ 100 ④ 1000

| 해설 | 생물농축계수(BCF)는 수질환경중 화합물 농도에 대한 생물체 내에 축적된 화합물의 농도비(생물체 내 축적된 화합물 농도/수질환경 중 화합물 농도)를 말한다.

$\therefore \frac{10ppm}{1ppm} = 10ppm$

정답 ②

Q2 농약의 생물농축의 정도를 수치로 표현한 생물농축계수(BCF)를 바르게 설명한 것은?

① 수질환경 중 화합물 농도에 대한 생물체 내에 축적된 화합물의 농도비를 말한다.
② 농작물에 살포된 농약의 농도에 대한 생물체 내의 독성 정도를 나타내는 농도비를 말한다.
③ 농작물에 살포된 농약의 농도에 대한 인체에 흡입독성의 정도를 나타내는 농도비를 말한다.
④ 재배 중인 작물에 살포된 농약의 농도에 대한 잔류되는 농약의 농도비를 말한다.

| 해설 | 생물농축계수(BCF)는 수질환경 중 화합물 농도에 대한 생물체 내에 축적된 화합물의 농도비를 말한다.

- 공식 : 생물농축계수(BCF) = $\frac{Cb}{Cw}$
- Cb : 생물체중 화합물의 농도
- Cw : 수질환경중 화합물의 농도

정답 ①

MEMO

Part 5 잡초방제학

CHAPTER 1

잡초의 정의 및 분류

1 잡초

포장에서 경제성을 목적으로 재배되고 있는 작물 이외의 자연적으로 발생한 식물을 말한다.

① 제자리에 발생하지 않는 식물
② 인간이 원하지 않거나 바라지 않는 식물
③ 인간과 경합적이거나 인간의 활동을 방해하는 식물
④ 작물적 가치가 평가되지 않는 식물
⑤ 경지나 생활지 주변에서 자생하는 초본성 식물

2 잡초의 일반적 특성

① 다산성(종자 생산량이 많다.)이다.
② 휴면성이 강하다.
③ 불량환경의 적응성이 크다.
④ 종자 전파력이 강하다.
⑤ 경합성이 강하다.
⑥ 탈립성이 크다.
⑦ 번식력과 재생력이 크다.
⑧ 본래 작물에 속하지만, 재배 목적에 위배되면 잡초가 된다.

3 잡초의 해작용(★★★)

① 작물과의 경합에 따른 수량 저하·품질 저하

- 양분, 수분, 공간, 수광태세, 통풍을 불량하게 한다.
- 작물의 체온 저하
- 지온 저하

② **Allelopathy(상호타감작용, 유해물질의 분비)**

- 식물의 생체(잡초 뿌리에서 유해물질 분비) 및 고사체의 추출물이 다른 식물의 발아와 생육에 영향

③ **병해충의 전파**

잡초가 병해충의 중간기지 역할(서식처 · 월동처 제공)→작물에 피해

④ **작물의 품질 저하**

수확한 곡물이나 종실에 잡초 종자가 섞이게 되어 품질 저하

⑤ **가축에 피해**

가축의 조사료를 생산하는 목초지의 경우 자연 발생한 잡초 중에는 가축에게 위해작용을 하는 잡초(도꼬마리, 고사리 등)가 있을 수 있어 가축에게 알칼로이드 중독, 알레르기 등의 피해 유발할 수 있다.

⑥ **미관의 손상 및 농작업의 어려움**

⑦ **경지이용 효율 감소**

기출확인문제

Q1 식물의 타감작용(상호대립억제작용, allelopathy)을 나타내는 물질은?

① 미생물 분비물 ② 해충 분비물
③ 식물 분비물 ④ 병원균 분비물

| 해설 | 식물의 타감작용(상호대립억제작용, allelopathy) 물질은 식물이 생산 및 분비하는 것으로 다른 식물의 발아와 생장에 영향을 미치게 하는 것이다.

정답 ③

4 잡초의 유용성

① **토양에 유기질(비료)**의 공급

② **토양침식 방지** : 폭우에 의한 논뚝, 밭뚝, 제방 붕괴 방지

③ **자원 식물화**

- **사료작물** : 피 등 가축이 식용가능한 모든 잡초
- **구황식물** : 피, 올방개, 올미, 쑥 등 사람이 식용가능한 모든 식물

※ 구황식물 : 계속된 흉년이나 전쟁 등으로 식량이 바닥났을 때 식량을 대신 할 수 있는 식물

- **약용작물** : 별꽃, 반하 등
- **관상용** : 물옥잠
- **염료용** : 쪽

④ **유전자원(내성식물 육성을 위한)**

⑤ **수질정화(물이나 토양 정화)** : 물옥잠, 부레옥잠

⑥ **토양의 물리성 개선**

⑦ **조경식물**로 이용 : 벌개미취, 미국쑥부쟁이, 술패랭이꽃

5 잡초의 번식 및 전파

1) 번식상 특징

- 종자 또는 영양번식(**지하경 등**)을 한다.
- 생식능력이 뛰어나다.
- 재생력이 강하다.

2) 잡초의 번식방법

① **유성번식(종자번식)** : 일반적으로 1년생 잡초와 2년생 잡초는 종자번식을 한다.

② **무성번식(영양번식. ★★★)** : 대부분의 다년생 잡초

- **포복경** : 벋음씀바귀, 버뮤다그라스
- **인경** : 야생마늘, 가래, 무릇
- **구경** : 반하
- **지하경** : 쇠털골, 너도방동사니, 쇠털골, 띠풀
- **괴경** : 향부자, 매자기, 올방개, 올미

3) 잡초의 전파 방법

① 작물의 종자 등에 섞여서 전파

② 바람에 의한 전파 : 민들레, 엉겅퀴속, 박주가리

③ 물에 의한 전파 : 빗물, 관수 등

④ 인축에 의한 전파 : 인축의 배설물, 사람의 옷, 동물의 털에 붙어서 전파

- 종류 : 도꼬마리, 진득찰, 도깨비바늘

⑤ 농기구에 의한 전파

기출확인문제

Q1 잡초의 전파 방법 중 사람이나 동물에 부착하여 운반되기 쉬운 잡초는?

① 민들레 ② 소리쟁이
③ 도꼬마리 ④ 여뀌

| 해설 | 도꼬마리와 가막사리는 사람이나 동물에 부착하여 종자를 다른 곳으로 운반(이동)한다.

정답 ③

6 잡초종자의 일반적 발아 특성

잡초종자는 발아의 주기성, 계절성, 기회성, 준동시성, 연속성을 가지고 있는 경우가 많다.

① **발아의 주기성** : 일정한 주기를 가지고 동시에 발아한다.

② **발아의 계절성** : 발아에 있어 온도보다는 일장에 반응하여 휴면을 타파하고 발아한다. (장일조건(봄잡초), 여름(하잡초), 단일조건(가을잡초), 겨울(겨울잡초))

③ **발아의 기회성** : 일장보다는 온도조건이 맞으면 발아하는 잡초도 있다.

④ **발아의 준동시성** : 일정 기간 내에 동시에 발아하는 잡초의 특성

⑤ **발아의 연속성** : 오랜 기간 동안 지속적으로 발아를 하는 유형의 잡초

기출확인문제

Q1 잡초종자의 발아 습성으로 옳지 않은 것은?

① 발아의 주기성 ② 발아의 계절성
③ 발아의 불연속성 ④ 발아의 준동시성

| 해설 | 발아의 불연속성은 종자의 발아습성과 거리가 멀다.

정답 ③

7 잡초종자의 생육특성(★★★)

① 종자의 크기가 작아 발아가 빠르다.

② 초기생장 속도가 빠르다

※ **해설** : 잡초는 작물보다 이유기가 빠르기 때문에 초기 생장속도가 작물보다 빠르다.

③ 대부분의 잡초들은 **C_4식물**들이다. 따라서 광합성 효율이 높다.

- C_4식물은 이산화탄소가 부족한 환경에서도 광합성의 암반응을 계속하여 광합성의 효율이 높다.
- C_4식물은 **엽록유관속초 세포가 발달**되어 있으며 **고온건조** 및 **습한** 곳에 **잘 적응**되어 있다.
- C_4식물 : 명아주
- 평행맥을 가지고 있다.

④ 불량환경에 대한 적응성이 높다

※ **해설** : 대부분의 잡초는 생육유연성을 갖고 있어 밀도변화가 있더라도 생체량을 유연하게 변화시킨다.

⑤ 우리나라 논의 올방개는 지하경 형성 부위가 깊고 출아하는 데 걸리는 시간이 길다.

기출확인문제

Q1 우리나라 논에 발생하는 올방개의 출아가 늦은 이유로 옳은 것은?

① 지하경의 크기가 크기 때문이다.
② 지하경의 종자가 휴면을 일으키기 때문이다.
③ 지하경이 불균일하게 분포되어 있기 때문이다.
④ 지하경 형성 부위가 깊고 출아하는 데 걸리는 시간이 길기 때문이다.

| 해설 | 우리나라 논의 올방개는 지하경 형성 부위가 깊고 출아하는 데 걸리는 시간이 길다.

정답 ④

8 작물과 잡초와의 관계

1) 재배식물과 잡초의 비중

- 지구상에 있는 식물의 종은 약 20만 종이다. 이중에서 약 1%(2,200종)가 재배식물이며 잡초는 3만 종이다.
- 잡초 중에서 경제적 피해를 주는 잡초는 1,800여 종이다.
- 문제되는 잡초 중에서 화본과, 국화과, 사초과의 비중이 가장 높다.
- 우리나라는 여름잡초(하잡초)의 피해가 가장 크다.
- 담수직파 재배보다 건답직파 재배에서 잡초의 발생이 많다.

2) 식물학적인 분류 : 표기(이명법) → **속**명+**종**명+**명**명자명

① **피**의 식물학적인 분류

- 문[門, phylum] : 유관속 식물
- 강[綱, class] : 피자식물
- 목[目, order] : 단자엽류
- 과[科, family] : 화본과
- 속[屬, genus] : 피속(Echinochloa)
- 종[種, species] : crus-galli종

9 잡초의 분류(★★★)

TIP

잡초의 분류

- 생활사에 따른 분류 : 1년생 잡초, 2년생 잡초, 다년생 잡초
- 토양의 수분(물이나 습기) 적응성에 따른 분류 : 수생잡초, 습생잡초, 건생 잡초
- 발생지에 따른 분류 : 경지(경작지)잡초, 목초지잡초, 과수원잡초, 비경지잡초, 정원잡초, 잔디밭잡초, 밭잡초
- 계절에 따른 분류 : 겨울잡초, 봄잡초, 가을잡초, 여름(하)잡초

※ 우리나라의 경우 여름잡초(하잡초★)의 피해가 가장 크다.

1) 잎의 형태에 따른 분류

① 화본과(벼과) 잡초

㉠ 특성

- 잎의 길이가 폭보다 길다.
- 잎맥이 평행맥이다.
- 잎은 잎집과 잎몸으로 되어 있다.
- 줄기는 원통형이고 마디가 뚜렷하다.

㉡ 피와 벼의 차이점

- 벼 : 엽초, 엽이, 엽설, 엽신으로 구성
- 피 : 엽초, 엽신으로 구성

※ 피는 엽이, 엽설(잎혀)가 없다.

㉢ 종류

- 논잡초 : 피(강피, 돌피, 물피), **나도겨풀(★★)**, 둑새풀, 갈대
- 밭잡초 : 피(강피, 돌피, 물피), 바랭이, 둑새풀, 강아지풀

기출확인문제

Q1 피의 형태적 특징으로 옳은 것은?

① 엽설(잎혀)은 없고, 엽이(잎귀)는 있다.
② 엽설(잎혀)은 있고, 엽이(잎귀)는 없다.
③ 엽설(잎혀)과 엽이(잎귀)모두 있다.
④ 엽설(잎혀)과 엽이(잎귀)모두 없다.

| 해설 | 피는 엽설(잎혀)과 엽이(잎귀) 모두 없다.

정답 ④

② **광엽성 잡초**

㉠ **특성**

- 잎이 둥글고 크다.
- 잎맥은 그물처럼 얽혀 있다.(그물맥)

㉡ **종류**

- **논잡초** : 물달개비, 물옥잠, 마디꽃, 밭뚝외풀, 사마귀풀, 여뀌바늘, 여뀌, 한련초 등
- **밭잡초** : 쇠비름, 깨풀, 쑥, 망초, 별꽃 등

③ **사초과(방동사니과) 잡초(★★★)**

㉠ **특성** : 줄기가 **삼각형** 또는 **원통형**이고 속이 비어 있다.

㉡ **종류**

- **논잡초** : 올방개, 올챙이고랭이, 너도방동사니, 알방동사니, 참방동사니, 쇠털골, 매자기, 물고랭이 등
- **밭잡초** : 방동사니, 새섬매자기, 바람하늘지기

기출확인문제

Q1 다음 중 논에 주로 발생하는 잡초가 아닌 것은?

① 벗풀, 매자기 ② 개구리밥, 가래
③ 바랭이, 닭의장풀 ④ 나도겨풀, 올방개

| 해설 | 바랭이, 닭의장풀은 밭잡초에 해당된다.

정답 ③

2) 생활사에 따른 분류(★)

① **1년생 잡초** : 피, 물달개비, 물옥잠, 마디꽃, 밭뚝외풀, 사마귀풀, 여뀌바늘, 여뀌, 한련초, 바랭이, 쇠비름, 참방동사니, 피, 깨풀, 강아지풀, 명아주

㉠ **여름잡초(하계잡초)**

- 봄에 싹이 트고 여름에 생장 개화, 가을에 결실 후 고사한다. 대부분 종자로 번식한다.
- **여름 논잡초** : 피, 물달개비, 물옥잠, 마디꽃, 밭뚝외풀, 사마귀풀, 여뀌바늘, 여뀌, 한련초
- **여름 밭잡초** : 바랭이, 쇠비름, 참방동사니, 피, 깨풀, 강아지풀, 명아주

㉡ **겨울잡초(동계잡초)**

- 겨울, 초겨울에 발생하여 월동 후 다음 해 여름까지 결실 고사한다.
  ※ 햇수로는 두해를 살지만, 두 계절을 넘기지 못한다.(겨울~이듬해 봄)
- 종류 : 둑새풀, 망초, 냉이, 벼룩나물, 별꽃, 점나도나물, 속속이풀, 개양개비

기출확인문제

Q1 일년생 잡초로만 나열된 것은?

① 명아주, 강아지풀　　② 바랭이, 냉이
③ 망초, 황새냉이　　④ 벼룩나물, 네가래

| 해설 | 명아주, 강아지풀, 피, 물달개비, 물옥잠, 마디꽃, 밭뚝외풀, 사마귀풀, 여뀌바늘, 여뀌, 한련초, 바랭이, 쇠비름, 참방동사니, 깨풀 등

정답 ①

② **월년생 잡초**

㉠ **특성** : 1년 이상 생존하지만, 2년 이상은 생존하지 못한다.

㉡ **종류** : 냉이, 황새냉이, 별꽃, 벼룩나물, 벼룩이자리, 속속이풀, 점나도나물, 새포아풀, 광대나물, 개꽃

※ 잡초의 분류는 어디까지나 우리나라 계절에 맞추어 분류한 것이므로 반드시 위의 분류 방식과 실제적으로 일치하지는 않을 수 있으며 잡초의 분류에서 월년생 잡초 대다수는 겨울잡초에 포함될 수 있음을 인식하여야 한다.

기출확인문제

Q1 다음 중 가을에 발생하여 월동 후에 결실하는 잡초로만 나열된 것은?

① 쑥, 명아주, 비름　　② 별꽃, 뚝새풀, 벼룩나물
③ 깨풀, 강아지풀, 민들레　　④ 애기메꽃, 바랭이, 별꽃

| 해설 | 겨울잡초인 별꽃, 뚝새풀, 벼룩나물 등은 가을에 발생하여 월동 후에 결실을 한다.

정답 ②

③ **2년생 잡초**

㉠ **특성**

- 2년 동안에 일생을 마친다.
- 첫해에 발아, 생육하고 월동한다.
- 월동기간 중 화아분화 하여 이듬해 봄에 개화 결실 후 고사한다.

㉡ **종류** : 달맞이꽃, 나도냉이, 갯질경이

④ **다년생 잡초**

㉠ **특성**

- 주로 뿌리, 괴경, 구경 번식 및 종자 번식도 가능
- 주로 영양번식을 한다.
- 방제하기가 어렵다.(영양번식을 하기 때문)

㉡ 종류 : 올방개, 벗풀, 올미, 가래, 너도방동사니 매자기, 쇠털골, 쇠뜨기, 쑥, 엉컹키, 병풀, 제비꽃, 괭이밥, 나도겨풀

㉢ **논잡초** : 올방개, 벗풀, 올미, 가래, 너도방동사니 매자기, 쇠털골

㉣ **밭잡초** : 쇠뜨기, 쑥, 엉겅퀴, 병풀, 제비꽃

3) **토양수분 적응성**에 따른 분류

① 수생잡초
- 물속에서 자란다.
- 물달개비, 가래, 마디꽃 등 논잡초

② 습생잡초
- 습한 곳에서 자란다.
- 둑새풀, 황새냉이

③ 건생잡초
- 습하지 않은 장소에서 자란다.
- 바랭이, 쇠비름, 깨풀 등 밭잡초

④ **부유(浮游)성(★★)**
- 물에 떠 있다.
- **개구리밥, 생이가래, 좀개구리밥, 가래, 부레옥잠**

4) **생장형에 따른 분류**

① **직립형** : 명아주, 가막사리, 자귀풀

③ **포복형** : 메꽃, 쇠비름

④ **총생형** : 억새, 둑새풀, 피

⑤ **분지형** : 광대나물, 사마귀풀

⑥ **로제트형(★★★)** : **민들레**, 질경이

⑦ **망경형** : 거지덩굴, 환삼덩굴

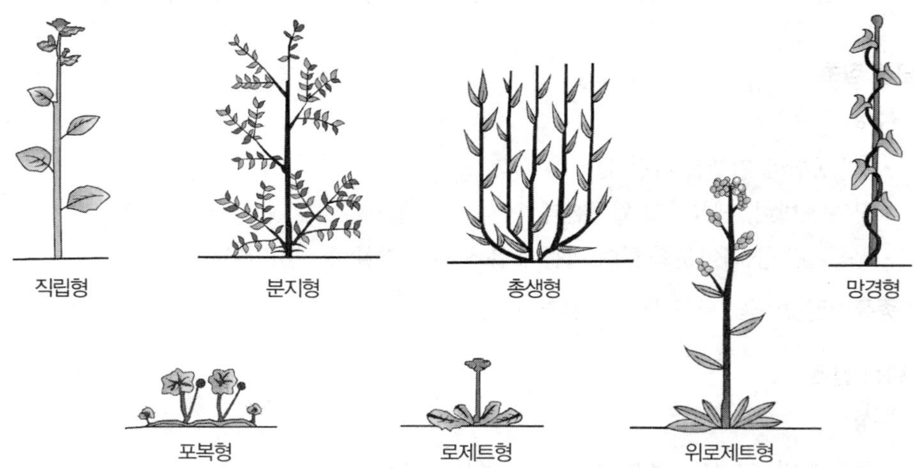

▲ 생장형에 따른 분류

기출확인문제

Q1 잡초의 생장형에 따른 분류로 옳은 것은?

① 총생형 – 메꽃, 환삼덩굴
② 만경형 – 민들레, 질경이
③ 로제트형 – 억새, 뚝새풀
④ 직립형 – 명아주, 가막사리

| 해설 | • 명아주, 가막사리는 직립형이다. • 총생형 : 뚝새풀, 고래억새
• 만경형 : 메꽃, 환삼덩굴 • 로제트형 : 민들레, 질경이

정답 ④

5) **경지별 분류**

① **논잡초**

㉠ **1년생**

- **화본과** : 피, 둑새풀
- **광엽성** : 물달개비, 물옥잠, 마디꽃, 밭뚝외풀, 사마귀풀, 여뀌바늘, 여뀌, 한련초
- **사초과(방동사니과)** : 알방동사니, 참방동사니, 바늘골

㉡ **다년생**

- 화본과 : 나도겨풀
- 광엽 : 가래, 벗풀, 올미, 개구리밥, 네가래
- 사초과(**방동사니과**) : 올방개, 올챙이고랭이, 너도방동사니, 쇠털골, 매자기, 물고랭이

② **간척지 주요 잡초(★★)** : 매자기, 새섬매자기

③ **밭잡초**

㉠ **1년생**

- 화본과 : 바랭이, 강아지풀, 둑새풀, 피
- 광엽성 : 쇠비름, 깨풀, 개비름, 별꽃, 갈퀴덩굴
- 사초과(방동사니과) : 방동사니

㉡ **다년생** : 쑥, 메꽃, 쇠뜨기, 토끼풀, 반하, 병풀

④ **잔디밭잡초** : 새포아풀, 띠, 토끼풀

6) **외래잡초(外來雜草)**

외국에서 유입되어 아직 국내에 야생화하지 않은 잡초

① **주 발생지**

- 항만, 도로변(농산물 수입 및 운송과정에서 유출)
- 사료작물을 재배하는 낙농가
- 쓰레기 매립장

② **종류**

- 소리쟁이, 흰명아주, 서양민들레, 돼지풀, 미국자리공, 갯드렁새, 미국가막사리, 단풍잎돼지풀(1961년 이후 국내로 지속적인 유입)

7) 국내 주요 우점잡초의 학명(★)

① 피(★★★) : Echinochloa Crus-galli

② 물달개비 : Monochoria Vaginalis

③ 올방개 : Eleocharis Kuroguwai

④ 벗풀 : Sagittaria Trifolia

기출확인문제

Q1 다음 중 여러해살이 잡초로만 나열된 것이 아닌 것은?

① 나도겨풀, 반하　　② 피, 참방동사니
③ 너도방동사니, 돌방개　　④ 생이가래, 큰고추풀

| 해설 | • 피, 참방동사니는 1년생 잡초이다.
• 여러해살이(다년생) 잡초의 종류
– 논잡초 : 나도겨풀, 올방개, 벗풀, 올미, 가래, 너도방동사니 매자기, 쇠털골
– 밭잡초 : 반하, 쇠뜨기, 쑥, 엉겅퀴, 병풀, 제비꽃

정답 ②

10 우리나라 주요 잡초의 종류

1) 논잡초

① **벼과(화본과)**

잎의 길이가 폭보다 길고 잎맥이 평행맥이며 잎은 잎집과 잎몸으로 되어 있고, 줄기는 원통형이고 마디가 뚜렷하다.

- **1년생** : 강피, 돌피, 물피
- **다년생** : 나도겨풀

② **방동사니과(사초과)**

- 1년생 : 알방동사니, 올챙이고랭이
- 다년생 : 너도방동사니, 올방개, 쇠털골, 매자기

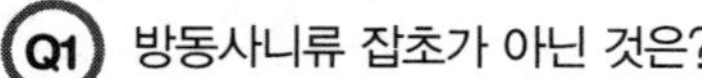

기출확인문제

Q1 방동사니류 잡초가 아닌 것은?

① 올방개 ② 올미
③ 올챙이고랭이 ④ 바람하늘지기

| 해설 | 올미는 택사과 잡초이다.

※ 방동사니과(사초과) 잡초의 종류 : 올방개, 올챙이고랭이, 바람하늘지기, 알방동사니, 참방동사니, 바늘골, 쇠털골, 매자기, 금방동사니, 향부자

정답 ②

③ **광엽성(잎이 넓음) 잡초**

- 1년생 : 여뀌, 물달개비, 물옥잠, 사마귀풀, 자귀풀, 여뀌바늘, 가막사리
- 다년생 : 가래, 올미, 벗풀, 보풀, 개구리밥, 생이가래

2) 밭잡초

① **벼과(화본과)**

- 1년생 : 바랭이, 강아지풀, 미국개기장, 돌피
- 다년생 : 참새피, 띠

② **방동사니과(사초과)**

- 1년생 : 참방동사니, 금방동사니
- 다년생 : 향부자

③ **광엽성(잎이 넓음)**

- 2년생 : 냉이, 꽃다지, 속속이풀, 망초, 개망초, 개갓냉이, 별꽃
- 1년생 : 개비름, 명아주, 여뀌, 쇠비름
- 다년생 : 쑥, 씀바귀, 민들레, 쇠뜨기, 메꽃, 토끼풀

※ 약초나 나물종류도 경작목적이 아니면 잡초이다.

11 우리나라 경지잡초의 일반적 특성

① 몬순기후 영향으로 남방형 잡초의 분포가 넓다.

② 고온다습한 우기 전후에 잡초의 발생이 많고 생육이 왕성하다.

③ 겨울작물보다 여름작물의 피해가 크다.

④ 화본과 잡초보다 광엽성 잡초가 많다.

⑤ 중북부 지방보다 남부지방에 발생이 많다.

⑥ 일모작답이 이모작답보다 발생이 많다.

⑦ 춘경답이 추경답보다 잡초가 많다.

⑧ 추파맥류(월동맥류)의 경우 뚝새풀이 우생잡초이다.

⑨ 여름 밭작물에서는 바랭이가 우생잡초이다.

⑩ 제초제의 보급에 따른 다년생(숙근성)잡초가 문제가 되고 있다.

⑪ 귀화잡초의 발생이 점점 증가하고 있다.

⑫ 벼 재배법의 변천으로 잡초발생 양상이 변화하고 있다.

12 잡초 종자의 휴면과 발아 특성

1) 잡초 종자의 휴면

휴면이란 발아하는 데 적합한 환경조건에도 불구하고 발아하지 않는 것을 말한다.

2) 휴면의 종류

① 1차 휴면 : 성숙 즉시 휴면을 하는 것을 말한다. 내적휴면, 유전적 휴면

② 2차 휴면 : 성숙 후 일정시간이 경과 된 후에 나타나는 휴면

3) 휴면의 원인

① 종피에 의한 휴면 : 불투수성, 불투기성, 가스교환의 방해, 배의 생장에 대한 기계적 장해

② 배의 불완전 및 미숙

③ 발아억제 물질의 존재

- 대표적인 발아억제 물질 : ABA(아브시스산)
- 휴면성이 없는 잡초 : 올미, 너도방동사니

기출확인문제

Q1 잡초종자의 휴면이 종피에 기인한 것이 아닌 것은?

① 가스교환의 방해 ② 물의 투수성 방해
③ 배의 불완전 또는 미숙 ④ 배의 생장에 대한 기계적 장해

| 해설 | 배의 불완전 또는 미숙은 종피에 의한 휴면과 거리가 멀다.

정답 ③

Q2 다음 중 잡초 종자의 휴면을 유도하는 식물생장조절제는?

① GA ② BA
③ ABA ④ IAA

| 해설 | ABA(아브시스산)은 잡초 종자의 휴면을 유도하는 식물생장조절제이다.

정답 ③

4) 잡초 종자의 수명

① 수명이 80년 이상 : 겹달맞이꽃, 소리쟁이, 우단담배풀

② 수명이 20년 : 명아주, 기는미나리아제

③ 수명이 13년 : 피, 강아지풀

④ 다년생 잡초의 수명

- 올방개 : 5~6년
- 올미, 가래 : 2~3년
- 너도방동사니 : 1년반

5) 잡초 종자의 발아

① 휴면 종자의 발아 4단계 : 휴면유기기, 휴면유지기, 발아유도기, 발아기

② King(1966)의 발아 5단계설

- 1단계 : 물의 흡수 및 전분의 가수분해 과정
- 2단계 : 세포분열 및 신장
- 3단계 : 유근과 유아의 신장
- 4단계 : 유아의 출현
- 5단계 : 이유과정

기출확인문제

Q1 King(1966)의 발아 5단계설 중 2번째 단계에 해당하는 것은?

① 세포분열과 신장의 대사단계 ② 흡수과정
③ 전분의 가수분해과정 ④ 종근 및 유아의 신장

| 해설 | **King(1966)의 발아 5단계설**

- 1단계 : 물의 흡수 및 전분의 가수분해 과정
- 2단계 : 세포분열 및 신장
- 3단계 : 유근과 유아의 신장
- 4단계 : 유아의 출현
- 5단계 : 이유과정

정답 ①

③ 잡초 종자의 발아와 환경요인 : 수분, 산소, 온도, 광(빛), 영양소, PH

- 피토크롬(phytochrome) : 광 형태 형성을 지배하는 색소 단백질
- 피토크롬이 적색광(pr, 660nm)을 흡수하는 형태로 있으면 발아하지 못하며 적외선광(pfr 730nm)을 흡수하는 형태로 있으면 발아가 된다.
- 적색광은 pr→pfr의 전환을 촉진하고 적외선광은 pfr→pr의 전환을 촉진한다.
- 암발아성 종자의 종류(★) : 냉이, 독말풀, 광대나물, 린네풀, 별꽃
- 토끼풀 : 산소가 완전히 고갈된 물속에서도 발아가 가능하다.
- 피 : 호기성, 혐기성 양쪽 조건 모두에서 발아가 잘 된다. 또한 혐기성 상태에서 주로 해당작용(glycolysis)을 통해 대사를 하며 산화적 인산화작용은 거의 하지 않는다.
- 정상적인 토양 ph범위 에서는 발아에 아무런 영향을 끼치지 않는다.
- 발생심도와 출아 : 가래 15~20cm, 올방개 10~20cm, 벗풀 5~15cm, 너도방동사니 10cm 이내, 올미(★) 0~5cm

6) 지하경에 의한 번식

① 근경(뿌리줄기) : 개밀류, 향부자, 국화과

② 괴경(덩이줄기) : 향부자(근경, 괴경 모두 해당), 올방개, 뚱단지, 매자기

③ 인경(비늘줄기) : 백합과인 양생파류

④ 아경과 포복경(덩굴줄기) : 우산잔디

⑤ 구경 : 미나리아제비

⑥ 뿌리와 줄기 : 엉겅퀴류, 메꽃, Rubus, 서양민들레

⑦ 절편 : 쇠비름

기출확인문제

Q1 잡초의 주요 영양번식 기관을 연결한 것으로 옳지 않은 것은?

① 향부자—절편　② 매자기—괴경
③ 쇠비름—절편　④ 올방개—괴경

| 해설 | 향부자-근경, 괴경

정답 ①

7) 잡초의 전파

① 사람 : 가장 주요한 매체 요인이다.

② 동물

③ 바람 : 서양민들레는 낙하산 같은 솜털로 덮여 있어 바람에 의해 쉽게 이동된다.

④ 물

⑤ 기계류

⑥ 곡물 수출입 및 기타

※ 도깨비바늘, 메귀리, 도꼬마리 : 사람이나 동물에 부착하여 쉽게 이동한다.

기출확인문제

Q1 가시나 갈고리 등을 이용하여 사람이나 동물에 부착해서 종자가 이동하는 잡초가 아닌 것은?

① 메귀리　② 소리쟁이
③ 도꼬마리　④ 도깨비바늘

| 해설 | 소리쟁이 종자는 사람이나 동물에 부착되지 않는다.

정답 ②

13 잡초의 군락 형성 및 천이

1) 우점도 지수

$C = \Sigma(n_i/N)^2$

* C=우점도지수, ni=개개의 종이 갖는 중요값, N=각각의 중요값의 합

2) 2차원적 분류법

잡초종의 우점도, 유사성계수, 비유사성계계수 등으로부터 X좌표, Y좌표 등을 구하여 2차원 축의 좌표로 나타낸다.

3) 천이(★)

① 어떤 식물군집의 종조성은 흔히 시간에 따라 변화하게 되는데, 이러한 과정을 천이라고 한다.

② 천이는 1차 천이와 2차 천이 유형으로 구별된다. 2차 천이는 농경지에서 볼 수 있다.

③ 농경지에 발생하는 잡초 군집의 구성변화 요인 : 답전윤환, 작부체계, 재배법 토지기반 정비, 경종조작법, 경운정지, 제초법

※ 농경지에 발생하는 잡초 군집의 구성변화 요인 중 가장 중요한 것 : 제초제의 사용

④ 최근 우리나라 논잡초 군락형

- 1년생 : 피, 물달개비, 가막사리, 여뀌바늘, 사마귀풀, 여뀌
- 다년생 : 올방개, 벗풀, 올챙이고랭이

⑤ 다년생 잡초가 증가하는 요인 : 동일 제초제의 연용, 손 제초법 감소, 춘경 및 추경의 감소, 경운·정지법의 변천, 재배 시기의 변동, 시비량의 증가, 물관리의 변동

※ 동일 제초제의 연용이 논잡초의 초종변화에 가장 직접적인 요인으로 간주하고 있다.

기출확인문제

Q1 농경지에서 발생하는 잡초의 발생초종 구성이 변화하는 천이에 가장 크게 영향을 미치는 요인은?

① 시비법　② 작부체계
③ 물 관리법　④ 제초제 사용

| 해설 | 농경지에서 발생하는 잡초의 발생초종 구성이 변화하는 천이에 가장 크게 영향을 미치는 요인은 제초제의 사용이다.

정답 ④

Q2 농경지에서 잡초군락의 천이에 가장 영향을 적게 미치는 것은?

① 제초방법　② 작부체계
③ 병해충　④ 물 관리

| 해설 | 잡초군락의 천이에 영향을 미치는 요인은 제초방법, 작부체계, 물관리, 경운 및 정지이다. 따라서 병해충과는 다소 거리가 멀다.

정답 ③

기출확인문제

Q3 논에 다년생 잡초가 증가하는 이유가 아닌 것은?

① 추경 감소
② 답리작의 감소
③ 퇴비 시용량의 감소
④ 일년생 잡초 방제용 제초제의 연용

| 해설 | 다년생 잡초의 증가요인으로 퇴비 시용량의 감소와는 거리가 멀다.

정답 ③

14 잡초와 작물의 경합

1) 경합의 종류

① 종 간 경합 : 서로 다른 종 간의 경합
② 종 내 경합 : 같은 종 간의 경합

2) 경합의 양상

① 옥수수를 제외한 대다수 작물은 C_3 광합성 회로를 가지고 있으나 문제되는 잡초는 C_4 광합성 회로를 가지고 있어 광합성 효율이 매우 높고 불량환경 조건에서 적응력이 강하다.

② C_4 광합성 회로를 가지고 있는 잡초 : 향부자, 우산잔디, 피, 왕바랭이, 띠

③ C_3 및 C_4 및 CAM 식물의 특성

기준	C_3식물	C_4식물	CAM식물
엽구조	엽육세포 (엽록체 풍부)	유관속세포가 잘 발달됨	엽육내의 엽록체 및 큰 액포
광호흡	높음	아주 낮음	낮음
CO_2보상점	30 ~ 70	0 ~ 10	낮음
나트륨 요구	없음	요구함	
Warbug효과	있음	없음	있음

기출확인문제

Q1 다음 C_3 및 C_4식물의 대사특성 비교 중 틀린 것은?

① C_3 나트륨 : 불필요, C_4 : 필요
② C_3 광호흡 : 아주 낮음, C_4 광호흡 : 높음
③ C_3 광합성 최적온도 : 15~25도, C_4 광합성 최적온도 : 30~45도
④ C_3 잎구조 : 엽록체가 풍부한 엽육세포 C_4 잎구조 : 엽록체를 가지며 잘 발달 된 유관속초세포

| 해설 | C_3 광호흡 : 아주 높다. C_4 광호흡 : 아주 낮다.

정답 ②

3) 작물과 잡초의 최대경합

작물과 잡초 간 경합으로 작물에 큰 피해를 주는 최대 경합시기는 전 생육기간의 1/4~1/3에 해당하는 시기이다.

기출확인문제

 작물 생육기간이 100일이면 일반적인 잡초경합 한계기간으로 가장 적합한 것은?

① 파종 및 이식 후부터 10~20일 내
② 파종 및 이식 후부터 20~30일 내
③ 파종 및 이식 후부터 50~60일 내
④ 파종 및 이식 후부터 60~70일 내

| 해설 | 잡초경합 한계기간은 전 생육기간의 첫 1/4~1/3 기간에 해당한다. 생육기간이 100일이면 25~33일 내이다.

정답 ②

4) 잡초의 허용한계 밀도

어느 밀도 이상으로 잡초가 존재할 경우 작물의 수량이 현저히 감소되는 수준까지의 밀도를 말한다.

※ 경제한계밀도(economic threshold level) : 제초비용과 방제로 인한 수량이득이 상충되는 수준의 밀도를 허용한계밀도에 추가하여 허용한 잡초밀도를 말한다. 즉 제초비용과 방제로 인한 수량 증가에 따른 이득이 같아질 때의 잡초 밀도이다.

기출확인문제

 경제적 허용한계 잡초밀도(economic threshold level)란?

① 허용한계밀도 보다 약간 낮은 수준의 잡초생장이 허용되는 잡초밀도
② 잡초의 밀도가 어느 밀도 이하로 존재하면 작물의 수량이 현저히 증가되는 수준의 밀도
③ 잡초의 밀도가 어느 밀도 이상으로 존재하면 작물의 수량이 현저히 감소되는 수준의 잡초밀도
④ 제초비용과 방제로 인한 수량이득이 상충되는 수준의 밀도를 허용한계밀도에 추가하여 허용한 잡초밀도

| 해설 | 경제적 허용한계 잡초밀도(economic threshold level)란 제초비용과 방제로 인한 수량이득이 상충되는 수준의 밀도를 허용한계밀도에 추가하여 허용한 잡초밀도를 말한다.

정답 ④

5) 경합에 관여하는 주요 요인

① 양분경합　　② 광의 경합　　③ 알레오파시(상호대립억제)

6) 잡초에 대한 작물의 경합력에 미치는 영향

① 잡초종　　② 작물의 품종　　③ 재배법

15 잡초의 방제 방법

1) **예방적 방제**

- 다른 장소에 있던 잡초종자를 경작지에 유입되는 것을 방지하는 방법으로 수입과정에서 검역 철저, 농기계나 농기구의 청결상태 유지
- 외국에서 귀화한 잡초 : 돼지풀, 도꼬마리, 개망초, 미국가막사리, 메귀리, 부레옥잠, 어저귀, 개달맞이꽃, 미국자리공, 미국개기장

2) **생태적 및 경종적 방제**

① 작물 경합력 증대

- 작물을 충실하게 키워 경합력을 높인다.
- 초기 생육이 빠른 품종의 선택
- 재식밀도의 조정
- 피복작물의 재배

② 윤작 : 잡초에 불리한 윤작체계로 재배한다.

③ 비옥도 조정 : 적기 적량의 시비기술로 작물의 초관형성을 촉진시킨다.

기출확인문제

Q1 생태적 잡초방제를 위한 '재배관리의 합리화 방법'이 아닌 것은?

① 작물을 충실하게 키워 경합력을 높인다.
② 적기 적량의 시비기술로 작물의 초관형성을 촉진시킨다.
③ 잡초에 불리한 윤작체계로 재배한다.
④ 청결한 작물종자를 선택하거나 다시 정선하여 파종한다.

| 해설 | ④항은 잡초방제를 위한 재배관리의 합리화 방법과 거리가 멀다.

정답 ④

3) **물리적 방제**

손으로 뽑기, 경운, 농기구이용 중경제초, 배토, 예취, 소각, 소토, 침수처리, 피복 등

4) **생물학적 방제**

① 천적의 구비 조건

• 포식자로부터 자유로워야 한다.
• 지역 환경에 쉽게 적응하여야 한다.
• 접종지역에서의 이동성이 높아야 한다.
• 숙주를 쉽게 찾을 수 있어야 한다.

기출확인문제

Q1 천적을 이용한 생물학적 잡초방제법에서 천적이 갖추어야 할 전제조건이 아닌 것은?

① 포식자로부터 자유로워야 한다.
② 지역 환경에 쉽게 적응하여야 한다.
③ 접종지역에서의 이동성이 낮아야 한다.
④ 숙주를 쉽게 찾을 수 있어야 한다.

| 해설 | 천적은 접종지역에서의 이동성이 커야 방제효과가 높다.

정답 ③

② 곤충을 이용 잡초방제 : 선인장(좀벌레), 고추나물 속(무구풍뎅이)
③ 식물병원균을 이용 : 녹병균, 진균, 세균, 바이러스, 박테리아, 선충
④ 어패류를 이용
• 왕우렁이 : 모내기 후 4~7일경 왕우렁이를 논에 투입하면 왕우렁이가 잡초의 새싹을 먹는다.
• 민물새우 : 긴꼬리투구새우, 풍년새우를 방사한다.
• 미꾸라지, 참게 등
⑤ 상호대립 억제작용을 이용 : 메밀짚, 호밀, 귀리
⑥ 동물을 이용
• 오리농법 : 논에 모내기 2주후 오리를 방사한다.
• 닭, 양, 토끼 등
⑦ 쌀겨농법 : 쌀겨를 논에 살포하면 쌀겨에 존재하는 아브시스산과 같은 발아 억제 물질로 인해 잡초종자의 발아를 억제하고 또한 쌀겨가 분해되면서 논의 표층에 미생물이 급격히 증가하여 환원상태가 되어 잡초발아 및 발생을 억제하고 발효될 때 나오는 가스성분 때문에 잡초생장이 억제된다.

기출확인문제

Q1 친환경 잡초 방제법으로 가장 거리가 먼 것은?

① 오리농법 ② 쌀겨농법
③ 춘경농법 ④ 왕우렁이농법

| 해설 | 춘경농법은 친환경잡초 방제법으로 거리가 멀다.

정답 ③

5) **화학적 방제**(제초제를 사용한 방제)

① **장점**

- 사용범위가 넓다.
- 제초효과가 크다.
- 완전방제가 가능하다.
- 방제효과가 지속적이다
- 비용이 적게 든다.
- 사용이 간편하다.

② **단점**

- 인축과 작물에 약해 우려
- 사용상 부주의 우려

6) **종합적 방제(가장 이상적인 방제 방법)**

① 종합적 방제 : 종합적 방제는 화학적 방제(제초제)에 의존하지 않고 예방적·물리적·경종적·생물학적 방제 등 예방적 방제를 복합적으로 적용하는 방법이다.

② **종합적 방제의 중요성**

- 제초제 남용으로 인한 신종 저항성잡초의 출현 우려
- 토양의 잔류독성물질 축적→약해 발생
- 환경친화형 방제의 필요성 대두

CHAPTER

2 제초제

1 제초제의 흡수 및 이행·대사

1) 제초제의 흡수

① 뿌리 흡수

② 종자 및 신초 흡수

③ 경엽 흡수

• 큐티클 흡수 • 기공 흡수 • 세포막 흡수

2) 제초제의 이행

제초제가 처리된 부위로부터 양분이나 수분의 이동 경로를 통해 이동하여 다른 부위에도 약효가 나타나는 것을 제초제의 이행이라고 한다.

① 단거리 이행

② 장거리 이행

• 물관부 이행

• 체관부 이행 : 페녹시계인 2,4-D는 경엽처리 시 체관부를 통해 이행한다.

3) 제초제의 대사과정

① 제1단계 : 제초제의 산화 환원 또는 가수분해를 통해 독성이 완화되는 과정

② 제2단계 : 제1단계에서 분해 산물이 식물체내의 여러 물질과 결합하는 과정

③ 제3단계 : 동물에서는 나타나지 않고 식물체에서만 나타나는 반응으로 결합 물질이 다른 물질과 결합하여 제2의 결합물질을 만든다.

2 제초제의 선택성

① **생태적 선택성** : 작물과 잡초 간의 **생육시기(연령)**가 서로 다른 차이와 **공간적 차이**에 의해 잡초만을 방제하는 방법

② **형태적 선택성** : 식물체의 **생장점**이 밖으로 **노출**되어 있는지의 여부에 따라 나타나는 선택성의 차이에 의해 잡초를 방제하는 방법

③ **생리적 선택성** : 제초제의 화학적 성분이 식물체 내에 흡수·이행되는 정도의 차이에 따라 잡초를 방제하는 방법

④ **생화학적 선택성** : 작물과 잡초가 제초제에 대한 감수성이 다른 차이를 이용한 방제 방법

※ 벼는 프로파닐 유제 제초제의 성분을 분해하는 아실아릴아미다아제(Acylarylamidase)를 가지고 있지만, 광엽성 잡초는 가지고 있지 않아 잡초만 살초하게 된다.

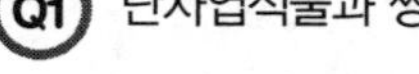
기출확인문제

Q1 단자엽식물과 쌍자엽식물 간의 차이처럼 식물의 생장형이 달라서 나타나는 선택성은?

① 형태적 선택성　② 생태적 선택성
③ 생리적 선택성　④ 생화학적 선택성

| 해설 | 식물의 생장형이 달라서 나타나는 선택성은 형태적 선택성이다.

정답 ①

3 제초제의 구비조건

① 제초효과가 커야 한다.
② 약해가 없어야 한다.
③ 환경오염이 없어야 한다.
④ 사용이 편리하고 취급이 용이해야 한다.
⑤ 가격이 적당(저렴)해야 한다.

4 제초제의 선택성과 작용기작분

1) 광합성 저해

① 전자전달계 저해(★★★) : 요소계(Urea), 트리아진계(Triazine), 페닐카바메이트계(Phenylcarbamate)

② 광인산화반응 억제(ATP생성 억제) : Perfluidone

③ 전자전달의 마지막 수용체인 페리독신(Ferredoxin)환원을 억제 : 파라콰트(★ Paraquat), 디콰트(Diquat)

※ 파라콰트(★ Paraquat), 디콰트(Diquat) : 비선택성 제초제

2) 세포막 파괴 및 억제제

① Diphenylsether계

② Biphylidilium계 : 파라콰트(★ Paraquat), 디콰트(Diquat)

③ Oxadiazole계 : Oxadiazon

④ N-phenylheterocyle계

3) 세포의 생장 저해

① 체세포분열 억제 : Dinitroamiline계 : Benefin, Ethalfluralin

② 신초 및 뿌리 생장 저해

- Others계 : DCPA, Dithiopyr, Pronamide
- Chloracetamides계 : Acetochlor, Alachlor

③ 뿌리생장 저해

- Chloracetamides계 : Napropamide, Bensulide
- Urea계 : Siduron

④ 신초생장 저해

- Thiocarbamates계 : EPTC, Butylate

4) 호흡 저해

① Mixed계 : Asulam, Dalapon, Tca

※ ATP 생성을 저해 : Asulam, Dalapon, TCA, Propham, propanil

5) 색소체 억제

① Mixed계 : Amitrole, Clomazone, Fluridone, Isoxaflutole, Mesotrione, Norflurazon

6) 생합성과정 억제

① 아미노산 생합성 억제 : Glyphosate, Sulfosate, sulfonylurea, Imidazolinone

② 단백질 합성 저해

- Acidamide계 : Alachlor, Napropamide
- Carbamate계 : Asulam
- Dinitroanilin계 : penoxalin

③ 지질 생합성 저해제

- AOPP계 : Diclofop-methyl, Fenoxaprop-p-ethyl, Fluazifop-p-butyl, Quizalofop-p-ethyl

• Cyclohexanediones계 : Clethodim, Sethoxydim, Tralkoxydim

7) 셀룰로스 생합성 저해제

Dichlobenil, Isoxaben, Quinclorac

8) 생장조정제(옥신작용 교란)

① Phenoxy(페녹시계)

• 2,4-D(★★★) : 가장먼저 개발된 제초제(제초제의 원조). 후기경엽처리제. 광엽성 제초제

• MCPB

• Mecoprop(메코프롭) : 잔디밭에 클로버 제거

② Benzoics계 : Dicamba

③ Picolinic acids계 : Clopyralid, Picloram

기출확인문제

Q1 제초제 계통의 일반적인 주요 작용 기작이 잘못 연결된 것은?

① Triazine계-광합성 저해제
② Sulfonylurea계-세포분열 억제
③ Urea계-광합성 저해
④ Diphenylsether계-세포막 파괴

| 해설 | Sulfonylurea계는 아미노산 생합성을 저해시킨다.

정답 ②

5 제초제의 선택성에 따른 구분

① 선택적 제초제

• 작물에는 피해를 주지 않고 잡초만 죽인다.

• **종류** : 2,4-D(★), MCPB(Tropotox, 트로포톡), DCPA 등

② 비선택적 제초제(★★★)

• 작물과 잡초를 모두 죽인다.

• **종류** : **Glyphosate**(글리포세이트=글라신액제=근사미), **Paraquat**(파라콰트=파라코액제=그라목손)

기출확인문제

Q1 비선택적으로 식물을 전멸시키는 제초제는?

① Mazosulfuron ② Simazine
③ Glyphosate ④ 2,4-D

| 해설 | Glyphosate(글리포세이트=글라신액제=근사미), Paraquat(파라콰트=파라코액제=그라목손)는 비선택성 제초제이다.

정답 ③

6 제초제의 처리 시기에 따른 구분

① **파종 전 처리제(★★★)**

- **종류** : **paraquat**(파라콰트=파라코액제=그라목손)→파종하기 전에 살포하는 약제

② **파종 후 처리제(★★★)**

- **종류** : simazine(시마진), alachlor(아라클로르), tachlor(브타클로르)→파종 후 3일 이내에 토양 전면에 살포하는 약제

③ **생육초기 처리제**

- **종류** : 2,4-D, bentazon(벤타존)→출아 후 생육초기에 살포하는 약제

7 제초제의 처리 위치에 따른 구분

① **경엽처리제** : 토양처리제를 제외한 모든 제초제

② **토양처리제** : Simazine(시마진), Alachlor(아라클로르), Tachlor(브타클로르)

8 제초제 사용에 따른 문제점

① 동일 계통의 제초제 사용으로 인한 **제초제 저항성 잡초 출현**

② **제초제 저항성 논잡초의 종류** : 물달개비, 미국외풀, 마디꽃, 알방동사니→**설포닐우레아계**에 대한 저항성

기출확인문제

Q1 제초제 저항성 잡초의 발생 원인은?

① 농작업의 기계화
② 춘경 및 추경 감소
③ 동일한 제초제 연용
④ 손 제초 및 2모작 감소

| 해설 | 동일한 제초제의 연용은 제초제 저항성 잡초의 발생 원인이 되고 있다.

정답 ③

9 제초제 상호작용

1) Tammes의 농약 상효작용의 효과 관련 정의

① 상승작용 : 두 종류의 제초제를 혼합 처리할 때의 반응이 각각 제초제를 단독 처리할 때 반응을 합계한 것보다 크게 나타나는 경우이다.

② 상가작용 : 두 종류의 제초제를 혼합 처리할 때의 반응이 각각 제초제를 단독 처리할 때 반응을 합계한 것과 같게 나타나는 경우이다.

③ 독립작용(독립효과) : 두 종류의 제초제를 혼합 처리할 때의 반응이 각각 제초제를 단독 처리할 때 반응이 큰 쪽과 같은 효과를 나타나는 경우이다.

④ 증강효과 : 단독 처리할 때는 무반응이나 제초제와 혼합 처리 시 효과가 나타나는 것이다.

⑤ 길항작용(길항적 반응) : 두 종류의 물질을 혼합 처리시의 반응이 단독 처리 시의 큰 쪽 반응보다 작게 나타나는 것이다.

2) 상호작용의 평가법

① Gowing의 방법

Gowing은 제초제 혼합에 의한 식물체 반응, 즉 두 제초제 A와 B의 혼합처리 시 기대되는 반응을 $E = X + Y\left(\frac{100 - X}{100}\right)$로 나타냈다.

- X와 Y는 제초제 A와 B를 각각 처리했을 때의 억제율을 의미한다.
- 관찰치가 O가 기대치 E보다 크면 상승작용, 같으면 상가작용, 작으면 길항작용 관계가 있다고 보았다.

② Colby의 방법

$$E1 = \frac{X1\ Y1}{100}$$

- X1와 Y1은 제초제 A와 B를 각각 처리했을 때의 생장억제율 또는 방제율을 나타낸 것이다.

③ Isobole 방법

기출확인문제

Q1 두 제초제를 혼합 시 나타내는 길항적반응(antagonism)이란?

① 혼합의 효과가 활성이 높은 물질의 단독효과보다 작은 것을 의미
② 혼합 시의 효과가 단독처리 시의 효과보다 큰 것을 의미
③ 혼합 시의 효과가 단독처리 시의 효과와 같은 것을 의미
④ 혼합 시의 효과가 단독처리 시의 효과보다 크지도 작지도 않은 것을 의미

| 해설 | 길항적반응(antagonism)이란 혼합의 효과가 활성이 높은 물질의 단독효과보다 작은 것을 의미한다.

정답 ①

Q2 다음 중 제초제의 상호작용이 아닌 것은?

① 상가작용(addition)
② 길항작용(antagonism)
③ 결합작용(conjugation)
④ 상승작용(synergism)

| 해설 | 제초제의 상호작용의 종류 : 상가작용, 길항작용, 상승작용, 독립효과, 증강효과

정답 ③

Q3 다음(보기)의 제초제 상호작용에 대한 식물의 반응을 평가하는 방법은?

- 제초제 혼합에 의한 식물체 반응, 즉 두 제초제 A와 B의 혼합처리 시 기대되는 반응(E)를 X+Y−(100−X/X)로 나타냈다.
- X와 Y는 제초제 A, B를 각각 처리했을 때의 억제율을 의미하며 상승, 상가, 길항작용 관계를 나타낸다.

① Gowing의 방법
② Dew의 경합지수법
③ Colby의 방법
④ Isobole 방법

| 해설 | 제초제 상호작용에 대한 평가법인 Gowing(1960)의 방법에 대한 설명이다.

정답 ①

Part 6
기출문제

식물보호기사

2018년 제1회 기출문제

제1과목 식물병리학

01 십자화과 작물에 발생하는 배추무 사마귀병에 대한 설명으로 옳지 않은 것은?

① 알칼리성 토양에서 발병이 잘 된다.
② 배수가 불량한 토양에서 발생이 많다.
③ 순활물기생균으로 인공배양이 되지 않는다.
④ 유주자가 뿌리털 속을 침입하여 변형체가 된다.

해설 배추무 사마귀병은 산성토양에서 발병이 조장된다.

02 식물병 방제 방법에 대한 설명으로 옳지 않은 것은?

① 종자 소독제를 이용한 방법 : 처리가 간편하고 시간과 노력에 비해 효과가 크다.
② 경엽처리제를 이용한 방법 : 농약 사용량을 계속 증가하여도 방제효과는 크게 증가하지 않는다.
③ 토양처리제를 이용한 방법 : 작물을 심기 전 주로 유제나 액제를 토양 표면에 남도록 처리한다.
④ 훈연제를 이용한 방법 : 연무기를 이용한 연무를 살포하거나 약제를 태워 훈연입자를 확산시킨다.

해설 토양처리제 : 훈증제, 분제, 수화제

03 작물 돌려짓기에 의한 경종적 방제효과가 가장 높은 것은?

① 종자 전염병 ② 토양 전염병
③ 충매 전염병 ④ 풍매 전염병

해설 돌려짓기는 토양 전염병의 만연을 예방할 수 있는 경종적 방제 방법이다.

04 종자로 인한 병균 전염이 가장 잘 되는 것은?

① 밀 줄기녹병
② 벼 키다리병
③ 보리 흰가루병
④ 토마토 배꼽썩음병

해설 벼 키다리병은 종자 전염병이다.

05 오이 노균병에 대한 설명으로 옳지 않은 것은?

① 잎과 줄기에 발생한다.
② 발병이 심하면 병환부가 말라 죽고 잘 찢어진다.
③ 습기가 많으면 병무늬 뒷면에 가루모양의 회색 곰팡이가 생긴다.
④ 병무늬의 가장자리가 잎맥으로 포위되는 다각형의 담갈색 무늬를 나타낸다.

해설 주로 잎에 발생한다.

06 밤나무 줄기마름병의 병반 부위의 전형적인 병징은?

① 천공 ② 위조
③ 궤양 ④ 비대

해설 밤나무 줄기마름병의 병반 부위에는 궤양이 발생한다.

정답 01. ① 2 ③ 03. ② 04. ② 05. ① 06. ③

07 **생물학적 방제의 단점으로 옳지 않은 것은?**

① 병이 발생한 후에는 치료의 효과가 낮다.
② 신속하고 정확한 효과를 기대하기 어렵다.
③ 넓은 지역에 광범위하게 적용하기가 어렵다.
④ 환경의 영향을 많이 받지 않아 처리 효과가 일정하지 않다.

해설 환경의 영향을 많이 받는다.

08 **국내에 발생하는 채소류의 균핵병에 대한 설명으로 옳지 않은 것은?**

① 잎, 줄기, 열매 등에 발생한다.
② 자낭포자나 균핵에서 발아한 균사로 침입한다.
③ 발병 후기에는 발병 조직에 백색 균사가 나타난다.
④ 균핵이 땅속에 묻혀 있다가 25℃ 이상의 고온이 되면 발아한다.

해설 기온이 15~25℃의 저온에서 발아하여 발병한다.

09 **식물병으로 인한 피해에 대한 설명으로 옳지 않은 것은?**

① 20세기 스리랑카는 바나나 시들음병으로 인하여 관련 산업이 황폐화되었다.
② 19세기 아일랜드 지방에 감자 역병이 크게 발생하여 100만 명 이상이 굶어 죽었다.
③ 20세기 미국 동부지방 주요 수종인 밤나무는 밤나무 줄기마름병으로 큰 피해를 입었다.
④ 20세기 미국 전역에서 옥수수 깨씨무늬병이 크게 발생하여 관련 제품 생산에 큰 차질을 가져왔다.

해설 스리랑카는 커피녹병으로 인하여 관련 산업이 황폐화되었다.

10 **배나무 붉은별무늬병에 대한 설명으로 옳지 않은 것은?**

① 병원균은 순활물기생균이다.
② 병원균이 기주교대를 하지 않는다.
③ 주요 발병 부위는 잎, 열매, 가지이다.
④ 잎에 병무늬가 많이 형성되면 조기 작엽의 원인이 된다.

해설 배나무 붉은별무늬병은 향나무와 기주교대를 한다.

11 **우리나라에서 참나무 시들음병을 일으키는 병원균을 매개하는 것으로 알려진 곤충은?**

① 장수풍뎅이
② 솔수염하늘소
③ 광릉긴나무좀
④ 북방수염하늘소

해설 광릉긴나무좀은 참나무시들음병을 일으키는 원인균을 매개한다.

12 **뽕나무 오갈병의 치료제로 주로 쓰이는 것은?**

① 페니실린
② 그리세오풀빈
③ 시클로헥시마이드
④ 옥시테트라사이클린

해설 파이토플라스마에 의한 병은 옥시테트라사이클린계로 치료가 가능하다.

13 **다른 생물의 사체나 죽은 조직에서만 영양분을 섭취하는 것은?**

① 부생균 ② 절대기생균
③ 임의부생균 ④ 임의기생균

해설 부생균은 다른 생물의 사체나 죽은 조직에서만 영양분을 섭취한다.

정답 07. ④ 08. ④ 09. ① 10. ② 11. ③ 12. ④ 13. ①

14 **병원균이 기주식물에 침입을 하면 병원균에 저항하는 기주식물의 반응으로 항균 물질 및 페놀성 물질 증가 등의 작용을 무엇이라 하는가?**

① 침입저항성 ② 감염저항성
③ 동적저항성 ④ 수평저항성

15 **식물 바이러스병을 진단하는 방법이 아닌 것은?**

① 그람염색반응
② 지표식물 이용
③ 전자 현미경 관찰
④ 항혈청반응 이용법

해설 그람염색반응은 세균의 분류에 이용하는 것으로 바이러스병의 진단과 거리가 멀다.

16 **식물병을 일으키는 곰팡이 중에서 균사에 격막이 없는 병원균으로만 올바르게 나열된 것은?**

① 난균, 자낭균 ② 난균, 접합균
③ 담자균, 자낭균 ④ 담자균, 접합균

해설 자낭균은 격막이 있고, 난균, 접합균은 격막이 없다.

17 **주로 혈청학적 방법에 의해 진단하는 식물병은?**

① 벼 도열병
② 감자 역병
② 담배 모자이크병
④ 옥수수 깜부기병

해설 담배 모자이크병은 바이러스병으로 혈청학적 진단 방법을 이용하여 진단할 수 있다.

18 **병원균이 담자기와 담자 포자를 형성하는 것은?**

① 감자 역병
② 벼 깨씨무늬병
③ 배추무 사마귀병
④ 보리 겉깜부기병

해설
- 보리 겉깜부기병은 담자균류로 담자기와 담자포자를 형성한다.
- 담자균류에 의한 대표적인 병 : 깜부기병, 녹병

19 **도열병이 다발하는 조건으로 가장 적합한 것은?**

① 여러 가지 벼 품종을 섞어서 심었을 때
② 가뭄이 계속되고 기온이 30℃ 이상일 때
③ 덧거름을 원래 일정보다 일찍 주었을 때
④ 비가 자주 오고 일조가 부족하며 다습할 때

해설 도열병은 비가 자주 오고 일조가 부족하며 다습한 조건(태풍이 올 때)에서 발생한다.

20 **사과 겹무늬썩음병의 병원균은?**

① 세균
② 곰팡이
③ 바이러스
④ 파이토플라스마

해설 사과 겹무늬썩음병은 곰팡이에 의한 병이다.

제2과목 농림해충학

21 **성충의 입틀 모양이 서로 다른 것으로 짝지어진 것은?**

① 모기, 매미
② 나방, 딱정벌레
③ 메뚜기, 풀무치
④ 노린재, 진딧물

해설 **곤충의 입틀**
- 자흡구형 : 모기, 매미, 노린재, 진딧물
- 흡관구형 : 나방
- 저작구형 : 딱정벌레, 메뚜기, 풀무치

정답 14. ③ 15. ① 16. ② 17. ③ 18. ④ 19. ④ 20. ② 21. ②

22 4령충에 대한 설명으로 옳은 것은?

① 3회 탈피를 한 유충
② 4회 탈피를 한 유충
③ 부화한 지 3년째 되는 유충
④ 부화한 지 4년째 되는 유충

해설 4령충이란 3회 탈피를 한 유충을 말한다.

23 곤충 체벽의 진피층(epidernis)에 대한 설명으로 옳지 않은 것은?

① 단층으로 되어 있다.
② 내원표피 아래에 위치한다.
③ 외표피와 원표피로 구성되어 있다.
④ 단백질, 지질, 키틴 화합물을 합성한다.

해설 외표피와 원표피는 표피층에 속하며, 표피층 아래에 진피층이 있다.

24 우리나라에 비래하지만 월동하지 않는 것은?

① 벼멸구 ② 애멸구
③ 번개매미충 ④ 끝동매미충

해설 벼멸구는 매년 중국에서 비래하는 해충으로 월동을 하지 못한다.

25 1년에 2회 이상 발생하고 수피 사이나 지피물 밑 등에서 번데기로 월동하는 해충은?

① 솔나방 ② 밤나무혹발
③ 미국흰불나방 ④ 천막벌레나방

해설
- 미국흰불나방은 1958년 미국에서 유입된 해충으로 가로수에 피해를 주며 1년에 2회 이상 발생하고 수피 사이나 지피물 밑 등에서 번데기로 월동한다.
- 솔나방, 밤나무혹벌 : 유충으로 월동
- 천막벌레나방(텐트나방) : 알로 월동

26 다음 중 곤충강으로 분류되지 않는 것은?

① 잠자리 ② 지네
③ 벼물바구미 ④ 꿀벌

해설 지네는 곤충강이 아니고 지네강에 속한다.

27 발생 계통적으로 기원이 다른 곤충 조직은?

① 중장 ② 근육
③ 지방체 ④ 생식소

해설
- 중배엽 : 근육, 지방체, 생식기관, 순환기관 형성
- 내배엽 : 중장 조직 형성

28 마늘 수확 후 저장 과정에서 피해를 주는 것은?

① 파굴파리 ② 뿌리응애
③ 파좀나방 ④ 고자리파리

해설 뿌리응애는 수확 후에도 저장과정에서 피해를 준다.

29 거리와 비교한 곤충의 특징이 아닌 것은?

① 겹눈과 홑눈이 있다.
② 변태를 하는 종이 있다.
③ 4쌍의 다리를 가지고 있다.
④ 몸이 머리, 가슴, 배 3부분으로 되어 있다.

해설 곤충은 3쌍의 다리를 가지고 있다.

30 유충이 탈피를 못하게 하여 해충을 방제하는 것은?

① 호르몬제 ② 페로몬제
③ 대사저해제 ④ 섭식저해제

해설 곤충의 탈피를 못하게 하는 것은 대사저해제에 속한다.

31 벼를 가해하여 오갈병을 매개하는 것은?

① 벼멸구 ② 애멸구
③ 흰등멸구 ④ 끝동매미충

해설 벼 오갈병을 매개하는 해충은 끝동매미충, 번개매미충이다.

정답 22. ① 23. ③ 24. ① 25. ③ 26. ② 27. ① 28. ② 29. ③ 30. ③ 31. ④

32 어떤 곤충을 사육 하였을 때 25℃에서 10일이 걸렸다. 이 곤충의 발육영점온도가 13℃이면 유효적산온도(DD,Degree-Days)는?

① 120 ② 150
③ 180 ④ 300

해설 (25℃×10일)-(13℃×10)일=120

33 다음 중 유시류에 속하는 것은?

① 낫발이 ② 톡토기
③ 좀붙이 ④ 하루살이

해설
- 무시류(날개 없음)의 종류 : 좀목, 낫발이목, 톡토기목
- 하루살이는 유시류(날개 있음)이다.

34 간모를 통해 단위생식을 하는 것은?

① 배추순나방
② 점박이응애
③ 가루깍지벌레
④ 복숭아혹진딧물

해설 진딧물은 간모를 통해 단위생식을 한다.

35 진딧물을 포식하는 천적이 아닌 것은?

① 꽃등에류 ② 무당벌레류
③ 깍지벌레류 ④ 풀잠자리류

해설 깍지벌레는 거리가 멀다.

36 완전변태를 하지 않는 것은?

① 버들잎벌레
② 솔수염하늘소
③ 복숭아명나방
④ 진달래방패벌레

해설
- 방패벌레류는 불완전변태를 한다.
- 완전변태류 : 풀잠자리목, 벌목, 나비목, 파리목, 벼룩목, 딱정벌레목, 부채벌레목, 뱀잠자리목, 약대벌레목, 밑들이목, 날도래

37 복숭아심식나방에 대한 설명으로 옳지 않은 것은?

① 유충이 과실 속에 있을 때에는 황백색이다.
② 월동 고치는 방추형이다.
③ 1년에 2회 발생하지만 일정하지는 않다.
④ 피해 과일에는 배설물이 배출되지 않는다.

해설 복숭아심식나방은 노숙유충으로 월동한다.

38 이화명나방의 가해 형태 및 기주 피해에 대한 설명으로 옳은 것은?

① 피해를 입은 벼의 줄기 속에는 한 마리의 유충만 있다.
② 피해를 입은 벼의 줄기 속을 보면 유충의 배설물이 존재하지 않는다.
③ 피해를 입은 벼의 잎집이 말라 죽어도 벼의 줄기는 부러지지 않는다.
④ 재배 초기에 피해를 입은 벼의 줄기는 출수하지 못하거나, 출수하더라도 이삭이 하얗게 된다.

해설 이화명나방의 재배 초기의 피해를 입은 벼 줄기는 출수하지 못하거나, 출수하더라도 이삭이 하얗게 된다.

39 온실가루이가 속하는 목은?

① 벌목 ② 노린재목
③ 강도래목 ④ 딱정벌레목

해설 온실가루이는 과거에는 매미목으로 분류하였으나 최근에는 매미목을 노린재목으로 포함시킨다.

40 곤충의 배에 있는 부속기관이 아닌 것은?

① 다리 ② 기문
③ 항문 ④ 생식기

해설 곤충의 다리는 가슴의 부속기관이다.

정답 32. ① 33. ④ 34. ④ 35. ③ 36. ④ 37. ② 38. ④ 39. ② 40. ①

제3과목 재배학원론

41 "파종된 종자의 약 40%가 발아한 날"에 해당하는 것은?

① 발아시 ② 발아전
③ 발아기 ④ 발아세

해설 **발아상태 조사**
- 발아시 : 발아한 것이 처음 나타난 날
- 발아기 : 약 40%가 발아한 날
- 발아전 : 대부분(80% 이상)이 발아한 날

42 포장을 수평으로 구획하고 관개하는 방법은?

① 수반법 ② 일류관개
③ 보더관개 ④ 고랑관개

해설 보더관개는 완경사의 포장을 알맞게 구획하고 상단의 수로로부터 전체 표면에 물을 흘려 펼쳐서 대는 방법이다.

43 포장용수량의 수분범위로 알맞은 것은?

① pF 1.5~1.7 ② pF 2.5~2.7
③ pF 3.5~3.7 ④ pF 4.5~4.7

해설 포장용수량(최소용수량)은 최대용수량에서 중력수를 완전히 제거하고 남은 수분상태로 수분장력 1/3기압, pF 2.5~2.7이다.

44 다음중 C_3작물에 해당하는 것은?

① 밀 ② 수수
③ 기장 ④ 명아주

해설
- C_3작물의 종류 : 밀, 보리, 벼, 담배
- C_4작물: 수수, 기장, 명아주, 옥수수, 수단그라스, 사탕수수, 기장

45 재배의 기원지가 중앙아시아에 해당하는 것은?

① 대추 ② 양배추
③ 양파 ④ 고추

해설
- 양파의 기원지는 중앙아시아이다.
- 대추 : 북아프리카, 서유럽
- 양배추, 완두, 무, 순무, 상추 : 지중해 연안
- 고추, 감자, 담배, 땅콩 : 남아메리카

46 가지를 어미식물에서 분리시키지 않은 채로 흙에 묻거나, 그 밖에 적당한 조건을 주어 발근시킨 다음에 잘라서 독립적으로 번식시키는 방법을 무엇이라 하는가?

① 취목 ② 분주
③ 선취법 ④ 고취법

해설 취목에 대한 설명이다.

47 작물의 주요 생육온도에서 최고 온도가 28~30℃에 해당하는 것은?

① 옥수수 ② 사탕무
③ 오이 ④ 멜론

해설
- 사탕무의 최고 온도는 28~30℃이다.
- 옥수수 : 40~44℃
- 오이, 멜론 : 40℃

48 3년 휴작이 필요한 작물은?

① 수수 ② 고구마
③ 담배 ④ 토란

해설 **작물별 휴작기간**
- 1년 휴작을 요하는 작물 : 콩, 시금치, 파, 생강
- 2년 휴작을 요하는 작물 : 감자, 땅콩, 오이, 잠두
- 3년 휴작을 요하는 작물 : 강낭콩, 참외, 토란, 쑥갓
- 5년 휴작을 요하는 작물 : 수박, 가지, 고추, 완두
- 10년 휴작을 요하는 작물 : 아마, 인삼

49 다음 중 복토 깊이가 1.5~2.0cm에 해당하는 것은?

① 토란 ② 크로커스
③ 감자 ④ 기장

해설 복토 깊이 1.5~2.0cm 작물 : 기장, 조, 수수, 호박, 수박, 시금치, 무

정답 41. ③ 42. ③ 43. ② 44. ① 45. ③ 46. ① 47. ② 48. ④ 49. ④

50 N:P:K 흡수비율에서 5:1:1.5에 해당하는 것은?

① 옥수수 ② 콩
③ 고구마 ④ 감자

해설 • 콩의 3요소 흡수비율은 5:1:1.5이다.
• 옥수수-4:2:3
• 고구마-4:1.5:5
• 감자-3:1:4

51 박과채소류 접목의 특징으로 틀린 것은?

① 흰가루병에 강하다.
② 흡비력이 강해진다.
③ 과습에 잘 견딘다.
④ 당도가 떨어진다.

해설 접목을 하면 흰가루병에는 약해지고 기형과 발생도 많다.

52 다음 중 단명종자에 해당하는 것은?

① 접시꽃 ② 베고니아
③ 스토크 ④ 데이지

해설 화훼류 단명종자 : 베고니아, 팬지, 스터티스, 일일초, 콜레옵시스

53 다음 중 중성식물에 해당하는 것은?

① 시금치 ② 양파
③ 감자 ④ 고추

해설 일반적으로 기원지가 열대지방인 작물은 중성식물에 해당한다.→고추, 수박 등

54 다음 중 혐광성 종자에 해당하는 것은?

① 상추 ② 수세미
③ 차조기 ④ 우엉

해설 혐광성 종자 : 수세미, 오이, 호박, 가지, 토마토, 파, 양파, 무

55 완효성 비료에 해당하는 것은?

① 요소 ② 황산암모늄
③ 염화칼륨 ④ 깻묵

해설 완효성 비료 : 깻묵, METAP, 피복비료(SCV, PCV)

56 ( )에 알맞은 내용은?

> 옥수수, 수수 등을 재배하면 잡초가 크게 경감되므로 ( )이라고 한다.

① 휴한작물 ② 동반작물
③ 중경작물 ④ 환금작물

해설 중경작물에 대한 설명이다.

57 다음 중 천연 에틸렌에 해당하는 것은?

① GA_2 ② IBA
③ C_2H_4 ④ MH−30

해설 천연 에틸렌은 C_2H_4이다.

58 ( )에 알맞은 내용은?

> 탄화수소, 오존, 이산화질소가 화합해서 생성되는 ( )은/는 광화학적인 반응에 의하여 식물에 피해를 끼치는데, 담배의 경우 10ppm으로 5시간 접촉되면 피해증상이 생기고 잎의 뒷면에 백색 반점이 엽맥 사이에 나타난다.

① 연무 ② PAN
③ 아황산가스 ④ 불화수소가스

해설 PAN에 대한 설명이다.

59 다음 중 장과류에 해당하는 것으로만 나열된 것은?

① 배, 사과 ② 복숭아, 앵두
③ 딸기, 무화과류 ④ 감, 귤

해설 딸기, 무화과, 포도는 장과류에 속한다.

정답 50. ② 51. ① 52. ② 53. ④ 54. ② 55. ④ 56. ③ 57. ③ 58. ② 59. ③

60 다음 중 알줄기에 해당하는 것은?

① 글라디올러스　② 생강
③ 박하　④ 호프

해설 글라디올러스는 알줄기(구경)로 번식한다.

제4과목 농약학

61 제초제, 생장조정제, 살충제, 살균제 등으로 분류하는 농약의 기준은?

① 작용기작에 의한 분류
② 사용목적에 의한 분류
③ 주성분 조성에 의한 분류
④ 농약의 형태에 의한 분류

해설 제초제, 생장조정제, 살충제, 살균제는 사용목적에 따른 분류방법이다.

62 다음 중 해충의 저항성을 가장 잘 유발시킬 수 있는 경우는?

① 살포회수를 적게 한다.
② 동일 약제를 계속 사용한다.
③ 다른 약제로 바꾸어 살포한다.
④ 작용 기작이 다른 농약을 살포한다.

해설 동일 약제를 계속 사용하면 해충의 저항성을 유발시킬 수 있는 원인이 된다.

63 약해를 일으키는 요인 또는 원인이 아닌 것은?

① 보조제 및 용매에 의한 것
② 주제의 물리, 화학적 성질에 의한 것
③ 2종 이상의 약제를 섞어서 살포할 때
④ 농약을 사용농도 이하로 희석해서 살포할 때

해설 ④항은 거리가 멀다.

64 피리다명, 페나자퀸은 일반적으로 어떤 농약에 속하는가?

① 살균제　② 살충제
③ 살비제　④ 제초제

해설 응애 등 살충제이다.

65 농약의 제제에 있어서 계면활성제의 역할은 매우 크다. 계면활성제의 작용에 해당하지 않는 것은?

① 습윤작용　② 분산작용
③ 침투작용　④ 살균작용

해설 계면활성제는 보조제이며 살균제는 아니다.

66 살충제 파라티온(parathion)의 성상 및 특성에 대한 설명으로 옳지 않은 것은?

① 비침투성 약제이다.
② 해충 방제효과는 좋으나 인축에는 독성이 강하여 제한을 받는다.
③ 대부분의 유기용매에 불용이며 알칼리에는 안정하다.
④ 접촉독, 가스독 및 소화중독의 세 가지 작용을 함께 가지고 있다.

해설 파라티온은 유기인계 살충제로 유기인계는 유기용매에 잘 녹는 성질인 친유성을 가지고 있다.

67 피레트린(pyrethrin) 살충제는 충체의 어느 부분에 작용하여 효과를 내는가?

① 원형질독　② 피부독
③ 신경독　④ 근육독

해설 피레트린(pyrethrin) 살충제는 신경독을 일으켜 살충성을 발휘한다.

정답 60. ① 61. ② 62. ② 63. ④ 64. ② 65. ④ 66. ③ 67. ③

68 다음 급성독성 중 그 강도의 순서가 옳게 나열된 것은?

① 흡입독성〉경피독성〉경구독성
② 경구독성〉흡입독성〉경피독성
③ 흡입독성〉경구독성〉경피독성
④ 경피독성〉경구독성〉흡입독성

해설 흡입독성〉경구독성〉경피독성 순이다.

69 농약 제조 시 고체증량제로 일반적으로 사용되지 않는 것은?

① 규조토 ② 탈크
③ 벤토나이트 ④ 젤라틴

해설 젤라틴은 고체 증량제로 사용되지 않는다.

70 살포한 약제가 작물에서 씻겨 내려가지 않고 표면에 붙어 있는 성질을 가장 잘 나타낸 것은?

① 융해성 ② 고착성
③ 비산성 ④ 안전성

해설 고착성은 살포한 약제가 작물에서 씻겨 내려가지 않고 표면에 붙어 있는 성질을 말한다.

71 자체검사 및 신청검사 시 입제에 대한 최대모집단 수량은 얼마로 정해져 있는가?

① 1톤 ② 10톤
③ 50톤 ④ 100톤

해설 자체검사 및 신청검사 시 입제에 대한 최대모집단 수량은 50톤이다.

72 분제 농약 조제 시 가장 충분하게 고려하여야 하는 농약의 물리성은?

① 현수성 ② 유화성
③ 가용성 ④ 비산성

해설 분제 농약 조제 시 가장 충분하게 고려하여야 하는 농약의 물리성은 비산성이다.

73 유기인계 살충제의 작용상 특징이 아닌 것은?

① 알칼리에 대하여 분해되기 쉽다.
② 동 · 식물체 내에서의 분해가 빠르다.
③ 살충력이 강하고 적용해충의 범위가 넓다.
④ 약해가 비교적 큰 편이며 잔효성도 길다.

해설 유기인계는 잔효성이 짧다.

74 농약의 생물농축의 정도를 수치로 표현한 생물농축계수(BCF)를 바르게 설명한 것은?

① 수질환경 중 화합물 농도에 대한 생물체 내에 축적된 화합물의 농도비를 말한다.
② 농작물에 살포된 농약의 농도에 대한 생물체 내의 독성 정도를 나타내는 농도비를 말한다.
③ 농작물에 살포된 농약의 농도에 대한 인체에 흡입독성의 정도를 나타내는 농도비를 말한다.
④ 재배 중인 작물에 살포된 농약의 농도에 대한 잔류되는 농약의 농도비를 말한다.

해설
- 생물농축계수(BCF)는 수질환경 중 화합물 농도에 대한 생물체 내에 축적된 화합물의 농도비를 말한다.
- 생물농축계수(BCF)= $\frac{Cb}{Cw}$
- Cb : 생물체 중 화합물의 농도
- Cw : 수질환경 중 화합물의 농도

75 석회유황합제의 주된 유효성분은?

① CaS ② CaS_2O_3
③ $CaSO_4$ ④ CaS_5

해설 석회유황합제의 유효성분은 CaS_5이다.

정답 68. ③ 69. ④ 70. ② 71. ③ 72. ④ 73. ④ 74. ① 75. ④

76 **보호살균제의 특성에 대한 설명 중 틀린 것은?**

① 균사체에 대하여 강력한 살균작용을 나타낸다.
② 살포 후 작물체 표면에서의 부착성과 고착성이 우수하다.
③ 강력한 포자발아 억제작용을 나타낸다.
④ 약효가 일정기간 유지되는 지효성이 있다.

해설 보호살균제는 병원균의 포자가 발아하는 것을 저지하거나 식물이 병원균에 대하여 저항성을 가지게 하여 병을 예방하는 약제로 그 자체가 강력한 살균력을 가지고 있는 것은 아니다.

77 **제초제의 살초 기작으로 가장 거리가 먼 것은?**

① 광합성 저해
② 호흡작용 억제
③ 신경기능의 저해
④ 호르몬 작용의 교란

해설 신경기능 저해는 거리가 멀다.

78 **다음 중 전착효과를 나타내는 물질은?**

① 펜크로림(fenclorim)
② 벤토나이트(bentonite)
③ 폴리옥시에틸렌(polyoxyethylene)
④ 피페로닐 부톡사이드(piperonyl butoxide)

해설 폴리옥시에틸렌(polyoxyethylene)은 전착효과를 나타낸다.

79 **다음 중 농약의 혼용에 있어서 불합리한 경우는?**

① Omethoate+석회유황합제
② Maneb+Dichlovos
③ IBP+Fenitrothion
④ Eclifenphos+Fenthion

해설 Omethoate는 유기인계 살충제이므로 알칼리성인 석회유황합제와 혼용하면 약해 발생 등에 불합리하다.

80 **다음 농약 중 사과의 부란병에 주로 적용되는 것은?**

① 옥솔린산 수화제(일품)
② 이프로벤포스 유제(키타진)
③ 사이프로코나졸 액제(아테미)
④ 아족시트로빈 수화제(아미스타)

해설 사이프로코나졸 액제(아테미)는 사과 부란병에 주로 적용되는 약제이다.

제5과목 잡초방제학

81 **잡초 방제법 중에서 예방적 방제법에 해당되지 않는 것은?**

① 경운작업을 여러 차례 실시한다.
② 논물 유입로에는 거름망을 설치한다.
③ 가축 퇴비를 충분히 부숙시켜 사용한다.
④ 외래 잡초의 유입을 막는 제도를 마련한다.

해설 경운작업은 기계적 잡초 방제에 해당한다.

82 **제초제가 식물체에 흡수 이행을 저해하는 데 관여하는 요인으로 가장 거리가 먼 것은?**

① 제초제의 농도
② 식물의 영양상태
③ 식물의 형태적 특성
④ 제초제의 처리 부위

해설 제초제가 식물체에 흡수 이행을 저해하는 요인과 제초제의 농도와는 가장 거리가 멀다.

정답 76. ① 77. ③ 78. ③ 79. ① 80. ③ 81. ① 82. ①

83 광합성 저해형 제초제에 대한 설명으로 옳지 않은 것은?

① 잡초의 탄수화물 축적과 이산화탄소 흡수를 방해한다.
② Paraquat는 과산화물 형성을 통해 살초작용을 나타낸다.
③ 대표적으로 요소(urea)계와 트리아진(triazine)계가 있다.
④ 주로 광합성의 명반응은 저해하지 않고 암반응을 저해한다.

해설 명반응이 억제되면 탄산가스의 고정에 필요한 명반응의 산물인 ATP나 NADPH 등이 부족하여 광합성 산물의 생성이 억제된다.

84 주로 논에 발생하는 잡초로만 올바르게 나열한 것은?

① 피, 바랭이　　② 명아주, 뚝새풀
③ 개비름, 물옥잠　　④ 올미, 여뀌바늘

해설 보기에서 올미, 여뀌바늘은 논잡초이고 바랭이, 명아주, 개비름은 밭잡초이다.

85 생태적 방제법으로 환경제어법에 대한 설명이 옳은 것은?

① 작물에 재식밀도를 높여서 초관형성을 촉진시킨다.
② 작물에는 유리하고 잡초에는 불리하도록 인위적으로 환경을 조성한다.
③ 묘상에서 자란 유묘를 분포에 이식하여 잡초보다 빠르게 초관을 형성하게 한다.
④ 잡초와의 경합력이 큰 작목 및 품종을 선택하여 재배한다.

해설 잡초의 생태적 방제법으로 환경제어법은 작물에는 유리하고 잡초에는 불리하도록 인위적으로 환경을 조성해 주는 것이다.

86 우리나라 논에서 발생한 설포닐우레아(sulfonylurea)계 제초제의 저항성 잡초가 아닌 것은?

① 피　　② 미국외풀
③ 물달개비　　④ 알방동사니

해설 설포닐우레아계에 대한 저항성 잡초 : 물달개비, 미국외풀, 마디꽃, 알방동사니

87 일년생 잡초로만 올바르게 나열한 것은?

① 벗풀, 매자기
② 보풀, 개구리밥
③ 여뀌, 밭뚝외풀
④ 올방개, 나도겨풀

해설
- 여뀌, 밭둑외풀은 일년생 잡초이다.
- 다년생 잡초 : 벗풀, 매자기, 보풀, 개구리밥, 올방개, 나도겨풀

88 잡초 군락의 번이 및 천이를 유발하는 데 가장 크게 작용하는 요인은?

① 경운
② 일모작 재배
③ 비료 사용 증가
④ 유사 성질의 제초제 연용

해설 제초제의 사용은 잡초 군락의 번이 및 천이를 유발하는 데 가장 크게 작용하는 요인이다.

89 월년생 잡초로만 올바르게 나열한 것은?

① 피, 냉이, 뚝새풀
② 별꽃, 냉이, 벼룩나물
③ 냉이, 쇠비름, 벼룩나물
④ 쇠비름, 뚝새풀, 별꽃아재비

해설
- 월년생 잡초 : 1년 이상 생존하지만 2년 이상은 생존하지 못한다.
- 종류 : 냉이, 황새냉이, 별꽃, 벼룩나물, 벼룩이자리, 속속이풀, 점나도나물, 새포아풀, 광대나물, 개꽃

정답 83. ④ 84. ④ 85. ② 86. ① 87. ③ 88. ④ 89. ②

90 물리적 방제법으로 토양을 피복하는 주요 이유는?

① 잡초 생육에 필요한 물 차단
② 잡초 생육에 필요한 빛 차단
③ 잡초 생육에 필요한 공기 차단
④ 잡초 생육에 필요한 공간 축소

해설 피복을 하는 목적은 대부분 경지잡초는 광발아성이므로 빛을 차단하여 발아를 억제시키기 위해서이다.

91 잡초 종자에 돌기를 갖고 있어 사람이나 동물에 부착하여 운반되기 쉬운 것은?

① 여뀌 ② 민들레
③ 소리쟁이 ④ 도꼬마리

해설 도꼬마리는 종자에 돌기를 가지고 있어서 사람이나 동물에 부착하여 다른 장소로 이동이 가능하다.

92 벼 재배에 주로 사용하지 않는 제초제는?

① 이사–디 액제
② 옥사디아존 유제
③ 뷰타클로르 입제
④ 알라클로르 유제

해설 알라클로르 유제는 원예용 토양처리제초제이다.

93 생물적 방제법에 대한 설명으로 옳지 않은 것은?

① 비교적 영속성이 있고 환경 친화적이다.
② 잡초의 완전한 제거를 위해 적용한다.
③ 미생물 또는 식해성 생물을 이용하여 잡초 밀도를 감소시키는 수단을 말한다.
④ 경제적으로 무시해도 될 정도의 잡초만 생존하도록 밀도를 감소 조절하는데 있다.

해설 생물적 방제법은 잡초의 완전 제거가 불가능하다.

94 농경지에서 잡초로 인하여 발생하는 피해가 아닌 것은?

① 토양침식
② 병해충 매개
③ 작물 수량 감소
④ 작업 환경 악화

해설 잡초로 인하여 토양침식이 방지된다.

95 논에 다년생 잡초가 증가하는 요인으로 가장 거리가 먼 것은?

① 답리작 감소
② 시비량 감소
③ 물 관리 변동
④ 추경 및 춘경 감소

해설 시비량 감소와는 거리가 멀다.

96 잡초가 작물보다 경쟁에서 유리한 이유로 옳지 않은 것은?

① 번식 능력이 우수하다.
② 다량의 종자를 생산한다.
③ 휴면성이 결여되어 있다.
④ 불량한 환경조건에 적응력이 높다.

해설 잡초종자는 휴면성이 강하다.

97 잡초의 밀도가 증가되면 작물의 수량이 감소되고, 어느 밀도 이상으로 잡초가 존재하면 작물의 수량이 현저히 감소되는 수준까지의 밀도를 무엇이라 하는가?

① 경제적 허용밀도
② 잡초허용 최대밀도
③ 잡초허용 한계밀도
④ 잡초피해 한계밀도

해설 잡초허용 한계밀도란 잡초의 밀도가 증가되면 작물의 수량이 감소되고, 어느 밀도 이상으로 잡초가 존재하면 작물의 수량이 현저히 감소되는 수준까지의 밀도를 말한다.

정답 90. ② 91. ④ 92. ④ 93. ② 94. ① 95. ② 96. ③ 97. ③

98 **주로 괴경으로 번식하는 잡초로만 올바르게 나열한 것은?**

① 올방개, 향부자
② 올방개, 물달개비
③ 향부자, 사마귀풀
④ 물달개비, 알방동사니

해설 덩이줄기로 번식하는 잡초는 올방개, 향부자, 뚱딴지(돼지감자) 등이 있다.

99 **암발아 잡초 종자에 해당하는 것은?**

① 바랭이　② 쇠비름
③ 광대나물　④ 소리쟁이

해설 암발아성 종자는 주로 겨울잡초인 광대나물, 냉이, 독말풀 등이 있다.

100 **일반적으로 작물과 잡초의 경합으로 작물에 가장 큰 피해를 주는 시기는?**

① 모든 시기
② 작물의 생육 중기
③ 작물의 생육 초기
④ 작물의 생육 후기

해설 작물의 생육 초기에 작물과 잡초의 경합으로 작물에 가장 큰 피해를 준다.

정답 98. ① 99. ③ 100. ③

식물보호기사

2018년 제2회 기출문제

제1과목 식물병리학

01 채소류의 잿빛곰팡이병(진균-불완전균류) 방제 방법으로 옳지 않은 것은?

① 관수는 최소한으로 줄인다.
② 작물을 밀식하여 웃자람을 막는다.
③ 온도는 18~23℃가 되지 않도록 한다.
④ 하우스 내의 습도를 높게 유지하지 않는다.

해설 밀식을 하면 웃자라게 되고 통기성이 불량해져 병 발생이 증가한다.

02 소나무 재선충병(선충) 방제 방법으로 가장 거리가 먼 것은?

① 토양관주 : 토양처리약제를 주사기로 토양 속에 주사하여 소독하는 방법
② 위생간벌 : 임목밀도를 조절하여 건전한 임분을 육성하므로서 병해충 피해의 위험성을 감소시키는 것
③ 피해목 제거
④ 중간기주 제거

해설 소나무 재선충병은 중간기주가 없다.

03 식물병 중 표징을 관찰할 수 없는 경우는?

① 사과나무 탄저병-자낭균류
② 사철나무 그을음병
③ 대추나무 빗자루병-파이토플라스마
④ 포도나무 잿빛곰팡이병

해설 대추나무 빗자루병과 바이러스병(모자이크병), 바이로이드에 의한 병(갈쭉병) 병징은 나타나지만 표징은 나타나지 않는다.
※ 표징 : 곰팡이, 돌기, 균핵, 가루, 냄새, 점질물

04 오이류 덩굴쪼김병(진균)의 방제법으로 가장 효과가 낮은 것은?

① 종자를 소독한다.
② 저항성 품종을 재배한다.
③ 잎 표면에 약제를 집중적으로 살포한다.
④ 호박이나 박을 대목으로 접목하여 재배한다.

해설 오이류 덩굴쪼김병은 토양 전염을 하므로 잎 표면에 약제를 집중적으로 살포해도 방제효과가 낮다.

05 식물병원체가 생산하는 기주특이적 독소는?

① Victorin
② Tentexin
③ Ophiobolins
④ Fumaric acid

해설 **기주특이적 독소의 종류**
- 빅토린(victorin) : 귀리마름병균이 분비하는 독소
- T-toxin(독소) : 옥수수 깨씨무늬병균이 분비하는 독소
- AK-toxin(독소) : 배나무 검은무늬병이 분비하는 독소
- AM- toxin(독소) : 사과 점무늬낙엽병균이 분비하는 독소

※ 기주특이적 독소란 기주식물에만 해작용을 일으키는 것을 말한다.

정답 01. ② 2. ④ 03. ③ 04. ③ 05. ①

06 **비생물학적 병원에 의해 발생하는 생리적 피해에 대한 설명으로 옳은 것은?**

① 병징만 나타난다.
② 표징만 나타난다.
③ 병징과 표징이 모두 나타난다.
④ 환경적인 영향에 의해 표징이 나타날 수 있다.

해설 • 비생물학적 병원은 병징만 나타나고 표징은 나타나지 않는다.
• 비생물성 병원 : 기상요인, 대기오염, 약해, 영양장해 등 환경적 요인

07 **코흐의 원칙에 대한 설명으로 옳지 않은 것은?**

① 바이러스에 적용할 수 있다.
② 병환부에는 그 병을 일으키는 것으로 추정되는 병원체가 항상 존재하여야 한다.
③ 발병한 부위로부터 접종에 사용하였던 것과 같은 동일한 병원체가 재분리되어야 한다.
④ 순수 배양한 병원체를 건전한 기주에 접종하였을 때 동일한 병이 발생하여야 한다.

해설 살아있는 조직을 침해하는 병원체(바이러스, 흰가루병, 녹병, 노균병, 바이러스, 바이로이드, 파이토플라스마, 배추무 사마귀병)는 인공배양이 되지 않으므로 코흐의 원칙을 적용할 수 없다.

08 **파이토플라스마에 대한 설명으로 옳지 않은 것은?**

① 세포벽이 없다. –세포벽이 없고 일종의 원형질막으로 둘러싸여 있다.
② 인공배지에서 생장하지 않는다.
③ 매개충에 의하여 전파되지 않는다.
④ 테트라싸이클린에 대하여 감수성이다.

해설 • 파이토플라스마는 매개충에 의해 전파된다.
• 대추나무 빗자루병 : 마름무늬매미충
• 오동나무 빗자루병 : 장님노린재
• 뽕나무 오갈병 : 마름무늬매미충

09 **병원체가 주로 각피를 통해 직접 침입하지 않는 것은?**

① 벼 도열병균
② 장미 흰가루병균
③ 사과나무 탄저병균
④ 밤나무 줄기마름병균

해설 • 각피 침입 : 도열병균, 흰가루병균, 탄저병균, 노균병균, 역병균
• 밤나무 줄기마름병 : 상처를 통해 침입
※ 각피 : 표피 세포 세포벽 바깥쪽 층(cuticle. 큐티클 층)

10 **배나무 붉은별무늬병(담자균류)에 대한 설명으로 옳은 것은?**

① 배나무 검은별무늬병과 같다.
② 여름포자를 형성하지 않는다.
③ 매발톱나무를 중간기주로 한다.
④ 8월부터 10월까지 배나무에 기생한다.

해설 담자균류는 여름포자를 형성하지 않는다.

11 **어떤 작물 품종이 특정 병에 대한 저항성에서 감수성으로 바뀌는 주요 원인은?**

① 재배 방법의 변경
② 기상환경의 이변
③ 방제 작업의 중단
④ 병원균의 새로운 race 출현

해설 병원균의 새로운 레이스가 출현하면 기존 저항성은 무너져 감수성이 된다.

12 **벼 도열병 방제 방법으로 옳지 않은 것은?**

① 가능하면 파종시기를 늦춘다.
② 논바닥이 마르지 않도록 한다.

정답 06. ① 07. ① 08. ③ 09. ④ 10. ② 11. ④ 12. ①

③ 덧거름은 너무 늦지 않도록 준다.

④ race 비특이적 저항성 품종을 재배한다.

해설 가능하면 파종시기를 늦지 않도록 한다.

13 **병원균의 감염에 의하여 식물체 속에 형성되는 phenol류에 대한 설명으로 옳은 것은?**

① 에너지원으로 사용된다.

② 침투성 농약을 분해한다.

③ 식물 생육과 관련이 있다.

④ 저항성 기작과 관련이 있다.

해설 동적저항성이란 식물체가 병원체의 침입에 대하여 방어 하려는 반응 저항성을 말한다.→파필라, 과민반응, 페놀성분(phenol류) 생산, 파이토알렉신 생산

14 **오이 모자이크병에 대한 설명으로 옳지 않은 것은?**

① 진딧물에 의해 영속성 전염을 한다.

② 대부분 종자전염은 일어나지 않는다.

③ 오이 외에도 다양한 작물에 발병한다.

④ 감염된 잎에서 다수의 황색 반점이 생긴다.

해설 진딧물에 의해 비영속성 전염을 한다.

15 **균사나 분생포자의 세포가 비대해져서 생성되는 것은?**

① 유주자 ② 후벽포자

③ 휴면포자 ④ 포자낭포자

해설 후벽포자는 균사나 분생포자의 세포가 비대해져서 생성되는 것이다.

16 **감자 역병(진균-조균류-유주자균류)에 대한 설명으로 옳지 않는 것은?**

① 공기전염성균과 토양전염성균이 있다.

② 자낭균류에 의한 병으로 포자형태로 토양에서 월동한다.

③ 잎 언저리에 암록색의 수침상 부정형 병반을 형성한다.

④ 주로 기온이 20℃ 내외이며 습기가 많은 조건에서 발병한다.

해설 가지과 작물의 역병은 난균류에 속한다.

17 **가축이 섭취할 경우 유독한 독성 물질에 의해 중독 증상이 나타날 수 있는 것은?**

① 벼 깨씨무늬병

② 보리 줄무늬병

③ 보리 흰가루병

④ 보리 붉은곰팡이병

해설 맥류 붉은곰팡이병은 가축이 섭취할 경우 해롭다.

18 **다음 중 크기가 가장 작은 식물병원체는?**

① 진균 ② 세균

③ 바이러스 ④ 바이로이드

해설 **병원체의 크기가 작은 순서**
바이로이드<바이러스<세균<진균(곰팡이)

19 **순활물기생체에 해당하는 것은?**

① 감자 역병균 : 임의부생체

② 벼 깜부기병균 : 임의부생체

③ 보리 흰가루병균

④ 고구마 무름병균 : 임의기생체

해설 순활물기생체 : 바이러스, 흰가루병, 녹병, 노균병, 바이러스, 바이로이드, 파이토플라스마, 배추무 사마귀병

20 **수목 뿌리에 주로 발생하는 자주날개무늬병이 속하는 진균류는?**

① 난균 ② 담자균

③ 병꼴균 ④ 접합균

해설 담자균류에 의한 병 : 자주날개무늬병, 깜부기병, 녹병, 붉은별무늬병

정답 13. ④ 14. ① 15. ② 16. ② 17. ④ 18. ④ 19. ③ 20. ②

제2과목 농림해충학

21 주둥이를 식물체에 찔러 넣어 즙액을 빨아 먹는 곤충에 속하지 않는 것은?

① 진딧물 ② 노린재
③ 집파리 ④ 애멸구

해설 집파리는 흡취형(핥아먹는형)이다.

22 정주성 내부 기생 선충으로 2령 유충만이 식물을 침입할 수 있는 감염기의 선충이 되는 것은?

① 침선충 ② 잎선충
③ 뿌리혹선충 ④ 뿌리썩이선충

23 가해하는 기주가 가장 다양한 해충은?

① 벼멸구 ② 솔잎혹파리
③ 사과혹진딧물 ④ 미국흰불나방

해설 미국흰불나방은 가로수, 정원수 등 무려 200여 종의 활엽수목을 가해한다.

24 생물적 방제법에 이용되는 기생성 천적이 아닌 것은?

① 진디혹파리
② 굴파리좀벌
③ 온실가루이좀벌
④ 콜레마니진디벌

해설 진디혹파리는 포식성 천적이다.

25 한여름 휴한기에 비닐하우스를 밀폐하고 토양 온도를 높여서 땅속 해충을 방제하는 방법은?

① 행동적 방제법
② 생물적 방제법
③ 물리적 방제법
④ 화학적 방제법

해설 물리적 방제법 중 태양열 소독은 한여름 휴한기에 비닐하우스를 밀폐하고 토양에 석회를 투입한 다음 담수하고 하우스를 밀폐하여 토양 온도를 높여서 땅속 병해충을 방제하는 방법이다.

26 복숭아혹진딧물에 대한 설명으로 옳지 않은 것은?

① 간모는 단위생식을 한다.
② 식물바이러스를 매개한다.
③ 여름기주로는 복숭아나무, 벚나무 등이 있다.
④ 날개가 있는 유시충과 날개가 없는 무시충이 존재한다.

해설 여름기주는 무, 배추, 양배추, 고추, 감자 등이다.

27 미국흰불나방의 학명으로 옳은 것은?

① *Adrias Tyrannus*
② *Hyphantria Cunea*
③ *Monema Flavescens*
④ *Pygeara Anachoreta*

해설 **미국흰불나방**

- 학명 : *Hyphantria Cunea Drury*
- 발생 : 연 2~3회 발생한다. 주광성이 특히 강하다.
- 월동 : 나무껍질 속에서 번데기로 월동한다.

28 유충에서 성충까지 입틀의 형태가 변하지 않는 것은?

① 꿀벌 ② 말매미
③ 학질모기 ④ 배추흰나비

해설 말매미는 일생 동안 입틀이 변하지 않는다.

29 곤충의 배설계에 대한 설명으로 옳지 않는 것은?

① 말피기관의 끝은 막혀 있다.
② 지상곤충은 주로 질소대사산물을 암모니아 형태로 배설한다.

정답 21. ③ 22. ③ 23. ④ 24. ① 25. ③ 26. ③ 27. ② 28. ② 29. ②

③ 말피기관은 중장과 후장의 접속부분에서 후장에 연결되어 있다.
④ 말피기관 밑부와 직장은 물과 무기이온을 재흡수하여 조직 내의 삼투압을 조절한다.

해설 지상곤충은 주로 배설물을 요산으로 방출한다.

30 해충의 휴면이 나타나는 발육단계로 올바르게 짝지어진 것은?

① 복숭아명나방–알
② 미국흰불나방–유충
③ 이화명나방–번데기
④ 오리나무잎벌레–성충

해설 오리나무잎벌레는 성충으로 월동한다.

31 총채벌레목에 대한 설명으로 옳지 않은 것은?

① 단위생식도 한다.
② 입틀의 좌우가 같다.
③ 불완전변태군에 속한다.
④ 산란관이 잘 발달하여 식물의 조직 안에 알을 낳는다.

해설 총채벌레의 입은 줄쓸어빠는형으로 오른쪽 큰 턱은 기능을 잃고 작게 퇴화되어 있어서 좌우 비대칭이다.

32 콩의 어린 꼬투리에 유충이 먹어 들어가 여물지 않은 종실을 갉아 먹는 해충은?

① 콩나방 ② 콩진딧물
③ 콩줄기굴파리 ④ 콩잎말이명나방

해설 콩나방에 대한 설명이다.

33 곤충의 체벽(외골격)을 구성하는 요소들을 바깥쪽부터 순서대로 바르게 나열한 것은?

① 외큐티클–진피–상큐티클–기저막
② 외큐티클–상큐티클–진피–기저막
③ 상큐티클–진피–외큐티클–기저막
④ 상큐티클–외큐티클–진피–기저막

해설 곤충의 체벽은 상큐티클-외큐티클-진피-기저막으로 되어 있다

34 애멸구에 대한 설명으로 옳지 않은 것은?

① 잡초에서 성충으로 월동한다.
② 벼 줄무늬잎마름병을 매개한다.
③ 우리나라에서 월동이 가능하다.
④ 보독충의 알에도 바이러스 병원균이 있을 수 있다.

해설 애멸구는 약충으로 월동한다.

35 걸어 다니는 기능 이외에 다른 목적으로 변형된 다리를 가진 곤충이 아닌 것은?

① 모기 ② 꿀벌
③ 사마귀 ④ 땅강아지

해설 **곤충 다리의 변형**

- 땅강아지 - 굴삭기(땅파기)
- 사마귀 - 포획지
- 수중곤충 - 헤엄지
- 이 - 기주부착
- 꿀벌 - 화분(꽃가루)수집

36 윤작으로 방제효과가 가장 미비한 해충은?

① 이동성이 적은 해충류
② 생활사가 짧은 해충류
③ 식성의 범위가 좁은 해충류
④ 토양곤충에 해당되는 해충류

해설 생활사가 짧은 해충류는 효과가 미미하다.

37 어떤 곤충 유충의 발육률(y)과 온도(x)와의 관계식을 $y=ax+b$와 같이 표현했을 때 곤충의 발육영점온도를 추정하는 방법은?

① $-b \div a$ ② $a-b$
③ $-1 \div a$ ④ $-1 \div b$

정답 30. ④ 31. ② 32. ① 33. ④ 34. ① 35. ① 36. ② 37. ①

38 거미와 비교한 곤충의 일반적인 특징으로 옳지 않은 것은?

① 겹눈과 홑눈이 있다.
② 더듬이는 한쌍이다.
③ 성충의 다리는 세 쌍이다.
④ 생식문이 배의 배면 앞부분에 있다.

해설 곤충의 생식문은 배 끝에 있다

39 1년에 1회 발생하는 해충은?

① 조명나방
② 감자나방
③ 벼물바구미
④ 미국흰불나방

해설
- 조명나방 : 연 2~3회 발생
- 감자나방 : 연 6~8회 발생
- 미국흰불나방 : 연 2회 발생

40 소나무재선충을 매개하는 해충으로만 올바르게 나열된 것은?

① 알락하늘소, 털두꺼비하늘소
② 알락하늘소, 북방수염하늘소
③ 솔수염하늘소, 털두꺼비하늘소
④ 솔수염하늘소, 북방수염하늘소

해설 소나무재선충은 솔수염하늘소와 북방하늘소가 매개한다.

제3과목 재배학원론

41 감자의 휴면과 밀접한 관계가 있는 생장호르몬은?

① ABA ② Ethylene
③ Kinetin ④ Gibberellin

해설 ABA(아브시스산)는 감자, 장미, 양상추 등 식물의 휴면을 유도한다.

42 다음 중 작물의 복토 깊이가 가장 깊은 것은?

① 양파 ② 배추
③ 옥수수 ④ 시금치

해설
- 일반적으로 종자가 클수록 복토 깊이가 깊다.
- 양파 : 종자가 보이지 않을 정도로 얕게 복토한다.
- 배추 : 0.5~1.0cm
- 옥수수 : 3.5~4.0cm
- 시금치 : 1.5~2.0cm

43 다음 중 장일식물의 화성을 촉진하는 효과가 가장 큰 물질은?

① 2,4-D ② MH
③ Kinetin ④ Gibberellin

해설 지베렐린의 재배적 이용
- 휴면타파와 발아 촉진
- 장일식물, 저온 처리가 필요한 식물, 총생형 식물의 화성을 촉진
- 경엽의 신장 촉진
- 단위결과 유도, 수량 증대, 성분의 변화(단백질 증가)

44 옥신 중에서 식물체에서 합성되지 않는 것은?

① IAA ② IAN
③ NAA ④ PAA

해설 옥신류의 종류
- 천연옥신(식물체에서 합성) : IAA, IAN, PAA
- 합성옥신(식물체에서 합성되지 않음) : NAA, IBA, 2,4-D, 2,4,5-T, PCPA, MCPA, BNOA

45 다음 중 내습성이 가장 강한 과수류는?

① 무화과 ② 복숭아
③ 밀감 ④ 포도

해설 과수의 내습성(강한순) : 올리브>포도>밀감>감>배>밤>복숭아>무화과

정답 38. ④ 39. ③ 40. ④ 41. ① 42. ③ 43. ④ 44. ③ 45. ④

46 토양산성화의 원인으로 가장 거리가 먼 것은?

① 빗물에 의한 염기용탈
② 염화가리, 황산암모니아 등의 유입
③ 토양유기물의 분해
④ 인산, 마그네슘의 보급

해설 토양의 산성화와 인산, 마그네슘의 보급과는 거리가 멀다.

47 벼에서 염해가 우려되는 최소 농도는?

① 0.1% NaCl ② 0.4% NaCl
③ 0.7% NaCl ④ 0.9% NaCl

해설 간척지에서 염분 농도가 0.1% 이상이면 염해의 우려가 있다.

48 포장용수량(최소용수량)의 pF는 약 얼마인가?

① 0 ② 2.7
③ 3.9 ④ 4.2

해설 포장용수량의 pF는 2.5~2.7이다.

49 대기의 이산화탄소 농도는?

① 약 0.0035% ② 약 0.035%
③ 약 0.35% ④ 약 3.5%

해설 대기의 조성 : 질소가스 79%, 산소가스 21%, 이산화탄소 0.033~0.038%

50 산파(흘어뿌림)에 대한 설명으로 틀린 것은?

① 투광성이 좋아진다.
② 종자 소요량이 많아진다.
③ 도복하기 쉽다.
④ 제초 작업에 어려움이 있다.

해설
- 산파는 포장 전면에 종자를 흩어 뿌리는 방법으로 노력이 적게 드는 장점이 있다. 그러나 단점으로는 종자소요량이 많아진다.
- 생육기간 중 통기 및 투광이 나빠지고 도복하기 쉽다.
- 제초작업, 병해충방제 등 관리 작업이 불편하다.

51 고구마, 감자 등 수분 함량이 높은 작물의 저장 시 큐어링을 실시하는 1차 목적은?

① 성분함량 증대 ② 상처 치유
③ 저장력 증대 ④ 충해 방지

해설 고구마, 감자의 큐어링은 수확 시 입은 상처를 치유하여 저장성을 높이고자 실시한다.

52 종자의 수명이 5년 이상인 장명종자로만 나열된 것은?

① 가지, 수박
② 메밀, 고추
③ 해바라기, 옥수수
④ 상추, 목화

해설 장명종자의 종류 : 가지, 수박, 녹두, 오이, 토마토, 접시꽃, 나팔꽃

53 다음 중 무배유 종자는?

① 보리 ② 상추
③ 밀 ④ 피마자

해설 무배유 종자의 종류 : 콩, 팥, 완두, 상추, 오이 등

54 볍씨의 휴면을 유기하는 발아억제 물질은 어디에 있는가?

① 영(穎) ② 배유
③ 배 ④ 유엽

해설 벼 종자가 휴면하는 원인은 영(穎)에 있는 발아억제 물질 때문이다.

55 다음 중 내염성이 가장 강한 작물은?

① 가지 ② 셀러리
③ 완두 ④ 양배추

정답 46. ④ 47. ① 48. ② 49. ② 50. ① 51. ② 52. ① 53. ② 54. ① 55. ④

해설 작물의 내염성 정도

- 내염성이 강한 작물 : 사탕무, 유채, 양배추, 목화, 순무, 라이그라스
- 내염성이 약한 작물 : 완두, 셀러리, 고구마, 가지, 사과, 감자, 녹두, 배, 살구, 귤, 복숭아, 레몬

56 작물의 배수성 육종 시 염색체를 배가시키는 데 가장 효과적으로 이용되는 것은?

① colchicine

② auxin

③ kinetin

④ ethylene

해설 배수성 육종 시 염색체 배가를 위해 효과적으로 이용하는 물질은 콜히친(colchicine)이다.

57 동상해 응급대책으로 물이 얼 때 잠열(숨은열)이 발생되는 점을 이용하여 작물체 표면에 물을 뿌려주는 방법은?

① 발연법

② 연소법

③ 송풍법

④ 살수빙결법

해설 살수빙결법은 물이 얼 때 잠열(숨은열)이 발생되는 점을 이용하여 작물체 표면에 물을 뿌려주는 방법이다.

58 영양기관의 분류에서 땅속줄기에 해당하는 것은?

① 나리 ② 감자

③ 박하 ④ 토란

해설 땅속줄기 해당식물 : 박하, 생강, 연, 호프

59 기공을 폐쇄시켜 증산을 억제시키는 것은?

① 옥신 ② 지베렐린

③ 에틸렌 ④ ABA

해설 식물이 수분부족 상태에 처하면 ABA 농도가 수십 배까지도 증가하는데, 이때 ABA는 잎의 기공을 폐쇄시켜 증산을 억제시킨다.

60 작물의 생력기계화재배의 전제조건으로 볼 수 없는 것은?

① 잉여 노력의 수익화 방안을 강구한다.

② 동일한 품종을 동일한 재배방식으로 집단재배 한다.

③ 여러 농가가 집단화하여 공동재배시스템을 조성한다.

④ 친환경재배단지를 조성하여 합리적 제초제 사용에 따른 기계화 재배를 수행한다.

해설

- ④항은 거리가 멀다.
- 생력기계화재배의 전제조건
  - 경지정리 : 기계화를 능률적으로 수행하기 위한 기계화가 선행
  - 집단재배 : 동일작물 동일품종을 동일한 재배방식으로 집단재배
  - 공동재배 : 공동으로 집단화하여 공동 재배
  - 잉여노력의 수익화
  - 제초제의 이용
  - 적응재배 체계의 확립

제4과목 농약학

61 유기인제 계통의 약제를 알칼리성 농약과 혼용을 피해야 하는 주된 이유는?

① 약해가 심해지기 때문이다.

② 물리성이 나빠지기 때문이다.

③ 가수분해가 일어나기 때문이다.

④ 중합반응을 하여 다른 물질로 되기 때문이다.

해설 유기인계 농약은 알칼리성 약제와 혼용하면 가수분해가 일어나기 때문에 혼용해서는 안 된다.

정답 56. ① 57. ④ 58. ③ 59. ④ 60. ④ 61. ③

62 계면활성제를 구성하는 원자단 중 친유성(親油性)이 가장 강한 것은?

① $ROCH_3$
② $-CnH_2n+1$강친유성
③ $-OH$친수성
④ $-SO_3H(Na)$강친수성

해설 $-CnH_2n+1$이 가장 친유성이 강하다.

63 보르도액 사용 시 살균력을 나타내는 성분은?

① Cu ② Ca
③ Co ④ C

해설 보르도액의 살균력을 나타내는 성분은 구리이다.

64 45% 유제를 600배로 희석하여 10a당 120L를 살포하여 해충을 방제하려고 할 때 유제의 소요량은?

① 100mL ② 200mL
③ 300mL ④ 400mL

해설 $\frac{120L \times 1000ml/L}{600} = 200ml$

65 농약관리법에 의한 맹독성의 판정기준은?

① 급성 경구 독성이 고체는 5mg/kg, 액체는 20mg/kg 미만
② 급성 경구독성이 고체는 5mg/kg, 액체는 40mg/kg 미만
③ 급성 경구독성이 고체는 10mg/kg, 액체는 50mg/kg 미만
④ 급성 경구독성이 고체는 10mg/kg, 액체는 100mg/kg 미만

해설 농약관리법에 의한 맹독성은 급성 경구 독성이 고체는 5mg/kg, 액체는 20mg/kg 미만이다.

66 수화제의 분말입자가 수중에서 분산 부유하는 성질을 의미하는 것은?

① 유화성 ② 고착성
③ 현수성 ④ 부착성

해설 현수성은 수화제의 분말입자가 수중에서 분산 부유하는 성질을 의미한다.

67 다음 중 농용 항생제가 아닌 것은?

① 클로로피크린(chloropicrin)
② 블라스티시딘 에스(blasticidin-s)
③ 카수가마이신(kasugamycin)
④ 스트렙토마이신(streptomycin)

해설 클로로피크린(chloropicrin)은 살충제로 훈증제이다.

68 살충제 카보(carbofuran)에 대한 설명으로 틀린 것은?

① 약효지속 기간이 매우 길다.
② 속효성이면서 지효성이다.
③ 식독제로 입을 통해 충체 내로 들어가 독작용을 하는 살충제이다.
④ carbamate계 살충제로 비교적 안정한 화합물이다.

해설 카보(carbofuran)는 침투이행성 약제이다.

69 사용목적에 따른 살충제 농약의 분류에 해당하지 않는 것은?

① 식독제 ② 미립제
③ 유인제 ④ 기피제

해설 미립제는 제제의 형태에 의한 분류이다.

정답 62. ② 63. ① 64. ② 65. ① 66. ③ 67. ① 68. ③ 69. ②

70 **농약의 이화학적 검사에서 적부를 판정하는 검사항목이 아닌 것은?**

① pH　　② 유효성분
③ 분말도　　④ 입도

해설 ph는 해당되지 않는다.

71 **manganese ethylenebis(dithiocarbamate)가 주성분인 아연 배위화합물로서 광범위한 작물의 탄저병을 포함한 광범위한 병해에 적용되는 보호살균제 농약은?**

① 이프로(iprodione)
② 만코제브(mancozeb)
③ 빈졸(vincolzolin)
④ 훼나진(phenazine)

해설 만코제브는 manganese ethylene bis(dithiocar bamate)가 주성분인 아연 배위화합물로서 광범위한 작물의 탄저병을 포함한 광범위한 병해에 적용되는 보호살균제이다.

72 **토양잔류성농약이라 함은 토양 중 농약의 반감기간이 며칠 이상인 농약으로써 사용결과 농약을 사용하는 토양에 그 성분이 잔류되어 후작물에 잔류되는 농약을 말하는가?**

① 30일　　② 60일
③ 90일　　④ 180일

해설 토양잔류성농약은 반감기가 180일이다.

73 **약해가 일어나는 조건으로 가장 거리가 먼 것은?**

① 장마철 보르도액의 살포
② 살포약제의 고농도 살포
③ 낙엽 후 기계유 유제의 살포
④ 고온, 고광도 시 석회황합제 사용

해설 낙엽 후 기계유 유제의 뿌리기는 약해가 일어나는 조건으로 거리가 멀다.

74 **농약의 약효를 최대로 발현시키기 위한 방법으로 가장 거리가 먼 것은?**

① 방제적기에 농약 살포
② 적정농도의 정량 살포
③ 병해충 및 잡초에 알맞은 농약의 선택
④ 효과가 좋은 농약 한 가지만을 계속 사용

해설 한 가지 농약만을 계속 사용하면 약제 저항성이 생겨서 좋지 않다.

75 **다음 중 신경독 살충제는?**

① 클로로피크린　　② 기계유유제
③ 유기수은제　　④ 제충국제

해설 제충국은 피레트린 성분이 신경독을 일으켜 살충작용을 한다.

76 **액체상태 농약 용기의 마개가 황색을 띤 약제는?**

① 제초제－황색
② 살충제－녹색
③ 살균제－분홍색
④ 생장조절제－청색

해설 • 제초제의 마개는 황색이다.
• 살충제 : 녹색, 살균제 : 분홍색, 생장조절제 : 청색

77 **농약은 사용 형태에 따라 여러 가지 형태의 제제가 있다. 일반적으로 살포액으로 사용될 수 없는 것은?**

① 유제　　② 수화제
③ 수용제　　④ 입제

해설 입제는 희석 살포액이며, 조제용으로 사용하지 않고, 직접 살포용으로 사용한다.

78 **다음 농약 중 살비제(acaricide)가 아닌 것은?**

① 디코폴(dicofol)
② 아미트라즈(amitraz)

정답 70. ① 71. ② 72. ④ 73. ③ 74. ④ 75. ④ 76. ① 77. ④ 78. ③

③ 싸이스린(cyfluthrin)
④ 클로펜테진(clofentezine)

해설 해충
- 싸이스린(cyfluthrin)은 pyrethroid계 살충제이다.
- 살비제(살응애제) : 디코폴(dicofol), 아미트라즈(amitraz), 클로펜텐지(clofentezine)

79 약제의 처리법 중 수면시용법이 갖추어야 할 특성으로 틀린 것은?

① 물에 잘 풀리고 널리 확산되어야 한다.
② 물이나 미생물 또는 토양성분 등에 의하여 분해되지 않아야 한다.
③ 수중에서 장시간에 걸쳐 녹아 약액의 농도를 유지하여야 한다.
④ 가급적 약제의 일부는 수중에 현수되도록 친수 및 발수성을 갖추어야 한다.

해설 수면시용법은 수중에서 빠르게 확산되어 수면에 균일한 처리층을 형성하여야 한다.

80 농용 항생제가 갖추어야 할 조건으로 가장 거리가 먼 것은?

① 분해가 빨라야 한다.
② 식물에 대하여 약해가 없어야 한다.
③ 식물병원균에 대해 항균력이 있어야 한다.
④ 인축에 대한 독성이 가급적 없어야 한다.

해설 분해가 빠르면 효과가 떨어진다.

제5과목 잡초방제학

81 작물과 잡초의 양분경합에서 가장 크게 관여하는 비료성분은?

① 황 ② 칼슘
③ 질소 ④ 마그네슘

해설 작물과 잡초의 양분경합은 질소경합이 가장 크다.

82 제초제의 선택성을 발휘하는 주요 요인이 아닌 것은?

① 잡초 잎의 수
② 잡초의 생장점 위치
③ 잡초 뿌리의 분포 깊이와 형태
④ 잡초 종자의 발아 및 출아 심도

해설 잡초 잎의 수는 관계가 멀다.

83 생물적 잡초방제를 위해 곤충을 사용할 때 곤충에 대한 유의사항으로 옳지 않은 것은?

① 환경에 잘 적응해야 한다.
② 인공적으로 배양 또는 증식이 어려우며 생식력이 약해야 한다.
③ 문제 잡초를 선별적으로 찾아다닐 수 있는 이동성이 있어야 한다.
④ 대상 잡초에만 피해를 주고 잡초가 없어지면 천적 자체도 소멸되어야 한다.

해설 인공적으로 배양 또는 증식이 쉽고 생식력이 강해야 한다.

84 잡초에 대한 설명으로 옳은 것은?

① 생활주변 식물 중 순화된 식물이다.
② 인간의 의도에 역행하는 식물이다.
③ 농경지나 생활주변에서 제자리를 지키는 식물이다.
④ 초본식물만을 대상으로 한 바람직하지 않은 식물이다.

해설 잡초는 인간의 의도에 역행하는 식물을 말한다. 즉 경제적인 측면에서 의도하지 않는 식물을 말한다.

85 벼와 피의 주된 형태적 차이점은?

① 피에만 엽이가 있다.
② 벼에만 잎몸이 없다.
③ 벼에만 입혀가 있다.
④ 벼와 피에는 잎집이 없다.

해설 벼는 입혀가 있고, 피는 없다.

정답 79. ③ 80. ① 81. ③ 82. ① 83. ② 84. ② 85. ③

86 올방개 방제에 가장 효과적인 제초제는?

① 뷰타클로르 유제
② 펜디메탈린 유제
③ 페녹슐람 액상수화제
④ 피라조설퓨론에틸 수화제

해설 올방개 방제 약제로 페녹슐람(상품명 : 살초대첩)을 이앙 후 30일에 뿌리기한다.

87 잡초 발생이 가장 많은 벼 재배 방식은?

① 담수직파 ② 건답직파
③ 성묘 손이앙 ④ 중묘기계이앙

해설 재배방식에서 건답직파에 잡초 발생이 가장 많다.

88 가을에 발생하여 월동 후에 결실하는 잡초로만 올바르게 나열된 것은?

① 쑥, 비름, 명아주
② 깨풀, 민들레, 강아지풀
③ 별꽃, 뚝새풀, 벼룩나물
④ 별꽃, 바랭이, 애기메꽃

해설 가을에 발생하여 월동 후에 결실하는 잡초종은 별꽃, 뚝새풀, 벼룩나물 등이 있다.

89 작물과 잡초가 경합할 때 작물에 피해가 가장 큰 경우는?

① C_3작물과 C_4잡초
② C_3작물과 C_3잡초
③ C_4작물과 C_3잡초
④ C_4작물과 C_4잡초

해설 C_3작물과 C_4잡초의 조합인 경우 C_4잡초가 광합성에 유리하기 때문에 작물에 피해가 크다.

90 잡초가 발아하여 지표면 위로 출현하는 과정에 관여하는 요인으로 가장 관련이 적은 것은?

① 토양심도 ② 토양수분
③ 토양온도 ④ 토양강도

해설 출현하는 과정에 관여하는 요인으로 토양강도는 거리가 멀다.

91 제초제의 약해가 발생하는 주요 요인이 아닌 것은?

① 감수성 고정
② 농약 상호작용
③ 환경 중의 확산
④ 토양 중 제초제 잔류

해설 제초제의 약해가 발생하는 요인으로 감수성 고정은 거리가 멀다.

92 이사-디 액제에 대한 설명으로 옳지 않은 것은?

① 페녹시계 제초제이다.
② 광엽잡초에 특히 활성이 높다.
③ 주로 논 제초제로 사용되고 있다.
④ 이행성이 비교적 낮고 생장점 등에 집적하는 성질이 있다.

해설 이사-디는 이행성이 높다.

93 지속적인 예취의 결과로 옳지 않은 것은?

① 잡초 결실을 미연에 방지한다.
② 키가 큰 차광 피해를 제거한다.
③ 다년생 잡초의 저장양분을 고갈시킨다.
④ 포복형 및 로제트형 잡초종이 감소된다.

해설 지속적인 예취를 하여도 키가 작은 포복형과 로제트형 잡초는 효과가 적다.

94 제초제의 대사에 대한 설명으로 옳지 않은 것은?

① 생물적 변형이라고도 한다.
② 유기제초제가 완전히 산화하여 탄산가스로 변화되는 경우는 매우 드물다.

정답 86. ③ 87. ② 88. ③ 89. ① 90. ④ 91. ① 92. ④ 93. ④ 94. ④

③ 식물체 내에 흡수, 이행된 제초제가 본래의 화학구조에서 다른 것으로 변형되는 것이다.
④ 제초제가 잡초의 세포 내에서 화학적으로 결합하여 가수분해 된 뒤 2차결합하여 잡초를 죽인다.

해설 제초제의 대사 1단계에서 산화, 환원 또는 가수분해를 통해 독성이 완화되며, 이 단계에서 제초제의 생리활성이 발휘된다.

95 형태적 특성에 따른 잡초 분류로 옳지 않은 것은?

① 소엽류 잡초
② 광엽류 잡초
③ 화본과류 잡초
④ 방동사니과류 잡초

해설 소엽류 잡초는 형태적 특성에 따른 분류가 아니다.

96 밭에서 주로 발생하는 잡초로만 올바르게 나열된 것은?

① 여뀌, 매자기
② 쇠비름, 바랭이
③ 올방개, 물달개비
④ 드렁새, 사마귀풀

해설 쇠비름, 바랭이는 주로 밭에서 발생하는 잡초이다.

97 잡초에 대한 작물의 경합력을 높이는 방법은?

① 이식재배를 한다.
② 직파재배를 한다.
③ 만생종을 재배한다.
④ 재식밀도를 낮춘다.

해설 이식재배를 하면 작물이 잡초보다 초기 생육이 빠르므로 경합력을 높여 준다.

98 주로 종자로 번식하는 잡초는?

① 올미, 벗풀
② 가래, 쇠털골
③ 강피, 물달개비
④ 올방개, 너도방동사니

해설 강피, 물달개비와 같이 일년생 잡초는 종자번식을 하고 다년생 잡초는 영양번식을 한다.

99 잡초의 종자가 휴면하는 원인으로 옳지 않은 것은?

① 미숙한 배
② 두꺼운 종피
③ 발아억제 물질 존재
④ 산불에 의한 급격한 온도 변화

해설 ④항은 잡초종자의 휴면의 원인과 거리가 멀다.

100 논에 다년생 잡초가 증가하는 주요 요인으로 옳지 않은 것은?

① 추경 감소
② 벼의 연작재배
③ 동일제초에 연용
④ 벼의 조기이식 재배

해설 ②항은 거리가 멀다.

정답 95. ① 96. ② 97. ① 98. ③ 99. ④ 100. ②

식물보호기사

2018년 제4회 기출문제

제1과목 식물병리학

01 식물병을 진단하는 데 있어 해부학적 방법은?

① 유출검사법 ② 괴경지표법
③ 파지검출법 ④ 즙액접종법

해설 유출검사법은 세균에 감염된 식물의 기부 측을 잘라 물이 들어 있는 컵에 담가 보아 희뿌연 물질이 유출되는 것을 보고 감염 여부를 진단하는 방법으로 해부학적 진단법에 속한다.
※ 해부학적 진단 방법은 말 그대로 식물의 조직을 자르거나 하여 진단하는 방법이다.

02 식물에 뿌리혹을 유발하는 대표적인 토양서식 병원균은?

① *Alternaria Mail*
② *Pyricularia Oryzae*
③ *Cercospora Brassicicola*
④ *Agrobacterium Tumefaciens*

해설 *Agrobacterium Tumefaciens*는 식물에 뿌리혹을 유발하는 대표적인 토양서식 병원균이다.

03 복숭아나무잎 오갈병에 대한 설명으로 옳은 것은?

① 병원균은 담자균에 속한다.
② 균사가 뿌리의 상처에 침입한다.
③ 주로 여름철 고온 환경에서 발생한다.
④ 디티아논 수화제를 살포하여 방제한다.

해설 복숭아나무잎 오갈병은 디티아논 수화제를 발아 직전 및 꽃피기 직전 각각 1회 살포하여 방제가 가능하다.

04 감자 역병이 많이 발생할 수 있는 재배법 및 환경조건으로만 올바르게 나열한 것은?

① 이어짓기, 과습
② 이어짓기, 가뭄
③ 돌려짓기, 과습
④ 돌려짓기, 가뭄

해설 감자 역병(*Phytophthora infestans*)은 이어짓기와 토양 과습에 의한 환경조건으로 발병이 조장된다.

05 사과나무 붉은별무늬병균이 해당하는 분류군은?

① 난균 ② 담자균
③ 자낭균 ④ 불완전균

해설
- 사과 붉은별무늬병균은 담자균류에 속한다.
- 담자균류는 포자(종자)가 담자기에서 만들어지기 때문에 붙여진 이름이다.
- 담자균류의 종류 : *Gymnosporangium*(과수 붉은별무늬병), *Puccinia*(맥류녹병), *Armillaria*(과수 뿌리썩음병), 깜부기병, *Septoria*(벼 잎집무늬마름병, 각종 식물 점무늬병)

※ 버섯류도 담자균류에 속한다.

06 약제 저항균의 출현기작으로 옳지 않은 것은?

① 대사 우회회로의 불활화
② 병원균에 의한 약제의 불활화
③ 균체 내로의 약제 침투량 감소
④ 대사의 변화에 의하여 저해된 효소의 생산량 증가

해설 ①항은 거리가 멀다.

정답 01. ① 2 ④ 03. ④ 04. ① 05. ② 06. ①

07 다음 식물 병원균체 중 크기가 가장 작은 것은?

① 세균 ② 곰팡이
③ 바이러스 ④ 바이로이드

해설 병원체의 크기(큰 순서) : 진균>세균>파이토플라스마>바이러스>바이로이드

08 병원균에 대하여 항균력이 있는 미생물을 이용하여 식물병을 방제하는 방법은?

① 화학적 방제 ② 생물적 방제
③ 경종적 방제 ④ 물리적 방제

해설
- 병원균에 대하여 항균력이 있는 미생물을 이용하여 식물병을 방제하는 방법은 생물학적 방제에 속한다.
- 미생물을 이용한 생물학적 방제
  - 토양전염병 방제 : *TricHoderma Harzianum*
  - 고구마의 *Fusarium*(후사리움)에 의한 시듦병 방제 : 비병원성 *Fusarium*(후사리움)
  - 토양병원균 방제 : *Bacillus Subtilis*(바실루스 서브틸리스)
  - 과수근두암종병 방제 : *Agrobacterium Radiobacter*
  - 담배흰비단병 방제 : *Trichoderma Lignosum*

09 기주의 품종과 병원균의 레이스 사이에 특이적인 상호관계가 없는 것은?

① 수평저항성 ② 감염저항성
③ 침입저항성 ④ 수직저항성

해설
- 기주의 품종과 병원균의 레이스 사이에 특이적인 상호관계가 있는 저항성은 특이적 저항성(수직저항성), 침입저항성, 감염저항성이며, 수평저항성은 특이적인 상호관계를 가지지 않는다.
- 수평저항성(비특이적 저항성, 포장저항성, 일반저항성, 균일저항성, 다인자저항성) : 다수의 미동유전자에 의하여 발현된다.

10 뽕나무 오갈병의 병원체로 옳은 것은?

① 곰팡이 ② 바이러스
③ 바이로이드 ④ 파이토플라스마

해설
- 뽕나무 오갈병의 병원체는 파이토플라스마이며 마름무늬매미충이 매개한다.
- 병원체가 파이토플라스마 : 뽕나무 오갈병, 대추나무 빗자루병, 오동나무빗자루병

11 시든 줄기를 칼로 잘라 깨끗한 물에 담갔을 때 절편에 흘러나오는 희뿌연 물질을 보고 진단할 수 있는 병은?

① 담배 들불병
② 오이 흰가루병
③ 토마토 풋마름병
④ 딸기 잿빛곰팡이병

해설 가지과 작물의 풋마름병은 세균에 의한 병으로, 진단은 시든 줄기를 칼로 잘라 깨끗한 물에 담갔을 때 절편에 흘러나오는 희뿌연 물질을 보고 진단할 수 있다.

12 수박 탄저병균이 월동하는 장소로 옳지 않은 것은?

① 열매 ② 곤충의 알
③ 병든 줄기 ④ 종자 표면

해설 곤충의 알은 거리가 멀다.

13 다음 방제 방법에 가장 효과적인 식물병은?

> - 병이 심하게 발생한 포장은 비기주 식물로 돌려짓기한다.
> - 저항성 대목으로 접목하여 재배한다.

① 배추 노균병
② 양파 잎마름병
③ 오이 덩굴쪼김병
④ 배추무 사마귀병

해설 오이 덩굴쪼김병 등 박과류의 토양 전염병은 비기주식물로 돌려짓기, 저항성대목을 이용하여 방제하는 것이 효과적이다.

정답 07. ④ 08. ② 09. ① 10. ④ 11. ③ 12. ② 13. ③

14 작물병의 원인 중 생물성 병원에 속하지 않는 것은?

① pH ② 세균
③ 선충 ④ 파이토플라스마

해설 생물성 병원은 살아있는 생명체로 pH와는 거리가 멀다.

15 사과나무 부란병에 대한 설명으로 옳지 않은 것은?

① 자낭포자와 병포자를 형성한다.
② 강한 전정 작업을 하지 말아야 한다.
③ 사과나무의 가지에 감염되면 사마귀가 형성된다.
④ 병원균이 수피의 조직 내에 침입해 있어 방제가 어렵다.

해설
- ③항은 거리가 멀다.
- 사과나무 부란병
  - 자낭포자, 병포자가 전염원이다.
  - 병원체가 전정부위, 동상해를 입은 조직으로 침투하며 주간이나 가지에서 발생한다.
  - 알코올 냄새가 나며 수피가 갈색으로 변한다.
  - 치료 : 네오아소진 액제

16 소나무 잎마름병의 병징으로 옳은 것은?

① 봄에 묵은 잎이 적갈색으로 변하면서 대량으로 떨어진다.
② 잎에 바늘구멍 크기의 적갈색 반점이 나타나고 동심원으로 커진다.
③ 잎에 띠 모양의 황색 반점들은 합쳐진다.
④ 수관 하부에 있는 잎에서 담갈색 반점이 생기면서 발생하여 상부로 점차 진전한다.

해설 소나무 잎마름병의 병징은 잎에 띠 모양의 황색 반점들이 합쳐진다.

17 벼 잎집무늬마름병에 대한 설명으로 옳지 않은 것은?

① 피, 조, 옥수수 등에도 발병한다.
② 병원균의 생육적온은 22℃ 정도이다.
③ 조생종은 피해가 많고 만생종은 피해가 적다.
④ 잎집에 얼룩무늬가 나타나며, 잎에서도 병무늬가 형성된다.

해설 병원균의 생육적온은 30~32℃ 정도이다.

18 배나무 검은무늬병 방제 및 피해를 줄이기 위한 방법으로 옳지 않은 것은?

① 열매에 봉지를 씌운다.
② 병든 가지 및 잎을 제거한다.
③ 병이 잘 걸리지 않는 품종으로 재배한다.
④ 심하게 발생하는 3~4월에 집중적으로 농약을 살포한다.

해설 봉지 씌우기 전과 장마철에 방제를 한다.

19 다음 ( ) 안에 해당하는 용어로 옳은 것은?

> 어느 식물이 본질적으로 병에 걸리지 않는 질적인 차이가 있을 때에는 그 병원체에 대하여 ( )이 없다고 한다.

① 감수성 ② 친화성
③ 저항성 ④ 다범성

해설 어느 식물이 본질적으로 병에 걸리지 않는 질적인 차이가 있을 때에는 그 병원체에 대하여 친화성 또는 특이성이 없다고 한다.

20 오이 노병균에 대한 설명으로 옳지 않은 것은?

① 잎에서만 발생한다.
② 병원균은 유주자를 형성한다.

정답 14. ① 15. ③ 16. ③ 17. ② 18. ④ 19. ② 20. ③

③ 고온 건조 조건에서 급격히 발병한다.

④ 하우스 재배에서는 환기를 잘 하지 않아 과습한 경우 잘 발병한다.

해설 저온다습 조건에서 급격히 발병한다.

제2과목 농림해충학

21 방사선 불임법을 이용하는 방제법에 대한 설명으로 옳지 않은 것은?

① 효과가 다음 세대 후에 나타난다.

② 해충의 대발생 시에도 효과적이다.

③ 저항성이 생긴 해충에도 유효하다.

④ 평생 1회만 교미하는 해충에만 적용된다.

해설 방사선 불임법을 이용한 방제법은 해충의 대발생 시에는 효과가 적다.

22 사과면충이 분류학적으로 속하는 것은?

① 벌목 ② 노린재목

③ 딱정벌레목 ④ 집게벌레목

해설
- 사과면충은 노린재목에 속한다. 과거에는 매미목을 별도로 분류하였으나 노린재목으로 포함되었다.
- 노린재목 : 면충류, 진딧물류, 멸구류, 매미충류, 나무이류, 깍지벌레류

23 곤충의 고시류와 신시류를 분류하는 기준으로 옳은 것은?

① 변태의 정도에 따른 분류이다.

② 날개의 유무에 따른 분류이다.

③ 번데기의 부속지 움직임 유무에 따른 분류이다.

④ 날개를 완전히 접을 수 있는지에 따른 분류이다.

해설 날개를 완전히 접을 수 있는지 여부에 따라 완전히 접을 수 있으면 신시류이고, 접을 수 없으면 고시류이다.

24 기계유 유제에 대한 설명으로 옳은 것은?

① 식독제로서 위에서 소화중독이 되어 치사 시킨다.

② 침투성 살충제로서 작용점인 신경계를 이상 자극하여 저해작용을 한다.

③ 직접 접촉제로서 곤충 제표에 피막을 형성하여 기관을 막아 질식사 시킨다.

④ 침투성 살충제로서 작용점인 원형질에 도달하여 에너지 생성계의 효소에 저해작용한다.

해설 기계유 유제는 직접 접촉제로서 겨울철 과수의 월동해충 방제에 많이 이용되며, 해충 몸 표면에 피막을 형성하여 기문이나 기관을 막아 호흡을 막아 질식사 시킨다.

25 점박이응애에 대한 설명으로 옳지 않은 것은?

① 알은 투명하다.

② 기주범위가 넓다.

③ 부화 직후의 약충의 다리가 4쌍이다.

④ 여름형과 월동형 성충의 몸 색깔이 다르다.

해설 부화 직후의 약충 다리는 3쌍이다.→탈피 후 4쌍이 된다.

26 총채벌레목의 형태적인 특징으로 옳지 않은 것은?

① 홑눈은 유시형으로 3개이다.

② 입틀의 좌우모양은 대칭이다.

③ 구기는 찔러서 빨아먹는 흡수형이다.

④ 몸은 등쪽이 납작하거나 원통모양이다.

해설 총채벌레의 입은 줄쓸어빠는형으로 오른쪽 큰 턱은 기능을 잃고 작게 퇴화되어 있어서 좌우 비대칭이다.

정답 21. ② 22. ② 23. ④ 24. ③ 25. ③ 26. ②

27 번데기로 월동하는 것은?

① 조명나방　② 이화명나방
③ 보리굴파리　④ 섬서구메뚜기

해설 번데기로 월동 해충 : 굴파리류(보리굴파리, 아메리카잎굴파리), 굴나방류(사과굴나방), 담배나방, 미국흰불나방, 배추흰나비, 도둑나방, 배추순나방, 배추좀나방, 고자리파리

28 곤충의 다리는 5마디로 구성된다. 몸통에서부터 순서대로 올바르게 나열한 것은?

① 밑 마디–도래 마디–넓적 마디–종아리 마디–발 마디
② 밑 마디–넓적 마디–발 마디–종아리 마디–도래 마디
③ 밑 마디–발 마디–종아리 마디–도래 마디–넓적 마디
④ 밑 마디–종아리 마디–발 마디–넓적 마디–도래 마디

해설 밑 마디-도래 마디-넓적 마디-종아리 마디-발 마디

29 해충의 발생 및 피해에 대한 설명으로 옳지 않은 것은?

① 해충번식력은 번식능력과 환경 저항과의 관련에 따라 증감한다.
② 피해사정식이란 해충의 가해와 감수량과의 관계를 표시한 것이다.
③ 환경 저항에는 기상 등의 물리적 요인과 천적 등의 생물적 요인이 포함된다.
④ 번식능력을 산정할 때 성비란 (수컷의 수)÷(암컷과 수컷의 수)에 의한 값을 말한다.

해설 성비란 암컷 100마리당 수컷의 비율을 말한다.

30 곤충의 기관으로 미각과 관계가 없는 것은?

① 큰 턱　② 윗입술
③ 작은 턱수염　④ 아랫입술수염

해설
- 큰 턱은 좌우로 위치한 한 쌍의 이빨에 해당하며 미각과 관련이 없다.
- 큰 턱의 역할 : 식물 조직을 뜯어서 잘게 자르는 역할을 한다.

31 비래해충에 속하지 않는 해충은?

① 흰등멸구　② 혹명나방
③ 멸강나방　④ 이화명나방

해설 이화명나방은 비래해충에 속하지 않는다.

32 향나무하늘소가 주로 가해하는 부위는?

① 잎　② 뿌리
③ 열매　④ 줄기

해설 향나무하늘소는 줄기를 가해한다.

33 곤충이 휴면하는 데 영향을 주는 주요 요인은?

① 빛　② 수분
③ 온도　④ 바람

해설 곤충이 휴면하는 데는 온도의 영향이 크다.

34 진딧물을 방제하기 위한 천적으로 가장 적합한 것은?

① 애꽃노린재　② 칠성풀잠자리
③ 칠레이리응애　④ 온실가루이좀벌

해설 진딧물의 천적 : 칠성풀잠자리, 무당벌레, 진디혹파리, 콜레마니진디벌

35 주로 열매를 가해하는 해충이 아닌 것은?

① 파굴파리
② 밤바구미
③ 복숭아명나방
④ 도토리거위벌레

해설 파굴파리는 열매를 가해하지 않는다.→유충이 파의 잎을 가해한다.

정답 27. ③ 28. ① 29. ④ 30. ① 31. ④ 32. ④ 33. ③ 34. ② 35. ①

36 같은 곤충 종 내 다른 개체 간에 통신을 목적으로 사용되는 휘발성 화합물은?

① 페로몬 ② 테르펜
③ 알로몬 ④ 카이로몬

해설 페로몬은 같은 곤충 종 내 다른 개체 간에 통신을 목적으로 사용되는 휘발성 화합물이다.

37 입틀의 큰 턱, 작은 턱, 아랫입술 등의 운동 및 감각신경과 가장 밀접한 것은?

① 전대뇌 ② 중대뇌
③ 말초신경계 ④ 식도하신경절

해설 식도하신경절은 입틀의 큰 턱, 작은 턱, 아랫입술 등의 운동과 그곳의 감각 신경을 지배한다.

38 유충과 성충이 모두 잎을 가해하는 해충은?

① 독나방
② 솔잎혹파리
③ 오리나무잎벌레
④ 꼬마버들재주나방

해설 오리나무잎벌레는 유충과 성충이 모두 잎을 가해한다.

39 사과굴나방에 대한 설명으로 옳지 않은 것은?

① 알로 잎 속에서 월동한다.
② 피해 입은 잎의 뒷면이 말린다.
③ 윗 뒷면에 성충이 우화하여 나간 구멍이 있다.
④ 사과나무, 배나무, 복숭아나무의 잎을 가해한다.

해설 굴나방류(사과굴나방, 보리굴나방 등)는 번데기로 월동한다.

40 솔잎혹파리에 대한 설명으로 옳은 것은?

① 벌목에 속한다.
② 주로 1년에 1회 발생한다.
③ 소나무와 밤나무를 모두 가해한다.
④ 우리나라에서 1970년대에 처음 발견되었다.

해설 **솔잎혹파리**
- 파리목 혹파리과에 속한다.
- 1년에 1회 발생한다.
- 소나무류를 가해한다.
- 우리나라에서 1929년에 처음 발견되었다(일본에서 유입).

제3과목 재배학원론

41 상대습도 98%의 공기 중에서 건조토양이 흡수하는 수분상태를 말하며, pF 4.5에 해당하는 것은?

① 건조상태 ② 풍건상태
③ 흡습계수 ④ 최대용수량

해설 흡습계수는 상대습도 98%의 공기 중에서 건조토양이 흡수하는 수분상태를 말하며, pF는 4.5에 해당한다. 작물이 이용하지 못한다.

42 작물의 복토 깊이가 "종자가 보이지 않을 정도"에 해당하는 것으로만 나열된 것은?

① 밀, 콩 ② 귀리, 팥
③ 파, 상추 ④ 감자, 토란

해설
- 종자가 보이지 않을 정도의 복토 작물 : 파, 상추, 양파, 당근, 유채, 담배, 소립목초종자
- 일반적으로 종자가 작을수록 복토 깊이는 얕게 심는다.

43 다음 중 무배유 종자에 해당하는 것으로만 나열된 것은?

① 벼, 보리 ② 밀, 옥수수
③ 콩, 팥 ④ 피마자, 양파

해설 무배유 종자의 종류 : 콩, 팥, 완두, 상추, 오이 등

정답 36. ① 37. ④ 38. ③ 39. ① 40. ② 41. ③ 42. ③ 43. ③

44 **다음에서 설명하는 것은?**

> • 제철을 할 때 철광석으로부터 배출
> • 10ppb의 농도에서 10~20시간이면 식물이 피해를 받음
> • 독성이 매우 강함
> • 석회결핍, 효소활성 저해

① 암모니아가스 ② 염소계가스
③ 불화수소가스 ④ 아황산가스

해설 불화수소가스에 대한 설명이다.

45 **다음 중 작물의 주요 온도에서 생육이 가능한 범위 내 최고 온도가 가장 높은 것은?**

① 사탕무 ② 옥수수
③ 보리 ④ 밀

해설
• 보기에서 옥수수의 최고 온도가 가장 높다.
• 주요 온도에서 최고 온도
  - 사탕무 : 28~30℃
  - 옥수수 : 40~44℃
  - 보리 : 28~30℃
  - 밀 : 30~32℃

46 **등고선에 따라 수로를 내고, 임의의 장소로부터 월류하도록 하는 방법은?**

① 보더관개 ② 수반법
③ 일류관개 ④ 물방울관개

해설 일류관개는 등고선에 따라 수로를 내고, 임의의 장소로부터 월류하도록 하는 방법으로 목초지에서 주로 이용한다. 너무 급경사에서는 이용이 어려운 단점이 있다.

47 **벼의 수광태세를 좋게 하는 것으로 틀린 것은?**

① 상위엽이 직립한다.
② 잎이 넓다.
③ 분얼이 조금 개산형이다.
④ 각 잎이 공간적으로 균일하게 분포한다.

해설 벼의 수광태세는 상위엽이 직립할수록, 잎이 좁을수록, 분얼이 개산형(넓게 퍼짐)이고 각 잎이 공간적으로 균일하게 분포하여야 좋다.

48 **작물의 내동성에 대한 설명으로 틀린 것은?**

① 원형질의 수분투과성이 크면 내동성을 증대시킨다.
② 당분 함량이 적으면 내동성이 크다.
③ 원형질의 점도가 낮고 연도가 높은 것이 내동성이 크다.
④ 지유 함량이 높은 것이 내동성이 강하다.

해설 당분 함량이 많아야 내동성이 커진다.

49 **다음 중 작물별 N:P:K의 흡수비율에서 N의 흡수비율이 가장 높은 것은?**

① 옥수수 ② 고구마
③ 벼 ④ 감자

해설
• 보기에서 N:P:K의 흡수비율에서 벼가 N의 흡수비율이 가장 높다.
• 3요소 흡수비율(가장 먼저 N, 다음이 P, 그 다음 K순이다.)
  - 옥수수 4:2:3
  - 고구마 4:1.5:5
  - 벼 5:2:4
  - 감자 3:1:4

50 **다음 중 재배에 적합한 토성에서 사탕무의 재배적지 범위로 가장 옳은 것은?**

① 사토~세사토
② 식양토~이탄토
③ 세사토~사양토
④ 사양토~식양토

해설 사탕무, 박하, 엽채류, 수수, 옥수수, 메밀은 사양토~식양토가 재배지로 적합하다.

정답 44. ③ 45. ② 46. ③ 47. ② 48. ② 49. ③ 50. ④

51 작물의 기지 정도에서 1년 휴작이 필요한 작물로만 나열된 것은?

① 가지, 완두　② 토란, 고추
③ 시금치, 콩　④ 아마, 인삼

해설 **휴작이 필요한 작물**
- 1년 휴작을 요하는 작물 : 시금치, 콩, 파, 생강
- 2년 휴작을 요하는 작물 : 감자, 땅콩, 오이, 잠두
- 3년 휴작을 요하는 작물 : 강낭콩, 참외, 토란, 쑥갓
- 5년 휴작을 요하는 작물 : 수박, 가지, 완두
- 10년 휴작을 요하는 작물 : 아마, 인삼

52 저장 전 큐어링 실시 후 고구마의 안전 저장 조건은?

① 온도 : 13~15℃ 상대습도 : 70~80%
② 온도 : 13~15℃ 상대습도 : 85~90%
③ 온도 : 16~20℃ 상대습도 : 70~80%
④ 온도 : 16~20℃ 상대습도 : 85~90%

해설 큐어링 후 고구마 안전 저장 온도는 12~15℃, 습도는 80~90%이다.

53 다음 중 산성토양에 가장 강한 것은?

① 고구마　② 콩
③ 팥　④ 사탕무

해설
- 산성토양에 매우 강한 작물 : 벼, 밭벼, 귀리, 기장, 호밀, 수박, 감자
- 산성토양에 강한 작물 : 고구마, 당근, 옥수수, 오이, 포도, 수수, 호박, 딸기, 토마토, 밀, 조, 담배, 베치, 목화
- 산성토양에 매우 약한 작물 : 콩, 팥, 알팔파, 자운영, 사탕무, 셀러리, 부추, 양파

54 작물의 기원지에서 중국지역에 해당하는 것으로만 나열된 것은?

① 배추, 복숭아　② 옥수수, 강낭콩
③ 수박, 참외　④ 담배, 토마토

해설 배추, 복숭아, 팥, 콩, 인삼, 감, 자운영, 동양배, 파, 메밀, 조는 기원지가 중국지역이다.

55 다음 중 단일식물로만 나열된 것은?

① 도꼬마리, 콩　② 양귀비, 시금치
③ 아마, 상추　④ 양파, 티머시

해설 도꼬마리, 콩, 들깨 등은 단일식물이다.

56 다음 중 단명종자에 해당하는 것으로만 나열된 것은?

① 접시꽃, 나팔꽃　② 베고니아, 팬지
③ 스토크, 데이지　④ 백일홍, 가지

해설 단명종자의 종류 : 베고니아, 팬지, 해바라기, 고추, 상근, 상추, 파, 양파, 콩, 땅콩, 강낭콩, 목화, 메밀, 기장 등

57 천연생장조절제에 해당하는 것으로만 나열된 것은?

① NAA, IBA　② 에페론, MCPA
③ BA, CCC　④ 제아틴, IPA

해설 천연생장조절제 : 제아틴은 옥수수에서 추출한 천연 시토키닌이며, IPA는 여러 부류의 천연시토키닌을 총칭한다.

58 다음 중 작물의 내염성 정도가 가장 큰 것은?

① 완두　② 가지
③ 순무　④ 고구마

해설
- 보기에서 순무가 내염성 정도가 가장 크다.
- 내염성이 강한 작물 : 순무, 사탕무, 양배추, 목화, 라이그라스
- 내염성이 약한 작물 : 완두, 녹두, 가지, 고구마, 감자, 사과, 배, 복숭아, 레몬, 셀러리, 베치

59 다음 중 직근류에 해당하는 것으로만 나열된 것은?

① 고구마, 감자　② 당근, 우엉
③ 토란, 마　④ 생강, 베치

해설
- 직근류란 곧은 뿌리를 가진 유형을 말한다.
- 종류 : 당근, 우엉, 무, 순무

정답 51. ③ 52. ② 53. ① 54. ① 55. ① 56. ② 57. ④ 58. ③ 59. ②

60 이랑을 세우고 낮은 골에 파종하는 방식은?

① 휴립휴파법 ② 성휴법
③ 평휴법 ④ 휴립구파법

해설 휴립구파법은 이랑을 세우고 낮은 골에 파종하는 것으로 맥류의 동해예방 목적으로 이용된다.

제4과목 농약학

61 다음 중 수화제에 주로 사용되는 증량제는?

① toluene ② sulfamate
③ bentonite ④ methanol

해설 베토나이트(bentonite)는 주로 수화제에 사용되며 물에 잘 팽윤되어 점착성을 띈다.

62 분제의 제제에 있어 고려되어야 할 물리적 성질로 가장 거리가 먼 것은?

① 유화성 ② 분말도
③ 입도 ④ 용적비중

해설
- 유화성은 유제의 물리적 성징이다.
- 분제의 중요한 물리적 성질 : 입도(입자의 크기), 분말도(용적비중, 가비중), 분산성, 비산성, 토분성

63 농약 제형 중 직접 살포제가 아닌 것은?

① 세립제 ② 미립제
③ 유탁제 ④ 미분제

해설
- 유탁제는 물에 희석하여 살포하는 제재이다.
- 물에 희석살포 제재 : 유탁제, 액제, 수용제, 수화제, 액상수화제, 입상수화제, 미탁제, 유현탁제, 캡슐현탁제

64 Pyrethrin, 유기인계 살충제가 주로 작용하는 것은?

① 원형질독 ② 호흡독
③ 근육독 ④ 신경독

해설 Pyrethrin(피레트린)은 제충국의 살충성분으로 신경축색에서의 신경자극 전단을 저해하여 살충 작용을 한다.

65 농약의 액제 제형을 제조할 때 겨울에 동결을 방지하기 위하여 주로 사용하는 것은?

① 석고 ② 규조토
③ 황산아연 ④ 에틸렌글리콜

해설 농약의 액제 제형을 제조할 때 겨울에 동결을 방지하기 위하여 에틸렌글리콜(ethylene glycol)을 첨가하여 제제한다.

66 다음 중 훈증제(fumigant)는?

① 디프테렉스
② 메틸브로마이드
③ NAC
④ 집톨

해설 훈중제 : 메틸브로마이드, 크로로피크린, 인화알루미늄

67 비교적 지효성이고 화학적인 안정성이 크며 약효기간이 긴 특성을 가지고 있는 유기인계 살충제는?

① Phosphate형
② Thiophosphate형
③ Dithiophosphate형
④ Phosphonate형

해설
- 유기인계 살충제 중에서 Dithiophosphate형은 비교적 지효성이고 화학적인 안정성이 크며 약효기간이 긴 특성을 가지고 있다.
- Dithiophosphate형 종류 : 말라티온제(말라톤), 파피티온(PAP), 다이아지논(Diazinon)

68 농약과 관련한 용어 중 영문 약어가 바르게 연결되지 않은 것은?

① 잔류허용기준 — MRL
② 일일섭취허용량 — ADL

정답 60. ④ 61. ③ 62. ① 63. ③ 64. ④ 65. ④ 66. ② 67. ③ 68. ②

③ 최대무작용량 — NOEL
④ 질적위해성 — QRA

해설 일일섭취허용량은 ADI이다.

69 **디티오카바메이트기를 가지고 있는 농약은?**

① 메틸브로마이드　② 석회유황합제
③ 포리옥신　④ 만코제브

해설 만코제브는 디티오카바메이트기를 가지고 있는 농약으로 탄저병을 비롯한 광범위한 병해에 보호살균제로 가장 널리 이용되고 있다.

70 **농약의 일일섭취허용량에 대한 설명으로 가장 옳은 것은?**

① 농약을 함유한 음식을 하루 섭취하여도 장해가 없는 양을 말한다.
② 농약을 함유한 음식을 1년간 섭취하여도 장해를 받지 않는 1일당 최대의 양을 말한다.
③ 농약을 함유한 음식을 10년간 섭취하여도 장해를 받지 않는 1일당 최대의 양을 말한다.
④ 농약을 함유한 음식을 일생 동안 섭취하여도 장해를 받지 않는 1일당 최대의 양을 말한다.

해설 농약의 일일섭취허용량(ADI)은 농약을 함유한 음식을 일생 동안 섭취하여도 장해를 받지 않는 1일당 최대의 양을 말한다.

71 **살충제의 해충에 대한 복합저항성은?**

① 살충작용이 다른 2종 이상에 대하여 동시에 해충이 저항성을 나타내는 현상
② 어떤 살충제에 대하여 저항성이 발달한 해충에 한 번도 사용한 적이 없지만 작용기구가 같은 살충제에 저항성을 나타내는 현상
③ 어떤 해충개체군 내에 대다수의 개체가 해당 살충제에 대하여 저항력을 가지는 해충 계통이 출현되는 현상
④ 동일 살충제를 해충개체군 방제에 계속 사용하면 저항력이 강한 개체만 만들어지는 현상

해설 복합저항성이란 살충작용이 다른 2종 이상에 대하여 동시에 해충이 저항성을 나타내는 현상을 말한다.

72 **살포액 조제 시 고려할 사항으로 가장 거리가 먼 것은?**

① 병해충의 종류
② 희석용수의 선택
③ 희석배수 준수
④ 충분한 혼화

해설 **살포액 조제 시 고려사항**
- 희석용수 선택
- 희석배수 준수
- 충분한 혼화

73 **농약의 품질불량이 원인이 되어 약해를 일으키는 경우와 가장 거리가 먼 것은?**

① 불순물의 혼합에 의한 약해
② 원제 부성분에 의한 약해
③ 농약의 고농도에 의한 약해
④ 경시변화에 의한 유해성분의 생성

해설 농약의 고농도에 의한 약해는 농약의 품질불량과는 관계가 없다.

74 **농약의 독성표시 방법으로 동물의 50%가 치사하는 약량을 나타낸 것은?**

① LC_{50}　② I_{50}
③ KD_{50}　④ LD_{50}

해설 LD_{50}은 농약의 독성표시 방법으로 동물의 50%가 치사하는 약량을 나타낸 것이다.

정답 69. ④　70. ④　71. ①　72. ①　73. ③　74. ④

75 **과실의 착색 및 숙기촉진을 위하여 주로 사용되는 약제는?**

① butralin ② IBA
③ calcite ④ ethephon

해설 ethephon(에세폰)은 과실의 착색 및 숙기촉진을 위하여 주로 사용된다.

76 **담배 식물에 들어있는 천연살충 성분은?**

① 톡시카롤 ② 아나바신
③ 수마트롤 ④ 엘립톤

해설 아나바신($C_{10}H_{14}N_2$) 담배과 식물에 들어있는 알칼로이드이며 천연살충제로 이용된다.

77 **다음 농약 중 식물 전멸 제초제는?**

① 글리포세이트포타슘 액제
② 펜디메탈린 유제
③ 클레토딤 유제
④ 이사-디 액제

해설 글리포세이트포타슘 액제는 비선택성 제초제이다.

78 **농약의 독성을 급성독성, 아급성독성, 만성독성으로 구분하는 기준은?**

① 농약의 투여 방법에 따른 구분
② 독성의 발현 속도에 따른 구분
③ 독성의 정도에 따른 구분
④ 독성의 발현 대상에 따른 구분

해설 농약의 독성 발현 속도에 따라 급성독성, 아급성독성, 만성독성으로 구분한다.

79 **생물농축계수(BCF)란 생물농축의 정도를 수치로 표현한 것을 말한다. 수질 중의 화합물의 농도가 1ppm이고, 송사리 중의 농도가 10ppm이라면 이 화합물의 생물농축계수는 얼마인가?**

① 1 ② 10
③ 100 ④ 1000

해설 생물농축계수(BCF)는 수질환경 중 화합물 농도에 대한 생물체 내에 축적된 화합물의 농도비(생물체 내 축적된 화합물 농도/수질환경중 화합물 농도)를 말한다.

$$\therefore \frac{10ppm}{1ppm} = 10ppm$$

80 **농약의 구비조건에 해당되지 않은 것은?**

① 가격이 저렴해야 한다.
② 혼용범위가 되도록 넓어야 한다.
③ 소량으로도 약효가 확실해야 한다.
④ 인축 및 생태계에 대한 독성이 높아야 한다.

해설 농약의 구비조건으로 인축 및 생태계에 대한 독성은 낮아야 한다.

제5과목 잡초방제학

81 **과수원에서 피복작물을 재배하여 잡초를 방제하려 한다. 피복작물 선택 시 고려할 사항으로 가장 거리가 먼 것은?**

① 토양유실 방지 효과가 높은 식물을 선택한다.
② 흡비력이 좋고 생육이 왕성한 식물을 선택한다.
③ 병, 해충이 잘 서식하지 못하는 식물을 선택한다.
④ 토양의 비옥도를 증진시킬 수 있는 식물을 선택한다.

해설 과수원 피복작물이 흡비력이 좋고 생육이 왕성하면 작물에 양분 부족이 초래되어 좋지 않다.

82 **화본과 잡초 중 다년생에 해당하는 것은?**

① 강피 ② 뚝새풀
③ 나도겨풀 ④ 왕바랭이

해설 나도겨풀은 화본과 다년생 잡초이다.

정답 75. ④ 76. ② 77. ① 78. ② 79. ② 80. ④ 81. ② 82. ③

83 월년생 밭잡초로만 나열된 것으로 옳지 않은 것은?

① 냉이, 개꽃
② 별꽃, 꽃다지
③ 개망초, 벼룩나물
④ 명아주, 벼룩이자리

해설 • 월년생 잡초는 1년 이상 생존하지만 2년 이상 생존하지 못한다.
• 명아주 : 1년생, 벼룩이자리 : 2년생

84 잡초의 생물적 방제 방법에 대한 설명으로 옳은 것은?

① 효과가 일회적이고 영속성이 없다.
② 화학적 방제 방법에 비해 환경파괴가 심하다.
③ 완전 방제보다는 경제적 허용한계 이하로 조절하는 것이다.
④ 곤충이 주로 이용되지만 식물병원균은 위험성이 있어 이용되지 않는다.

해설 • 잡초의 생물적 방제법의 가장 큰 특징은 완전 방제보다는 경제적 허용한계 이하로 조절하는 것으로 다음과 같은 특징이 있다.
- 살초작용이 늦다.
- 환경에 잔류문제가 없다(환경파괴 염려가 거의 없다).
- 동시에 여러 초종의 방제가 어렵다.
- 방제 작업에 필요한 비용이 적게 든다.

85 다음 잡초 중 종자의 천립중이 가장 가벼운 것은?

① 별꽃 ② 명아주
③ 메귀리 ④ 강아지풀

해설 잡초종자 천립중 : 명아주<냉이<바랭이<별꽃<말냉이<강아지풀<선홍초<단풍잎돼지풀

86 수용성이 아닌 원제를 아주 작은 입자로 미분화시킨 분말로 물에 분산시켜 사용하는 제초제의 제형은?

① 유제 ② 보조제
③ 수용제 ④ 수화제

해설 수화제 제초제는 수용성이 아닌 원제를 아주 작은 입자로 미분화시킨 분말로 물에 분산시켜 사용하는 제형이다.

87 종자가 바람에 의해 전파되기 쉬운 잡초로만 나열된 것은?

① 망초, 방가지똥
② 어저귀, 명아주
③ 쇠비름, 방동사니
④ 박주가리, 환삼덩굴

해설 망초, 방가지똥 잡초종자는 가벼워서 바람에 의해 전파가 용이하다.

88 재배 양식별 잡초 발생 및 잡초 방제 특성에 대한 설명으로 옳지 않은 것은?

① 멀칭재배에서 투명 비닐은 검정 비닐보다 잡초 발생이 적다.
② 노지재배는 가급적 잡초 발생 초기에 방제하는 것이 중요하다.
③ 시설재배에서 방제되지 않고 살아남은 잡초는 빠르게 생장하여 작물에 피해를 준다.
④ 터널재배는 낮 시간 동안 고온다습한 상태에 있어 제초제를 살포하는 경우 약해 유발 가능성이 크다.

해설 • 멀칭재배에서 투명 비닐은 검정 비닐보다 잡초 발생이 많다.
• 대부분의 잡초는 광발아성 잡초이므로 검정비닐의 경우 광이 차단되어 투명비닐보다 잡초 발생이 적다.

정답 83. ④ 84. ③ 85. ② 86. ④ 87. ① 88. ①

89 잡초 군락을 평가하는 기준으로 가장 거리가 먼 것은?

① 중요값 ② 생장곡선
③ 유사성 계수 ④ 우점도 지수

해설 • 잡초 군락을 평가하는 기준으로 생장곡선은 거리가 멀다.
• 잡초 군락을 평가하는 기준 : 중요값, 유사성 계수, 비유사성 계수, 우점도 지수

90 잡초경합 한계기간에 대한 설명으로 옳은 것은?

① 작물이 종자가 발아하여 수확기까지 잡초와의 경합기간을 의미한다.
② 작물의 개화기 이후부터 결실기까지의 잡초와의 경합기간을 의미한다.
③ 작물의 파종기부터 초과형성기 사이의 잡초와의 경합기간을 의미한다.
④ 작물의 초관형성기부터 생식생장기 사이의 잡초와의 경합기간을 의미한다.

해설 잡초경합 한계기간은 작물과 잡초가 치열한 경합을 벌이는 시기로 작물의 초관형성기부터 생식생장기 사이에 해당하며, 전 생육기간의 1/4~1/3에 해당하는 시기이다. 이 시기에 작물에 큰 피해를 준다.

91 잡초 방제법 중 예방적 방제법과 거리가 먼 것은?

① 농기계를 청결하게 관리한다.
② 관개 수로 유입로에 거름망을 설치한다.
③ 오염된 작물의 종자를 선별하여 소각한다.
④ 제초제를 사용하지 않고 손으로 잡초를 제거한다.

해설 예방적 방제법은 잡초종자의 유입이나 전파를 막는 방법으로 ④항은 거리가 멀다.

92 다음 설명에 해당하는 것은?

> 두 종류의 제초제를 혼합 처리할 때의 반응이 각각 제초제를 단독 처리할 때 큰 쪽의 반응보다 작은 경우이다.

① 길항작용 ② 상승작용
③ 상가작용 ④ 독립작용

해설 • 위 보기 내용은 제초제의 상호작용의 길항작용에 대한 설명이다.
• 상승작용 : 두 종류의 제초제를 혼합 처리할 때의 반응이 각각 제초제를 단독 처리할 때 반응을 합계한 것보다 크게 나타나는 경우이다.
• 상가작용 : 두 종류의 제초제를 혼합 처리할 때의 반응이 각각 제초제를 단독 처리할 때 반응을 합계한 것과 같게 나타나는 경우이다.
• 독립작용 : 두 종류의 제초제를 혼합 처리할 때의 반응이 각각 제초제를 단독 처리할 때 반응이 큰 쪽과 같은 효과를 나타나는 경우이다.

93 C_3식물과 C_4식물에 대한 설명으로 옳지 않은 것은?

① 세계적으로 문제가 되는 대부분의 잡초종들은 C_4식물이다.
② C_4식물은 광합성 효율이 높은 반면, C_3식물은 광합성 효율이 상대적으로 낮다.
③ C_4식물은 RuBP carboxylase, C_3식물은 PEP carboxylase 효소가 CO의 고정에 관여한다.
④ C_3식물과 C_4식물의 초기 생육단계에 광합성 효율은 고온, 고광도, 수분제한 조건에서 큰 차이를 보인다.

해설 C_3식물은 RuBP carboxylase, C_4식물은 PEP carboxylase 효소가 CO_2의 고정에 관여한다.

정답 89. ② 90. ④ 91. ④ 92. ① 93. ③

94 분해과정이 없을 경우 극성이 낮은 제초제를 토양처리 하였을 때 제초 효과가 가장 낮게 나타날 수 있는 조건은?

① 유기물이 없는 사질토
② 유기물이 풍부한 사질토
③ 유기물이 전혀 없는 점질토
④ 유기물이 어느 정도 있는 사질토

해설 극성이 낮은 제초제(이온화 되지 않은 제초제)는 약한 물리적 힘에 의하여 토양에 흡착되는 것으로 알려져 있으며 토양유기물, 점토 함량과 밀접한 관계를 가지고 있는데 유기물이 풍부하고 사질토에서는 쉽게 분해 및 유실되어 제초 효과가 낮다.

95 작물과 방제대상 잡초에 대하여 적합한 선택성 제초제로 올바르게 짝지어진 것은?

① 벼－강피－이사디액제
② 벼－돌피－벤타존액제
③ 보리－명아주－세톡시딤 유제
④ 벼－피－펜디메탈린 · 프로파닐 유제

해설
- 이사디액제, 벤타존액제 : 광엽성 잡초 방제
- 세톡시팀 유제 : 화본과 잡초 방제

96 잡초에 의한 피해가 아닌 것은?

① 작업 환경 악화
② 토양의 침식 발생
③ 병해충 서식처 제공
④ 작물과의 경합으로 인한 작물 생육 저하

해설 잡초는 토양의 침식을 억제시켜 준다.

97 잡초의 주요 영양번식 기관을 연결한 것으로 옳지 않은 것은?

① 향부자－절편 ② 매자기－괴경
③ 쇠비름－절편 ④ 올방개－괴경

해설 향부자와 올방개, 뚱딴지는 번식기관이 괴경이다.

98 다음 설명에 해당하는 잡초는?

> - 종자보다 근경으로 번식한다.
> - 잎을 물위에 띄우는 부유성 다년생 잡초이다.
> - 지하경을 내고 분지신장을 하며 옆으로 뻗어가면서 생육한다.
> - 학명은 *Potamogeton distinctus A. Benn*이다.

① 가래 ② 올미
③ 벗풀 ④ 너도방동사니

해설 가래는 근경번식을 하고 부유성 잡초이다.

99 논에 다년생 잡초가 증가하는 이유로 옳지 않은 것은?

① 추경 감소
② 답리작 감소
③ 퇴비 시비량 감소
④ 동일 제초제 연용

해설 퇴비 시용량 감소와는 거리가 멀다.

100 다음 ( ) 안에 들어갈 용어로 옳은 것은?

> 광엽잡초란 (A)잡초나 (B)잡초에 속하지 않은 잡초로 잎은 둥글고 크며 평평하며 엽맥이 그물처럼 얽혀있는 것이 특징이다.

① (A) : 화본과, (B) : 국화과
② (A) : 십자화과, (B) : 국화과
③ (A) : 화본과, (B) : 방동사니과
④ (A) : 십자화과, (B) : 방동사니과

해설 광엽잡초는 잎이 좁은 화본과(벼과) 잡초나 방동사니과(사초과) 잡초에 속하지 않은 잡초이다.

정답 94. ② 95. ④ 96. ② 97. ① 98. ① 99. ③ 100. ③

식물보호기사

2019년 제1회 기출문제

제1과목 식물병리학

01 토마토 풋마름병에 대한 설명으로 옳은 것은?

① 토마토에만 감염된다.
② 담자균에 의한 병이다.
③ 병원균은 주로 병든 식물체에서 월동한다.
④ 병원균이 뿌리로 침입하면 뿌리가 흰색으로 변한다.

해설 토마토 풋마름병 병원균은 주로 병든 식물체에서 월동한다. 이 병원균에 감염되면 식물체의 지상부는 푸른 상태로 시드는데, 해가 질 무렵이면 다소 회복되었다가 한낮에는 다시 시든다. 병이 진전되면 식물체 전체가 변색되어 결국 말라 죽는다.

02 식물병을 일으키는 병원체 중 핵산으로만 구성되어 있으며 크기가 가장 작은 것은?

① 바이러스
② 바이로이드
③ 파이토플라스마
④ 스피로플라스마

해설 식물병원체 중에서 바이로이드가 가장 작으며 핵산으로만 구성되어 있다. 감자 갈쭉병(길쭉병)의 병원체이다.

03 포도나무 새눈무늬 병균의 월동 형태는?

① 균핵 ② 균사
③ 담자포자 ④ 후막포자

해설 포도 새눈무늬병 병균은 균사의 형태로 나뭇가지 등에서 월동하며 4~5월에 분생포자가 형성되어 전염된다.

04 배추 무름병을 일으키는 병원체는?

① 세균
② 곰팡이
③ 바이러스
④ 파이토플라스마

해설 배추 무름병을 일으키는 병원체는 세균이다.

05 세균의 변이 기작이 아닌 것은?

① 접합 ② 형질 전환
③ 형질 도입 ④ 이핵현상

해설 이핵현상은 거리가 멀다(이핵현상 : 원생동물의 생식방법).

06 대추나무 빗자루병 방제를 위하여 옥시테트라사이클린 수화제로 수간주사를 하려고 할 때 유의사항으로 옳지 않은 것은?

① 사용 적기는 4월 초이다.
② 수확 30일 전까지 사용한다.
③ 흉고직경이 10cm인 경우 1회에 1L를 주입한다.
④ 물 10L에 약제 200g을 정량한 후 잘 녹여 사용한다.

해설 물 10L에 약제 50g을 정량한 후 잘 녹여 사용한다.

정답 01. ③ 2 ② 03. ② 04. ① 05. ④ 06. ④

07 보리에 발생하는 줄기녹병의 중간기주는?

① 잣나무 ② 향나무

③ 배나무 ④ 매자나무

해설 보리 줄기녹병의 중간기주는 매자나무이다. 그러나 실제적으로 우리나라에서 매자나무가 중간기주 역할을 한다는 보고는 아직 없다.

08 식물병원균에 대한 길항균으로 많이 사용되는 것은?

① Rhizoctonia solani

② Streptomyces scabies

③ Penicillium expansum

④ Trichoderma harzianum

해설 **병원균의 길항균 종류**

- 토양전염병 방제 : Trichoderma harzianum
- 고구마의 Fusarium(후사리움)에 의한 시듦병 방제 : 비병원성 Fusarium(후사리움)
- 토양병원균 방제 : Bacillus Subtilis(바실루스 서브틸리스)
- 과수근두암종병 방제 : Agrobacterium radiobacter
- 담배흰비단병 방제 : Trichoderma lignosum

09 1970년에 미국에서 발생하여 옥수수 생산에 큰 피해를 준 식물병은?

① 역병 ② 맥각병

③ 도열병 ④ 깨씨무늬병

해설 깨씨무늬병은 1970년에 미국에서 발생하여 옥수수 생산에 큰 피해를 주었다.

10 배나무 검은별무늬병에 대한 설명으로 옳지 않은 것은?

① 잎에서 처음에 황백색의 병무늬가 나타난다.

② 배나무 인근에 향나무가 많은 경우 발병하기 어렵다.

③ 배나무의 잎, 잎자루, 열매, 열매 자루, 햇가지 등에 발생한다.

④ 낙엽을 모아 태우거나 땅속에 묻어 발병을 예방할 수 있다.

해설 보기 ②항은 붉은별무늬병에 해당되는 내용이다.

11 병에 걸린 식물의 단면을 잘라서 점액의 누출 여부로 진단하는 경우로 가장 적합한 것은?

① 세균에 의한 병

② 선충에 의한 병

③ 곰팡이에 의한 병

④ 바이러스에 의한 병

해설 세균에 의한 병은 병에 걸린 식물의 단면을 잘라서 점액의 누출 여부로 진단할 수 있다.

12 바이로이드에 의한 식물병의 주요 병징은?

① 위축 ② 부패

③ 점무늬 ④ 줄무늬

해설 바이로이드에 의한 식물병의 주요 병징은 위축이다. → 감자 길쭉병(걀쭉병)

13 그람음성세균에 해당하는 것은?

① 토마토 궤양병균

② 감자 더뎅이병균

③ 벼 흰잎마름병균

④ 감자 둘레썩음병균

해설 아래 그람양성균에 의한 병을 제외하고 대부분 그람음성균이다.

- Clavibacter(클라비박터) : 감자 둘레썩음병, 토마토 궤양병
- Streptomyces(스트렙토마이시스) : 감자 더뎅이병(알칼리성 토양에서 많이 발생한다)

정답 07. ④ 08. ④ 09. ④ 10. ② 11. ① 12. ① 13. ③

14 **기주식물의 면역 또는 저항성 개선을 위해 약독 바이러스를 미리 감염시켜 식물체를 강독 바이러스의 감염으로부터 보호하는 것은?**

① 교차 보호　② 식물 방어
③ 유도저항성　④ 저항성 품종

해설 교차 보호는 기주식물의 면역 또는 저항성 개선을 위해 약독 바이러스를 미리 감염시켜 식물체를 강독 바이러스의 감염으로부터 보호하는 것이다.

15 **사과나무 뿌리혹병의 주요 발생 원인은?**

① 세균 감염　② 토양 선충
③ 사상균 감염　④ 생리적 장애

해설 각종 식물의 뿌리혹병은 세균 감염에 의한 것이다.

16 **초승달 모양의 대형 분생포자와 원 모양의 소형 분생포자를 형성하는 병원균은?**

① 벼 도열병균
② 벼 오갈병균
③ 벼 키다리병균
④ 벼 흰잎마름병균

해설 벼 키다리병균은 초승달 모양의 대형 분생포자와 원 모양의 소형 분생포자를 형성한다.

17 **벼 잎집무늬마름병의 방제 방법으로 옳은 것은?**

① 감수성 품종을 재배한다.
② 고습도 상태로 재배한다.
③ 만생종 품종을 재배한다.
④ 칼리질 비료를 가급적 적게 준다.

해설 **벼 잎집무늬마름병**

- 발생 환경조건 : 다비(질소과다), 조기 조식재배, 고온다습
- 병징 : 주로 잎집에 발생, 심한 경우 이삭 목에도 발생한다. 잎집에 발생되어 수분상승이 억제되어 잎이 말라죽는다.
- 병원균 : Thanatephorus cucumeris
- 방제법 : 만식재배, 다비밀식 회피, 칼륨(칼리질 비료) 시용

18 **바이러스로 인한 식물병의 생물학적 진단 방법은?**

① 슬라이드법
② 형광항체법
③ 괴경지표법
④ X-체 검경법

해설
- 바이러스의 생물학적 진단방법으로는 괴경지표법(최아법)과 지표식물을 이용한 검정 방법이 있다.
- 괴경지표법 : 감자의 덩이줄기(괴경)를 잘라 포장에 심어 바이러스 감염 여부를 관찰하는 방법이다.

19 **바이러스로 인한 식물병의 증상 중 세포 조직의 괴사로 나타나지 않은 것은?**

① 반점　② 위축
③ 줄무늬　④ 둥근겹무늬

해설 ②항은 거리가 멀다. 위축은 바이로이드에 의한 증상에 속한다.

20 **벼 도열병균이 분비하는 독소는?**

① 빅토린(Victorin)
② 피리큘라린(Piricularin)
③ 후사릭 산(Fusaric acid)
④ 라이코마라스민(Lycomarasmine)

해설 벼 도열병균(Piricularia)이 분비하는 독소는 피리큘라린(Piricularin)이다.

정답 14. ① 15. ① 16. ③ 17. ③ 18. ③ 19. ② 20. ②

제2과목 농림해충학

21 봄에 수목 주변의 잡초를 제거하여 피해를 줄일 수 있는 해충은?

① 꽃매미
② 소나무좀
③ 박쥐나방
④ 포도뿌리혹벌레

해설 박쥐나방은 수목 주변의 잡초에서 알로 월동하므로 수목 주변의 잡초를 제거하여 피해를 줄일 수 있다.

22 딱정벌레목의 특성에 대한 설명으로 옳지 않은 것은?

① 종이 다양하다.
② 불완전변태를 한다.
③ 앞날개가 두껍고 날개맥이 없다.
④ 대부분 외골격이 발달하여 단단하다.

해설 딱정벌레목은 완전변태를 한다.

23 곤충의 천적으로 활용할 수 있는 바이러스가 아닌 것은?

① 과립 바이러스
② 베고모 바이러스
③ 핵다각체 바이러스
④ 세포질다각 바이러스

해설 베고모 바이러스는 고추, 토마토에 해를 주는 바이러스이다.

24 성충과 유충이 모두 잎을 가해하는 해충은?

① 박쥐나방
② 솔잎혹파리
③ 미국흰불나방
④ 오리나무잎벌레

해설 오리나무잎벌레는 성충과 유충이 모두 잎을 가해한다.

25 식도하신경절에 의해 운동신경과 감각신경의 지배를 받지 않는 기관은?

① 큰 턱 ② 작은 턱
③ 더듬이 ④ 아랫입술

해설 더듬이는 식도하신경절에 의해 운동신경과 감각신경의 지배를 받지 않으며 윗입술을 제외한 잎의 신경을 담당한다.

26 애멸구에 대한 설명으로 옳지 않은 것은?

① 천적은 날개집게벌, 애꽃노린재 등이 있다.
② 2모작 맥류재배를 하면 애멸구가 많이 발생한다.
③ 약충과 성충은 벼의 즙액을 빨아 먹어 피해를 준다.
④ 중국으로부터 비래하지만 우리나라에서 월동은 불가능하다.

해설 애멸구는 중국으로부터 비래하며 우리나라에서 월동이 가능하다.

27 벼룩잎벌레에 대한 설명으로 옳은 것은?

① 번데기로 월동한다.
② 성충은 주로 열매를 가해한다.
③ 고추에 주로 발생하는 해충이다.
④ 일반적으로 작물이 어린 시기에 피해가 크다.

해설 벼룩잎벌레는 배추, 무, 양배추 등 십자화과 작물의 어린 시기에 피해를 많이 준다.

28 외국으로부터 유입되어 우리나라에 정착한 해충이 아닌 것은?

① 벼밤나방
② 벼물바구미
③ 온실가루이
④ 꽃노랑총채벌레

해설 벼밤나방은 외국 유입해충이 아니다.

정답 21. ③ 22. ② 23. ② 24. ④ 25. ③ 26. ④ 27. ④ 28. ①

29 **곤충의 배설을 담당하는 기관은?**

① 알라타체 ② 존스톤기관
③ 말피기소관 ④ 모이주머니

해설 말피기소관은 곤충의 배설을 담당하는 기관으로 다음과 같은 기능을 수행한다.
- 체내에 쌓인 노폐물을 제거한다.
- 삼투압 조절
- 물과 함께 요산(uric acid)을 흡수하여 회장으로 보낸다.

30 **거미와 비교한 곤충의 일반적인 특징이 아닌 것은?**

① 머리에는 입틀, 더듬이, 겹눈이 있다.
② 배마디에는 3쌍의 다리와 2쌍의 날개가 있다.
③ 곤충은 머리, 가슴, 배 3부분으로 구성되어 있다.
④ 곤충은 동물 중에 가장 종류가 많으며, 곤충강에 속하는 절지동물을 말한다.

해설 곤충의 다리는 앞가슴에 앞다리 1쌍, 가운데 가슴에 가운데 다리 1쌍, 뒷가슴에 뒷다리 1쌍으로 모두 3쌍이 있다.

31 **곤충의 생식 기관이 아닌 것은?**

① 심문 ② 저장낭
③ 부속샘 ④ 송이체

해설 심문은 곤충의 순환계에 속하며 심장에 있는 구멍으로 이 구멍을 통해 혈액이 들어간다.

32 **과변태를 하는 것은?**

① 가뢰과 곤충 ② 파리과 곤충
③ 풍뎅이과 곤충 ④ 날도래과 곤충

해설
- 과변태는 완전변태(알→유충→번데기→성충)를 하지만 유충의 초기와 후기에 체제변화가 일어나는 유형을 말한다.
- 해당 곤충 : 기생성 벌류, 부채벌레목, 가뢰

※ 부채벌레목은 완전변태류에 속하지만 과변태도 한다.

33 **톱밥 같은 배설물을 밖으로 내보내지 않고 수피 속의 갱도에 쌓아 놓아 피해를 발견하기가 어려운 해충은?**

① 알락하늘소
② 미끈이하늘소
③ 향나무하늘소
④ 털두꺼비하늘소

해설 향나무하늘소는 유충이 나무의 수피 밑 형성층을 갉아 먹어 급속히 고사시키는데, 톱밥 같은 배설물을 밖으로 내보내지 않고 수피 속의 갱도에 쌓아 놓아 피해를 발견하기가 어렵다.

34 **생육 중인 마늘이 하엽부터 고사하기 시작하여 포기의 인경을 파내어 보았더니 구더기 같은 회백색의 유충이 발견되었다면 어느 해충의 피해인가?**

① 파밤나방
② 고자리파리
③ 담배거세미나방
④ 아메리카잎굴파리

해설 고자리파리는 주로 미숙 퇴비를 시용하였을 때 발생 가능성이 증가하며 그 피해는 생육 중인 마늘이 하엽부터 고사하기 시작한다. 포기의 인경을 파내어 보면 구더기 같은 회백색의 유충이 발견된다.

35 **단위생식이 가능한 것은?**

① 밤나무혹벌
② 배추흰나비
③ 송충알좀벌
④ 잣나무넓적잎벌

해설 밤나무혹벌은 단위생식이 가능하다.
※ 단위생식이 가능한 종 : 총채벌레, 밤나무혹벌(밤나무순혹벌), 민다듬이벌레, 진딧물류(여름형), 수벌, 벼물바구미

정답 29. ③ 30. ② 31. ① 32. ① 33. ③ 34. ② 35. ①

36 **해충의 밀도와 농작물 피해에 대한 설명으로 옳지 않은 것은?**

① 경제적 피해 허용수준은 어느 경우에나 일반평형밀도보다 높다.
② 경제적 피해 수준은 경제적 피해 허용수준보다 높게 관리해야 한다.
③ 일반적인 환경 조건에서 형성된 해충의 평균밀도를 일반평형밀도라고 한다.
④ 경제적 손실이 나타나는 해충의 최저밀도를 경제적 피해수준이라고 한다.

해설 경제적 피해수준은 농작물의 가격이 높아지면 낮아지고 이 경우 경제적 피해 허용수준은 경제적 피해수준보다 낮아져야 한다. 따라서 경제적 피해허용수준은 어느 경우에나 일반평형밀도보다 높은 것은 아니다.

37 **노린재목의 형태적 특징으로 옳지 않은 것은?**

① 더듬이는 4~5개 마디로 구성된다.
② 뚫어 빠는 입이 있으며 미모는 없다.
③ 겹눈은 대부분 잘 발달하고 홑눈은 없거나 2~3개이다.
④ 다리의 발마디는 1~5개로 구성되지만 대체로 5개 마디이다.

해설 다리의 발마디는 1~3개로 구성되어 있다.

38 **카이로몬에 의한 곤충의 행태로 옳은 것은?**

① 개미 군집에서 계급을 분화하여 생활
② 배추흰나비가 유채과 식물을 찾아 섭식
③ 노린재가 분비하는 고약한 냄새물질에 대한 포식자 회피
④ 수컷 나방이 멀리 떨어져 있는 암컷 나방을 찾아가는 행동

해설 배추흰나비가 유채과 식물을 찾아 섭식할 수 있는 것은 카이로몬에 해당한다. 이것은 유채과(배추과) 식물에서 분비하는 시나핀 물질을 배추흰나비가 인지하였기 때문으로 카이로몬은 신호물질을 분비한 개체는 해가 되고, 이를 인지한 포식자에게는 도움이 되는 경우를 말한다.

39 **유충이 열매 속으로 뚫고 들어가 가해하는 해충은?**

① 사과혹진딧물
② 포도유리나방
③ 복숭아심식나방
④ 배나무방패벌레

해설 복숭아심식나방은 유충이 열매 속을 뚫고 들어가 가해한다.

40 **식물체 내에 농약 성분을 흡수시킨 후 식물체의 즙액을 빨아 먹는 해충을 방제하는 데 가장 적합한 것은?**

① 훈증제
② 접촉제
③ 소화중독제
④ 침투성 살충제

해설 침투성 살충제는 식물체 내에 농약 성분을 흡수시킨 후 식물체의 즙액을 빨아 먹는 해충을 방제하는 데 효과적이다.

제3과목 재배학원론

41 **벼의 생육 중 냉해에 의한 출수가 가장 지연되는 생육단계는?**

① 유효분얼기 ② 유수형성기
③ 감수분열기 ④ 출수기

해설 벼의 생육 중 냉해에 의한 출수가 가장 지연되는 생육단계는 유수형성기부터 개화기까지로 이러한 시기의 장해를 장해형 냉해라고 한다.

정답 36. ① 37. ④ 38. ② 39. ③ 40. ④ 41. ②

42 **다음 중 작물의 주요온도에서 '최적온도'가 가장 낮은 작물은?**

① 보리 ② 오이
③ 옥수수 ④ 멜론

해설 보기에서 보리의 최적온도가 가장 낮다.
※ 작물별 주요온도에서 최적온도
보리 20℃, 오이 33~34℃, 옥수수 30~32℃, 멜론 35℃

43 **질산 환원 효소의 구성 성분으로 콩과작물의 질소고정에 필요한 무기성분은?**

① 몰리브덴 ② 철
③ 마그네슘 ④ 규소

해설 몰리브덴은 질산환원효소의 구성성분이며, 질소대사에 필요하고, 콩과작물 뿌리혹박테리아의 질소고정에도 필요하다. 콩과작물에 그 함량이 많으며, 결핍하면 모자이크병과 비슷한 증세가 나타난다.

44 **작물의 내동성을 감소시키는 생리적 요인은?**

① 전분 함량이 많다.
② 원형질의 수분투과성이 크다.
③ 원형질의 점도가 낮다.
④ 원형질의 친수성 콜로이드가 많다.

해설 전분 함량이 많을수록 작물의 내동성은 감소된다.
※ 작물의 내동성과의 관계
- 전분 함량이 많을수록 내동성은 저하된다.
- 세포 내의 자유수 함량이 많을수록 내동성은 저하된다.
- 잎의 색깔이 연할수록 내동성은 저하된다.
- 세포액의 삼투압이 낮을수록 내동성은 저하된다.
- 체내 당분 함량이 적을수록 내동성은 저하된다.

45 **다음 중 감자의 휴면타파에 가장 유효한 것은?**

① AMO-1618 ② 페놀
③ gibberellin ④ 2,4-D

해설 감자의 휴면타파에 가장 유효하고 실용적으로 많이 사용되는 것은 gibberellin(지베렐린)이다.

46 **군락의 수광태세가 좋아지고 밀식 적응성이 높은 콩의 초형으로 틀린 것은?**

① 잎이 크고 두껍다.
② 잎자루가 짧고 일어선다.
③ 꼬투리가 원줄기에 많이 달린다.
④ 가지를 적게 치고 가지가 짧다.

해설 콩의 경우 잎이 크고 두꺼우면 수광태세가 나쁘다.
※ 콩의 초형과 수광태세와의 관계
- 가지를 적게 치고 짧은 것
- 꼬투리가 주경에 많이 달리고 아래까지 착생한 것
- 잎줄기가 짧고 일어선 것
- 잎은 작고 가는 것

47 **다음 중 토양 유효수분의 범위로 가장 옳은 것은?**

① 흡습수 이상의 토양수분
② 영구위조점과 흡습수 사이의 수분
③ 최대용수량과 포장용수량 사이의 수분
④ 포장용수량과 영구위조점 사이의 수분

해설 토양 유효수분은 포장용수량~영구위조점 사이의 수분을 말하며, 작물에 직접 이용되는 유효수분 범위는 pF 1.8~4.0이다.

48 **다음 중 T/R율에 대한 설명으로 가장 옳은 것은?**

① 감자나 고구마의 경우 파종기나 이식기가 늦어질수록 T/R율이 감소한다.
② 일사가 적어지면 T/R율이 감소한다.
③ 질소를 다량 시용하면 T/R율이 감소한다.
④ 토양함수량이 감소하면 T/R율이 감소한다.

정답 42. ① 43. ① 44. ① 45. ③ 46. ① 47. ④ 48. ④

해설 토양함수량이 감소하면 T/R율이 감소한다.

※ T/R율은 작물의 지상부의 생장량에 대한 지하부의 생장량의 비율을 말한다. 즉 T/R율이 높다는 의미는 지상부(T)가 지하부(R)보다 생장량이 높다는 의미이다. 감자나 고구마처럼 지하부를 생산하는 작물은 T/R율이 낮아야 수확량이 증가한다.

49 다음 중 재배종과 야생종의 특징에 대한 설명으로 가장 적절한 것은?

① 야생종은 휴면성이 약하다.

② 재배종은 대립종자로 발전하였다.

③ 재배종은 단백질 함량이 높아지고 탄수화물 함량이 낮아지는 방향으로 발달하였다.

④ 성숙 시 종자의 탈립성은 재배종이 크다.

해설 **재배종과 야생종의 특징**

- 야생종은 휴면성이 강하다.
- 재배종은 대립종자로 발전하였다.
- 재배종은 단백질 함량이 낮아지고 탄수화물 함량이 높아지는 방향으로 발달하였다.
- 성숙 시 종자의 탈립성은 야생종이 크다.

50 다음 중 굴광현상에 가장 유효한 광은?

① 자외선 ② 적색광

③ 청색광 ④ 적외선

해설 굴광현상에 가장 유효한 광과 파장은 청색광으로 4,400(440nm)~4,800Å(480nm)이다.

51 다음 중 벼의 비료 3요소 흡수 비율로 가장 옳은 것은?

① 질소 5:인산 1:칼륨 1.5

② 질소 5:인산 2:칼륨 4

③ 질소 4:인산 2:칼륨 3

④ 질소 3:인산 1:칼륨 4

해설 벼의 비료 3요소 흡수비율은 5:2:4이다.

※ 작물별 비료 3요소 흡수비율

- 콩 5:1:1.5 • 벼 5:2:4 • 맥류 5:2:3
- 옥수수 4:2:3 • 고구마 4:1.5:5
- 감자 3:1:4

52 다음 중 2년생 식물로만 구성된 것은?

① 가을보리, 코스모스

② 가을밀, 국화

③ 옥수수, 호프

④ 무, 사탕무

해설 2년생 식물은 종자를 뿌려 1년 이상을 경과해야 개화, 성숙하는 것으로 무, 사탕무, 당근이 해당한다.

53 다음 중 에틸렌의 전구물질에 해당하는 것은?

① tryptophan ② methionine

③ acetyl CoA ④ phenol

해설 에틸렌의 전구물질은 아미노산의 하나인 methionine(메티오닌)이며, 두 단계의 효소반응에 의해 생성된다.

- 천연에틸렌 : C_2H_4
- 합성에틸렌 : 에세폰

54 강산성이 되면 가급도가 감소되어 작물 생육에 불리한 원소는?

① Cu ② Zn

③ P ④ Mn

해설 강산성이 되면(산성토양에서) 가급도(용해도)가 저하되는 성분은 Mo(몰리브덴), P(인), Ca(칼슘), Mg(마그네슘), B(붕소)이다.

55 다음 중 식물의 광합성에 가장 효과적인 광색은?

① 주황색 ② 황색

③ 녹색 ④ 적색

해설 광합성에 가장 유효한 광은 적색광이다.

※ 광합성 효과 : 적색광>청색광
녹색, 황색, 주황색광은 효과가 작음

정답 49. ② 50. ③ 51. ② 52. ④ 53. ② 54. ③ 55. ④

56 저온 버널리제이션을 실시한 직후 고온처리를 하면 버널리제이션 효과가 상실되는데, 이 현상을 무엇이라 하는가?

① 이춘화 ② 등숙기춘화
③ 종자춘화 ④ 재춘화

해설 저온 버널리제이션을 실시한 직후 고온처리를 하면 버널리제이션 효과가 상실되는 것을 이춘화라고 한다.

57 다음 중 천연 지베렐린에 해당하는 것은?

① IPA ② GA_2
③ PAA ④ CCC

해설 천연 지베렐린은 GA_2이다.

58 다음 중 작물의 기원지가 지중해 연안 지역에 해당하는 것으로만 나열된 것은?

① 조, 참깨
② 사탕수수, 당근
③ 감자, 고구마
④ 유채, 사탕무

해설 **작물의 기원지가 지중해 연안 지역인 작물**
- 완두, 유채, 사탕무, 양귀비, 화이트클로버, 티머시, 오처드그라스, 무, 순무, 우엉, 양배추, 상추

59 무기원소 결핍 시 사탕무의 속썩음병, 순무의 갈색속썩음병 등을 유발하는 원소는?

① 인 ② 질소
③ 망간 ④ 붕소

해설 **붕소결핍 장해**
- 사탕무 근부썩음병(속썩음병), 순무의 갈색속썩음병, 셀러리의 줄기 쪼김병, 담배의 끝마름병
- 작물의 수정장해(결실 저해)
- 배추과(십자화과)채소 채종재배 시 채종량 감소
- 콩과작물의 근류균(뿌리혹박테리아) 형성 저해 → 공중질소 고정 저해

60 다음 중 이랑을 세우고 이랑에 파종하는 방식은?

① 휴립휴파법 ② 성휴법
③ 휴립구파법 ④ 평휴법

해설 휴립휴파법은 이랑을 세우고 이랑에 파종하는 방식이다.

제4과목 농약학

61 다음 제형 중 주로 병해충 예방용 약제를 대상으로 하며 단위면적당 농약 투입량이 가장 적은 것은?

① 종자처리수화제(WS)
② 유현탁제(SE)
③ 액상수화제(SC)
④ 미립제(MG)

해설 보기에서 종자처리수화제가 병해충 예방용 농약 투입량이 가장 적다.

62 카복시아니라이드계 살균제로서 담자균류에 의한 병해에 효과가 뛰어난 약제는?

① 아이비(카타진)
② 베나솔(오리자)
③ 부라딘(금보라)
④ 메프로닐(논사)

해설 메프로닐(Mepronil)은 벼 잎집무늬마름병, 원예작물의 녹병 등 담자균류에 의한 병해에 효과가 뛰어나다.

63 갯지렁이에서 천연 살충물질을 추출하여 농약으로 개발한 살충제는?

① 아바멕틴(avamectin)
② 벤설탑(bensultap)
③ 메소밀(methomyl)
④ 엔도설판(endosulfan)

정답 56. ① 57. ② 58. ④ 59. ④ 60. ① 61. ① 62. ④ 63. ②

해설 벤설탑(bensultap)은 nereistoxin계 살충제로 바다 갯지렁이로부터 얻어진 천연독소 성분으로 접촉독 및 식독제로서 딱정벌레목, 나비목에 대하여 효과가 우수하다.

64 **식물체 내에서 베타산화(β–oxidation) 여부로 선택성을 나타내는 것은?**

① 2,4,5–T ② 2,4–DES

③ 2,4–D ④ UDPG

해설 2,4-D는 카복실산에 있는 탄소수에 의해 짝수인 경우에는 베타산화(β-oxidation)작용을 받아 살초활성을 가지고 홀수인 경우에는 살초활성이 없다.

65 **다음 살충제 중 유기인제가 아닌 것은?**

① 테트라디폰(테디온)

② 디디브이피(DDVP)

③ 파라티온

④ 파프(PAP)

해설 테트라디폰(테디온)은 유기유황계 응애 방제약제이다.

66 **R – Hg – X로 표시되는 유기수은제에서 X에 해당되는 것은?**

① $-HPO_4$ ② $-Cl$

③ $-OH$ ④ $-CH_3$

해설 유기수은제인 PMA는 R - Hg - CH_3로 표시되며 종자처리 소독제로 개발(1930년대)되었으나 현재는 환경독성이 높아 사용이 금지되었다.

67 **석회 보르도액은 어느 것에 해당하는가?**

① 황제 ② 염소제

③ 구리제 ④ 비소제

해설 석회 보르도액은 구리제이다.

68 **다음 살균제 중 유기유황제가 아닌 것은?**

① 프로피 ② 지람

③ 네오아소진 ④ 만코지

해설 네오아소진은 유기비소제 농약으로 사과 부란병 등에 사용되었으나 현재는 사용 금지되었다.

69 **어류에 대한 농약의 독성 및 감수성에 영향을 미치는 요인으로 가장 거리가 먼 것은?**

① 전착 ② 성장단계

③ 수온 ④ 제제형태

해설 전착은 거리가 멀다.

※ 어류에 대한 농약의 독성 및 감수성에 영향을 미치는 요인 : 성장단계(생육단계), 수온, 제제형태, 생물의 종류

70 **유제(乳劑)에 대한 설명으로 옳지 않은 것은?**

① 수화제보다 살포액의 조제가 편리하다.

② 수화제보다 약효가 다소 낮다.

③ 수화제보다 제조비가 높다.

④ 수화제보다 포장 · 수송 · 보관이 어렵다.

해설 ②항은 거리가 멀다.

71 **보리 겉깜부기병의 종자소독에 가장 효과적인 약제는?**

① 지네브(Zineb)제

② MAFA(neozin)제

③ 캡탄(captan)제

④ 카아복신(carboxin)제

해설 카아복신(carboxin)제는 보리 겉깜부기병의 종자소독에 가장 효과적인 약제로 알려져 있다. 그 밖에 줄무늬병 방제에도 이용되고 있으나 작물의 수량이 감소하는 경향이 있는 단점이 있다.

정답 64. ③ 65. ① 66. ④ 67. ③ 68. ③ 69. ① 70. ② 71. ④

72 **농약이 갖추어야 할 사항으로 틀린 것은?**

① 인축에 대한 독성이 낮아야 한다.
② 토양 및 수질 오염을 유발시키지 않아야 한다.
③ 작물 또는 토양에 대한 잔류성이 없어야 한다.
④ 적용 해충의 범위가 넓고 비선택적이어야 한다.

해설 적용 해충의 범위가 넓고 선택적이어야 한다.

73 **시토키닌계의 식물호르몬제로써 콩나물의 생장촉진제로 가장 적합한 약제는?**

① 페노프롭(fenoprop)
② 육－비에이(6－BA)
③ 지베렐린(gibberellin)
④ 아토닉(atonic)

해설 6-BA는 싸이토키닌류에 속하는 생장조절제로 콩나물에 많이 사용된다.

74 **BP(밧사)원제 0.4kg으로 2% 분제를 만들려고 할 때 소요되는 증량제의 양은? (단, 원제의 함량은 94%이다.)**

① 1.84kg ② 4.60kg
③ 18.4kg ④ 46.0kg

해설 ∴ 증량제의 양

$$= \text{원분제의 무게} \times \left(\frac{\text{원분제의 농도}}{\text{원하는 농도}} - 1\right)$$

$$= 0.4\text{kg} \times \left(\frac{94\%}{2\%} - 1\right)$$

$$= 0.4\text{kg} \times 46 = 18.4\text{kg}$$

75 **농약의 검사방법에서 저비산분제(DL)의 검사항목이 아닌 것은?**

① 분산성 ② 분말도
③ 입도 ④ 가비중

해설 미립자를 최소화한 증량제와 응집제를 사용하여 약제의 표류 및 비산을 경감시킨 제제로 ①항은 거리가 멀다.

76 **농약은 종류별로 병뚜껑의 색깔을 달리하여 농민이 농약을 쉽게 식별할 수 있도록 하고 있는데, 살균제의 병뚜껑은 다음 중 어떤 색인가?**

① 분홍색 ② 녹색
③ 황색 ④ 청색

해설 살균제-분홍색, 살충제-녹색, 제초제-황색, 생장조정제-청색

77 **다음 중 생장조정제로 사용할 수 있는 것은?**

① Oxadiazon ② Butachor
③ Molinate ④ 2,4－D

해설 2,4-D는 저농도에서 생장조정제로, 고농도에서 제초제로 사용된다.

78 **농약 안전살포 방법으로 가장 적절한 것은?**

① 바람을 등지고 살포
② 바람을 안고 살포
③ 바람의 도움으로 살포
④ 바람 방향을 무시하고 살포

해설 농약을 살포할 땐 바람을 등지고 살포해야 한다.

79 **다음 중 농약제제의 품질 불량이 원인이 되는 약해가 아닌 것은?**

① 원제 부성분에 의한 약해
② 불순물의 혼합에 의한 약해
③ 섞어 쓰기 때문에 일어나는 약해
④ 경시변화에 의한 유해성분의 생성에 의한 약해

해설 ③항은 농약제제의 품질 불량의 원인이 아닌 혼용을 잘못하여 원인이 된 경우이다.

정답 72. ④ 73. ② 74. ③ 75. ① 76. ① 77. ④ 78. ① 79. ③

80 다음 중 요소계 제초제는?

① 아파론(Iinuron)
② 2,4-D
③ 벤설라이드
④ 론스타(Oxadiazon)

해설 Linuron(니루론)은 요소계 제초제로 상품명은 아파론(linuron), 아파록스이다.

제5과목 잡초방제학

81 뿌리가 토양에 고정되어 있지 않고 물 위에 떠다니는 부유성 잡초에 해당하는 것은?

① 가래 ② 네가래
③ 생이가래 ④ 가는가래

해설 생이가래는 물 위에 떠서 자라며 잎 1개가 물속에서 뿌리 역할을 한다.

82 작물과 비교한 잡초의 특성으로 옳지 않은 것은?

① 종자 생산량이 많다.
② 전파 수단이 다양하다.
③ 휴면성이 없어 연중 생장한다.
④ 불리한 환경에서 적응성이 높다.

해설 잡초는 작물보다 휴면성이 강하다.

83 잡초의 예방적 방제 방법이 아닌 것은?

① 관배수로 관리
② 재식밀도 조절
③ 작물종자 정성
④ 농기구(농기계) 청결 관리

해설 예방적 방제는 잡초종자의 유입이나 전파를 막는 방법으로 재식밀도 조절은 거리가 멀다.

84 토양 환경과 잡초의 출현에 대한 설명으로 옳지 않은 것은?

① 종자가 무거울수록 발생심도가 깊다.
② 토양이 과습하면 출현율이 낮아진다.
③ 토양이 건조하면 출아율이 낮아진다.
④ 사질토는 중점토보다 발생심도가 얕다.

해설 사질토는 중점토보다 발생심도가 깊다.

85 선택성 제초제가 아닌 것은?

① 벤타존 액제
② 세톡시딤 유제
③ 나프로파마이드 유제
④ 글리포세이트암모늄 입상수용제

해설 글리포세이트암모늄은 비선택성 제초제이다.

86 일년생 잡초와 비교한 다년생 잡초에 대한 설명으로 옳지 않은 것은?

① 방제하기 어렵다.
② 영양번식을 한다.
③ 생육기간이 길다.
④ 대부분 종자로 번식한다.

해설 일년생 잡초가 대부분 종자로 번식한다.

87 작물의 수량 감소가 가장 클 것으로 예상되는 조합은?

① C_3잡초와 C_3작물
② C_4잡초와 C_3작물
③ C_3잡초와 C_4작물
④ C_4잡초와 C_4작물

해설 C_4잡초와 C_3작물 조합이 작물의 수량 감소가 큰 조합이다. 그 이유는 C_4식물(잡초)는 C_3식물(작물)보다 생육에 유리하고 건조한 조건에서도 생육이 왕성하므로 이러한 조합에서 작물의 수량 감소가 클 것으로 예상되기 때문이다.

정답 80. ① 81. ③ 82. ③ 83. ② 84. ④ 85. ④ 86. ④ 87. ②

88 **벼와 잡초 간의 경합으로 인한 피해가 가장 적은 시기는?**

① 출수기부터 수확기
② 착근기부터 수잉기
③ 착근기부터 분얼기
④ 파종기부터 최고 분얼기까지

해설 출수기부터 수확기까지는 벼와 잡초 간의 경합으로 인한 피해가 가장 적다.

89 **상호대립억제작용에 대한 설명으로 옳은 것은?**

① 제초제를 오래 사용한 잡초에 대한 내성을 나타내는 것이다.
② 죽은 식물 조직에서 나오는 물질에 의해서도 일어날 수 있다.
③ 다른 종의 생육을 억제하는 주된 기작은 주로 차광에 의해 일어난다.
④ 잡초가 다른 작물의 생육을 억제하는 것은 아니며 잡초 간에만 일어나는 현상이다.

해설 상호대립억제작용은 죽은 식물 조직에서 나오는 물질에 의해서도 일어날 수 있는데, 그 예로 침엽수 낙엽에서 분비되는 갈로타닌산은 잡초의 발아 및 생육을 억제한다.

90 **쌍자엽 잡초의 특징으로 옳은 것은?**

① 잎은 평행맥이다.
② 뿌리는 직근계이다.
③ 산재된 유관속의 관상경을 가지고 있다.
④ 생장점이 줄기 하단의 절간 부위에 있다.

해설 **쌍자엽 잡초의 특징**
- 잎은 그물맥이다.
- 뿌리는 직근계이다.
- 규칙적으로 유관속이 배열되어 있다.
- 생장점이 식물체의 상단에 있다.
- 형성층이 있다.

91 **광발아 잡초에 해당하는 것은?**

① 강피, 바랭이
② 냉이, 소리쟁이
③ 별꽃, 참방동사니
④ 메귀리, 광대나물

해설 겨울잡초인 냉이, 별꽃, 광대나물 등은 암발아성 잡초이다.

92 **잡초의 생태적 방제 방법이 아닌 것은?**

① 윤작 실시
② 재배양식 변경
③ 피복 작물 재배
④ 잡초만을 골라 먹는 생물 이용

해설 ④항은 생물학적 방제 방법이다.

93 **지면을 피복할 경우 잡초에 미치는 영향으로 옳지 않은 것은?**

① 빛과 산소 공급이 차단된다.
② 잡초의 발아심도가 깊어진다.
③ 잡초가 물리적으로 질식하거나 출아가 억제되기도 한다.
④ 주·야간의 온도 차가 커져 잡초 종자의 발아 수가 격감된다.

해설 지면을 피복하면 주·야간의 온도 차가 적어진다.

94 **트리아진계 제초제의 주요 이행 특성은?**

① 비대 성장
② 조기 결실
③ 광합성 저해
④ 신초 생장 억제

해설 트리아진계(triazine), 요소계(urea), 페닐카바메이트계(Phenylcarbamate) 제초제는 광합성을 저해한다.

정답 88. ① 89. ② 90. ② 91. ① 92. ④ 93. ④ 94. ③

95 **두 제초제를 혼합하여 사용할 때 나타나는 길항적 반응에 대한 설명으로 옳은 것은?**

① 혼합의 효과가 단독처리의 효과와 같은 것을 의미한다.
② 혼합의 효과가 단독처리의 효과보다 크지도 작지도 않은 것을 의미한다.
③ 혼합의 효과가 활성이 높은 물질의 단독처리 효과보다 큰 것을 의미한다.
④ 혼합의 효과가 활성이 높은 물질의 단독처리 효과보다 작은 것을 의미한다.

해설 두 제초제를 혼합하여 사용할 때 나타나는 길항적 반응이란 혼합의 효과가 활성이 높은 물질의 단독처리 효과보다 작은 것을 의미한다.

96 **작물, 잡초, 제초제의 연결이 옳지 않은 것은?**

① 벼, 피, 뷰타클로르 입제
② 잔디, 클로버, 디캄바 액제
③ 콩, 방동사니, 이사-디 액제
④ 사과나무, 쇠비름, 시마진 수화제

해설 이사-디 액제는 광엽성 잡초에 선택성을 보이며, 방동사니는 사초과(방동사니과)이기 때문에 ③항은 틀리다.

97 **잡초 종자의 산포 방법으로 옳지 않은 것은?**

① 바랭이 : 성숙하면서 흩어진다.
② 소리쟁이 : 물에 잘 떠서 운반된다.
③ 가막사리 : 바람에 잘 날려서 이동한다.
④ 메귀리 : 사람이나 동물 몸에 잘 부착한다.

해설 가막사리는 바람에 잘 날리지 않으며, 사람이나 동물에 부착되어 이동한다.

98 **유기제초제와 비교한 무기제초제에 대한 설명으로 옳은 것은?**

① 처리 약량이 작다.
② 대사물의 독성이 낮다.
③ 경엽에 처리할 때 활성이 낮다.
④ 가격이 비싸며 살초 효과가 작다.

해설 무기제초제는 유기제초제에 비해 대사물의 독성이 낮다.

99 **화본과 잡초로만 올바르게 나열한 것은?**

① 강피, 나도겨풀
② 마디꽃, 매자기
③ 쇠털골, 알방동사니
④ 가막사리, 올챙이고랭이

해설 화본과 잡초 : 강피, 나도겨풀, 피, 바랭이, 강아지풀, 둑새풀 등

100 **논에서 잡초의 군락천이를 유발시키는 데 가장 큰 영향을 주는 것은?**

① 장간종 품종 재배
② 동일 작물로만 재배
③ 동일한 제초제 연속 사용
④ 지속적인 화학 비료 사용

해설 동일한 제초제의 연용은 논에서 잡초의 군락천이를 유발시키는 가장 큰 원인이 된다.

정답 95. ④ 96. ③ 97. ③ 98. ② 99. ① 100. ③

2019년 제2회 기출문제

제1과목 식물병리학

01 균류에 의해 발생하는 수목병이 아닌 것은?

① 뽕나무 오갈병
② 벚나무 빗자루병
③ 낙엽송 잎떨림병
④ 은행나무 잎마름병

해설 뽕나무 오갈병은 균류가 아닌 파이토플라즈마로 마름무늬매미충이 매개한다.

02 노지에서 고추 역병이 가장 잘 발병하는 요인은?

① 건조 ② 고온
③ 침수 ④ 사질토양

해설 역병이 가장 잘 발병하는 요인은 침수이다.

03 벼 도열병 방제에 가장 효과적인 비료는?

① 질소질 비료 ② 규산질 비료
③ 인산질 비료 ④ 칼륨질 비료

해설 규산질 비료는 벼의 생체조직을 규질화 시켜 벼 도열병 방제에 효과적인 비료이다.

04 토마토 시설재배에서 자외선 차단 비닐을 이용하여 방제효과를 얻을 수 있는 병은?

① 풋마름병 ② 잎곰팡이병
③ 잿빛곰팡이병 ④ 푸른곰팡이병

해설 잿빛곰팡이병은 시설재배에서 자외선 차단 비닐을 이용하여 방제효과를 얻을 수 있다

05 토양 습도가 작물이 생육하기에 적합한 상태보다 건조할 때 잘 발생하는 병은?

① 감자 역병 ② 고추 모잘록병
③ 배추 무사마귀병 ④ 오이 덩굴쪼김병

해설 오이 덩굴쪼김병은 토양습도가 건조할 때 잘 발생한다.

06 TMV(Tobacco Mosaic Virus)로 인하여 발병하는 고추 모자이크병의 방제법으로 옳지 않은 것은?

① 살충제로 매개곤충을 제거한다.
② 전년도에 재배한 줄기나 뿌리를 제거한다.
③ 제3 인산소다를 이용하여 종자를 소독한다.
④ 생육 도중 발병한 식물체는 곧바로 제거한다.

해설 제3인산소다는 오이녹반모자이크바이러스 등 박과 채소 바이러스 방제용 제재이다. 따라서 TMV(담배모자이크바이러스) 방제와는 거리가 멀다.

07 다음 설명에 해당하는 진단법은?

> • 씨감자 중에 바이러스에 감염된 것을 선별하여 도태시키기 위한 것이다.
> • 온실에서 생육한 감자의 눈에 나타난 병징으로 바이러스 감염 여부를 판정한다.

① 지표식물법 ② 즙액접종법
③ 괴경지표법 ④ 파지진단법

해설 괴경지표법에 대한 설명이다.

정답 01. ① 02. ③ 03. ② 04. ③ 05. ④ 06. ③ 07. ③

08 유성포자가 아닌 것은?

① 난포자 ② 병포자
③ 자낭포자 ④ 담자포자

해설 병포자는 불완전균 중 병자각 속에 들어 있는 분생포자로 유성포자가 아니다.

09 동양에서 미국으로 옮겨가 큰 피해를 끼친 식물병은?

① 벼 도열병
② 배나무 화상병
③ 포도나무 노균병
④ 밤나무 줄기마름병

해설 밤나무 줄기마름병은 동양(일본, 중국)에서 미국(뉴욕)으로 옮겨가 큰 피해를 주었다.

10 식물병에 걸린 식물에서 보이는 독소에 대한 설명으로 옳은 것은?

① 병원균이 독소를 분비한다.
② 식물체가 독소를 분비한다.
③ 병원균, 식물체 모두가 독소를 분비한다.
④ 병원균, 식물체 모두가 독소를 분비하지 않는다.

해설 병원균은 작물을 공격하기 위해 패토톡신, 피토톡신, 피토어그래신 등 독소를 분비하고, 작물은 병원균을 방어하기 위해 페닐아세트산과 같은 독소를 분비한다. 따라서 병원균과 작물 모두 독소를 분비한다.

11 진딧물에 의해 전염되는 식물병으로 옳지 않은 것은?

① 감자 잎말림병
② 콩 모자이크병
③ 배추 모자이크병
④ 보리 북지모자이크병

해설 보리 북지모자이크병은 애멸구에 의해서 매개된다.

12 여름의 저온 및 장마 조건에서 가장 발병하기 쉬운 것은?

① 벼 도열병
② 벼 키다리병
③ 벼 이삭누룩병
④ 벼 잎집무늬마름병

해설 벼 도열병은 여름의 저온 및 장마 조건에서 발병하기 쉽다.

13 식물체 물관에 병원균이 침입하여 시들음 현상이 나타나는 병은?

① 보리 녹병
② 뽕나무 위축병
③ 토마토 풋마름병
④ 사과나무 점무늬낙엽병

해설 식물체 물관에 병원균이 침입하면 물관이 목질화되어 풋마름병이 발생하며 가지과(토마토, 고추 등)에서 많이 발생한다.

14 난균문의 특징에 대한 설명으로 옳은 것은?

① 다핵균사이다.
② 균사는 격벽이 없다.
③ 세포벽에는 키틴 성분이 없다.
④ 무성번식은 1개의 편모가 있는 유주자로 한다.

해설 무성번식은 1개의 편모가 있는 유주자로 하며 유주자낭이 직접 발아하여 무성생식을 한다.

15 호밀 맥각병에서 이삭에 생기는 자흑색 바나나 모양의 맥각 덩이의 정체는?

① 자낭 ② 균핵
③ 자낭포자 ④ 후막포자

해설 호밀 맥각병에서 씨방은 균사에 의하여 점점 커져서 자흑색의 바나나 모양의 균핵을 형성한다.

정답 08. ② 09. ④ 10. ③ 11. ④ 12. ① 13. ③ 14. ④ 15. ②

16 **감자 역병에 대한 설명으로 옳은 것은?**

① 세균병이다.
② 토마토에도 발생한다.
③ 2차 전염은 하지 않는다.
④ 진딧물을 잡는 것이 최선의 방제 방법이다.

해설 감자 역병은 감자, 토마토, 가지 등의 가지과 작물에 발병한다.

17 **배나무 붉은별무늬병의 중간기주는?**

① 송이풀 ② 향나무
③ 사시나무 ④ 매발톱나무

해설 배나무 붉은별무늬병의 중간기주는 향나무이다.

18 **인공 배지에서 배양이 가능한 식물병원체는?**

① 세균 ② 선충
③ 바이러스 ④ 파이토플라스마

해설 세균은 인공배지에서 배양이 가능한 병원체이다.

19 **식물병의 면역학적 진단 방법을 의미하는 용어는?**

① SSCP ② RACE
③ ELISA ④ RAPDs

해설 면역학적 진단 방법은 항혈청을 가지고 항원에 대한 특이성을 진단에 이용하는 방법이다. 흔히 사용하는 방법은 항원항체 반응법(ELISA)이며 세균, 바이러스 진단에 사용한다.

20 **식물병의 생물학적 방제에 대한 설명으로 옳은 것은?**

① 신속하고 정확한 효과를 기대할 수 있다.
② 천적 미생물은 대부분 잎이나 줄기에서 얻는다.
③ 넓은 지역에 광범위하게 사용하는 데 가장 효과적이다.
④ 미생물의 길항작용, 기생, 상호경쟁 또는 병저항성 유도를 이용하여 병을 억제한다.

해설 식물병의 생물학적 방제는 미생물의 길항작용, 기생, 상호경쟁 또는 병저항성 유도를 이용하여 병을 억제하는 것이다.

제2과목 농림해충학

21 **곤충과 비교한 응애의 특징으로 옳은 것은?**

① 겹눈이 있다.
② 완전변태를 한다.
③ 다리가 6개 마디로 되어 있다.
④ 몸의 옆에 있는 기관이나 숨문으로 호흡한다.

해설 **응애의 특징**
- 홑눈을 가지고 있다.
- 변태를 하지 않는다.
- 다리는 4쌍이며 6개 마디로 되어 있다.
- 배 아래쪽에 기관(호흡)과 허파가 있다.

22 **우리나라에서 솔잎혹파리가 주로 가해하는 수종은?**

① 곰솔 ② 잣나무
③ 리기다소나무 ④ 일본잎갈나무

해설 우리나라에서 솔잎혹파리가 주로 가해하는 수종은 곰솔(해송)이다.

23 **가해습성에 따른 해충의 분류로 옳지 않은 것은?**

① 천공성 해충 – 소나무좀, 밤나무혹벌
② 종실 해충 – 밤바구미, 복숭아명나방
③ 흡즙성 해충 – 솔껍질깍지벌레, 버즘나무방패벌레
④ 식엽성 해충 – 오리나무잎벌레, 잣나무넓적잎벌

해설 소나무좀은 생장점을 가해하고 밤나무혹벌은 충영(혹)을 만든다.

정답 16. ② 17. ② 18. ① 19. ③ 20. ④ 21. ③ 22. ① 23. ①

24 곤충의 표피 중 가장 바깥쪽에 있는 것은?
① 왁스층 ② 원표피
③ 기저막 ④ 시멘트층

해설 곤충의 표피층 중 가장 바깥쪽에 있는 것은 시멘트층이다.

25 풀잠자리목의 특징으로 옳지 않은 것은?
① 완전변태를 한다.
② 생물적 방제에 많이 이용된다.
③ 더듬이는 길고 홑눈이 3개이다.
④ 유충과 성충은 대부분 포식성이다.

해설 풀잠자리목은 홑눈이 없다.

26 곤충 체강 내에서 비틀림 운동을 하면서 pH 또는 무기이온 농도 등을 조절하면서 배설작용을 돕는 기관은?
① 위맹낭 ② 지방체
③ 말피기관 ④ 모이주머니

해설 말피기관은 곤충 체강 내에서 비틀림 운동을 하면서 pH 또는 무기이온 농도 등을 조절하면서 배설작용을 돕는 기관이다.

27 방제 방법으로 나무주사가 효과적인 해충들로 올바르게 나열한 것은?
① 솔잎혹파리, 밤나무혹벌
② 밤바구미, 솔껍질깍지벌레
③ 미국흰불나방, 솔알락명나방
④ 솔잎혹파리, 솔껍질깍지벌레

해설 솔잎혹파리, 솔껍질깍지벌레는 나무주사(수간주사)가 효과적인 방제 방법이다.

28 다리마디의 위치가 몸쪽에서부터 가장 가까운 것은?
① 도래마디 ② 발목마디
③ 종아리마디 ④ 넓적다리마디

해설 곤충의 다리마디 순서는 몸에서부터 밑마디-도래마디-넓적마디-종아리마디-발목마디 순이다.

29 알락하늘소가 월동하는 형태는?
① 알 ② 유충
③ 성충 ④ 번데기

해설 알락하늘소, 콩나방, 복숭아심식나방, 잣나무넓적잎벌, 밤바구미, 솔알락명나방, 도토리거위벌레는 노숙유충으로 월동한다.

30 솔나방에 대한 설명으로 옳지 않은 것은?
① 주로 월동 후의 유충기에 식해 한다.
② 연 1회 발생하고 제5령 충으로 월동한다.
③ 새로 난 잎을 식해 하는 것이 보통이나 밀도가 높으면 묵은 잎도 식해 한다.
④ 유충이 소나무 잎을 식해 하며 심한 피해를 받은 나무는 고사하기도 한다.

해설 ③항의 내용은 틀리다.

31 부화 유충이 몇 개의 벼 잎을 끌어모아 세로로 말고, 그 속에 숨어 있다가 해가 진 후에 나와 벼 잎을 가해하는 해충은?
① 벼애나방 ② 조명나방
③ 벼잎벌레 ④ 줄점팔랑나비

해설 줄점팔랑나비의 유충은 몇 개의 벼 잎을 끌어모아 철하고 그 속에 숨어 있다가 해진 후에 나와서 벼 잎을 잎가에서부터 먹어 들어가 주맥만 남긴다.

32 해충발생밀도 조사 방법으로 페로몬 조사법을 적용하는 것이 가장 적합한 해충은?
① 벼멸구
② 말매미충
③ 고자리파리
④ 복숭아심식나방

해설 페로몬 조사법 대상 해충은 복숭아심식나방, 사과잎말이나방, 배추좀나방이다.

정답 24. ④ 25. ③ 26. ③ 27. ④ 28. ① 29. ② 30. ③ 31. ④ 32. ④

33 곤충이 갖는 살충제 저항성 기작의 원인이 아닌 것은?

① 표피층 두께 증가
② 해독효소 활성 감소
③ 빠른 배설 생리기작
④ 농약으로부터 기피하는 행동

해설 해독효소 활성 감소는 틀리다. 해독효소 증대가 저항성 기작의 원인이다.

34 곤충 날개가 두 쌍인 경우 날개의 부착 위치는?

① 가운데가슴만 붙어 있다.
② 앞가슴에 한 쌍, 뒷가슴에 한 쌍 붙어 있다.
③ 앞가슴에 한 쌍, 가운데가슴에 한 쌍 붙어있다.
④ 가운데가슴에 한 쌍, 뒷가슴에 한 쌍 붙어있다.

해설 가운데가슴에 한 쌍, 뒷가슴에 한 쌍의 날개가 있다(앞가슴엔 날개가 없다).

35 진딧물류 방제를 위한 천적으로 옳지 않은 것은?

① 진디벌
② 진디혹파리
③ 칠레이리응애
④ 칠성풀잠자리

해설 칠레이리응애는 응애 방제에 이용되는 천적이다.

36 곤충 분류학상 외시류가 아닌 것은?

① 밑들이　② 강도래
③ 노린재　④ 집게벌레

해설 밑들이목은 내시류(완전변태류)에 속한다.

37 고추의 과실에 구멍을 뚫고 들어가 가해하는 해충은?

① 담배나방
② 파총채벌레
③ 좁은가슴잎벌레
④ 아메리카잎굴파리

해설 담배나방은 고추의 과실에 구멍을 뚫고 들어가 가해한다.

38 사과응애에 대한 설명으로 옳지 않은 것은?

① 흡즙성 해충이다.
② 약충으로 월동한다.
③ 1년에 7~8회 발생한다.
④ 사과나무가 꽃 필 무렵 알에서 부화하여 꽃 주위의 어린잎을 가해한다.

해설 사과응애는 알로 월동한다.

39 거세미나방의 형태에 대한 설명으로 옳지 않은 것은?

① 유충은 길이가 40mm 정도이다.
② 성충의 머리와 가슴이 적갈색이다.
③ 알은 반구형이고 방사상의 줄이 있다.
④ 성충의 날개를 편 전체 좌우 길이는 40mm 정도이다.

해설 성충의 머리는 흑색으로 ②항이 틀리다.

40 유약호르몬이 분비되는 기관은?

① 앞가슴샘
② 알라타체
③ 외기관지샘
④ 카디아카체

해설 알라타체는 유약호르몬을 분비한다.

정답 33. ② 34. ④ 35. ③ 36. ① 37. ① 38. ② 39. ② 40. ②

제3과목 재배학원론

41 수확 전 낙과 방지법으로 가장 적절하지 않은 것은?

① ABA 처리 ② 과습 방지
③ 방풍시설 설치 ④ 칼슘이온 처리

해설 ABA(아브시스산) 처리는 거리가 멀다.

42 다음 비료 종류 중 질소 함량이 가장 높은 것은?

① 황산암모늄 ② 요소
③ 석회질소 ④ 초석

해설 요소가 질소 함량이 가장 높다.
질소함량 : 요소(46%) > 황산암모늄, 석회질소(21%) > 초석(20%)

43 다음 중 답전윤환의 효과로 기대할 수 있는 것은?

① 기지의 회피 ② 잡초의 번무
③ 지력 감퇴 ④ 벼 수량의 저하

해설 답전윤환 효과로 기지(연작장해)의 회피를 들 수 있다.

44 멀칭(mulching)의 이용성에 대한 설명으로 가장 적절하지 않은 것은?

① 생육 억제 ② 한해 경감
③ 잡초 억제 ④ 토양 보호

해설 멀칭을 통해 지온의 상승 등으로 생육이 촉진된다. 따라서 ①항의 내용이 틀리다.

45 작물생육에 있어 철(Fe)의 생리작용에 대한 설명으로 틀린 것은?

① 호흡 효소의 구성 성분이다.
② 엽록소의 형성에 관여하지 않는다.
③ 망간, 칼슘 등의 과잉은 철의 흡수를 방해한다.
④ 결핍되면 어린잎부터 황백화한다.

해설 철은 엽록소의 형성에 관여한다.

46 다음 중 농산물의 안전 저장을 위하여 가장 높은 온도가 요구되는 작물은?

① 양파 ② 마늘
③ 감자 ④ 고구마

해설 보기에서 고구마의 최저 저장온도가 가장 높다.
- 고구마 : 13~15℃
- 양파 : 0~4℃
- 마늘 : 저온저장의 경우 3~5℃, 상온저장의 경우 0~20℃
- 감자 3~4℃

47 다음 중 종자 파종 시 복토를 가장 얕게 해야 하는 작물은?

① 호밀 ② 파
③ 잠두 ④ 나리

해설 파, 양파, 당근, 상추, 유채, 담배는 종자가 보이지 않을 정도로 아주 얕게 복토한다.

48 다음 중 배유 종자로만 나열된 것은?

① 콩, 보리, 밀
② 콩, 팥, 옥수수
③ 밤, 콩, 팥
④ 옥수수, 벼, 보리

해설 콩, 팥, 완두, 상추, 오이는 무배유 종자이다.

49 일장효과에 영향을 끼치는 조건에 대한 설명으로 가장 옳지 않은 것은?

① 청색광이 가장 효과가 크다.
② 명기가 약광이라도 일장효과는 발생한다.
③ 본엽이 나온 뒤 어느 정도 발육한 후에 감응한다.
④ 장일식물은 상대적으로 명기가 암기보다 길면 장일효과가 나타난다.

해설 일장효과에 가장 큰 효과를 가지는 광은 600~680㎚의 적색광이며 그다음으로 자색광(400㎚)이다.

정답 41. ① 42. ② 43. ① 44. ① 45. ② 46. ④ 47. ② 48. ④ 49. ①

50 **저장성, 도정률, 식미 등을 고려할 때 미곡 저장 시 가장 알맞은 수분 함량은?**

① 5~8% ② 9~11%
③ 15~16% ④ 20~23%

해설 15~16%가 가장 적합하다.

51 **다음 중 연작 장해가 가장 적은 작물은?**

① 인삼 ② 감자
③ 쑥갓 ④ 담배

해설 연작의 해가 적은 작물은 담배, 양파, 호박, 사탕수수, 벼, 맥류, 옥수수, 고구마, 무, 당근, 아스파라거스, 미나리, 딸기이다.

52 **다음 중 포도의 무핵과 생산에 가장 효과적으로 이용되고 있는 화학물질은?**

① IBA ② CCC
③ Gibberellin ④ NAA

해설 Gibberellin(지베렐린)은 포도 무핵과 생산에 효과적으로 이용되고 있다.

53 **작물 종자의 퇴화를 방지하는 방법으로 가장 옳지 않은 것은?**

① 건조 후 밀폐 저장
② 충실한 종자의 선택
③ 무병지에서 채종
④ 품종 간 자연 교잡률의 증대 실시

해설 품종 간 자연교잡을 방지해야 한다.

54 **맥류의 형태와 파종방법에 따른 내동성과의 관계에 대한 설명으로 가장 거리가 먼 것은?**

① 파종을 깊게 하면 내동성이 강하다.
② 엽색이 진한 것이 내동성이 강하다.
③ 중경(中徑)이 덜 발달하여 생장점이 깊게 놓이면 내동성이 강하다.
④ 직립성인 것이 포복성인 것보다 내동성이 강하다.

해설 ④항은 맥류와 거리가 멀다.

55 **토양의 입단 형성과 발달을 돕는 방법은?**

① 유기물과 석회의 시용
② 지속적인 경운
③ 입단의 팽창과 수축의 반복
④ 나트륨 이온(Na)의 첨가

해설 유기물과 석회의 시용은 토양의 입단 형성과 발달을 돕는 방법이다.

56 **다음 중 영양번식 방법을 가장 이용하지 않는 것은?**

① 딸기 ② 고구마
③ 미니 파프리카 ④ 감자

해설 미니 파프리카는 영양번식 방법을 이용하지 않는다.

57 **논토양의 일반적인 특성으로 가장 옳지 않은 것은?**

① 토층분화가 나타나며 산화층은 적갈색을 띤다.
② 암모니아태 질소를 환원층에 주면 탈질현상이 나타난다.
③ 논에서는 질산태질소를 주로 사용하지 않는다.
④ 탈질작용은 질화균과 탈질균이 작용한다.

해설 암모니아태질소를 산화층에 시용할 때 탈질현상이 일어난다. 따라서 ②항의 내용은 틀리다.

58 **벼의 수량 구성요소 중 연차변이계수가 가장 작은 요소는?**

① 천립중 ② 1수 영화수
③ 등숙비율 ④ 수수

해설 연차변이계수가 가장 작은 요소는 천립중이다(수수>1수 영화수>등숙비율>천립중).

정답 50. ③ 51. ④ 52. ③ 53. ④ 54. ④ 55. ① 56. ③ 57. ② 58. ①

59 **작물의 생태적 분류에 대한 설명으로 가장 옳지 않은 것은?**

① 감자는 저온작물이다.
② 벼는 고온작물이다.
③ 하고현상은 난지형 목초에서 나타난다.
④ 사탕무는 2년생 작물이다.

해설 하고현상은 북방형(한지형) 목초에서 나타난다.

60 **벼의 키다리병과 관계되는 식물호르몬은?**

① 옥신 ② 키네틴
③ 지베렐린 ④ 에틸렌

해설 벼의 키다리병과 관련된 호르몬은 지베렐린이다.

제4과목 농약학

61 **제충국의 유효성분 중 집파리에 대한 살충력이 가장 강한 것은?**

① 시네린 I (cinerin I)
② 시네린 II (cinerin II)
③ 피레트린 I (pyrethrin I)
④ 피레트린 II (pyrethrin II)

해설 가정용 파리약, 모기약은 피레트린 I 을 사용한다.

62 **농약의 사용목적에 따른 분류에 해당하지 않는 것은?**

① 식독제 ② 접촉독제
③ 유기인제 ④ 유인제

해설 유기인제는 농약의 성분에 따른 분류이다.

63 **맥류(麥類)와 목화(木花)의 종자소독제로 사용되는 침투성 살균제는?**

① 비타박스
② 블라스티사이딘-S
③ 톱신
④ 다코닐

해설 비타박스는 1966년 영국에서 개발된 침투성 살균제로 맥류(麥類)와 목화(木花)의 종자소독제로 사용되고 있다. 밀, 보리의 깜부기병, 모잘록병에 유효하다.

64 **농약의 사용 기구에 대한 설명으로 가장 거리가 먼 것은?**

① 미스트기(mist spray)는 풍압으로 미립자를 만든 후 다량의 바람으로 불어 붙이는 기기이다.
② 스프링클러(sprinkler)는 관수·시비 등을 포함하여 다목적으로 사용되는 기기이다.
③ 폼스프레이(foam spray)는 살포액에 기포체를 가하여 전용 노즐로 공기와 교반 하는 거품의 집합체로 살포하는 기기이다.
④ 살립기(granule applicator)는 분제 농약을 작업상의 안정성이나 능률면에서 고르게 살포하기 위한 기기이다.

해설 살립기는 입제농약을 살포하는 기기이다.

65 **유기인계 살충제의 일반적인 특성에 대한 설명으로 틀린 것은?**

① 잔효력이 길다.
② 흡즙해충에 유효하다.
③ 인축에 대한 독성이 비교적 강하다.
④ 알칼리성 물질에 의하여 분해되기 쉽다.

해설 유기인계 살충제 특징
- 잔효력(잔류성)이 짧다.
- 흡즙 해충에 유효하다.
- 인축에 대한 독성이 비교적 강하다.
- 알칼리성 물질에 의하여 분해되기 쉽다. → 유기인계 살충제는 ester결합을 하고 있어 알칼리에 의해 쉽게 분해된다. 따라서 알칼리성 농약과 혼용해서는 안 된다.

정답 59. ③ 60. ③ 61. ③ 62. ③ 63. ① 64. ④ 65. ①

66 **가스크로마토그래피에 의해 분석하고자 할 때 전자포획검출기(ECD)로 분석을 가장 용이하게 할 수 있는 농약은?**

① Chlorothalonil
② Dichlorvos
③ Parathion
④ EPN

해설 전자포획검출기(ECD)는 유기염소계(Chlorothalonil) 농약 분석에 이용되고 있다.
※ Chlorothaloni(유기염소계 살균제)
• 상품명 : Bravo(브라보), Daconil(다코닐)
• 품목명 : 타로닐다

67 **살충제 농약 병뚜껑의 색깔은?**

① 청색　② 녹색
③ 분홍색　④ 적색

해설 살충제의 병뚜껑은 녹색이다.

68 **유제(乳劑)의 특성에 대한 설명으로 틀린 것은?**

① 수화제에 비하여 고농도의 제제가 가능하다.
② 수화제에 비하여 살포용 약액의 조제가 편리하다.
③ 수화제보다 생산비가 많이 소요된다.
④ 채소류에서 수화제에 비하여 증량제의 표면 부착으로 인한 흡착오염이 적다.

해설 ①항의 내용은 틀리다. 수화제가 유제보다 고농도 제제가 가능하다(유제농도 : 30% 전후, 수화제 농도 : 50% 전후).

69 **다음 벼농사용 농약 중 펜치온유제와 혼용이 가능한 약제는?**

① 비피유제　② 브로엠수화제
③ 피리다유제　④ 다수진유제

해설 펜치온유제(메프)는 다수진유제와 혼용이 가능하다.

70 **해충의 콜린에스테라아제 효소 활성을 저해시키는 약제는?**

① 다이아지논유제
② 사이헥사틴수화제
③ 네오아소진액제
④ 디코폴수화제

해설 해충의 콜린에스테라아제 효소활성을 저해시키는 약제는 유기인계 살충제로 보기에서 다이아지논(diazinon)이 해당된다.

71 **농약의 약해방지를 위한 대책으로 가장 거리가 먼 것은?**

① 해독제 이용
② 저농도 약액 살포
③ 농약의 안전사용 기준 준수
④ 표류비산을 막기 위한 제제의 개선

해설 저농도 약액 살포는 약해방지 대책으로 거리가 멀다.

72 **다음 보기에서 설명하는 농약은?**

– 유기유황계 살균제이다.
– 광범위한 작물에 보호살균제로 사용된다.
– 과수의 탄저병 방제와 채소류 노균병 방제에 유효하다.
– 고온 · 다습조건에서 불안정하다.

① 만코지수화제
② 클로르훼나피르수화제
③ 알파스린유제
④ 메치온유제

해설 만코지(만코제브)에 대한 설명이다.

정답 66. ① 67. ② 68. ① 69. ④ 70. ① 71. ② 72. ①

73 천연물 관련 Pyrethroid계 살충제에 해당되지 않은 농약은?

① 알파메스린(Alphamethrin)
② 비펜스린(Biphenthrin)
③ 델타메스린(Deltamethrin)
④ 트리프루므론(Triflumuron)

해설 알파메스린(Alphamethrin=페니트로치온=메프)은 유기인계 살충제이다.

74 우리나라에서 농약 등록 시 농약안전성 평가 항목으로써 환경독성의 평가항목에 해당되는 것은?

① 급성 독성 ② 어독성
③ 아급성 독성 ④ 신경 독성

해설 어독성은 우리나라에서 농약 등록 시 농약안전성 평가 항목으로써 환경독성의 평가항목에 해당된다.

75 농약 보조제에 속하지 않는 것은?

① 계면활성제
② 식물생장조정제
③ 증량제
④ 유화제

해설 식물생장조정제는 농약 보조제에 해당되지 않는다.

76 유기인제 계통의 약제를 강알칼리성 약제와 혼용을 피하는 가장 큰 이유는?

① 약해가 심하기 때문이다.
② 물리성이 나빠지기 때문이다.
③ 복합요인에 의한 작물의 생육 저해가 일어나기 때문이다.
④ 알칼리에 의해 가수분해가 일어나기 때문이다.

해설 유기인계 농약은 알칼리성 약제와 혼용하면 가수분해가 일어나기 때문에 혼용해서는 안 된다.

77 건초 중 농약 잔류량이 0.5ppm이었다면 시료 1kg 중의 양은?

① 0.05mg ② 0.5mg
③ 5mg ④ 50mg

해설 건초 중 농약 잔류량이 0.5ppm이었다면 시료 1kg 중의 양은 0.5mg이다.
※ ppm=mg/kg

78 잔류성 농약의 분류에 속하지 않는 것은?

① 작물 잔류성 농약
② 토양 잔류성 농약
③ 수질 오염성 농약
④ 대기 오염성 농약

해설 농약관리법 시행규칙 별표1에서 정한 잔류성 농약의 분류는 작물 잔류성 농약, 토양 잔류성 농약, 수질 오염성 농약으로 분류한다.

79 리바이지드 50% 유제를 1,000배로 희석하여 10a당 180L를 살포하려 할 때 리바이지드 50% 유제의 소요량은?

① 45mL ② 90mL
③ 180mL ④ 360mL

해설

$$\text{공식} = \frac{\text{단위면적당 소요살포액량(ml)}}{\text{희석배수}}$$

$$= \frac{180\text{L} \times 1{,}000\text{ml}}{1{,}000\text{배}} = 180\text{ml}$$

80 작물과 잡초의 경합 요인으로 가장 거리가 먼 것은?

① 잡초의 종류
② 잡초의 밀도
③ 잡초의 생육 시기
④ 잡초의 영양 상태

해설 작물과 잡초의 경합 요인은 잡초의 종류, 잡초의 밀도, 잡초의 생육 시기(경합기간)이다.

정답 73. ① 74. ② 75. ② 76. ④ 77. ② 78. ④ 79. ③ 80. ④

제5과목 잡초방제학

81 **어떤 물질이 농약으로 사용되기 위하여 구비하여야 할 조건으로 가장 거리가 먼 것은?**

① 살포 시 작물에 대한 약해가 없어야 한다.
② 병해충을 방제하는 약효가 뛰어나야 한다.
③ 작물재배 전체기간 중 잔효성이 유지되어야 한다.
④ 사용하는 농민에 대하여 독성이 낮아야 한다.

해설 ③항은 거리가 멀다.

82 **제초제 제제에 보조제로 사용하는 계면 활성제에 대한 설명으로 옳지 않은 것은?**

① 주제를 변질시켜서는 안 된다.
② 유화력이나 분산력이 작아야 한다.
③ 주제와 친화성을 지니고 있어야 한다.
④ 작물에 약해를 일으키지 않아야 한다.

해설 유화력이나 분산력이 커야 한다.

83 **주로 밭에 발생하는 잡초로만 올바르게 나열한 것은?**

① 벗풀, 괭이밥
② 반하, 까마중
③ 가래, 한련초
④ 올방개, 알방동사니

해설 반하, 까마중은 밭에 발생하는 잡초들이다.

84 **논잡초의 군락천이를 유발하는 원인으로 가장 효과가 큰 것은?**

① 담수 조건에서 재배
② 춘·추경을 많이 실시
③ 기계를 이용한 이앙 증가
④ 동일한 제초제를 연속하여 사용

해설 논잡초의 군락천이를 유발하는 가장 큰 원인은 동일한 제초제를 연속하여 사용한 것이다. 따라서 우리나라 논에서 잡초는 올방개, 벗풀, 너도방동사니 등 다년생 잡초가 우점하는 군락천이를 유발하는 결과를 초래하였다.

85 **잡초 방제에 이용하려는 생물이 갖추어야 할 조건으로 옳지 않은 것은?**

① 이동성이 있어서는 안 된다.
② 새로운 지역에서 적응성이 좋아야 한다.
③ 잡초보다 빠른 번식 능력이 있어야 한다.
④ 잡초 이외의 유용 식물을 가해해서는 안 된다.

해설 잡초 방제에 이용하려는 생물은 이동성이 커야 한다.

86 **잡초 종자가 주로 일장에 반응하여 휴면이 타파되고 발아하게 되는 특성은?**

① 발아 기회성 ② 발아 계절성
③ 발아 주기성 ④ 발아 연속성

해설 일장에 반응하여 휴면이 타파되어 잡초 종자가 발아하게 되는 특성은 발아의 계절성이다.

87 **잡초에 대한 작물의 경합력을 높이기 위한 방법으로 옳지 않은 것은?**

① 밀식 재배를 한다.
② 만생종 품종을 재배한다.
③ 춘파작물과 추파작물을 윤작한다.
④ 분지수가 많고 엽면적지수가 큰 품종을 재배한다.

해설 만생종 품종의 재배는 작물의 경합력을 떨어뜨린다.

88 **잡초의 종별 수량이 가장 적은 것은?**

① 국화과 ② 화본과
③ 십자화과 ④ 방동사니과

해설 잡초 종별 수량은 화본과(44)>국화과(32)>방동사니과(12)>가지과(3) 순이다.

정답 81. ③ 82. ② 83. ② 84. ④ 85. ① 86. ② 87. ② 88. ④

89 생물학적 잡초방제에 가장 많이 이용되는 식물병원균 종류는?

① 선충
② 세균
③ 균류
④ 바이러스

해설 생물학적 잡초방제에 가장 많이 이용되는 식물병원균은 균류이다.

90 잡초 종자에서 나타나는 종피에 의한 휴면의 주요 원인으로 옳은 것은?

① 미숙한 배
② 독성 물질 존재
③ 이산화탄소 결핍
④ 낮은 수분 투과성

해설 종자의 종피에 의한 휴면성의 원인은 종피의 불투수성(낮은 수분 투과성)과 불투기성이 원인이다.

91 제초제의 상승 작용에 대한 설명으로 옳은 것은?

① 두 제초제를 단독으로 각각 처리하는 경우가 효과가 크다.
② 두 제초제를 혼합하여 처리하는 경우 작물의 생리적 장애 현상이 발생한다.
③ 두 제초제를 혼합하여 처리하는 경우와 단독으로 처리하는 경우의 효과가 같다.
④ 두 제초제를 혼합하여 처리하는 경우가 단독으로 처리하는 경우보다 효과가 크다.

해설 제초제의 상승작용이란 두 종류의 제초제를 혼합 처리할 때의 반응이 각각 제초제를 단독 처리할 때 반응을 합계한 것보다 크게 나타나는 경우를 말한다.

92 엽채류 작물의 경우 다음 그림에서 잡초경합 한계 기간에 해당하는 것은?

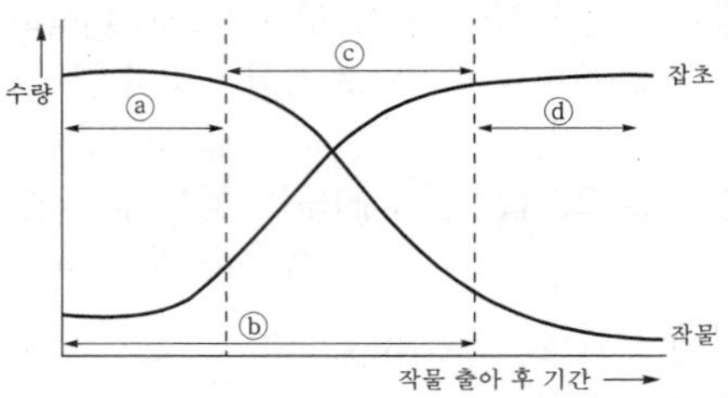

① ⓐ ② ⓑ
③ ⓒ ④ ⓓ

해설 그림에서 잡초경합 한계기간은 ⓒ에 해당한다.
- ⓐ : 잡초허용 한계기간
- ⓑ : 무잡초 유지기간
- ⓒ : 잡초경합 한계기간
- ⓓ : 경합 내성기간

93 다년생 잡초로만 올바르게 나열한 것은?

① 강피, 참방동사니
② 쇠뜨기, 나도겨풀
③ 뚝새풀, 생이가래
④ 자귀풀, 강아지풀

해설 다년생 잡초의 종류는 쇠뜨기, 나도겨풀, 올방개, 벗풀, 올미, 가래, 너도방동사니, 매자기, 쇠털골, 쑥, 엉겅키, 병풀, 제비꽃, 괭이밥, 등이 있다.

94 주로 영양번식 기관에 의하여 번식하는 잡초로만 올바르게 나열한 것은?

① 여뀌, 물옥잠
② 쇠비름, 질경이
③ 마디꽃, 물달개비
④ 가래, 너도방동사니

해설 가래, 너도방동사니는 영양번식을 한다.

정답 89. ③ 90. ④ 91. ④ 92. ③ 93. ② 94. ④

95 **토양 속에 잔류하는 제초제의 양 및 기간에 영향을 주는 요인으로 가장 거리가 먼 것은?**

① 경운 및 정지
② 광분해 및 휘발성
③ 토양에 흡착 및 용탈
④ 미생물 및 화학적 분해

해설 경운 및 정지는 거리가 멀다.

96 **2,4-D 제초제에 해당하는 것은?**

① 페녹시계 ② 산아미드계
③ 카바마이트계 ④ 디페닐에테르계

해설 2,4-D는 페녹시계에 속하는 제초제로 가장 먼저 개발(고엽제)된 제초제이다.

97 **논에 제초제를 사용하는 경우 처리 시기로 가장 바람직하지 않은 것은?**

① 수확기 처리
② 잡초 발아 전 처리
③ 작물 생육 초중기 처리
④ 작물 파종 또는 이식 후 처리

해설 수확기 처리는 바람직하지 않다.

98 **잡초 방제 방법으로 담수처리에 대한 설명으로 옳은 것은?**

① 무더운 날씨에는 효과가 줄어든다.
② 온도 조절을 통해 잡초 발생을 줄이는 것이다.
③ 발아에 필요한 산소의 흡수를 억제시켜 잡초 발생을 줄인다.
④ 다년생 잡초에는 효과가 있으나 일년생 잡초에는 효과가 없다.

해설 담수처리는 발아에 필요한 산소의 흡수를 억제시켜 잡초 발생을 줄이는 방법이다.

99 **잡초의 유용성에 대한 설명으로 옳지 않은 것은?**

① 논둑 및 경사지 등에서 지면을 덮어 토양 유실을 막아 준다.
② 근연 관계에 있는 식물에 대한 유전자은행 역할을 할 수 있다.
③ 작물과 같이 자랄 경우 빈 공간을 채워 작물의 도복을 막아준다.
④ 유기물이나 중금속 등으로 오염된 물이나 토양을 정화하는 기능이 있다.

해설 ③항의 내용은 거리가 멀다.

100 **광엽 잡초로만 올바르게 나열한 것은?**

① 여뀌, 명아주
② 돌피, 여뀌바늘
③ 매자기, 쇠비름
④ 개비름, 바랭이

해설 여뀌, 명아주는 광엽성 잡초이이고, 돌피, 매자기, 바랭이는 광엽성이 아니다.

정답 95. ① 96. ① 97. ① 98. ③ 99. ③ 100. ①

2020년 1·2회 통합 기출문제

제1과목 식물병리학

01 식물병의 표징을 볼 수 없는 병은?

① 진균에 의한 병
② 세균에 의한 병
③ 바이러스에 의한 병
④ 담자균에 의한 병

해설
- 병징 : 식물이 병원체에 감염된 후 외부의 외형 또는 생육 이상, 색의 이상 등으로 나타나는 반응
- 표징 : 기생성 병의 병환부에 병원체 자체가 나타나는 것으로 곰팡이, 점질물, 균핵, 이상 돌출물 등이 이에 해당된다.

02 모과나무 잎에 갈색 별무늬 모양의 원형 반점이 나타나고 잎 뒷면 병반에 실 같은 털이 나오는 병은?

① 모과나무 탄저병
② 모과나무 녹병
③ 모과나무 갈반병
④ 모과나무 역병

해설
- 모과나무 탄저병 : 환부에 둥글게 움푹 들어간 암색 병반을 만들고, 그 표면에 분홍색 점질물이 생긴다.
- 모과나무 갈반병 : 조직이 죽어 변한 동그란 갈색 반점이 줄기나 잎에 생겨 시든다.
- 모과나무 역병 : 갈색으로 변한 병반이 급속히 확대되어 표면에 흰 가루가 생긴다.

03 다음 중 병원체가 비, 바람에 의해 가장 많이 옮겨지는 것은?

① 오동나무 빗자루병
② 콩 모자이크병
③ 벼 줄무늬잎마름병
④ 사과 탄저병

해설 오동나무 빗자루
- 병 : 파이토플라스마에 의한 병으로 주로 장님노린재에 의해 매개된다.
- 콩 모자이크병 : 바이러스에 의한 병으로 주로 접촉에 의해 전염된다.
- 벼 줄무늬잎마름병 : 바이러스에 의한 병으로 주로 애멸구에 의해 매개된다.
- 사과 탄저병 : 진균에 의한 병으로 주로 빗물에 의해 매개된다.

04 국내 파이토플라스마의 전염 방법으로 가장 옳은 것은?

① 월동 후 토양전염을 한다.
② 즙액전염을 한다.
③ 바람에 의해 매개된다.
④ 곤충에 의해 전염된다.

해설 파이토플라스마는 감염식물의 체관부에만 존재하므로 매미충류와 기타 체관부에서 흡즙하는 곤충류에 의해 매개된다.

정답 01. ③ 02. ② 03. ④ 04. ④

05 **다음 중 비전염성인 병은?**

① 선충에 의한 병
② 세균에 의한 병
③ 바이러스에 의한 병
④ 무기원소 결핍에 의한 병

해설 • 전염성병 : 병원체에 의해 발생
• 비전염성병 : 환경에 의해 발생

06 **종자전염성 병원균으로 가장 적절하지 않은 것은?**

① 오이 흰비단병균
② 맥류 맥각병균
③ 벼 키다리병균
④ 벼 도열병균

해설 오이 흰비단병균은 토양전염성 병해이다.

07 **사과나무 붉은별무늬병균은 진균 중 어느 균류에 속하는가?**

① 불완전균류
② 자낭균류
③ 접합균류
④ 담자균류

해설 병원은 담자균인 *Gymnosporangium haraeanum* 으로 향나무와 기주교대하는 순활물기생균이다.

08 **호박의 흰가루병을 방제하기 위해서는 어느 부위에 약제를 처리하는 것이 가장 효과적인가?**

① 뿌리 ② 토양
③ 잎과 줄기 ④ 종자

해설 흰가루병은 진균에 의한 병해이며, 주로 바람에 의해 매개되어 잎과 줄기에서 발병한다.

09 **다음 중 꽃감염(花器感染)을 하는 것으로 가장 적절한 것은?**

① 감자 암종병
② 보리 겉깜부기병
③ 벚나무 빗자루병
④ 고추 탄저병

해설 • 감자 암종병 : 조균류에 의해 발생하여 유주자를 형성하여 물로 전반 된다.
• 보리 겉깜부기병 : 담자균에 의해 발생하며 바람에 의해 후막포자가 꽃의 암술머리에 닿은 다음 발아하여 전균사를 형성한다.
• 벚나무 빗자루병 : 자낭균에 의해 발병하며 병든 가지에서 월동하여 전염된다.
• 고추 탄저병 : 자낭균에 의해 발병하며 빗물, 바람, 곤충 등에 의해 전반되어 직접 각피로 침입하여 2차 전염원이 된다.

10 **가지과 풋마름병(청고병)의 병징에 대한 설명으로 가장 적절한 것은?**

① 매우 느리게 주위의 다른 포기로 병이 전파된다.
② 뿌리는 갈변되지 않는다.
③ 잎에 무수히 많은 반점이 생긴다.
④ 경엽 전체가 녹색으로 시드는 경우도 있다.

해설 세균에 의해 발병하며 병징은 뿌리로부터 발생하여 줄기, 잎에 이르는 전신병으로 급격히 시들어 말라 죽는다. 뿌리는 갈색으로 변해 썩고 침입한 세균이 물관에서 증식하여 수분 상승을 저해하고 물관부가 갈색으로 변한다.

11 **벼 줄무늬잎마름병(호엽고병)의 방제 방법으로 가장 적절한 것은?**

① 토양 소독
② 매개충의 구제
③ 검역
④ 발병 후 살균제 살포

정답 05. ④ 06. ① 07. ④ 08. ③ 09. ② 10. ④ 11. ②

해설 벼 줄무늬잎마름병은 바이러스에 의해 발생하며 애멸구가 매개하므로 애멸구의 월동처를 없애 구제할 수 있다.

12 **감자 잎말림병을 일으키는 병원체로 가장 적절한 것은?**

① 바이러스
② 세균
③ 진균(곰팡이)
④ 선충

해설 병원은 PLRV(Potato Leaf Roll Virus)이며 복숭아혹진딧물, 감자수염진딧물에 의해 전염되며 즙액전염은 하지 않는다.

13 **어떤 식물병에 대하여 저항성이었던 품종이 갑자기 해당 식물병에 감수성이 되는 주된 원인은?**

① 기상 환경의 변화
② 병원균 집단의 변화
③ 식물체 내 영양성분의 변화
④ 식물병 저항성 인자의 변화

해설 병원체도 변이를 일으켜 유전적 조성이 변하며, 기주식물의 품종이 분화될수록 또는 재배지가 다양해질수록 병원체 레이스의 분화도 복잡해지며, 병원체의 새로운 레이스가 출현하면 저항성이던 품종이 이병성으로 되기도 한다.

14 **벼 잎집얼룩병(잎집무늬마름병)의 표징으로 가장 적절한 것은?**

① 자낭반　② 균사속
③ 포자퇴　④ 균핵

해설 병원체는 담자균이며 잎집 표면에 암회색 부정형 점무늬가 얼룩무늬처럼 생겨 잎까지 발전하고 타원형~장타원형의 병반을 형성하고 주변은 갈색, 내부는 암갈색이 점차 회백색으로 변하고 여기에 균핵을 만든다.

15 **잣나무 잎떨림병균의 월동 장소로 가장 적절한 것은?**

① 땅 위에 떨어진 병든 잎
② 토양 속
③ 나뭇가지에 붙어있는 병든 잎
④ 땅 위에 떨어진 열매

해설 진균에 의해 발병하며 3~5월 새잎이 나오기 전 묵은 잎이 갈색으로 변하며 떨어지고 6월 초순~7월 하순에 떨어진 낙엽 또는 갈색으로 변하는 침엽 부위에 자낭반을 형성, 비가 온 직후 또는 다습한 날씨에 자낭반이 열리며 자낭포자가 비산하여 새로 나온 잎의 기공을 통해 침입한다.

16 **벼를 기주로 하여 곰팡이에 의해 발병하는 것은?**

① 오갈병　② 도열병
③ 흰잎마름병　④ 줄무늬잎마름병

해설
- 오갈병 : 바이러스병으로 끝동매미충, 번개매미충에 의해 매개된다.
- 도열병 : 불완전균류에 의한 병으로 종자 전염 또는 바람에 의해 전반 된다.
- 흰잎마름병 : 세균병으로 물에 의해 전반 된다.
- 줄무늬잎마름병 : 바이러스병으로 애멸구가 매개충이다.

17 **벼 도열병 방제법으로 가장 적절하지 않은 것은?**

① 종자소독을 한다.
② 저항성 품종을 심는다.
③ 질소비료의 과용을 피한다.
④ 가급적 찬물을 대준다.

해설 벼 도열병
- 병원 : *Pyricularia oryzae* 진균(불완전균류)
- 볏짚 또는 볍씨의 병든 부위에서 균사 또는 분생포자 상태로 월동하여 다음해 1차 전염원이 되고, 잎집 표면에 생긴 병무늬에서 분생포자가 형성되어 바람에 의해 2차 감염된다.

정답 12. ① 13. ② 14. ④ 15. ③ 16. ② 17. ④

- 분생포자는 수분이 있으면 발아관을 내고 부착기를 형성하여 각피 또는 기공을 통해 침입한다.
- 발병환경 : 비가 자주 오고 일조가 부족한 냉랭하고 습도가 높을 때, 바람이 강하게 불 때, 토양온도가 낮고 토양수분이 적을 때, 질소질비료의 과잉시비 시 모내기가 늦었을 때 등이다.
- 방제법
  - ㉠ 종자소독
  - ㉡ 이병물 제거
  - ㉢ 상습발생지에서는 재배시기 조절
  - ㉣ 저항성 품종의 선택
  - ㉤ 냉수 관개 시는 수온을 높인다.
  - ㉥ 질소질 비료의 과잉시비를 피하고 균형시비하며 규소의 시비로 규질화 세포 수가 많아지면 저항성이 커진다.
  - ㉦ 장마기 전 잎색이 짙고 아침 이슬에 벼 잎이 아래로 쳐져 병 발생 우려 시 침투성 입제 또는 수화제로 예방한다.

18 **다음 중 벼의 병에서 물에 의해 가장 많이 전파되는 것은?**

① 흰잎마름병 ② 키다리병
③ 키아즈마병 ④ 오갈병

해설
- 흰잎마름병 : 세균성 병으로 물에 의해 전반 된다.
- 키다리병 : 자낭균류에 의한 병으로 종자전염 또는 바람에 의해 전반 된다.
- 키아즈마병 : 생식세포의 분열과정 중 키아즈마에 의해 돌연변이, 유전병이 발생할 수 있다.
- 오갈병 : 바이러스에 의해 발생하며 끝동매미충, 번개매미충에 의해 매개된다.

19 **병든 부분에 나타난 자낭각을 보고 진단할 수 있는 식물병으로 가장 적절한 것은?**

① 옥수수 깜부기병
② 밀 줄기녹병
③ 고추 역병
④ 보리 붉은곰팡이병

해설
- 옥수수 깜부기병 : 담자균류
- 밀 줄기녹병 : 담자균류
- 고추 역병 : 조균류
- 보리 붉은곰팡이병 : 자낭균류

20 **인삼 또는 당근의 뿌리에 혹과 같은 병징을 일으키는 대표적인 것은?**

① 뿌리혹박테리아
② 뿌리혹선충
③ 노균병균
④ 아조토박터

해설 뿌리혹선충의 피해 : 뿌리에 침입한 2령 유충은 이동 분산하여 정착한 후 특수한 생리활성물질은 방출하여 거대세포(다핵세포)를 형성하게 된다. 거대세포 쪽으로 양분이 집중적으로 이동하게 되며, 그 결과 식물체는 영양실조에 이르게 되고 혹이 형성된 뿌리는 양분과 수분의 흡수기능이 저하된다. 이러한 지하부의 피해가 클수록 지상부의 생물이 빈약해지며 절간이 왜화되고 엽색이 변하며 낙엽이 조기에 이루어진다.

제2과목 농림해충학

21 **곤충 개체 간의 통신 수단에 사용되는 물질로 가장 거리가 먼 것은?**

① hormone ② pheromone
③ allomone ④ kairomone

해설
- hormone : 곤충의 호르몬은 내분비선에서 분비하여 혈액에 방출되며 체색의 변화, 수분생리, 심장박동 조절, 휴면, 각종 대사작용 조절 등의 기능을 한다.
- pheromone : 곤충 체내에서 소량으로 만들어져 대기 중에 냄새로 방출되는 화학물질로 같은 종 다른 개체에 정보 전달을 목적으로 한다.
- allomone : 다른 종 개체 간 정보 전달 물질로 생산자에게는 유리하고 수용자에게는 불리하게 작용하는 방어물질로 이용된다.
- kairomone : 다른 종 개체 간 정보 전달 물질로 생산자에게는 불리하고 수용자에게 유리하게 작용한다.

정답 18. ① 19. ④ 20. ② 21. ①

22 다음 중 성충의 피해가 문제 되는 것은?

① 소나무좀
② 뽕나무하늘소
③ 밤나무순혹벌
④ 솔나방

해설
- 소나무좀 : 월동 성충이 나무줄기나 가지 껍질 밑에 구멍을 뚫고 들어가 형성층에 산란하며 부화한 유충이 인피부를 식해하여 양분 이동을 단절시켜 입목을 고사시키는 2차 가해를 하며, 우화하여 새로 나온 성충이 신초를 가해하여 고사시키는 후식 피해를 준다.
- 뽕나무하늘소 : 유충이 줄기와 기지 수피 밑의 형성층을 불규칙하고 평편하게 갉아먹으며 갱도에 똥을 채워 놓는다.
- 밤나무순혹벌 : 유충이 밤나무 잎눈에 기생하며 직경 10~15mm 벌레혹을 형성하고 그 부위에 작은 잎이 밀생하고 새 가지가 자라지 못해 개화, 결실하지 못하며, 벌레혹은 성충이 탈출한 7월 하순부터 말라죽으며 피해가 심하면 나무 전체가 고사한다.
- 솔나방 : 유충이 잎을 갉아먹으며 피해를 심하게 받는 나무는 고사한다.

23 날개가 있는 것은 날개맥이 없는 가늘고 긴 날개를 가지고 있고, 그 가장자리에 긴 털이 규칙적으로 나 있으며, 좌우대칭이 아닌 입틀을 가지고 있는 곤충군은?

① 총채벌레목 ② 나비목
③ 노린재목 ④ 매미목

해설 총채벌레목
- 몸길이 : 0.6~12mm 가량의 미소곤충
- 입틀 : 좌우가 같지 않다. 왼쪽 큰 턱이 한 개만 발달하여 먹이의 즙액을 빨아먹는다.
- 더듬이 : 6~10마디
- 날개 : 2쌍, 가늘고 길며 날개맥이 없고 가장자리에 긴 털이 규칙적으로 나 있다.
- 대부분 식물에 기생하나 응애나 진딧물의 체액을 빨아먹는 포충성인 것도 있다.

24 다음 중 수간에 황색 털로 덮여 있는 난괴(알덩어리)는 어떤 해충의 난괴인가?

① 미국흰불나방
② 천막벌레나방
③ 매미나방
④ 복숭아유리나방

해설
- 미국흰불나방 : 알은 직경이 0.5mm 정도이고 구형이며 담록색으로써 부화할 때가 되면 회흑색으로 변한다. 난괴는 암컷의 흰 털로 덮여 있다.
- 천막벌레나방(텐트나방) : 주로 밤에 가는 가지에 반지모양으로 200~300개의 알을 낳는다.
- 매미나방 : 지상 1~6m 높이의 수간(樹幹)에 80% 내외를 산란하며, 난괴당 알 수는 평균 500개이고 알은 공 모양으로 1.7mm 정도이며 암컷의 노란 털로 덮여 있다.
- 복숭아유리나방 : 수피의 갈라진 틈에 산란한다.

25 복숭아혹진딧물의 학명은?

① *Myzus persicae Sulzer*
② *Green peach aphid*
③ *Tetranychus urticae Koch*
④ *Panonychus citi McGregor*

해설
- *Green peach aphid* : 자두진딧물
- *Tetranychus urticae Koch* : 점박이응애
- *Panonychus citri McGregor* : 귤응애

26 다음 중 씹는형의 입틀을 갖지 않는 곤충으로 가장 적절한 것은?

① 이질바퀴
② 꽃노랑총채벌레
③ 벼메뚜기
④ 장수풍뎅이

해설 총채벌레목의 입틀은 좌우가 같지 않고 왼쪽 큰턱이 한 개만 발달하여 먹이의 즙액을 빨아먹는다.

정답 22. ① 23. ① 24. ③ 25. ① 26. ②

27 **다음 중 곤충의 방어물질에 대한 설명으로 가장 거리가 먼 것은?**

① 곤충의 방어물질을 총칭 카이로몬이라고 한다.
② 사회성 곤충에서는 독샘에서 분비하는 방어물질들이 대부분 효소들이다.
③ 곤충의 방어샘에서 동정된 화합물로는 알칼로이드, 테르페노이드, 퀴논, 페놀 등이 있다.
④ 비사회성 곤충에서는 방어물질 중에 개미들의 경보페로몬과 같거나 비슷한 구조의 화합물도 있다.

해설
- 카이로몬 : 다른 종 개체 간의 정보 전달 목적으로 분비되는 물질로 생산자에게는 불리하고 수용자에게 유리하게 작용한다.
- 알로몬 : 다른 종 개체 간의 정보 전달 목적으로 분비되는 물질로 생산자에게는 유리하고 수용자에게 불리하게 작용하여 방어물질로 이용된다.

28 **다음 중 곤충강으로 분류되지 않는 것은?**

① 먹줄왕잠자리 ② 벼물바구미
③ 꿀벌 ④ 지네

해설 지네 : 절지동물문 순각강

29 **곤충의 번성 원인에 대한 설명으로 가장 옳은 것은?**

① 세대가 길고 산란수가 많다.
② 변태 시 적에게 쉽게 노출된다.
③ 불리한 환경에 적응하기 위해 휴면을 한다.
④ 행동이 민첩하고 농약에 강하여 생존율이 높다.

해설 곤충 번성의 원인
- 외골격이 발달하여 몸을 보호한다.
- 날개의 발달로 생존과 종족 분산에 유리하다.
- 몸의 크기가 작아 소량의 먹이에도 활동에 지장을 받지 않고 적을 피하는 데 유리하다.
- 몸의 구조적 적응력이 좋다.
- 변태를 통해 불량환경에 적응한다.
- 종의 증가현상이 나타난다.

30 **다음 중 충영을 형성하는 해충으로 가장 적절한 것은?**

① 솔잎혹파리
② 독나방
③ 어스랭이나방
④ 참나무겨울가지나방

해설 솔잎혹파리 : 부화한 유충이 솔잎 밑부분으로 내려가 벌레혹(충영)을 만들고, 그 속에서 수액을 빨아먹는다.

31 **곤충의 알라타체에서 분비되는 호르몬은?**

① 유약호르몬 ② 뇌호르몬
③ 카디아카체 ④ 탈피호르몬

해설
- 알라타체 : 유약호르몬, 변태조절호르몬 생성
- 앞가슴선 : 탈피호르몬, 액디손과 허물벗기호르몬, 경화호르몬 등 분비

32 **다음 중 번데기 또는 마지막 영기의 약충이 탈피하여 성충이 되는 현상을 무엇이라고 하는가?**

① 우화 ② 부화
③ 용화 ④ 세대

해설
- 부화 : 알껍질 속 배자가 일정 기간 경과 후 완전히 발육하여 알껍질을 깨고 나오는 현상
- 용화 : 충분히 자란 유충이 먹이 활동을 중지하고 유충 시대의 껍질을 벗고 번데기가 되는 현상
- 세대 : 한 생물이 생겨나서 생존을 끝마칠 때까지의 기간으로 곤충이 알에서 유충, 번데기를 거쳐 성충이 되고 다시 알을 낳게 될 때까지의 기간

정답 27. ① 28. ④ 29. ③ 30. ① 31. ① 32. ①

33 곤충의 뇌는 전대뇌, 중대뇌, 후대뇌로 3개의 신경절로 되어 있다. 후대뇌의 역할로 가장 옳은 것은?

① 시감각에 관여
② 청감각에 관여
③ 소화기 운동에 관여
④ 촉감각에 관여

해설
- 전대뇌 : 가장 복잡한 행동을 조절하는 중추신경계의 중심으로 시감각을 맡는다.
- 중대뇌 : 더듬이로부터 감각, 운동축색을 받아 촉감각을 맡는다.
- 후대뇌 : 이미신경절을 통해 뇌와 위장신경계를 연결시키며 운동에 관여한다.

34 곤충의 중장과 후장 사이에 분포하여 배설작용을 하는 기관은?

① 타액선 ② 말피기씨관
③ 직장 ④ 소장

해설 말피기씨관(Malpighian tube) : 곤충의 중장과 후장 사이에 위치하며 체내 노폐물 제거, 삼투압 조절, 물과 함께 요산을 흡수하여 회장으로 보내며 비틀림운동으로 배설작용을 한다.

35 다음 중 수목의 수피 속 형성층이나 목질부를 가해하는 해충으로 가장 적절하지 않은 것은?

① 향나무하늘소
② 회양목명나방
③ 소나무좀
④ 박쥐나방

해설 회양목명나방 : 년 1~2회 발생하며 4월 하순경부터 유충이 나타나며, 어린 유충은 가는 가지에 거미줄을 치고 그 속에서 잎의 표피와 엽육(葉肉)을 식해하므로 잎이 반투명하게 된다. 대개 6월 상순경부터 식해하고 가해 부위에서 번데기가 된다.

36 곤충이 탈피할 때 새로운 표피로 대체(代替)되지 않는 기관은?

① 식도 ② 전소장
③ 직장 ④ 맹장

해설 중장은 내배엽에서 발생하였으나 전장과 후장은 외배엽이 함입되어 이루어졌기 때문에 내면이 큐티클로 되어 있고 탈피 시 대체된다.

37 다음 중 나비목 유충이 견사(絹絲)를 분비하는 곳으로 가장 적절한 것은?

① 전위 ② 맹장
③ 침샘 ④ 말피기씨관

해설 타액선 : 식도, 인두, 구강 내에서 타액을 분비하는 곳으로 나비목과 벌목의 유충은 견사를 분비하여 유충의 집을 만들고, 흡혈성 파리목 곤충은 피를 빨 때 혈액의 응고를 막는 액을 분비한다.

38 큰턱샘이 분비하는 물질로 가장 적절하지 않은 것은?

① 소화효소
② 경보페로몬
③ 혈액응고 억제제
④ 성페로몬

해설 타액선 : 식도, 인두, 구강 내에서 타액을 분비하는 곳으로 나비목과 벌목의 유충은 견사를 분비하여 유충의 집을 만들고, 흡혈성 파리목 곤충은 피를 빨 때 혈액의 응고를 막는 액을 분비한다.

39 곤충의 날개는 대개 2쌍이 있다. 앞날개는 일반적으로 어디에 달려있는가?

① 앞가슴 ② 가운데가슴
③ 뒷가슴 ④ 촉각

해설 앞날개는 가운데가슴, 뒷날개는 뒷가슴에 있다.

정답 33. ③ 34. ② 35. ② 36. ④ 37. ③ 38. ③ 39. ②

40 다음 중 성충이 우화하여 공중으로 날면서 알을 떨어뜨리는 해충으로 가장 적절한 것은?

① 짚시나방 ② 텐트나방
③ 흰불나방 ④ 박쥐나방

해설 • 짚시나방 : 지상 1~6m 높이의 수간(樹幹)에 80% 내외를 산란하며, 난괴당 알 수는 평균 500개이고 알은 공 모양으로 1.7mm 정도이며 암컷의 노란 털로 덮여 있다.
• 텐트나방 : 알은 잔가지에 나선형으로 낳으며 그대로 겨울을 지난다.
• 흰불나방 : 알은 난괴 형태로 흰 털에 덮여 있다.
• 박쥐나방 : 8월 하순~10월 상순에 우화한 성충은 박쥐처럼 저녁에 활발히 활동하며 날면서 많은 알을 땅에 산란한다. 한 마리의 산란수는 3,000~8,000개이며 때로는 1만 개 이상 되기도 한다.

제3과목 재배학원론

41 다음 중 작물의 생리작용을 위한 주요온도에서 최적 온도가 가장 낮은 것은?

① 오이 ② 보리
③ 삼 ④ 벼

해설 • 보리는 겨울작물로 상대적으로 최저온도가 낮다.
• 여름작물과 겨울작물의 주요온도(단위 : ℃)

주요온도	최저온도	최적온도	최고온도
여름작물	10~15	30~35	40~50
겨울작물	1~5	15~25	30~40

42 단일식물로만 나열한 것은?

① 양귀비, 양파
② 티머시, 감자
③ 시금치, 상추
④ 코스모스, 벼

해설 장일식물 : 양귀비, 티머시, 추파맥류, 시금치, 양파, 상추, 아마, 아주까리, 감자 등

43 논토양의 환원 상태에서 원소별 존재 형태를 바르게 나타낸 것은?

① C → CO_2 ② N → NO_3
③ Fe → Fe^{2+} ④ S → SO_4^{-2}

해설 밭토양과 논토양에서의 원소의 존재 형태

원소	밭토양 (산화상태)	논토양 (환원상태)
탄소(C)	CO_2	메탄(CH_4), 유기산물
질소(N)	질산염(NO_3^-)	질소(N_2), 암모니아(NH_4^+)
망간(Mn)	Mn^{4+}, Mn^{3+}	Mn^{2+}
철(Fe)	Fe^{3+}	Fe^{2+}
황(S)	황산(SO_4^{2-})	황화수소(H_2S), S
인(P)	인산(H_2PO_4), 인산알루미늄 $AlPO_4$)	인산이수소철 $Fe(H_2PO_4)_2$), 인산이수소칼슘 ($Ca(H_2PO_4)_2$)
산화환원 전위(Eh)	높다	낮다

44 저장 중 곡물의 변화에 대한 설명으로 틀린 것은?

① 호흡 소모로 중량 감소가 일어난다.
② 발아율이 저하된다.
③ 환원당 함량이 증가한다.
④ 유리지방산이 감소한다.

해설 저장 중 지방이 분해되어 유리지방산이 증가한다.

45 다음 중 협채류에 속하는 작물은?

① 동부 ② 토란
③ 우엉 ④ 미나리

해설 협채류 : 콩과작물

정답 40. ④ 41. ② 42. ④ 43. ③ 44. ④ 45. ①

46 **작물의 광합성에 가장 효과적인 광은?**

① 녹색광 ② 황색광
③ 주황색광 ④ 적색광

해설 광합성 효율과 빛 : 광합성에는 675nm를 중심으로 한 650~700nm의 적색 부분과 450nm를 중심으로 한 400~500nm의 청색광 부분이 가장 유효하고 녹색, 황색, 주황색 파장의 광은 대부분 투과, 반사되어 비효과적이다.

47 **사탕무의 속썩음병, 순무의 갈색속썩음병, 담배의 끝마름병 등과 관련 있는 필수원소는?**

① 망간 ② 붕소
③ 아연 ④ 몰리브덴

해설 붕소(B)

- 촉매 또는 반응조절물질로 작용하며, 석회결핍의 영향을 경감시킨다.
- 생장점 부근에 함유량이 높고 이동성이 낮아 결핍 증상은 생장점 또는 저장기관에 나타나기 쉽다.
- 결핍
  - ㉠ 분열조직의 괴사(necrosis)를 일으키는 일이 많다.
  - ㉡ 채종재배 시 수정 결실이 나빠진다.
  - ㉢ 콩과작물의 근류 형성 및 질소고정이 저해된다.
  - ㉣ 사탕무의 속썩음병, 순무의 갈색속썩음병, 셀러리의 줄기쪼김병, 담배의 끝마름병, 사과의 축과병, 꽃양배추의 갈색병, 알팔파의 황색병을 유발한다.
- 석회의 과잉과 토양의 산성화는 붕소 결핍의 주원인이며 산야의 신개간지에서 나타나기 쉽다.

48 **눈이 트려고 할 때 필요하지 않은 눈을 손끝으로 따주는 것은?**

① 적아 ② 적엽
③ 절상 ④ 휘기

해설
- 적아(摘芽, 눈따기; nipping) : 눈이 트려할 때 불필요한 눈을 따주는 작업이다.
- 적엽(摘葉, 잎따기; defoliation) : 통풍과 투광을 조장하기 위해 하부의 낡은 잎을 따는 작업이다.
- 절상(切傷, notching) : 눈 또는 가지 바로 위에 가로로 깊은 칼금을 넣어 그 눈이나 가지의 발육을 조장하는 작업이다.
- 언곡(偃曲, 휘기; bending) : 가지를 수평이나 그보다 더 아래로 휘어서 가지의 생장을 억제시키고 정부우세성을 이동시켜 기부에 가지가 발생하도록 하는 작업이다.

49 **다음 중 배의 미숙에 의한 휴면 현상이 나타나는 작물로 가장 옳은 것은?**

① 자운영 ② 인삼
③ 귀리 ④ 보리

해설 배의 미숙에 의한 휴면 : 미나리아재비, 장미과 식물, 인삼, 은행 등은 종자가 모주에서 이탈할 때 배가 미숙 상태로 발아하지 못한다. 미숙 상태의 종자가 수주일 또는 수개월 경과하면서 배가 완전히 발육하고 필요한 생리적 변화를 완성해 발아할 수 있는데, 이를 후숙(after ripening)이라 한다.

50 **자가불화합성을 이용하는 작물로만 나열된 것은?**

① 벼, 고추 ② 밀, 옥수수
③ 배추, 무 ④ 감자, 상추

해설 1대 잡종종자의 채종
- F_1종자의 채종은 인공교배 또는 웅성불임성 및 자가불화합성을 이용한다.
- 인공교배 이용 : 오이, 수박, 멜론, 참외, 호박, 토마토, 피망, 가지 등
- 웅성불임성 이용 : 상추, 고추, 당근, 쑥갓, 양파, 파, 벼, 밀, 옥수수 등
- 자가불화합성 이용 : 무, 배추, 양배추, 순무, 브로콜리 등

51 **포장동화능력에 대한 설명으로 옳은 것은?**

① 총엽면적×수광능률×군락상태
② 총엽면적×수광능률×평균동화능력
③ 총엽면적×광 차광률×상대습도
④ 단위 엽면적×수분 포화율×평균동화능력

정답 46. ④ 47. ② 48. ① 49. ② 50. ③ 51. ②

해설 포장동화능력의 표시

㉠ 포장동화능력=총엽면적×수광능률×평균동화능력

㉡ $P = AfP_0$

P: 포장동화능력, A: 총엽면적, f: 수광능률, P_0: 평균동화능력

52 다음에서 설명하는 것은?

파종된 종자의 약 40%가 발아한 날이다.

① 발아기 ② 발아시

③ 발아전 ④ 발아 양부

해설
- 발아기 : 파종된 종자의 약 40%가 발아된 날
- 발아시 : 파종된 종자 중에서 최초로 1개체가 발아된 날
- 발아전 : 파종된 종자의 대부분(80% 이상)이 발아한 날
- 발아 양부 : 양, 불량 또는 양(균일), 부(불균일)로 표시한다.

53 춘화처리의 농업적 이용과 가장 거리가 먼 것은?

① 대파할 수 있다.

② 성전환이 가능하다.

③ 채종에 이용될 수 있다.

④ 촉성재배가 가능하다.

해설 춘화처리의 농업적 이용
- 수량 증대 : 추파 맥류의 춘화처리 후 춘파로 춘파형 재배지대에서도 추파형 맥류의 재배가 가능하다.
- 채종 : 월동 작물을 저온처리 후 봄에 심어도 출수, 개화하므로 채종에 이용될 수 있다.
- 촉성재배 : 딸기의 화아분화에는 저온이 필요하기 때문에 겨울 출하를 위한 촉성재배 시 딸기묘를 여름철에 저온으로 화아분화를 유도해야 한다.
- 육종상의 이용 : 춘화처리로 세대 단축에 이용한다.
- 종 또는 품종의 감정 : 라이그라스류의 종 또는 품종은 3~4주일 동안 춘화처리를 한 다음 종자의 발아율에 의해서 구별된다.

54 관개방법 중 등고선에 따라 수로를 내고, 임의의 장소로부터 월류하도록 하는 것은?

① 보더관개 ② 일류관개

③ 수반관개 ④ 살수관개

해설
① 보더관개 : 낮은 둑으로 나누어진 논밭에 물을 얕게 펼쳐서 흘러내리게 하는 관수 방법

② 일류관개 : 일반적으로 경사가 있는 목초지 또는 야초지를 대상으로 한 관개이다. 등고선 방향으로 하여 주급수로에 지수로를 설치한 뒤, 지수로의 한쪽 끝을 차단하게 되면 물이 넘쳐흐르게 됨으로써 월류가 이루어진다. 하지만 관개효과 측면에서는 물의 손실이 크고, 지수로의 둑이 무너지게 된다면 부분적으로 피해가 커지기 때문에 유의해야 할 필요가 있다.

③ 수반관개 : 밭의 둘레에 두둑을 만들고 그 안에 물을 가두어 두는 법

④ 살수관개 : 물을 작은 입자 상태로 인공적으로 만들어 뿌리는 관개 방법

55 작물의 유전변이에 대한 설명으로 옳은 것은?

① 환경변이는 다음 세대에 유전한다.

② 연속변이를 하는 형질을 질적 형질이라고 한다.

③ 불연속변이를 하는 형질을 양적 형질이라고 한다.

④ 꽃 색깔이 붉은 것과 흰 것으로 구별되는 것은 불연속변이이다.

해설 변이(變異, variation)의 종류
- 개체들 사이에 형질의 특성이 다른 것을 변이라 한다.
- 원인은 유전적 원인에 의한 유전변이(遺傳變異, genetic variation)와 환경적 원인에 의한 환경변이(環境變異, environmental variation)가 있다.
- 유전변이
  - ㉠ 원인 : 감수분열 과정에서 유전자 재조합 및 염색체와 유전자의 돌연변이가 주원인이다.
  - ㉡ 유전변이는 다음 세대로 유전되지만 환경변이는 유전되지 않는다.

정답 52. ① 53. ② 54. ② 55. ④

- 변이의 원인에 따른 구분
  - ㉠ 대상 형질의 종류
    - ⓐ 형태적 변이 : 키가 크다, 작다.
    - ⓑ 생리적 변이 : 병해충에 강하다, 약하다.
  - ㉡ 변이의 양상
    - ⓐ 연속변이(양적 변이) : 키가 작은 것부터 큰 것까지 여러 등급으로 나타나는 것
    - ⓑ 불연속변이(대립변이) : 꽃의 색이 붉은 것, 흰 것과 같이 뚜렷하게 구별되는 것
  - ㉢ 변이의 성질
    - ⓐ 대립변이 : 두 변이 사이에 구별이 뚜렷하고, 그 중간계급의 변이가 없는 것
    - ⓑ 방황변이(정향변이, 양적 변이) : 동일종의 개체 간에 존재하는 연속성을 가진 변이
  - ㉣ 변이의 원인 : 장소변이(소재변이), 돌연변이, 교잡변이
  - ㉤ 변이의 범위 : 일반변이, 개체변이
  - ㉥ 유전성의 유무
    - ⓐ 유전변이 : 돌연변이, 교잡변이, 유전자적 변이(불연속변이, 대립변이, 일반변이)
    - ⓑ 환경변이 : 장소변이, 유도변이, 일시적 변이(연속변이, 방황변이, 개체변이)

56 벼 신품종 종자 증식을 위해 채종포에서 사용하는 종자는?

① 기본식물종자
② 원원종
③ 원종
④ 보급종

해설 우리나라 자식성작물의 종자증식체계

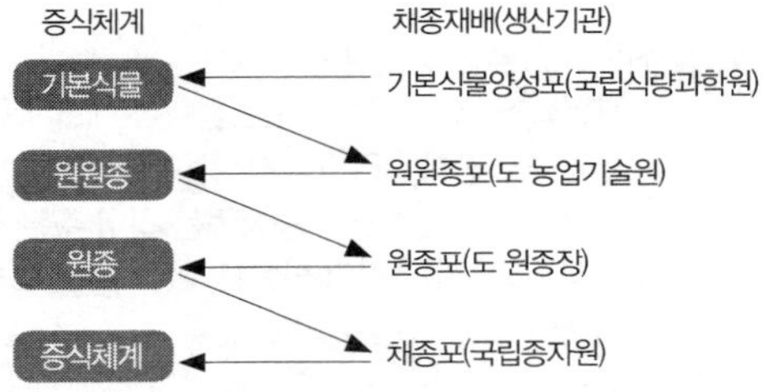

57 1대 잡종 품종에서 잡종강세가 가장 크게 나타나는 것은?

① 단교배 종자
② 3원교배 종자
③ 복교배 종자
④ 합성품종 종자

해설 자식계통으로 1대 잡종 품종의 육성 방법
- 단교배(單交配, single cross, A/B) : 잡종강세가 가장 큰 것이 장점이나 채종량이 적고 종자가격이 비싸다.
- 3원교배(三元交配, three-way cross, A/B//C)
- 복교배(複交配, double cross, A/B//C/D)
- 사료작물은 3원교배 또는 복교배 1대 잡종 품종을 많이 이용한다.

58 우리나라 주요 작물의 기상생태형에서 감광형에 해당하는 것은?

① 그루조　② 조생종
③ 올콩　④ 여름 메밀

해설 우리나라 주요 작물의 기상생태형

작물	감온형(blT형)	감광형(bLt형)
벼	조생종	만생종
	북부	중남부
콩	올콩	그루콩
	북부	중남부
조	봄조	그루조
	서북부, 중부산간지	중부의 평야, 남부
메밀	여름메밀	가을메밀
	서북부, 중부산간지	중부의 평야, 남부

정답 56. ③ 57. ① 58. ①

59 고구마의 안전저장 조건에서 온도 조건으로 가장 옳은 것은?

① 큐어링 후 13~15℃
② 큐어링 후 20~25℃
③ 큐어링 후 28~30℃
④ 큐어링 후 35~38℃

해설 저온장해 한계온도(Ryall and Lipton, 1979)

작물	저온장해를 유발하는		저온장해 회피온도 (℃)
	온도(℃)	기간(일)	
바나나	-	-	13
멜론	5	10	7~10
호박	0~7	8	10
생강	7	14~21	13
토마토	10	8	12
고구마	10	10	13

60 다음 중 단명종자로만 나열된 것은?

① 사탕무, 배치
② 수박, 나팔꽃
③ 토마토, 가지
④ 메밀, 기장

해설 작물별 종자의 수명<中村, 1985; HARTMANN, 1997>

구분	단명종자(1~2년)	장명종자 5년 이상)
농작물류	콩, 땅콩, 목화, 옥수수, 해바라기, 메밀, 기장	클로버, 알팔파, 사탕무, 베치
채소류	강낭콩, 상추, 파, 양파, 고추, 당근	비트, 토마토, 가지, 수박
화훼류	베고니아, 팬지, 스타티스, 일일초, 콜레옵시스	접시꽃, 나팔꽃, 스토크, 백일홍, 데이지

제4과목 농약학

61 95%인 원제 2kg으로 2% 분제를 만들려 할 때, 소요되는 증량제의 양(kg)은?

① 73 ② 83
③ 93 ④ 103

해설 희석할 증량제의 양
= 원분제의 중량×(원제의 농도÷원하는 농도-1)
= 2kg×(95%÷2%-1) = 93kg

62 카바메이트(Carbamate)계 살충제의 작용에 대한 설명 중 틀린 것은?

① 살충작용이 선택적이다.
② 인축에 대한 독성이 가장 강하다.
③ 적용 범위가 넓고 약해가 적다.
④ 식물체에 대한 침투력이 있다.

해설 카바메이트(Carbamate)계 살충제는 일반적으로 살충작용이 선택적이고 체내에서 빨리 분해되어 인축에 독성이 낮은 안정한 화합물로 아세틸콜린에스테라제(AChE) 활성저해제이다.

63 페녹시(Phenoxy)계로서 고농도에서는 광엽선택제초성의 제초제이지만 낮은 농도에서는 생장촉진, 도복방지 등의 효과가 있다고 알려져 있는 농약은?

① pyrethrin ② 2,4-D
③ DDT ④ BHC

해설 페녹시(Phenoxy)계 제초제
- 광엽잡초 경엽에 처리하는 선택성 제초제로 식물의 생장점에 집적되어 활성을 나타낸다.
- 체내 옥신의 균형을 교란시키는 것이 주된 작용 특성으로 분열조직의 활성화, 이상 분열, 엽록소 형성의 저해, 세포막 삼투압 증대 등 식물의 생리기능을 교란시켜 제초활성을 나타낸다.
- 가장 먼저 개발된 호르몬형 유기제초제로 대표적인 제초제로는 2,4-D, 메코프로프(MCPP) 등이 있다.

정답 59. ① 60. ④ 61. ③ 62. ② 63. ②

64 **농약관리법령상 농약이 아닌 것은?**

① 살충제
② 전착제
③ 기피제
④ 위생해충제

해설 위생해충제는 생활에 이용하는 살충제로 농약으로 분류되지 않는다.

65 **살충제 농약의 작용점이 잘못 연결된 것은?**

① 원형질독 - 유기수은제
② 피부독 - 기계유유제
③ 호흡독 - 청산가스
④ 근육독 - 피레스린

해설 피레스린 : 제충국의 유효성분으로 곤충의 신경계통에 작용하여 살충작용을 한다.

66 **급성 경구독성이 가장 강한 농약은?**

① Zineb제
② Parathion제
③ DDVP제
④ Diazinon제

해설 Parathion은 유기인계 살충제로 인체에 맹독성이다.

67 **기계유유제의 불포화탄화수소의 양을 표시하는 값으로 정제도(精制度)와 관계있는 물리적 성질은?**

① 점도(viscosity)
② 비등점(boiling point)
③ 술폰가(sulfonative value)
④ 응고(coagulation)

해설 술폰가 : 약해의 원인으로 불포화탄화수소의 함유량을 나타내는 단위로 숫자가 적을수록 불포화탄화수소의 함유량은 적다.

68 **교차저항성(cross resistance)에 대한 설명으로 옳은 것은?**

① 동일한 작용기작을 가진 약제군 사이에서 그중 1개의 약제에 저항성을 지니게 된 균은 같은 군의 다른 약제에 대해서도 저항성을 가진다.
② 작용점이 여러 개인 약제에 대하여 2가지 이상의 작용점에 저항을 획득하면 그 균은 교차저항성을 획득하였다고 한다.
③ 베노밀(benomyl)과 톱신-M(Topsin-M)의 경우 화학구조가 완전히 다르기 때문에 저항성의 획득도 다른 기작을 따른다.
④ 저항성 균이 한 지역에 발생하여 다른 지역으로 이동되었을 때, 이동된 지역에서도 저항성을 유지하는 것을 교차저항성이라 한다.

해설 교차저항성 : 하나의 병원균이나 약제에 저항성이 있는 개체가 유사한 다른 병원균이나 약제에 저항성을 나타내는 현상

69 **피리딘계(4급 암모늄계) 제초제는?**

① Paraquat
② Oxadiazon
③ Butachlor
④ Chlomitrofen

해설 Paraquat(비피리딜리움계) : 4급 암모늄계로 물에 잘 용해되는 강한 양이온 형태로 식물에 빨리 흡수되고 토양에 강하게 흡착되는 비선택성 제초제이다.

70 **비중이 1.15인 이소푸로치오란 유제(50%) 100ml로 0.05% 살포액을 제조하는 데 필요한 물의 양은 몇 L인가?**

① 104.9　② 114.9
③ 124.9　④ 110.5

정답 64. ④ 65. ④ 66. ② 67. ③ 68. ① 69. ① 70. ②

해설 희석할 물의 양
= 원액의 용량 × (원액의 농도÷희석할 농도-1) × 원액의 비중
100ml×(50%÷0.05%-1)×1.15=114.885L

71 **유제, 수화제, 수용제 등의 약제 살포 방법 중 별도의 공기는 주입하지 않으며 약액에 압력을 가하여 미세한 출구로 직접 분사 · 살포하는 방법은?**

① 분무법 ② 미스트법
③ 스프링클러법 ④ 폼스프레이법

해설 ① 분무법 : 농약을 물과 섞은 용액, 수화제, 유탁액 등의 살포액을 분무기로 작물에 안개와 같이 미세하게 하여 뿌리는 방법
② 미스트법 : 미스트기로 만든 미립자를 살포하는 방법
③ 스프링클러법 : 스프링클러를 이용하여 생력적으로 농약을 살포하는 방법
④ 폼스프레이법 : 살포 희석액에 기포제를 가하여 특수 제작한 노즐로 공기와 함께 살포하는 방법

72 **농약의 잔류허용기준(MRL)을 결정하는 요소가 아닌 것은?**

① 최대무작용량(NOEL)
② 안전계수
③ 농약 살포 횟수
④ 1일 섭취허용량(ADI)

해설 • 최대잔류허용량(ppm) = {1일 섭취허용량(ADI; mg/kg)×국민평균체중(kg)} ÷ {해당 농약이 사용되는 식품의 1일 섭취량(식품계수, kg)
• ADI=최대무작용약량(NOEL)×안전계수(1/100)

73 **재배면적 10ha인 어떤 농지에서 팬티온 유제 50%를 1000배로 희석하여 10a당 8말의 살포량으로 방제하려고 한다. 팬티온 유제는 500ml 단위로 몇 병을 구입해야 하는가? (단, 1말은 18L이다.)**

① 21병 ② 25병
③ 29병 ④ 35병

해설 10a당 소요약량
= 단위면적당 사용량 ÷ 소요희석배수
= 8말 ÷ 1,000배 = 144,000mL ÷ 1,000=144ml
1ha=100a ∴ 10ha=1,000a
10a당 소요약량이 144ml이므로 10ha에 필요한 약량은 14,400ml가 된다.
14,400÷500=28.8병

74 **조제 직후 보르도액의 구리의 용해도가 0에 가까울 때의 pH는?**

① pH 12.4
② pH 11.3
③ pH 10.4
④ pH 9.3

해설 포화상태의 석회수는 pH12.5 정도이다.

75 **Ziram의 구조식은?**

① $\left[\begin{matrix} CH_3 \\ CH_3 \end{matrix} > N - \overset{\overset{S}{\|}}{C} - S - \right]_2 \ ZN$

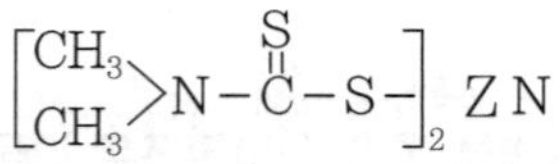

② $\begin{matrix} CH_2-NH-\overset{\overset{S}{\|}}{C}-S \\ CH_2-NH-\underset{\underset{S}{\|}}{C}-S \end{matrix} > ZN$

③ $\begin{matrix} CH_2-NH-\overset{\overset{S}{\|}}{C}-S-Na \\ | \\ CH_2-NH-\underset{\underset{S}{\|}}{C}-S-Na \end{matrix}$

④ $\begin{matrix} CH_2-NH-\overset{\overset{S}{\|}}{C}-S \\ | \\ CH_2-NH-\underset{\underset{S}{\|}}{C}-S \end{matrix} > Mn$

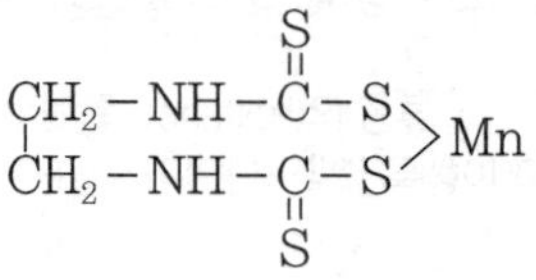

해설 Ziram : 아연디메틸치오카바메이트계

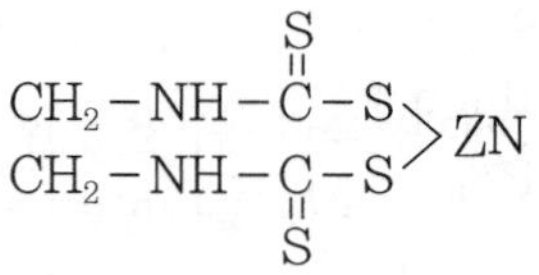

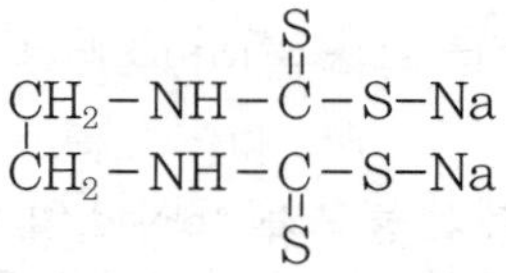

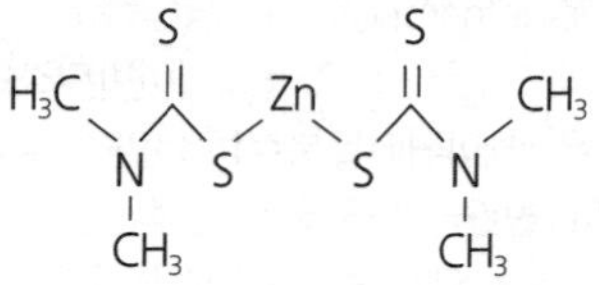

$H_3C-\underset{\underset{CH_3}{|}}{N}-\overset{\overset{S}{\|}}{C}-S-Zn-S-\overset{\overset{S}{\|}}{C}-\underset{\underset{CH_3}{|}}{N}-CH_3$

정답 71. ① 72. ③ 73. ③ 74. ① 75. ①

76 **농약의 살포 방법 중 살포액의 농도가 높고 정밀한 액적 조절 살포가 필요한 살포 방법은?**

① 분입제 살포 ② 공중액제 살포
③ 입제 살포 ④ 수면 시용

해설 액적 : 액체방울

77 **헤테로옥신이라고도 하며 무색 바늘모양의 결정으로 과수, 화초 등의 삽목 때 발근 촉진제로 사용될 수 있는 것은?**

① 포스톤 ② 지베렐린
③ β-인돌초산 ④ 카시네린

해설 헤테로옥신 : 식물생장소의 일종이다. CHO_2N 인돌-3-초산, β-인돌릴초산이라고도 한다.

78 **액상시용제의 물리적 특성으로만 나열된 것은?**

① 유화성과 토분성
② 수화성과 비산성
③ 습전성과 현수성
④ 분산성과 부착성

해설
- 액상시용제의 물리적 성질 : 유화성, 습전성, 표면장력, 접촉각, 수화성, 현수성, 부착성, 고착성, 침투성
- 고형시용제의 물리적 성질 : 분말도, 입도, 용적비중, 응집력, 토분성, 분산성, 비산성, 부착성, 고착성, 안정성, 경도, 수중붕괴성

79 **약해(藥害)에 대한 설명으로 옳지 않은 것은?**

① 약해란 농약에 의해서 식물의 정상적인 생육을 저해하는 것이다.
② 약해라고 해서 전부 작물의 수확에 영향을 끼치는 것은 아니고, 환경조건에 따라 회복되는 일시적 약해도 있다.
③ 살충제의 약해 발생은 유기인계 계통이 많다.
④ 만성적인 약해는 약제를 살포한지 1주일 이내에 나타난다.

해설
- 급성약해 : 농약 살포 후 1~2일 또는 1주일 이내 피해증상이 가시적으로 나타나는 것
- 만성약해 : 농약 살포 후 1주일 이후부터 피해증상이 느리게 나타나기 시작하는 것
- 2차 약해 : 포장에 처리한 농약성분이 토양, 용수 등 환경에 잔류하여 후작물 재배 시에 피해가 나타나는 것

80 **제초제 DCMU제(Diuron)에 대한 설명으로 틀린 것은?**

① 요소계 제초제이다.
② 토양처리 효과가 크다.
③ 포유동물에 대한 독성은 낮다.
④ 호르몬형의 접촉형 제초제이다.

해설 요소계 제초제 (Urea계)
- 화본과 및 광엽잡초에 유효한 잡초 발생 전 처리제로서 온도가 다소 높을 때 효과가 우수하며 식물체의 잎이나 줄기보다 뿌리로 흡수가 크다. Linuron(보리, 콩), Diuron, Bensulfuron-methyl(Londax)
- 비호르몬형의 이행형, 선택성 제초제이다.

제5과목 잡초방제학

81 **잡초 종자의 휴면타파 및 발아율을 촉진시키는 생장조절 물질과 가장 거리가 먼 것은?**

① 사이토카이닌 ② 에틸렌
③ 지베렐린 ④ MH

해설 MH(maleic hydrazide)
- Antiauxin의 생장저해물질로 담배 측아발생의 방지로 적심의 효과를 높인다.
- 감자, 양파 등에서 맹아억제 효과가 있다.

정답 76. ② 77. ③ 78. ③ 79. ④ 80. ④ 81. ④

82 다음 중 바랭이는 형태적 분류상 어디에 속하는가?

① 광엽 잡초
② 화본과 잡초
③ 방동사니과 잡초
④ 국화과 잡초

해설 바랭이 : 1년생 화본과 초본이다.

83 다음 중 식물 간 상호작용에서 기생에 해당하는 것으로 가장 옳은 것은?

① 콩의 뿌리혹박테리아
② 콩밭 잡초 새삼
③ 나무껍질에 붙어있는 지의류
④ 목초지에서 두과와 화본과 식물

해설 기생이란 어떤 두 종(種) 사이의 관계 중 한 종이 다른 한 종에게 손해를 주면서 자신은 이익을 얻어 살아가는 관계로 실새삼은 콩을 숙주로 양분을 콩으로부터 흡수한다.

84 일정 기간 이내에 대부분 종자가 발아를 마치는 집중발아 습성을 무엇이라고 하는가?

① 발아 준동시성
② 발아 계절성
③ 발아 기회성
④ 발아 내성

해설 잡초종자의 발아습성

- 발아의 주기성 : 주기적으로 일정 간격을 두고 최고의 발아율을 나타내는 것으로 휴면의 형태로 부적절한 환경을 극복하려는 종자의 발아습성이다.
- 발아의 계절성과 기회성 : 발생 계절의 일장에 반응하여 휴면이 타파되고 발아하는 것을 계절성, 온도에 감응하여 발아하는 것을 기회성이라 한다.
- 발아의 준동시성과 연속성 : 일정한 기간 내에 대부분의 종자가 발아하는 것을 준동시성, 오랜 기간 지속적으로 발아하는 것을 연속성이라 한다.

85 다음 중 광발아 종자에서 적색광과 적외선광을 교체하여 조사하였을 때 종자가 가장 발아 되지 않는 것은?

① 적외선광 조사→적색광 조사
② 적색광 조사→적외선광 조사
③ 적색광 조사→적외선광 조사→적색광 조사
④ 적외선광 조사→적외선광 조사→적색광 조사

해설 적색광은 광합성, 일장반응, 광발아성 종자의 발아를 주도하며, 근적외선은 식물의 신장을 촉진하여 적색광과 근적외선의 비(R/Fr ratio)가 작으면 절간 신장의 촉진되어 초장이 커지는데, 이는 색소단백질인 피토크롬이 적색광을 흡수하면 활성형인 Pfr형으로 전환되고, 근적외광을 흡수하면 불활성형인 Pr형으로 변하는 가역적 반응을 통해 종자의 발아, 줄기의 분지 및 신장 등에 영향을 미치기 때문이다.

86 종자에 낙하산과 같은 긴 털을 가지거나 솜털과 같은 것으로 덮여서 바람에 잘 날리는 잡초로 가장 옳은 것은?

① 도꼬마리
② 소리쟁이
③ 메귀리
④ 민들레

해설 민들레 열매 : 5~6월에 갈색이 도는 수과가 달려 익으며 위쪽에 뾰족한 돌기가 있고 표면에 6줄의 홈이 있다. 위쪽은 부리 모양으로 뻗고 그 끝에 길이 6mm 정도의 하얀 깃털이 삿갓 모양을 하고 붙어서 바람에 날려 멀리까지 퍼진다.

87 다음 중 논토양 표토에 주로 지하경을 형성하는 다년경 잡초로 가장 옳은 것은?

① 깨풀　　② 쇠비름
③ 올미　　④ 명아주

정답 82. ② 83. ② 84. ① 85. ② 86. ④ 87. ③

해설

구분			잡초
논잡초	1년생	화본과	강피, 물피, 돌피, 둑새풀
		방동사니과	참방동사니, 알방동사니, 바람하늘지기, 바늘골
		광엽잡초	물달개비, 물옥잠, 여뀌, 자귀풀, 가막사리
	다년생	화본과	나도겨풀
		방동사니과	너도방동사니, 올방개, 올챙이고랭이, 쇠털골, 매자기
		광엽잡초	가래, 벗풀, 올미, 개구리밥, 미나리
밭잡초	1년생	화본과	바랭이, 강아지풀, 돌피, 둑새풀(2년생)
		방동사니과	참방동사니, 금방동사니
		광엽잡초	개비름, 명아주, 여뀌, 쇠비름, 냉이(2년생), 망초(2년생), 개망초(2년생)
	다년생	화본과	참새피, 띠
		방동사니과	향부자
		광엽잡초	쑥, 씀바귀, 민들레, 쇠뜨기, 토끼풀, 메꽃

88 멀칭용 플라스틱 필름에 대한 설명으로 가장 옳지 않은 것은?

① 흑색필름은 잡초의 발생을 줄인다.
② 녹색필름은 지온상승의 효과가 크다.
③ 흑색필름은 지온이 높을 때 지온을 낮추어 준다.
④ 투명필름은 잡초 발생을 크게 줄인다.

해설 투명필름 멀칭의 주요 목적은 지온의 상승이며 잡초 억제의 효과는 없다.

89 다음 중 여름잡초로만 나열된 것은?

① 벼룩나물, 바랭이
② 피, 쇠비름
③ 별꽃, 속속이풀
④ 피, 냉이

해설
- 하계 1년생 잡초 : 바랭이, 피, 쇠비름, 명아주, 강아지풀
- 동계 1년생 잡초 : 둑새풀, 냉이(2년생), 망초(2년생), 별꽃(2년생), 벼룩나물(2년생)

90 잡초의 발아습성 중 발아기회성에 대한 설명으로 가장 옳은 것은?

① 일장에 감응하여 발아하게 되는 특성
② 온도 조건에 감응하여 발아하게 되는 특성
③ 일정한 간격을 가지고 최고의 발아율을 나타내는 특성
④ 오랜 기간에 걸쳐 지속적으로 발아하게 되는 특성

해설
- 발아의 주기성 : 주기적으로 일정 간격을 두고 최고의 발아율을 나타내는 것으로 휴면의 형태로 부적절한 환경을 극복하려는 종자의 발아습성이다.
- 발아의 계절성과 기회성 : 발생 계절의 일장에 반응하여 휴면이 타파되고 발아하는 것을 계절성, 온도에 감응하여 발아하는 것을 기회성이라 한다.
- 발아의 준동시성과 연속성 : 일정한 기간 내에 대부분의 종자가 발아하는 것을 준동시성, 오랜 기간 지속적으로 발아하는 것을 연속성이라 한다.

정답 88. ④ 89. ② 90. ②

91 화본과 잡초와 사초과 잡초의 차이점에 대한 설명으로 가장 옳은 것은?

① 화본과 잡초는 줄기가 삼각형인 반면, 사초과 잡초는 줄기가 둥글다.
② 화본과 잡초는 속이 차 있는 반면, 사초과 잡초는 속이 비어 있다.
③ 화본과 잡초는 마디가 있는 반면, 사초과 잡초는 마디가 없다.
④ 화본과 잡초는 엽초와 엽신이 뚜렷하지 않은 반면, 사초과 잡초는 엽초와 엽산이 뚜렷하다.

해설
- 광엽잡초 : 잎이 둥글고 크며 잎맥은 그물맥이다.
- 화본과 잡초 : 잎의 길이가 폭에 비해 길고 잎맥은 나란히맥이며, 잎은 잎짚과 잎몸으로 나누어져 있고, 줄기는 마디가 뚜렷한 원통형으로 마디 사이가 비어 있다.
- 사초과 잡초 : 화본과 잡초와 형태가 비슷하나 줄기가 삼각형이고 윤택이 있으며 속이 차 있고, 잎이 좁고 소수에 작은 꽃이 달리며 물속이나 습지에서 잘 자란다.

92 생태적 잡초방제 중 경합 특성을 이용한 방법과 가장 거리가 먼 것은?

① 작부체계 관리
② 관개수로 관리
③ 육묘(이식) 재배 관리
④ 재식밀도 관리

해설 ①, ③, ④는 작물의 건전한 생육을 도모하여 잡초와 경합에 우세하도록 하는 방제방법이나 ②는 관개수를 통해 외부로부터 잡초 종자의 유입을 방지하는 예방적 방제에 해당한다.

93 다음 중 우리나라 과수원에서 발생하는 잡초종으로 가장 거리가 먼 것은?

① 바랭이 ② 매자기
③ 강아지풀 ④ 닭의장풀

해설 매자기 : 다년생 사초과 잡초로 논이나 수로, 습지에서 잘 자란다.

94 다음 중 작물과 잡초가 경합하고 있을 때 작물 수량 손실이 가장 높은 경우는?

① C_3작물과 C_4잡초
② C_3작물과 C_3잡초
③ C_4작물과 C_3잡초
④ C_4작물과 C_4잡초

해설 C_3작물과 C_4잡초의 경합은 C_4식물은 C_3식물에 비해 광포화점은 높고 이산화탄소 보상점은 낮고 광합성 효율이 높아 경합에 우세하다.

95 잡초의 식물학적 분류로 세분되는 순서로 가장 옳은 것은?

① 계→문→과→강→목→속→종
② 계→문→강→목→과→속→종
③ 속→계→문→과→강→목→종
④ 강→속→계→문→과→목→종

해설 식물의 분류 체계
① 식물기관의 형태 또는 구조의 유사점에 기초를 둔다.
② 분류군의 계급은 최상위 계급인 계에서 시작하여 최하위 계급인 종으로 분류하며, 다음과 같이 계→문→강→목→과→속→종으로 구분한다.

96 논에서 사초과인 올방개를 방제하기 위하여 사용하는 후기 경엽처리 제초제로 가장 적절한 것은?

① 알라클로르 입제
② 옥사디아존 유제
③ 디티오피르 유제
④ 벤타존 액제

해설 벤타존 : 벤조티아디아졸계 제초제로 광엽 및 사초과 잡초에 처리하는 선택성 이행형 제초제로 광합성 저해에 의해 방제한다.

정답 91. ③ 92. ② 93. ② 94. ① 95. ② 96. ④

97 잡초가 종내 변이를 일으키는 원인으로 가장 거리가 먼 것은?

① 돌연변이 발생
② 시비량의 변화
③ 자연교잡
④ 잡초의 생리적 형질 변화

해설 변이(變異, variation)의 종류
① 개체들 사이에 형질의 특성이 다른 것을 변이라 한다.
② 원인은 유전적 원인에 의한 유전변이(遺傳變異, genetic variation)와 환경적 원인에 의한 환경변이(環境變異, environmental variation)가 있다.
※ 시비량과 같은 원인에 의한 변이는 환경변이이므로 유전되지 않아 종내 변이의 원인이 될 수 없다.

98 다음 중 부유성 잡초로만 나열된 것은?

① 너도방동사니, 별꽃
② 올미, 토끼풀
③ 개구리밥, 부레옥잠
④ 깨풀, 망초

해설 부유성 잡초 : 물에 뜨는 잡초로 수생잡초에 속하며 생이가래, 개구리밥, 좀개구리밥, 부레옥잠 등이 이에 해당한다.

99 다음 중 암 조건에서도 발아가 가장 잘 되는 것은?

① 참방동사니 ② 개비름
③ 독말풀 ④ 소리쟁이

해설
- 광발아성 종자 : 바랭이, 쇠비름, 개비름, 향부자, 강피, 참방동사니, 소리쟁이, 메귀리
- 암발아성 종자 : 별꽃, 냉이, 광대나물, 독말풀
- 광무관 종자 : 화곡류, 옥수수

100 다음 중 화본과 잡초로 가장 옳은 것은?

① 나도겨풀 ② 물달개비
③ 밭뚝외풀 ④ 올미

해설
- 나도겨풀 : 화본과 잡초
- 물달개비 : 광엽잡초
- 밭뚝외풀 : 광엽잡초
- 올미 : 광엽잡초

정답 97. ② 98. ③ 99. ③ 100. ①

식물보호기사

2020년 3회 기출문제

제1과목 식물병리학

01 사과나무 부란병에 대한 설명으로 옳지 않은 것은?

① 자낭포자와 병포자를 형성한다.
② 강한 전정 작업을 하지 말아야 한다.
③ 사과나무 가지에 감염되면 사마귀가 형성된다.
④ 병원균이 수피의 조직 내에 침입해 있어 방제가 어렵다.

해설 줄기와 가지의 껍질이 갈색으로 변하면서 약간 부풀어 올라 쉽게 벗겨지며, 알콜 냄새가 난다. 심해지면 발병 부위에 검고 작은 돌기가 생기고, 실 모양의 노란 포자퇴가 나오며 결국 가지가 말라 죽는다.

02 매개충에 의해 경란 전염하는 바이러스 병은?

① 담배 혹병
② 감자 더뎅이병
③ 벼 줄무늬잎마름병
④ 고구마 뿌리혹병

해설 벼 줄무늬잎마름병 : 애멸구가 매개충은 바이러스 병이다.
②감자 더뎅이병 : 진균
④고구마 뿌리혹병 : 선충

03 다음 중 순활물기생체에 해당하는 것은?

① 보리 흰가루병균
② 감자 역병균
③ 벼 깜부기병균
④ 고구마 무름병균

해설 순활물기생체 : 살아있는 식물에서만 영양을 취하는 균으로 흰가루병균, 녹병균, 뿌리혹병균 등이 해당된다.

04 다음 중 복숭아나무 잎오갈병의 전형적인 병징은?

① 도장 ② 천공
③ 이상 비후 ④ 기공 개폐

해설 복숭아나무 잎오갈병의 병징 : 병환부 조직에 주름살이 잡히고 불에 데인 것처럼 많이 부풀어 있다.

05 다음 중 세균의 그람염색반응을 결정하는 것으로 가장 옳은 것은?

① 편모의 유무
② 편모의 두께
③ 펙틴의 물리적 구조
④ 세포벽의 화학적 구조

해설 그람염색법
- 세균을 분류하기 위한 가장 일반적인 방법이다. 방법 : 크리스탈 바이올렛(자색)→요오드, 알콜처리→샤프라닌 염료(적색)
- 판정 : 양성(자색), 음성(적색)
- 대부분 세균은 세포벽 구조에 따라 두 종류로 분류된다.

정답 01. ③ 02. ③ 03. ① 04. ③ 05. ④

06 **식물체에 암종을 형성하며, 유전공학 연구에 많이 쓰이는 식물병원 세균은?**

① Brassica campestris var
② Agrobacterium tumefaciens
③ Clavibacter michiganensis
④ Xanthomonas campestris

해설
- Brassica campestris var : 배추
- Agrobacterium tumefaciens : 근두암종병균
- Clavibacter michiganensis : 토마토 궤양병균
- Xanthomonas campestris : 세균성 잎마름병균

07 **식물병 진단 중 해부학적 방법으로 가장 옳은 것은?**

① 파지검출법 ② 유출검사법
③ 괴경지표법 ④ 즙액접종법

해설
- 파지검출법 : 생물학적 진단
- 유출검사법 : 해부학적 진단
- 괴경지표법 : 생물학적 진단
- 즙액접종법 : 생물학적 진단

08 **다음 중 중간 기주인 향나무를 제거하면 피해를 경감시킬 수 있는 것은?**

① 무 균핵병
② 사과나무 탄저병
③ 사과나무 붉은별무늬병
④ 복숭아 검은무늬병

해설 붉은별무늬병 : 병원균은 담자균류인 Gymnosporangium haraeanum으로 사과나무, 배나무를 기주식물로, 향나무를 주간기주식물로 하는 순활물기생균이다.

09 **다음 중 크기가 가장 작은 식물 병원체는?**

① 세균 ② 진균
③ 바이러스 ④ 바이로이드

해설
- 일반적인 병원체의 크기 : 진균>세균>파이토플라스마>바이러스>바이로이드
- 바이로이드는 기주식물의 세포에 감염하여 증식하고 병을 발생시킬 수 있는 지금까지 알려진 가장 작은 병원체로, 외부 단백질이 없는 핵산(RNA)만의 형태로 분자량도 바이러스 RNA의 1/10 이하이다.

10 **다음 중 병원균의 분생포자각과 자낭각이 보이는 것은?**

① 오이 잘록병
② 밤나무 줄기마름병
③ 수수 오갈병
④ 보리 이삭누룩병

해설
① 오이 잘록병 : 난균류
② 밤나무 줄기마름병 : 자낭균 - 자낭각을 형성하고 자낭각에서 자낭포자가 유출된다.
③ 수수 오갈병 : 바이러스
④ 보리 이삭누룩병 : 자낭균 - 자실체를 형성하고 자실체에서 자낭포자가 유출된다.

11 **다음 중 여름포자를 형성하지 않는 것은?**

① 잣나무 털녹병균
② 소나무 혹병균
③ 포플러 잎녹병균
④ 향나무 녹병균

해설 향나무 녹병균과 배나무 붉은별무늬병은 여름포자 세대가 없다.

12 **다음 중 소나무 혹병균의 중간기주로 가장 거리가 먼 것은?**

① 굴참나무 ② 떡갈나무
③ 굴피나무 ④ 상수리나무

해설 소나무 혹병균은 소나무와 참나무에 이종기생을 한다. 주어진 보기에서 굴참나무, 떡갈나무, 상수리나무는 참나무류에 속한다.

정답 06. ② 07. ② 08. ③ 09. ④ 10. ② 11. ④ 12. ③

13 **채소에 발생하는 흰가루병의 특징에 대한 설명으로 가장 거리가 먼 것은?**

① 밀가루 모양의 흰색 포자를 잎 표면에 형성한다.
② 병 발생 후기에는 자낭각을 형성한다.
③ 잎과 줄기를 시들게 만든다.
④ 인공배양이 어렵다.

해설 ① 흰가루병은 자낭균류 흰가루균과에 의해 발생하며 순활물기생체이다.
② 병징은 기주식물 표면에 흰밀가루를 뿌린 모양으로 나타난다.

14 **파이토플라스마에 의해 발생되는 대추나무 빗자루병의 방제 시 수간주입에 사용되는 효과적인 약제는?**

① 옥시테트라사이클린
② 디메토모르프
③ 티아벤다졸
④ 메틸브로마이드

해설 파이토플라스마는 방제가 대단히 어려우나 테트라사이클린계 항생물질에 감수성을 보인다.

15 **진딧물에 의해 바이러스가 전염되어 발생하는 병은?**

① 땅콩 불마름병
② 보리 도열병
③ 대추나무 빗자루병
④ 배추 모자이크병

해설 • 땅콩 불마름병 : 세균
• 보리 도열병 : 진균(자낭균)
• 대추나무 빗자루병 : 파이토플라스마

16 **다음 중 병원균이 이종기생균에 속하는 것은?**

① 포도 새눈무늬병 ② 호박 노균병
③ 장미 탄저병 ④ 잣나무 털녹병

해설 이종기생균은 기주교대를 하는 균을 의미하며, 생활사를 완성하기 위해 기주를 바꾸는 것을 기주교대라 한다.

17 **뽕나무 오갈병의 병원체로 옳은 것은?**

① 파이토플라스마
② 담자균
③ 곰팡이
④ 바이러스

해설 파이토플라스마에 의한 병해 : 대추나무 빗자루병, 오동나무 빗자루병, 뽕나무 오갈병

18 **다음 중 섬모 또는 편모를 가지고 있으며, 운동성을 가지고 있는 것은?**

① 유성포자 ② 유주자
③ 분생포자 ④ 난포자

해설 조균류(편모균류)는 유주자를 형성하여 헤엄쳐 이동이 가능하다.

19 **향균력이 있는 미생물을 이용하여 식물병을 방제하는 것은?**

① 물리적 방제 ② 경종적 방제
③ 화학적 방제 ④ 생물적 방제

해설 미생물을 이용하는 방제 방법은 생물적 방제 방법에 해당한다.

20 **다음 중 병원체가 주로 각피를 통해 직접 침입하지 않는 것은?**

① 벼 도열병균
② 밤나무 줄기마름병균
③ 사과나무 탄저병균
④ 장미 잿빛곰팡이병균

해설 병원균의 침입
1. 각피로 침입 : 벼 도열병균, 탄저병균, 벼 깨씨무늬병, 각종 녹병균의 소생자, 잿빛곰팡이병 등
2. 자연개구부로 침입

정답 13. ③ 14. ① 15. ④ 16. ④ 17. ① 18. ② 19. ④ 20. ②

㉠ 기공침입 : 녹병균의 녹포자와 하포자, 사탕무 갈색무늬병균, 노균병균, 소나무 잎떨림병균 등
㉡ 수공침입 : 양배추 검은썩음병균, 사과·배 화상병균, 벼 흰잎마름병균 등
㉢ 피목침입 : 감자 역병균, 감자 더뎅이병균, 과수 잿빛무늬병균 등
㉣ 밀선침입 : 사과 화상병균

3. 상처를 통한 침입 : 채소 세균성무름병균, 과수 근두암종병균 등의 세균병, 사과 부란병, 밤나무 줄기마름병균, 은행나무 잎마름병균 등

4. 특수기관을 통한 침입
㉠ 꽃감염 : 사과 꽃썩음병, 사과·배 화상병균 밀·보리 겉깜부기병균 등
㉡ 모감염 : 보리 속깜부기병균, 밀 비린감부기병균 등
㉢ 뿌리감염 : 무·배추 무사마귀병균, 토마토 풋마름병균, 시들음병균, 담배 왜화바이러스 등
㉣ 눈감염 : 감자 암종병균, 벚나무 빗자루병 등

제2과목 농림해충학

21 곤충의 배설기관으로 척추동물의 신장과 같은 기능을 하는 것은?

① 말피기관 ② 알라타체
③ 사구체 ④ 전장

해설
- 말피기관 : 중장과 후장 사이에 위치하며 pH와 무기이온 농도를 조절하며, 비틀림운동으로 배설작용을 한다.
- 알라타체 : 성충으로 발육을 억제하는 유충호르몬(유약호르몬, 변태조절호르몬) 생성
- 사구체 : 신동맥이 가지를 쳐서 된 모세혈관 덩어리
- 전장 : 음식물을 중장으로 운반하는 통로 역할을 하며, 먹은 것을 임시저장하고 기계적 소화가 일어난다.

22 곤충을 잡아먹는 포식성 곤충류로 가장 거리가 먼 것은?

① 무당벌레류 ② 진딧물류
③ 파리매류 ④ 사마귀류

해설 진딧물류 : 식물 즙액을 빨아먹는다.

23 채소해충으로 가장 거리가 먼 것은?

① 이세리아깍지벌레
② 도둑나방
③ 땅강아지
④ 알톡토기

해설 이세리아깍지벌레 : 감귤류, 주목, 싸리나무 등을 가해하는 수목해충에 해당한다.

24 다음에서 설명하는 것은?

> 번데기 또는 마지막 영기의 약충이 탈피하여 성충이 되는 현상

① 부화 ② 용화
③ 세대 ④ 우화

해설
- 부화 : 알껍질 속의 배자가 일정 기간 경과 후 완전히 발육하여 알껍질을 깨뜨리고 밖으로 나오는 현상
- 용화 : 충분히 자란 유충이 먹는 것을 중지하고 유충시대의 껍질을 벗고 번데기가 되는 현상
- 세대 : 알에서 유충, 번데기를 거쳐 성충이 되고 다시 알을 낳게 될 때까지를 세대 또는 생활사라 한다.

25 다음에서 설명하는 해충은?

> – 1년에 5회~10회 이상 발생한다.
> – 고온건조 시 피해가 심하다.

① 가루깍지벌레 ② 점박이응애
③ 밤나무혹벌 ④ 땅강아지

정답 21. ① 22. ② 23. ① 24. ④ 25. ②

해설 • 가루깍지벌레 : 1년 3회 발생하고 보통 알덩어리 형태로 거친 껍질 밑에서 월동한다.
• 점박이응애 : 1년 10회 정도 발생한다.
• 밤나무혹벌 : 1년 1회 발생하고 유충의 형태로 잎눈의 조직 내에 충영을 만들고 월동한다.
• 땅강아지 : 1년에 1회 발생하고 성충 또는 약충으로 땅속에서 월동한다.

26 누에 암나방이 발산하는 성 페르몬으로 가장 옳은 것은?

① 봄비콜 ② 알로몬
③ 카이로몬 ④ 글리세롤

해설 • 봄비콜 : 누에 암컷에서 분비하는 성 페르몬
• 알로몬 : 생산자에게 유리하고 수용자에게 불리하게 작용하여 방어물질로 이용되는 통신용 화합물질
• 카이로몬 : 생산자에게 불리하고 수용자에게 유리하게 작용하는 통신용 화합물질
• 글리세롤 : 유기화합물의 알콜족에 속하는 액체

27 기피제를 놓아 해충을 방제하고자 할 때 곤충의 어떤 행동을 이용한 것인가?

① 음성주화성 ② 양성주화성
③ 양성주촉성 ④ 음성주촉성

해설 주화성 : 화학물질에 유인되는 것으로 어떤 곤충은 특수한 식물에 알을 낳고, 어떤 유충은 특수한 식물만 먹는다.

28 곤충 개체 간의 통신수단에 사용되는 물질로 가장 관련이 없는 것은?

① allomone ② pheromone
③ hormone ④ kairomone

해설 • allomone : 생산자에게 유리하고 수용자에게 불리하게 작용하여 방어물질로 이용되는 통신용 화합물질
• pheromone : 같은 곤충 종 개체 간 정보전달을 목적으로 분비되는 화학물질
• kairomone : 생산자에게 불리하고 수용자에게 유리하게 작용하는 통신용 화합물질

29 성충은 뽕나무 눈을 가해하고, 유충은 목질부에 구멍을 뚫고 먹어 들어가는 뽕나무 해충은?

① 뽕나무순혹파리
② 뽕나무명나방
③ 뽕나무깍지벌레
④ 뽕나무애바구미

해설 • 뽕나무순혹파리 : 유충이 새순의 생장점 부근의 어린눈에 침입하여 눈의 조직을 갉아 먹는다.
• 뽕나무명나방 : 유충이 잎을 식해한다.
• 뽕나무깍지벌레 : 성충, 유충 모두 수액을 흡즙한다.

30 다음 중 초본류 혹은 목본류의 줄기 속을 식해하여 가해하는 해충은?

① 콩풍뎅이 ② 거세미나방
③ 숯검은밤나방 ④ 박쥐나방

해설 • 콩풍뎅이 : 성충이 각종 활엽수의 꽃을 식해한다.
• 거세미나방 : 유충이 어린모를 지표 가까이에서 자르고 식해한다.
• 숯검은밤나방 : 유충이 작물 지재부를 식해한다.

31 다음에서 설명하는 해충으로 가장 옳은 것은?

> 최근 도시의 버즘나무 잎이 부분적으로 퇴색되고 피해가 진전되었으며 조기에 갈색으로 마르는 피해가 발생하였다.

① 깍지벌레류 ② 진딧물류
③ 방패벌레류 ④ 흰불나방

32 성충으로 월동하는 해충은?

① 왕무당벌레붙이
② 혹명나방
③ 검거세미나방
④ 복숭아혹진딧물

정답 26. ① 27. ① 28. ③ 29. ④ 30. ④ 31. ③ 32. ①

해설 • 혹명나방 : 국내에서 월동하지 못하는 비래해충이다.
• 검거세미나방 : 유충의 형태로 땅속에서 월동한다.
• 복숭아혹진딧물 : 알의 형태로 겨울기주 복숭아나무 등의 겨울눈에서 월동한다.

33 감자나방의 피해 특징으로 가장 거리가 먼 것은?

① 담배의 뿌리를 가해하고, 밖으로 배설물을 배출한다.
② 감자에 배설물이 나와 있다.
③ 어린감자의 생장점을 파고 들어간다.
④ 감자 잎의 표피를 뚫고 들어가 앞뒤 표피만 남긴다.

해설 생장점에 잠입하거나 잎의 표피를 파고 들어가 엽육을 식해한다.

34 다음 중 일본으로부터 천적을 수입하여 제주 감귤원의 해충방제에 성공한 사례로서 기록된 해충으로 가장 옳은 것은?

① 가루깍지벌레
② 이세리아깍지벌레
③ 화살깍지벌레
④ 루비깍지벌레

해설 루비깍지벌레
• 피해 : 주로 잎과 녹지에 기생하여 수액을 흡수하여 피해를 줄 뿐 아니라 배설한 분비물에 의해 그을음병이 발생됨으로써 광합성 저해와 과실 오염으로 품질을 저하시킨다.
• 방제 : 천적인 루비붉은깡충좀벌을 일본에서 도입하여 방사한 결과 방제효과가 양호하여 현재 발생량이 극히 적다. 약충 발생기에 약제를 살포하며 방제약제는 아조포유제, 메치온유제, 아진포유제, 파프유제, 메카밤유제 등이 있다.

35 다음 중 곤충이 지구상에 번성하게 된 원인으로 가장 거리가 먼 것은?

① 외골격의 발달
② 날개의 발달
③ 작은 몸의 크기
④ 대부분 무변태 특성

해설 대부분 변태를 통해 불량환경에 적응한다.

36 곤충의 분류 시 이용되는 기본 분류 단위로 가장 옳은 것은?

① biotype(생태형)
② species(종)
③ variety(변종)
④ subspecies(아종)

해설 계-문-강-목-과-속-종의 순서이다.

37 끝동매미충은 국내에서 연간 4세대를 경과하는데, 이 중 벼오갈병은 주로 몇 세대 약충이 매개하는가?

① 1세대 ② 2세대
③ 3세대 ④ 4세대

해설 끝동매미충
• 성충과 약충이 기주식물의 줄기와 이삭 등을 흡즙하여 임실률을 저하시키고 배설물에 의한 그을음병을 유발하며 벼의 오갈병을 매개한다.
• 1년 4~5회 발생하고 4령약충의 형태로 논둑의 잡초나 벼 그루 등에서 월동한다.
• 제1회 성충은 둑새풀 등에서 1세대를 보내고 제2회 성충은 본답에서 흡즙하고 오갈병을 매개한다.

38 다음 중 완전변태를 하는 곤충목은?

① 풀잠자리목 ② 메뚜기목
③ 노린재목 ④ 총채벌레목

해설 메뚜기목, 노린재목, 총채벌레목은 불완전변태를 하는 외시류에 해당한다.

정답 33. ① 34. ④ 35. ④ 36. ② 37. ② 38. ①

39 **다음 중 체내 수분증산을 억제하는 표피층 구조로 가장 옳은 것은?**

① 원표피층 ② 외원표피층
③ 외표피층 ④ 내원표피층

해설
- 원표피층 : 진피층의 진피세포에서 분비되어 생성된 것으로 체벽의 대부분을 차지한다. 원표피는 외원표피층, 중원표피층, 내원표피층, 슈미트층으로 구성되어 있다.
- 외원표피층 : 곤충의 체색을 나타내는 색소를 함유하고 있다.
- 외표피층 : 체벽의 최외각에 위치하며 단백질과 지질로 구성된 매우 얇은 층으로 유기용매에 안정한 고분자물질로 구성되어 있고 수분의 증발을 억제한다.
- 내원표피층 : 미세섬유의 배열에 의해 박막층 구조를 가진다.

40 **식물체에 혹을 만들어 피해를 주는 해충으로 가장 거리가 먼 것은?**

① 솔잎혹파리
② 밤나무혹벌
③ 포도뿌리혹벌레
④ 복숭아혹진딧물

해설 복숭아혹진딧물 : 잎을 흡즙하는 형태의 가해양상을 보인다.

제3과목 재배학원론

41 **작물 생육의 다량원소가 아닌 것은?**

① K ② Mg
③ Cu ④ S

해설 필수원소의 종류(16종)
- 다량원소(9종) : 탄소(C), 산소(O), 수소(H), 질소(N), 인(P), 칼륨(K), 칼슘(Ca), 마그네슘(Mg), 황(S)
- 미량원소(7종) : 철(Fe), 망간(Mn), 구리(Cu), 아연(Zn), 붕소(B), 몰리브덴(Mo), 염소(Cl)

42 **C_3식물과 C_4식물의 형태와 생리적 특성으로 옳은 것은?**

① C_4식물은 Kranz 구조가 있다.
② C_3식물은 C_4보다 내건성이 강하다.
③ C_3식물의 CO_2보상점은 C_4보다 낮다.
④ C_4식물의 광포화점은 C_3보다 낮다.

해설 크란츠 구조(Kranz anatomy) : 식물 잎의 횡단면을 관찰하면, 유관속초세포(bundle sheath cell)가 유관속의 주위를 둘러싸고 있으며 그 주위를 엽육세포가 둘러싸고 있다. 이것은 마치 꽃다발처럼 보이므로 크란츠 구조(Kranz anatomy)라고 한다.

43 **찰벼에 메벼의 화분을 수분하면 그 F_1 종자의 배유가 메벼의 형질을 보이는 현상은?**

① Xenia ② Apomixis
③ Pseudogamy ④ Chimera

해설
- 크세니아(xenia) : 종자의 배유(3n)에 우성유전자의 표현형이 나타나는 것
- 아포믹시스(apomixis) : 아포믹시스는 'mix가 없는 생식'으로 수정과정을 거치지 않고 배가 만들어져 종자를 형성하는 무수정종자형성(無受精種子形成) 또는 무수정생식(無受精生殖)을 뜻한다.
- 위수정생식(僞受精生殖, pseudogamy) : 수분의 자극으로 난세포가 배로 발달하는 것으로 벼, 밀, 보리, 목화, 담배 등에서 나타나며, 이것으로 종자가 생기는 것을 위잡종(僞雜種, false hybrid)이라 한다.
- 키메라(chimera) : 동일개체 중에 유전자형을 다르게 하는 조직이 서로 접촉해 있는 현상

44 **다음 중 웅성불임성을 주로 이용하는 작물로만 나열된 것은?**

① 무, 양배추
② 당근, 고추
③ 배추, 브로콜리
④ 순무, 가지

해설 종자의 채종은 인공교배 또는 웅성불임성 및 자가불화합성을 이용한다.

정답 39. ③ 40. ④ 41. ③ 42. ① 43. ① 44. ②

• 인공교배 이용 : 오이, 수박, 멜론, 참외, 호박, 토마토, 피망, 가지 등
• 웅성불임성 이용 : 상추, 고추, 당근, 쑥갓, 양파, 파, 벼, 밀, 옥수수 등
• 자가불화합성 이용 : 무, 배추, 양배추, 순무, 브로콜리 등

45 **벼의 추락현상이 발생할 때 벼뿌리를 상하게 하는 주된 물질은?**

① 황화수소
② 탄산가스
③ 불화수소
④ 메탄가스

해설 1. 추락현상 : 노후화 논의 벼는 초기에는 건전하게 보이지만, 벼가 자람에 따라 깨씨무늬병의 발생이 많아지고 점차로 아랫잎이 죽으며, 가을 성숙기에 이르러서는 윗잎까지도 죽어 버려서 벼의 수확량이 감소하는 경우가 있는데, 이를 추락현상이라 한다.

2. 추락의 과정
• 물에 잠겨 있는 논에서, 황 화합물은 온도가 높은 여름에 환원되어 식물에 유독한 황화수소(H_2S)가 된다. 만일, 이때 작토층에 충분한 양의 활성 철이 있으면, 황화수소는 황화철(FeS)로 침전되므로 황화수소의 유해한 작용은 나타나지 않는다.
• 노후화 논은 작토층으로부터 활성철이 용탈되어 있기 때문에 황화수소를 불용성의 황화철로 침전시킬 수 없어 추락현상이 발생하는 것이다.

3. 추락답의 개량
• 객토하여 철을 공급해준다.
• 미량요소를 공급한다.
• 심경을 하여 토층 밑으로 침전된 양분을 반전시켜 준다.
• 황산기 비료$(NH_4)_2SO_4$나 $K_2(SO_4)$ 등을 시용하지 않아야 한다.

46 **저장 중 작물의 종자가 발아력을 상실하는 원인으로 가장 거리가 먼 것은?**

① 원형질 단백의 응고
② 효소의 활력 저하
③ 저장양분의 소모
④ 유리지방산 감소

해설 종자가 저장 중 발아력을 상실하는 주원인은 종자의 원형질을 구성하는 단백질의 응고에 기인한다. 또한 저장 중 효소활력의 저하, 저장양분의 소모 등도 원인이 된다.

47 **맥류의 좌지현상을 볼 수 있는 경우는?**

① 봄보리를 가을에 파종
② 봄보리를 봄에 파종
③ 가을보리를 가을에 파종
④ 가을보리를 봄에 파종

해설 좌지현상 : 추파맥류를 춘파한 경우 영양생장만 계속하는 현상으로 잎만 무성하게 자라다가 결국엔 이삭이 생기지 못하는 현상이다.

48 **작물의 기원지를 알아내는 방법으로 가장 거리가 먼 것은?**

① 식물지리학적 방법
② 계통분리법
③ 유전자분석법
④ 고고학적 방법

해설 계통분리법은 분리육종의 한 방법이다.

49 **다음 중 작물의 요수량이 가장 큰 것은?**

① 수수　② 기장
③ 호박　④ 옥수수

해설 요수량
• 수수, 옥수수, 기장 등은 작고 호박, 알팔파, 클로버 등은 크다.
• 일반적으로 요수량이 작은 작물일수록 내한성(耐旱性)이 크나, 옥수수, 알팔파 등에서는 상반

정답 45. ① 46. ④ 47. ④ 48. ② 49. ③

되는 경우도 있다.
- 흰명아주>호박>알팔파>클로버>완두>오이>목화>감자>귀리>보리>밀>옥수수>수수>기장

50 광과 식물 생육과의 관계로 연결이 적절하지 않은 것은?

① 적색광 - 엽록소 형성
② 청색광 - 굴광현상
③ 적외선 - 안토시아닌 생성
④ 자외선 - 신장억제

해설 사과, 포도, 딸기 등의 착색은 안토시아닌 색소의 생성에 의하며 비교적 저온에 의해 생성이 조장되며, 자외선이나 자색광파장에서 생성이 촉진되며, 광 조사가 좋을 때 착색이 좋아진다.

51 작물 품종의 잡종강세에 대한 설명으로 옳은 것은?

① 양친 식물보다 자식 식물의 생육이 약하다.
② 양친 식물보다 자식 식물의 생육이 왕성하다.
③ 양친 식물과 자식 식물의 생육이 같다.
④ 벼와 같은 작물에서 많이 발생한다.

해설 잡종강세(雜種强勢, hybrid vigor, heterosis)

1. 타식성작물의 근친교배로 인한 약세화 된 작물 또는 빈약한 지식계통끼리 교배한 F_1은 양친보다 우수한 생육을 나타내는 현상으로 근교약세의 반대현상이라 할 수 있다. 자식성작물에서도 잡종강세가 나타나지만 타식성작물에서 월등히 크게 나타난다.
2. 원인 : 우성설(優性說, dominance theory)과 초우성설(超優性說, overdominance theory)로 설명된다.
   - 우성설(Bruce, 1910) : F_1에 집적된 우성유전자들의 상호작용에 의하여 잡종강세가 나타난다는 설이다.
   - 초우성설(Shull, 1908) : 잡종강세가 이형접합체(F_1)로 되면 공우성이나 유전자 연관 등에 의해 잡종강세가 발현된다는 설이다.
3. 타식성작물은 자식 또는 근친교배로 동형접합체 비율이 높아지면 집단 적응도가 떨어지므로 타가수정을 통해 적응에 유리한 이형접합체를 확보한다고 할 수 있으므로 타식성작물의 육종은 근교약세를 일으키지 않고 잡종강세를 유지하는 우량집단을 육성하는 것이다.

52 다음 중 기지의 문제가 가장 큰 것은?

① 앵두나무 ② 포도나무
③ 자두나무 ④ 살구나무

해설 과수의 기지 정도
- 기지가 문제 되는 과수 : 복숭아, 무화과, 감귤류, 앵두 등
- 기지가 나타나는 정도의 과수 : 감나무 등
- 기지가 문제되지 않는 과수 : 사과, 포도, 자두, 살구 등

53 작물 군락의 수광태세에 대한 일반적인 설명으로 옳은 것은?

① 벼의 분얼은 개산형(開散型)인 것이 좋다.
② 옥수수는 수이삭이 큰 것이 밀식에 잘 적용한다.
③ 콩은 잎이 크고 넓은 것이 좋다.
④ 벼의 잎은 넓고 상위엽이 수평인 것이 좋다.

해설 군락의 수광태세

1. 의의
   - 군락의 최대엽면적지수는 군락의 수광태세가 좋을 때 커진다.
   - 동일 엽면적이라면 수광태세가 좋을 때 군락의 수광능률은 높아진다.
   - 수광태세의 개선은 광에너지의 이용도를 높일 수 있으며 우수한 초형의 품종 육성, 재배법의 개선으로 군락의 잎 구성을 좋게 해야 한다.
2. 벼의 초형
   - 잎이 너무 두껍지 않고 약간 좁으며 상위엽이 직립한다.
   - 키가 너무 크거나 작지 않다.

정답 50. ③ 51. ② 52. ① 53. ①

- 분얼(分蘖)은 개산형(開散型, gathered type)으로 포기 내 광의 투입이 좋아야 한다.
- 각 잎이 공간적으로 되도록 균일하게 분포해야 한다.

3. 옥수수의 초형
   - 상위엽은 직립하고 아래로 갈수록 약간씩 기울어 하위엽은 수평이 된다.
   - 숫이삭이 작고 잎혀(葉舌)가 없다.
   - 암이삭은 1개인 것보다 2개인 것이 밀식에 더 적응한다.
4. 콩의 초형
   - 키가 크고 도복이 안 되며 가지를 적게 치고 가지가 짧다.
   - 꼬투리가 원줄기에 많이 달리고 밑까지 착생한다.
   - 잎자루(葉柄)가 짧고 일어선다.
   - 잎이 작고 가늘다.
5. 재배법에 의한 수광태세의 개선
   - 벼의 경우 규산과 칼리의 충분한 시용은 잎이 직립하고 무효분얼기에 질소를 적게 주면 상위엽이 직립한다.
   - 벼, 콩의 경우 밀식 시 줄 사이를 넓히고 포기 사이를 좁히는 것이 파상군락을 형성하게 하여 군락 하부로 광투사를 좋게 한다.
   - 맥류는 광파재배보다 드릴파재배를 하는 것이 잎이 조기에 포장 전면을 덮어 수광태세가 좋아지고 지면 증발도 적어진다.
   - 어느 작물이나 재식밀도와 비배관리를 적절하게 해야 한다.

54 세포막 중 중간막의 주성분이며, 체내에서 이동이 어려운 것은?

① Mg ② P
③ K ④ Ca

해설 칼슘(Ca)
① 세포막의 중간막의 주성분이며 잎에 많이 존재한다.
② 체내에서는 이동률이 매우 낮다.
③ 분열조직의 생장, 뿌리 끝의 발육과 작용에 불가결하며 결핍되면 뿌리나 눈의 생장점이 붉게 변하여 죽게 된다.
④ 토양 중 석회의 과다는 마그네슘, 철, 아연, 코발트, 붕소 등 흡수가 저해되는 길항작용이 나타난다.

55 다음 중 산성토양에 대해 적응성이 가장 약한 것은?

① 아마 ② 기장
③ 팥 ④ 감자

해설 산성토양에 대한 작물의 적응성
- 극히 강한 것 : 벼, 밭벼, 귀리, 토란, 아마, 기장, 땅콩, 감자, 수박 등
- 강한 것 : 메밀, 옥수수, 목화, 당근, 오이, 완두, 호박, 토마토, 밀, 조, 고구마, 담배 등
- 약간 강한 것 : 유채, 파, 무 등
- 약한 것 : 보리, 클로버, 양배추, 근대, 가지, 삼, 겨자, 고추, 완두, 상추 등
- 가장 약한 것 : 알팔파, 콩, 자운영, 시금치, 사탕무, 셀러리, 부추, 양파 등

56 주로 영양번식 하는 식물은?

① 호프 ② 아스파라거스
③ 마늘 ④ 시금치

해설 마늘은 때때로 꽃대가 아주 작은 비늘줄기에서 올라와 꽃을 피우기도 하지만 씨는 맺히지 않아 종자번식이 어려워 주로 비늘줄기를 이용한 영양번식을 한다.

57 지하에 정체하여 모관수의 근원이 되는 물은?

① 결합수 ② 흡습수
③ 지하수 ④ 중력수

58 눈이나 가지의 바로 위에 가로로 깊은 칼금을 넣어 그 눈이나 가지의 발육을 조장하는 것은?

① 적아 ② 적엽
③ 환상박피 ④ 절상

정답 54. ④ 55. ③ 56. ③ 57. ③ 58. ④

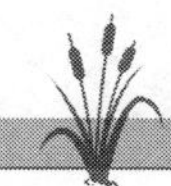

해설
- 적아(摘芽, 눈따기, nipping) : 눈이 트려할 때 불필요한 눈을 따주는 작업으로 포도, 토마토, 담배 등에서 실시된다.
- 적엽(摘葉, 잎따기, defoliation) : 통풍과 투광을 조장하기 위해 하부의 낡은 잎을 따는 작업으로 토마토, 가지 등에서 실시된다.
- 환상박피(環狀剝皮, ringing, girdling) : 줄기 또는 가지의 껍질을 3~6cm 정도 둥글게 벗겨내는 작업으로 화아분화의 촉진 및 과실의 발육과 성숙이 촉진된다.
- 절상(切傷, notching) : 눈 또는 가지 바로 위에 가로로 깊은 칼금을 넣어 그 눈이나 가지의 발육을 조장하는 작업이다.

59 다음 중 작물의 복토 깊이가 가장 깊은 것은?

① 파　② 양파
③ 유채　④ 생강

해설 복토
1. 파종한 종자 위에 흙을 덮어주는 작업이다.
2. 복토는 종자의 발아에 필요한 수분의 보존, 조수에 의한 해, 파종 종자의 이동을 막을 수 있다.
3. 복토 깊이는 종자의 크기, 발아습성, 토양의 조건, 기후 등에 따라 달라진다.
   - 볍씨를 물못자리에 파종하는 경우 복토를 하지 않는다.
   - 소립 종자는 얕게, 대립 종자는 깊게 하며 보통 종자 크기의 2~3배 정도 복토한다.
   - 혐광성 종자는 깊게 하고 광발아종자는 얕게 복토하거나 하지 않는다.
   - 점질토는 얕게 하고 경토는 깊게 복토한다.
   - 토양이 습윤한 경우 얕게 하고 건조한 경우는 깊게 복토한다.
   - 저온 또는 고온에서는 깊게 하고 적온에서는 얕게 복토한다.

60 벼 품종의 특성에 대한 설명으로 옳은 것은?

① 묘대일수감응도가 높은 것이 만식적응성이 크다.
② 조기재배의 경우에는 만생종이 알맞다.
③ 개량품종은 수확지수가 작다.
④ 우리나라 만생종은 감광성이 크다.

해설 우리나라 주요 작물의 기상생태형

작물	감온형(blT형)	감광형(bLt형)
벼	조생종	만생종
	북부	중남부
콩	올콩	그루콩
	북부	중남부
조	봄조	그루조
	서북부, 중부산간지	중부의 평야, 남부
메밀	여름메밀	가을메밀
	서북부, 중부산간지	중부의 평야, 남부

제4과목 농약학

61 다음 중 유기인계 살충제가 아닌 것은?

① MEP제　② PAP제
③ DDVP제　④ NAC제

해설 NAC제는 카바메이트계 살충제이다.

62 어떤 살충제에 대하여 이미 저항성이 발달한 해충이 한 번도 사용된 적은 없지만 작용기가 같은 살충제에 대하여 저항성을 나타내는 현상은?

① 교차저항성　② 복합저항성
③ 단일약제저항성　④ 선천적저항성

해설
- 교차저항성 : 2종류 이상의 약제에 대하여 동시에 저항성이 생기는 것
- 복합저항성 : 2종류 이상의 약제에 대하여 각각의 저항성이 생기는 것

정답 59. ④ 60. ④ 61. ④ 62. ①

63 Dithiopyr 45% 유제 50mL(비중 1.0)를 1200배 액으로 희석하여 살포하려 할 때 소요되는 물의 양(L)은?

① 23.76 ② 26.73
③ 59.95 ④ 66.33

해설 배액살포 시 소요약량=단위면적당 사용량÷소요희석배수이므로
물의 양=소요약량×소요희석배수-소요약량
=50mL×1,200배-50mL=59.95L

64 훈증제 농약의 구비 조건으로 옳지 않은 것은?

① 기름이나 물에 잘 녹아야 한다.
② 휘발성이 커서 확산이 잘 되어야 한다.
③ 훈증 목적물에 이화학적 변화를 일으키지 않아야 한다.
④ 비인화성이어야 하고 침투성이 커야 한다.

해설 훈증제
① 약제를 가스 상태로 만들어 이용하는 약제로 농약원제의 증기압이 매우 높아 유효성분이 쉽게 휘발하도록 만든 제형이다.
② 휘발성이 커서 농도가 균일하게 확산되어야 하고 비인화성이어야 하며, 침투성이 크고 훈증할 목적물에 이화학적으로 변화를 일으키지 않아야 한다.

65 순도 95%인 클로로탈로닐 원제 20kg으로 75% 수화제를 만들려고 할 때, 필요한 보조제의 양(kg)은? (단, 비중은 농도와 관계없이 1로 동일하다.)

① 5.33 ② 10.33
③ 15.33 ④ 20.33

해설 희석할 증량제의 양=원분제의 중량 ×(원분제의 농도 ÷ 원하는 농도 - 1)
=20kg ×(95% ÷ 75% -1) = 5.33

66 20% phosment 분제 3kg을 0.5%로 희석하는 데 필요한 증량제의 양(kg)은? (단, 비중은 1이다.)

① 15 ② 40
③ 117 ④ 120

해설 희석할 증량제의 양=원분제의 중량×(원분제의 농도÷원하는 농도-1)
=3kg×(20% ÷0.5%-1) =117

67 증량제를 사용하여 분제의 가비중(假比重, bulk density)을 조절할 때 가장 적절한 가비중 범위는?

① 0.2~0.4 ② 0.4~0.6
③ 0.6~0.8 ④ 0.8~1.0

해설 분제의 경우 입자의 진비중이 2.5g/mL 내외이지만 입자의 공극에 의하여 가비중은 0.5g/mL 정도이다.

68 Phenol계 살균제로서 과수의 월동 방제용이나 목재방부제로도 사용될 수 있는 약제는?

① Carboxin + thiram
② Captan
③ Neoasozin－6,5
④ Pentachlorophenol

해설 펜타크로로페놀(Pentachlorophenol)은 목재방부제, 농약으로 이용된다.

69 농약 원제의 효력을 증진시키기 위하여 사용되는 보조제에 해당되지 않는 것은?

① 증량제 ② 유화제
③ 살충제 ④ 협력제

해설 살충제는 보조제가 아닌 원제에 해당한다.

정답 63. ③ 64. ① 65. ① 66. ③ 67. ② 68. ④ 69. ③

70 **훈증제가 갖추어야 할 조건으로 틀린 것은?**

① 휘발성이 크고 농도가 균일하여야 한다.
② 훈증할 목적물에 이화학적으로 변화를 주어야 한다.
③ 비인화성이어야 한다.
④ 침투성이 커서 약제가 쉽게 도달하여야 한다.

해설 훈증제
- 약제를 가스 상태로 만들어 이용하는 약제로 농약원제의 증기압이 매우 높아 유효성분이 쉽게 휘발하도록 만든 제형이다.
- 휘발성이 커서 농도가 균일하게 확산되어야 하고 비인화성이어야 하며, 침투성이 크고 훈증할 목적물에 이화학적으로 변화를 일으키지 않아야 한다.

71 **다음 중 살충력이 강하고, 적용 범위가 넓으며 저렴한 값에 대량생산의 장점이 있으나 잔류독성의 문제를 일으킬 위험요인이 가장 큰 계통의 농약은?**

① 유기황계 ② 유기인계
③ 유기염소계 ④ 카바메이트계

해설 유기염소계 살충제는 살충력이 강하고 적용 범위가 넓으며 인축에 대한 급성독성이 낮으나 생태계 내에서 잔류성과 생물농축성이 높다.

72 **제초제의 살초작용에 대한 설명으로 틀린 것은?**

① 식물체의 제초제 흡수는 일반적으로 뿌리나 잎, 줄기를 통해 흡수된다.
② 잎을 통한 흡수는 극성과 무관하게 cellulose, pectin, wax의 순으로 흡수된다.
③ 식물의 잎을 통한 흡수는 대부분 잎의 표면을 통해 이루어진다.
④ 제초제의 식물체 내로의 침투 정도는 제초제의 극성 정도에 따라 영향을 받는다.

해설 잎을 통한 흡수는 극성에 따라 침입의 차이를 보인다. 비극성은 '큐티클납질>큐틴>펙틴'의 순으로 높고 셀룰로오스는 극성 물질에 해당한다. 비극성 제초제는 쉽게 큐티클납질을 통과하지만 갈수록 통과가 어려워지고, 극성 제초제는 처음 큐티클납질을 통과하기는 어렵지만 갈수록 통과가 쉬워진다.

73 **농약관리법령상 농약 및 원제의 신규등록의 경우 약효 · 약해 시험성적서의 인정 범위로 옳은 것은?**

① 180일간 시험한 성적서
② 1년간 시험한 성적서
③ 2~3년간 시험한 성적서
④ 4~5년간 시험한 성적서

해설 농진청고시 농약 및 원제의 등록기준

제4조(시험성적서의 인정범위) ① 2. 약효 · 약해 시험성적서 : 약효 · 약해 분야에 대한 시험연구기관에서 발급한 다음 각 목의 성적서로서 5년 이내(개별 시험성적서 별로 시험완료된 연도의 다음 연도를 1년으로 산정)의 성적서일 것. <개정 2012. 2. 7., 2017. 9. 20.>

가. 신규등록의 경우 : 2~3년간 시험한 3개 성적서(제초제는 약효 3개, 약해 6개) 중 최종 1개(제초제는 약효 1개, 약해 2개) 성적서는 농촌진흥청장이 지정한 농약 등의 시험연구기관 중 농약 제조 수입 원제업체의 부설 시험연구기관 이외의 시험연구기관에서 발급한 성적서 <신설 2017. 9. 20.>, <개정 2020. 2. 28.>

나. 변경등록의 경우 : 2년간 시험한 2개 성적서(제초제는 약효 2개, 약해 4개) 중 최종 1개(제초제는 약효 1개, 약해 2개) 성적서는 농촌진흥청장이 지정한 농약 등의 시험연구기관 중 농약 제조 수입 원제업체의 부설 시험연구기관 이외의 시험연구기관에서 발급한 성적서 <신설 2017. 9. 20.>, <개정 2020. 2. 28.>

정답 70. ② 71. ③ 72. ② 73. ③

74 보호살균제의 특성에 대한 설명으로 옳지 않은 것은?

① 병균이 식물체에 침투하는 것을 막기 위해 쓰이는 약제이다.
② 포자의 발아저지 작용이 커야 하고, 효과 지속기간도 길어야 한다.
③ 부착성 및 고착성이 강하고 안정된 것이어야 한다.
④ 살균력이 약하고 침투성이 있어야 한다.

해설 보호살균제 : 병원균의 포자가 발아하여 식물체 내로 침입하는 것을 방지하기 위해 사용하는 약제로 병이 발생하기 전에 작물체에 처리하여 예방을 목적으로 사용하는 것으로 약효 지속기간이 길어야 하며, 물리적 부착성 및 고착성이 양호해야 한다.

75 작물에 대한 약해 중 농약 사용 방법과 관련해서 일어나는 약해가 아닌 것은?

① 불합리한 섞어 쓰기는 주성분의 가수분해, 금속염의 치환 등으로 약효 저하 및 약해를 발생한다.
② 파라티온을 오랫동안 저장하면 p－nitrophenol이 생성되어 벼에 약해가 발생한다.
③ 상자육묘에서 Rhizophos spp.에 의한 모마름병 방제를 위해 하이멕사졸과 클로로탈로닐을 동시 사용하면 약해가 발생한다.
④ 살균제에 침투성 유화제를 첨가함으로써 식물체 내에 침투량이 많아져 약해가 일어난다.

해설 파라티온을 오랫동안 저장하면 p-nitrophenol이 생성되어 약해가 발생하나 이는 농약 자체에 원인에 의한 약해이므로 사용 방법에 의한 약해가 아니다.

76 한때 식물생장억제제인 낙과방지제로 사용했으나 발암물질로 지정되어 화훼농업에서 신장억제제로 주로 사용하는 것은?

① Pyrimethanil
② β－indole acetic acid
③ Colchicine
④ Daminozide

해설 다미노지드(Daminozide)
① 1962년 생물 생장조절제로 효과가 인정되어 많이 사용되었다.
② 주효과 : 낙과방지, 화초의 생장억제, 채소와 과일의 수량증대, 거봉의 착립 증가 등
③ EPA에서 다이노지드가 사용된 사과를 쥐에게 먹이는 실험으로 발암성이 있다고 판명된 후 1989년부터 생산과 사용이 금지되었다.

77 농약중독 사고 발생 시 취해야 할 응급조치로 적당하지 않은 것은?

① 경구 중독일 경우 따뜻한 물이나 소금물로 세척한다.
② 약물이 장내로 들어갈 염려가 있을 시 황산마그네슘(15~20g) 물에 독극물의 흡착을 위해 활성탄이나 규조토 등을 타서 먹여 배설시킨다.
③ 흡입 중독일 경우 체온을 식히기 위하여 찬물로 씻어 준다.
④ 경피 중독일 경우 오염된 의복을 벗기고 부착된 약제를 비눗물로 씻는다.

해설 흡입 중독 시 응급조치 : 약물이 기도를 통해 중독된 경우에는 환자를 바람이 잘 통하는 깨끗한 장소에 눕히고 의복을 느슨하게 하여 신선한 공기를 호흡할 수 있도록 하고 심하면 인공호흡을 실시한다.

정답 74. ④ 75. ② 76. ④ 77. ③

78 **물에 녹지 않은 원제를 벤토나이트 · 고령토 같은 점토광물의 증량제와 혼합하고, 여기에 친수성 · 습전성 및 고착성 등을 부가시키기 위하여 적당한 계면활성제를 가하여 미분말화 시킨 농약의 제형은?**

① 수용제　② 수화제
③ 분제　④ 유제

해설
- 수용제 : 물에 잘 녹는 농약원제를 수용성 증량제로 희석하여 입상의 고형으로 조작한 것으로 물에 용해시켜 살포액을 만들면 완전히 녹아 투명한 액체로 된다.
- 분제 : 농약원제를 탈크, 점토 등의 증량제와 물리성 개량제, 분해방지제 등과 혼합하여 분쇄한 가는 분말의 제형으로 희석하지 않고 직접 살포한다.
- 유제 : 물에 녹지 않는 농약원제를 유기용매에 녹이고 계면활성제를 유화제로 첨가하여 만든 것으로 물에 희석하여 유탁액을 형성한 다음 살포한다. 유화성, 안정성, 확전성, 고착성 등이 좋아야 한다.

79 **농약의 토양 잔류에 대한 설명으로 옳지 않은 것은?**

① 유기염소계 농약은 환경에서 매우 안정하므로 토양 중에 오래 잔류한다.
② 아닐린유도체는 토양 중에서 토양입자에 강하게 흡착되므로 오래 잔류한다.
③ 수화제나 유제와 같이 물에 희석해서 사용된 약제는 분제나 입제보다 토양에서 분해가 빨라진다.
④ 일반적으로 유기물 함량이 높은 토양에서 농약의 분해가 촉진된다.

해설 수화제나 유제와 같이 물에 희석하여 사용한다고 해서 토양에서 분해가 빨라지는 것은 아니다.

80 **농약의 구비조건으로 가장 거리가 먼 것은?**

① 독성이 강할 것
② 약해가 없을 것
③ 약효가 확실할 것
④ 저장성이 좋을 것

해설 독성은 대상작물에 대한 약해가 없고 사람, 가축, 천적 등에 대한 독성이 낮거나 선택성이어야 하며, 농약의 유효성분이 환경생태계에 오랫동안 잔류하거나 생물체 내에 축적 또는 농축하지 않아야 한다.

제5과목 잡초병제학

81 **잡초경합한계기간에 대한 설명으로 옳지 않은 것은?**

① 철저한 잡초 방제가 요구되는 시기이다.
② 작물 생육기의 초기 1/4~1/3 정도의 기간이다.
③ 잡초와 작물이 경합하지만 작물의 피해가 없는 한계기간이다.
④ 한계기간 이후에는 잡초 방제를 더 하여도 작물 피해에 큰 변화가 없다.

해설 잡초경합한계기간 : 잡초와의 경합에 의해 작물의 생육 및 수량이 가장 크게 영향을 받는 기간으로 작물이 초관을 형성한 이후부터 생식생장으로 전환하기 이전의 시기이다.

82 **다음 중 영양번식기관과 해당 잡초의 연결이 틀린 것은?**

① 지하경 – 가래, 수염가래꽃
② 인경 – 야생마늘, 자주괭이밥
③ 괴경 – 향부자, 매자기
④ 포복경 – 올미, 벗풀

해설 올미와 벗풀은 괴경을 이용해 영양번식을 한다.

정답 78. ② 79. ③ 80. ① 81. ③ 82. ④

83 다음 중 액체에 해당하지 않는 것은?

① 수성현탁제 ② 과립수용제
③ 미탁제 ④ 세립제

해설 세립제 : 세립상으로서 원상태로 사용되는 농약

84 다음 중 기주식물에 기생하는 잡초는?

① 새삼 ② 피
③ 명아주 ④ 물달개비

해설 기생성 잡초 : 새삼, 겨우살이 등

85 다음 중 주로 괴경으로 번식하는 논잡초는?

① 올방개 ② 알방동사니
③ 가막사리 ④ 자귀풀

해설 • 올방개 : 괴경
• 알방동사니, 가막사리, 자귀풀 : 1년생 초본으로 종자번식한다.

86 작물과 잡초의 주요 3대 경합 요소에 포함되지 않는 것은?

① 수분 ② 토양구조
③ 영양분 ④ 빛

해설 작물과 잡초 경합의 주요 인자는 광, 수분, 양분이며 그 밖에 공간, 이산화탄소도 경합의 인자로 분류되기도 한다.

87 다음 중 선택성 제초제는?

① Paraquat ② Glyphosate
③ Glufosinate ④ 2,4-D

해설 페녹시아세트산(phenoxyacetic acid) 유사물질인 2,4-D, 2,4,5-T, MCPA가 대표적 예로 2,4-D는 최초의 제초제로 개발되어 현재까지 선택성 제초제로 사용되고 있다.

88 다음 중 논잡초로만 나열된 것은?

① 흰명아주, 어저귀
② 쇠비름, 개비름
③ 개구리밥, 생이가래
④ 망초, 까마중

해설 1. 논잡초

1년생	화본과	강피, 물피, 돌피, 둑새풀
	방동사니과	참방동사니, 알방동사니, 바람하늘지기, 바늘골
	광엽잡초	물달개비, 물옥잠, 여뀌, 자귀풀, 가막사리
다년생	화본과	나도겨풀
	방동사니과	너도방동사니, 올방개, 올챙이고랭이, 쇠털골, 매자기
	광엽잡초	가래, 벗풀, 올미, 개구리밥, 미나리

2. 밭잡초

1년생	화본과	바랭이, 강아지풀, 돌피, 둑새풀(2년생)
	방동사니과	참방동사니, 금방동사니
	광엽잡초	개비름, 명아주, 여뀌, 쇠비름, 냉이(2년생), 망초(2년생), 개망초(2년생)
다년생	화본과	참새피, 띠
	방동사니과	향부자
	광엽잡초	쑥, 씀바귀, 민들레, 쇠뜨기, 토끼풀, 메꽃

89 다음 중 일년생 잡초로만 나열된 것이 아닌 것은?

① 여뀌, 어저귀
② 개비름, 닭의장풀
③ 쇠뜨기, 조뱅이
④ 강아지풀, 쇠비름

해설 88번 해설 참고

정답 83. ④ 84. ① 85. ① 86. ② 87. ④ 88. ③ 89. ③

90 **다음 중 잡초종합방제체계 수립을 위한 선형특성적 모형에서 시작부터 완성단계로의 순서로 가장 옳은 것은?**

① 모형의 평가 및 수정→문제 유형의 검토→잡초군락의 예찰→제초 방법의 선정→ 방제체계의 적용
② 문제 유형의 검토→잡초군락의 예찰→제초 방법의 선정→방제체계의 적용→모형의 평가 및 수정
③ 잡초군락의 예찰→문제 유형의 검토→방제체계의 적용→모형의 평가 및 수정→제초 방법의 선정
④ 제초 방법의 선정→잡초군락의 예찰→방제체계의 적용→문제 유형의 검토→모형의 평가 및 수정

해설 잡초종합방제체계 수립 순서 : 문제 유형의 검토→잡초군락의 예찰→제초 방법의 선정→방제체계의 적용→모형의 평가 및 수정

91 **작물이 심어져 있지 않은 비농경지에서 발생하는 잡초를 방제하는 데 가장 효과적인 제초제는?**

① 시마진 수화제
② 뷰타클로르 유제
③ Glyphosate
④ 2,4-D

해설
- 시마진 수화제 : 트리아진계 제초제로 잡초 발생 전 또는 작물을 심기 전 토양에 처리하는 제초제로 화본과 및 광엽잡초 방제에 효과적이며 주로 뿌리로 흡수된다.
- 뷰타클로르 유제 : 아마이드계 제초제로 잡초 발생 전 또는 작물을 심기 전 토양에 처리하는 제초제로 화본과 및 광엽잡초 방제에 사용된다.
- Glyphosate : 유기인계 제초제로 1년생 및 다년생 잡초의 경엽에 처리하는 비선택성 제초제로 주로 잎을 통해 흡수되어 식물체로 확산되며 세포의 분열조직에 작용하여 정아와 신초를 고사시킨다.
- 2,4-D : 페녹시계 제초제로 광엽잡초 방제에 사용된다.

92 **콩밭의 바랭이를 효율적으로 방제하는 방법으로 가장 거리가 먼 것은?**

① 멀칭재배를 한다.
② 콩의 파종밀도를 조밀하게 한다.
③ 광엽잡초방제용 경엽처리 제초제를 처리한다.
④ 경합한계기간 이전에 제초한다.

해설 바랭이는 화본과 잡초이다.

93 **잡초의 발아와 토양환경의 관계에 대한 설명으로 옳지 않은 것은?**

① 잡초의 출현시기를 지배하는 요인으로서 최적온도는 대체로 발아적온과 일치한다.
② 토양의 수분은 토양경도와 산소 함량에 영향을 준다.
③ 건생잡초는 습생잡초보다 발아에 필요한 산소요구량이 높다.
④ 잡초의 발생심도는 중점토가 사질토보다 깊다.

해설 잡초의 발생심도는 사질토가 중점토보다 깊다.

94 **제초제의 흡수에 대한 설명으로 가장 거리가 먼 것은?**

① 비극성제초제는 극성 제초제보다 잡초의 뿌리흡수가 용이하다.
② 제초제의 식물뿌리 내 물관으로의 이동 중 원형질막을 통과하는 경로는 심플라스트 경로를 이용한다.
③ 종자 내로 제초제의 침투는 집단류와 확산에 의해 일어난다.
④ 식물의 뿌리는 토양으로부터 토양에 잔류하는 제초제를 흡수한다.

정답 90. ② 91. ③ 92. ③ 93. ④ 94. ①

해설 비극성은 큐티클납질>큐틴>펙틴의 순으로 높고 셀룰로오스는 극성 물질에 해당한다. 비극성 제초제는 쉽게 큐티클납질을 통과하지만 갈수록 통과가 어려워지고, 극성 제초제는 처음 큐티클납질을 통과하기는 어렵지만 갈수록 통과가 쉬워진다.

95 잡초 잎의 구성성분 중 비극성 정도가 가장 높은 것은?

① 큐틴 ② 큐티클납질
③ 펙틴 ④ 셀룰로오스

해설 비극성은 큐티클납질>큐틴>펙틴의 순으로 높고 셀룰로오스는 극성 물질에 해당한다. 비극성 제초제는 쉽게 큐티클납질을 통과하지만 갈수록 통과가 어려워지고, 극성 제초제는 처음 큐티클납질을 통과하기는 어렵지만 갈수록 통과가 쉬워진다.

96 다음 중 암발아성 잡초인 것은?

① 별꽃 ② 개비름
③ 왕바랭이 ④ 쇠비름

해설 별꽃은 겨울잡초로 암발성이다.

97 다음 중 잡초경합한계기간이 가장 긴 작물은?

① 양파 ② 녹두
③ 밭벼 ④ 콩

해설 잡초경합한계기간

- 보통 작물 전생육기간의 첫 1/3~1/2 기간 혹은 1/4~1/3 기간에 해당되며, 철저한 방제가 요구되는 시기이다.
- 작물별 잡초경합한계기간은 녹두 21~35일, 벼 30~40일, 콩과 땅콩 42일, 옥수수 49일, 양파 56일 정도이다.

98 못자리용 제초제인 벤타존의 작용성과 사용 방법에 대한 설명으로 가장 거리가 먼 것은?

① 올방개 등과 같은 방동사니과 잡초의 살초효과가 뚜렷하다.
② 광합성 저해작용을 한다.
③ 경엽처리용 벼 생육 중기 제초제이다.
④ 화본과 잡초를 효과적으로 방제할 수 있다.

해설 벤타존은 광엽 및 방동사니과 잡초의 경엽에 처리하는 선택성 이행형 제초제로 광합성 저해에 의해 방제한다.

99 잡초를 형태학적으로 분류할 때 관계없는 것은?

① 광엽 잡초
② 로제트형 잡초
③ 화본과 잡초
④ 방동사니과 잡초

해설 형태적 분류는 화본과잡초, 방동사니과(사초과)잡초, 광엽잡초로 구분한다.

100 다음 중 산아마이드계 제초제가 아닌 것은?

① Alachlor ② Dicamba
③ Propanil ④ Napropamide

해설 Dicamba는 벤조산계 제초제이다.

정답 95. ② 96. ① 97. ① 98. ④ 99. ② 100. ②

식물보호기사

2020년 4회 기출문제

제1과목 식물병리학

01 다음 중 죽은 식물체에 증식하지 못하는 병원체는?

① 끈적균　② 바이러스
③ 세균　④ 진균

해설 바이러스의 특징
- 바이러스 병은 거의 모든 작물에서 발생한다.
- 병원체는 식물바이러스라 한다.
- 본체는 DNA 또는 RNA의 핵산이며 단백질 껍질을 갖는다.
- 모양은 간상, 사상, 구상 등 여러 모양이다.
- 바이러스의 특징
  - 일반 광학현미경으로 보이지 않을 만큼 크기가 작다.
  - 특정 식물에 감염하여 병해를 일으키는 성질이 있다.
  - 인공배양 되지 않는다.
  - 오로지 세포 내에서만 증식한다.

02 토양에 열처리하여 소독하는 것은 무슨 방제법인가?

① 생물학적 방제법
② 재배적 방제법
③ 화학적 방제법
④ 물리적 방제법

해설 물리적 방제법(物理的防除法, physical control, mechanical control) : 포살 및 채란, 소각, 담수, 차단, 유살, 온도처리

03 식물바이러스를 옮기는 매개충 중 구침전염형(Stylet-borne) 바이러스에 해당하는 것으로 가장 옳은 것은?

① 진딧물　② 멸구
③ 매미충　④ 가루이

해설 구침전염형(Stylet-borne) 바이러스 : 흡즙구를 가진 곤충이 구침을 통해 바이러스를 옮기는 것으로 매개충은 수초에서 수분 간의 흡즙으로 바이러스를 획득하거나 접종할 수 있으며, 구침전염바이러스는 매개충에 몇 시간 동안만 존속하므로 비영속형 바이러스라고도 알려져 있다. 진딧물은 식물바이러스를 옮기는 매개충 가운데 가장 중요한데 구침전염바이러스의 대부분(약 275종)을 전염한다.

04 어떤 식물병에 대하여 저항성이었던 품종이 갑자기 해당 식물병에 감수성이 되는 주된 원인은?

① 재배법의 변화
② 병원균 집단의 변화
③ 기상의 변화
④ 기주체 내 영양성분의 변화

해설 병원체도 변이를 일으켜 유전적 조성이 변하며, 그 중 저항성이었던 품종을 침해하는 병원성의 변화는 레이스 분화의 시발점으로 병원균의 새로운 레이스가 출현하면 어떤 작물 품종의 병 저항성이 이병성으로 역전되기도 한다.

정답 01. ② 02. ④ 03. ① 04. ②

05 다음 식물병의 진단법 중 이화학적 진단에 해당하는 것은?

① 현미경 관찰
② 황산동법
③ 한천겔 내 확산법
④ 최아법

해설 • 현미경 관찰 : 육안적 진단
• 한천겔 내 확산법 : 면역학적 진단
• 최아법 : 생물학적 진단

06 불완전균류의 정의로 가장 옳은 것은?

① 균사의 형성이 불완전한 균류
② 무성세대가 밝혀지지 않은 균류
③ 기주범위가 밝혀지지 않은 균류
④ 유성세대가 밝혀지지 않은 균류

해설 불완전균류 : 유성세대가 밝혀지지 않아 편의상 무성적 분생포자세대(불완전세대)만으로 분류한다.

07 배나무 검은별무늬병의 방제에 가장 효과적인 것은?

① 밀식
② 약제 살포
③ 포장위생
④ 합리적인 비배관리

해설 트리아졸계통의 방제약제를 이용하여 적성병과 흑성병을 동시 방제한다.

08 벼 흰잎마름병이 발생할 수 있는 환경조건으로 가장 옳지 않은 것은?

① 침수 ② 가뭄
③ 일조 부족 ④ 질소질비료 다용

해설 발병환경 : 태풍과 침수가 일어날 때 많이 발생하며 심한 바람에 의한 잎의 상처를 통해 세균이 침입하고 태풍과 홍수가 겹칠 때 물로 운반된 세균이 상처를 통해 침입한다. 질소비료의 과용은 병의 진전을 촉진한다.

09 병원균이 세균인 것은?

① 벼 깨씨무늬병
② 토마토 풋마름병
③ 포도 탄저병
④ 감자 역병

해설 • 벼 깨씨무늬병 : 자낭균류
• 포도 탄저병 : 자낭균
• 감자 역병 : 조균류

10 밀 줄기녹병균의 중간기주로 가장 옳은 것은?

① 낙엽송 ② 까치밥나무
③ 향나무 ④ 매자나무

해설 맥류 줄기녹병
• 녹병포자, 녹포자세대 : 매자나무
• 여름포자, 겨울포자세대 : 맥류

11 다음 중 벼 흰잎마름병에 대한 설명으로 옳지 않은 것은?

① 병원균이 1차 전염원인 겨풀에서 월동한다.
② 병원균의 학명은 Xanthomonas oryzae pv. oryzae이다.
③ 병원균이 잎 선단의 수공이나 상처부위를 통해 침입한다.
④ 병원균은 그람 양성균이다.

해설 벼 흰잎마름병(Xanthomonas oryzae) : 한 개의 단극모를 가진 그람음성 간균으로 한천배지 위에서 백색의 원형 콜로니를 형성한다.

12 다음 중 인공배양이 가장 불가능한 것은?

① 사과 탄저병
② 벼 도열병
③ 보리 흰가루병
④ 딸기 잿빛곰팡이병

정답 05. ② 06. ④ 07. ② 08. ② 09. ② 10. ④ 11. ④ 12. ③

해설 보리 흰가루병 : 병원은 Erysiphe graminis로 살아 있는 조직 내에서만 양분을 섭취하는 순활물기생체이다.

13 다음 중 벼 키다리병의 방제법으로 가장 효과적인 것은?

① 매개충 방제 ② 윤작
③ 종자소독 ④ 토양소독

해설 벼 키다리병은 종자전염성 병으로 종자소독을 통해 방제한다.

14 하우스 내의 습도가 높을 때 채소에 가장 많이 발생하는 공기전염성 식물병은?

① 흰가루병 ② 뿌리혹병
③ 시들음병 ④ 잿빛곰팡이병

해설 잿빛곰팡이병은 비교적 저온(15~20℃)이고 비가 자주오는 다습한 조건을 좋아하며 주야간 온도변화가 심한 봄과 가을, 장마기에 발생이 심하며, 시설 내에서는 연중 발생하므로 시설재배 시 저온 다습할 때 많이 발생하므로 온도를 높이고 습도가 높아지지 않도록 환기하여야 한다.

15 다음 중 인삼 또는 당근의 뿌리에 혹과 같은 병징을 일으키는 것으로 가장 옳은 것은?

① 뿌리혹박테리아 ② 노균병균
③ 뿌리혹선충 ④ 더뎅이병균

해설 뿌리혹선충 : 뿌리혹박테리아처럼 뿌리 속으로 파고 들어가 충영이라는 갤 모양의 혹들을 만들어낸다. 뿌리혹박테리아는 혹 속에서 식물과 질소 교환을 하여 상생하는데 비해, 뿌리혹선충은 오직 식물의 영양분이나 물을 빨아 먹고 살며 성숙한 식물들에게는 수확량이 줄어드는 정도로 그치지만, 어린 식물들한테는 매우 치명적이다.

16 다음 중 감자 역병 발병의 최적 환경으로 가장 옳은 것은?

① 기온이 20℃ 내외이고 습기가 많은 곳
② 기온이 30℃ 내외이고 건조한 곳
③ 기온이 40℃ 내외이고 건조한 곳
④ 기온이 45℃ 이상이고 습기가 많은 곳

해설 감자 역병의 발병 환경 : 기온 20℃ 내외에 습기가 많은 냉랭한 시기에 발생한다.

17 어떤 병원체가 식물체 내에 침입되어 병징이 나타나기까지의 기간을 무엇이라 하는가?

① 잠복기 ② 사멸기
③ 유도기 ④ 증식기

해설 잠복기 : 병원체가 몸 안에 들어와서 증세가 나타나기 전까지의 기간

18 병원균의 중간기주가 향나무인 병은?

① 잣나무 털녹병
② 밀 줄기녹병
③ 소나무 혹병
④ 배나무 붉은별무늬병

해설 중간기주
- 잣나무 털녹병 : 송이풀, 까치밥나무
- 밀 줄기녹병 : 매자나무
- 소나무 혹병 : 졸참나무, 신갈나무

19 맥류 흰가루병의 2차 전염은 어떤 포자의 비산에 의하여 이루어지는가?

① 분생포자 ② 자낭포자
③ 수포자 ④ 난포자

해설 맥류 흰가루병 : 병든 잎에서 균사 또는 자낭각 형태로 월동하여 다음 해 1차 전염원이 되고, 2차 전염은 바람에 날린 분생포자가 직접 각피로 침입한다.

정답 13. ③ 14. ④ 15. ③ 16. ① 17. ① 18. ④ 19. ①

20 **균사가 모여 구형 또는 입상의 검은색 덩어리를 형성한 것으로 불리한 환경조건에서도 생존할 수 있는 것은?**

① 포자퇴 ② 균핵
③ 분생포자 ④ 균사

해설 균핵(sclerotium, sclerotia) : 균사가 엉켜서 단단한 덩어리의 핵 모양을 이룬 것

제2과목 농림해충학

21 **다음 중 누에의 식성으로 가장 적절한 것은?**

① 광식성 ② 단식성
③ 잡식성 ④ 부식성

해설
- 단식성 : 계통이 가까운 식물만 먹는 종
- 누에 : 뽕나무속, 솔나방 : 소나무속, 낙엽송속, 배추좀나방 : 십자화과

22 **다음 중 곤충의 중추신경계가 아닌 것은?**

① 전대뇌 ② 측대뇌
③ 중대뇌 ④ 후대뇌

해설
- 전대뇌 : 곤충의 가장 복잡한 행동을 조절하는 중추신경계의 중심으로 시감각을 맡는다.
- 중대뇌 : 더듬이로부터 감각, 운동축색을 받으며 촉감각을 맡는다.
- 후대뇌 : 이마신경절을 통해 뇌와 위장신경계를 연결시키며 운동에 관여한다.

23 **다음 중 암컷의 생식계에 해당하는 것은?**

① 수정낭 ② 정소
③ 수정관 ④ 사정관

해설
- 자성생식계 : 난소, 수란관, 수정낭으로 구성
- 웅성생식계 : 고환(정집), 수정관, 사정관으로 구성

24 **다음 중 곤충의 배설을 담당하는 기관은?**

① 알라타체
② 말피기소관
③ 존스턴기관
④ 모이주머니

해설 밀피기씨관(Malpighian tube)
- 곤충의 중장과 후장 사이에 위치한다.
- 체내 노폐물 제거, 삼투압을 조절하며 물과 함께 요산을 흡수하여 회장으로 보낸다.
- 비틀림운동으로 배설작용을 한다.

25 **다음 중 완전변태를 하는 것은?**

① 노린재목 ② 메뚜기목
③ 파리목 ④ 총채벌레목

해설
- 완전변태 : 나비목, 딱정벌레목, 파리목, 벌목 등
- 불완전변태 : 잠자리목, 하루살이목, 메뚜기목, 총채벌레목, 노린재목, 낫발이목 등
- 무변태 : 톡토기목
- 과변태 : 딱정벌레목의 가뢰과

26 **곤충의 방어물질에 대한 설명으로 틀린 것은?**

① 곤충의 방어물질을 총칭 카이로몬이라고 한다.
② 사회성 곤충에서는 독샘에서 분비하는 방어물질들이 대부분 효소들이다.
③ 곤충의 방어샘에서 동정된 화합물로는 알칼로이드, 테르페노이드, 퀴논, 페놀 등이 있다.
④ 비사회성 곤충에서는 방어물질 중 개미들의 경보 페로몬과 같거나 비슷한 구조의 화합물도 있다.

해설 카이로몬 : 다른 개체 간 정보전달 통신용 화합물질로 생산자에게 불리하고 수용자에게 유리하게 작용하는 물질이다.

정답 20. ② 21. ② 22. ② 23. ① 24. ② 25. ③ 26. ①

27 풀잠자리목의 특징에 대한 설명으로 가장 거리가 먼 것은?

① 완전변태를 한다.
② 더듬이는 짧고 홑눈이 3개이다.
③ 생물적 방제에 이용된다.
④ 유충과 성충은 대부분 포식성이다.

해설 풀잠자리목
- 입틀 : 저작형이지만 기능은 자흡구형이며, 큰턱은 매우 길게 발달되었다.
- 여러 개의 마디로 된 긴 더듬이가 있다.
- 겹눈이 크고 두 쌍의 날개는 매우 얇다.
- 유충은 대개 육지에 살며 3쌍의 다리가 있고 배다리는 없다.
- 대부분의 유충과 성충은 식충성이다.

28 다음 중 반전현상(resurgence)에 대한 설명으로 옳은 것은?

① 한 약제에 대하여 저항성을 나타내는 계통이 다른 약제에는 도리어 감수성인 현상
② 약제처리 후 해충밀도의 회복 속도가 매우 느린 현상
③ 해충이 3종 이상의 약제에 대하여 저항성을 나타내는 현상
④ 약제처리 후 해충밀도의 회복 속도가 급격하게 빨라지는 현상

해설
- 부상관교차저항성 : 한 약제에 대하여 저항성을 나타내는 계통이 다른 약제에는 도리어 감수성인 현상
- 복합저항성 : 해충이 3종 이상의 약제에 대하여 저항성을 나타내는 현상

29 다음 중 유시류에 속하는 것은?

① 톡토기 ② 낫발이
③ 좀붙이 ④ 하루살이

해설 무시아강 : 톡토기목, 낫발이목, 좀붙이목, 좀목

30 다음 중 거미강의 특징에 대한 설명으로 옳은 것은?

① 변태를 한다.
② 겹눈과 홑눈으로 되어 있다.
③ 몸의 구분은 머리·가슴과 배의 2부분으로 되어 있다.
④ 더듬이를 가지고 있어 이동이 빠르다.

해설
- 변태 : 하지 않는다.
- 눈 : 홑눈만 있다.
- 더듬이 : 없다(다리가 변형된 더듬이 팔).

31 곤충의 종 간 상호작용에 포함되지 않는 것은?

① 경쟁
② 밀도
③ 공생
④ 포식자 – 먹이 상호작용

해설 개체군 상호작용의 유형 : 중립(Neutralism), 경쟁(Competition), 상리공생(Symbiosis), 편리공생(Commensalism), 편해공생(Amensalism), 기생(Parasitism)

32 다음 중 소나무재선충을 옮기는 매개충으로 가장 옳은 것은?

① 땅강아지 ② 알락하늘소
③ 솔수염하늘소 ④ 털두꺼비하늘소

해설 소나무재선충 매개충 : 솔수염하늘소, 북방수염하늘소

33 다음 중 농약의 부작용에 대한 설명으로 가장 거리가 먼 것은?

① 동물상의 복잡화
② 약제저항성 해충의 출현
③ 잠재적 곤충의 해충화
④ 자연계의 평형 파괴

해설 동물상이 단순화된다.

정답 27. ② 28. ④ 29. ④ 30. ③ 31. ② 32. ③ 33. ①

34 **곤충의 표피층에 대한 설명으로 틀린 것은?**

① 표피세포는 표피를 이루는 단백질, 지질, chitin화합물 등을 합성 · 분비한다.
② 외원표피층은 탈피과정에서 모두 소화, 흡수되어 재활용된다.
③ 외표피층은 수분의 증산을 억제해주는 기능을 한다.
④ 기저막은 일정한 모양이 없는 비세포성 연결조직이다.

해설 외원표피는 경화과정을 거치고, 내원표피는 경화과정을 거치지 않는다. 탈피과정 재활용화 가능한 것은 경화과정을 거치지 않은 내원표피이다.

35 **곤충 더듬이의 마디 중 수컷이 암컷의 날개소리를 잘 듣도록 존스턴기관이 있고, 비행 중 바람의 속도를 측정하는 감각기들이 집중되어 있는 마디는?**

① 채찍마디 ② 자루마디
③ 기본마디 ④ 팔굽마디

해설 존스턴기관
- 더듬이 제2절 흔들마디(경절)에 존재한다.
- 소리, 풍속을 감지하는 청각기관의 일종이다.
- 편절에 있는 털의 움직임에 자극을 받는다.

36 **곤충이 불리한 환경조건에서 대사와 발육이 정지되었다가 환경조건이 좋아지면 정상상태로 회복되는 반응은?**

① 사면 ② 휴지
③ 분산 ④ 적응

해설 곤충의 휴면
- 좋지 않은 환경을 예측하여 발육을 일시적으로 정지하는 현상으로 환경 극복 방법이다.
- 유발요인은 일장, 온도, 먹이 등이며 내분비기관에서 휴면호르몬이 분비된다.
- 환경이 좋아지면 일정한 생리적 과정을 거친 후 휴면이 종료된다.
- 휴지 : 활동 정지상태로 좋지 않은 환경의 직접적인 영향으로 유기되며 환경이 좋아지면 즉시 종료된다.
- 절대휴면(필수휴면) : 특정 발육단계에서 필수적인 휴면
- 일시휴면(조건휴면) : 부적당한 환경에 처한 세대의 개체가 휴면

37 **이세리아깍지벌레의 방제를 위해 이용하는 곤충으로 가장 적합한 것은?**

① 노랑좀벌 ② 왕노린재
③ 베달리아무당벌레 ④ 꽃등에

해설 해충과 천적 : 해충(천적)
꽃노랑총채벌레(애꽃노린재), 루비깍지벌레(루비깍지좀벌), 목화진딧물(콜레마니진딧벌), 이세리아깍지벌레(배달리아무당벌레), 점박이응애(칠레이리응애), 진딧물(무당벌레, 진딧벌), 사과면충(사과면충좀벌), 온실가루이(온실가루이좀벌) 등

38 **다음 중 고자리파리에 대한 설명으로 틀린 것은?**

① 유충이 땅속에 살면서 뿌리를 가해한다.
② 마늘에 피해를 주는 해충이다.
③ 1년에 1회 발생한다.
④ 미숙퇴비를 사용하면 많이 발생한다.

해설 고자리파리
- 파리목 꽃파리과
- 기주 : 파, 양파, 마늘, 부추 등
- 가해양식 : 뿌리, 줄기(토양해충), 유충이 기주식물 뿌리 부분에서 먹어들어가 줄기까지 가해한다.
- 발생 : 1년 3회
- 월동 : 번데기 형태로 땅속에서 월동

39 **1세대를 경과하는 데 가장 긴 시간을 필요로 하는 것은?**

① 알락하늘소 ② 장수풍뎅이
③ 말매미 ④ 소나무좀

정답 34. ② 35. ④ 36. ② 37. ③ 38. ③ 39. ③

해설 말매미 : 산란 첫해는 알로 월동하고 이듬해 6월 하순~7월 중순에 부화한 약충은 가지에서 내려와 땅속으로 들어가 각종 활엽수의 뿌리로부터 수액을 빨아먹으며 4~5년을 보낸다.

40 다음 설명에 해당하는 살충제는?

> – 접촉독, 식독작용 및 흡입독작용을 가진다.
> – 살충력이 극히 강하고 작용 범위도 넓으나 포유류에 대한 독성이 매우 강하여 현재 국내에서는 사용이 금지된 농약이다.
> – 일부 외국에서는 사용되고 있어 식품 중 잔류허용기준이 고시된 농약이다.

① 니코틴　② 피레스린
③ 파라티온　④ 지베렐린

해설 유기인계 살충제로 포유류에서도 콜린에스테라아제 억제제로 작용해 호흡부전을 유발하여 죽게 한다. 살충력이 강하고 적용 범위가 넓으나 독성이 강하여 인명사고가 발생해 메틸파라티온이나 그 외 저독성 살충제로 대체되고 있다.

제3과목 재배학원론

41 다음 중 벼의 관수해(冠水害)가 가장 심하게 나타나는 수질은?

① 흐르는 맑은 물　② 흐르는 흙탕물
③ 정체한 맑은 물　④ 정체한 흙탕물

해설 침수해의 요인
- 수온 : 높은 수온은 호흡기질의 소모가 많아져 관수해가 크다.
- 수질
  - 탁한 물은 깨끗한 물보다, 고여 있는 물은 흐르는 물보다 수온이 높고 용존산소가 적어 피해가 크다.
  - 청고 : 수온이 높은 정체탁수로 인한 관수해로 단백질 분해가 거의 일어나지 못해 벼가 죽을 때 푸른색이 되어 죽는 현상
  - 적고 : 흐르는 맑은 물에 의한 관수해로 단백질 분해가 생기며 갈색으로 변해 죽는 현상

42 다음 중 요수량(要水量)이 가장 적은 작물은?

① 오이　② 호박
③ 클로버　④ 옥수수

해설 작물의 요수량
- 수수, 옥수수, 기장 등은 작고 호박, 알팔파, 클로버 등은 크다.
- 일반적으로 요수량이 작은 작물일수록 내한성(耐旱性)이 크나, 옥수수, 알팔파 등에서는 상반되는 경우도 있다.
- 흰명아주>호박>알팔파>클로버>완두>오이>목화>감자>귀리>보리>밀>옥수수>수수>기장
  - 호박 : 830g
  - 밀 : 513g　- 보리 : 423g
  - 옥수수 : 370g　- 콩 : 307~429g

43 벼에서 염해가 우려되는 최소 농도는?

① 0.1% NaCl　② 0.4% NaCl
③ 0.7% NaCl　④ 0.9% NaCl

해설 염해답(鹽害畓)
- 간척지 논으로 염분농도가 높아 벼의 생육이 정상적으로 이루어지지 못하는 논
- 간척지의 경우 염분 농도가 0.3% 이하일 때 벼를 재배할 수 있으며, 0.1% 이상에서는 염해가 발생하므로 0.1% 이하로 낮추기 위해 담수상태를 유지한다.

44 다음 중 장과류에 해당하는 것으로만 나열된 것은?

① 배, 사과　② 복숭아, 앵두
③ 딸기, 무화과　④ 감, 귤

해설 과수(果樹, fruit tree)
- 인과류(仁果類) : 배, 사과, 비파 등
- 핵과류(核果類) : 복숭아, 자두, 살구, 앵두 등
- 장과류(漿果類) : 포도, 딸기, 무화과 등
- 각과류(殼果類, =견과류) : 밤, 호두 등
- 준인과류(準仁果類) : 감, 귤 등

정답 40. ③　41. ④　42. ④　43. ①　44. ③

45 **우량품종 종자 갱신의 채종 체계는?**

① 원종포→원원종포→채종포→기본식물포
② 기본식물포→원원종포→원종포→채종포
③ 채종포→원원종포→원종포→기본식물포
④ 기본식물포→원종포→원원종포→채종포

해설 우리나라 자식성작물의 종자증식체계

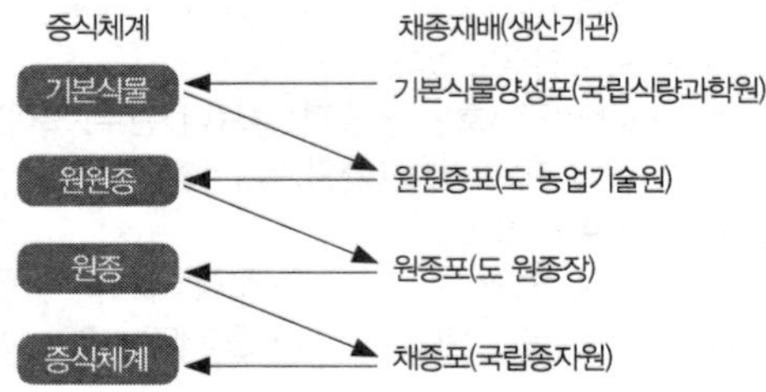

46 **종자의 수명이 5년 이상인 장명종자로만 나열된 것은?**

① 가지, 수박 ② 메밀, 고추
③ 해바라기, 옥수수 ④ 상추, 목화

해설 작물별 종자의 수명
<中村, 1985; HARTMANN, 1997>

구분	단명종자 (1~2년)	상명종자 (3~5년)	장명종자 (5년 이상)
농작물류	콩, 땅콩, 목화, 옥수수, 해바라기, 메밀, 기장	벼, 밀, 보리, 완두, 페스큐, 귀리, 유채, 켄터키블루그라스, 목화	클로버, 알팔파, 사탕무, 베치
채소류	강낭콩, 상추, 파, 양파, 고추, 당근	배추, 양배추, 방울다다기양배추, 꽃양배추, 멜론, 시금치, 무, 호박, 우엉	비트, 토마토, 가지, 수박
화훼류	베고니아, 팬지, 스타티스, 일일초, 콜레옵시스	알리섬, 카네이션, 시클라멘, 색비름, 피튜니아, 공작초	접시꽃, 나팔꽃, 스토크, 백일홍, 데이지

47 **C_3식물과 C_4식물의 광합성 특성에 대한 설명으로 틀린 것은?**

① C_4식물은 유관속초세포가 잘 발달하였다.
② C_4식물은 크란츠(kranz)구조가 잘 발달하였다.
③ C_3식물은 유관속초세포가 발달하지 않거나 있어도 엽록체가 적고, 식물은 유관속초세포에 다수의 엽록체가 있다.
④ C_3식물은 엽육세포에서 합성한 유기산이 유관속초세포로 이동하여 그곳에서 분해되고 재고정되어 자당이나 전분으로 합성된다.

해설

특성	C_3식물
CO_2고정계	캘빈회로
잎조직 구조	엽육세포로 분화하거나, 내용이 같은 엽록유세포에 엽록체가 많이 포함되어 광합성이 이곳에서 이루어지며, 유관속초세포는 별로 발달하지 않고 발달해도 엽록체를 거의 포함하지 않음
CO_2보상점 (ppm)	30~70
광호흡	있음
광포화점	최대일사의 1/4 ~ 1/2
광합성적정 온도(℃)	13~30
내건성	약
광합성산물 전류속도	느림

정답 45. ② 46. ① 47. ④

CO_2첨가에 의한 건물생산 촉진효과	크다
작물	벼, 보리, 밀, 콩, 귀리, 담배 등

48 다음 중 최적용기량이 가장 낮은 작물은?

① 강낭콩 ② 보리
③ 양파 ④ 양배추

해설 최적용기량(最適容氣量, optimum air capacity)
- 작물의 최적용기량은 대체로 10~25%이다.
- 벼, 양파, 이탈리안라이그라스 : 10%
- 귀리, 수수 : 15%
- 보리, 밀, 순무, 오이, 커먼베치 : 20%
- 양배추, 강낭콩 : 24%

49 산성토양에 가장 약한 작물로만 나열된 것은?

① 시금치, 양파 ② 땅콩, 기장
③ 감자, 유채 ④ 토란, 양배추

해설 산성토양에 대한 작물의 적응성
- 극히 강한 것 : 벼, 밭벼, 귀리, 토란, 아마, 기장, 땅콩, 감자, 수박 등
- 강한 것 : 메밀, 옥수수, 목화, 당근, 오이, 완두, 호박, 토마토, 밀, 조, 고구마, 담배 등
- 약간 강한 것 : 유채, 파, 무 등
- 약한 것 : 보리, 클로버, 양배추, 근대, 가지, 삼, 겨자, 고추, 완두, 상추 등
- 가장 약한 것 : 알팔파, 콩, 자운영, 시금치, 사탕무, 셀러리, 부추, 양파 등

50 영양번식법 중 휘묻이에 해당하지 않는 것은?

① 선취법 ② 파상취목법
③ 당목취법 ④ 고취법

해설 고취법(高取法, =양취법)
- 줄기나 가지를 땅속에 묻을 수 없을 때 높은 곳에서 발근시켜 취목하는 방법이다.
- 발근시키고자 하는 부분에 미리 절상, 환상박피 등을 하면 효과적이다.

51 재배의 기원지가 중앙아시아에 해당하는 것은?

① 대추 ② 양배추
③ 양파 ④ 고추

해설 주요 작물 재배기원 중심지

지역	주요작물
중국	6조보리, 조, 메밀, 콩, 팥, 마, 인삼, 배나무, 복숭아 등
인도, 동남아시아	벼, 참깨, 사탕수수, 왕골, 오이, 박, 가지, 생강 등
중앙아시아	귀리, 기장, 삼, 당근, 양파 등
코카서스, 중동	1립계와 2립계의 밀, 보리, 귀리, 알팔파, 사과, 배, 양앵두 등
지중해 연안	완두, 유채, 사탕무, 양귀비 등
중앙아프리카	진주조, 수수, 수박, 참외 등
멕시코, 중앙아메리카	옥수수, 고구마, 두류, 후추, 육지면, 카카오 등
남아메리카	감자, 담배, 땅콩 등

52 다음 중 알줄기에 해당하는 것은?

① 글라디올러스 ② 생강
③ 박하 ④ 호프

해설 줄기(莖, stem)
- 지상경(地上莖) 또는 지조(枝條) : 사탕수수, 포도나무, 사과나무, 귤나무, 모시풀 등
- 근경(根莖, 땅속줄기, rhizome) : 생강, 연, 박하, 호프 등
- 괴경(塊莖, 덩이줄기, tuber) : 감자, 토란, 돼지감자 등
- 구경(球莖, 알줄기, corm) : 글라디올러스 등
- 인경(鱗莖, 비늘줄기, bulb) : 나리, 마늘 등
- 흡지(吸枝, sucker) : 박하, 모시풀 등

53 국화의 주년재배와 가장 관계가 있는 것은?

① 온도처리 ② 광처리
③ 수분처리 ④ 영양처리

정답 48. ③ 49. ① 50. ④ 51. ③ 52. ① 53. ②

해설 국화는 단일성의 일장효과가 인정된다. 일장효과는 광에 반응하여 개화하는 것으로 화훼류의 개화시기 조절, 깻잎생산 등에 이용된다.

54 다음 중 장일식물의 화성을 촉진하는 효과가 가장 큰 물질은?

① AMO-1618
② MH
③ CCC
④ Gibberellin

해설 지베렐린의 재배적 이용
- 발아 촉진 : 종자의 휴면타파로 발아가 촉진되고 호광성 종자의 발아를 촉진하는 효과가 있다.
- 화성의 유도 및 촉진
  - 저온, 장일에 의해 추대되고 개화하는 월년생 작물에 지베렐린 처리는 저온, 장일을 대체하여 화성을 유도하고 개화를 촉진하는 효과가 있다.
  - 배추, 양배추, 무, 당근, 상추 등은 저온처리 대신 지베렐린 처리하면 추대, 개화한다.
  - 팬지, 프리지어, 피튜니아, 스톡 등 여러 화훼에 지베렐린 처리하면 개화 촉진의 효과가 있다.
  - 추파맥류의 경우 6엽기 정도부터 지베렐린 100ppm 수용액을 몇 차례 처리하면 저온처리가 불충분해도 출수한다.
- 경엽의 신장 촉진
  - 특히 왜성식물에 있어 경엽 신장을 촉진하는 효과가 현저하다.
  - 기후가 냉한 생육 초기 목초에 지베렐린 처리를 하면 초기 생장량이 증가한다.
- 단위결과 유도 : 포도 거봉 품종은 만화기 전 14일 및 10일경 2회 처리하면 무핵과가 형성되고 성숙도 크게 촉진된다.
- 수량 증대 : 가을씨감자, 채소, 목초, 섬유작물 등에서 효과적이다.
- 성분 변화 : 뽕나무에 지베렐린 처리는 단백질을 증가시킨다.

55 (　　)에 알맞은 내용은?

> (　　)는 체내 이동성이 낮으며, 결핍 시 샐러리의 줄기쪼김병, 담배의 끝마름병의 증상이 나타난다.

① 붕소　② 구리
③ 염소　④ 규소

해설 붕소(B)
- 촉매 또는 반응조절물질로 작용하며, 석회 결핍의 영향을 경감시킨다.
- 생장점 부근에 함유량이 높고 이동성이 낮아 결핍 증상은 생장점 또는 저장기관에 나타나기 쉽다.
- 결핍
  - 분열조직의 괴사(necrosis)를 일으키는 일이 많다.
  - 채종재배 시 수정 · 결실이 나빠진다.
  - 콩과작물의 근류형성 및 질소고정이 저해된다.
  - 사탕무의 속썩음병, 순무의 갈색속썩음병, 셀러리의 줄기쪼김병, 담배의 끝마름병, 사과의 축과병, 꽃양배추의 갈색병, 알팔파의 황색병을 유발한다.
- 석회의 과잉과 토양의 산성화는 붕소결핍의 주원인이며 산야의 신개간지에서 나타나기 쉽다.

56 다음 중 작물의 주요온도에서 최적온도가 가장 낮은 것은?

① 삼　② 멜론
③ 오이　④ 담배

해설

	최저온도	최적온도	최고온도
삼	1~2	35	45
멜론	12~15	35	40
오이	12	33~34	40
담배	13~14	28	35

57 [(A × B) × B] × B로 나타내는 육종법은?

① 다계교잡법　② 여교잡법
③ 파생계통육종법　④ 집단육종법

정답 54. ④　55. ①　56. ④　57. ②

해설 여교배육종(戾交配育種, backcross breeding)

- 우량품종의 한두 가지 결점을 보완하는 데 효과적 육종 방법이다.
- 여교배는 양친 A와 B를 교배한 F_1을 다시 양친 중 어느 하나인 A 또는 B와 교배하는 것이다.
- 여교배 잡종의 표시 : BC_1F_1, BC_1F_2 ……로 표시한다.

$$A \times B \downarrow F_1 \times A \downarrow BC_1F_1 \times A \downarrow BC_2F_1 \vdots BC_6F_1$$

여교배 과정

58 다음 중 적산온도가 가장 낮은 것은?

① 벼 ② 메밀
③ 담배 ④ 조

해설 주요 작물의 적산온도

- 여름작물
  - 벼 : 3,500~4,500℃
  - 담배 : 3,200~3,600℃
  - 메밀 : 1,000~1,200℃
  - 조 : 1,800~3,000℃
- 겨울작물 : 추파맥류 : 1,700~2,300℃
- 봄작물
  - 아마 : 1,600~1,850℃
  - 봄보리 : 1,600~1,900℃

59 다음 중 굴광현상에서 가장 유효한 파장은?

① 120~250nm ② 440~480nm
③ 600~680nm ④ 700~750nm

해설 굴광성

① 의의 : 식물의 한쪽에 광이 조사되면 광이 조사된 쪽으로 식물체가 구부러지는 현상을 굴광현상이라 한다.
② 광이 조사된 쪽은 옥신의 농도가 낮아지고 반대쪽은 옥신의 농도가 높아지면서 옥신의 농도가 높은 쪽의 생장속도가 빨라져 생기는 현상이다.
③ 줄기나 초엽 등 지상부에서는 광의 방향으로 구부러지는 향광성을 나타내며, 뿌리는 반대로 배광성을 나타낸다.
④ 400~500nm, 특히 440~480nm의 청색광이 가장 유효하다.

60 답전윤환의 주요 효과로 틀린 것은?

① 지력 증강 ② 기지의 회피
③ 병충해 증가 ④ 잡초의 감소

해설 답전윤환의 효과

- 지력 증진 : 밭 상태 동안은 논 상태에 비하여 토양 입단화와 건토효과가 나타나며 미량요소의 용탈이 적어지고 환원성 유해물질의 생성이 억제되고 콩과 목초와 채소는 토양을 비옥하게 하여 지력이 증진된다.
- 기지의 회피 : 답전윤환은 토성을 달라지게 하며 병원균과 선충을 경감시키고 작물의 종류도 달라져 기지현상이 회피된다.
- 잡초의 감소 : 담수와 배수상태가 서로 교체되면서 잡초의 발생은 적어진다.
- 벼 수량의 증가 : 밭 상태로 클로버 등을 2~3년 재배 후 벼를 재배하면 수량이 첫해에 상당히 증가하며 질소의 시용량도 크게 절약할 수 있다.
- 노력의 절감 : 잡초의 발생량이 줄고 병충해 발생이 억제되면서 노력이 절감된다.

제4과목 농약학

61 농약의 입제(粒劑)에 대한 설명으로 틀린 것은?

① 표류, 비산에 의한 오염의 우려가 없다.
② 제조과정이 다른 제형보다 간단하고 값이 저렴하다.
③ 입자가 크므로 농약을 살포하는 농민에 대하여 안정성이 높다.
④ 다른 제형에 비하여 많은 양의 주성분을 투여해야 목적하는 방제효과를 얻을 수 있다.

정답 58. ② 59. ② 60. ③ 61. ②

해설 입제
- 분류기준 : 입상으로서 원상태로 사용되는 농약
- 농약원제를 증량제에 압출, 흡착, 피복, 혼합하여 제조한 입상의 제형으로 토양이나 수면에 직접 살포할 수 있으며 토양흡착성 및 물로 유실되지 않아 토양오염 우려가 있다.
- 입자가 비교적 무거워 비산의 위험이 적고 다른 제형보다 안전하게 사용할 수 있다.
- 단점 : 줄기나 잎에 부착되는 양이 적어 흡수이행성이 필요하며 단위면적당 사용량이 많고 가격이 비싸다.

62 석회유황합제 제조 시 생석회와 황의 중량비로 옳은 것은?

① 생석회(2) : 황(1)
② 생석회(1) : 황(2)
③ 생석회(3) : 황(1)
④ 생석회(1) : 황(1)

해설 석회유황합제 : 생석회와 황을 1:2의 중량비로 배합하여 물을 넣고 가마솥에 끓이며, 주성분은 다황화석회와 소량의 티오황산석회이다.

63 농약의 약효를 높이기 위한 방법으로 가장 거리가 먼 것은?

① 알맞은 농약의 선택
② 방제 적기에 농약 살포
③ 적정 농도 및 정량 살포
④ 한 가지 농약의 집중 사용

해설 한 가지 농약의 집중 사용은 약제저항성을 유발할 수 있어 약효를 떨어뜨릴 수 있다.

64 12% 다이아지논 원제 1kg을 2% 다이아지논 분제로 만들려면 소요되는 보조제의 양(kg)은?

① 5　　② 10
③ 15　　④ 20

해설 희석할 증량제의 양=원분제의 중량×(원분제의 농도÷원하는 농도-1)
=1×(12÷2-1)=5

65 모든 제형의 농약의 약효 보증기간을 설정하기 위한 시험 방법에 해당하는 것은?

① 확산성 시험
② 가열안정성 시험
③ 저온안정성 시험
④ 내열내한성 시험

해설
- 확산성 시험 : 수면전개제
- 가열안정성 시험 : 전 제형
- 내열내한성 시험 : 유제, 액제, 액상수화제, 수용제, 도포제, 전착제, 유탁제 등

66 잔디의 생장억제 기능을 하는 농약은?

① 4-CPA
② 1-naphthylacetamide
③ trinexapac-ethyl
④ maleic hydrazide

해설
- 4-CPA : 토마도톤
- 1-naphthylacetamide : 루톤(NAA)
- trinexapac-ethyl : 지베렐린 말기단계 합성저해 작용기작을 보인다.
- maleic hydrazide : 발아 억제제

67 식물의 병반이나 상처 부위에 직접 발라서 병을 방제하는 방법은?

① 분의법　　② 관주법
③ 도포법　　④ 독이법

해설
- 분의법 : 종자소독을 할 때 분제 또는 종자 처리제를 종자의 외피에다 골고루 묻혀서 살균하거나 살충하는 방법
- 관주법 : 희석된 농약을 토양이나 나무줄기에 주입하는 방법으로 토양병해충, 줄기를 식해하는 병해충 방제용으로 이용
- 독이법 : 먹이에 농약을 넣어 방제하는 방법

정답 62. ② 63. ④ 64. ① 65. ② 66. ③ 67. ③

68 농약 흡입 및 노출 시 가장 적절하지 않은 조치는?

① 약물을 경구적으로 흡입 시 위 내의 약물을 토하게 한다.
② 위 내의 약물을 토하게 하는 데는 일반적으로 따뜻한 소금물을 마시게 한다.
③ 산성, 알칼리성이 강한 점막부식성인 것을 마셨을 때는 식염수나 황산동을 사용한다.
④ 경피적으로 중독된 경우에는 옷을 벗기고 비눗물로 깨끗이 씻는다.

해설 황산동은 독성물질로 사용해서는 안된다.

69 유제가 갖추어야 할 구비 조건으로 가장 거리가 먼 것은?

① 물로 희석하였을 때 유효성분이 석출되지 않고 유탁액을 만드는 유화성
② 유효성분이 보존 또는 사용 중 분해되거나 변화하지 않는 안전성
③ 살포 후 작물이나 해충의 표면에 고르게 퍼지고 부착하는 확전성
④ 가수분해의 우려가 없고 물에 잘 녹는 수용성

해설 유제는 물에 녹지 않는 농약원제를 유기용매에 녹이고 계면활성제를 유화제로 첨가하여 만든 것으로 물에 희석하여 유탁액을 형성한 다음 살포하며 유제는 유화성, 안전성, 확전성, 고착성 등이 좋아야 한다.

70 30% 메프(MEP) 유제(비중 1.0) 100mL로 0.05%의 살포액을 만들려고 한다. 이때 소요되는 물의 양(mL)은?

① 59900 ② 69900
③ 79900 ④ 89900

해설 희석할 물의 양=원액의 용량×(원액의 농도÷희석할 농도-1)×원액의 비중
=100×(30÷0.05-1)×1=59,900

71 다음 천연 제충국 성분 중 살충력이 가장 강한 것은?

① Cinerin Ⅰ ② Pyrethrin Ⅰ
③ Pyrethrin Ⅱ ④ Jasmolone Ⅱ

해설 제충국 : 꽃으로부터 추출한 기름을 살충제로 사용하며 살충 성분은 pyrethrin Ⅰ, Ⅱ와 cinerin Ⅰ, Ⅱ, Jasmolone 등이 있으며, 살충효과는 pyrethrin Ⅰ >pyrethrin Ⅱ >cinerin Ⅰ, Ⅱ 순으로 높다.

72 다음 농약 중 살균제가 아닌 것은?

① mancozeb ② mepronil
③ thiram ④ parathion

해설 parathion은 살충제에 해당한다.

73 만코제브 원제에 함유한 ETU(Ethylene thiourea)는 발암성이 높은 화합물로 지정되어 규제하고 있다. 농약관리법령상 이 물질의 규제 기준은?

① 0.01% 이하 ② 0.05% 이하
③ 0.1% 이하 ④ 0.5% 이하

해설 원제에 함유한 ETU(Ethylene thiourea) 농약관리법령상 규제 기준
• 만코제브 : 0.5% 이하
• 메티람과립수화제 : 0.3%이하
• 만코제브과립수화제 : 0.45% 이하

74 NOAEL(No Observed Adverse Effect Level)이란?

① 일일섭취허용량
② 식품 중 잔류농약의 허용기준
③ 농약이 잔류할 우려가 있는 식품 중의 농약잔류평균
④ 일생 동안 매일 섭취하여도 아무런 영향을 주지 않는 약량

해설 • 1일섭취허용량(ADI; Acceptable Daily Intake)=NOAEL×안전계수(0.01)

정답 68. ③ 69. ④ 70. ① 71. ② 72. ④ 73. ④ 74. ④

• NOAEL(No Observed Adverse Effect Level, 최대무작용약량) : 농약을 일생 동안 매일 섭취하여도 시험동물에 아무런 영향을 주지 않는 농약의 최대 약량

75 **농약관리법령상 농약의 급성독성에 대한 내용으로 틀린 것은?**

① 농약을 단 1회 투여하여 생물집단에 대한 독성을 평가하는 것이다.

② 독성 정도는 생물집단의 변수가 치사되는 양으로 평가한다.

③ 농약이 살포된 농산물을 섭취하는 소비자에 대한 독성평가를 위한 것이다.

④ 급성독성 정도에 따른 구분은 Ⅰ~Ⅳ급까지이다.

해설 급성독성 : 실험동물에 화학물질을 1회 또는 반복 투여하였을 때 짧은 기간에 빠르게 나타나는 독성으로 조사는 48시간, 96시간 후에 반수치사량으로 평가하는 급성독성시험이 행해진다.

76 **잔류농약의 피해대책을 위하여 농약의 잔류허용기준, 반감기 및 반치사농도(LC_{50}) 등에 따라 잔류성 농약을 구분하는데 이에 해당하지 않는 것은?**

① 작물잔류성 농약

② 식품잔류성 농약

③ 토양잔류성 농약

④ 수질오염성 농약

해설 농약의 안전성 평가 대상은 첫째, 사람에 대한 안전성, 둘째, 환경에 대한 안전성, 셋째, 농작물에 대한 안전성이며, 사람에 대한 안전성 평가는 동물을 이용하여 인축독성을 시험하고, 환경에 대한 안전성 조사로 환경생물에 대한 안전성을 평가하여 그에 따른 적절한 조치를 취하고, 토양 잔류성 및 수질오염성이 높은 농약은 등록을 제한하고 있다.

77 **유제 투입원료 중 계면활성 작용을 하는 화합물은?**

① xylene

② epichlorohydrin

③ polyoxyethylene

④ O,O－diethyl O－(p－nitrophenyl) phosphate

해설 polyoxyethylene : 습윤제, 세정제, 가용화제로 사용되는 비이온 계면활성제입니다.

78 **농약관리법령상 농약에 해당하는 것으로 옳은 것은?**

① 농작물을 해하는 균, 곤충, 응애 등의 방제에 사용하는 살균제, 살충제, 제초제 및 농작물의 생리기능을 증진 또는 억제하는 데 사용하는 약제

② 농작물의 생장을 저해하는 병충해의 방제에 사용하는 유제, 액제, 분제, 입제와 약효를 증진시키는 자재

③ 농작물의 생장을 저해하는 병충해의 방제에 사용하는 살충제, 살균제, 제초제, 살비제 및 생장촉진제

④ 농작물의 생장을 저해하는 병충해의 방제에 사용하는 살균제, 살충제, 제초제, 살비제, 보건용 약제와 약효를 증진시키는 자재

해설 농약관리법 제2조(정의) 이 법에서 사용하는 용어의 뜻은 다음과 같다. 〈개정 2010. 4. 12., 2011. 7. 25., 2013. 3. 23.〉

1. "농약"이란 다음 각 목에 해당하는 것을 말한다.

가. 농작물[수목(樹木), 농산물과 임산물을 포함한다. 이하 같다]을 해치는 균(菌), 곤충, 응애, 선충(線蟲), 바이러스, 잡초, 그 밖에 농림축산식품부령으로 정하는 동식물(이하 "병해충"이라 한다)을 방제(防除)하는 데에 사용하는 살균제 살충제 제초제

정답 75. ③ 76. ② 77. ③ 78. ③

나. 농작물의 생리기능(生理機能)을 증진하거나 억제하는 데에 사용하는 약제
다. 그 밖에 농림축산식품부령으로 정하는 약제

79 제초제의 살초기작이 아닌 것은?

① 신경전달 저해
② 광합성 저해
③ 에너지 생성 저해
④ 세포분열 저해

해설 제초제의 작용기작
- 광합성 저해
- 호흡작용 및 산화적 인산화 저해
- 호르몬 작용 교란
- 단백질 합성 저해
- 세포분열 저해

80 곤충을 질식시켜 치사시키는 물리적 작용을 갖는 살충제는?

① 기계유 유제 ② 피레스 유제
③ 에어카롤 유제 ④ 밀베멕틴 유제

해설 기계유 유제 : 약액이 해충의 체표에 피막을 형성하여 기문을 막아 질식사시킨다.

제5과목 잡초방제학

81 제초제가 식물체에 흡수 이행을 저해하는 데 관여하는 요인으로 가장 거리가 먼 것은?

① 제초제의 농도
② 식물의 영양상태
③ 식물의 형태적 특성
④ 제초제의 처리 부위

해설 제초제의 흡수 이행 : 농약의 특성, 사용 방법, 식물의 형태적 특성, 영양상태, 처리부위, 환경 등의 영향을 받는다.

82 논에서 주로 종자로 번식하는 잡초는?

① 올미 ② 벗풀
③ 올방개 ④ 물달개비

해설
- 1년생 잡초는 주로 종자로 번식한다.
- 1년생 논잡초

화본과	강피, 물피, 돌피, 둑새풀
방동사니과	참방동사니, 알방동사니, 바람하늘지기, 바늘골
광엽잡초	물달개비, 물옥잠, 여뀌, 자귀풀, 가막사리

83 잡초와 작물과의 경합조건에 대한 설명으로 옳지 않은 것은?

① 잡초와 작물 간에 경합이 약할 때 작물 수량을 감소한다.
② 초종이 다른 식물 간에 일어나는 경합을 종간경합이라고 한다.
③ 같은 초종 중에서 개체 간에 일어나는 경합을 종내경합이라고 한다.
④ 식물경합은 둘 이상의 식물 간에 각각 어느 특정 요인이나 물질이 필요량보다 부족할 때 일어난다.

해설 잡초와 작물 간에 경합이 강할 때는 작물 수량을 감소한다.

84 다음 잡초 중 한 개체 당 종자수가 가장 많은 것으로만 나열된 것은?

① 바랭이, 별꽃 ② 흰여뀌, 둥에풀
③ 마디꽃, 뚝새풀 ④ 망초, 물달개비

해설 물달개비와 망초 등은 상대적으로 종자의 크기가 작고 개체 당 수가 많다.

85 광발아 잡초에 해당하지 않은 것은?

① 비름 ② 광대나물
③ 소리쟁이 ④ 왕바랭이

해설 일반적으로 여름잡초는 광발아성을 보인다.

정답 79. ① 80. ① 81. ① 82. ④ 83. ① 84. ④ 85. ②

86 **월년생 잡초로만 올바르게 나열한 것은?**

① 피, 냉이, 뚝새풀
② 벌꽃, 냉이, 벼룩나물
③ 냉이, 쇠비름, 벼룩나물
④ 쇠비름, 뚝새풀, 별꽃아재비

해설 월년생 : 추파일년초를 의미하며 겨울을 나고 다음 해에 개화, 결실 및 고사하는 식물로 겨울잡초가 이에 해당한다.

87 **잡초의 혁명을 바르게 나타낸 것은?**

① 올미 : Scirpus juncoides
② 벗풀 : Eleocharis kuroguwai
③ 너도방동사니 : Cyperus serotinus
④ 올챙이고랭이 : Sagittaria pygmaea

해설
- 올미 : Sagittaria pygmaea
- 벗풀 : Sagittaria trifolia
- 올챙이고랭이 : Scirpus juncoides

88 **잡초의 생물학적 방제용으로 도입되는 곤충이 구비하여야 할 조건으로 가장 거리가 먼 것은?**

① 영구적으로 소멸되지 않는 것
② 대상 잡초에만 피해를 주는 것
③ 대상 잡초의 발생지역에 잘 적응할 것
④ 인공적으로 배양 또는 증식이 용이한 것

해설 천적의 조건
- 대상잡초가 없어지면 소멸되어야 하고, 천적 자신이 기생식물에는 피해를 주지 않아야 한다.
- 환경에 잘 적응하고 다른 생물에 대한 적응성, 공존성, 저항성이 있어야 한다.
- 비산 또는 분산 능력이 커야 한다.
- 인공적으로 배양 또는 증식이 용이하며 생식력이 강해야 한다.

89 **잡초방제 한계기간이 가장 짧은 작물은?**

① 벼 ② 콩
③ 녹두 ④ 보리

해설 잡초 경합 한계기간
- 잡초와 경합에 의해 작물의 생육과 수량이 가장 크게 영향을 받는 기간
- 작물이 초관을 형성한 이후부터 생식생장으로 전환하기 이전 시기
- 일반적으로 작물 전 생육기간의 첫 1/3~1/2 혹은 1/4~1/3 기간에 해당되며, 철저한 방제가 요구되는 시기이다.
- 녹두 21~35일, 벼 30~40일, 콩, 땅콩 42일, 옥수수 49일, 양파 56일 정도이다.

90 **잡초의 이해관계에 대한 설명으로 가장 거리가 먼 것은?**

① 잡초는 유용적인 가치도 가지고 있다.
② 잡초는 불필요하므로 박멸되어야 한다.
③ 이해관계는 시점에 따라 달라진다.
④ 잡초의 개념은 인간의 의도에 위배된다는 점에서 성립한다.

해설 잡초는 토양유기물 제공, 야생동식물의 먹이와 서식처 제공, 토양침식과 유실 방지, 유전자원으로 활용 등 여러 유용성을 갖으며, 생태계 평형을 위하여 박멸의 대상으로 삼아서는 안 된다.

91 **벼 잡초인 피 방제를 위한 프로파닐 제초제의 선택성에 대한 설명으로 옳은 것은?**

① 휴면성의 차이에 기인한 것이다.
② 형태적인 차이에 기인한 것이다.
③ 생활상의 차이에 기인한 것이다.
④ 효소 활성의 차이에 기인한 것이다.

해설 프로파닐 제초제는 아마이드계 경엽처리 제초제로 아마이드계는 광합성을 저해하여 살초작용을 하는 제초제이다.

92 **가시나 갈고리 등을 이용하여 사람이나 동물에 부착해서 종자가 이동하는 잡초가 아닌 것은?**

① 메귀리 ② 소리쟁이
③ 도꼬마리 ④ 도깨비바늘

정답 86. ② 87. ③ 88. ① 89. ③ 90. ② 91. ④ 92. ②

해설 소리쟁이 열매 : 수과는 3릉형(三稜形)이며 3개의 숙존악에 싸여 있고 날개는 달걀모양 또는 심장형이며 거의 톱니가 없고 길이 5mm 가량이며 단단하다. 사마귀 같은 혹은 길이 1.5~2mm이다.

93 다음 중 발아를 위한 산소요구도가 가장 낮은 잡초는?

① 향부자 ② 별꽃
③ 강피 ④ 갈퀴덩굴

해설 강피는 화본과 논잡초로 수중발아가 가능하므로 발아를 위한 산소요구도가 낮다.

94 주로 논에 발생하는 잡초로만 올바르게 나열한 것은?

① 피, 바랭이
② 명아주, 뚝새풀
③ 개비름, 물옥잠
④ 올미, 여뀌바늘

해설 논잡초

1년생	화본과	강피, 물피, 돌피, 둑새풀
	방동사니과	참방동사니, 알방동사니, 바람하늘지기, 바늘골
	광엽잡초	물달개비, 물옥잠, 여뀌, 자귀풀, 가막사리
다년생	화본과	나도겨풀
	방동사니과	너도방동사니, 올방개, 올챙이고랭이, 매자기
	광엽잡초	가래, 벗풀, 올미, 개구리밥, 미나리

95 벼와 피의 주된 형태적 차이점은?

① 피에만 엽이가 있다.
② 벼에만 잎몸이 없다.
③ 벼에만 잎혀가 있다.
④ 벼와 피에는 잎집이 없다.

해설 피
- 논, 밭 등에서 발생하는 1년생 잡초로 종자 번식한다.
- 잎은 벼와 비슷하나 엽설과 엽이가 없어 구별된다.
- 벼의 수량에 크게 영향을 미친다.

96 이행형 제초제가 아닌 것은?

① 2,4-D ② Diquat
③ Simazine ④ Glyphosate

해설 Diquat : 접촉형제초제

97 잡초군락의 천이에서 가장 크게 영향을 받는 것은?

① 물관리 ② 우점잡초
③ 경운깊이 ④ 제초제 사용

해설 잡초군락 천이 : 재배작물의 변화, 경종조건의 변화, 제초 방법의 변화 등 농경법의 변천이 가장 큰 요인이며, 동일 제초제의 연용 등 제초시기 및 방법에 가장 크게 영향을 받는다.

98 밭에서 주로 발생하는 잡초로만 올바르게 나열된 것은?

① 여뀌, 매자기
② 쇠비름, 바랭이
③ 올방개, 물달개비
④ 드렁새, 사마귀풀

해설 밭잡초

1년생	화본과	바랭이, 강아지풀, 돌피, 둑새풀(2년생)
	방동사니과	참방동사니, 금방동사니
	광엽잡초	개비름, 명아주, 여뀌, 쇠비름, 냉이(2년생), 망초(2년생), 개망초(2년생)
다년생	화본과	참새피, 띠
	방동사니과	향부자
	광엽잡초	쑥, 씀바귀, 민들레, 쇠뜨기, 토끼풀, 메꽃

정답 93. ③ 94. ④ 95. ③ 96. ② 97. ④ 98. ②

99 식물의 여러 기관에서 특정물질이 분비되거나 또는 유출되어 주변 식물의 발아나 생육을 억제하는 작용은?

① 역치작용
② 상승작용
③ 상호대립억제작용
④ 상대지속억제작용

해설 상호대립업제작용

- 식물체 내의 생성, 분해물질이 인접식물의 생육에 부정적 영향을 끼치는 생화학적 상호작용으로 타감작용이라고도 한다.
- 생육 중에 있는 식물이 분비하거나 생체 혹은 수확 후 잔여물 및 종자 등에서 독성물질이 분비되어 다른 식물종의 생장을 저해하는 현상으로 편해작용의 한 형태이다.
- 상호대립억제물질은 식물조직, 잎, 꽃, 과실, 줄기, 뿌리, 근경, 종자, 화분에 존재하며 휘발, 용탈, 분비, 분해 등의 방법에 의하여 방출된다.
- 상호대립억제물질은 세포의 분열 및 신장 억제, 유기산의 합성 저해, 호르몬 및 효소작용의 영향 등 식물체의 생장과 발달에 영향을 준다.

100 형태적 특성에 따른 잡초 분류로 옳지 않은 것은?

① 소엽류 잡초
② 광엽류 잡초
③ 화본과류 잡초
④ 방동사니과류 잡초

해설 잡초의 형태적 분류 : 화본과, 방동사니과(사초과), 광엽잡초로 분류한다.

정답 99. ③ 100. ①

식물보호기사

2021년 1회 기출문제

제1과목 식물병리학

01 과수의 자주날개무늬병균은 분류학적으로 어느 균류에 속하는가?

① 난균 ② 담자균
③ 자낭균 ④ 접합균

해설 자주날개무늬병균(紫紋羽病, Violet root rot) : 병원체는 Helicobasidium mompa로 진균계의 담자균문에 속하며 담자기와 담자포자, 균핵을 형성한다. 담자포자는 담자기 위에서 형성되고 무색, 단세포, 계란 모양으로 정단은 둥글고, 기부는 뾰족하다. 균핵은 병반의 균사속 위에서 형성되는데 적자색이며, 구형이다.

02 호박의 흰가루병을 방제하기 위해서는 어느 부위에 약제를 처리하는 것이 가장 효과적인가?

① 뿌리 ② 잎과 줄기
③ 토양 ④ 종자

해설
- 흰가루병의 병징은 잎, 줄기 등의 표면에 흰색 분말가루 같은 균사 및 분생포자가 생기고 미세한 흑색 자낭구가 밀생하며, 병이 진전되면 잎 전체가 흰색 균체의 피해로 결국 말라죽게 된다.
- 방제법 : 병든 식물체를 소각하고 트리포린유제, 마이클로뷰타닐수화제, 비터타놀수화제 등을 살포한다. 과도한 밀식재배 및 질소질 비료의 과용을 피한다.

03 종묘 소독에 대한 설명으로 옳은 것은?

① 농약만을 사용하는 방법이다.
② 종자의 발아율을 좋게 하는 방법이다.
③ 종자의 이물질이 없도록 정선하는 방법이다.
④ 종자와 종묘 외에도 덩이뿌리 등 영양번식체를 소독하는 방법이다.

해설
- 종자소독(種子消毒) : 종자전염성 병균 또는 선충을 없애기 위해 종자에 물리적, 화학적 처리를 하는 것을 종자소독이라 하고, 종자 외부 부착균에 대하여는 일반적으로 화학적 소독을 하고 내부 부착균은 물리적 소독을 한다. 그러나 바이러스에 대하여는 현재 종자소독으로 방제할 수 없다.

〈종묘의 뜻〉
- 작물 재배에 있어 번식의 기본 단위로 사용되는 것을 의미하며 종자, 영양체, 모 등이 포함되며 이러한 작물번식의 시발점이 되는 것을 종물이라 한다.
- 종물 중 종자는 유성생식의 결과 수정에 의해 배주가 발육한 것을 식물학상 종자(seed)라 하며, 종자를 그대로 파종하기도 하지만 묘를 길러서 재식하기도 하는데, 묘도 작물 번식에서 기본 단위로 볼 수 있어 종물과 묘를 총칭하여 종묘라 한다.

04 병원균의 분생포자각과 자낭각이 보이는 식물병은?

① 오이 잘록병
② 옥수수 오갈병
③ 벼 이삭누룩병
④ 밤나무 줄기마름병

정답 01. ② 02. ② 03. ④ 04. ④

해설 • 오이 잘록병 : 난균문
• 옥수수 오갈병 : 바이러스병
• 벼 이삭누룩병 : 자낭균에 의한 병으로 병원균은 균사, 후막포자, 분생자, 분생자병, 자실체로 구분되며, 자식체에서 유출된 자낭포자가 바람에 의해 벼꽃을 통해 벼알로 침입한다.
• 밤나무 줄기마름병(Endothia parasitica) : 자낭균에 의한 병으로 자좌의 아래쪽으로 가늘고 긴 목을 가진 플라스크 모양의 자낭각이 다수 형성되고 자낭각의 목은 수피를 뚫고 돌출하여 자좌 위에 형성된 구멍처럼 보인다.

05 식물 바이러스 입자를 구성하는 주요 고분자는?

① 피막과 핵
② 세포벽과 세포질
③ 골지체와 RNA
④ 핵산과 단백질 껍질

해설 바이러스의 본체는 DNA 또는 RNA의 핵산이며, 단백질 껍질을 갖는다.

06 시설재배에서 발생하는 토양 병해의 방제 방법으로 가장 거리가 먼 것은?

① 습도 조절
② 태양열 소독
③ 훈증제 사용
④ 경엽처리제 사용

해설 경엽처리제는 주로 지표에 노출된 잡초의 줄기와 잎에 접촉, 흡수시켜 잡초를 고사시키는 제초제로 이용된다.

07 사과나무 뿌리혹병의 주요 발생 원인은?

① 세균 감염 ② 사상균 감염
③ 토양 선충 ④ 생리적 장애

해설 사과나무 뿌리혹병은 세균성 전염병으로 병원균은 아그로박테리움 투메파키엔스(*Agrobacterium tumefaciens*)다. 감염된 식물들은 증식하지 못하고 심해지면 죽는다.

08 균류에 의해 발생하는 수목병이 아닌 것은?

① 은행나무 잎마름병
② 벚나무 빗자루병
③ 뽕나무 오갈병
④ 낙엽송 잎떨림병

해설 뽕나무 오갈병은 파이토플라스마에 의해 발병된다.

09 뽕나무 오갈병의 병원체로 옳은 것은?

① 곰팡이 ② 바이러스
③ 바이로이드 ④ 파이토플라스마

해설 뽕나무 오갈병은 파이토플라스마에 의해 발병되며, 마름무늬매미충에 의해 전염된다.

10 Aspergillus flavus가 생산하는 균독소는?

① Aflatoxin ② Citrinin
③ Fumonisin ④ Zearalenone

해설 ① Aflatoxin : Aspergillus flavus 등이 생산하는 곰팡이 독으로 발암성이 있는 독성물질이다. 주로 저장된 곡물, 땅콩 및 식품류에서 생긴다.

11 일반적으로 세균의 플라스미드에 의해 지배되는 형질로 가장 거리가 먼 것은?

① bacteriocin 생성
② 편모의 구조 결정
③ 항생제에 대한 내성
④ 기주에 대한 병원성

해설 플라스미드 : 세균 염색체의 DNA와 구별되는 부속 유전자를 가지고 있는 작은 원형의 이중 가닥 DNA

정답 05. ④ 06. ④ 07. ① 08. ③ 09. ④ 10. ① 11. ②

12 **박테리오파지의 기주특이성을 이용하여 진단할 수 있는 병으로 가장 적절한 것은?**

① 밀 속깜부기병
② 벼 줄무늬잎마름병
③ 보리 겉깜부기병
④ 벼 흰잎마름병

해설
- 박테리오파지 : 일반적인 바이러스와는 달리 세균을 숙주세포로 하는 바이러스의 총칭
- 밀 속깜부기병 : 담자균
- 벼 줄무늬잎마름병 : 바이러스
- 보리 겉깜부기병 : 담자균
- 벼 흰잎마름병 : 세균

13 **사과나무 붉은별무늬병균이 해당하는 분류군은?**

① 난균 ② 담자균
③ 자낭균 ④ 불완전균

해설 사과붉은별무늬병균: 사과붉은별무늬병균은 전혀 다른 2개의 기주를 옮겨 다니며 생활환을 완성하는 재미있는 병원균이다. 진균계(Fungi), 담자균문(Basidiomycota), 녹병균과(Pucciniaceae)에 속한다.

14 **인공 배지에서 배양이 가능한 식물 병원체는?**

① 선충 ② 바이러스
③ 세균 ④ 파이토플라스마

해설 세균은 인공배지에서 증식이 가능하여 배양으로 통한 진단이 가능하다.

15 **식물 병원체가 생산하는 기주 특이적 독소는?**

① Victorin ② Tentexin
③ Ophiobolins ④ Fumaric acid

해설 ②, ③, ④는 비기주특이적 독소이다.

16 **국내에 발생하는 채소류의 균핵병에 대한 설명으로 옳지 않은 것은?**

① 잎, 줄기, 열매 등에 발생한다.
② 자낭포자나 균핵에서 발아한 균사로 침입한다.
③ 발병 후기에는 발병 조직에 백색 균사가 나타난다.
④ 균핵이 땅 속에 묻혀 있다가 25℃ 이상의 고온이 되면 발아한다.

해설 균핵병 : 개화기 저온 다습 환경에서 발생이 심하다.

17 **식물병으로 인한 피해에 대한 설명으로 옳지 않은 것은?**

① 20세기 스리랑카는 바나나 시들음병으로 인하여 관련 사업이 황폐화되었다.
② 19세기 아일랜드 지방에 감자 역병이 크게 발생하여 100만 명 이상이 굶어 죽었다.
③ 20세기 미국 동부지방 주요 수종인 밤나무는 밤나무 줄기마름병으로 큰 피해를 입었다.
④ 20세기 미국 전역에서 옥수수 깨씨무늬병이 크게 발생하여 관련 제품 생산에 큰 차질을 가져왔다.

해설 20세기 스리랑카는 커피녹병으로 인하여 관련 사업이 황폐화되며, 커피 대신 차 재배가 시작된다.

18 **다음 중 기생성 종자식물이 수목에 미치는 주요 피해로 가장 거리가 먼 것은?**

① 국부적 이상 비대
② 기주로부터 양분과 수분 탈취
③ 저장물질의 변화 및 생장 둔화
④ 태양광선의 차단에 의한 생장 불량

해설 기생식물에 대한 피해
- 기생 부위의 국부적 이상비대

정답 12. ④ 13. ② 14. ③ 15. ① 16. ④ 17. ① 18. ④

• 병든 부위 윗부분은 위축되면서 말라 죽는다.
• 양분과 수분의 탈취
• 저장물질의 변화와 생장 둔화

19 **토마토 풋마름병에 대한 설명으로 옳은 것은?**

① 토마토에만 감염된다.
② 담자균에 의한 병이다.
③ 병원균은 주로 병든 식물체에서 월동한다.
④ 병원균이 뿌리로 침입하면 뿌리가 흰색으로 변한다.

해설 토마토 풋마름병은 감자, 가지, 토마토, 고추 등 가지과에서 발생되며, 병원균은 세균이고 병든 식물의 잔재에서 월동하여 토양전염한다.

20 **병원체가 주로 각피를 통해 직접 침입하지 않는 것은?**

① 벼 도열병균
② 장미 흰가루병균
③ 사과나무 탄저병균
④ 밤나무 줄기마름병균

해설 밤나무 줄기마름병균은 상처를 통해 침입 후 자좌를 수피 밑에 형성한다.

제2과목 농림해충학

21 **해충의 발생예찰 방법이 아닌 것은?**

① 통계적 예찰법
② 피해사정 예찰법
③ 시뮬레이션 예찰법
④ 야외조사 및 관찰 예찰법

해설 해충의 발생 예찰 방법 : 야외조사 및 관찰 방법, 통계학적 방법, 다른 생물현상과의 관계를 이용하는 방법, 실험적 방법, 개체군 동태학적 방법, 컴퓨터 이용 방법 등이 있다.

22 **다음 중 곤충의 소화계에 대한 설명으로 옳은 것은?**

① 소화흡수작용은 후장(後腸)에서만 일어난다.
② 전장(前腸)에는 많은 선세포(腺細胞)가 발달되어 있다.
③ 말피기관은 배설기관이다.
④ 중장(中腸)에서는 기계적 소화만 한다.

해설
• 전장 : 음식물을 중장으로 운반하는 통로 역할을 하며, 먹은 것을 임시 저장하고 기계적 소화가 일어난다.
• 중장 : 점액성 단백질로 구성된 위식막으로 음식물을 감싸고 효소를 분비하는 소화, 흡수작용이 일어난다.
• 후장 : 소화관의 맨 끝부분으로 전소장, 직장 및 항문으로 구성되어 있으며, 직장에서는 염류와 수분의 흡수작용이 이루어진다.

23 **윤작으로 방제 효과가 가장 미비한 해충은?**

① 이동성이 적은 해충류
② 생활사가 짧은 해충류
③ 식성의 범위가 좁은 해충류
④ 토양곤충에 해당되는 해충류

해설 생활사가 짧은 해충류는 윤작에 의한 방제효과가 크게 나타나지 않는다.

24 **곤충의 출생 방식으로 알이 몸 안에서 부화되어 애벌레 상태로 밖으로 나오는 것은?**

① 난생 ② 태생
③ 배발생 ④ 난태생

해설
• 난생 : 알로 태어남
• 태생 : 애벌레로 태어남
• 난태생 : 알이 몸 안에서 부화되어 애벌레 상태로 나옴

정답 19. ③ 20. ④ 21. ② 22. ③ 23. ② 24. ④

25 **부패물 또는 토양 속의 유기물에 자라는 미생물을 먹고 사는 곤충은?**

① 진딧물 ② 메뚜기
③ 톡토기 ④ 깍지벌레

해설 ①, ②, ④는 식식성이다.

26 **식물의 선천적 내충성과 관계가 없는 것은?**

① 내성 ② 회귀성
③ 항생성 ④ 비선호성

해설 내충성은 해충이 숙주로서 이용할 수 있는 기능성을 감소시킬 수 있는 작물의 유전적 특성으로 비선호성, 항충성, 내성으로 분류할 수 있다.

27 **복숭아 심식나방에 대한 설명으로 옳지 않은 것은?**

① 유충이 과실 속에 있을 때에는 황백색이다.
② 월동 고치는 방추형이다.
③ 1년에 2회 발생하지만 일정하지는 않다.
④ 피해 과일에는 배설물이 배출되지 않는다.

해설 복숭아 심식나방의 유충은 편원형과 방추형 두 가지 고치를 만들며, 월동형 고치는 편원형이고 번데기가 될 때는 방추형 고치를 만든다.

28 **누에의 휴면호르몬이 합성되는 곳은?**

① 앞가슴샘 ② 알라타체
③ 카디아카체 ④ 신경분비세포

해설
- 앞가슴샘 : 탈피호르몬 엑디손과 허물벗기호르몬, 경화호르몬 등을 분비한다.
- 알라타체 : 유충호르몬인 유약호르몬과 변태조절호르몬을 생성한다.
- 카디아카체 : 심장박동의 조절에 관여한다.
- 신경분비세포 : 누에의 휴면호르몬을 분비한다.

29 **완전변태를 하지 않는 것은?**

① 버들잎벌레
② 솔수염하늘소
③ 복숭아명나방
④ 진달래방패벌레

해설 방패벌레는 매미목 방패벌레과로 불완전변태류에 해당된다.

30 **살충제의 효력을 충분히 발휘시킬 목적으로 사용하는 약제로 옳지 않은 것은?**

① 주제 ② 용제
③ 유화제 ④ 전착제

해설 주재는 살충제, 살균제 등 주성분을 의미한다.

31 **일반적으로 곤충의 가운데 가슴마디에 있는 기문(spiracle) 수는?**

① 1쌍 ② 5쌍
③ 8쌍 ④ 12쌍

해설 기문은 기체가 출입하는 곳으로 보통 가슴에 2쌍, 배에 8쌍 모두 10쌍으로 되어 있으나 종에 따라 다르다.

32 **오이잎벌레는 어느 목에 속하는가?**

① 잠자리목 ② 벌목
③ 딱정벌레목 ④ 노린재목

해설 오이잎벌레는 딱정벌레목 잎벌레과에 해당된다.

33 **정주성 내부기생선충으로 2령 유충만이 식물을 침입할 수 있는 감염기의 선충이 되는 것은?**

① 침선충 ② 잎선충
③ 뿌리혹선충 ④ 뿌리썩이선충

해설 뿌리혹선충은 알속에서 1회 탈피한 후 깨어난 2령 유충이 뿌리속에 침입하여 3회 탈피 후 성충이 되

정답 25. ③ 26. ② 27. ② 28. ④ 29. ④ 30. ① 31. ① 32. ③ 33. ③

며, 2령 유충이 구침으로 뿌리에 상처를 내고 영양을 흡수하면 그 부분의 조직이 혹 모양으로 변한다.

34 **진딧물이 교미 없이 암컷 혼자 번식하는 것은?**

① 단위생식 ② 다배발생
③ 기주전환 ④ 완전변태

해설 단위생식 : 단성생식이라 하며 교미 없이 암컷만으로 번식하는 것을 의미한다.

35 **고추의 열매를 뚫고 들어가 열매 속에서 식해하는 해충은?**

① 거세미나방 ② 검거세미밤나방
③ 끝검은밤나방 ④ 담배나방

해설 담배나방 : 고추에 가장 큰 피해를 주는 해충으로 부화유충이 새 잎, 꽃봉오리, 어린 과실 등에 구멍을 내며, 유충이 좀 더 자라면 과실 속으로 들어가 속을 먹으므로 2차적으로 상처에 병이 발생하여 과실이 떨어지기도 한다.

36 **유충에서 성충까지 입틀의 형태가 변하지 않는 것은?**

① 꿀벌 ② 말매미
③ 학질모기 ④ 배추흰나비

해설 ①, ③, ④는 완전변태류로 유충과 성충의 형태가 변하지만, 말매미는 불완전변태류로 약충과 성충의 형태 변화가 적다.

37 **벼를 가해하여 오갈병을 매개하는 것은?**

① 벼멸구 ② 먹노린재
③ 흰등멸구 ④ 끝동매미충

해설 벼의 바이러스병해 매개충은 대표적으로 벼 줄무늬잎마름병, 검은줄오갈병 등을 매개하는 애멸구와 오갈병을 매개하는 끝동매미충 등이 있다.

38 **배나무이의 분류학적 위치는?**

① 나비목 ② 매미목
③ 사마귀목 ④ 딱정벌레목

해설 매미목 나무이과에 해당된다.

39 **조팝나무진딧물에 대한 설명으로 옳지 않은 것은?**

① 조팝나무에서 성충으로 월동한다.
② 귤나무의 경우 새잎 뒷면에 기생한다.
③ 한국, 일본, 북아메리카 등에서 발생한다.
④ 주로 조팝나무, 사과나무, 귤나무에 서식한다.

해설 보통 알로 월동하나 따뜻한 지방에서는 태생(胎生) 암컷 성충으로 월동한다.

40 **작물의 재배시기를 조절하여 해충의 피해를 줄이는 방법은?**

① 화학적 방제법
② 경종적 방제법
③ 기계적 방제법
④ 물리적 방제법

해설 재배시기를 조절하여 회피하는 방법은 경종적 방제법에 해당된다.

제3과목 재배학원론

41 **종자의 파종량에 대한 설명으로 가장 옳은 것은?**

① 감자는 산간지에서 파종량을 늘린다.
② 파종시기가 늦어질수록 파종량을 늘린다.

정답 34. ① 35. ④ 36. ② 37. ④ 38. ② 39. ① 40. ② 41. ②

③ 맥류는 산파보다 조파 시 파종량을 늘린다.

④ 콩은 맥후작보다 단작에서 파종량을 늘린다.

해설 파종시기가 늦어지면 대체로 작물의 개체 발육도가 낮아지므로 파종량을 늘리는 것이 좋다.

42 포도의 착색에 관여하는 안토시안의 생성을 가장 조장하는 것은?

① 적색광

② 황색광

③ 적외선

④ 자외선

해설 • 가시광선

㉠ 적색광 : 광합성, 광주기성, 광발아성 종자의 발아를 주도한다.

㉡ 청색광 : 카로티노이드계 색소의 생성을 촉진한다.

• 근적외선 : 식물을 신장촉진하여 적색광과 근적외선의 비(R/Fr ratio)가 작으면 절간신장이 촉진되어 초장이 커진다.

• 자외선 : 신장을 억제하며, 엽육을 두껍게 하고, 안토시아닌계 색소의 발현을 촉진한다.

43 내건성이 강한 작물의 형태적 특성이 아닌 것은?

① 잎맥과 울타리조직이 발달한다.

② 체적에 대한 표면적의 비가 작다.

③ 지상부에 비해 근군의 발달이 좋다.

④ 기동세포가 발달하지 못하여 표면적이 축소되어 있다.

해설 기동세포가 발달하여 탈수되면 잎이 말려서 표면적이 축소된다.

44 다음 중 요수량이 가장 큰 것은?

① 옥수수 ② 수수

③ 클로버 ④ 기장

해설 • 수수, 옥수수, 기장 등은 작고 호박, 알파파, 클로버 등은 크다.

• 일반적으로 요수량이 작은 작물일수록 내한성(耐旱性)이 크나, 옥수수, 알파파 등에서는 상반되는 경우도 있다.

• 흰명아주>호박>알파파>클로버>완두>오이>목화>감자>귀리>보리>밀>옥수수>수수>기장

45 재배에 적합한 토성의 범위가 넓은 작물의 순서로 가장 바르게 나열된 것은?

① 담배 > 밀 > 콩

② 담배 > 콩 > 고구마

③ 수수 > 담배 > 팥

④ 콩 > 양파 >담배

해설 작물종류와 재배에 적합한 토성

○ : 재배적지, △ : 재배 가능지

작물	사토	세사토	사양토	양토	식양토	식토
콩, 팥	○	○	○	○	○	○
녹두, 고구마	○	○	○	○	○	
근채류	○	○	○	○	△	
땅콩	○	○	○	△	△	
오이, 양파	○	○	○	○		
호밀, 조	△	△	○	○	○	△
귀리	△	△	△	○	○	△
수수, 옥수수, 메밀, 엽채류, 사탕무, 박하			○	○	○	
아마, 담배, 피, 모시풀			○	○		
강낭콩			△	○	○	
알파파, 티머시				○	○	○
밀					○	○

정답 42. ④ 43. ④ 44. ③ 45. ④

46 다음 중 침종에 대한 설명으로 가장 옳은 것은?

① 침종기간은 연수보다 경수에서 길어지는 경향이 있다.
② 낮은 수온에 오래 침종하면 양분의 소모가 적어 발아에 좋다.
③ 완두는 산소가 부족해도 발아에 지장이 없다.
④ 벼는 종자 무게의 5%의 수분을 흡수하면 발아가 개시된다.

해설 침종 방법
- 벼, 가지, 시금치, 수목의 종자 등에 실시한다.
- 수질 및 수온에 따라 침종 시간은 달라지며 연수(軟水)보다는 경수(硬水)가 수온이 낮을수록 시간이 더 길어지는 경향이 있다.
- 침종 시 수온은 낮지 않은 것이 좋고 산소가 많은 물이 좋으므로 자주 갈아주는 것이 좋다.
- 수온이 낮은 물에 오래 침종하면 저장양분이 유실되고 산소 부족에 의해 강낭콩, 완두, 콩, 목화, 수수 등에서는 발아장해가 유발된다.
- 벼 종자의 침종은 종자 무게의 30% 정도의 수분을 흡수시키고, 14시간 소요된다.

47 다음 중 생육기간의 적산온도가 가장 높은 작물은?

① 담배 ② 메밀
③ 보리 ④ 벼

해설 주요작물의 적산온도
㉠ 여름작물
- 벼 : 3,500~4,500℃
- 담배 : 3,200~3,600℃
- 메밀 : 1,000~1,200℃
- 조 : 1,800~3,000℃
- 목화 : 4,500~5,500℃
- 옥수수 : 2,370~3,000℃
- 수수 : 2,500~3,000℃
- 콩 : 2,500~3,000℃

㉡ 겨울작물 : 추파맥류 : 1,700~2,300℃
㉢ 봄작물
- 아마 : 1,600~1,850℃
- 봄보리 : 1,600~1,900℃
- 감자 : 1,600~3,000℃
- 완두 : 2,100~2,800℃

48 줄기 선단에 있는 분열조직에서 합성되어 아래로 이동하여 측아의 발달을 억제하는 정아우세 현상과 관련된 식물생장조절물질은?

① 옥신 ② 지베렐린
③ 시토키닌 ④ 에틸렌

해설 옥신의 생성과 작용
- 생성 : 줄기나 뿌리의 선단에서 합성되어 체내의 아래로 극성 이동을 한다.
- 주로 세포의 신장촉진 작용을 함으로써 조직이나 기관의 생장을 조장하나 한계 농도 이상에서는 생장을 억제하는 현상을 보인다.
- 굴광현상은 광의 반대쪽에 옥신의 농도가 높아져 줄기에서는 그 부분의 생장이 촉진되는 향광성을 보이나 뿌리에서는 도리어 생장이 억제되는 배광성을 보인다.
- 정아에서 생성된 옥신은 정아의 생장은 촉진하나 아래로 확산하여 측아의 발달을 억제하는데, 이를 정아우세현상이라고 한다.

49 인산질 비료에 대한 설명으로 가장 옳지 않은 것은?

① 유기질 인산 비료에는 쌀겨, 보리겨 등이 있다.
② 무기질 인산 비료의 중요한 원료는 인광석이다.
③ 과인산석회는 인산의 대부분이 수용성이고 속효성이다.
④ 용성인비는 구용성 인산을 함유하여 작물에 속히 흡수된다.

정답 46. ① 47. ④ 48. ① 49. ④

해설 용성인비

- 구용성 인산을 함유하며 작물에 빠르게 흡수되지 못하므로 과인산석회 등과 병용하는 것이 좋다.
- 토양 중 고정이 적고 규산, 석회, 마그네슘 등을 함유하는 염기성비료로 산성토양 개량의 효과도 있다.

50 다음에서 (가), (나)에 알맞은 내용은?

> • 작물이 햇볕을 받으면 온도가 (가)하여 증산이 촉진된다.
> • 광합성으로 동화물질이 축적되면 공변세포의 삼투압이 (나)져서 수분흡수가 활발해짐과 아울러 기공이 열려 증산이 촉진된다.

① 가 : 하강, 나 : 높아
② 가 : 상승, 나 : 높아
③ 가 : 하강, 나 : 낮아
④ 가 : 상승, 나 : 낮아

해설 증산

- 증산은 작물로부터 물을 발산하는 중요한 기작 중 하나이다.
- 증산은 작물의 체온 조절과 물질의 전류에 있어 중요한 역할을 한다.
- 온도의 상승은 작물의 증산량을 증가시키고 온도에 따른 작물의 체온 유지의 역할을 한다.

51 다음 중 식물세포 원형질의 팽만 상태에 해당하는 것은?

① 수분 포텐셜=0bar
② 수분 포텐셜=−10bar
③ 수분 포텐셜=−15bar
④ 수분 포텐셜=−30bar

해설 압력 퍼텐셜과 삼투 퍼텐셜이 같아지면 세포의 수분 퍼텐셜은 0이 되므로 팽만상태가 된다.($\Psi_s=\Psi_p$)

52 다음 중 배유 종자로만 나열된 것은?

① 콩, 팥, 밤
② 밀, 보리, 콩
③ 벼, 옥수수, 보리
④ 팥, 옥수수, 콩

해설 배유의 유무에 의한 분류

- 배유종자 : 벼, 보리, 옥수수 등 화본과 종자와 피마자, 양파 등
- 무배유종자 : 콩, 완두, 팥 등 두과 종자와 상추, 오이 등

53 묘상에서 육묘한 모를 이식하기 전에 경화시키면 나타나는 이점에 대한 설명으로 가장 옳지 않은 것은?

① 착근이 빠르다.
② 흡수력이 좋아진다.
③ 체내의 즙액 농도가 감소한다.
④ 저온 등 자연환경에 대한 저항성이 증대한다.

해설 체내의 즙액 농도가 증가한다.

54 다음 중 작물의 생산성을 극대화하기 위한 3요소로 가장 옳은 것은?

① 유전성, 환경조건, 생산자본
② 유전성, 환경조건, 재배기술
③ 유전성, 지대, 생산자본
④ 환경조건, 재배기술, 토지자본

해설 작물의 재배이론

- 작물생산량은 재배작물의 유전성, 재배환경, 재배기술이 좌우한다.
- 환경, 기술, 유전성의 세 변으로 구성된 삼각형 면적으로 표시되며 최대 수량의 생산은 좋은 환경과 유전성이 우수한 품종, 적절한 재배기술이 필요하다.
- 작물수량 삼각형에서 삼각형의 면적은 생산량을 의미하며 면적의 증가는 유전성, 재배환경, 재배기술의 세 변이 고르고 균형 있게 발달하여야 면

정답 50. ② 51. ① 52. ③ 53. ③ 54. ②

적이 증가하며, 삼각형의 두 변이 잘 발달하였더라도 한 변이 발달하지 못하면 면적은 작아지게 되며 여기에도 최소율의 법칙이 적용된다.
- 작물 수량은 광합성에 의해 이루어지므로 작물의 재배기술은 광합성을 증대시켜 동화산물을 인간이 원하는 작물 부위에 최대한 많이 저장하는 것이다. 따라서 재배기술의 개선이란 작물의 광합성효율을 증대시키는 것을 의미한다.

55 다음 중 수명이 가장 긴 장명종자는?

① 메밀 ② 가지
③ 양파 ④ 상추

해설 작물별 종자의 수명(中村, 1985; HARTMANN, 1997)

구분	단명종자 (1~2년)	장명종자 (5년 이상)
농작물류	콩, 땅콩, 목화, 옥수수, 해바라기, 메밀, 기장	클로버, 알파파, 사탕무, 베치
채소류	강낭콩, 상추, 파, 양파, 고추, 당근	비트, 토마토, 가지, 수박
화훼류	베고니아, 팬지, 스타티스, 일일초, 콜레옵시스	접시꽃, 나팔꽃, 스토크, 백일홍, 데이지

56 작물의 생육과정에서 화성을 유발케 하는 요인으로 가장 옳지 않은 것은?

① C/N율 ② N-Al율
③ 식물호르몬 ④ 일장효과

해설 화성유도의 주요 요인

㉠ 내적 요인
- C/N율로 대표되는 동화생산물의 양적 관계
- 옥신(auxin)과 지베렐린(gibberellin) 등 식물호르몬의 체내 수준 관계

㉡ 외적 요인
- 일장
- 온도

57 작물의 종류에 따른 시비법에 대한 설명으로 가장 옳지 않은 것은?

① 사탕무는 나트륨의 요구량이 많다.
② 귀리에서는 마그네슘의 효과가 크다.
③ 사탕무는 암모니아태질소의 효과가 크다.
④ 콩과작물에서는 석회와 인산의 효과가 크다.

해설 담배와 사탕무 : 질산태질소의 효과가 크고, 암모늄태질소는 해롭다.

58 다음 중 벼의 도열병 저항성과 가장 관련이 있는 것은?

① 출수생태 ② 조만성
③ 내비성 ④ 초형

해설 도열병은 질소질 비료의 과다시용 시 발병이 증가하므로 내비성이 저항성과 가장 관련이 크다.

59 벼 작물의 도복 대책으로 가장 적절하지 않은 것은?

① 키가 작고 줄기가 튼튼한 품종을 선택한다.
② 마지막 논김을 맬 때 배토를 한다.
③ 재식밀도를 높이고, 질소 비료를 증시한다.
④ 규산질 비료를 사용한다.

해설 재식밀도를 높이고, 질소 비료를 증시하면 연약하게 자라 도복의 위험이 커진다.

60 다음 중 작물의 내동성에 대한 설명으로 가장 옳지 않은 것은?

① 세포의 삼투압이 높아지면 내동성이 커진다.
② 원형질의 연도가 낮고 점도가 높은 것이 내동성이 크다.

정답 55. ② 56. ② 57. ③ 58. ③ 59. ③ 60. ②

③ 자유수의 함량이 적어지면 내동성이 커진다.
④ 지방 함량이 높은 것이 내동성이 강하다.

해설 원형질의 점도가 낮고 연도가 크면 결빙에 의한 탈수와 융해 시 세포가 물을 다시 흡수할 때 원형질의 변형이 적으므로 내동성이 크다.

제4과목 농약학

61 농약잔류허용기준의 설정 시 결정 요소가 아닌 것은?

① 토양 중 잔류특성(spervised residue trial in soil)
② 안전계수(safety factor)
③ 1일 섭취 허용량(ADI)
④ 최대무작용량(NOEL)

해설
- 최대잔류허용량(ppm) = {1일 섭취허용량(ADI; mg/kg) × 국민평균체중(kg)} ÷ {해당 농약이 사용되는 식품의 1일 섭취량(식품계수, kg)
- ADI = 최대무작용약량(NOEL) × 안전계수(1/100)

62 농약의 작용기작에 의한 분류 중 Parathion이 속하는 분류는?

① 에너지대사 저해
② 호르몬 기능 교란
③ 생합성 저해
④ 신경기능 저해

해설 Parathion은 유기인계 살충제로 아세틸콜린에스터라제 기능 저해로 살충작용을 한다.

63 Parathion의 구조식으로 옳은 것은?

① $(CH_3O)_2P(=S)-O-CH_3-NO_2$
② $(CH_3O)_2P(=S)-O-NO_2$
③ $(C_2H_5O)_2P(=S)-O-NO_2$
④ $(CH_3O)_2P(=S)-O-Cl-NO_2$

해설 파라티온 : C_2H_5O

64 유재를 1500배로 희석하여 액량 15L로 살포하려 할 때 필요한 원액 약량(mL)은?

① 1 ② 10
③ 100 ④ 1000

해설 10a당 소요 약량 = 단위면적당 사용량 ÷ 소요희석배수 = 15,000ml ÷ 1,500

65 미탁제나 유탁제 등 신규제형이 각광받지 못한 이유로 가장 거리가 먼 것은?

① 고가로 인한 경제성 문제
② 환경문제에 대한 인식 부족
③ 보수적 농민의 선호도 부족
④ 인축 독성이 강한 유기용매의 함유

해설 신규제형의 개발 목적에는 인축에 독성을 낮추는 것이 포함된다.

정답 61. ① 62. ④ 63. ③ 64. ② 65. ④

66 살선충제 농약은?

① Cadusafos
② Chlorpyrifos
③ Diazinon
④ Dichlorvos

해설 • Chlorpyrifos : 살충제
• Diazinon : 살충제
• Dichlorvos : 살충제

67 농약의 저항성 발달 정도를 표현하는 저항성 계수를 옳게 나타낸 것은?

① 저항성 LD_{50} / 감수성 LD_{50}
② 감수성 LD_{50} × 저항성 LD_{50}
③ 감수성 LD_{50} /복합저항성 LD_{50}
④ 감수성 LD_{50} × 복합저항성 LD_{50}

해설 저항성 계수는 저항성과 감수성의 비로 나타낸다.

68 다음 중 작물 잔류성이 가장 낮은 약제는?

① 침투성 약제
② 유용성(油溶性) 약제
③ 증발하기 쉬운 약제
④ 작물에 부착성이 큰 약제

해설 쉽게 증발하는 약제는 증발로 소실되므로 잔류성이 낮다.

69 다음 중 희석하여 살포하는 제형이 아닌 것은?

① 유제(乳劑)
② 분제(粉劑)
③ 수용제(水溶劑)
④ 수화제(水和劑)

해설 분제는 농약원제를 증량제와 물리성 개량제, 분해방지제 등과 혼합하여 분쇄하는 가는 분물의 제형으로 희석하지 않고 직접 살포한다.

70 분제(입제 포함)의 물리적 성질로서 가장 거리가 먼 것은?

① 현수성(suspensibility)
② 비산성(floatability)
③ 부착성(deposition)
④ 토분성(dustibility)

해설 현수성은 수화제에 물을 가했을 때 고체 미립자가 침전하거나 떠오르지 않고 오랫동안 균일한 분산상태를 유지하는 성질로 이와 같은 성질의 약액을 현탁액이라 하며, 액상시용제의 물리적 성질이다.

71 Sulfonylurea계 제초제가 아닌 것은?

① Bensulfuron
② Prometryn
③ Cinosulfuron
④ Flazasulfuron

해설 Triazine계 제초제 : 화본과와 광엽잡초 방제에 유효하며 뿌리로부터 흡수되며 작물의 선택성은 흡수된 제초제가 분해되는 정도에 따른 다르다.(Simazine, Atrazine, Simetryn, Prometryn)

72 주성분의 조성에 따른 농약의 분류에서 카바메이트계 농약에 대한 설명으로 옳은 것은?

① Carbamic acid과 amine의 반응에 의하여 얻어지는 화합물이다.
② BHC와 같이 환상구조를 가지는 것과 Ethane의 유도체 구조를 가지는 화합물로 나누어진다.
③ 산소 및 황의 위치 및 수에 따라 품목이 분류된다.
④ 분자 구조 내에 질소를 3개 가지는 트리아진 골격을 함유하는 화합물이다.

해설 카바메이트계 살충제는 아미노기(-)와 카르복시기(-COOH)가 결합된 카바민산(Carbamic acid)과 아민(amine)의 반응에 의하여 얻어지는 화합물이다.

정답 66. ① 67. ① 68. ③ 69. ② 70. ① 71. ② 72. ①

73 50%의 Fenobucarb 유제(비중 : 1) 100mL를 0.05%액으로 희석하는 데 소요되는 물의 양(L)은?

① 49.95　② 99.9
③ 499.5　④ 999.9

해설 희석할 물의 양 = 원액의 용량 × (원액의 농도 ÷ 희석할 농도-1) × 원액의 비중
100ml×(50% ÷ 0.05%-1) × 1 = 99.9L

74 농약 원제를 물에 녹이고 동결방지제를 가하여 제제화한 제형은?

① 유제(乳劑)
② 수화제(水和劑)
③ 액제(液劑)
④ 수용제(水溶劑)

해설
- 유제(乳劑) : 물에 녹지 않는 농약원제를 유기용매에 녹이고 계면활성제를 유화제로 첨가하여 만든 것으로, 물에 희석하여 유탁액을 형성한 다음 살포한다.
- 수화제(水和劑) : 물에 녹지 않는 농약원제를 광물질의 증량제 및 계면활성제와 혼합하여 미세한 가루로 만든 것으로, 수화제를 물에 혼합하여 입자가 물속에 균등하게 분산된 현탁액을 사용한다.
- 수용제(水溶劑) : 물에 잘 녹는 농약원제를 수용성 증량제로 희석하여 입상의 고형으로 조제한 것으로, 물에 용해시켜 살포액을 만들면 완전히 녹아 투명한 액체가 된다.

75 식물생장 조정제가 아닌 것은?

① 지베렐린계　② 에틸렌계
③ 사이토키닌계　④ 실록산계

해설 실록산 : 규소 원자와 산소 원자가 교대로 결합한 형태인 실록세인 결합으로 이루어져 있는 화합물

76 농약 사용 후에 나타나는 약해의 원인이라고 볼 수 없는 것은?

① 표류비산에 의한 약해
② 휘산에 의한 약해
③ 잔류농약에 의한 약해
④ 원제 부성분에 의한 약해

해설 원제 부성분에 의한 약해는 농약 자체에 원인이 있는 약해이다.

77 경구 중독에 대한 설명과 해독 및 구호조치로 가장 거리가 먼 것은?

① 입을 통해서 소화기 내로 들어와 흡수 중독을 일으키는 것을 말한다.
② 인공호흡을 시키고 산소를 흡입시킨 다음 안정시킨 후 모포 등으로 싸서 보온시킨다.
③ 따뜻한 물이나 소금물로 위를 세척한다.
④ 약물이 장내로 들어갈 염려가 있을 때는 황산마그네슘 용액에 규조토 등을 타서 먹여 배설시킨다.

해설 인공호흡을 시키고 산소를 흡입시키는 응급조치는 흡입중독 시 구호조치에 해당된다.

78 급성독성 강도의 순서로 옳게 나열된 것은?

① 흡입독성 > 경피독성 > 경구독성
② 경구독성 > 흡입독성 > 경피독성
③ 흡입독성 > 경구독성 > 경피독성
④ 경피독성 > 경구독성 > 흡입독성

해설 급성독성의 강도는 흡입독성이 가장 크고, 경피독성이 작은 편이다.

정답 73. ② 74. ③ 75. ④ 76. ④ 77. ② 78. ③

79 다음 중 사과의 부란병 방제에 적합한 약제는?

① polyoxin A ② polyoxin B
③ polyoxin C ④ polyoxin D

해설 polyoxin D는 흰가루병, 점무늬병, 잘록병, 만고병, 잿빛곰팡이병, 설부소립균핵병, 라이족토니아 마름병 등 광범위한 병해에 예방 및 치료 효과를 보이는 항생제이다.

80 미생물 농약에 대한 설명으로 틀린 것은?

① 약효가 속효성이다.
② 적용병해충 범위가 제한적이다.
③ 화학농약에 비하여 약효가 저조하다.
④ 환경의 영향을 많이 받는다.

해설 미생물 농약은 약효가 느리다는 단점이 있다.

제5과목 잡초방제학

81 다음 중 화본과 잡초로 가장 옳은 것은?

① 물달개비 ② 밭뚝외풀
③ 나도겨풀 ④ 올미

해설
- 물달개비 : 광엽잡초
- 밭뚝외풀 : 광엽잡초
- 올미 : 광엽잡초

82 종자가 바람에 의해 전파되기 쉬운 잡초로만 나열된 것은?

① 망초, 방가지똥
② 어저귀, 명아주
③ 쇠비름, 방동사니
④ 박주가리, 환삼덩굴

해설 종자의 이동 형태
- 솜털, 깃털 등으로 바람에 날려 이동 : 민들레, 망초, 방가지똥 등
- 꼬투리가 물에 부유하여 이동 : 소리쟁이, 벗풀 등
- 갈고리 모양의 돌기 등으로 인축에 부착하여 이동 : 도깨비바늘, 도꼬마리, 메귀리 등
- 결실하면 꼬투리가 터져 흩어져 이동 : 달개비 등

83 벼 재배에 주로 사용하지 않는 제초제는?

① 2,4-D 액제
② 옥사디아존 유제
③ 뷰타클로르 입제
④ 알라클로르 유제

해설 알라클로르 유제는 주로 밭에서 토양처리용 제초제로 이용된다.

84 제초제의 상승 작용에 대한 설명으로 옳은 것은?

① 두 제초제를 단독으로 각각 처리하는 경우가 효과가 크다.
② 두 제초제를 혼합하여 처리하는 경우가 단독으로 처리하는 경우보다 효과가 크다.
③ 두 제초제를 혼합하여 처리하는 경우와 단독으로 처리하는 경우의 효과가 같다.
④ 두 제초제를 혼합하여 처리하는 경우 작물의 생리적 장애 현상이 발생한다.

해설
- 상승작용 : 각각의 제초제를 단독으로 처리했을 때 방제효과를 합한 것보다 두 제초제의 혼합처리 효과가 더 큰 경우
- 상가작용 : 각각의 제초제를 단독으로 처리했을 때의 방제효과를 합한 것이 두 제초제의 혼합처리 효과와 같은 경우
- 길항작용 : 제초제를 혼합하여 처리했을 때 방제효과가 각각의 제초제를 단독으로 처리했을 때의 큰 쪽 효과보다 작은 경우

정답 79. ④ 80. ① 81. ③ 82. ① 83. ④ 84. ②

85 잡초 군락의 변이 및 천이를 유발하는 데 가장 크게 작용하는 요인은?

① 경운
② 일모작 재배
③ 비료 사용 증가
④ 유사 성질의 제초제 연용

해설 잡초군락의 천이에 관여하는 요인으로는 재배작물 및 작부체계의 변화, 경종조건의 변화, 제초방법의 변화 등이 있으며, 동일 제초제의 연용 등 제초시기 및 방법에 가장 크게 영향을 받는다.

86 월년생 밭잡초로만 나열된 것으로 옳지 않은 것은?

① 냉이, 개꽃
② 별꽃, 꽃다지
③ 개망초, 벼룩나물
④ 명아주, 매자기

해설
- 월년생 : 추파일년초를 의미하며 겨울을 나고 다음해에 개화, 결실 및 고사하는 식물로 겨울잡초가 이에 해당한다.
- 명아주 : 1년생 여름잡초
- 매자기 : 다년생 초본으로 괴경이나 종자로 번식한다.

87 트리아진계 제초제의 주요 이행 특성은?

① 조기 결실
② 비대 성장
③ 광합성 저해
④ 신초 생장 억제

해설 트리아진계 제초제는 광에 의해 활성화되어 녹색조직의 황화 및 고사를 유발하는 광합성 저해제로 식물체 내의 엽록체가 작용점이다.

88 논에 발생하는 1년생 잡초로 가장 옳은 것은?

① 띠 ② 물달개비
③ 개망초 ④ 쇠뜨기

해설

구분			잡초
논잡초	1년생	화본과	강피, 물피, 돌피, 둑새풀
		방동사니과	참방동사니, 알방동사니, 바람하늘지기, 바늘골
		광엽잡초	물달개비, 물옥잠, 여뀌, 자귀풀, 가막사리
	다년생	화본과	나도겨풀
		방동사니과	너도방동사니, 올방개, 올챙이고랭이, 매자기
		광엽잡초	가래, 벗풀, 올미, 개구리밥, 미나리
밭잡초	1년생	화본과	바랭이, 강아지풀, 돌피, 둑새풀(2년생)
		방동사니과	참방동사니, 금방동사니
		광엽잡초	개비름, 명아주, 여뀌, 쇠비름, 냉이(2년생), 망초(2년생), 개망초(2년생)
	다년생	화본과	참새피, 띠
		방동사니과	향부자
		광엽잡초	쑥, 씀바귀, 민들레, 쇠뜨기, 토끼풀, 메꽃

89 생물학적 잡초 방제법에 대한 설명으로 옳은 것은?

① 살초작용이 빠르다.
② 환경에 잔류문제가 없다.
③ 동시에 여러 초종의 방제가 쉽다.
④ 방제 작업에 필요한 비용이 많이 든다.

해설 생물학적 방제는 기생성, 식해성, 병원성 생물을 이용하여 잡초의 집합밀도를 낮추는 방법으로 방제비용이 적게 들고, 환경 잔류가 없으며, 방제효과가 영속적이나 살초작용이 느려 방제효과가 낮다는 단점이 있다.

정답 85. ④ 86. ④ 87. ③ 88. ② 89. ②

90 **식물의 광합성 회로 특성에 대한 설명이 옳은 것은?**

① 대부분의 작물은 C_4 식물이다.
② 모든 잡초는 C_4 광합성 회로를 갖는다.
③ 광합성 회로가 C_4 인 식물은 C_3 인 식물보다 광합성에서 불리하다.
④ 돌피와 향부자와 같은 잡초는 C_4 식물이어서 생장이 빨라 경합에서 유리하다.

해설
- 대부분의 작품은 C_3 식물이다.
- 대부분 여름 잡초는 C_4 광합성 회로를 갖으나 겨울 잡초는 C_3 광합성 회로를 갖는 경우가 많다.
- 광합성 회로가 C_4 인 식물은 C_3 인 식물보다 광합성에서 유리하다.

91 **비선택적으로 식물을 전멸시키는 제초제는?**

① Mazosulfuron ② Simazine
③ Glyphosate ④ 2,4-D

해설 Glyphosate : 유기인계 제초제로 1년생 및 다년생 잡초의 경엽에 처리하는 비선택성 제초제로 주로 잎을 통해 흡수되어 식물체로 확산되며 세포의 분열조직에 작용하여 정아와 신초를 고사시킨다.

92 **상호대립억제작용에 대한 설명으로 옳은 것은?**

① 잡초가 다른 작물의 생육을 억제하는 것은 아니며 잡초 간에만 일어나는 현상이다.
② 다른 종의 생육을 억제하는 주된 기작은 주로 차광에 의해 일어난다.
③ 죽은 식물 조직에서 나오는 물질에 의해서도 일어날 수 있다.
④ 제초제를 오래 사용한 잡초에 대한 내성을 나타내는 것이다.

해설 상호대립억제작용
- 식물체 내의 생성, 분해물질이 인접식물의 생육에 부정적 영향을 끼치는 생화학적 상호작용으로 타감작용이라고도 한다.
- 생육 중에 있는 식물이 분비하거나 생체 혹은 수확 후 잔여물 및 종자 등에서 독성물질이 분비되어 다른 식물종의 생장을 저해하는 현상으로 편해작용의 한 형태이다.
- 상호대립억제물질은 식물조직, 잎, 꽃, 과실, 줄기, 뿌리, 근경, 종자, 화분에 존재하며 휘발, 용탈, 분비, 분해 등의 방법에 의하여 방출된다.
- 상호대립억제물질은 세포의 분열 및 신장 억제, 유기산의 합성 저해, 호르몬 및 효소작용의 영향 등 식물체의 생장과 발달에 영향을 준다.

93 **토양 내 제초제의 흡착에 대한 설명으로 옳지 않은 것은?**

① 이온화가 가능한 제초제는 음이온 치환을 통해 흡착된다.
② 토양 내 점토광물의 표면에 부착되거나 친화력을 갖는 것을 의미한다.
③ 대부분의 제초제는 반응기를 갖고 있어서 토양 유기물과 치환혼합이 가능하다.
④ 제초제는 대부분 하나 이상의 방향족 물질을 함유하고 있어 흡착에 중요한 역할을 한다.

해설 이온화가 가능한 제초제는 양이온 치환을 통해 흡착된다.

94 **천적을 이용한 생물학적 잡초방제법에서 천적이 갖춰야 할 전제 조건이 아닌 것은?**

① 포식자로부터 자유로워야 한다.
② 지역 환경에 쉽게 적응하여야 한다.
③ 접종 지역에서의 이동성이 낮아야 한다.
④ 숙주를 쉽게 찾을 수 있어야 한다.

정답 90. ④ 91. ③ 92. ③ 93. ① 94. ③

해설 천적의 조건

- 대상 잡초가 없어지면 소멸되어야 하고, 천적 자신이 기생식물에는 피해를 주지 않아야 한다.
- 환경에 잘 적응하고 다른 생물에 대한 적응성, 공존성, 저항성이 있어야 한다.
- 비산 또는 분산 능력이 커야 한다.
- 인공적으로 배양 또는 증식이 용이하며 생식력이 강해야 한다.

95 주로 종자로 번식하는 잡초는?

① 올미, 벗풀
② 가래, 쇠털골
③ 강피, 물달개비
④ 올방개, 너도방동사니

해설 1년생 잡초는 주로 종자 번식을 하며, 다년생 잡초는 영양번식과 종자번식을 같이 하는 경우가 많아 방제가 어렵다.

96 제초제가 작물에는 피해(약해)를 주지 않고 잡초만을 죽일 수 있는 특성은?

① 제초제의 감수성
② 제초제의 선택성
③ 제초제의 내성
④ 제초제의 저항성

해설 제초제가 작물과 잡초 중 잡초만 방제하는 선택성의 유형은 생태적, 형태적 선택성인 물리적 선택성과 선별적인 흡수, 이행 대사 과정인 생리적 선택성으로 구분할 수 있다.

97 잡초의 유용성에 대한 설명으로 옳지 않은 것은?

① 유기물이나 중금속 등으로 오염된 물이나 토양을 정화하는 기능이 있다.
② 근연 관계에 있는 식물에 대한 유전자 은행 역할을 할 수 있다.
③ 논둑 및 경사지 등에서 지면을 덮어 토양 유실을 막아준다.
④ 작물과 같이 자랄 경우 빈 공간을 채워 작물의 도복을 막아준다.

해설 작물과 같이 자랄 경우 작물과 한정된 자원에 대한 경합으로 작물에 해작용을 한다.

98 올방개 방제에 가장 효과적인 제초제는?

① 뷰타클로르 액제
② 펜디메탈린 유제
③ 페녹슐람 액상수화제
④ 피라조설퓨론에틸 수화제

해설 페녹슐람 액상수화제는 광엽잡초에 특히 활성이 높다.

99 땅콩 포장에 문제가 되는 잡초종으로만 나열된 것은?

① 강아지풀, 깨풀
② 너도방동사니, 쇠비름
③ 마디꽃, 돌피
④ 강아지풀, 쇠털골

해설 너도방동사니, 마디꽃, 돌피, 쇠털골은 논잡초에 해당된다.

100 다음 중 암조건에서 발아가 가장 잘 되는 잡초 종자는?

① 강피 ② 냉이
③ 바랭이 ④ 쇠비름

해설 발아에 있어 여름잡초는 주로 호광성을, 겨울잡초는 혐광성을 보이는 경우가 많다.

정답 95. ③ 96. ② 97. ④ 98. ③ 99. ① 100. ②

2021년 2회 기출문제

제1과목 식물병리학

01 병든 식물체 조직의 면적 또는 양의 비율을 나타내는 것으로 주로 식물체의 전체 면적당 발병 면적을 기준으로 하는 것은?

① 발병도(severity)
② 발병률(incidence)
③ 수량 손실(yield loss)
④ 병진전 곡선(disease-progress curve)

해설
- 발병도(severity) : 병의 발생 정도. 주로 식물 잎의 전체 면적에 대한 발병 면적을 기준으로 한다.
- 발병률(incidence) : 병이 발생하는 비율
- 수량 손실(yield loss) : 수확량이 감소하거나 잃어버려 입은 손해
- 병진전 곡선(disease-progress curve) : 시기별로 병이 진전하는 상황을 조사하여 나타낸 곡선

02 식물체에 암종을 형성하며, 유전공학 연구에 많이 쓰이는 식물병원 세균은?

① Erwinia amylovora
② Xanthomonas campestris
③ Clavibacter michiganensis
④ Agrobacterium tumefaciens

해설
- Erwinia amylovora : 화상병균
- Xanthomonas campestris : 세균성 병원균
- Clavibacter michiganensis : 세균성 병원균

03 그램음성세균에 해당하는 것은?

① 토마토 궤양병균
② 감자 더뎅이병균
③ 벼 흰잎마름병균
④ 감자 둘레썩음병균

해설 ㉠ 그람음성세균
- Pseudomonas(슈도모나스) : 가지과 작물 풋마름병
- Xanthomonas(잔토모나스) : 벼 흰잎마름병, 감귤 궤양병
- Agrobacterium(아그로박테리움) : 과수근두암종병(뿌리혹병)
- Erwinia(에르위니아, 어위니아) : 채소무름병, 화상병, 시듦병

㉡ 그람양성균
- Clavibacter(클라비박터) : 감자 둘레썩음병, 토마토 궤양병
- Streptomyces(스트랩토마이세스) : 감자 더뎅이병(알카리성 토양에서 많이 발생한다.)

04 식물병에 있어서 표징(표징, sign)이란?

① 식물의 외부적 변화
② 식물의 내부적 변화
③ 병에 대한 식물의 반응
④ 병환부에 나타난 병원체

해설 표징은 병원균의 포자나 병원균 그 자체가 보이는 것으로 병원체의 번식기관에 의한 것과 영양기관에 의한 것이 있다.

정답 01. ① 02. ④ 03. ③ 04. ④

05 **균류(菌類)의 영양섭취 방법이 아닌 것은?**

① 기생 ② 부생
③ 공생 ④ 항생

해설 항생 : 두 생물 사이의 대립 관계에서 한쪽만 불리한 영향을 받는 일

06 **균사나 분생포자의 세포가 비대해져서 생성되는 것은?**

① 유주자 ② 후벽포자
③ 휴면포자 ④ 포자낭포자

해설
- 유주자 : 무성생식을 하는 포자의 1종으로 편모가 있어 물속에서 운동하는 것
- 후벽포자 : 영양체의 선단이나 중간 세포에 저장 물질이 쌓여 형태가 커지고 세포벽이 두꺼워져 세포벽의 대부분이 이중화되고 내구성을 가진 무성 포자
- 휴면포자 : 두꺼운 세포막으로 싸인 채 휴면하여 겨울이나 여름의 좋지 않은 환경을 견디어 내는 포자
- 포자낭포자 : 포자낭 안에 만들어지는 포자를 의미하며 세균의 포자, 접합균류의 포자낭포자 등이 그 예이다.

07 **중간 기주인 향나무를 제거하면 피해를 경감시킬 수 있는 식물병은?**

① 배추 균핵병
② 사과나무 탄저병
③ 복숭아 검은무늬병
④ 사과나무 붉은별무늬병

해설 과수(사과·배) 붉은별무늬병(적성병)
- 병원체 : *Gymnosporangium asiaticum*
- 병징 : 잎에 작은 황색 무늬가 생기면서 이것이 점차 커져 적갈색 얼룩반점이 형성된다. 잎의 뒷면은 약간 솟아오르고 털 모양의 돌기에서 포자가 나온다.
- 특징 : 병원균은 이종기생을 하는데 4~5월까지 배나무에 기생하고, 6월 이후에는 향나무에 기생하며 균사의 형태로 월동한다.
- 예방 : 중간 기주인 향나무를 제거하거나 방제할 때 향나무를 같이 방제한다.

08 **오이 세균성점무늬병균이 증식하기 가장 적합한 식물체 내 부위는?**

① 각피층
② 형성층
③ 세포벽
④ 유조직의 세포간극

해설 오이 세균성점무늬병
- 병원체 : *Pseudomonas syringae*
- 종자전염, 기공·수공·상처를 통해서 식물체 내에 침입한다.
- 종자전염은 종자가 발아할 때 자엽에 침입하고 유조직의 세포간극에서 증식한다.

09 **벼 줄무늬잎마름병의 병원(病原)은?**

① 바이러스 ② 파이토플라스마
③ 세균 ④ 진균

해설 줄무늬잎마름병(縞葉枯病 Stripe, 병원체 : Rice stripe virus)

㉠ 병원균 및 발병 요인
- 바이러스를 지닌 애멸구에 의해 전염되는 바이러스에 의한 병이며, 애멸구는 잡초나 답리작물에서 유충의 형태로 월동한다.
- 따뜻한 지방에서 논 뒷그루재배, 다비재배한 경우 발생하기 쉽다.
- 조기재배, 밀파, 질소과다, 답리작 지대에서 많이 발생한다.
- 본답 초기부터 발생하며, 특히 분얼성기에 발생이 많다.

㉡ 병징
- 새잎이 나올 때 새잎에 줄무늬가 생기면서 돌돌 말리면서 엽초에서 떨어지지 않아 활모양으로 늘어져 말라죽는다.
- 수잉기에 발생하면 잎에 황백색 줄무늬가 나타나며 출수하지 못하고 출수하더라도 기형이 되고 충실하게 벼알이 형성되지 못한다.

정답 05. ④ 06. ② 07. ④ 08. ④ 09. ①

- 잎이 황백색으로 마르며 잠복기간은 5~10일이다.
- 오갈병 또는 누른오갈병과 혼동하기가 쉽다.

10 사과나무 부란병에 대한 설명으로 옳지 않은 것은?

① 자낭포자와 병포자를 형성한다.
② 강한 전정 작업을 하지 말아야 한다.
③ 사과나무의 가지에 감염되면 사마귀가 형성된다.
④ 병원균이 수피의 조직 내에 침입해 있어 방제가 어렵다.

해설 사과나무 부란병
- 병원체 : *Valsa ceratosperma*
- 발생 부위 : 나무의 줄기(주간), 가지에 발생한다.
- 병징 : 처음에는 수피가 갈색으로 변색되어 부풀어 오르고 쉽게 벗겨지며, 알코올 냄새가 난다.

11 벼 흰잎마름병의 발생과 전파에 가장 좋은 환경조건은?

① 규산 과용 ② 이상 건조
③ 태풍과 침수 ④ 이상 저온

해설 흰잎마름병(白葉枯病, Bacterial blight, 병원체 : *Xanthomonas campestris*)

㉠ 병원균 및 발병 요인
- 볍씨, 볏짚, 그루터기, 잡초 등에서 월동하여 1차 전염원이 된다.
- 주로 7월 상순에서 8월 중순이 발병하며 균의 발육 최적온도는 26~30℃이고 폭우, 태풍에 의해 잎의 상처 또는 침수 후에 병원균이 수공이나 기공, 절단된 뿌리로 침입하여 많이 발생한다.
- 지력이 높은 논과 다비재배 시 발생하기 쉽고 저습지, 침관수피해지, 해안 풍수해 지대에서 급속히 발생한다.
- 병원균은 여러 계통이 있으며 각 균계에 대한 품종 간 저항성이 다르다.
- 출수기 이후 많이 발생한다.

㉡ 병징 : 잎 가장자리에 황색의 물결과 같은 줄무늬가 생기고 급성으로 진전되면 황백색 및 백색의 수침상 병반을 나타내다가 잎 전체가 말라서 오그라들어 고사한다.

12 벼 도열병균의 레이스(race)를 구분할 때 사용하는 판별 품종으로 가장 거리가 먼 것은?

① 인도계(T) 품종군
② 일본계(N) 품종군
③ 필리핀계(R) 품종군
④ 중국계(C) 품종군

해설
- 도열병균의 레이스는 12개 판별 품종에 접종하여 나타난 병반형에 따라 T품종군(인도벼), C품종군(중국벼), N품종군(일본벼) 등으로 분류한다.
- 벼 도열병균의 레이스 판별 품종 : 인디카형-Tetep, 통일형-태백벼/통일벼/유산벼, 자포니카형-관동51벼/농백벼/진흥벼/낙동벼

13 식물바이러스의 분류 기준이 되는 특성이 아닌 것은?

① 세포벽의 구조
② 핵산의 종류
③ 매개체의 종류
④ 입자의 형태적 특성

해설 바이러스(virus) 특징
- 핵산과 단백질로만 구성된다.(비세포성 병원체로 세포가 없다)
- 식물바이러스 대부분은 핵산이 RNA로 구성된다.
- 전자현미경으로만 관찰이 가능하다.
- 인공배지에서 배양이 불가능(순수배양이 불가능)하다.
- 전신병징을 나타낸다.

정답 10. ③ 11. ③ 12. ③ 13. ①

14 **병원균이 기주식물에 침입을 하면 병원균에 저항하는 기주식물의 반응으로 항균 물질 및 페놀성 물질 증가 등의 작용을 하는데, 이를 무엇이라 하는가?**

① 침입저항성 ② 감염저항성
③ 확대저항성 ④ 수평저항성

해설 기주식물에 대한 병원체의 감염 경로에 따른 저항성 구분

- 침입저항성 : 기주의 유전자에 의해서 병원균의 침입이 억제되는 저항성
- 확대저항성 : 병원균이 침입한 다음 병원균에 저항하는 기주식물의 저항성

15 **병든 보리, 밀을 먹는 사람과 돼지 등에 심한 중독을 일으키는 병해는?**

① 깜부기병 ② 흰가루병
③ 줄무늬병 ④ 붉은곰팡이병

해설 맥류붉은곰팡이병

- 병원체 : Gibberella zeae
- 병징 : 초기에는 이삭이 갈색으로 변하고 점자 분홍색의 분생포자퇴가 생긴다.
- 발생 조건 : 개화기에 잦은 강우(다습조건)
- 특징 : 병원체가 생산한 독소로 인해 인축에 중독증세를 나타낸다.(사람이 먹으면 심한 구토증세)
- 전염 : 종자전염, 토양전염, 공기전염
- 방제 : 종자 소독. 이삭이 팰 때 석회황합제 살포

16 **수목 뿌리에 주로 발생하는 자주날개무늬병이 속하는 진균류는?**

① 난균 ② 담자균
③ 병꼴균 ④ 접합균

해설 자주날개무늬병

- 병원체 : Helicobasidium mompa Tanaka
- 병원체 특징 : 담자균에 속하며, 담자포자와 균핵을 형성한다. 담자포자는 담자기 위에 형성되고 무색, 단세포, 난원형으로 정단은 둥글고, 기부는 뾰족하며, 크기는10~28×4.5~8㎛이다. 균핵은 병반의 균사속 위에 형성되는데 자홍색, 구형으로 직경이 0.3~2.0㎝이다.
- 발생환경 : 산림토양이나 뽕나무 밭 등에서 많이 존재하고 생육도 왕성하므로 이러한 곳을 개간하여 과원을 조성한 곳에서 병 발생이 많다. 병원균은 토양 내에서 보통 4년간 생존이 가능하다. 이 병의 감염 시기는 대략 7월 상순부터 9월 중, 하순경으로 추측되며 심하게 감염된 나무의 지하부 표피를 잘 살펴보면 적자색 실모양의 균사(菌絲)나 균사속(菌絲束)을 볼 수 있다. 자주색 균사 조직은 다른 토양병원균에서 볼 수 없는 특징을 가지고 있으므로 쉽게 판정이 가능하며, 병에 감염된 뿌리는 표피가 쉽게 벗겨지고 목질부로부터 잘 이탈 된다.

17 **다음 식물 병원체 중 크기가 가장 작은 것은?**

① 세균 ② 곰팡이
③ 바이러스 ④ 바이로이드

해설 바이로이드(viroid) 특징

- 핵산(RNA)만으로 구성된다.
- 식물병원체 중 가장 작은 병원체이다.
- 전자현미경으로도 관찰이 쉽지 않다.
- 인공배지에서 배양이 불가능하다.
- 식물에서만 알려진 병원체이다.

18 **배나무 검은별무늬병에 대한 설명으로 옳지 않은 것은?**

① 잎에서 처음에 황백색의 병무늬가 나타난다.
② 배나무 인근에 향나무가 많은 경우 발병하기 쉽다.
③ 배나무의 잎, 잎자루, 열매, 열매자루, 햇가지 등에 발생한다.
④ 낙엽을 모아 태우거나 땅 속에 묻어 발병을 예방할 수 있다.

해설 ②는 붉은별무늬병에 대한 설명이다.

정답 14. ③ 15. ④ 16. ② 17. ④ 18. ②

19 **벼 오갈병의 주요 매개충은?**

① 애멸구　　② 진딧물
③ 딱정벌레　　④ 끝동매미충

해설 오갈병(萎縮病, Dwarf, 병원체 : Rice dwarf virus)

㉠ 병원균 및 발병 요인
- 번개매미충과 끝동매미충에 의하여 전염되는 바이러스병으로 월동작물이나 잡초에서 월동한다.
- 따뜻한 지방에서 많이 발병하고 못자리, 본답 초기에 발생률이 높다.
- 잠복기간은 12~25일이다.

㉡ 병징
- 잎의 색깔이 농녹색이고 흰 반점이 있고 잎이 거칠어지며 포기 전체가 정상 벼의 1/2에도 못 미치게 오그라든다.
- 무효분얼이 많아지며 이삭의 등숙이 나빠진다.

20 **도열병이 다발하는 조건으로 가장 적합한 것은?**

① 여러 가지 벼 품종을 섞어서 심었을 때
② 가뭄이 계속되고 기온이 30℃ 이상일 때
③ 덧거름을 원래 일정보다 일찍 주었을 때
④ 비가 자주 오고 일조가 부족하며 다습할 때

해설 도열병(稻熱病, Blast disease, Rice blast, 병원체 : *Pyricularia oryzae*) 발병 요인
- 흐린 날이 계속되어 일조량이 적고 비교적 저온, 다습할 때 많이 발생한다.
- 질소질비료의 과다시용 시 발병이 증가한다.
- 출수기 비가 오고 강풍이 불면 이삭도열병 발생이 많고 치명적 피해가 발생한다.
- 별병적온은 20~25℃, 습도는 90% 이상이다.
- 분생포자의 전파 최적온도는 20~22℃, 숙주에 부착한 분생포자 발아 최적조건은 25~28℃의 포화습도이다.
- 도열병균계에는 온대자포니카벼의 KJ레이스와 인디카벼의 KI레이스 등 30종류의 레이스가 있다.

제2과목 농림해충학

21 **부화유충이 처음 과일 표면을 식해하다가 과일 내부로 뚫고 들어가 가해하는 해충은?**

① 배나무이
② 사과굴나방
③ 포도유리나방
④ 복숭아심식나방

해설 복숭아심식나방
- 발생 : 연 1회~3회(불분명함)
- 월동 : 노숙유충으로 땅속에서 월동한다.
- 피해 : 복숭아, 사과에 피해를 준다. 부화유충은 실을 내며 과육 속으로 파먹고 들어가거나 과피 밑에 그물 모양의 불규칙한 갱도를 만든다. 복숭아의 경우 파먹어 들어간 구멍으로 진이 나오며 사과의 경우 즙액이 말라 백색의 작은 덩어리가 생긴다.

22 **유약호르몬이 분비되는 기관은?**

① 앞가슴샘　　② 외기관지샘
③ 알라타체　　④ 카디아카체

종류	기능
카디아카체	• 심장박동 조절에 관여
알라타체	• 머릿속에 1쌍의 신경구 모양의 조직 • 변태호르몬(유약호르몬)을 분비
앞가슴선	• 번데기 촉진에 관여 • 탈피호르몬(MH)인 엑디손 분비. 허물벗기호르몬(EH). 경화호르몬 분비
환상선	• 파리류 유충에서 작은 환상 조직이 기관으로 지지
신경분비세포	• 누에의 휴면호르몬 분비 → 식도하신경절

정답 19. ④ 20. ④ 21. ④ 22. ③

23 곤충의 선천적 행동이 아닌 것은?

① 반사 ② 정위
③ 조건화 ④ 고정행위양식

해설 곤충의 학습적(후천적) 행동
- 관습화(습관화) : 반복적인 학습을 통해 자극에 반응
- 조건화 : 자극과 추가적인 자극이 반복될 때 반응
- 잠재학습 : 주어진 환경요인들을 학습을 통해 인지하여 반응

24 생물적 방제에 대한 설명으로 옳지 않은 것은?

① 효과 발현까지는 시간이 걸린다.
② 인축, 야생동물, 천적 등에 위험성이 적다.
③ 생물상의 평형을 유지하여 해충밀도를 조절한다.
④ 거의 모든 해충에 유효하며, 특히 대발생을 속효적으로 억제하는 데 더욱 효과가 크다.

해설 ④는 화학적 방제의 특성이다.

25 곤충 날개가 두 쌍인 경우 날개의 부착 위치는?

① 앞가슴에 한 쌍, 가운데가슴에 한 쌍 붙어있다.
② 가운데가슴에 한 쌍, 뒷가슴에 한 쌍 붙어있다.
③ 앞가슴에 한 쌍, 뒷가슴에 한 쌍 붙어있다.
④ 가운데가슴에만 붙어 있다.

해설
- 가운데 가슴에 앞날개 1쌍, 뒷가슴에 뒷날개 1쌍이 붙어 있다.
- 앞가슴은 날개가 붙어 있지 않다.
- 파리류의 평균곤 : 뒷날개가 퇴화한 것이다.
- 부채벌레의 평균곤 : 앞날개가 퇴화한 것이다.
- 하등곤충에는 날개가 없다.
- 기생성 곤충(벼룩, 이) : 날개가 2차적으로 퇴화되어 있다.
- 딱정벌레류·집게벌레류는 앞날개가 경화(시초)되어 있다.
- 나비·나방류는 비늘가루가 빽빽이 있다.

26 곤충의 다리는 5마디로 구성된다. 몸통에서부터 순서로 올바르게 나열한 것은?

① 밑 마디－도래 마디－넓적 마디－종아리 마디－발 마디
② 밑 마디－넓적 마디－발 마디－종아리 마디－도래 마디
③ 밑 마디－발 마디－종아리 마디－도래 마디－넓적 마디
④ 밑 마디－종아리 마디－발 마디－넓적 마디－도래 마디

해설 다리
㉠ 다리의 위치 : 각 가슴마다 한 쌍씩 모두 3쌍이 있다.
- 앞가슴에 앞다리, 가운데 가슴에 가운데 다리, 뒷가슴에 뒷다리

㉡ 다리의 기본구조 : 5마디로 이루어져 있다.
- 몸쪽부터 마디 순서 : 밑 마디(기절)→도래 마디(전절)→넓적 마디(퇴절)→종아리 마디(경절)→발 마디(부절)

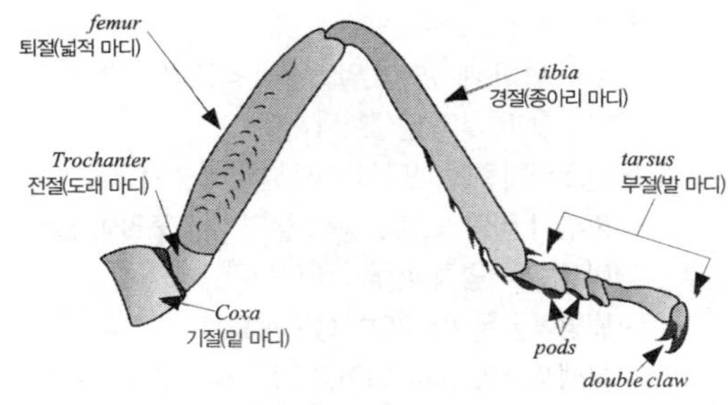

▲ 곤충의 다리 구조

정답 23. ③ 24. ④ 25. ② 26. ①

27 다음 중 충영을 형성하는 해충으로 가장 적절한 것은?

① 참나무겨울가지나방
② 어스렝이나방
③ 독나방
④ 솔잎혹파리

해설 솔잎혹파리

- 1929년에 서울에서 처음 발견되었다.
- 유충은 솔잎 밑에 벌레혹(충영)을 만들고 그 속에서 즙액을 빨아먹는다. 피해솔잎은 말라죽는다.
- 피해수종 : 해안지역의 곰솔(해송)
- 발생 : 연 1회
- 유충으로 땅속에서 월동한다. 암컷 성충은 소나무류의 잎에 알을 6개 정도씩 무더기로 낳는다.
- 성충의 수명은 1~2일이다.(알을 낳고 바로 죽는다)
- 방제 : '수간주사법'에 의한 방제가 효과적이다.
- 생물학적 방제 : 백강균 포자를 솔잎혹파리의 피해림에 살포하면 유충의 몸에 묻어 발아 번식하게 된다. 충체는 경화병을 일으켜 죽게 된다.

28 다음 중 곤충이 페로몬에 대한 설명으로 옳은 것은?

① 체내에서 소량으로 만들어져 체외로 방출되며 같은 종의 다른 개체에 정보전달 수단으로 이용된다.
② 체내에서 대량으로 만들어져 체외로 방출되며 같은 종의 다른 개체에 정보전달 수단으로 이용된다.
③ 체내에서 소량으로 만들어져 체외로 방출되며 다른 종과의 정보전달 수단으로 이용된다.
④ 카이로몬은 페로몬에 속한다.

해설
- 페로몬 : 같은 종의 다른 개체 간에 정보전달 목적으로 분비되는 물질이다.
- 알로몬 : 곤충방어물질을 총칭하여 알로몬이라고 하며, 생산자는 유리하고 상대 곤충은 불리하다.
- 카이로몬 : 생산자에게 불리하게 작용하고 상대 수용자에게는 유리한 방어물질이다.

29 거미와 비교한 곤충의 일반적인 특징이 아닌 것은?

① 배 마디에는 3쌍의 다리와 2쌍의 날개가 있다.
② 곤충은 동물 중에 가장 종류가 많으며, 곤충강에 속하는 절지동물을 말한다.
③ 곤충은 머리, 가슴, 배 3부분으로 구성되어 있다.
④ 머리에는 입틀, 더듬이, 겹눈이 있다.

해설 곤충강과 거미강과의 차이

구분	곤충강	거미강
몸의 구분	머리, 가슴, 배 3부분	머리가슴, 배 2부분
몸의 마디	가슴과 배에 마디가 있다.	대개 몸에 마디가 없다.
더듬이	1쌍	없다.(다리가 변형된 더듬이 팔)
눈	겹눈과 홑눈	홑눈만 있다.
다리	3쌍, 5마디로 구성	4쌍, 6마디로 구성
날개	2쌍	없다.
생식문	배 끝에 있다.	배의 앞부분에 있다.
호흡기	기관이나 숨문이 몸의 옆에 위치	기관과 허파가 배 아래쪽에 위치
독선	없거나 있다면 배 끝에 침	큰 턱이나 머리가슴
탈피(변태)	대부분 한다.	하지 않는다.

정답 27. ④ 28. ① 29. ①

30 다음 중 포도나무 줄기를 가해하는 해충으로만 나열된 것은?

① 포도유리나방, 박쥐나방
② 포도쌍점매미충, 포도호랑하늘소
③ 포도뿌리혹벌레, 포도금빛잎벌레
④ 으름나방, 무궁화밤나방

해설
- 포도쌍점매미충 : 잎과 과실
- 포도호랑하늘소 : 가지의 눈 부위
- 포도뿌리혹벌레 : 잎에 충영을 형성하는 형과 뿌리에 충영을 형성하는 형이 있다.
- 포도금빛잎벌레 : 잎
- 으름나방 : 과실 흡즙
- 무궁화밤나방 : 과실 흡즙

31 우리나라에 비래하지만 월동하지 않는 것은?

① 벼멸구 ② 애멸구
③ 번개매미충 ④ 끝동매미충

해설 벼멸구(*Nilaparvata lugens*) : 우리나라에서 월동하지 못하고 매년 중국 남부지방에서 6~7월경 저기압 통과 시 날아오는 비래해충으로 장마가 먼저 시작하는 남부지방과 서남해안지방에서 먼저 발생하고 점차 내륙으로 확산한다.

32 고시류(Paleoptera) 곤충에 속하는 것은?

① 밑잠자리
② 담배나방
③ 분홍날개대벌레
④ 밤애기잎말이나방

해설 고시류(날개를 접을 수 없는 유형) : 하루살이목, 잠자리목

33 4령충에 대한 설명으로 옳은 것은?

① 3회 탈피를 한 유충
② 4회 탈피를 한 유충
③ 부화한지 3년째 되는 유충
④ 부화한지 4년째 되는 유충

해설 령충 : 령기 기간 상태의 유충
- 1령충 : 부화하여 1회 탈피할 때까지의 유충
- 2령충 : 1회 탈피를 마친 유충
- 3령충 : 2회 탈피를 마친 유충

34 총채벌레목에 대한 설명으로 옳지 않은 것은?

① 단위생식도 한다.
② 입틀의 좌우가 같다.
③ 불완전변태군에 속한다.
④ 산란관이 잘 발달하여 식물의 조직 안에 알을 낳는다.

해설 총채벌레목
- 몸 : 소형이지만 단단하다.
- 빠는 형의 입을 가지고 있다.
- 대부분 초식성 곤충이다.
- 입틀 : 좌우가 비대칭이다.(입틀은 줄 쓸어 빠는 형으로 오른쪽 큰 턱은 기능을 잃고 작게 퇴화되어 있어서 좌우 비대칭이다)
- 무성생식(단위생식)을 하는 것도 있다.
- 일부는 식물 바이러스를 매개한다.→ 중요한 농업해충이다.
- 날개 : 있는 것도 있고, 없는 것도 있다.
- 불완전변태를 한다.(번데기태가 있다)

35 곤충의 탈피와 변태를 조절하는 호르몬 분비에 관여하는 기관이 아닌 것은?

① 뇌 ② 전흉선
③ 말피기관 ④ 알라타체

해설 말피기관
- PH 조절, 무기이온 농도 조절, 배설작용을 돕는다.
- 물과 무기이온의 재흡수 담당 → 삼투압 조절 담당
- 단백질 또는 핵산의 질소대사산물의 최종 방출(배설)
- 지상의 모든 곤충→요산으로 방출
- 수생곤충→암모니아태로 방출

정답 30. ① 31. ① 32. ① 33. ① 34. ② 35. ③

36 주둥이를 식물체에 찔러 넣어 즙액을 빨아 먹는 곤충에 속하지 않는 것은?

① 진딧물　② 노린재
③ 집파리　④ 애멸구

해설 주요 곤충목의 입의 형태

형태	해당 곤충
저작구형 (씹는형)	• 해당 곤충 : 메뚜기, 풍뎅이, 나비류의 유충 • 큰 턱이 기주식물을 잘게 부수는 역할을 한다.
저작 핥는 형 (씹고 핥는 형)	• 해당 곤충 : 꿀벌, 말벌 • 큰 턱 : 먹이를 자르거나 씹기에 편리하다. • 작은 턱과 아랫입술 : 긴 주둥이 모양으로 변형
흡취형 (핥아먹는 형)	• 해당 곤충 : 집파리
여과구형	• 해당 곤충 : 수서곤충 → 미생물을 여과한다.
절단흡취형	• 해당 곤충 : 모기, 벼룩, 등애
자흡구형 (찔러서 빨아 먹음)	• 해당 곤충 : 진딧물류, 멸구류, 매미충류, 깍지벌레류 • 윗입술, 큰 턱, 작은 턱들이 하나의 바늘모양으로 가늘고 길게 변형
흡관구형 (빨아먹는 형)	• 해당 곤충 : 나비, 나방 • 큰 턱 : 특별한 기능이 없다. • 작은 턱 : 외엽이 융합하여 대롱 모양의 긴 주둥이로 변형

37 곤충이 탈피할 때 새로운 표피로 대체(代替)되지 않는 기관은?

① 식도　② 맹장
③ 직장　④ 전소장

해설 소화, 배설 기관은 새로운 표피로 대체된다.

38 다음 중 곤충이 휴면하는 데 가장 영향을 주는 주요 요인은?

① 빛　② 수분
③ 온도　④ 바람

해설 휴면을 하는 원인

- 일장, 온도, 먹이, 생리상태, 어미의 나이 등 환경을 극복하기 위함이다.→ 온도의 영향이 가장 크게 좌우된다.
- 휴면에서 깨어나기 위해서는 휴면타파 조건이 갖추어져야 한다.

39 분류학적으로 개미가 속하는 곤충목은?

① 벌목　② 이목
③ 노린재목　④ 총채벌레목

해설 개미는 벌목 개미과이다.

40 다음 중 호흡계의 기문 수가 가장 적은 곤충은?

① 나방 유충　② 나비 유충
③ 모기붙이 유충　④ 딱정벌레 유충

해설 기문

- 가운데가슴과 뒷가슴에 각각 1쌍, 매 마디에 8쌍이 있다.(총 10쌍)
- 모기붙이류의 유충으로 기문이 없다.

제3과목 재배학원론

41 다음 중 산성토양에 가장 강한 것은?

① 고구마　② 콩
③ 팥　④ 사탕무

해설 산성토양에 대한 작물의 적응성

- 극히 강한 것 : 벼, 밭벼, 귀리, 토란, 아마, 기장, 땅콩, 감자, 수박 등
- 강한 것 : 메밀, 옥수수, 목화, 당근, 오이, 포도, 호

정답 36. ③ 37. ② 38. ③ 39. ① 40. ③ 41. ①

박, 토마토, 밀, 조, 고구마, 담배 등
- 약간 강한 것 : 유채, 파, 무 등
- 약한 것 : 보리, 클로버, 양배추, 근대, 가지, 삼, 겨자, 고추, 완두, 상추 등
- 가장 약한 것 : 알파파, 콩, 자운영, 시금치, 사탕무, 셀러리, 부추, 양파 등

42 **작물의 내동성에 대한 설명으로 가장 옳은 것은?**

① 세포액의 삼투압이 높으면 내동성이 증대한다.
② 원형질의 친수성 콜로이드가 적으면 내동성이 커진다.
③ 전분 함량이 많으면 내동성이 커진다.
④ 조직즙의 광에 대한 굴절률이 커지면 내동성이 저하된다.

해설 작물의 내동성
- 세포 내 자유수 함량이 많으면 세포 내 결빙이 생기기 쉬워 내동성이 저하된다.
- 세포액의 삼투압이 높으면 빙점이 낮아지고, 세포 내 결빙이 적어지며 세포 외 결빙 시 탈수저항성이 커져 원형질이 기계적 변형을 적게 받아 내동성이 증대한다.
- 전분 함량이 낮고 가용성 당의 함량이 높으면 세포의 삼투압이 커지고 원형질단백의 변성이 적어 냉동성이 증가한다.
- 원형질의 물 투과성이 크면 원형질 변형이 적어 내동성이 커진다.
- 원형질의 점도가 낮고 연도가 크면 결빙에 의한 탈수와 융해 시 세포가 물을 다시 흡수할 때 원형질의 변형이 적으므로 내동성이 크다.
- 지유와 수분의 공존은 빙점강하도가 커져 내동성이 증대된다.
- 칼슘이온(Ca^{2+})은 세포 내 결빙의 억제력이 크고 마그네슘이온(Mg^{2+})도 억제작용이 있다.
- 원형질단백에 디설파이드기(-SS기)보다 설파하이드릴기(-SH기)가 많으면 기계적 견인력에 분리되기 쉬워 원형질의 파괴가 적고 내동성이 증대한다.

43 **큰 강의 유역은 주기적으로 강이 범람해서 비옥해져 농사짓기에 유리하므로 원시농경의 발상지이었을 것으로 추정한 사람은?**

① Vavilov ② Dettweiler
③ De Candoll ④ Liebig

해설 De Candoll은 큰 강의 유역은 주기적으로 강이 범람하여 비옥해져 농사짓기가 유리하여 원시농경의 발상지였을 것으로 추정하였다.

44 **토양의 pH가 낮아질 때 가급도가 가장 감소되기 쉬운 영양분은?**

① Fe ② P
③ Mn ④ Zn

해설 산성토양의 해
- 과다한 수소이온(H^+)이 작물의 뿌리에 해를 준다.
- 알루미늄이온(Al^{+3}), 망간이온(Mn^{+3})이 용출되어 작물에 해를 준다.
- 인(P), 칼슘(Ca), 마그네슘(Mg), 몰리브덴(Mo), 붕소(B) 등의 필수원소가 결핍된다.
- 석회가 부족하고 미생물의 활동이 저해되어 유기물의 분해가 나빠져 토양의 입단형성이 저해된다.
- 질소고정균 등의 유용미생물의 활동이 저해된다.

45 **탈질현상을 경감시키는 데 가장 효과적인 시비법은?**

① 질산태질소 비료를 논의 산화층에 시비
② 질산태질소 비료를 논의 환원층에 시비
③ 암모늄태질소 비료를 논의 산화층에 시비
④ 암모늄태질소 비료를 논의 환원층에 시비

해설 질소
① 질산태질소($NO_3^- - N$)
- 질산암모늄(NH_4NO_3), 칠레초석($NANO_3$), 질산칼륨(KNO_3), 질산칼슘($Ca(NO_3)_2$) 등

정답 42. ① 43. ③ 44. ② 45. ④

이 있다.
- 물에 잘 녹고 속효성이며 밭작물 추비에 알맞다.
- 음이온으로 토양에 흡착되지 않고 유실되기 쉽다.
- 논에서는 용탈에 의한 유실과 탈질현상이 심해서 질산태질소 비료의 시용은 불리하다.

② 암모니아태질소(NH_4^+-N)
- 황산암모늄($(NH_4)_2SO_4$), 염산암모늄(NH_4Cl), 질산암모늄(NH_4NO_3), 인산암모늄($(NH_4)_2HPO_4$), 부숙인분뇨, 완숙퇴비 등이 있다.
- 물에 잘 녹고 속효성이나 질산태질소보다는 속효성이 아니다.
- 양이온으로 토양에 잘 흡착되어 유실이 잘 되지 않고 논의 환원층에 시비하면 비효가 오래 간다.
- 밭토양에서는 속히 질산태로 변하여 작물에 흡수된다.
- 유기물이 함유되지 않은 암모니아태질소의 연용은 지력 소모를 가져오며 암모니아 흡수 후 남는 산근으로 토양을 산성화시킨다.
- 황산암모늄은 질소의 3배에 해당되는 황산을 함유하고 있어 농업상 불리하므로 유기물의 병용으로 해를 덜어야 한다.

46 다음 영양성분 중 결핍되면 분열조직에 괴사를 일으키며, 사탕무의 속썩음병을 일으키는 것은?

① 망간　② 철
③ 칼륨　④ 붕소

해설 붕소(B)

㉠ 촉매 또는 반응조절물질로 작용하며, 석회결핍의 영향을 경감시킨다.
㉡ 생장점 부근에 함유량이 높고 이동성이 낮아 결핍증상은 생장점 또는 저장기관에 나타나기 쉽다.
㉢ 결핍
- 분열조직의 괴사(necrosis)를 일으키는 일이 많다.
- 채종재배 시 수정·결실이 나빠진다.
- 콩과작물의 근류 형성 및 질소고정이 저해된다.

㉣ 석회의 과잉과 토양의 산성화는 붕소 결핍의 주원인이며, 산야의 신개간지에서 나타나기 쉽다.

47 다음 중 2년생 작물은?

① 아스파라거스　② 사탕무
③ 호프　④ 옥수수

해설 생존연한에 의한 분류

① 일년생작물(一年生作物, annual crop)
- 봄에 파종하여 당해 연도에 성숙, 고사하는 작물
- 벼, 대두, 옥수수, 수수, 조 등

② 월년생작물(越年生作物, winter annual crop)
- 가을에 파종하여 다음 해에 성숙, 고사하는 작물
- 가을밀, 가을보리 등

③ 2년생작물(二年生作物, biennial crop)
- 봄에 파종하여 다음 해 성숙, 고사하는 작물
- 무, 사탕무, 당근 등

④ 다년생작물(多年生作物, =영년생작물; perennial crop)
- 대부분 목본류와 같이 생존연한이 긴 작물
- 아스파라거스, 목초류, 홉 등

48 발아에 광선이 필요하지 않는 작물은?

① 상추　② 금어초
③ 담배　④ 호박

해설 광과 발아

㉠ 대부분 종자에 있어 광은 발아에 무관하지만 광에 의해 발아가 조장되거나 억제되는 것도 있다.
㉡ 호광성종자(광발아종자)
- 광에 의해 발아가 조장되며 암조건에서 발아하지 않거나 발아가 몹시 불량한 종자
- 담배, 상추, 우어, 차조기, 금어초, 베고니아, 피튜니아, 뽕나무, 버뮤다그라스 등

㉢ 혐광성종자(암발아종자)
- 광에 의하여 발아가 저해되고 암조건에서 발아가 잘 되는 종자
- 호박, 토마토, 가지, 오이, 파, 나리과 식물 등

㉣ 광무관종자

정답 46. ④　47. ②　48. ④

- 광이 발아에 관계가 없는 종자
- 벼, 보리, 옥수수 등 화곡류와 대부분 콩과작물 등

ⓜ 화본과 목초 종자나 잡초 종자는 대부분 호광성 종자이며, 땅속에 묻히게 되면 산소와 광 부족으로 휴면하다가 지표 가까이 올라오면 산소와 광에 의해 발아하게 된다.

49 **작물이 주로 이용하는 토양 수분은?**

① 흡습수 ② 모관수
③ 지하수 ④ 결합수

해설 모관수
- PF : 2.7~4.2
- 표면장력으로 토양공극 내 중력에 저항하여 유지되는 수분을 의미하며, 모관현상에 의하여 지하수가 모관공극을 따라 상승하여 공급되는 수분으로 작물에 가장 유용하게 이용된다.

50 **질산환원효소의 구성성분이며, 질소대사에 작용하고, 콩과작물 뿌리혹박테리아의 질소고정에 필요한 무기성분은?**

① 몰리브덴 ② 아연
③ 마그네슘 ④ 망간

해설 몰리브덴(Mo)

㉠ 질산환원효소의 구성성분이며, 질소대사에 필요하다.

㉡ 결핍
- 잎의 황백화
- 모자이크병에 가까운 증세가 나타난다.
- 콩과작물의 질소 고정력이 떨어진다.

51 **작물의 배수성 육종 시 염색체를 배가시키는 데 가장 효과적으로 이용되는 것은?**

① colchicine
② auxin
③ kinetin
④ ethylene

해설 염색체의 배가법

① 콜히친(colchicine, $C_{22}H_{25}O_{6}$)처리법 : 콜히친처리법은 가장 효과적인 방법으로 세포 분열이 왕성한 생장점에 콜히친을 처리한다.

② 아세나프텐(acenaphtene, $C_{12}H_{10}$)처리법 : 아세나프텐은 물에 불용성이지만 승화하여 가스상태로 식물의 생장점에 작용한다.

52 **종묘로 이용되는 영양기관을 분류할 때 땅속줄기에 해당하는 것으로만 나열된 것은?**

① 다알리아, 고구마
② 마, 글라디올러스
③ 나리, 모시풀
④ 생강, 박하

해설 줄기
- 지상경 또는 지조 : 사탕수수, 포도나무, 사과나무, 귤나무, 모시풀 등
- 근경(땅속줄기) : 생강, 연, 박하, 호프 등
- 괴경(덩이줄기) : 감자, 토란, 돼지감자 등
- 구경(알줄기) : 글라디올러스 등
- 인경(비늘줄기) : 나리, 마늘 등
- 흡지 : 박하, 모시풀 등

53 **다음 중 작물의 내염성 정도가 가장 큰 것은?**

① 완두 ② 가지
③ 순무 ④ 고구마

해설 작물의 내염성 정도

	밭작물	과수
강	순무, 사탕무, 유채, 양배추, 목화	
중	알파파, 토마토, 수수, 보리, 벼, 밀, 호밀, 아스파라거스, 시금치, 양파, 호박	무화과, 포도, 올리브
약	완두, 셀러리, 고구마, 감자, 가지, 녹두	배, 살구, 복숭아, 귤, 사과

정답 49. ② 50. ① 51. ① 52. ④ 53. ③

54 다음 중 암술과 수술이 서로 다른 개체에서 생기는 것은?

① 자성불임 ② 웅성불임
③ 자웅이주 ④ 이형예현상

해설 자웅이주 : 종자식물에서, 암꽃과 수꽃이 각각 다른 그루에 있어서 식물체의 암수가 구별되는 것

55 다음 중 굴광현상에 가장 유효한 광은?

① 자색광 ② 자외선
③ 녹색광 ④ 청색광

해설 굴광성
- 식물의 한쪽으로 광이 조사되면 조사 방향으로 식물체가 구부러지는 현상
- 원인 : 광이 조사된 쪽의 옥신(auxin) 농도가 낮아지고 그 반대쪽은 옥신의 농도가 높아져 나타나는 현상이다.
- 지상부는 옥신의 농도가 높은 쪽의 생장속도가 빨라져 광을 향하여 자라는 향광성을 보이지만 뿌리는 반대로 배광성을 나타낸다.
- 굴광성은 400~500nm, 특히 440~480nm의 청색광이 가장 유효하다.

56 다음 중 장명종자에 해당하는 것은?

① 베고니아 ② 나팔꽃
③ 팬지 ④ 일일초

해설 작물별 종자의 수명
〈中村, 1985; HARTMANN, 1997〉

구분	단명종자 (1~2년)	장명종자 (5년 이상)
농작물류	콩, 땅콩, 목화, 옥수수, 해바라기, 메밀, 기장	클로버, 알파파, 사탕무, 베치
채소류	강낭콩, 상추, 파, 양파, 고추, 당근	비트, 토마토, 가지, 수박
화훼류	베고니아, 팬지, 스타티스, 일일초, 콜레옵시스	접시꽃, 나팔꽃, 스토크, 백일홍, 데이지

57 혼파의 장점이 아닌 것은?

① 공간의 효율적 이용이 가능하다.
② 건초 제조 시에 유리하다.
③ 채종작업이 편리하다.
④ 재해에 대한 안정성

해설 혼파의 장점
- 가축 영양상의 이점 : 탄수화물이 주성분인 화본과 목초와 단백질을 풍부하게 함유하고 있는 콩과목초가 섞이면 영양분이 균형된 사료의 생산이 가능해진다.
- 공간의 효율적 이용 : 상번초와 하번초의 혼파 또는 심근성과 천근성 작물의 혼파는 광과 수분 및 영양분을 입체적으로 더 잘 활용할 수 있다.
- 비료성분의 효율적 이용 : 화본과와 콩과, 심근성과 천근성은 흡수하는 성분의 질과 양 및 토양의 흡수층의 차이가 있어 토양의 비료성분을 더 효율적으로 이용할 수 있다.
- 질소비료의 절약 : 콩과작물의 공중질소 고정으로 고정된 질소를 화본과도 이용하므로 질소비료가 절약된다.
- 잡초의 경감 : 오처드그라스와 같은 직립형 목초지에는 잡초 발생이 쉬운데, 클로버가 혼파되어 공간을 메우면 잡초의 발생이 줄어든다.
- 생산 안정성 증대 : 여러 종류의 목초를 함께 재배하면 불량환경이나 각종 병충해에 대한 안정성이 증대된다.
- 목초 생산의 평준화 : 여러 종류의 목초가 함께 생육하면 생육형태가 각기 다르므로 혼파 목초지의 산초량(産草量)은 시기적으로 표준화 된다.
- 건초 및 사일리지 제조상 이점 : 수분 함량이 많은 콩과목초는 건초 제조가 불편한데, 화본과 목초가 섞이면 건초 제조가 용이해진다.

58 다음 중 내습성이 가장 강한 과수류는?

① 무화과 ② 복숭아
③ 밀감 ④ 포도

해설 과수의 내습성 : 올리브>포도>밀감>감, 배>밤, 복숭아, 무화과

정답 54. ③ 55. ④ 56. ② 57. ③ 58. ④

59 **식물체 내의 수분 퍼텐셜에 대한 설명으로 틀린 것은?**

① 세포의 부피와 압력 퍼텐셜이 변화함에 따라 삼투 퍼텐셜과 수분 퍼텐셜이 변화한다.
② 압력 퍼텐셜과 삼투 퍼텐셜이 같으면 세포의 수분 퍼텐셜이 0이 된다.
③ 수분 퍼텐셜과 삼투 퍼텐셜이 같으면 원형질 분리가 일어난다.
④ 수분 퍼텐셜은 대기에서 가장 높고, 토양에서 가장 낮다.

해설 수분 퍼텐셜은 토양이 가장 높고, 대기가 가장 낮으며 식물체 내에서 중간 값이 나타나므로 수분의 이동은 토양→식물체→대기로 이어진다.

60 **식물의 일장감응 중 SI형 식물은?**

① 메밀 ② 토마토
③ 도꼬마리 ④ 코스모스

해설 식물의 일장감응에 따른 분류 9형

일장형	대표작물
SL	프르뮬러(앵초), 시네라리아, 딸기
SS	코스모스, 나팔꽃, 콩(만생종)
SI	벼(만생종), 도꼬마리
LL	시금치, 봄보리
LS	피소스테기아(physostegia; 꽃범의 꼬리)
LI	사탕무
IL	밀
IS	국화
II	벼(조생종), 메밀, 토마토, 고추

제4과목 농약학

61 **유기인계 살충제는?**

① EPN ② Endosulfan
③ 2,4-D ④ BPMC

해설
- 유기인계 살충제 : 파라티온(Parathion), Fenitrothion(메프), Fenthion(펜티온), Diazinon(디아지논), Chlorpyrifos(클로르피리포스), Malahion(말라티온), EPN(이피엔), DDVP(Dichlorvos), Fonofos
- 카바메이트(carbamate)계 살충제 : Carbaryl(NAC. 나크제), BPMC(Fenobucarb; BP=밧사), Carbofuran(Carbo=Furadan)
- 유기염소계 살충제 : Endosulfan, DDT, BHC, drin계
- 2,4-D : 가장 먼저 개발된 제초제(제초제의 원조), 후기경엽처리제, 광엽성 제초제

62 **제초제의 일반 특성에 대한 설명으로 틀린 것은?**

① Phenoxy계 제초제는 옥신작용을 갖고 있다.
② Azole계는 무기화합물 제초제이다.
③ Phenoxy계 제초제는 인축 및 어패류에 대한 독성이 낮다.
④ Dicamba 등 Benzoic acid계 제초제는 작물체 내에서 안정성이 높은 편이다.

해설 Azole계는 항진균제이다.

63 **계면활성제 중 가용화 작용이 큰 HLB(Hydrophile-Lipophile Balance) 값으로 가장 옳은 것은?**

① 1~3 ② 4~7
③ 9~12 ④ 15~18

정답 59. ④ 60. ③ 61. ① 62. ② 63. ④

해설 HLB(Hydrophile-Lipophile Balance)가 커질수록 물에 대한 용해도가 증가한다.

64 **90% BPMC 원제 1kg을 2% 분제로 제조하는 데 필요한 증량제의 양(kg)은?**

① 44.0　② 44.5
③ 44.9　④ 45.0

해설 분제의 희석에 소요되는 증량제의 양 산출
- 분제의 무게(g) × (분제의 농도/원하는 농도-1) = 1kg × (90/2-1) = 44.0

65 **농약의 일일섭취허용량에 대한 설명으로 가장 옳은 것은?**

① 농약을 함유한 음식을 하루 섭취하여도 장해가 없는 양을 말한다.
② 농약을 함유한 음식을 1년간 섭취하여도 장해를 받지 않는 1일당 최대의 양을 말한다.
③ 농약을 함유한 음식을 10년간 섭취하여도 장해를 받지 않는 1일당 최대의 양을 말한다.
④ 농약을 함유한 음식을 일생 동안 섭취하여도 장해를 받지 않는 1일당 최대의 양을 말한다.

해설 ADI(1일 섭취 허용량)
- 실험동물에 매일 일정량의 농약을 혼합한 사료를 장기간 투여하여 2세대 이상에 걸친 영향을 조사하고, 전혀 건강에 영향이 없는 양을 구한 후 여기에 적어도 100배의 안전계수를 적용한다.

66 **50% 벤타존 액제(비중 1.2) 100mL로 0.1% 살포액으로 만드는 데 소요되는 물의 양(L)은?**

① 49.9　② 59.9
③ 69.9　④ 79.9

해설 액제의 희석에 소요되는 물의 양 산출
- 원액의 용량(cc) × (원액의 농도/희석하려는 농도 - 1) × 원액의 비중 = 0.1 × (50/0.1-1) × 1.2 = 59.88

67 **유제(乳劑)에 대한 설명으로 옳지 않은 것은?**

① 유제란 주제의 성질이 수용성인 것을 말한다.
② 살포액의 조제가 편리하나, 포장·수송 및 보관에 각별한 주의가 필요하다.
③ 유제에서 주제가 유기용매의 25% 이상 용해되는 것이 원칙이다.
④ 유제에서 계면활성제를 가하는 농도는 5~15% 정도이다.

해설 유제 : 주제가 지용성으로 물에 녹지 않는 것을 용제(유기용매)에 용해시켜 유화제인 계면활성제를 첨가하여 제조한 것이다.

68 **농약의 혼용 시 주의할 점으로 가장 거리가 먼 것은?**

① 표준 희석배수를 준수하고 고농도로 희석하지 않는다.
② 동시에 2가지 이상의 약제를 섞지 않도록 한다.
③ 농약을 혼용하여 사용할 경우 안정화를 위해 1일 정도 정치한 후 사용한다.
④ 유제와 수화제의 혼용은 가급적 피하되, 부득이한 경우 액제, 수용제, 수화제=액상수화제, 유제의 순서로 물에 희석한다.

정답 64. ① 65. ④ 66. ② 67. ① 68. ③

해설 농약을 혼용하여 조제한 살포액은 오래 두지 말고 당일에 바로 살포하여야 한다.

69 **주로 접촉제 및 소화중독제로서 작용하며 벼의 이화명나방에 적용되는 유기인제는?**

① DDVP ② Ethoprophos
③ Fenitrothion ④ Imidacloprid

해설 Fenitrothion(메프)
- 접촉독제, 식독작용이 있다.
- 포유동물에 대한 독성은 낮다.
- Fenitrooxon로 산화하여 곤충에 강한 독성을 발휘한다.
- 이화명나방, 굴파리류, 멸구, 심식충류, 잎말이나방류, 진딧물류 등 해충 방제에 이용된다.
- 상품명 : 수미티온, 호리티온, 아코티온이다.

70 **Fenobucarb 살충제 계통은?**

① 카바메이트계
② 유기인계
③ 유기염소계
④ 트리아진계

해설 카바메이트(Carbamate)계 살충제 : Carbaryl (NAC. 나크제), BPMC(Fenobucarb; BP=밧사), Carbofuran(Carbo=Furadan)

71 **Dialkylamine계 살균제는?**

① Nabam ② Maneb
③ Ferbam ④ Mancozeb

해설 Dithiocarbamate계 살균제는 유기유황계 농약이라고도 불리며, 디치오 카바민(Dithiocarbamine)기를 가지는 화합물로서 디알킬 아민(Dialkyl amine)계와 알킬렌 디아민(Alkylene diamine)계 화합물로 나누어진다.(예 Mancozeb, Maneb, Propineb, Zineb, Ziram 등).

72 **농작물 또는 기타 저장물에 해충이 모이는 것을 막기 위해 쓰이는 기피제(repellent)로 쓰이는 것은?**

① Chlorobenzilate
② Dimethyl phthalate
③ Dimethomorph
④ Methyl bromide

해설 기피제 : 해충이 작물이나 인축에 접근하는 것을 방지하는 데 사용(Nuphthaleun, Dimethyl phthalate)

73 **농약제제화의 목적으로 가장 거리가 먼 것은?**

① 사용자에 대한 편의성을 위하여
② 최적의 약효 발현과 최소의 약해 발생을 위하여
③ 소량의 유효성분을 넓은 지역에 균일하게 살포하기 위하여
④ 유통기간을 단축하여 유효성분의 안정성을 향상시키기 위하여

해설 농약의 제제화는 사용의 편리, 유효성분의 효력 증강, 약해 및 주성분의 효력 저하 등 경시변화 방지, 약해의 최대한 억제, 사용자 및 환경에 대한 안전성 제고, 작업성의 개선 등의 효과가 있다.

74 **농약 안전살포 방법으로 가장 적절한 것은?**

① 바람을 등지고 살포
② 바람을 안고 살포
③ 바람의 도움으로 살포
④ 바람 방향을 무시하고 살포

해설 농약의 사용상 주의할 사항
- 기상 조건을 고려하여 살포한다.
- 농약의 혼용 시 다른 농약과 혼용 가능 여부를 확인한다.
- 작물에 약해가 일어나지 않도록 사용 농도, 횟수를 지킨다.
- 동일 농약의 연용은 병해충의 저항성, 약해의 원

정답 69. ③ 70. ① 71. ③ 72. ② 73. ④ 74. ①

인이 되므로 주의한다.
- 방제복과 마스크를 착용한다.
- 건강한 상태에서 살포한다.
- 장시간 연속 작업은 하지 않는다.
- 남은 농약은 안전하게 보관한다.
- 작업 후 온몸을 깨끗이 씻는다.

75 유기인계 살충제의 작용 특성이 아닌 것은?

① 살충력이 강하고 적용 해충의 범위가 넓다.
② 식물 및 동물의 체내에서 분해가 빠르고, 체내에 축적작용이 없다.
③ 약제 살포 후 광선이나 기타 요인에 의하여 빨리 소실되는 편이다.
④ 고온일 때 살충효과가 나쁘고, 온도가 낮아지면서 효과가 증대된다.

해설 유기인계 살충제의 작용 특성
- 살충력이 강력하다.
- 적용 해충 범위가 넓다.
- 접촉독, 가스독, 식독작용, 심달성, 신경독, 침투성작용이 있다.
- 이화명충, 과수의 응애, 심식충 등 흡즙성 해충에 유효하다.
- 인축에 대한 독성이 강하다.
- 알칼리에 분해(가수분해)되기 쉽다. 따라서 알칼리성 농약과 해서는 안 된다.
- 일반적으로 잔류성은 짧다.
- 약해가 적다.
- 기온이 높으면 효과가 크고 기온이 낮으면 효과가 감소한다.

76 황산암모니아와 설탕 등과 같은 증량제를 투입한 농약의 제형은?

① 유탁제 ② 수용제
③ 과립수화제 ④ 분산성 액제

해설
- 유탁제 : 농약원제를 적은 양의 용매에 녹인 후 물에 희석하여 사용하는 액상의 제형으로 유기용매 중에 원제의 작은 입자가 떠다니는 상태이다.
- 수용제 : 물에 잘 녹는 농약원제를 수용성 증량제로 희석하여 입상의 고형으로 조제한 것
- 과립수화제 : 원제와 보조제를 미세하게 분쇄 후 입자끼리 서로 붙여 만든 환경친화적 제형으로 수화제의 사용상 편리성을 개선한 것이다.
- 분산성 액제 : 물에 잘 녹지 않는 원제를 계면활성제와 함께 녹여 만든 제형으로 물에 잘 섞이는 특수용매를 사용한다.

77 우리나라의 농약 독성 구분 중 맞지 않는 것은?

① 무독성 ② 보통 독성
③ 저독성 ④ 고독성

해설 농약의 급성독성 구분

구분	LD, mg/kg 체중			
	경구독성		경피독성	
	고상	액상	고상	액상
1급 (맹독성)	<5	<20	<10	<40
2급 (고독성)	5~49	20~199	10~99	40~399
3급 (보통 독성)	50~499	200~1,999	100~999	400~3,999
4급 (저독성)	≧500	≧2,000	≧1,000	≧4,000

78 농약에 사용되는 계면활성제의 친유성기를 갖는 원자단은?

① −OH ② −COOR
③ −COOH ④ −CN

해설 계면활성제는 지방산의 알킬기($R-$, $-C_nH_{2n+1}$)는 친유성을 갖고, 카르복실기($-COOH$), 히드록실기($-OH$), 카르복실산 나트륨기($-COON_a$) 등은 친수성을 갖는다.

정답 75. ④ 76. ② 77. ① 78. ②

79 농약의 잔류에 대한 설명 중 옳지 않은 것은?

① 작물잔류성농약이란 농약의 성분이 수확물 중에 잔류하여 농약잔류허용 기준에 해당할 우려가 있는 농약을 말한다.
② 안전계수란 사람이 하루에 섭취할 수 있는 약량을 말한다.
③ 작물 체내의 잔류농약은 경시적으로 계속하여 감소한다.
④ 농약의 작물잔류는 사용횟수와 제제 형태에 따라서 다르다.

해설 ADI(1일 섭취 허용량)
- 실험동물에 매일 일정량의 농약을 혼합한 사료를 장기간 투여하여 2세대 이상에 걸친 영향을 조사하고, 전혀 건강에 영향이 없는 양을 구한 후 여기에 적어도 100배의 안전계수를 적용한다.

80 다음 중 훈증제가 아닌 농약은?

① Methyl bromide
② Ethyl formate
③ Difenoconazole
④ Phosphine

해설 디페노코나졸(Difenoconazole) : 살균제이며, 식물체 내로 신속히 침투 이행하여 병균의 세포막 형성 저해로 병균의 균사 생장, 병반 진전, 포장 형성을 저지시킨다.

제5과목 잡초방제학

81 피의 형태적 특징으로 옳은 것은?

① 엽설(葉舌 : 잎혀)은 없고, 엽이(葉耳 : 잎귀)는 있다.
② 엽설(葉舌 : 잎혀)은 있고, 엽이(葉耳 : 잎귀)는 없다.
③ 엽설(葉舌 : 잎혀)과 엽이(葉耳 : 잎귀) 모두 있다.
④ 엽설(葉舌 : 잎혀)과 엽이(葉耳 : 잎귀) 모두 없다.

해설 피와 벼의 차이점
- 벼 : 엽초, 엽이, 엽설, 엽신으로 구성
- 피 : 엽초, 엽신으로 구성

※ 피는 엽이, 엽설(잎혀)이 없다.

82 작물이 잡초로부터 받는 피해 경로를 직접적 또는 간접적 피해 경로로 구분할 때, 다음 중 간접적인 피해 경로에 해당하는 것은?

① 경합
② 기생
③ 상호대립억제작용
④ 병해충 매개

해설 간접적 피해 경로 : 병해충 매개, 작업환경 악화, 사료포장 오염, 종자 혼입 및 부착 등

83 전체 생육기간이 100일인 작물에서 이론적으로 작물이 잡초 경합에 의해 가장 심하게 피해를 받는 시기는?

① 파종 직후부터 5일 이내
② 파종 후 20~30일 사이
③ 파종 후 50~60일 사이
④ 파종 후 70일 이후

정답 79. ② 80. ③ 81. ④ 82. ④ 83. ②

해설 작물과 잡초 간 경합으로 작물에 큰 피해를 주는 최대 경합 시기는 전 생육기간의 1/4~1/3에 해당하는 시기이다.

84 **논에서 잡초의 군락천이를 유발시키는 데 가장 큰 영향을 주는 것은?**

① 장간종 품종 재배
② 동일 작물로만 재배
③ 동일한 제초제 연속 사용
④ 지속적인 화학 비료 사용

해설 천이

㉠ 어떤 식물군집의 종조성은 흔히 시간에 따라 변화하게 되는데, 이러한 과정을 천이라고 한다.
㉡ 천이는 1차 천이와 2차 천이 유형으로 구별된다. 2차 천이는 농경지에서 볼 수 있다.
㉢ 농경지에 발생하는 잡초 군집의 구성변화 요인 : 답전윤환, 작부체계, 재배법 토지기반 정비, 경종조작법, 경운정지, 제초법
※ 농경지에 발생하는 잡초 군집의 구성변화 요인 중 가장 중요한 것 : 제초제의 사용
㉣ 최근 우리나라 논잡초 군락형
- 1년생 : 피, 물달개비, 가막사리, 여뀌바늘, 사마귀풀, 여뀌
- 다년생 : 올방개, 벗풀, 올챙이고랭이

㉤ 다년생 잡초가 증가하는 요인 : 동일 제초제의 연용, 손 제초법 감소, 춘경 및 추경의 감소, 경운 · 정지법의 변천, 재배 시기의 변동, 시비량의 증가, 물관리의 변동
※ 동일 제초제의 연용이 논잡초의 초종 변화에 가장 직접적인 요인으로 간주하고 있다.

85 **암(暗)발아성 종자인 잡초는?**

① 냉이 ② 바랭이
③ 소리쟁이 ④ 쇠비름

해설 여름잡초는 광발아성이, 겨울잡초는 암발아성이 많다.

86 **제초제의 토양 중 지속성은 반감기(half life)로 나타낸다. 이때 반감기란? (단, 전 기간을 통하여 동일한 기울기를 갖는 1차 반응식을 전제로 함)**

① 처리한 제초제의 1/2이 소실되는 데 요하는 시간
② 처리한 제초제의 1/5이 소실되는 데 요하는 시간
③ 식물체의 1/2을 고사시키는 데 필요한 시간
④ 식물체의 1/5을 고사시키는 데 필요한 시간

해설 반감기 : 방사성 원소나 소립자 따위의 질량이 시간에 따라서 감소할 때, 그 질량이 최초의 반으로 감소하는 데 걸리는 시간

87 **잡초에 대한 작물의 경합력을 높이는 방법은?**

① 이식재배를 한다.
② 직파재배를 한다.
③ 만생종을 재배한다.
④ 재식밀도를 낮춘다.

해설 종자를 직파하는 것보다 묘를 어느 정도 키워 이식하는 것이 초기 생장기 경합을 피할 수 있어 유리하다.

88 **잡초의 생장형에 따른 분류로 옳은 것은?**

① 총생형 – 메꽃, 환삼덩굴
② 만경형 – 민들레, 질경이
③ 로제트형 – 억새, 뚝새풀
④ 직립형 – 명아주, 가막사리

해설 생장형에 따른 분류
- 직립형 : 명아주, 가막사리, 자귀풀
- 포복형 : 메꽃, 쇠비름
- 총생형 : 억새, 둑새풀, 피
- 분지형 : 광대나물, 사마귀풀
- 로제트형 : 민들레, 질경이
- 망경형 : 거지덩굴, 환삼덩굴

정답 84. ③ 85. ① 86. ① 87. ① 88. ④

89 잡초에 의한 피해로 가장 거리가 먼 것은?

① 작업 환경 악화
② 토양의 침식 발생
③ 병해충 서식처 제공
④ 작물과의 경합으로 인한 작물 생육 저하

해설 잡초로 인하여 토양침식을 억제할 수 있다.

90 쌍자엽 잡초와 단자엽 잡초 간 차이로 가장 옳은 것은?

① 쌍자엽은 엽맥이 평행맥이고 단자엽은 망상맥이다.
② 쌍자엽은 생장점이 식물체 위쪽에 위치하고 단자엽은 하단에 위치한다.
③ 쌍자엽은 배유가 있으나 단자엽은 배유가 없다.
④ 화본과 잡초는 쌍자엽 식물에 속하고 광엽잡초는 단자엽 식물에 속한다.

해설
- 단자엽은 엽맥이 평행맥이고, 쌍자엽은 망상맥이다.
- 단자엽은 배유가 있으나 쌍자엽은 배유가 없다.
- 화본과 잡초는 단자엽 식물에 속하고, 광엽잡초는 쌍자엽 식물에 속한다.

91 작물과 잡초 간의 경합에 대한 설명으로 옳은 것은?

① 잡초경합한계기간이란 파종 직후부터 성숙 말기까지의 시기를 말한다.
② 잡초경합한계기간에는 잡초에 의한 피해가 거의 없다.
③ 잡초허용한계밀도란 잡초가 전혀 없는 상태를 말한다.
④ 방제는 잡초경합한계기간에 중점적으로 실시해야 한다.

해설
- 작물과 잡초의 최대경합 : 작물과 잡초 간 경합으로 작물에 큰 피해를 주는 최대 경합 시기는 전 생육기간의 1/4~1/3에 해당하는 시기이다.
- 잡초의 허용한계 밀도 : 어느 밀도 이상으로 잡초가 존재할 경우 작물의 수량이 현저히 감소되는 수준까지의 밀도를 말한다.

※ 경제한계밀도(economic threshold level) : 제초비용과 방제로 인한 수량이득이 상충되는 수준의 밀도를 허용한계밀도에 추가하여 허용한 잡초밀도를 말한다. 즉 제초비용과 방제로 인한 수량 증가에 따른 이득이 같아질 때의 잡초 밀도이다.

92 식물체 내에서 일어나는 주된 제초제 분해 반응에 해당하지 않는 것은?

① 인산화 반응(phosphorylation)
② 히드록시 반응(hydroxylation)
③ 탈카르복시 반응(decarboxylation)
④ 탈알킬 반응(dealkylation)

해설 제초제 분해 반응 : 산화, 환원, 가수분해, 결합 반응, 탈카르복시 반응, 탈알킬 반응, 히드록시 반응, 단염수 반응 등이 있다.

93 방동사니과 잡초가 아닌 것은?

① 올방개 ② 올미
③ 올챙이고랭이 ④ 바람하늘지기

해설 우리나라의 주요 잡초

구분(논잡초)		잡초
1년생	화본과	강피, 물피, 돌피, 둑새풀
	방동사니과	참방동사니, 알방동사니, 바람하늘지기, 바늘골
	광엽잡초	물달개비, 물옥잠, 여뀌, 자귀풀, 가막사리
다년생	화본과	나도겨풀
	방동사니과	너도방동사니, 올방개, 올챙이고랭이, 매자기
	광엽잡초	가래, 벗풀, 올미, 개구리밥, 미나리

정답 89. ② 90. ② 91. ④ 92. ① 93. ②

94 다음 다년생 논잡초 중 영양번식 기관의 발생분포 심도가 표토로부터 가장 깊은 종은?

① 올미
② 너도방동사니
③ 벗풀
④ 올방개

해설 올방개는 숙근성 다년생 관경식물로 근경은 길게 뻗고 그 끝에 직경 5~8mm 정도 되는 덩이줄기가 달린다. 줄기 밑부분에서는 많은 잔뿌리가 사방으로 뻗어있다.

95 상호대립억제작용(allelopathy)에 대한 설명으로 옳은 것은?

① 식물체 분비물질에 의한 상호작용
② 식물체 간의 빛에 대한 경합작용
③ 식물체 상호간의 생육에 대한 상가작용
④ 영양소에 대한 식물체 상호간의 경합작용

해설 상호대립업제작용
- 식물체 내의 생성, 분해물질이 인접식물의 생육에 부정적 영향을 끼치는 생화학적 상호작용으로 타감작용이라고도 한다.
- 생육 중에 있는 식물이 분비하거나 생체 혹은 수확 후 잔여물 및 종자 등에서 독성물질이 분비되어 다른 식물종의 생장을 저해하는 현상으로 편해작용의 한 형태이다.
- 상호대립억제물질은 식물조직, 잎, 꽃, 과실, 줄기, 뿌리, 근경, 종자, 화분에 존재하며 휘발, 용탈, 분비, 분해 등의 방법에 의하여 방출된다.
- 상호대립억제물질은 세포의 분열 및 신장 억제, 유기산의 합성 저해, 호르몬 및 효소작용의 영향 등 식물체의 생장과 발달에 영향을 준다.

96 잡초가 작물보다 경쟁에서 유리한 이유로 옳지 않은 것은?

① 번식 능력이 우수하다.
② 다량의 종자를 생산한다.
③ 휴면성이 결여되어 있다.
④ 불량한 환경조건에 적응력이 높다.

해설 잡초의 휴면성이 커서 작물과 경쟁에 유리하다.

97 가을에 발생하여 월동 후에 결실하는 잡초로만 올바르게 나열된 것은?

① 쑥, 비름, 명아주
② 깨풀, 민들레, 강아지풀
③ 별꽃, 둑새풀, 벼룩나물
④ 별꽃, 바랭이, 애기메꽃

해설
- 겨울잡초(동계잡초) : 겨울, 초겨울에 발생하여 월동 후 다음 해 여름까지 결실 고사한다.

※ 햇수로는 두해를 살지만, 두 계절을 넘기지 못한다.(겨울~이듬해 봄)

- 종류 : 둑새풀, 망초, 냉이, 벼룩나물, 별꽃, 점나도나물, 속속이풀, 개양개비

98 잡초 종자에 돌기를 갖고 있어 사람이나 동물에 부착하여 운반되기 쉬운 것은?

① 여뀌　　② 민들레
③ 소리쟁이　　④ 도꼬마리

해설 종자의 이동 형태
- 솜털, 깃털 등으로 바람에 날려 이동 : 민들레, 망초, 방가지똥 등
- 꼬투리가 물에 부유하여 이동 : 소리쟁이, 벗풀 등
- 갈고리 모양의 돌기 등으로 인축에 부착하여 이동 : 도깨비바늘, 도꼬마리, 메귀리 등
- 결실하면 꼬투리가 터져 흩어져 이동 : 달개비 등

정답 94. ④ 95. ① 96. ③ 97. ③ 98. ④

99 다음 잡초 중 종자의 천립중이 가장 가벼운 것은?

① 별꽃
② 명아주
③ 메귀리
④ 강아지풀

해설 잡초종자의 무게(천립중) : 메귀리>단풍잎돼지풀>선홍초>강아지풀>말냉이>별꽃>바랭이>냉이>명아주

100 뿌리가 토양에 고정되어 있지 않고 물 위에 떠다니는 부유성 잡초에 해당하는 것은?

① 가래
② 네가래
③ 생이가래
④ 가는가래

해설 부유성 잡초 : 물에 뜨는 수생잡초로 생이가래, 개구리밥, 좀개구리밥, 부레옥잠 등이 있다.

정답 99. ② 100. ③

식물보호기사

2021년 4회 기출문제

제1과목 식물병리학

01 십자화과 작물에 발생하는 배추 무사마귀병에 대한 설명으로 옳지 않은 것은?

① 알칼리성 토양에서 발병이 잘 된다.
② 배수가 불량한 토양에서 발생이 많다.
③ 순활물기생균으로 인공배양이 되지 않는다.
④ 유주자가 뿌리털 속을 침입하여 변형체가 된다.

해설 배추 무사마귀병은 산성토양에서 발생한다.

02 벼 도열병에 대한 설명으로 옳지 않은 것은?

① 종자 소독으로는 방제효과가 매우 적다.
② 담녹갈색의 짧은 다이아몬드형 병무늬를 형성한다.
③ 잎, 잎자루, 잎혀, 마디, 이삭목, 이삭가지, 볍씨 등에 발생한다.
④ 볍씨의 발아 직후부터 발생하여 출수 후 성숙기까지 계속 발생한다.

해설 도열병(稻熱病, blast disease, rice blast, 병원체 : *Pyricularia oryzae*)

㉠ 벼에 발생하는 병해 중 피해가 가장 심한 병으로 전국 어디에서나 발생하나 고지대, 산간지대의 피해가 더 크며 어린 모부터 수확기까지 전 생육기간에 발생한다.

㉡ 도열병의 발생 부위에 따른 구분
- 잎도열병 : 급성형은 회백색의 방추형 병반이, 만성형은 갈색 반점이 생긴다.
- 이삭도열병 : 벼알 표면에 흑갈색의 병반이 생기고 흰 이삭이 된다.
- 이삭목도열병
- 이삭가지도열병
- 마디도열병
- 낱알도열병
- 뿌리도열병
- 냉도열병 : 18℃ 이하의 낮은 기온에 의해 발생하는 도열병으로 줄기도열병은 없다.
- 모도열병 : 모의 잎에 갈색 반점의 병반이 생긴다.

㉢ 병징
- 잎에 방추형 병반이 형성되며 만성형의 경우 가장자리가 붉은색을 띠나 급성형의 경우 잿빛의 잔잔한 분생포자(곰팡이)가 병반의 표면을 덮는다.
- 이삭목, 이삭가지는 옅은 갈색으로 말라죽고 습기가 많으면 표면에 잿빛의 곰팡이가 핀다.
- 고동색 또는 검푸른색의 작은 반점이 점차 커져 여러 모양의 큰 병반이 되고, 특히 이삭목도열병에 걸리면 수량이 크게 감소하게 된다.

03 다음 설명에 해당하는 병은?

> - 오이 잎에 발생하는 병해로 수침상의 점무늬가 다각형의 담갈색 무늬로 발전한다.
> - 습기가 많으면 병든 부위의 뒷면에 서리도는 가루모양의 곰팡이가 생긴다.

① 오이 노균병
② 오이 흰가루병
③ 오이 덩굴마름병
④ 오이 잿빛곰팡이병

정답 01. ① 02. ① 03. ①

해설
- 오이 흰가루병 : 잎, 줄기 등의 표면에 흰색 분말 가루 같은 곰팡이(균사 및 분생포자)가 생기고 미세한 흑색의 자낭구가 밀생한다.
- 오이 덩굴마름병 : 대목에 발생 시 수침상으로 물러썩는 증상을 나타내고, 갈색 줄기마름증상을 보인 후 후기 병징으로는 줄기가 쪼개지면서 말라죽는다. 잎과 떡잎에서는 갈색으로 마르면서 찢어지고 표면에 검은색 병자각을 형성한다.
- 오이 잿빛곰팡이병 : 꽃, 잎, 줄기, 열매에 발생하는 다범성 병으로 꽃잎이나 꽃이 달리 작고 연약한 가지 부분이 갈색으로 변한 후 그 부분이 썩으면 잿빛곰팡이가 많이 발생한다.

04 파이토플라스마에 대한 설명으로 옳지 않은 것은?

① 세포벽이 없다.
② 인공배지에서 생장하지 않는다.
③ 매개충에 의하여 전파되지 않는다.
④ 테트라싸이클린에 대하여 감수성이다.

해설 파이토플라스마 특징
- 원핵생물, 세포벽이 없다.
- 테트라싸이클린계에 감수성(테트라싸이클린계로 치료 가능)
- 인공배지에서 생장하지 않는다.
- 주로 각종 매미충류에 의해 매개된다.
- 식물의 체관부에 존재한다.
- RNA와 DNA, 리보솜을 가지고 있다.
- 무세포 배지에서 증식이 가능하다.

05 병원균이 기주교대를 하는 이종기생균은?

① 배나무 불마름병
② 사과나무 흰가루병
③ 배나무 붉은별무늬병
④ 사과나무 검은별무늬병

해설 배나무 붉은별무늬병
- 병원균 : *Gymnosporangium asiaticum*
- 겨울철을 향나무에서 월동하고 여름철엔 배나무에서 기생한다.

06 다음 중 벼에서는 가장 잘 발생하지 않는 병은?

① 오갈병 ② 녹병
③ 도열병 ④ 잎집무늬마름병

해설 벼의 식물병
㉠ 벼의 피해가 커서 방제가 필요한 식물병은 10여 종이며, 우리나라 병해에 의한 수량의 감소는 연차 간 변이가 크나 평균 약 13%이며, 약제방제를 통해 50~70% 피해를 줄일 수 있다.
㉡ 상자육묘 병해 : 키다리병, 모도열병, 모마름병, 모썩음병 등
㉢ 본논 병해 : 잎도열병, 잎집무늬병, 흰잎마름병, 깨씨무늬병, 바이러스병 등
㉣ 이삭에 발생하는 병해 : 이삭도열병, 세균성 벼알마름병, 벼이삭마름병 등
㉤ 벼의 생육단계별 주요 병의 발생 시기
- 못자리 시기 : 모마름병, 모썩음병, 키다리병
- 초기(6~7월 초순) : 잎도열병, 키다리병, 줄무늬잎마름병
- 중기(7월 중순~8월 중순) : 잎도열병, 잎집무늬마름병, 흰잎마름병, 이삭도열병, 키다리병, 깨씨무늬병
- 후기(8월 중순~9월 말) : 이삭도열병, 잎집무늬마름병, 세균성 벼알마름병, 흰잎마름병, 깨씨무늬병, 이삭누룩병

07 식물병을 일으키는 곰팡이 중에서 균사에 격막이 없는 병원균으로만 올바르게 나열된 것은?

① 난균, 자낭균
② 난균, 접합균
③ 담자균, 자낭균
④ 담자균, 접합균

해설 담자균류, 자낭균류, 불완전균류는 격막이 있다.

정답 04. ③ 05. ③ 06. ② 07. ②

08 **마름무늬매미충(모무늬매미충)에 의해 전반되지 않는 병은?**

① 뽕나무 오갈병
② 벚나무 빗자루병
③ 붉나무 빗자루병
④ 대추나무 빗자루병

해설 • 대추나무 빗자루병 : 마름무늬매미충
• 오동나무 빗자루병 : 장님노린재
• 붉나무 빗자루병 : 모무늬매미충
• 뽕나무 오갈병 : 마름무늬매미충
• 벚나무 빗자루병은 자낭균에 의한 병해이다.

09 **붕소가 부족하여 사과나무에서 발생하는 병은?**

① 탄저병 ② 축과병
③ 부란병 ④ 점무늬낙엽병

해설 영양장해
• 칼슘(석회 결핍) : 토마토 배꼽썩음병
• 붕소 결핍 : 사과·포도의 축과

10 **벼 줄무늬잎마름병을 방제하는 방법으로 가장 효과가 작은 것은?**

① 살균제 살포
② 애멸구 제거
③ 저항성 품종 재배
④ 논두렁 잡초 제거

해설 줄무늬잎마름병(縞葉枯病 stripe, 병원체 : rice stripe virus)

㉠ 병원균 및 발병 요인
• 바이러스를 지닌 애멸구에 의해 전염되는 바이러스에 의한 병이며, 애멸구는 잡초나 답리작물에서 유충의 형태로 월동한다.
• 따뜻한 지방에서 논 뒷그루재배, 다비재배한 경우 발생하기 쉽다.
• 조기재배, 밀파, 질소과다, 답리작 지대에서 많이 발생한다.
• 본답 초기부터 발생하며, 특히 분얼성기에 발생이 많다.

㉡ 방제법
• 내병성 품종을 선택한다.
• 매개충인 애멸구를 구제하고 월동처를 제거한다.
• 이병식물체를 즉시 제거해 2차 전염을 방지한다.
• 질소의 과비를 피하고 잡초를 제거한다.
• 조파나 만파를 피한다.
• 못자리 말기부터 이앙 후 1개월까지 방제가 중요하다.

11 **병원균이 담자기와 담자포자를 형성하는 것은?**

① 감자 역병
② 벼 깨씨무늬병
③ 배추 무사마귀병
④ 보리 겉깜부기병

해설 • 감자 역병 : 난균류
• 벼 깨씨무늬병 : 자낭균
• 배추 무사마귀병 : 조균류

12 **다음 중 곰팡이(fungi)의 특징이 아닌 것은?**

① 포자를 갖는다.
② 균사를 갖는다.
③ 핵을 갖는다.
④ 엽록소를 갖는다.

해설 곰팡이는 엽록소를 갖지 않는다.

13 **식물병원 세균 중 육즙한천배양기 상에서 황색 균총을 형성하는 것은?**

① Pseudomonas
② Xanthomonas
③ Agrobacterium
④ Pectobacterium

정답 08. ② 09. ② 10. ① 11. ④ 12. ④ 13. ②

해설 Xanthomonas는 1개의 극편모(단극모)를 가지고 있는 그람음성의 간균이며 5메가베이스 쌍의 유전자를 보유하며, 크기는 0.5~0.9×1.4~2.3㎛, 카로틴이 있는 황색 콜로니를 형성한다.

14 하우스 재배하는 채소에서 과습과 저온에 많이 발생하는 병은?

① 고추 탄저병
② 오이 덩굴쪼김병
③ 토마토 풋마름병
④ 딸기 잿빛곰팡이병

해설 잿빛곰팡이병
- 병원체 : Botrytis속
- 발생조건 : 저온다습 조건 지속
- 특징 : 기주범위가 넓다. 시설하우스에서 많이 발생한다.

15 다음 중 크기가 가장 작은 식물 병원체는?

① 진균　② 세균
③ 바이러스　④ 바이로이드

해설 바이로이드(viroid) 특징
- 핵산(RNA)만으로 구성된다.
- 식물병원체 중 가장 작은 병원체이다.
- 전자현미경으로도 관찰이 쉽지 않다.
- 인공배지에서 배양이 불가능하다.
- 식물에서만 알려진 병원체이다.

16 병원균이 불완전세대로 Pyricularia grisea (P.oryzae)인 식물병은?

① 벼 도열병
② 벼 흰잎마름병
③ 맥류 줄기녹병
④ 맥류 흰가루병

해설 도열병 : 도열병(稻熱病, blast disease, rice blast, 병원체 : *Pyricularia oryzae*)

17 1차 전염원에 대한 설명으로 가장 옳은 것은?

① 가벼운 증상을 일으키는 전염원
② 병반으로부터 가장 먼저 분리되는 전염원
③ 월동한 병원체로부터 새로운 생육기에 들어 가장 먼저 만들어진 전염원
④ 작물 재배를 시작한 첫 해에 나오는 전염원

해설
- 1차 전염원 : 1차 감염을 일으킨 오염된 토양, 병든 식물 잔재에서 월동한 균핵, 난포자, 식물조직 속에서 휴면상태로 있는 균사 등으로 병의 종류에 따라 하나 또는 그 이상일 수 있다.
- 2차 전염원 : 1차 감염 결과 발병하여 형성된 병원체가 다른 식물로 옮겨져서 2차 감염을 일으키는 전염원으로 비, 바람, 물, 곤충 등이 발병 원인이다.

18 오이류 덩굴쪼김병의 방제법으로 가장 효과가 낮은 것은?

① 종자를 소독한다.
② 저항성 품종을 재배한다.
③ 잎 표면에 약제를 집중적으로 살포한다.
④ 호박이나 박을 대목으로 접목하여 재배한다.

해설 덩굴쪼김병은 토양전염성 병으로 잎에 약제를 살포하는 것은 효과가 떨어진다.

19 벼 키다리병의 병징 형성 원인으로 병원균이 분비하는 주요 호르몬은?

① 옥신　② 에틸렌
③ 지베렐린　④ 사이토키닌

해설 벼 키다리병 : Gibberella fujikuroi가 식물에 지베렐린을 생성하게 하여 키가 커지게 만든다.

정답 14. ④　15. ④　16. ①　17. ③　18. ③　19. ③

20 다음 중 감자 Y 바이러스의 주요 매개충은?

① 복숭아혹진딧물
② 번개매미충
③ 끝동매미충
④ 응애

해설 Y바이러스는 충매전염(복숭아혹진딧물), 흡액전염, 접촉전염한다.

제2과목 농림해충학

21 누에의 성장단계에서 어미가 생성하는 휴면호르몬이 직접적으로 관여하는 휴면단계는?

① 알 휴면 ② 유충 휴면
③ 성충 휴면 ④ 번데기 휴면

해설 어미가 생성하는 휴면호르몬의 영향으로 알 휴면을 한다.

22 앞날개가 경화되어 있는 곤충은?

① 벼메뚜기 ② 검정송장벌레
③ 땅강아지 ④ 썩덩나무노린재

해설
- 벼메뚜기 : 메뚜기목
- 검정송장벌레 : 딱정벌레목
- 땅강아지 : 메뚜기목
- 썩덩나무노린재 : 노린재목
- 주요 해충목의 날개 특성

곤충목	날개의 특징
파리목	• 앞날개가 발달 • 뒷날개는 퇴화 → 평균곤으로 변형되어 몸의 균형 유지
노린재목	• 앞날개는 변형된 반초시(반은 딱딱하고 끝부분은 막질로 구성)이다.
딱정벌레목 집게벌레목	• 앞날개가 경화되어 있다.

23 윤작과 혼작을 통하여 방제효과를 효과적으로 볼 수 있는 해충의 특성은?

① 기주범위가 넓고 이동성이 높은 해충
② 기주범위가 넓고 이동성이 낮은 해충
③ 기주범위가 좁고 이동성이 낮은 해충
④ 기주범위가 좁고 이동성이 높은 해충

해설 윤작은 동일 포장에 서로 다른 작물을 번갈아 재배하는 것으로 기주의 범위가 좁고, 이동성이 낮은 해충의 방제에 효과가 크다.

24 곤충의 유충 발육 단계에서 다음 령기의 유충으로 탈피하는 경우는?

구분	탈피호르몬	유약호르몬
㉠	고	고
㉡	고	저
㉢	저	고
㉣	저	저

① ㉠ ② ㉡
③ ㉢ ④ ㉣

해설 탈피호르몬과 유약호르몬의 농도에 의해 탈피 또는 변태를 결정하며, 탈피호르몬과 유약호르몬의 농도가 높으면 다음 령기에서 탈피한다.
- 유약호르몬(JH)의 농도가 높으면 다음 령기에서 탈피한다.
- 유약호르몬(JH)의 농도가 감소하면 번데기가 된다.
- 유약호르몬(JH)이 없으면 성충이 된다.

25 내충성의 범주에 포함되지 않는 것은?

① 감수성 ② 항객성
③ 항생성 ④ 내성

해설 초식곤충과 기주식물과의 상호작용은 식물의 내충성과 관련하여 항객성(antixenosis; 비선호성), 항생성(antibiosis) 및 내성(tolerance) 으로 크게 구분하여 나타낼 수 있다.

정답 20. ① 21. ① 22. ② 23. ③ 24. ① 25. ①

26 살충제 처리 후 무처리구의 생충률이 90%이고, 처리구의 생충률이 22.5%일 경우 처리구의 보정 사충률은?

① 75% ② 70%
③ 65% ④ 60%

해설 (0.9-0.225)÷0.9×100=75

27 해충방제에 사용되는 천적의 특성에 대한 설명으로 가장 거리가 먼 것은?

① 포식 범위가 넓은 것
② 분산력이 강한 것
③ 포식성이 높은 것
④ 번식력이 왕성한 것

해설 천적의 포식범위가 넓으면 해충 외 곤충에도 영향을 미칠 수 있다.

28 사과잎말이나방에 대한 설명으로 옳지 않은 것은?

① 1년에 1회 발생한다.
② 유충으로 활동한다.
③ 유충의 머리는 녹색을 띤 황갈색이다.
④ 유충의 홑눈은 3개이다.

해설 1년 3회 발생한다.

29 다음 해충 중 기주 범위가 가장 좁은 것은?

① 벼멸구 ② 흰등멸구
③ 애멸구 ④ 끝동매미충

해설 벼멸구(Nilaparvata lugens)

- 우리나라에서 월동하지 못하고 매년 중국 남부지방에서 6~7월경 저기압 통과 시 날아오는 비래해충으로 장마가 먼저 시작하는 남부지방과 서남해안지방에서 먼저 발생하고 점차 내륙으로 확산한다.
- 알에서 성충까지 18~23일 소요되고, 성충은 색깔은 갈색이고 몸길이 4.5~6.0mm이며 수명은 20~30일이며, 1마리가 7~10개의 알 덩어리로 200~300개의 알을 낳으며 발육 적온은 25~28℃이다.
- 유충과 성충이 벼 포기의 밑부분 엽초에서 흡즙하며, 흡즙은 천립중과 등숙에 영향을 끼쳐 수량을 감소시키고 벼의 생육을 위축시키고 말라죽게 한다.

30 다음 중 토양해충인 것은?

① 송장벌레 ② 바퀴
③ 땅노린재 ④ 땅강아지

해설 땅강아지

- 약충과 성충이 흙 속에서 이동하며 각종 기주식물의 뿌리를 갉아 먹고 땅을 들뜨게 하여 고사시킨다.
- 밤에는 지표 위에서 묘목 줄기를 잘라 먹거나 새순을 식해하기도 한다.
- 가해 시기는 주로 5~6월과 9~10월이다.

31 자연생태계와 비교할 때 농생태계의 특징은?

① 영양단계의 상호관계가 간단하다.
② 영양물질 순환이 폐쇄적이다.
③ 종의 다양성이 높다.
④ 유전자 다양성이 높다.

해설 농생태계의 특징

- 종의 다양도가 낮다.
- 영속성이 없다.(수명이 짧다)
- 식물 간에 경쟁력이 낮다.
- 환경에 대한 저항성이 낮다.
- 관리측면에서 인위적인 요소가 크게 작용한다.

32 곤충의 성비(sex ratio)의 공식으로 옳은 것은?

① 수컷의 수/암컷의 수
② 암컷의 수/수컷의 수
③ 암컷의 수/(암컷의 수+수컷의 수)
④ 수컷의 수/(암컷의 수+수컷의 수)

정답 26. ① 27. ① 28. ① 29. ① 30. ④ 31. ① 32. ③

해설 곤충의 성비는 총 개체 수에 대한 암컷 수의 비율로 나타낸다.

33 페로몬의 역할이 아닌 것은?

① 상대 성의 개체를 유인한다.
② 음식의 위치를 알려준다.
③ 다른 곤충 간의 통신으로 냄새나 독성을 이용하여 자신을 보호한다.
④ 사회생활을 하거나 집단을 이루는 곤충류에서 천적의 침입 등 위험을 알려준다.

해설 페로몬은 동종 간 의사전달물질이다.

34 곤충의 혈림프를 구성하는 혈구의 기능이 아닌 것은?

① 수분 보존 ② 식균작용
③ 피낭 형성 ④ 응고작용

해설 ㉠ 혈구
- 식세포 : 식균작용 담당
- 포낭세포 : 상처 치유 · 혈액 응고 담당
- 적혈구가 없다.→혈액이 산소운반을 하지 않음

※ 산소운반은 호흡계에 속하는 '기관소지'가 담당한다.

㉡ 피낭 : 원생동물 또는 하등 후생동물의 외질이나 체표에 나오는 분비물로서 몸을 싸고 있는 주머니

35 특정 지역의 해충 밀도를 추정하고자 할 때 비교적 많은 표본 수가 요구되는 해당 해충의 분포 양식은?

① 포아송분포 ② 균일분포
③ 임의분포 ④ 집중분포

해설
- 포아송분포 : 매우 드물게 일어나는 사건을 나타내는 분포
- 집중분포 : 생존에 유리하기 때문에 생태계 내 개체군의 개체들이 특별히 정해진 지역을 중심으로 모여 사는 상태

36 우리나라에서 발생하는 해충 중 외래종이 아닌 것은?

① 섬서구메뚜기
② 꽃매미
③ 갈색날개매미충
④ 열대거세미나방

해설 섬서구메뚜기
- 메뚜기목 섬서구메뚜기과의 곤충으로 녹색, 회록색, 갈색 등 여러 가지 몸 색깔을 가지고 있으며, 길쭉한 마름모형이다.
- 논밭이나 풀숲에서 서식하면 꽃잎이나 풀잎 등 식물을 섭식한다.
- 벼, 보리 등 농작물에 피해를 주는 해충으로 취급된다.
- 연 1회 생식하며 암컷에 비해 수컷이 매우 작은 편이다. 6월~11월에 출현하며 한국, 일본 등지에 분포한다.

37 살충제가 곤충의 체내로 침투하는 주요 경로가 아닌 것은?

① 경구 ② 경피
③ 기문 ④ 돌기

해설
- 소화 중독제 : 작물의 잎, 줄기에 살포하여 해충이 먹었을 때 독제가 입을 통해 먹이와 함께 소화관에 들어가 살충작용을 나타낸다.
- 접촉제 : 해충의 몸에 직접 또는 간접적으로 약제가 닿게 하여 숨구멍이나 표피를 통해 해충의 체내로 침투하여 살충한다.
- 침투성 살충제 : 약제가 식물체의 뿌리, 줄기, 잎을 통해 식물체 전체에 침투하여 살충한다.
- 훈증제 : 가스체가 해충의 숨구멍을 통하여 들어가 질식사하게 한다.
- 유인제 : 해충을 방향성 물질(효소, 과즙 등)이나 성 유인 물질로 유인하여 독 먹이를 먹게 하거나 포충기에 포살되게 하는 방법이다.
- 기피제 : 해충의 접근을 방지하는 제제
- 불임제 : 해충의 생식세포 형성에 장해를 주거나 난자와 정자의 생식기능을 잃게 하여 알을 무정란으로 만드는 데 사용하는 제제이다.

정답 33. ③ 34. ① 35. ④ 36. ① 37. ④

38 종합적 해충방제에서 방제를 실시해야 하는 해충의 밀도 수준은?

① 경제적 소득수준
② 경제적 피해허용수준
③ 물리적 피해수준
④ 해충 밀도수준

해설 경제적 피해허용수준(ET)

- 해충의 밀도가 경제적 피해 수준에 도달하는 것을 막기 위해 방제 수단을 사용해야 하는 밀도 수준을 말한다.
- 해충에 의한 피해액과 방제비가 같은 수준의 밀도를 말한다.

39 수입식물 검역과정에서 금지병해충이 발견되었을 경우 취하는 조치로 맞는 것은?

① 소독
② 폐기 또는 반송조치
③ 시료 분석
④ 전문가 회의

해설 수입식물 검역과정에서 금지병해충이 발견되었을 경우 해당 식물의 폐기처리 또는 반송조치를 취한다.

40 복숭아심식나방의 발생예찰에 이용되는 페로몬은?

① 성페로몬
② 분산페로몬
③ 길잡이페로몬
④ 경보페로몬

해설 성페로몬 : 같은 곤충 종 내에 다른 성의 개체를 유인하기 위해 몸 외부로 분비하는 화학물질을 이용한다.

제3과목 재배학원론

41 다음 중 작물 생육 필수원소에서 다량으로 소요되는 원소가 아닌 것은?

① 칼슘 ② 칼륨
③ 질소 ④ 니켈

해설 필수원소의 종류(16종)

- 다량원소(9종) : 탄소(C), 산소(O), 수소(H), 질소(N), 인(P), 칼륨(K), 칼슘(Ca), 마그네슘(Mg), 황(S)
- 미량원소(7종) : 철(Fe), 망간(Mn), 구리(Cu), 아연(Zn), 붕소(B), 몰리브덴(Mo), 염소(Cl)

42 토양구조에 대한 설명으로 옳지 않은 것은?

① 단립(單粒)구조는 토양통기와 투수성이 불량하다.
② 입단(粒團)구조는 유기물과 석회가 많은 표층토에서 많이 보인다.
③ 이상(泥狀)구조는 과습한 식질토양에서 많이 보인다.
④ 단립(單粒)구조는 대공극이 많고 소공극이 적다.

해설 단립구조(單粒構造)

- 비교적 큰 토양입자가 서로 결합되어 있지 않고 독립적으로 단일상태로 집합되어 이루어진 구조이다.
- 해안의 사구지에서 볼 수 있다.
- 대공극이 많고 소공극이 적어 토양통기와 투수성은 좋으나 보수, 보비력은 낮다.

43 다음 중 질소질 비료가 아닌 것은?

① 요소 ② 유안
③ 질산암모늄 ④ 용성인비

해설 3요소 비료

- 질소질비료 : 황산암모늄(유안), 요소, 질산암모늄(초안), 석회질소, 염화암모늄 등

정답 38. ② 39. ② 40. ① 41. ④ 42. ① 43. ④

- 인산질비료 : 과인산석회(과석), 중과인산석회(중과석), 용성인비 등
- 칼리질비료 : 염화칼륨, 황산칼륨 등
- 복합비료 : 화성비료(17-21-17, 22-22-11), 산림용 복비, 연초용 복비 등

44 **식물의 진화와 관련하여 작물의 특징에 대한 설명으로 옳지 않은 것은?**

① 발아억제 물질이 감소하거나 소실되는 방향으로 발달되었다.
② 분얼이나 분지가 일정 기간 내에 일시에 발생하는 방향으로 발달하였다.
③ 개화기는 일시에 집중하는 방향으로 발달하였다.
④ 탈립성이 큰 방향으로 발달하였다.

해설 탈립성(脫粒性)
- 야생종은 탈립성이 강하며, 탈립성이 강한 품종은 수확작업의 불편을 초래한다.
- 콤바인(combine) 수확 시는 탈립성이 좋아야 수확과정에서 손실이 적다.

45 **다음 논의 용수량(Q) 계산식에서 A에 해당되는 것은?**

Q= (엽면증산량 + 수면증발량 + 지하침투량) - A

① 강수량 ② 강우량
③ 유효우량 ④ 흡수량

해설 용수량=(엽면증발량+수면증발량+지하침투량)-유효강우량

46 **신품종이 기본적으로 구비해야 하는 특성으로 옳지 않은 것은?**

① 균일성 ② 변이성
③ 구별성 ④ 안정성

해설 신품종의 구비조건
- 구별성(區別性 : distinctness) : 신품종의 한 가지 이상의 특성이 기존의 알려진 품종과 뚜렷이 구별되는 것을 말한다.
- 균일성(均一性 : uniformity) : 신품종의 특성이 재배·이용상 지장이 없도록 균일한 것을 말한다.
- 안정성(安定性 : stability) : 세대를 반복해서 재배하여도 신품종의 특성이 변하지 않는 것을 말한다.

47 **강산성 토양에서 가급도가 감소하여 작물 생육에 부족하기 쉬운 원소가 아닌 것은?**

① 마그네슘 ② 칼슘
③ 망간 ④ 인

해설 강산성에서의 작물생육
- 인, 칼슘, 마그네슘, 붕소, 몰리브덴 등의 가급도가 떨어져 작물의 생육에 불리하다.
- 암모니아가 식물체 내에 축적되고 동화되지 못해 해롭다.

48 **벼 생육기간 중 냉해에 가장 약한 시기는?**

① 감수분열기 ② 등숙기
③ 분얼기 ④ 유묘기

해설 감수분열기는 냉해에 가장 민감한 시기이며, 소포자 형성 시 세포막이 형성되지 않고, 약강(葯腔)의 바깥쪽을 둘러싸고 있는 융단조직 이상비대 현상으로 생식기관의 이상을 초래한다.

49 **다음 중 연작의 피해가 가장 작은 작물로만 나열된 것은?**

① 고추, 강낭콩, 수박
② 고구마, 완두, 토마토
③ 수수, 감자, 가지
④ 벼, 담배, 옥수수

해설 작물의 기지 정도
- 연작의 해가 적은 것 : 벼, 맥류, 조, 옥수수, 수수, 삼, 담배, 고구마, 무, 순무, 당근, 양파, 호박, 연,

정답 44. ④ 45. ③ 46. ② 47. ③ 48. ① 49. ④

미나리, 딸기, 양배추 등
- 1년 휴작 작물 : 파, 쪽파, 생강, 콩, 시금치 등
- 2년 휴작 작물 : 오이, 감자, 땅콩, 잠두 등
- 3년 휴작 작물 : 참외, 쑥갓, 강낭콩, 토란 등
- 5~7년 휴작 작물 : 수박, 토마토, 가지, 고추, 완두, 사탕무, 레드클로버 등
- 10년 이상 휴작 작물 : 인삼, 아마 등

50 **순3포식 농법에 대한 설명으로 옳은 것은?**

① 포장을 3등분하여 경지의 $\frac{2}{3}$는 춘과곡물이나 추과곡물을 재식하고 나머지 $\frac{1}{3}$은 휴한하는 방법이다.

② 포장을 3등분하여 $\frac{2}{3}$는 곡물을 재배하고 나머지 지역에는 콩과 녹비작물을 재배하는 방법이다.

③ 식량과 가축의 사료를 생산하면서 지력을 유지하고 중경효과까지 얻기 위하여 적합한 작물을 조합하는 방법이다.

④ 미국의 옥수수지대에서 실시하는 윤작방식으로 옥수수, 콩, 귀리, 클로버를 조합하여 경작하는 방법이다.

해설 순삼포식농법 : 경지를 3등분하여 $\frac{2}{3}$에 곡물을 재배하고 $\frac{1}{3}$은 휴한하는 것을 순차적으로 교차하는 작부방식이다.

51 **다음 중 과수의 핵과류에 해당하지 않는 것은?**

① 복숭아　　② 자두
③ 사과　　④ 살구

해설 과수(果樹, fruit tree)
- 인과류(仁果類) : 배, 사과, 비파 등
- 핵과류(核果類) : 복숭아, 자두, 살구, 앵두 등
- 장과류(漿果類) : 포도, 딸기, 무화과 등
- 각과류(殼果類, =견과류) : 밤, 호두 등
- 준인과류(準仁果類) : 감, 귤 등

52 **발아 최저온도가 가장 낮은 작물은?**

① 콩　　② 옥수수
③ 귀리　　④ 호박

해설 최저온도 0~10℃, 최적온도 20~30℃, 최고온도 35~50℃ 범위에 있고 고온작물에 비해 저온작물은 발아온도가 낮다.

53 **토양이나 수질 오염을 통하여 인체에 중금속 중독을 초래하며 이타이이타이병이 나타나는 것은?**

① 카드뮴　　② 규소
③ 망간　　④ 몰리브덴

해설 카드뮴(Cd)
- 이타이이타이병의 원인물질이다.
- 골연화증, 빈혈증, 고혈압, 식욕부진, 위장장애 등을 일으킨다.

54 **다음 중 작물이 주로 이용하는 토양수분은?**

① 모관수　　② 결합수
③ 중력수　　④ 흡착수

해설 모관수(毛管水, capillary water)
- PF : 2.7~4.2
- 표면장력으로 토양공극 내 중력에 저항하여 유지되는 수분을 의미하며, 모관현상에 의하여 지하수가 모관공극을 따라 상승하여 공급되는 수분으로 작물에 가장 유용하게 이용된다.

55 **서로 도움이 되는 특성을 지닌 두 가지 작물을 같이 재배할 경우, 이 두 작물을 일컫는 가장 적절한 용어는?**

① 대파작물　　② 앞작물
③ 동반작물　　④ 구황작물

해설 동반작물(同伴作物, companion crop) : 하나의 작물이 다른 작물에 어떤 이익을 주는 조합식물

정답 50. ①　51. ③　52. ③　53. ①　54. ①　55. ③

56 다음 중 벼의 수해를 크게 하는 조건으로 가장 알맞은 것은?

① 저수온, 청수, 유수
② 저수온, 탁수, 정체수
③ 고수온, 청수, 유수
④ 고수온, 탁수, 정체수

해설 침수해의 요인
㉠ 수온 : 높은 수온은 호흡기질의 소모가 많아져 관수해가 크다.
㉡ 수질
- 탁한 물은 깨끗한 물보다, 고여 있는 물은 흐르는 물보다 수온이 높고 용존산소가 적어 피해가 크다.
- 청고 : 수온이 높은 정체탁수로 인한 관수해로 단백질 분해가 거의 일어나지 못해 벼가 죽을 때 푸른색이 되어 죽는 현상
- 적고 : 흐르는 맑은 물에 의한 관수해로 단백질 분해가 생기며 갈색으로 변해 죽는 현상

57 침관수 피해에 대한 대책으로 옳지 않은 것은?

① 퇴수 후 새로운 물을 갈아 댄다.
② 김을 매어 지중통기를 좋게 한다.
③ 침수 후에는 병충해의 발생이 줄어들기 때문에 방제가 필요 없다.
④ 피해가 심할 때에는 추파, 보식 등을 한다.

해설 침관수 피해의 퇴수 후 대책
- 산소가 많은 새 물로 환수하여 새 뿌리의 발생을 촉진하도록 한다.
- 김을 매어 토양 통기를 좋게 한다.
- 표토의 유실이 많을 때에는 새 뿌리의 발생 후에 추비를 주도록 한다.
- 침수 후에는 병충해의 발생이 많아지므로 그 방제를 철저히 한다.
- 피해가 격심할 때에는 추파, 보식, 개식, 대파 등을 고려한다.

58 다음 중 요수량이 가장 적은 작물은?

① 호박　② 알파파
③ 옥수수　④ 완두

해설 요수량
- 수수, 옥수수, 기장 등은 작고 호박, 알파파, 클로버 등은 크다.
- 일반적으로 요수량이 작은 작물일수록 내한성(耐旱性)이 크나 옥수수, 알파파 등에서는 상반되는 경우도 있다.
- 흰명아주>호박>알파파>클로버>완두>오이>목화>감자>귀리>보리>밀>옥수수>수수>기장

59 다음 중 작물재배 시 부족하면 수정·결실이 나빠지는 미량원소는?

① Mg　② B
③ S　④ Ca

해설 붕소(B)
① 촉매 또는 반응조절물질로 작용하며, 석회 결핍의 영향을 경감시킨다.
② 생장점 부근에 함유량이 높고, 체내 이동성이 낮아 결핍증상은 생장점 또는 저장기관에 나타나기 쉽다.
③ 석회의 과잉과 토양의 산성화는 붕소 결핍의 주 원인이며, 산야의 신개간지에서 나타나기 쉽다.
④ 결핍
- 분열조직의 괴사(necrosis)를 일으키는 일이 많다.
- 채종재배 시 수정·결실이 나빠진다.
- 콩과작물의 근류 형성 및 질소고정이 저해된다.
- 사탕무의 속썩음병, 순무의 갈색속썩음병, 셀러리의 줄기쪼김병, 담배의 끝마름병, 사과의 축과병, 꽃양배추의 갈색병, 알파파의 황색병을 유발한다.

60 다음 중 C_4 작물은?

① 벼　② 옥수수
③ 밀　④ 보리

정답 56. ④　57. ③　58. ③　59. ②　60. ②

해설 C_4식물

- C_3 식물과 달리 수분을 보존하고 광호흡을 억제하는 적응 기구를 가지고 있다.
- 날씨가 덥고 건조한 경우 기공을 닫아 수분을 보존하며, 탄소를 4탄소화합물로 고정시키는 효소를 가지고 있어 기공이 대부분 닫혀있어도 광합성을 계속할 수 있다.
- 옥수수, 수수, 사탕수수, 기장, 버뮤다그라스, 명아주 등이 이에 해당한다.
- 이산화탄소 보상점이 낮고 이산화탄소 포화점이 높아 광합성 효율이 매우 높은 특징이 있다.

제4과목 농약학

61 약효지속시간이 길어야 하는 보호살균제의 특성을 고려하였을 때, 보호살균제 살포액의 가장 중요한 물리적 특성은?

① 습윤성과 확전성
② 부착성과 고착성
③ 현수성과 유화성
④ 침투성과 입자의 크기

해설 보호살균제(protectant) : 병원균의 포자가 발아하여 식물체 내에 침입하는 것을 방지하기 위하여 사용되는 약제로, 병이 발생하기 이전에 작물체에 처리하여 예방을 목적으로 사용되는 것이므로 보호살균제는 약효지속기간이 길어야 하며, 물리적으로 부착성(附着性) 및 고착성(固着性)이 양호하여야 한다.(예 석회보르도액, 수산화구리제 등)

62 수화제(Wettable Powder; WP)에 주로 사용되는 중량제는?

① toluene ② sulfamate
③ bentonite ④ methanol

해설 증량제(diluent, carrier) : 입제, 분제, 수화제 등과 같이 고체 농약의 제제 시에 주성분의 농도를 저하시키고 부피를 증대시켜 농약의 주성분을 목적물에 균일하게 살포하여 농약의 부착질(附着質)을 향상시키기 위하여 사용되는 재료를 말한다. 증량제로 사용되는 재료는 주로 활석(talc), 카오린(kaoline), 벤토나이트(bentonite), 규조토(diatom earth) 등의 광물질이 사용되나 수용제의 증량제로서는 수용성의 설탕이나 유안 등이 사용되며, 유제나 수용제 등의 농약을 희석할 때 사용되는 물도 일종의 증량제라고 말할 수 있으나 일반적으로는 광물질의 증량제를 말한다.

63 농약의 독성과 관련된 설명 중 옳지 않은 것은?

① 농약은 유해한 생물에만 유효하고 그 밖의 생물에는 무독해야 한다.
② 병, 해충의 내성으로 인한 약효 저하로 고독성 농약 등록이 늘어가고 있다.
③ 독성이 약한 농약도 체내에 다량 섭취되면 독작용을 나타낸다.
④ 농약의 독성 강도에 따라 적절한 주의를 기울여 피해를 최소화한다.

해설 현재 맹독성, 고독성은 생산(사용) 금지되었다.

64 비교적 지효성이고 화학적인 안정성이 크며 약효 기간이 긴 특성을 가지고 있는 유기인계 살충제는?

① Phosphate형
② Thiophosphate형
③ Dithiophosphate형
④ Phosphonate형

해설 유기인계 살충제는 인을 중심으로 각종 원자나 원자단으로 결합되어 있으며 결합된 산소와 유황의 위치와 수에 따라 Phosphate, Thiophosphate, Dithiophosphate의 3가지 형태로 구분한다. 일반적으로 황 원자가 많을수록 지효성과 잔효성이 증가하므로 Phosphate형은 속효성이고, Dithiophosphate형은 화학적인 안정성이 크고 약효기간이 긴 편이다.

정답 61. ② 62. ③ 63. ② 64. ③

65 **농약의 약효를 최대로 발현시키기 위한 방법으로 가장 거리가 먼 것은?**

① 방제 적기에 농약 살포
② 적정 농도의 정량 살포
③ 병해충 및 잡초에 알맞은 농약의 선택
④ 효과가 좋은 농약 한 가지만을 계속 사용

해설 농약 사용에 따른 병해충의 저항성 회피 방법
- 약제 사용 횟수를 줄인다.
- 동일 계통 약제의 연용을 피한다.
- 혼용 가능한 다른 계통의 약제를 혼용하여 사용한다.

66 **농약에서 계면활성제의 작용으로 거리가 먼 것은?**

① 습윤 작용(wetting property)
② 응집 작용(coagulating property)
③ 침투 작용(penetrating property)
④ 고착 작용(adhesive property)

해설 계면활성제는 습윤, 유화, 분산, 침투, 세정, 고착, 보호, 기포 등의 작용을 하는데 농약의 주제를 변질시키지 않고 친화성이 있어야 한다.

67 **살충제를 작용기작에 따라 분류하였을 때 가장 거리가 먼 것은?**

① 성장저해제 ② 신경전달저해제
③ 호흡저해제 ④ 광합성저해제

해설 광합성저해는 살초기작에 해당한다.

68 **농용 항생제가 아닌 것은?**

① Chloropicrin
② Blasticidin-S
③ Kasugamycin
④ Streptomycin

해설 ㉠ 항 세균성 항생제 : 스트렙토마이신(streptomycin)
㉡ 항 진균성 항생제
- 블라스티시딘-S(blasticidin-S), 카수가마이신(kasugamycin) : 벼 도열병 등 방제에 사용한다.
- 가수가마이신(kasugamycin) : 단백질 합성을 저해하는 작용을 한다.
- 발리다마이신 : 벼의 잎집무늬마름병 등 방제에 사용한다.
- 폴리옥신 : 사과흑반병 등

69 **항생제 계통의 살균제인 streptomycin에 대한 설명으로 옳은 것은?**

① 주로 벼의 도열병 방제용으로 살포된다.
② 저독성 약제로 세균성 병 방제에 사용된다.
③ 살균기작은 SH효소에 의한 핵산합성 저해이다.
④ 수화제로 사용할 경우 주로 streptomycin 80%, 기타 증량제 20%로 희석하여 사용한다.

해설 streptomycin은 단백질 생합성 저해제로 세균성 병 방제에 이용된다.

70 **농약 독성의 발현속도(시기)에 따른 구분은?**

① 고독성 ② 급성독성
③ 잔류독성 ④ 경구독성

해설 독성 발현 속도에 따른 구분
- 급성 독성(직접 독성) : 주로 유기인계 살충제(흡입 독성 > 경구 독성 > 경피 독성)
- 만성 독성(간접 독성) : 주로 유기염소계 살충제 (잔류농약이 함유된 농식품을 섭취하여 발현되는 중독)

정답 65. ④ 66. ② 67. ④ 68. ① 69. ② 70. ②

71 농약의 분자구조 중 골격을 가진 농약 계열은?

① 트리아진(triazine)계
② 아마이드(amide)계
③ 다이아진(diazine)계
④ 우레아(urea)계

해설
- 트리아진(triazine)계 : 분자구조 내에 질소를 3개 가지는 트리아진(triazine)기를 가지고 있는 화합물로서 주로 제초제로 사용된다.(예 atrazine, simazine, cyanazine, ametryne 등)
- 아마이드(amide)계 : Amide계 제초제는 화학구조 중 chloroacetanilide기, anilide기 또는 aryl alanine기를 가진 화합물로 구분된다.(예 acetochlor, alachlor, butachlor, propanil, flamprop-M 등)
- 다이아진(diazine)계 : Diazine계 제초제는 화합물의 분자구조 내에 oxadizole, dialkylpyrazole 또는 benzothiadiazine과 같은 diazine기를 가진 화합물이다.(예 bentazone, oxadiazone, methazole, pyrazolate 등)
- 우레아(urea)계 : 분자구조 중에 요소(H_2N-CO-NH_2) 골격을 가진 화합물로서 그 구조에 따라 아닐린(aniline)을 주축으로 하는 phenyl urea형과 복소형 치환요소형으로 크게 나뉜다.(예 chlorbromuron, diuron, isoproturon, linuron 등)

72 농약관리법령상 농약과 농약의 포장지에 포함되어야 할 표시사항이 바르게 연결되지 않은 것은?

① 대기오염성 농약 – 경고표시와 안내문자
② 사람 및 가축에 위해한 농약 – 해독방법
③ 살충제 – 사용 방법과 사용에 적합한 시기
④ 토양잔류성 농약 – 저장 · 보관 및 사용상의 주의사항

해설 맹독성, 고독성, 작물잔류성, 토양잔류성, 수질오염성, 어독성 농약의 경우에 그 문자와 경구 또는 주의사항을 표시한다.

73 유기인계에 중독되었을 때 주로 사용되는 해독제는?

① Balbitar ② PAM
③ Meticarbanol ④ Rhenitonine

해설 유기인계 중독 해독제 : 팜(PAM), 황산아트로핀

74 해충의 신체 골격을 이루는 키틴(chitin)의 생합성을 저해하는 살충제의 작용기작은?

① 신경 및 근육에서의 자극전달 작용 저해
② 성장 및 발생과정 저해
③ 호흡과정 저해
④ 중장 파괴

해설 살충제
㉠ 곤충의 신경기능 저해
- Acetylcholinesterase(AChE) 활성 저해 : 유기인계, Carbamate계 화합물
- 신경전달물질 수용저해제 : Nicotin, Nereistoxin, Cartap
- Synapse 전막 저해제 : γ-BHC, Aldrin
- 신경축색(axon) 전달 저해 : DDT, Pyrethroid

㉡ 살충체 내 에너지대사 저해 : 2,4-dinitrophenol
㉢ 살충체 내 생합성 저해 - Chitin합성 저해제 : Diflubenzuron, Buprofezin
㉣ 곤충 호르몬 기능의 교란 : Mesoprene, Juvenile hormone(JH)

75 60kg 농작물에 50% 유제를 사용하여 원제의 농도가 8mg/kg작물이 되도록 처리하려고 할 때 소요 약량(mL)은? (단, 약제의 비중은 1.07이다.)

① 0.5 ② 0.7
③ 0.9 ④ 1.2

정답 71. ④ 72. ① 73. ② 74. ② 75. ③

해설 소요약량(ppm 살포)
= (추천농도×피처리물×100)÷(1,000,000×비중×원액의 농도)
= (8ppm×60kg×100)÷(1,000,000×1.07×50)
=48,000÷53,500,000=0.00089

76 **45% EPN 유제 200mL를 0.3%로 희석하는 데 소요되는 물의 양(mL)은? (단, 유제의 비중은 1.0이다.)**

① 29800 ② 28700
③ 27600 ④ 26500

해설 액제의 희석에 소요되는 물의 양 산출
- 원액의 용량×(원액의 농도/희석하려는 농도 - 1)×원액의 비중=200×(45/0.3 - 1)×1=29,800

77 **농약의 품질불량이 원인이 되어 약해를 일으키는 경우와 가장 거리가 먼 것은?**

① 유해성분의 생성에 의한 약해
② 불순물의 혼합에 의한 약해
③ 원제 부성분에 의한 약해
④ 고농도에 의한 약해

해설 고농도에 의한 약해는 농약의 오용으로 발생하는 약해에 해당된다.

78 **농약의 일일섭취허용량(ADI) 설정식으로 옳은 것은? (단, NOAEL은 No Observable Adverse Effect Level, MRL은 Maximum Residue Limit의 약어이다.)**

① NOAEL ÷ 식품계수
② NOAEL ÷ 체중
③ NOAEL ÷ 안전계수
④ NOAEL ÷ MRL

해설 ㉠ ADI(1일 섭취 허용량)
- 실험동물에 매일 일정량의 농약을 혼합한 사료를 장기간 투여하여 2세대 이상에 걸친 영향을 조사하고, 전혀 건강에 영향이 없는 양을 구한 후 여기에 적어도 100배의 안전계수를 적용한다.

㉡ 농약잔류허용 기준(MRL. 최대허용 한계)
- 국민 1인당 식품섭취량에 따라 농산물별로 정한 기준이다.
- MRL(ppm)=ADI(mg/kg/1일)×국민체중(kg)/적용 농산물의 섭취량(kg/1일) → 1일 농약섭취 허용량×국민 평균 체중/1인1일 농산물평균섭취량

79 **유기인제 살충제의 특성에 대한 설명으로 옳은 것은?**

① 대부분 안정한 화합물이다.
② 알칼리에 대하여 분해되기 쉽다.
③ 동 · 식물체 내에서의 분해가 느리다.
④ 직사광선에 의하여 분해되지 않는다.

해설 주요 특징
- 살충력이 강력하다.
- 적용 해충 범위가 넓다.
- 접촉독, 가스독, 식독작용, 심달성, 신경독, 침투성 작용이 있다.
- 이화명충, 과수의 응애, 심식충 등 흡즙성 해충에 유효하다.
- 인축에 대한 독성이 강하다.
- 알칼리에 분해(가수분해)되기 쉽다. 따라서 알칼리성 농약과 해서는 안 된다.
- 일반적으로 잔류성은 짧다.
- 약해가 적다.
- 기온이 높으면 효과가 크고 기온이 낮으면 효과가 감소한다.

정답 76. ① 77. ④ 78. ③ 79. ②

80 **수면시용법(水面施用法)으로 살포하는 약제가 갖추어야 할 특성으로 틀린 것은?**

① 물에 잘 풀리고 널리 확산되어야 한다.
② 물이나 미생물 또는 토양성분 등에 의하여 분해되지 않아야 한다.
③ 수중에서 장시간에 걸쳐 녹아 약액의 농도를 유지하여야 한다.
④ 가급적 약제의 일부는 수중에 현수되도록 친수 및 발수성을 갖추어야 한다.

해설 빠르게 확산되어 수면에 균일한 층을 형성하여야 한다.

제5과목 잡초방제학

81 **주로 논이나 습지에 발생하는 화본과 다년생 잡초는?**

① 향부자
② 망초
③ 씀바귀
④ 나도겨풀

해설 우리나라의 주요 잡초

구분			잡초
논잡초	1년생	화본과	강피, 물피, 돌피, 둑새풀
		방동사니과	참방동사니, 알방동사니, 바람하늘지기, 바늘골
		광엽잡초	물달개비, 물옥잠, 여뀌, 자귀풀, 가막사리
	다년생	화본과	나도겨풀
		방동사니과	너도방동사니, 올방개, 올챙이고랭이, 매자기
		광엽잡초	가래, 벗풀, 올미, 개구리밥, 미나리
밭잡초	1년생	화본과	바랭이, 강아지풀, 돌피, 둑새풀(2년생)
		방동사니과	참방동사니, 금방동사니
		광엽잡초	개비름, 명아주, 여뀌, 쇠비름, 냉이(2년생), 망초(2년생), 개망초(2년생)
	다년생	화본과	참새피, 띠
		방동사니과	향부자
		광엽잡초	쑥, 씀바귀, 민들레, 쇠뜨기, 토끼풀, 메꽃

82 **다음 중 잡초종합방제체계 수립을 위한 선형특성적 모형에서 시작부터 완성단계로의 순서가 올바르게 나열된 것은?**

① 모형의 평가 및 수정→문제유형의 검토→잡초군락의 예찰→제초방법의 선정→방제체계의 적용
② 문제유형의 검토→잡초군락의 예찰→제초방법의 선정→방제체계의 적용→모형의 평가 및 수정
③ 제초방법의 선정→잡초군락의 예찰→방제체계의 적용→문제유형의 검토→모형의 평가 및 수정
④ 잡초군락의 예찰→문제유형의 검토→방제체계의 적용→모형의 평가 및 수정→제초방법의 선정

해설 잡초종합방제체계 수립을 위한 선형특성적 모형에서 시작부터 완성단계로의 순서 : 문제유형의 검토→잡초군락의 예찰→제초방법의 선정→방제체계의 적용→모형의 평가 및 수정

83 **제초제의 살초 형태와 가장 거리가 먼 것은?**

① 숙기 억제 ② 황화
③ 고사 ④ 괴사

해설 숙기를 억제하는 것과 살초와는 관계가 없다.

정답 80. ③ 81. ④ 82. ② 83. ①

84 **잡초를 형태학적으로 분류할 때 관계없는 것은?**

① 광엽 잡초 ② 로제트형 잡초
③ 화본과 잡초 ④ 방동사니과 잡초

해설 생장형에 따른 분류
- 직립형 : 명아주, 가막사리, 자귀풀
- 포복형 : 메꽃, 쇠비름
- 총생형 : 억새, 둑새풀, 피
- 분지형 : 광대나물, 사마귀풀
- 로제트형 : 민들레, 질경이
- 망경형 : 거지덩굴, 환삼덩굴

85 **수용성이 아닌 원제를 아주 작은 입자로 미분화시킨 분말로 물에 분산시켜 사용하는 제초제의 제형은?**

① 유제 ② 보조제
③ 수용제 ④ 수화제

해설 수화제
- 수화제란 물에 녹지 않는 주제를 카올린, 벤토나이트 등으로 희석한 후 계면활성제를 혼합한 것을 말한다.
- 특성 : 물에 희석하면 유효 성분의 입자가 물에 고루 분산되어 현탁액이 된다.
- 수화제가 갖추어야 할 중요한 물리성 : 현수성을 갖추어야 한다.

86 **광합성을 억제하는 계통의 제초제가 아닌 것은?**

① Triazine계
② Urea계
③ Acetamide계
④ Bipyridylium계

해설 제초제의 작용기작에 따른 구분

㉠ 광합성 저해
- 전자전달계 저해 : Urea(우레아계=요소계), Triazine(트리아진계), Propanil(프로파닐계)
- 카로틴 생합성 저해 : Pyrazole(피라졸계)-테부펜피라드
- 엽록소 생합성 저해 : Diphenyl Ether(디페닐에테르계)
- 과산화물 생성: Bipyridylium계

㉡ 식물체 내 생합성 저해
- 단백질 생합성 저해 : Acetamide(아세타미드) 단백질의 생합성을 저해하는 제초제는 광합성이나 호흡 저해 등에 의해 식물이 고사하는 것보다 기형(奇形)으로 되는 경우가 많다. 기형이 유발되는 원인은 세포분열 저해, 핵이나 염색체 수 등의 변화가 유발되기 때문이다.
- 지방산 생합성 저해 : Aryloxyphenoxy Propionic Acid
- 아미노산 생합성 저해 : Sulfonylurea(슬포닐우레아)

㉢ 옥신작용 교란 : Phenoxy(페녹시계 제초제)
- 2, 4-D : 가장 먼저 개발된 제초제(제초제의 원조), 후기경엽처리제, 광엽성 제초제
- MCPB(Tropotox. 트로포톡스)
- Mecoprop(메코프롭) : 잔디밭에 클로버 제거
- Cyhalofop(시할로홉) : 논에 피 제거, 후기경엽처리제

㉣ 세포분열을 저해 : Dinitroaniline(디니트로아닐린)

㉤ 과산화물을 생성 : Paraquat(파라콰트=파라코액제=그라목손)

87 **다음 중 일년생 잡초로만 나열된 것은?**

① 여뀌, 물달개비
② 벗풀, 띠
③ 보풀, 민들레
④ 올방개, 토끼풀

해설 벗풀, 띠, 보풀, 민들레, 올방개, 토끼풀은 다년생 잡초에 해당된다.

88 **제초제의 선택성에 영향을 미치는 요인 중 물리적 요인으로 가장 거리가 먼 것은?**

① 처리 방법 ② 제형
③ 처리 약량 ④ 광도

정답 84. ② 85. ④ 86. ③ 87. ① 88. ④

해설 제초제의 선택성

- 생태적 선택성 : 작물과 잡초 간의 생육시기(연령)가 서로 다른 차이와 공간적 차이에 의해 잡초만을 방제하는 방법
- 형태적 선택성 : 식물체의 생장점이 밖으로 노출되어 있는지의 여부에 따라 나타나는 선택성의 차이에 의해 잡초를 방제하는 방법
- 생리적 선택성 : 제초제의 화학적 성분이 식물체 내에 흡수 · 이행되는 정도의 차이에 따라 잡초를 방제하는 방법
- 생화학적 선택성 : 작물과 잡초가 제초제에 대한 감수성이 다른 차이를 이용한 방제 방법

※ 벼는 프로파닐 유제 제초제의 성분을 분해하는 아실아릴아미다아제(acylarylamidase)를 가지고 있지만, 광엽성 잡초는 가지고 있지 않아 잡초만 살초하게 된다.

89 다음 중 광엽 잡초로만 나열한 것은?

① 여뀌, 명아주
② 매자기, 쇠털골
③ 돌피, 띠
④ 향부자, 바랭이

해설
- 방동사니과 : 매자기, 쇠털골, 향부자
- 화본과 : 돌피, 띠, 바랭이

90 다음 중 잡초의 유용성으로 가장 거리가 먼 것은?

① 병해충의 서식처가 된다.
② 토양에 유기물을 공급해 준다.
③ 토양 유실을 방지해 준다.
④ 작물 개량을 위한 유전자 자원으로 활용될 수 있다.

해설 잡초의 유용성

㉠ 토양에 유기질(비료)의 공급
㉡ 토양침식 방지 : 폭우에 의한 논둑, 밭둑, 제방 붕괴 방지
㉢ 자원 식물화
- 사료작물 : 피 등 가축이 식용 가능한 모든 잡초
- 구황식물 : 피, 올방개, 올미, 쑥 등 사람이 식용 가능한 모든 식물

※ 구황식물 : 계속된 흉년이나 전쟁 등으로 식량이 바닥났을 때 식량을 대신 할 수 있는 식물

- 약용작물 : 별꽃, 반하 등
- 관상용 : 물옥잠
- 염료용 : 쪽

㉣ 유전 자원(내성식물 육성을 위한)
㉤ 수질 정화(물이나 토양 정화) : 물옥잠, 부레옥잠
㉥ 토양의 물리성 개선
㉦ 조경식물로 이용 : 벌개미취, 미국쑥부쟁이, 술패랭이꽃

91 잡초종자의 발아 습성으로 옳지 않은 것은?

① 발아의 준동시성
② 발아의 계절성
③ 발아의 불연속성
④ 발아의 주기성

해설 잡초종자의 일반적 발아 특성

잡초종자는 발아의 주기성, 계절성, 기회성, 준동시성, 연속성을 가지고 있는 경우가 많다.

- 발아의 주기성 : 일정한 주기를 가지고 동시에 발아한다.
- 발아의 계절성 : 발아에 있어 온도보다는 일장에 반응하여 휴면을 타파하고 발아한다.→장일조건(봄잡초), 여름(하잡초), 단일조건(가을잡초), 겨울(겨울잡초)
- 발아의 기회성 : 일장보다는 온도조건이 맞으면 발아하는 잡초도 있다.
- 발아의 준동시성 : 일정 기간 내에 동시에 발아하는 잡초의 특성
- 발아의 연속성 : 오랜 기간 동안 지속적으로 발아를 하는 유형의 잡초

92 다음 중 주로 괴경으로 번식하는 논잡초는?

① 올방개　② 깨풀
③ 속속이풀　④ 꽃다지

정답 89. ①　90. ①　91. ③　92. ①

해설 깨풀, 속속이풀(2년생), 꽃다지(2년생)는 종자번식을 한다.

93 식물영양소 중 작물과 잡초에 가장 많이 요구되는 영양소들로만 나열된 것은?

① 염소, 철, 게르마늄
② 철, 몰리브덴, 셀렌
③ 칼륨, 질소, 인산
④ 코발트, 나트륨, 붕소

해설 질소, 인산, 칼륨은 가장 많이 요구되는 물질로 비료의 3요소라 한다.

94 잡초에 대한 작물의 경합력을 높이는 방법으로 가장 적절한 것은?

① 무비재배를 한다.
② 직파재배를 한다.
③ 이앙 · 이식재배를 한다.
④ 무경운재배를 한다.

해설 종자를 직파하는 것보다 묘를 어느 정도 키워 이식하는 것이 초기 생장기 경합을 피할 수 있어 유리하다.

95 다음 중 잡초경합 한계기간이 가장 긴 작물은?

① 녹두 ② 양파
③ 밭벼 ④ 콩

해설 잡초경합한계기간 : 녹두(21~35일), 벼(30~40일), 콩 · 땅콩(42일), 옥수수(49일), 양파(56일)

96 작물과 잡초 간의 경합에 관여하는 주요한 요인으로 가장 거리가 먼 것은?

① 수분 ② 광
③ 영양분 ④ 제초제 내성

해설 경합에 관여하는 주요 요인
- 양분경합
- 광의경합
- 알레오파시(상호대립억제)

97 다음 중 선택성 제초제는?

① 2,4 - D
② Paraquat
③ Glufosinate
④ Glyphosate

해설 제초제의 선택성에 따른 구분
㉠ 선택적 제초제
- 작물에는 피해를 주지 않고 잡초만 죽인다.
- 종류 : 2,4-D, MCPB(Tropotox. 트로포톡), DCPA 등

㉡ 비선택적 제초제
- 작물과 잡초를 모두 죽인다.
- 종류 : Glyphosate(글리포세이트=글라신액제=근사미), Paraquat(파라콰트=파라코액제=그라목손)

98 잡초의 번식에 대한 설명으로 옳지 않은 것은?

① 영양번식은 포복경, 지하경, 인경, 구경 등을 통해 이루어지는 것을 말한다.
② 돌피, 바랭이, 냉이는 유성번식을 한다.
③ 다년생 잡초는 영양번식과 유성번식을 겸한다.
④ 일년생 잡초는 자가수정에 의해서만 번식한다.

해설 일년생 잡초는 주로 종자번식을 하지만 자가수정만 하는 것은 아니고, 종류에 따라 자가수정, 타가수정을 한다.

정답 93. ③ 94. ③ 95. ② 96. ④ 97. ① 98. ④

99 다음 중 암발아 잡초 종자에 해당하는 것은?

① 쇠비름　　② 바랭이
③ 광대나물　　④ 소리쟁이

해설 • 여름잡초는 광발아성이, 겨울잡초는 암발아성이 많다.
• 광대나물은 꿀풀과 2년생 잡초이다.

100 다음 중 외래잡초로만 나열된 것은?

① 돼지풀, 올미
② 너도방동사니, 흰명아주
③ 개망초, 어저귀
④ 올방개, 광대나물

해설 외래잡초 종류 : 미국개기장, 미국자리공, 달맞이꽃, 엉겅퀴, 단풍잎돼지풀, 털별꽃아재비, 큰도꼬마리, 미국까마중, 소리쟁이, 돌소리쟁이, 좀소리쟁이, 미국나팔꽃, 미국가막사리, 망초, 개망초, 서양민들레, 가는털비름, 비름, 가시비름, 흰명아주, 도깨비가지, 미국외풀 등

정답 99. ③　100. ③

식물보호기사

2022년 제1회 기출문제

제1과목 식물병리학

01 소나무 잎마름병의 병징에 대한 설명으로 옳은 것은?

① 봄에 묵은 잎이 적갈색으로 변하면서 대량으로 떨어진다.
② 잎에 바늘구멍 크기의 적갈색 반점이 나타나고 동심원으로 커진다.
③ 수관 하부에 있는 잎에서 담갈색 반점이 생기면서 발생하여 상부로 점차 진전한다.
④ 잎에 띠 모양의 황색 반점이 생기다가 갈색으로 변하면서 반점들은 합쳐진다.

해설 소나무 잎마름병 발병 특성
- 장마철 이후부터 발생하기 시작하며, 특히 여름철 비가 많이 오고 잦을 때 발생한다.
- 잎에 띠 모양의 황색 반점이 생기다가 갈색으로 변하면서 반점들은 합쳐진다.
- 처음에는 병반의 중앙부에는 세로로 갈라진 검은색 분생자좌가 형성되고 습기가 많은 조건에서는 갈라진 부위로부터 검은 삼각뿔 모양의 포자각이 분출된다.

02 다음 중 균류의 영양기관은?

① 왁스층 ② 포자낭
③ 분생포자 ④ 균사체

해설
- 포자낭 : 포자를 만들고 그것을 싸고 있는 주머니 모양의 생식기관
- 분생포자 : 균류에서 볼 수 있는 무성 포자의 하나

03 식물병 발생에 필요한 3대 요인에 속하지 않는 것은?

① 기주 ② 병원체
③ 매개충 ④ 환경요인

해설 발병의 원인
- 주인 : 병해를 일으키는 병원체
- 유인 : 발병을 유발하는 환경조건
- 소인 : 병에 걸리기 쉬운 성질

04 다음 중 사과 겹무늬썩음병의 병원균은?

① 곰팡이 ② 바이러스
③ 세균 ④ 파이토플라스마

해설 겹무늬썩음병은 자낭균에 의한 병해이다.

05 다음 중 오이류 덩굴쪼김병의 방제 방법으로 가장 효과가 낮은 것은?

① 종자를 소독한다.
② 저항성 품종을 재배한다.
③ 잎 표면에 약제를 집중적으로 살포한다.
④ 호박이나 박을 대목으로 접목하여 재배한다.

해설 박과류 덩굴쪼김병
- 병원체 : *Fusarium oxysporum*
- 병징 : 유묘기에는 잘록증상으로 나타나며, 생육기에는 잎이 퇴색되고, 포기 전체가 서서히 시들며 황색으로 변해 말라죽는다.
- 전염 : 토양전염(대표적인 토양전염병이다.)
- 예방 방법 : 접목재배한다.

정답 01. ④ 02. ④ 03. ③ 04. ① 05. ③

06 병원균이 불완전세대로 *Pyricularia grisea (P. oryzae)*인 식물병은?

① 보리 줄기녹병
② 벼 도열병
③ 감귤 잿빛곰팡이병
④ 오이 흰가루병

해설 도열병
- 병원체 : *Pyricularia*(피리큘라리아)
- 발생 조건 : 질소과용, 냉온
- 월동처 : 병든 볏짚
- 방제 : 트리사이클라졸 수화제, 가드 수화제(올타), 이소란 유제(후지왕), 아이소프로티올레인 유제, 이프로벤포스 유제, 아족시스트로빈 수화제

07 자주날개무늬병이 속하는 진균류는?

① 담자균 ② 병꼴균
③ 난균 ④ 접합균

해설 담자균류의 종류
- 맥류 녹병균류 : *Puccinia* 등
- 붉은별무늬병 : *Gymnosporangium*(붉은별무늬병)
- 수목의 뿌리썩음병 : *Armillaria*(과수뿌리썩음병)
- 깜부기병(맥류 겉깜부기병, 속깜부기병, 비린깜부기병 등)
- 과수 자주날개무늬병 : *Helicobasidium mompa Tanaka*
- 기타 : 고약병, 떡병, 벼잎집무늬마름병, 모잘록병, 자작나무 혹병, 흰비단병, 사탕수수 마름병 등

08 다음 중 유주자낭을 형성하는 병원균은?

① 오이 흰가루병균
② 딸기 시들음병균
③ 고추 역병균
④ 토마토 잿빛곰팡이병균

해설 역병균은 유주자낭을 형성하여 물속을 이동할 수 있다.

09 배나무 붉은별무늬병에 대한 설명으로 옳지 않은 것은?

① 잎에 병무늬가 많이 형성되면 조기 낙엽의 원인이 된다.
② 주요 발병 부위는 잎, 열매, 가지이다.
③ 병원균이 기주교대를 하지 않는다.
④ 병원균은 순활물기생균이다.

해설 과수(사과 · 배) 붉은별무늬병(적성병)
- 병원체 : *Gymnosporangium asiaticum*
- 병징 : 잎에 작은 황색 무늬가 생기면서 이것이 점차 커져 적갈색 얼룩반점이 형성된다. 잎의 뒷면은 약간 솟아오르고 털 모양의 돌기에서 포자가 나온다.
- 특징 : 병원균은 이종기생을 하는데 4~5월까지 배나무에 기생하고, 6월 이후에는 향나무에 기생하며 균사의 형태로 월동한다.
- 예방 : 중간 기주인 향나무를 제거하거나 방제할 때 향나무를 같이 방제한다.

10 자낭균이며 표징이 잘 나타나지 않는 것은?

① 보리 겉깜부기병
② 벼 잎집무늬마름병
③ 밀 줄기녹병
④ 벼 깨씨무늬병

해설 ①, ②, ③은 담자균류에 해당한다.

11 다음 중 매개충에 의해 경란 전염하는 바이러스는?

① 보리 줄무늬모자이크병
② 감자 X바이러스병
③ 담배 모자이크병
④ 벼 줄무늬잎마름병

해설 곤충에 의한 전반(충매전염)
- 흡즙성 곤충(진딧물, 매미충류)에 의해 전반 : 바이러스병

정답 06. ② 07. ① 08. ③ 09. ③ 10. ④ 11. ④

- 경란전염 : 곤충의 알을 통해 전반, 끝동매미충 · 번개매미충→벼 오갈병, 애멸구→벼 줄무늬잎마름병

12 **감자 역병에 대한 설명으로 옳지 않은 것은?**

① 아일랜드 대기근의 원인이다.
② 병원균은 자웅동형성이다.
③ 역사적으로 1845년경에 대발생했다.
④ 무병 씨감자를 사용하여 방제할 수 있다.

해설 병원균은 자웅이주성이다.

13 **식물병원균에 대한 길항균으로 많이 사용되는 것은?**

① *Streptomyces scabies*
② *Trichoderma harzianum*
③ *Penicillium expansum*
④ *Rhizoctonia solani*

해설 길항미생물을 이용한 방제

길항미생물이란 미생물이 분비한 항생물질 또는 기타 활동산물이 다른 미생물의 생육을 억제하는 미생물을 말한다. 즉 식물에 병을 유발하는 병원성 미생물의 천적 미생물이라고 할 수 있다.

㉠ 토양전염병 방제 : *Trichoderma harzianum*(트리코더마 하지아눔) 이용
㉡ 고구마의 *Fusarium*(후사리움)에 의한 시듦병 : 비병원성 *Fusarium*(후사리움) 이용
㉢ 토양병원균 방제 : *Bacillus Subtilis*(바실루스 서브틸리스)를 종자에 처리하여 이용한다.
㉣ 과수근두암종병 방제 : *Agrobacterium radiobacter* 84 이용
㉤ 담배흰비단병 방제 : *Trichoderma lignosum* 이용
㉥ *Siderophore*(시더로포어) : 청국장을 발효할 때 나타나는 *Bacillus Subtilis*(바실루스 서브틸리스)균이 생산하는 항생물질이다.
㉦ 방선균을 이용한 방제 : 방선균인 *Streptomyces*(스트랩토마이시스)는 항생물질인 *Streptomycin*(스트렙토마이신)을 생산한다.

※ *Streptomyces*는 감자 더뎅이병의 원인균이기도 하지만, 다른 병원균에 대해서는 항균작용을 한다.

14 **다음 중 크기가 가장 작은 것은?**

① 세균 ② 곰팡이
③ 바이러스 ④ 바이로이드

해설 바이로이드(viroid)

- 핵산(RNA)만으로 구성된다.
- 식물병원체 중 가장 작은 병원체이다.
- 전자현미경으로도 관찰이 쉽지 않다.
- 인공배지에서 배양이 불가능하다.
- 식물에서만 알려진 병원체이다.

15 **푸사리움균(*Fusarium*)에서 알려졌으며, 하나의 세포 내에 유전적으로 다른 2개 이상의 반수체 핵이 존재하는 현상은?**

① 이질반핵현상
② 이질다핵현상
③ 동질반핵현상
④ 동질다핵현상

해설 이질다핵현상(heterokaryosis)

- 하나의 세포 내에 유전적으로 다른 2개 이상의 반수체 핵이 존재하는 경우가 있는데, 이것을 헤테로카리온(heterokaryon)이라 하고, 이와 같은 현상을 이질다핵현상이라 하며, 원인은 균사가 생육하여 다른 균주의 균사와 접촉하고 접촉부의 세포벽이 부분적으로 용해되어 2개의 균사체가 융합함으로써 세포벽과 핵이 섞여 합치됨으로써 생긴다.
- 녹병균, *Fusarium*균, *Bipolaris*균 등에서 알려졌다.

정답 12. ② 13. ② 14. ④ 15. ②

16 **감염된 식물체 중 가축이 먹으면 가장 해로운 병은?**

① 담배 모자이크병
② 보리 붉은곰팡이병
③ 콩 자주무늬병
④ 벼 도열병

해설 • 인축 공통 독소 : mycotoxin
• 진균(곰팡이균)이 생산하는 독소 중에서 인축에 공통으로 중독증상을 일으키는 독소로 보리 붉은 곰팡이병균, 귀리 맥각병균인 *Aspergillus flavus* 를 생산한다.

17 **밤나무 줄기마름병의 병반 부위의 전형적인 병징은?**

① 비대 ② 천공
③ 위조 ④ 궤양

해설 밤나무 줄기마름병의 병반 부위에는 궤양이 발생한다.

18 **노지에서 고추 역병이 가장 잘 발병하는 요인은?**

① 사질토양 ② 고온
③ 건조 ④ 침수

해설 고추 역병은 토양이 장기간 과습하거나 배수가 불량하고 침수되면 발병이 조장된다.

19 **식물병 진단 방법 중 형광항체법을 이용하는 것은?**

① 혈청학적 진단
② 생물학적 진단
③ 물리적 진단
④ 핵산분석에 의한 진단

해설 • 혈청학적(면역학적) 진단 : 혈청학적 검정 방법은 항원과 항체 사이에 나타나는 반응을 통해 진단한다.
㉠ 한천겔확산법(면역이중확산법) : 확산 매체(한천 겔)에서 바이러스의 입자(항원)와 항체의 분자는 서로 각각 다른 두 방향으로 이동하게 되는 원리를 이용한 진단 방법이다.
㉡ 형광항체법 : 항체와 형광색소를 결합시켜 형광항체를 만들고 이를 슬라이드글라스 상에서 피검액과 혼합하면 시료 중의 병원체는 형광항체와 응집반응을 일으켜 형광을 발아하는 원리를 이용하여 진단한다.
㉢ ELISA(효소결합항체법) : 미리 효소와 항체를 결합시키고 그것과 항원을 섞은 후 다시 그 효소의 기질을 첨가하여 발색반응을 분광광도계로 측정하여 진단한다(바이러스 진단에 이용한다).

20 **다음 중 진딧물에 의해 바이러스가 전염되어 발생하는 병은?**

① 콩 불마름병
② 벼 도열병
③ 배추 모자이크병
④ 대추나무 빗자루병

해설 ① 콩 불마름병 : 세균
② 벼 도열병 : 곰팡이
④ 대추나무 빗자루병 : 파이토플라스마

제2과목 농림해충학

21 **곤충의 생식기관이 아닌 것은?**

① 심문 ② 저장낭
③ 부속샘 ④ 송이체

해설 심문은 곤충의 순환계에 속하며 심장에 있는 구멍으로, 이 구멍을 통해 혈액이 들어간다.

22 **거미와 비교한 곤충의 특징으로 가장 거리가 먼 것은?**

① 겹눈과 홑눈이 있다.
② 변태를 하는 종이 있다.

정답 16. ② 17. ④ 18. ④ 19. ① 20. ③ 21. ① 22. ③

③ 4쌍의 다리를 가지고 있다.
④ 몸이 머리, 가슴, 배 3부분으로 되어 있다.

해설 곤충강과 거미강과의 차이

구분	곤충강	거미강
몸의 구분	머리, 가슴, 배 3부분	머리가슴, 배 2부분
몸의 마디	가슴과 배에 마디가 있다.	대개 몸에 마디가 없다.
더듬이	1쌍	없다.(다리가 변형된 더듬이 팔)
눈	겹눈과 홑눈	홑눈만 있다.
다리	3쌍, 5마디로 구성	4쌍, 6마디로 구성
날개	2쌍	없다.
생식문	배 끝에 있다.	배의 앞부분에 있다.
호흡기	기관이나 숨문이 몸의 옆에 위치	기관과 허파가 배 아래쪽에 위치
독선	없거나 있다면 배 끝에 침	큰 턱이나 머리가슴
탈피(변태)	대부분 한다.	하지 않는다.

23 담배나방에 대한 설명으로 틀린 것은?

① 고추의 주요 해충 중 하나이다.
② 땅속에서 번데기로 월동한다.
③ 1년에 1회 발생한다.
④ 담배에 피해를 준다.

해설 담배나방

- 학명 : *Helicoverpaassulta*
- 기주식물 : 고추, 담배, 토마토 등(1세대는 담배, 2세대는 고추로 추정)
- 발생 : 연 3회
- 월동 : 번데기로 땅속
- 1세대 경과 기간 : 26일~32일

24 사과굴나방에 대한 설명으로 옳지 않은 것은?

① 알로 잎 속에서 월동한다.
② 피해 입은 잎이 뒷면으로 말린다.
③ 잎 뒷면에 성충이 우화하여 나간 구멍이 있다.
④ 사과나무, 배나무, 복숭아나무의 잎을 가해한다.

해설 년 4~5회 발생하고 낙엽된 피해엽 속에서 번데기로 월동한다.

25 벼의 해충 중 흡즙에 의한 직접적인 피해 외에도 줄무늬잎마름병과 검은줄오갈병의 바이러스병을 매개하여 간접적인 피해를 주는 해충은?

① 이화명나방 ② 혹명나방
③ 벼멸구 ④ 애멸구

해설 애멸구 피해

- 약충, 성충 모두 즙액을 빨아먹어 피해를 준다.
- 줄무늬잎마름병 바이러스를 전파한다.
- 보독충의 알에도 바이러스 병원균이 있을 수 있다.
- 바이러스를 전파하여 벼 줄무늬잎마름병, 벼 검은줄오갈병을 매개한다.

26 점박이응애에 대한 설명으로 옳지 않은 것은?

① 알은 투명하다.
② 기주범위가 넓다.
③ 부화 직후의 약충은 다리가 4쌍이다.
④ 여름형과 월동형 성충의 몸 색깔이 다르다.

해설 약충은 3가지 형태(유충, 제1 약충, 제2 약충)로 구분된다. 유충은 알보다 약간 크며 처음에는 투명하지만 점차 연녹색으로 변하고 검은 점이 생기며 눈은 빨갛고 다리가 3쌍인 것이 특징이다.

제1, 2 약충은 유충보다 몸과 검은 점이 점점 커지며 녹색이 진해지고 성충과 같이 다리가 4쌍이다.

정답 23. ③ 24. ① 25. ④ 26. ③

27 다음 중 가해하는 기주가 가장 다양한 해충은?

① 벼멸구
② 솔잎혹파리
③ 사과혹진딧물
④ 미국흰불나방

해설 미국흰불나방 : 성충은 5월 경과 7~9월 초에 나타나며, 연 2회 발생한다. 유충은 플라타너스나 벚나무, 사과 등 160여 종의 나무에 기생하며 주로 가로수, 과수원, 정원 등 인공적인 환경에 살고 산림지대에는 침입하지 않는다. 번데기로 월동한다.

28 외부의 자극에 반응하여 곤충이 행동하는 유형이 아닌 것은?

① 주굴성 ② 주광성
③ 주화성 ④ 주수성

해설 곤충의 주성 : 외부 자극에 반응하여 일정한 방향성을 가지는 것이다.

- 주광성 : 빛에 대한 주성
- 주풍성 : 바람에 대한 주성
- 주지성 : 중력에 대한 주성
- 주촉성 : 접촉자극에 대한 주성
- 주온성 : 온도에 대한 주성
- 주류성 : 물고기가 물 흐르는 방향으로 머리를 향하는 주성
- 주화성 : 화학물질에 자극하여 주성
- 주음성 : 음성에 대한 주성
- 주수성 : 물이 있는 곳으로 이동

29 복관(collophore)을 갖고 있는 곤충은?

① 좀 ② 낫발이
③ 진딧물 ④ 톡토기

해설 톡토기목

- 눈 : 홑눈(낱눈) 모양으로 집안을 이루고 있다.
- 입 : 저작구(씹는형)이고 머리의 내부에 함입되어 있다(머리속으로 들어감).
- 촉각(더듬이) : 짧다. 4~6 마디이다.
- 날개가 없다.
- 배 : 5 마디(절)이다. 4절에는 도약기 1쌍과 복관이 있다.

30 식도하신경절에 의해 운동신경과 감각신경의 지배를 받지 않는 기관은?

① 큰 턱 ② 작은 턱
③ 더듬이 ④ 아랫입술

해설 식도하신경절 : 입틀의 큰 턱, 작은 턱, 아랫입술 등의 운동과 그곳의 감각신경을 지배한다.

31 곤충의 생리에 대한 설명으로 가장 거리가 먼 것은?

① 기관 호흡을 한다.
② 연속되는 탈피를 통해 몸을 키운다.
③ 완전변태류의 경우 번데기 과정을 거친다.
④ 혈액 속 헤모글로빈에 의해 산소를 공급받는다.

해설 곤충은 적혈구가 없어 혈액이 산소운반을 하지 않고, 산소운반은 호흡계에 속하는 '기관소지'가 담당한다.

32 간모를 통해 단위생식을 하는 것은?

① 배추순나방
② 점박이응애
③ 가루깍지벌레
④ 복숭아혹진딧물

해설
- 단위생식 : 수정과정 없이 암컷 혼자서 새끼를 낳는다.
- 해당 곤충 : 총채벌레, 밤나무순혹벌, 민다듬이벌레, 진딧물류(여름형), 수벌, 벼물바구미

※ 진딧물은 단위생식에 의한 태생과 양성생식에 의한 난생(알)을 같이 한다.

정답 27. ④ 28. ① 29. ④ 30. ③ 31. ④ 32. ④

33 곤충의 전형적인 더듬이의 주요 부분 중 존스턴기관을 가지고 있는 것은?

① 자루 마디(scape)
② 팔굽 마디(pedicel)
③ 채찍 마디(flagellum)
④ 관절점

해설 존스턴씨기관
- 모기류에서 잘 발달되어 있다.
- 더듬이 제2절(팔굽 마디(흔들 마디, 병절))에 있다.
- 청각기관의 일종이다.
- 편절에 있는 털의 움직임에 자극을 받는다.

34 마늘에 피해를 주는 고자리파리의 방제방법으로 가장 효과가 적은 것은?

① 천적인 고자리혹벌을 이용한다.
② 미숙 유기질 비료를 많이 시용한다.
③ 파종 또는 이식 전에 토양살충제를 살포한다.
④ 연작지에서 발생과 피해가 심하므로 윤작을 실시한다.

해설 고자리파리
- 발생 원인 : 미숙퇴비의 시용(고자리파리가 퇴비에 알을 낳아 구더기가 작물의 뿌리를 가해)
- 피해 양상 및 예찰 : 마늘의 경우 하엽(아랫잎)부터 고사하기 시작한다. 포기의 인경을 파내서 보면 구더기 같은 유충을 볼 수 있다.

35 외시류 곤충의 겹눈을 구성하는 낱눈 수의 변화에 대한 설명으로 옳은 것은?

① 약충 발육기간 중에만 증가한다.
② 변태기에만 증가한다.
③ 탈피기와 변태기에 모두 증가한다.
④ 아무런 수의 변화가 없다.

해설 낱눈이 모여 겹눈을 구성하며, 낱눈은 탈피기와 변태기 모두 증가한다.

36 파리의 날개는 몸의 어느 부위에 부착되어 있는가?

① 등판　　② 앞가슴
③ 가운데가슴　　④ 뒷가슴

해설 파리류의 뒷날개는 퇴화하여 평균곤이 되었다.

37 곤충의 배설계에 대한 설명으로 옳지 않은 것은?

① 말피기관의 끝은 막혀 있다.
② 지상곤충은 주로 질소대사산물을 암모니아 형태로 배설한다.
③ 말피기관은 중장과 후장의 접속 부분에서 후장에 연결되어 있다.
④ 말피기관 밑부와 직장은 물과 무기이온을 재흡수하여 조직 내의 삼투압을 조절한다.

해설 말피기관
- PH 조절, 무기이온 농도 조절, 배설작용을 돕는다.
- 물과 무기이온의 재흡수 담당 : 삼투압 조절 담당
- 단백질 또는 핵산의 질소대사산물의 최종 방출(배설)
- 지상곤충 : 요산으로 방출
- 수생곤충 : 암모니아태로 방출

38 아성충 단계가 있고, 유충은 기관아가미로 호흡하는 곤충류는?

① 모기　　② 파리
③ 총채벌레　　④ 하루살이

해설 하루살이
- 종류에 따라 1년에 1회 혹은 2~3회의 세대교체를 하며, 성충으로 탈피를 한 후에는 교미를 하고 알을 낳은 후 곧 죽게 된다.
- 불완전변태를 하며 애벌레의 경우, 하천이나 습지 등지에서 서식하면서 수생태계에서 생산자를 먹이로 하는 1차 소비자로서의 역할을 할 뿐만 아니라 다른 포식자의 먹이가 됨으로써 먹이그물의 중요한 역할을 하고 있다.

정답 33. ② 34. ② 35. ③ 36. ③ 37. ② 38. ④

- 애벌레는 호흡에 필요한 산소를 얻기 위해 다양한 형태의 기관아가미(gill)가 복부에 있으며, 날개를 보호하기 위해 날개주머니를 가지고 있다.
- 애벌레는 왕성한 먹이활동을 위해 구기(口器, mouth parts)가 잘 발달되어 있다. 꼬리는 2개 혹은 3개를 가지고 있다.
- 애벌레는 물속에서 여러 번의 탈피를 통해 성장하고, 일생의 대부분을 유충의 형태로 물속에서 생활하다가 '아성충(subimago)'이라는 독특한 단계로 변태를 한 후 육상생활을 하게 된다.
- 아성충은 성충의 형태와 거의 흡사하지만 날개가 불투명하고 몸의 무늬나 색도 분명하지 않다.
- 수컷은 눈, 다리, 생식기가 거의 다 발달된 상태이지만 암컷은 다 분화되지 않은 상태이다.
- 구기는 아성충과 성충 모두 퇴화되어 있다. 어른벌레 시기는 입이 퇴화되어 소화기관을 갖추고 있지 않다.

39 다음 설명에 해당하는 살충제는?

> - 접촉독, 식독작용 및 흡입독작용을 가진다.
> - 살충력이 극히 강하고 작용범위도 넓으나 포유류에 대한 독성이 매우 강하여 현재 국내에서는 사용이 금지된 농약이다.
> - 일부 외국에서는 사용되고 있어 식품 중 잔류허용기준이 고시된 농약이다.

① 니코틴 ② 비산석회
③ 파라티온 ④ 피레스린

해설 파라티온(Parathion)

- Schrader(슈라더. 1946)에 의해 합성된 최초의 유기인계 살충제이다.
- 접촉독, 식독, 흡입독제로 신경전달에 관여하는 효소인 Cholinesterase의 작용을 저해(초산과 choline으로 가수분해)하여 살충효과를 발휘한다.
- 비침투성이다. 심달성이 있다.
- 포유동물에 독성이 매우 강하다.
- 급성경구독성 LD50(rat)은 3.6mg/kg이다.
- 급성경피독성 LD50(rat)은 6.8mg/kg이다.

40 근육 부착을 위한 머리 내 골격 구조를 무엇이라 하는가?

① 봉합선(suture)
② 합체절(tagma)
③ 막상골(tentorium)
④ 두개(cranium)

해설 ① 봉합선 : 정수리에 Y자 모양의 두개 봉합선이 있는데 탈피 시 이곳부터 표피가 갈라진다.
② 합체절 : 체절의 융합으로 형성된, 체절적으로 분절된 동물의 마디의 하나로, 예를 들면 곤충의 머리, 가슴, 복부, 한 단위나 부분
③ 막상골 : 곤충의 머리 부위 안쪽에 있는 U자 모양과 X자 모양의 내골격. 이 골격에 구기나 더듬이를 움직이는 근육이 부착된다.
④ 두개 : 사람의 두개골(머리)

제3과목 재배학원론

41 다음 중 굴광현상에 가장 유효한 광은?

① 청색광 ② 녹색광
③ 자색광 ④ 자외선

해설 400~500nm, 특히 440~480nm의 청색광이 가장 유효하다.

42 다음 중 작물의 주요 온도에서 생육이 가능한 범위 내 최고온도가 가장 높은 것은?

① 사탕무 ② 옥수수
③ 보리 ④ 밀

해설 작물의 주요 온도(단위 : ℃)

작물	최저온도	최고온도
호밀	1~2	30
보리	3~4.5	28~30
밀	3~3.5	30~32
귀리	4~5	30
옥수수	8~10	40~44

정답 39. ③ 40. ③ 41. ① 42. ②

벼	10~12	36~38
사탕무	4~5	28~30

43 다음 중 작물의 복토 깊이가 가장 깊은 것은?

① 양파　② 생강
③ 배추　④ 시금치

해설 • 0.5~1.0cm 복토 : 가지, 토마토, 소립목초종자, 파, 양파, 당근, 상추, 유채, 담배, 양배추, 순무, 차조기, 고추 등
• 2.5~3.0cm 복토 : 보리, 밀, 호밀, 귀리, 아네모네
• 3.5~4.0cm 복토 : 콩, 팥, 옥수수, 완두, 강낭콩, 잠두
• 5.0~9.0cm 복토 : 감자, 토란, 생강, 크로커스, 글라디올러스
• 10cm 이상 복토 : 튤립, 수선화, 히아신스, 나리

44 작물 체내에서 전류이동이 잘 이루어져 결핍될 경우 결핍증상이 오래된 잎에 먼저 나타나는 다량원소는?

① 아연　② 철
③ 붕소　④ 질소

해설 N, K, Mg은 체내 이동성이 높고, Ca, S, Fe, Cu, Mn, B는 체내 이동성이 낮다.

45 재배포장에서 파종된 종자의 발아상태를 조사할 때 "발아한 것이 처음 나타난 날"을 무엇이라 하는가?

① 발아전　② 발아의 양부
③ 발아기　④ 발아시

해설 ① 발아전 : 파종된 종자의 대부분(80% 이상)이 발아한 날
② 발아의 양부 : 양, 불량 또는 양(균일), 부(불균일)로 표시한다.
③ 발아기 : 파종된 종자의 약 40%가 발아된 날
④ 발아시 : 파종된 종자 중에서 최초로 1개체가 발아된 날

46 맥류의 도복을 적게 하는 방법으로 옳지 않은 것은?

① 칼륨 비료의 시용
② 단간성 품종의 선택
③ 파종량의 증대
④ 석회 사용

해설 파종량이 많을 경우
• 과번무로 수광상태가 나빠진다.
• 식물체가 연약해져 도복, 병충해, 한해(旱害)가 조장되며 수량 및 품질이 저하된다.

47 다음 중 직근류에 해당하는 것으로만 나열된 것은?

① 감자, 보리　② 당근, 우엉
③ 토란, 마　④ 생강, 베치

해설 • 직근류 : 무, 당근, 우엉, 토란, 연근 등
• 괴근(경)류 : 고구마, 감자, 토란, 마, 생강 등

48 벼에서 염해가 우려되는 최소 농도는?

① 0.04% NaCl
② 0.1% NaCl
③ 0.7% NaCl
④ 0.9% NaCl

해설 염분 농도와 벼 재배 : 염화나트륨(NaCl) 함량이 0.3% 이상에서는 벼 재배가 불가능하고, 0.1~0.3%에서는 벼 재배가 가능하나 염해 발생의 우려가 있으며 0.1% 이하에서 벼 재배가 가능하다.

49 (　)에 알맞은 내용은?

> 옥수수, 수수 등을 재배하면 잡초가 크게 경감되므로 (　　)이라고 한다.

① 동반작물　② 휴한작물
③ 중경작물　④ 환금작물

정답 43. ② 44. ④ 45. ④ 46. ③ 47. ② 48. ② 49. ③

해설 중경작물(中耕作物, cultivated crop)

- 작물의 생육 중 반드시 중경을 해주어야 되는 작물로서 잡초가 많이 경감되는 특징이 있다.
- 옥수수, 수수 등

50 다음 중 요수량이 가장 적은 작물은?

① 호박 ② 완두
③ 옥수수 ④ 클로버

해설 요수량

- 수수, 옥수수, 기장 등은 작고 호박, 알팔파, 클로버 등은 크다.
- 일반적으로 요수량이 작은 작물일수록 내한성(耐旱性)이 크나, 옥수수, 알팔파 등에서는 상반되는 경우도 있다.
- 흰명아주>호박>알팔파>클로버>완두>오이>목화>감자>귀리>보리>밀>옥수수>수수>기장

51 작물의 내염성 정도가 강한 것으로만 나열된 것은?

① 완두, 레몬
② 셀러리, 고구마
③ 양배추, 순무
④ 살구, 복숭아

해설 작물의 내염성 정도

	밭작물	과수
강	사탕무, 유채, 양배추, 목화, 순무, 라이그라스	
중	알팔파, 토마토, 수수, 보리, 벼, 밀, 호밀, 고추, 아스파라거스, 시금치, 양파, 호박	무화과, 포도, 올리브
약	완두, 셀러리, 고구마, 감자, 가지, 녹두, 베치	배, 살구, 복숭아, 귤, 사과, 레몬

52 군락의 수광태세가 좋아지고 밀식적응성이 높은 콩의 초형으로 틀린 것은?

① 잎이 크고 두껍다.
② 잎자루가 짧고 일어선다.
③ 꼬투리가 원줄기에 많이 달린다.
④ 가지를 적게 치고 가지가 짧다.

해설 콩의 초형

- 키가 크고 도복이 안 되며 가지를 적게 치고 가지가 짧다.
- 꼬투리가 원줄기에 많이 달리고 밑까지 착생한다.
- 잎은 작고 가늘며, 잎자루(葉柄)가 짧고 직립한다.

53 작물의 내동성에 대한 설명으로 가장 옳은 것은?

① 세포액의 삼투압이 높으면 내동성이 증대한다.
② 원형질의 친수성 콜로이드가 적으면 내동성이 커진다.
③ 전분 함량이 많으면 내동성이 커진다.
④ 조직즙의 광에 대한 굴절률이 커지면 내동성이 저하된다.

해설 작물의 내동성

- 세포 내 자유수 함량이 많으면 세포 내 결빙이 생기기 쉬워 내동성이 저하된다.
- 세포액의 삼투압이 높으면 빙점이 낮아지고, 세포 내 결빙이 적어지며 세포 외 결빙 시 탈수저항성이 커져 원형질이 기계적 변형을 적게 받아 내동성이 증대한다.
- 전분 함량이 낮고 가용성 당의 함량이 높으면 세포의 삼투압이 커지고 원형질단백의 변성이 적어 냉동성이 증가한다. 전분 함량이 많으면 내동성이 약해진다.
- 원형질의 수분투과성이 크면 원형질 변형이 적어 내동성이 커진다.
- 원형질의 점도가 낮고 연도가 크면 결빙에 의한 탈수와 융해 시 세포가 물을 다시 흡수할 때 원형질의 변형이 적으므로 내동성이 크다.

정답 50. ③ 51. ③ 52. ① 53. ①

- 지유와 수분의 공존은 빙점강하도가 커져 내동성이 증대된다.
- 칼슘이온(Ca^{2+})은 세포 내 결빙의 억제력이 크고 마그네슘이온(Mg^{2+})도 억제작용이 있다.
- 원형질단백에 디설파이드기(-SS기)보다 설파하이드릴기(-SH기)가 많으면 기계적 견인력에 분리되기 쉬워 원형질의 파괴가 적고 내동성이 증대한다.
- 원형질의 친수성 콜로이드가 많으면 세포 내 결합수가 많아지고 자유수가 적어져 원형질의 탈수저항성이 커지고, 세포 결빙이 감소하므로 내동성이 증대된다.
- 친수성 콜로이드가 많고 세포액의 농도가 높으면 광에 대한 굴절률이 커지고 내동성도 커진다.

54 다음 중 휴작기간이 가장 긴 작물은?

① 미나리 ② 당근
③ 아마 ④ 토마토

해설 작물의 기지 정도
- 연작의 해가 적은 것 : 벼, 맥류, 조, 옥수수, 수수, 사탕수수, 삼, 담배, 고구마, 무, 순무, 당근, 양파, 호박, 연, 미나리, 딸기, 양배추, 꽃양배추, 아스파라거스, 토당귀, 목화 등
- 1년 휴작 작물 : 파, 쪽파, 생강, 콩, 시금치 등
- 2년 휴작 작물 : 오이, 감자, 땅콩, 잠두, 마 등
- 3년 휴작 작물 : 참외, 쑥갓, 강낭콩, 토란 등
- 5~7년 휴작 작물 : 수박, 토마토, 가지, 고추, 완두, 사탕무, 우엉, 레드클로버 등
- 10년 이상 휴작 작물 : 인삼, 아마 등

55 다음 중 작물의 교잡률이 0.0~0.15%에 해당하는 것은?

① 아마 ② 가지
③ 수수 ④ 보리

해설 주요 작물의 자연교잡률(%) : 벼-0.2~1.0, 보리-0.0~0.15, 밀-0.3~0.6, 조-0.2~0.6, 귀리와 콩-0.05~1.4, 아마-0.6~1.0, 가지-0.2~1.2, 수수-5.0 등

56 다음 중 작물재배 시 부족하면 수정 · 결실이 나빠지는 미량원소는?

① P ② S
③ B ④ Ca

해설 붕소(B) 결핍
- 분열조직의 괴사(necrosis)를 일으키는 일이 많다.
- 채종재배 시 수정 · 결실이 나빠진다.
- 콩과작물의 근류 형성 및 질소고정이 저해된다.
- 사탕무의 속썩음병, 순무의 갈색속썩음병, 셀러리의 줄기쪼김병, 담배의 끝마름병, 사과의 축과병, 꽃양배추의 갈색병, 알팔파의 황색병을 유발한다.

57 질산 환원 효소의 구성 성분으로 콩과작물의 질소고정에 필요한 무기성분은?

① 철 ② 염소
③ 몰리브덴 ④ 규소

해설 몰리브덴(Mo)
- 질산환원효소의 구성 성분이며, 질소대사에 필요하다.
- 콩과작물 근류균의 질소고정에 필요하며, 콩과작물에 많이 함유되어 있다.
- 결핍 : 잎의 황백화, 모자이크병에 가까운 증세가 나타나며, 콩과작물의 질소고정력이 떨어진다.

58 화곡류에서 규질화를 이루어 병에 대한 저항성을 높이고, 잎을 꼿꼿하게 세워 수광태세를 좋게 하는 것은?

① 철 ② 칼륨
③ 니켈 ④ 규산

해설 규소(Si)
- 규소는 모든 작물에 필수원소는 아니나, 화본과 식물에서는 필수적이며, 화곡류에는 함량이 매우 높다.
- 화본과작물의 가용성 규산화 유기물의 시용은 생육과 수량에 효과가 있으며, 벼는 특히 규산 요구도가 높으며 시용효과가 높다.

정답 54. ③ 55. ④ 56. ③ 57. ③ 58. ④

- 해충과 도열병 등에 내성이 증대되며, 경엽의 직립화로 수광태세가 좋아져 광합성에 유리하고, 증산을 억제하여 한해를 줄이고, 뿌리의 활력이 증대된다.
- 불량환경에 대한 적응력이 커지고, 도복저항성이 강해진다.
- 줄기와 잎으로부터 종실로 P과 Ca이 이전되도록 조장하고, Mn의 엽 내 분포를 균일하게 한다.

59 **국화의 주년재배와 가장 관계가 있는 것은?**

① 광처리 ② 온도처리
③ 영양처리 ④ 수분처리

해설 꽃의 개화기 조절
- 일장처리에 의해 개화기를 변동시켜 원하는 시기에 개화시킬 수 있다.
- 단일성 국화의 경우 단일처리로 촉성재배, 장일처리로 억제재배하여 연중 개화시킬 수 있는데, 이것을 주년재배라 한다.
- 인위 개화, 개화기의 조절, 세대 단축이 가능하다.

60 **재배의 기원지가 중앙아시아에 해당하는 것은?**

① 양배추 ② 대추
③ 양파 ④ 고추

해설 Vavilov의 주요 작물 재배 기원 중심지

지역	주요 작물
중국	6조보리, 조, 피, 메밀, 콩, 팥, 마, 인삼, 배추, 자운영, 동양배, 감, 복숭아 등
인도, 동남아시아	벼, 참깨, 사탕수수, 모시풀, 왕골, 오이, 박, 가지, 생강 등
중앙아시아	귀리, 기장, 완두, 삼, 당근, 양파, 무화과 등
코카서스, 중동	2조보리, 보통밀, 호밀, 유채, 아마, 마늘, 시금치, 사과, 서양배, 포도 등
지중해 연안	완두, 유채, 사탕무, 양귀비, 화이트클로버, 티머시, 오처드그라스, 무, 순무, 우엉, 양배추, 상추 등
중앙 아프리카	진주조, 수수, 강두(광저기), 수박, 참외 등
멕시코, 중앙 아메리카	옥수수, 강낭콩, 고구마, 해바라기, 호박 후추, 육지면, 카카오 등
남아메리카	감자, 담배, 땅콩, 토마토, 고추 등

제4과목 농약학

61 **유제의 유화성, 수화제의 현수성을 검정하는 데 사용하는 물의 경도는?**

① 1.0 ② 3.0
③ 5.0 ④ 7.0

해설 현수성 : 수화제의 구비조건으로 농약을 물에 가했을 때 고체상의 입자가 균일하게 분산 부유하는 성질과 안전성으로 검정에 사용되는 물의 경도는 3.0이다.

62 **농약관리법상 새로운 농약을 제조업자가 국내에서 제조하여 국내에서 판매하기 위해 등록한 품목등록의 유효기간은?**

① 3년 ② 5년
③ 10년 ④ 15년

해설 농약관리법 제11조(품목등록의 유효기간 및 재등록)

① 제8조 제1항에 따른 품목등록의 유효기간은 10년으로 한다.
② 제조업자는 제1항에 따른 유효기간이 만료되는 품목을 재등록하려면 그 유효기간이 만료되기 6개월 전까지 농촌진흥청장에게 품목의 재등록을 신청하여야 한다. 이 경우 재등록의 신청, 신청서류 등의 검토 및 품목등록증의 재발급에 관하여는 제8조 제2항, 제9조 및 제10조를 준용한다.
③ 제조업자가 제2항에 따라 품목의 재등록을 신청하는 경우에는 농림축산식품부령으로 정하는 바에 따라 시험성적서의 전부 또는 일부의 제출을 면제할 수 있다.

정답 59. ① 60. ③ 61. ② 62. ③

63 **교차저항성(cross resistance)에 대한 설명으로 가장 적절한 것은?**

① 어떤 약제에 의해 저항성이 생긴 곤충이 다른 약제에 저항성을 보이는 것
② 동일 곤충에 어떤 약제를 반복 살포함으로써 생기는 저항성
③ 동일 곤충에 두 가지 약제를 교대로 처리함으로써 생기는 저항성
④ 어떤 약제에 대한 저항성을 가진 곤충이 다음 세대에 그 특성을 유전시키는 것

해설 저항성의 종류
- 교차저항성 : 어떤 농약에 대하여 이미 저항성이 발달된 경우 한 번도 사용하지 않은 농약에 대하여 저항성을 나타내는 현상이다.
- 복합저항성 : 작용 기작이 다른 2종 이상의 약제에 대하여 저항성을 나타내는 것

64 **강력한 접촉형 비선택성 제초제로서 비농경지의 논두렁 및 과수원에서 작물을 파종하기 전 잡초를 방제하는 데 이용되었으나, 독성 등으로 인해 품목등록이 제한된 원제는?**

① Paraquat dichloride
② Mefenacet
③ Alachlor
④ Propanil

해설 제초제의 선택성에 따른 구분
㉠ 선택적 제초제 : 작물에는 피해를 주지 않고 잡초만 죽인다.
- 종류 : 2,4-D, MCPB(Tropotox. 트로포톡), DCPA 등

㉡ 비선택적 제초제 : 작물 · 잡초를 모두 죽인다.
- 종류 : glyphosate(글리포세이트=글라신액제=근사미), paraquat(파라콰트=파라코액제=그라목손. 접촉형 제초제이다.)

65 **환경친화적인 제형과 가장 거리가 먼 것은?**

① 미탁제(Micro Emulsion; ME)
② 수면전개제(Spreading Oil; SO)
③ 유제(Emulsifiable Concentrate; EC)
④ 유탁제(Emulsion, oil in Water; EW)

해설 유제는 주제가 지용성으로 물에 녹지 않는 것을 용제(유기용매)에 용해시켜 유화제인 계면활성제를 첨가하여 제조한 것으로 유기용매 사용이 가장 많다.

66 **병의 예방을 목적으로 병원균이 식물체에 침투하는 것을 방지하기 위해 사용되며 약효시간이 긴 특징을 갖고 있는 약제는?**

① 보호살균제
② 직접살균제
③ 종자소독제
④ 토양살균제

해설 보호살균제 : 병원균이 침투하기 전 예방이 주목적이다. 즉 병원균의 포자가 좋아하는 것을 저지하거나 식물이 병원균에 대하여 저항성을 가지게 하여 병을 예방하는 약제를 말한다.

67 **Isoprothiolane 유제(50%, 비중 1.05) 100 mL로 0.05% 살포액을 조제하는 데 필요한 물의 양(L)은?**

① 20 ② 25
③ 105 ④ 204

해설 액제의 희석에 소요되는 물의 양
= 원액의 용량 × (원액의 농도/희석하려는 농도-1) ×원액의 비중=100×(50/0.05-1)×1.05=104,895ml

정답 63. ① 64. ① 65. ③ 66. ① 67. ③

68 DDVP 유제 50%를 500배로 희석하여 면적 10a당 72L를 살포하고자 할 때 소요약량(mL)은?

① 72　　② 144
③ 288　　④ 576

해설 10a당 소요 약량 = 단위면적당 사용량 ÷ 소요희석배수 = 72,000ml ÷ 500 = 144

69 식물생장조절제(Plant Growth Regulator; PGR)에 대한 설명으로 틀린 것은?

① 식물의 다양한 생리현상에 영향을 미친다.
② 농작물의 생육을 촉진하거나 억제시킨다.
③ 지베렐린산은 딸기, 토마토의 숙기 억제에 관여한다.
④ 아브시스산은 목화의 유과의 낙과 촉진에 관여한다.

해설 GA의 노화 억제와 착과 촉진

- GA은 옥신과 같이 노화를 억제하며, GA은 특히 엽록소, 단백질, RNA의 파괴를 억제하여 잎의 노화를 지연시킨다.
- 과실의 숙성을 억제해 감귤류, 바나나 과피의 엽록소 파괴를 지연시킨다.
- 착과와 과실 생장을 촉진한다.
- 토마토, 오이, 포도 등에서 단위결과를 유기하며, GA의 단위결과 유기는 옥신보다 낮은 농도에서도 가능하다.
- 포도에서는 개화 2주일 전 GA을 처리하여 무핵과를 만들 수 있으며, 무핵화 시킨 과실은 크기가 작아지는 경향이 있으므로 개화 후 1주 정도에 GA을 다시 한번 처리하여 과립비대를 촉진시켜야 한다.
- GA의 노화지연 효과를 이용하여 밀감의 수확기를 연장시키기도 한다.

70 분제의 제제에 있어 고려되어야 할 물리적 성질로서 가장 거리가 먼 것은?

① 입도　　② 유화성
③ 분말도　　④ 용적비중

해설
- 유화성은 유제가 갖추어야 할 성질이다.
- 분제 : 주제를 증량제, 물리성 개량제, 분해방지제 등과 균일하게 혼합 및 분쇄하여 제조한 것으로 분말(가루)이기 때문에 입제보다 뿌리기 작업이 어렵다(바람에 날림 등).

71 훈증제(Gas; GA)와 가장 관련이 없는 것은?

① 토양소독
② 높은 휘발성
③ 재배 중인 농산물
④ 압축가스 충전 용기

해설 훈증제 : 용기를 열면 대기 중에 가스가 방출하여 병해충을 방제하는 제형이다.

72 제형의 목적으로 적합하지 않은 것은?

① 최적의 약효 발현과 최소의 약해 발생을 위한 것이다.
② 농약 사용자에 대한 편이성을 위한 것이다.
③ 유효성분의 물리화학적 안전성을 향상시켜 유통기간을 연장하기 위한 것이다.
④ 다량의 유효성분을 넓은 지역에 균일하게 살포하기 위한 것이다.

해설 소량의 유효성분을 넓은 지역에 균일하게 살포하기 위한 것이다.

정답 68. ② 69. ③ 70. ② 71. ③ 72. ④

73 **유기인계 농약의 일반적인 특성으로 틀린 것은?**

① 살충력이 강하고 적용 해충의 범위가 넓다.
② 인축에 대한 독성은 일반적으로 약하다.
③ 알칼리에 대해서 분해되기가 쉽다.
④ 동 · 식물체 내에서의 분해가 빠르다.

해설 유기인계 농약의 주요 특징
- 살충력이 강력하다.
- 적용 해충 범위가 넓다.
- 접촉독, 가스독, 식독작용, 심달성, 신경독, 침투성 작용이 있다.
- 이화명충, 과수의 응애, 심식충 등 흡즙성 해충에 유효하다.
- 인축에 대한 독성이 강하다.
- 알칼리에 분해(가수분해)되기 쉽다. 따라서 알칼리성 농약과 해서는 안 된다.
- 일반적으로 잔류성은 짧다.
- 약해가 적다.
- 기온이 높으면 효과가 크고 기온이 낮으면 효과가 감소한다.

74 **피레스로이드(pyrethroid)계 살충제의 특성에 대한 설명으로 틀린 것은?**

① 간접 접촉제로서 곤충의 기문이나 피부를 통하여 체내에 들어가 근육마비를 일으킨다.
② 온혈동물, 인축에는 저독성이며 곤충에 따라 살충력이 강하다.
③ 중추신경계나 말초신경계에 대하여 매우 낮은 농도에서 독성작용을 일으키는 신경독성화합물이다.
④ 고온보다 저온상태에서 약효 발현이 잘 된다.

해설
- 살충기작 : 신경독
- 살충제로 피레트린 II 가 가장 살충 성분이 강하다.
- 가정용 파리약, 모기약은 피레트린 I 을 사용한다.

75 **식품의약품안전처 고시상 농산물에 잔류한 농약에 대하여 별도로 잔류허용기준을 정하지 않는 경우 적용하는 기준(mg/kg 이하)은?**

① 0.05　② 0.1
③ 0.5　④ 0.01

해설 2019년 1월 1일부터 모든 농산물에 대해 PLS 제도가 시행됨에 따라 잔류허용기준이 없는 농약이 검출될 경우 일률기준(0.01 mg/kg 이하)이 적용된다.

76 **농약 살포법 중 유기분사 방식으로 살포액의 입자 크기를 35~100μm로 작게 하여 살포의 균일성을 향상시킨 살포법은?**

① 분무법
② 살분법
③ 연무법
④ 미스트법

해설 미스트법
- 고속으로 송풍되는 미스트기로 살포하는 방법이다.
- 살포액의 농도를 3~5배 높게 하여 살포액량을 1/3~1/5로 줄여 살포하여 살포 시간, 노력, 자재 등을 절약할 수 있다.

정답 73. ② 74. ① 75. ④ 76. ④

77 선택적 침투이행 특성이 있는 제초제로 아래와 같은 분자구조를 공통적으로 갖는 계통은?

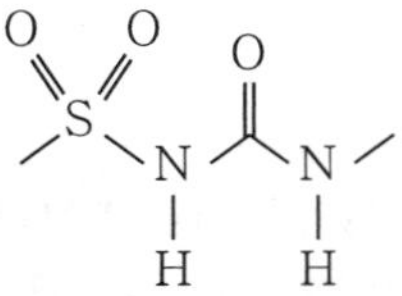

① Sulfonylurea계
② Dithiocarbamate계
③ Imidazole계
④ Triazine계

해설

Dicamba	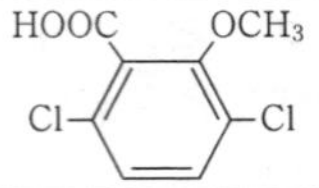
Captan (Orthocide)	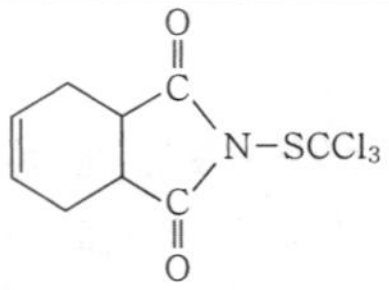
Sulfonylurea계	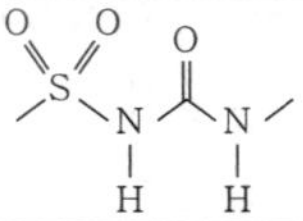
Parathion	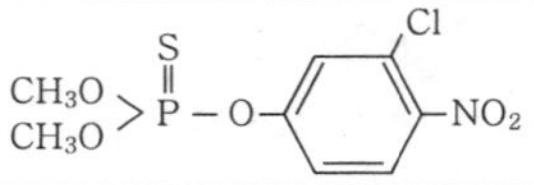

78 Carbamate계 살충제가 아닌 것은?

①

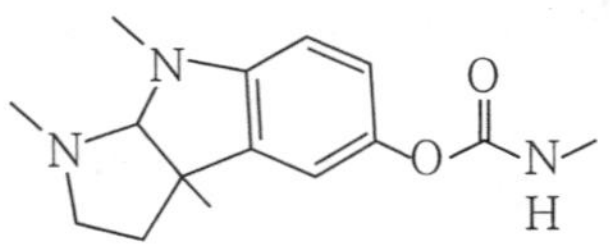

②

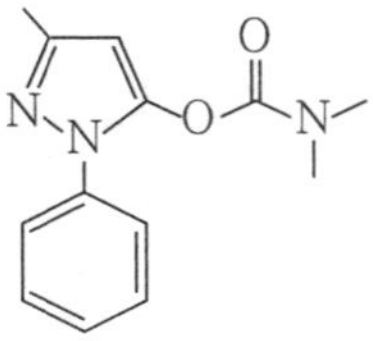

③

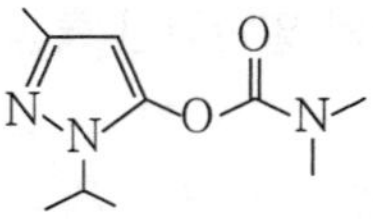

④

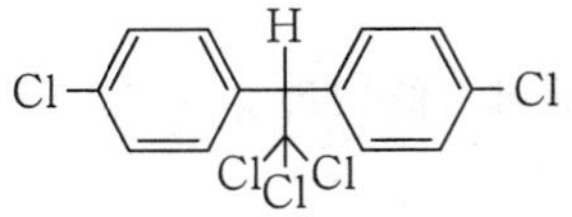

해설 ④는 유기염소계인 DDT의 화학구조이다.

79 유기인계 살충제와 강알칼리성 약제의 혼용을 피하는 가장 큰 이유는?

① 약해가 심하기 때문이다.
② 물리성이 나빠지기 때문이다.
③ 복합요인에 의한 작물의 생육 저해가 일어나기 때문이다.
④ 알칼리에 의해 가수분해가 일어나기 때문이다.

해설 73번 문제 해설 참고

80 농약관리법령상 농약 등의 안전사용기준에서 제한하는 항목이 아닌 것은?

① 저장량 ② 사용량
③ 사용 시기 ④ 사용 지역

해설 시행령 제19조(농약 등의 안전사용기준)
①법 제23조 제1항에 따른 농약 등의 안전사용기준은 다음 각 호와 같다.
1. 적용대상 농작물에만 사용할 것
2. 적용대상 병해충에만 사용할 것
3. 적용대상 농작물과 병해충별로 정해진 사용 방법 · 사용량을 지켜 사용할 것
4. 적용대상 농작물에 대하여 사용 시기 및 사용 가능 횟수가 정해진 농약 등은 그 사용 시기 및 사용 가능 횟수를 지켜 사용할 것
5. 사용 대상자가 정해진 농약 등은 사용 대상자 외의 사람이 사용하지 말 것
6. 사용 지역이 제한되는 농약 등은 사용 제한지역에서 사용하지 말 것

정답 77. ① 78. ④ 79. ④ 80. ①

제5과목 잡초방제학

81 잡초의 생장형에 따른 분류로 옳은 것은?

① 직립형 – 가막사리, 명아주
② 로제트형 – 억새, 둑새풀
③ 만경형 – 민들레, 냉이
④ 총생형 – 메꽃, 환삼덩굴

해설 생장형에 따른 분류

- 직립형 : 명아주, 가막사리, 자귀풀
- 포복형 : 메꽃, 쇠비름
- 총생형 : 억새, 둑새풀, 피(꽃이나 풀 따위에서 여러 개의 잎이 짤막한 줄기에 무더기로 붙어 남)
- 분지형 : 광대나물, 사마귀풀
- 로제트형 : 민들레, 질경이
- 망경형 : 거지덩굴, 환삼덩굴

82 잡초의 생물학적 방제용으로 도입되는 곤충이 구비하여야 할 조건으로 가장 거리가 먼 것은?

① 영구적으로 소멸되지 않는 것
② 대상 잡초에만 피해를 주는 것
③ 대상 잡초의 발생 지역에 잘 적응할 것
④ 인공적으로 배양 또는 증식이 용이한 것

해설 대상 잡초가 없어지면 소멸되어야 한다.

83 다음 중 잡초방제 한계기간이 가장 짧은 작물은?

① 콩 ② 녹두
③ 벼 ④ 보리

해설 잡초경합 한계기간 : 녹두(21~35일), 벼(30~40일), 콩.땅콩(42일), 옥수수(49일), 양파(56일)

84 방동사니과 잡초가 아닌 것은?

① 나도겨풀 ② 쇠털골
③ 올챙이고랭이 ④ 매자기

해설

구분			잡초
논잡초	1년생	화본과	강피, 물피, 돌피, 둑새풀
		방동사니과	참방동사니, 알방동사니, 바람하늘지기, 바늘골
		광엽잡초	물달개비, 물옥잠, 여뀌, 자귀풀, 가막사리
	다년생	화본과	나도겨풀
		방동사니과	너도방동사니, 올방개, 올챙이고랭이, 쇠털골, 매자기
		광엽잡초	가래, 벗풀, 올미, 개구리밥, 미나리
밭잡초	1년생	화본과	바랭이, 강아지풀, 돌피, 둑새풀(2년생)
		방동사니과	참방동사니, 금방동사니
		광엽잡초	개비름, 명아주, 여뀌, 쇠비름, 냉이(2년생), 망초(2년생), 개망초(2년생)
	다년생	화본과	참새피, 띠
		방동사니과	향부자
		광엽잡초	쑥, 씀바귀, 민들레, 쇠뜨기, 토끼풀, 메꽃

85 요소(Urea)계 제초제에 대한 설명으로 옳지 않은 것은?

① 광합성 저해 및 세포막 파괴에 의하여 작용한다.
② 경엽처리 효과가 없어 토양처리형으로 사용한다.
③ 제초 활성을 나타내기 위해 광이 필요하다.
④ 고농도 처리 수준에서는 비선택성이다.

해설 전자전달계 저해 : 요소계(Urea), 트리아진계(Triazine), 페닐카바메이트계(Phenylcarbamate)

정답 81. ① 82. ① 83. ② 84. ① 85. ②

86 작물의 수량 감소가 가장 클 것으로 예상되는 조합은?

① C_3 잡초와 C_4 작물
② C_3 잡초와 C_3 작물
③ C_4 잡초와 C_3 작물
④ C_4 잡초와 C_3 작물

해설 C_4 잡초는 C_3 작물에 비해 포화점이 높고 보상점이 낮아 광합성 효율이 커 경합에 유리하다.

87 다음 중 트리아진계 제초제의 주요 이행 특성은?

① 신초 생장 억제
② 조기 결실
③ 비대 생장
④ 광합성 저해

해설 광합성 저해

- 전자전달계 저해 : 요소계(Urea), 트리아진계(Triazine), 페닐카바메이트계(Phenylcarbamate)
- 광인산화반응 억제(ATP 생성 억제) : Perfluidone
- 전자전달의 마지막 수용체인 페리독신(Ferredoxin) 환원을 억제 : 파라콰트(Paraquat), 디콰트(Diquat)

※ 파라콰트(Paraquat), 디콰트(Diquat) : 비선택성 제초제

88 벼와 피의 형태에 대한 설명으로 옳은 것은?

① 피에는 잎귀와 잎혀가 있으나 벼에는 없다.
② 벼에는 잎귀와 잎혀가 있으나 피에는 없다.
③ 피에는 잎귀가 있으나 잎혀가 없다.
④ 벼에는 잎귀가 있으나 잎혀가 없다.

해설 피와 벼의 차이점

- 벼 : 엽초, 엽이, 엽설, 엽신으로 구성
- 피 : 엽초, 엽신으로 구성

※ 피는 엽이, 엽설(잎혀)이 없다.

89 일장에 거의 영향을 받지 않고 발생 후 일정한 기간이 되면 지하경을 형성하는 다년생 논잡초는?

① 돌피 ② 벗풀
③ 바랭이 ④ 올미

해설 올미는 다년생 광엽잡초로 괴경을 형성한다.

90 다음 설명에 해당하는 것은?

> 두 종류의 제초제를 혼합 처리할 때의 반응이 각각 제초제를 단독 처리할 때보다 효과가 감소되는 현상이다.

① 상가작용 ② 길항작용
③ 상승작용 ④ 독립작용

해설 Tammes의 농약 상호작용의 효과 관련 정의

- 상승작용 : 두 종류의 제초제를 혼합 처리할 때의 반응이 각각 제초제를 단독 처리할 때 반응을 합계한 것보다 크게 나타나는 경우이다.
- 상가작용 : 두 종류의 제초제를 혼합 처리할 때의 반응이 각각 제초제를 단독 처리할 때 반응을 합계한 것과 같게 나타나는 경우이다.
- 독립작용(독립효과) : 두 종류의 제초제를 혼합 처리할 때의 반응이 각각 제초제를 단독 처리할 때 큰 쪽과 같은 효과를 나타나는 경우이다.
- 증강효과 : 단독 처리할 때는 무반응이나 제초제와 혼합 처리 시 효과가 나타나는 것이다.
- 길항작용(길항적 반응) : 두 종류의 물질을 혼합 처리 시의 반응이 단독 처리 시의 큰 쪽 반응보다 작게 나타나는 것이다.

91 다음 중 잡초의 종별 수량이 가장 적은 것은?

① 방동사니과 ② 화본과
③ 국화과 ④ 십자화과

해설 십자화과는 1,800여 종 정도로 종별 수량이 적다.

정답 86. ③ 87. ④ 88. ② 89. ④ 90. ② 91. ④

92 **잡초 종자에 돌기를 갖고 있어 사람이나 동물에 부착하여 운반되기 쉬운 것은?**

① 여뀌 ② 소리쟁이
③ 도꼬마리 ④ 민들레

해설 • 인축에 의한 전파 : 인축의 배설물, 사람의 옷, 동물의 털에 붙어서 전파
• 종류 : 도꼬마리, 진득찰, 도깨비바늘, 가막사리

93 **다음 중 쌍자엽 잡초의 특징에 대한 설명으로 옳은 것은?**

① 산재된 유관속의 관상경을 가지고 있다.
② 생장점이 줄기 하단의 절간 부위에 있다.
③ 뿌리는 직근계이다.
④ 잎은 평행맥이다.

해설 ① 개방유관속의 줄기를 가지고 있다.
② 생장점이 줄기 위쪽에 있다.
④ 잎은 망상맥이다.

94 **잡초가 제초제를 흡수하는 과정에 대한 설명으로 옳지 않은 것은?**

① 토양에 잔류하는 제초제는 대부분 뿌리를 통하여 흡수된다.
② 뿌리와 잎에 의해서만 흡수된다.
③ 경엽처리제는 대부분 잎과 표면이나 기공을 통하여 흡수된다.
④ 습윤제는 잎 표면의 계면장력을 줄여 제초제의 흡수를 용이하게 한다.

해설 제초제의 흡수는 종자, 뿌리, 잎, 줄기에 의해서 흡수된다.

95 **논에 주로 발생하는 잡초로만 나열된 것은?**

① 명아주, 둑새풀
② 피, 바랭이
③ 개비름, 물옥잠
④ 올미, 여뀌바늘

해설 84번 해설 참고

96 **잡초에 대한 설명으로 옳은 것은?**

① 인간의 의도에 역행하는 식물이다.
② 생활주변 식물 중 순화된 식물이다.
③ 농경지나 생활주변에서 제자리를 지키는 식물이다.
④ 초본식물만을 대상으로 한 바람직하지 않은 식물이다.

해설 잡초 : 포장에서 경제성을 목적으로 재배되고 있는 작물 이외의 자연적으로 발생한 식물을 말한다.
• 제자리에 발생하지 않는 식물
• 인간이 원하지 않거나 바라지 않는 식물
• 인간과 경합적이거나 인간의 활동을 방해하는 식물
• 작물적 가치가 평가되지 않는 식물
• 경지나 생활지 주변에서 자생하는 초본성 식물

97 **주로 종자로 번식하는 잡초로만 나열된 것은?**

① 올미, 벗풀
② 가래, 쇠털골
③ 올방개, 너도방동사니
④ 강피, 물달개비

해설 ① 올미-영양번식(괴경), 벗풀-영양번식(괴경)
② 가래-영양번식(근경), 쇠털골-영양번식(근경)
③ 올방개-영양번식(괴경), 너도방동사니-영양번식(괴경)

98 **다음 중 외국에서 유입된 잡초로만 나열된 것은?**

① 망초, 너도방동사니
② 서양민들레, 뚱딴지
③ 쇠뜨기, 올미
④ 올방개, 광대나물

정답 92. ③ 93. ③ 94. ② 95. ④ 96. ① 97. ④ 98. ②

해설 외래잡초 종류 : 미국개기장, 미국자리공, 달맞이꽃, 엉겅퀴, 단풍잎돼지풀, 털별꽃아재비, 큰도꼬마리, 미국까마중, 소리쟁이, 돌소리쟁이, 좀소리쟁이, 미국나팔꽃, 미국가막사리, 망초, 개망초, 서양민들레, 가는털비름, 비름, 가시비름, 흰명아주, 도깨비가지, 미국외풀, 뚱딴지 등

99 다음 중 이행형 제초제가 아닌 것은?

① Bentazon ② Glyphosate
③ 2,4-D ④ Difenoconazole

해설 Difenoconazole : 살균제

100 다음 중 월년생 잡초로만 나열된 것은?

① 쇠비름, 명아주, 별꽃아재비
② 피, 토끼풀, 둑새풀
③ 냉이, 별꽃, 벼룩나물
④ 개비름, 쇠비름, 물피

해설 월년생 잡초

- 1년 이상 생존하지만, 2년 이상은 생존하지 못한다.
- 종류 : 냉이, 황새냉이, 별꽃, 벼룩나물, 벼룩이자리, 속속이풀, 점나도나물, 새포아풀, 광대나물, 개꽃

정답 99. ④ 100. ③

식물보호기사

2022년 제2회 기출문제

제1과목 식물병리학

01 기주 식물이 병원균의 침입에 자극을 받아 방어를 목적으로 생성하는 물질은?

① 파이토톡신 ② 펙티나아제
③ 지베렐린 ④ 파이토알렉신

해설 파이토알렉신(phytoalexin)의 생산
- 병원체가 기주체에 침입했을 때, 기주체(식물)가 만든 병원체의 발육을 저지하는 물질이다.
- 파이토알렉신의 생합성을 유도하는 물질은 엘리시터(병원균이 생산하는 물질)이다.

02 병원균의 침입 방법으로 주로 수공감염하는 작물의 병은?

① 감자 더뎅이병
② 보리 겉깜부기병
③ 고구마 무름병
④ 벼 흰잎마름병

해설 자연개구(기공, 수공, 피목, 밀선)를 통한 침입
- 수공 : 잎의 끝이나 가장자리에 있으며 항상 열려 있다. 흰가루병, 녹병균, 노균병, 벼 흰잎마름병, 양배추 검은빛썩음병
- 피목 : 과실, 줄기, 괴경 등에 있으며 공기가 통할 수 있다. 감자 더뎅이병(*Streptomyces scabis*), 과수의 잿빛무늬병, 뽕나무줄기마름병(*Diaporthe nomurai*)
- 주두 : 암술머리. 보리 겉깜부기병
- 밀선 : 사과 · 배 불마름병(화상병. Erwinia amylovora)

03 배나무 붉은별무늬병균의 중간 기주는?

① 매자나무 ② 향나무
③ 소나무 ④ 좀꿩의 다리

해설 과수(사과 · 배) 붉은별무늬병(적성병)
- 병원체 : *Gymnosporangium asiaticum*
- 병징 : 잎에 작은 황색 무늬가 생기면서 이것이 점차 커져 적갈색 얼룩반점이 형성된다. 잎의 뒷면은 약간 솟아오르고 털 모양의 돌기에서 포자가 나온다.
- 특징 : 병원균은 이종기생을 하는데 4~5월까지 배나무에 기생하고, 6월 이후에는 향나무에 기생하며 균사의 형태로 월동한다.
- 예방 : 중간 기주인 향나무를 제거하거나 방제할 때 향나무를 같이 방제한다.

04 병원균이 기생체 침입 시 균사가 밀집해서 감염욕을 만들어 침입하는 것은?

① 뽕나무 자주날개무늬병
② 벼 깨씨무늬병
③ 사과 탄저병
④ 오이 잿빛곰팡이병

해설 감염욕 : 병원균이 기주의 세포벽을 뚫고 침입할 때, 균사가 다발 모양이 되어 세포벽에 접하는 것.

05 생물적 방제 방법의 가장 큰 장점은?

① 친환경적이다.
② 비용이 많이 들지 않는다.
③ 속효성이다.
④ 잔효성이 길다.

정답 01. ④ 02. ④ 03. ② 04. ① 05. ①

해설 ②, ③, ④는 화학적 방제법의 특징이다.

06 담배모자이크바이러스의 구성 성분 중 병원성을 갖는 것은?

① 핵산 ② 단백질
③ 탄수화물 ④ 지질

해설 바이러스(virus)
- 핵산과 단백질로만 구성된다(비세포성 병원체로 세포가 없다).
- 식물바이러스 대부분은 핵산이 RNA로 구성된다.
- 전자현미경으로만 관찰이 가능하다.
- 인공배지에서 배양이 불가능하다.
- 전신병징을 나타낸다.

07 도열병균의 특정 레이스를 어떤 벼 품종에 접종하였더니 병반 형성이 전혀 없거나 과민성 반응이 나타났다면, 이 품종의 저항성으로 옳은 것은?

① 수평저항성
② 수직저항성
③ 포장저항성
④ 레이스 비특이적 저항성

해설 수직저항성(진정저항성=특이적 저항성)
- 병원균의 레이스에 대하여 기주의 품종 간에 감수성(병에 걸리기 쉬운 성질)이 다른 경우의 저항성을 말한다.
- 기주의 품종이 병원균의 레이스에 따라 저항성 정도의 차이가 크게 나타난다.
- 병원균의 침입에 대해 과민성 반응이 나타난다.
- 특이적 저항성, 진정저항성이라고 한다.
- 수직저항성은 소수의 주동유전자에 의해 발현된다.
- 재배 환경의 영향을 받지 않는다.
- 수직저항성을 가진 품종은 레이스의 변이로 감수성으로 되기 쉽다. 즉 병원균의 새로운 레이스가 생기면 기존 저항성은 무너지게 된다.

08 포도나무 노균병균이 월동하는 곳은?

① 곤충의 유충 ② 병든 잎
③ 종자 ④ 뿌리

해설 노균병은 주로 잎에서 발생하며 병든 잎에서 월동하므로 감염된 식물체를 제거하여 방제한다.

09 향나무에 감염된 배나무 붉은별무늬병균의 포자 이름은?

① 여름포자 ② 겨울포자
③ 녹포자 ④ 분생포자

해설 과수(사과 · 배) 붉은별무늬병(적성병)
- 병원체 : *Gymnosporangium asiaticum*
- 병징 : 잎에 작은 황색 무늬가 생기면서 이것이 점차 커져 적갈색 얼룩반점이 형성된다. 잎의 뒷면은 약간 솟아오르고 털 모양의 돌기에서 포자가 나온다.
- 특징
  - ㉠ 병원균은 이종기생을 하는데 4~5월까지 배나무에 기생하고, 6월 이후에는 향나무에 겨울포자를 형성하여 기생하며 균사의 형태로 월동한다.
  - ㉡ 3~5월 겨울포자퇴를 형성하고 겨울포자퇴는 강우에 부풀어 담포자가 형성되고 바람에 의해 비산되며 비산된 담포자는 배나무, 사과나무에 침입, 발병하여 피해를 주고 다시 소생자와 녹포자를 형성한다.
- 예방 : 중간 기주인 향나무를 제거하거나 방제할 때 향나무를 같이 방제한다.

10 식물병원 바이러스와 바이로이드의 차이점은?

① 입자 내 핵산의 존재 유무
② 핵산의 종류
③ 단백질 외피의 존재 유무
④ 입자 내 지질의 존재 유무

해설 바이로이드(viroid)
- 핵산(RNA)만으로 구성된다.
- 식물병원체 중 가장 작은 병원체이다.

정답 06. ① 07. ② 08. ② 09. ② 10. ③

• 전자현미경으로도 관찰이 쉽지 않다.
• 인공배지에서 배양이 불가능하다.
• 주요 병 : 감자 걀쭉병

11 **저장 곡물에 Aflatoxin이라는 독소를 생성하는 균은?**

① *Aspegillus flavus*
② *Achlya oruzae*
③ *Ascochyta pisi*
④ *Alternaria mali*

해설 맥각중독병
• 11~13세기까지 독일, 프랑스에서 계속 발생
• 인축에 공통적으로 피해를 준다.
• 사람 : 구토, 복통, 설사, 경련, 팔다리 괴저
• 가축(송아지) : 출혈
• 발생 : 귀리, 호밀, 밀, 보리
• Aflatoxin(아플라톡신) : *Aspergillus flavus*가 생산하는 균독소로 옥수수, 땅콩 등 저장 곡물의 부적합한 저장 시 발생할 소지가 있다.→1960년 영국에서 칠면조 수십만 마리 폐사(원인 : 브라질에서 수입한 땅콩에 기생한 *Aspergillus flavus*에 의한 Aflatoxin(아플라톡신)으로 밝혀졌다.

12 **토양전반에 의해 발생하는 토양전염병은?**

① 벼 도열병
② 팥 흰가루병
③ 오이 모잘록병
④ 배나무 갈색무늬병

해설 ① 벼 도열병 : 생포자의 형태로 월동하며 바람을 통해 전염된다.
② 팥 흰가루병 : 분생포자의 형태로 공기를 통해 전염되며 균사의 형태로 월동한다.
④ 배나무 갈색무늬병 : 병든 잎에서 포자로 월동하고 공기를 통해 전염된다.

13 **담자균류에 의한 깜부기병에 대한 설명으로 옳지 않은 것은?**

① 보리 겉깜부기병은 화기감염으로 발병한다.
② 보리 속깜부기병은 유묘감염으로 발병한다.
③ 옥수수 깜부기병은 성묘감염으로 발병한다.
④ 밀 비린깜부기병은 화기감염으로 발병한다.

해설 밀 비린깜부기병은 종자감염으로 발병한다.

14 **진균의 특징으로 옳지 않은 것은?**

① 세포 내 핵이 있다.
② 영양체는 주로 균사이다.
③ 번식체는 주로 포자이다.
④ 세포벽은 키틴을 갖지 않는다.

해설 키틴은 균사 세포벽의 주요 성분이다.

15 **식물 검역에 대한 설명으로 옳은 것은?**

① 식물에 면역작용이 생기게 하여 병을 방제하는 것
② 농약 등을 사용하여 화학적으로 방제하는 것
③ 열처리 등에 의해 병원균을 박멸하는 것
④ 병원균의 유입을 차단하고자 사전에 검사하여 병을 예방하는 것

해설 • 법적 방제는 식물방역법을 제정하여 식물검역 실시→해외 병해충의 국내 반입을 차단하는 방법을 말한다. 우리나라는 농림축산검역본부에서 업무를 관장한다.
• 식물검역 : 특정 병원균의 국가 간, 지역 간 이동 차단

정답 11. ① 12. ③ 13. ④ 14. ④ 15. ④

16 식물 바이러스병을 진단하는 방법으로 옳지 않은 것은?

① 지표식물검정법
② 효소항체검정법
③ 그람염색법
④ PCR법

해설 그람염색

- 세균을 분류하기 위한 가장 일반적인 방법이다.
- 방법 : 크리스탈자색 염료→요오드용액, 알코올 처리→샤프라닌 붉은 염료 처리

17 수박 덩굴쪼김병균이 월동하는 곳은?

① 매개곤충의 알　② 토양
③ 저장고　④ 중간 기주

해설 박과류 덩굴쪼김병

- 병원체 : *Fusarium oxysporum*
- 병징 : 유묘기에는 잘록증상으로 나타나며, 생육기에는 잎이 퇴색되고, 포기 전체가 서서히 시들며 황색으로 변해 말라죽는다.
- 전염 : 토양전염(대표적인 토양전염병이다.)
- 예방 방법 : 접목재배한다.

18 벼 오갈병을 매개하는 곤충은?

① 벼멸구
② 끝동매미충
③ 마름무늬매미충
④ 복숭아혹진딧물

해설 주요 매개충

- 벼 줄무늬잎마름병 : 애멸구
- 벼 오갈병 : 끝동매미충, 번개매미충
- 감자잎 말림병 : 복숭아혹진딧물
- 각종 모자이크병 : 진딧물 응애→오이 모자이크병(CMV; Cucumber Mosaic Virus)은 진딧물에 의해 비영속성 전염을 하며 세계적으로 가장 많이 분포한다.

19 사과 겹무늬썩음병을 일으키는 병원체는?

① 세균　② 곰팡이
③ 바이러스　④ 파이토플라스마

해설 자낭균류

- 자낭(포자가 들어있는 주머니=유성생식을 함)을 만들기 때문에 자낭균류라 부른다.
- 균사에 격막이 있다.
- 균핵을 만든다(균핵병).
- 자낭포자는 월동 후 1차 전염원, 분생포자(무성포자)는 다음 월동기까지 2차 전염원 역할을 한다.
- 종류 : 흰가루병, 흑성병, 맥류붉은곰팡이병, 깨씨무늬병, 사과 겹무늬썩음병, 복숭아잎 오갈병, 벚나무 빗자루병, 균핵병, 고구마 검은무늬병, 벼키다리병, 콩 미이라병, 소나무잎 떨림병, 탄저병

20 감자 둘레썩음병균이 월동하는 곳은?

① 잎　② 덩이줄기
③ 토양　④ 열매

해설 병든 괴경이나 농기구에 달라붙어 월동한다.

제2과목 농림해충학

21 톱밥같은 배설물을 밖으로 내보내지 않고 수피 속의 갱도에 쌓아 놓아 피해를 발견하기가 어려운 해충은?

① 미끈이하늘소　② 알락하늘소
③ 향나무하늘소　④ 털두꺼비하늘소

해설 향나무하늘소(측백나무하늘소)

- 기주식물 : 향나무, 측백나무, 편백나무
- 발생 : 연 1회
- 월동 : 성충으로 피해목에서 월동한다(기주식물의 기부(땅가 쪽 줄기) 또는 뿌리에 구멍을 파고 들어가 성충으로 월동한다).
- 피해 : 유충이 수피를 뚫고 형성층과 목질부의 일

정답 16. ③ 17. ② 18. ② 19. ② 20. ② 21. ③

부를 가해하면서 줄기를 한 바퀴 돌면 위쪽 줄기가 말라죽는다. 쇠약한 나무에 피해를 주지만 대발생하면 건전한 나무에도 피해를 주며, 벌레 똥을 밖으로 배출하지 않아 피해를 발견하기가 어렵다.

22 다음 중 호흡계의 기문 수가 가장 적은 곤충은?

① 나비 유충
② 나방 유충
③ 모기붙이 유충
④ 딱정벌레 유충

해설 기문

- 가운데가슴과 뒷가슴에 각각 1쌍, 매 마디에 8쌍이 있다(총 10쌍).
- 모기붙이류의 유충은 기문이 없다.

23 내배엽에서 만들어진 곤충의 소화기관은?

① 중장 ② 소낭
③ 전위 ④ 후장

해설 배자 발생

- 수정→배자 형성→부화
- 포배엽 형성, 배자원기 형성
- 낭배 형성(중앙 부위가 함입되어 있음)
- 외배엽 : 전장, 후장, 신경계, 피부, 기관계 형성
- 중배엽 : 근육, 지방체, 생식기관, 순환기관 형성
- 내배엽 : 중장 조직 형성

24 감자나방의 피해에 대한 설명으로 가장 거리가 먼 것은?

① 감자에 배설물이 나와 있다.
② 어린 감자의 생장점을 파고 들어간다.
③ 감자 잎의 표피를 뚫고 들어가 앞뒤 표피만 남긴다.
④ 담배의 뿌리를 가해하고, 밖으로 배설물을 배출한다.

해설 감자나방(감자뿔나방)

- 가지과(科) 작물의 세계적인 중요 해충으로 유충이 가지과 식물의 잎, 줄기, 덩이줄기 등을 가해한다.
- 감자가 어릴 때에는 굴나방처럼 생장점(生長點)에 잠입해 들어가는 경우가 많고, 발육 기간 중에는 잎의 표피를 파고 들어가 표피만 남기고 엽육(葉肉)을 먹어 버리므로 바람에 부러지기 쉽다.
- 피해 부위는 투명해져 발견하기 쉬우며, 똥은 한쪽 구석에 배설하여 피해부는 투명하게 보이지만 똥이 있는 곳은 흑색으로 보인다.
- 저장고에 저장 중인 감자 괴경에 대해서 많은 피해가 발견되는데, 성충이 주로 감자의 눈이 있는 곳에 산란하므로 부화 유충이 파먹어 들어가면 그을음 같은 똥이 배출되며, 유충이 커지면 배출되는 똥도 커지고 괴경의 표면에 주름이 생긴다.

25 진딧물의 생식 방법에 대한 설명으로 옳은 것은?

① 다른 곤충과는 달리 태생에 의해서만 번식한다.
② 양성생식과 단위생식을 함께 하며 태생도 한다.
③ 단위생식과 난생에 의해서만 번식한다.
④ 난생과 태생을 번갈아 한다.

해설 곤충의 생식 방법

- 난생(알로 번식) : 알을 낳아 부화하여 번식한다. 대부분의 곤충이 해당된다.
- 난태생 : 알이 몸 안에서 부화하여 구더기가 몸 밖으로 나온다(쉬파리).
- 태생 : 애벌레를 몸 안에서 키워 다 큰 애벌레를 몸 밖으로 낳는 것.
- 양성생식 : 암수의 교미에 의해 번식하는 방법이다.
- 단위생식 : 수정과정 없이 암컷 혼자서 새끼를 낳는다.
  - ㉠ 해당 곤충 : 총채벌레, 밤나무순혹벌, 민다듬이벌레, 진딧물류(여름형), 수벌, 벼물바구미
  - ㉡ 진딧물은 단위생식에 의한 태생과 양성생식에 의한 난생(알)을 같이 한다.

정답 22. ③ 23. ① 24. ④ 25. ②

- 자웅혼성(자웅동체) : 좌우 중 한쪽이 암컷, 다른 한쪽이 수컷인 경우이다.
- 다배생식 : 1개의 수정란에서 여러 마리의 유충이 나온다(송충알좀벌).
- 유생생식 : 유충이나 번데기가 생식을 하는 것이다(체체파리(인축 해충)).

26 **온실 재배 토마토에 바이러스병을 매개하는 해충으로 가장 피해를 많이 주는 것은?**

① 외줄면충 ② 갈색여치
③ 담배가루이 ④ 목화진딧물

해설 시설재배 주요 해충
- 온실가루이 : 오이, 수박, 토마토, 딸기, 장미 등
- 담배가루이 : 고구마, 수박, 가지, 호박, 고추, 참외, 오이 등
- 꽃노랑총채벌레 : 고추, 토마토, 장미, 국화 등
- 오이총채벌레 : 고추, 가지, 오이, 피망, 감자 등
- 아메리카잎굴파리 : 콩과, 국화과, 박과 등
- 응애류

27 **누에의 휴면호르몬이 합성되는 곳은?**

① 신경분비세포 ② 카디아카체
③ 알레로파시 ④ 알라타체

종류	기능
카디아카체	• 심장박동 조절에 관여
알라타체	• 머릿속에 1쌍의 신경구 모양의 조직 • 변태호르몬을 분비
앞가슴선	• 번데기 촉진에 관여 • 탈피호르몬(MH)인 엑디손 분비. 허물벗기호르몬(EH)·경화호르몬 분비
환상선	• 파리류 유충에서 작은 환상 조직이 기관으로 지지
신경분비세포	• 누에의 휴면호르몬 분비 → 식도하신경절

28 **다음 중 완전변태를 하지 않는 것은?**

① 버들잎벌레
② 진달래방패벌레
③ 복숭아명나방
④ 솔수염하늘소

해설 • 진달래방패벌레는 노린재목에 해당한다.
• 변태
㉠ 무변태 : 톡토기목, 낫발이목
㉡ 불완전변태(알 → 약충 → 성충) : 노린재목, 총채벌레목, 매미목, 메뚜기목, 집게벌레목
※ 매미목 : 콩가루벌레, 멸구류(애멸구, 벼멸구 등), 매미충류(끝동매미충, 번개매미충 등)
㉢ 완전변태(알→유충→번데기→성충) : 딱정벌레목, 나비목, 뱀잠자리목, 풀잠자리목, 밑들이목, 벼룩목, 파리목, 날도래목, 벌목
㉣ 과변태 : 기생성 벌류, 부채벌레목, 가뢰
※ 부채벌레목은 완전변태류에 속하지만, 과변태도 한다.

29 **배추좀나방에 대한 설명으로 옳지 않은 것은?**

① 겨울철에도 월평균기온이 영상 이상이면 발육과 성장이 가능하다.
② 일부 지역에서는 낙하산벌레라고도 한다.
③ 십자화과 채소류를 주로 가해한다.
④ 세대기간이 길어 번식속도가 느리다.

해설 배추좀나방
- 가해식물 : 유충이 배추, 양배추 결구(포기) 속을 들어가 가해한다.
- 세대기간이 짧아 번식이 빠르다.
- 일부 지역에서는 낙하산벌레라고도 한다.
- 겨울철에도 월평균기온이 영상 이상이면 발육과 성장이 가능하다.

정답 26. ③ 27. ① 28. ② 29. ④

30 다음 중 유시류에 속하는 것은?

① 낫발이 ② 하루살이
③ 좀붙이 ④ 톡토기

해설 • 무시류(날개 없음)의 종류 : 좀목, 낫발이목, 톡토기목
• 하루살이는 유시류(날개 있음)이다.

31 솔나방에 대한 설명으로 옳지 않은 것은?

① 새로 난 잎을 식해하는 것이 보통이나 밀도가 높으면 묵은 잎도 식해한다.
② 유충이 소나무의 잎을 식해하며 심한 피해를 받은 나무는 고사하기도 한다.
③ 연 1회 발생하고 제5령 충으로 월동한다.
④ 주로 월동 후의 유충기에 식해한다.

해설 솔나방
• 가해식물 : 유충이 소나무류, 솔송나무, 전나무의 잎을 먹는다.
• 묵은 잎을 식해하는 것이 보통이나 밀도가 높으면 새로 자라는 잎도 식해한다.
• 유충을 송충이라고 부른다.
• 연 1회 발생하고 유충으로 월동한다.
• 성충의 길이가 수컷은 30mm 정도이다.
• 고치는 긴 타원형이고 황갈색이다.
• 개체에 따라 색깔의 변화가 심하다.

32 다음 중 성충이 과실을 직접 가해하는 해충은?

① 복숭아명나방
② 배명나방
③ 으름밤나방
④ 포도유리나방

해설 ①,②,④는 유충이 가해한다.

33 미각과 관계 없는 곤충의 기관은?

① 큰 턱 ② 작은 턱수염
③ 윗입술 ④ 아랫입술수염

해설 큰 턱 : 좌우로 위치한 한 쌍의 이빨에 해당하며, 식물 조직을 뜯어서 자르고 씹는 역할 및 경우에 따라 방어, 공격을 위한 무기로 사용한다.

34 벼 줄기 속을 가해하여 새로 나온 잎이나 이삭이 말라 죽도록 가해하는 해충은?

① 진딧물 ② 혹명나방
③ 이화명나방 ④ 끝동매미충

해설 • ①,④는 흡즙성 해충이다.
• ② 혹명나방 : 유충이 벼 잎을 한 개씩 세로로 말고 그 속에서 잎살을 갉아 먹어 잎은 백색으로 변한다. 그물로 말아놓은 듯한 통 모양으로 말라죽는다.

35 다음 중 곤충 표피의 가장 바깥쪽에 있는 것은?

① 원표피 ② 왁스층
③ 기저막 ④ 시멘트층

해설 • 피부(체벽) → 표피, 진피, 기저막
• 외표피(상표피)
㉠ 몸의 가장 바깥쪽에 위치하고 여러 개의 층으로 구성되어 있다.→가장 바깥쪽에 시멘트층, 그 안쪽에 왁스층이 존재한다.
㉡ 두께는 3㎛ 이하이고 단백질과 지질로 구성되어 있다.
㉢ 표면은 왁스층으로 되어 있다.
※ 왁스층 : 표피 겉면으로 체내 수분 증발을 억제하여 건조로 인한 탈수를 방지하는 역할을 한다.
㉣ 소수성을 가지고 있어 빗방울을 떨쳐낼 수 있다.
㉤ 보호색을 가지고 있으며 자외선을 반사시키고 종 특이적 후각신호를 보내는 통로 역할을 한다.

정답 30. ② 31. ① 32. ③ 33. ① 34. ③ 35. ④

36 **다음 중 유충에서 성충까지 입틀의 형태가 변하지 않는 것은?**

① 꿀벌 ② 말매미
③ 학질모기 ④ 배추흰나비

해설 말매미
- 매미 중에서 가장 크다.
- 성충이 2~3년생 가지에 알을 낳으면 그 가지는 말라죽는다(산란에 의한 피해 해충).
- 애벌레는 땅속에서 6~7년간 생활한다(1세대를 경과하는데 해충 중에서 가장 긴 시간을 요한다).
- 일생 동안 입틀의 형태가 바뀌지 않는다.

37 **총채벌레목에 대한 설명으로 옳지 않은 것은?**

① 단위생식도 한다.
② 산란관이 잘 발달하여 식물의 조직 안에 알을 낳는다.
③ 불완전변태군에 속한다.
④ 입틀의 좌우가 같다.

해설 총채벌레목
- 몸 : 소형이지만 단단하다.
- 빠는 형의 입을 가지고 있다.
- 대부분 초식성 곤충이다.
- 입틀 : 좌우가 비대칭이다(입틀은 줄쓸어 빠는 형으로 오른쪽 큰 턱은 기능을 잃고 작게 퇴화되어 있어서 좌우 비대칭이다).
- 무성생식(단위생식)을 하는 것도 있다.
- 일부는 식물 바이러스를 매개하는 중요한 농업 해충이다.
- 날개 : 있는 것도 있고 없는 것도 있다.
- 불완전변태를 한다(번데기태가 있다).

38 **한여름 휴한기에 비닐하우스를 밀폐하고 토양온도를 높인 땅속 해충 방제법은?**

① 화학적 방제법 ② 환경적 방제법
③ 행동적 방제법 ④ 물리적 방제법

해설 온도(에너지)를 이용하는 물리적 방법이다.

39 **분류학적으로 개미가 속하는 곤충목은?**

① 딱정벌레목 ② 총채벌레목
③ 노린재목 ④ 벌목

해설 개미 : 절지동물 > 곤충강 > 벌목 > 개미과

40 **다음 중 유약호르몬이 분비되는 기관은?**

① 더듬이샘 ② 앞가슴샘
③ 알라타체 ④ 카디아카체

해설 27번 문제 해설 참고

제3과목 재배학원론

41 **다음 중 휴작의 필요 기간이 가장 긴 작물은?**

① 벼 ② 고구마
③ 토란 ④ 수수

해설 작물의 기지 정도
① 연작의 해가 적은 것 : 벼, 맥류, 조, 옥수수, 수수, 사탕수수, 삼, 담배, 고구마, 무, 순무, 당근, 양파, 호박, 연, 미나리, 딸기, 양배추, 꽃양배추, 아스파라거스, 토당귀, 목화 등
② 1년 휴작 작물 : 파, 쪽파, 생강, 콩, 시금치 등
③ 2년 휴작 작물 : 오이, 감자, 땅콩, 잠두, 마 등
④ 3년 휴작 작물 : 참외, 쑥갓, 강낭콩, 토란 등
⑤ 5~7년 휴작 작물 : 수박, 토마토, 가지, 고추, 완두, 사탕무, 우엉, 레드클로버 등
⑥ 10년 이상 휴작 작물 : 인삼, 아마 등

42 **다음 중 자연교잡률이 가장 낮은 것은?**

① 수수 ② 밀
③ 아마 ④ 보리

해설 주요 작물의 자연교잡률(%) : 벼 - 0.2~1.0, 보리 - 0.0~0.15, 밀 - 0.3~0.6, 조 - 0.2~0.6, 귀리와 콩 - 0.05~1.4, 아마 - 0.6~1.0, 가지 - 0.2~1.2, 수수 - 5.0 등

정답 36. ② 37. ④ 38. ④ 39. ④ 40. ③ 41. ③ 42. ④

43 답압을 진행하면 안 되는 경우는?

① 분얼이 왕성해질 경우
② 유수가 생긴 이후일 경우
③ 월동 전 생육이 왕성할 경우
④ 월동 중 서릿발이 설 경우

해설 답압(踏壓, 밟기; rolling)
① 의의
㉠ 가을보리 재배에서 생육초기~유수형성기 전까지 보리밭을 밟아주는 작업을 답압이라 한다.
㉡ 답압은 생육이 왕성한 경우에만 하며, 땅을 갈거나 이슬이 맺혔을 때는 피하는 것이 좋다.
㉢ 어린 이삭(유수)이 생긴 이후에는 피해야 한다.
② 답압의 효과
㉠ 서릿발이 많이 발생하는 곳에서의 답압은 뿌리를 땅에 고착시켜 동사를 방지하는 효과가 있다.
㉡ 도장, 과도한 생장을 억제한다.
㉢ 건생적 생육으로 한해(旱害)가 경감된다.
㉣ 분얼을 조장하며 유효경수가 증가하고 출수가 고르게 된다.
㉤ 토양이 건조할 때 답압은 토양비산을 경감시킨다.

44 식물체에서 기관의 탈락을 촉진하는 식물 생장 조절제는?

① 옥신 ② 지베렐린
③ 시토키닌 ④ ABA

해설 아브시스산의 작용
- 잎의 노화 및 낙엽을 촉진한다.
- 휴면을 유도한다.
- 종자의 휴면을 연장하여 발아를 억제한다.
- 단일식물을 장일조건에서 화성을 유도하는 효과가 있다.
- ABA 증가로 기공이 닫혀 위조저항성이 증진된다.
- 목본식물의 경우 내한성이 증진된다.

45 화성유도 시 저온 · 장일이 필요한 식물의 저온이나 장일을 대신하는 가장 효과적인 식물호르몬은?

① 지베렐린 ② CCC
③ MH ④ ABA

해설 화성의 유도 및 촉진
- 저온, 장일에 의해 추대되고 개화하는 월년생 작물에 지베렐린 처리는 저온, 장일을 대체하여 화성을 유도하고 개화를 촉진하는 효과가 있다.
- 배추, 양배추, 무, 당근, 상추 등은 저온처리 대신 지베렐린 처리하면 추대, 개화한다.
- 팬지, 프리지어, 피튜니아, 스톡 등 여러 화훼에 지베렐린 처리하면 개화 촉진의 효과가 있다.
- 추파맥류의 경우 6엽기 정도부터 지베렐린 100ppm 수용액을 몇 차례 처리하면 저온처리가 불충분해도 출수한다.

46 눈이 트려고 할 때 필요하지 않는 눈을 손끝으로 따주는 것을 무엇이라 하는가?

① 적아
② 환상박피
③ 절상
④ 휘기

해설 ② 환상박피(環狀剝皮, ringing, girdling) : 줄기 또는 가지의 껍질을 3~6cm 정도 둥글게 벗겨내는 작업으로 화아분화의 촉진 및 과실의 발육과 성숙이 촉진된다.
③ 절상(切傷, notching) : 눈 또는 가지 바로 위에 가로로 깊은 칼금을 넣어 그 눈이나 가지의 발육을 조장하는 작업이다.
④ 언곡(偃曲, 휘기; bending) : 가지를 수평이나 그보다 더 아래로 휘어서 가지의 생장을 억제시키고 정부우세성을 이동시켜 기부에 가지가 발생하도록 하는 작업이다.

정답 43. ② 44. ④ 45. ① 46. ①

47 작물의 내동성에 대한 설명으로 옳은 것은?

① 포복성인 작물이 직립성보다 약하다.
② 세포 내의 당함량이 높으면 내동성이 감소된다.
③ 원형질의 수분투과성이 크면 내동성이 증대된다.
④ 작물의 종류와 품종에 따른 차이는 경미하다.

해설 작물의 내동성

- 세포 내 자유수 함량이 많으면 세포 내 결빙이 생기기 쉬워 내동성이 저하된다.
- 세포액의 삼투압이 높으면 빙점이 낮아지고, 세포 내 결빙이 적어지며 세포 외 결빙 시 탈수저항성이 커져 원형질이 기계적 변형을 적게 받아 내동성이 증대한다.
- 전분 함량이 낮고 가용성 당의 함량이 높으면 세포의 삼투압이 커지고 원형질단백의 변성이 적어 냉동성이 증가한다. 전분 함량이 많으면 내동성이 약해진다.
- 원형질의 수분투과성이 크면 원형질 변형이 적어 내동성이 커진다.
- 원형질의 점도가 낮고 연도가 크면 결빙에 의한 탈수와 융해 시 세포가 물을 다시 흡수할 때 원형질의 변형이 적으므로 내동성이 크다.
- 지유와 수분의 공존은 빙점강하도가 커져 내동성이 증대된다.
- 원형질단백에 디설파이드기(-SS기)보다 설파하이드릴기(-SH기)가 많으면 기계적 견인력에 분리되기 쉬워 원형질의 파괴가 적고 내동성이 증대한다.
- 원형질의 친수성 콜로이드가 많으면 세포 내 결합수가 많아지고 자유수가 적어져 원형질의 탈수저항성이 커지고, 세포 결빙이 감소하므로 내동성이 증대된다.
- 친수성 콜로이드가 많고 세포액의 농도가 높으면 광에 대한 굴절률이 커지고 내동성도 커진다.

48 다음 중 중일성 식물은?

① 코스모스 ② 토마토
③ 나팔꽃 ④ 국화

해설 중성식물(中性植物, day-neutral plant, 중일성 식물)

- 일정한 한계일장이 없이 넓은 범위의 일장에서 개화하는 식물로 화성이 일장에 영향을 받지 않는다고 할 수도 있다.
- 강낭콩, 가지, 고추, 토마토, 당근, 셀러리 등

49 풍해를 받았을 경우 작물체에 나타나는 생리적 장해로 가장 거리가 먼 것은?

① 광합성의 감퇴
② 호흡의 증대
③ 작물체온의 증가
④ 작물체의 건조

해설 바람에 의한 증산의 증가로 작물체온은 낮아진다.

50 다음 중 작물의 적산온도가 가장 낮은 것은?

① 담배 ② 벼
③ 메밀 ④ 아마

해설
- 담배 : 3,200~3,600℃
- 벼 : 3,500~4,500℃
- 메밀 : 1,000~1,200℃
- 아마 : 1,600~1,850℃

51 다음 중 수중에서 발아가 가장 어려운 작물은?

① 벼 ② 상추
③ 당근 ④ 콩

해설 수중에서의 종자 발아 난이도

- 수중 발아를 못하는 종자 : 밀, 귀리, 메밀, 콩, 무, 양배추, 고추, 가지, 파, 알팔파, 옥수수, 수수, 호박, 율무 등
- 수중에서 발아 감퇴 종자 : 담배, 토마토, 카네이션, 화이트클로버, 브롬그라스 등

정답 47. ③ 48. ② 49. ③ 50. ③ 51. ④

- 수중 발아가 잘되는 종자 : 벼, 상추, 당근, 셀러리, 피튜니아, 티머시, 캐나다블루그라스 등

52 **녹체춘화형 식물로만 나열된 것은?**

① 추파맥류, 봄무
② 사리풀, 양배추
③ 봄무, 잠두
④ 완두, 잠두

해설 녹체춘화형식물(綠體春化型植物, green vernalization type)
- 식물이 일정한 크기에 달한 녹체기에 처리하는 작물
- 양배추, 사리풀 등

53 **다음 중 작물의 복토 깊이가 가장 깊은 것은?**

① 오이　② 당근
③ 생강　④ 파

해설
- 0.5~1.0cm 복토 : 가지, 토마토, 소립목초종자, 파, 양파, 당근, 상추, 유채, 담배, 양배추, 순 무, 차조기, 고추 등
- 2.5~3.0cm 복토 : 보리, 밀, 호밀, 귀리, 아네모네
- 3.5~4.0cm 복토 : 콩, 팥, 옥수수, 완두, 강낭콩, 잠두
- 5.0~9.0cm 복토 : 감자, 토란, 생강, 크로커스, 글라디올러스
- 10cm 이상 복토 : 튤립, 수선화, 히아신스, 나리

54 **다음 중 보상점이 가장 낮은 식물은?**

① 밀　② 보리
③ 벼　④ 옥수수

해설 C_4식물
- C_3 식물과 달리 수분을 보존하고 광호흡을 억제하는 적응기구를 가지고 있다.
- 날씨가 덥고 건조한 경우 기공을 닫아 수분을 보존하며, 탄소를 4탄소화합물로 고정시키는 효소를 가지고 있어 기공이 대부분 닫혀있어도 광합성을 계속할 수 있다.
- 옥수수, 수수, 사탕수수, 기장, 버뮤다그라스, 명아주 등이 이에 해당한다.
- 이산화탄소 보상점이 낮고 이산화탄소 포화점이 높아 광합성 효율이 매우 높은 특징이 있다.

55 **다음 중 뿌림골을 만들고 그곳에 줄지어 종자를 뿌리는 방법으로 옳은 것은?**

① 적파　② 점파
③ 산파　④ 조파

해설
① 적파(摘播, seeding in group) : 점파와 비슷한 방법으로 점파 시 한 곳에 여러 개의 종자를 파종하는 방법이다.
② 점파(點播, 점뿌림; dibbling) : 일정 간격을 두고 하나 또는 수 개의 종자를 띄엄띄엄 파종하는 방법이다.
③ 산파(散播, 흩어뿌림; broadcasting) : 포장 전면에 종자를 흩어뿌리는 방법이다.

56 **벼의 침관수 피해가 가장 크게 나타나는 조건은?**

① 고수온, 유수, 청수
② 고수온, 정체수, 탁수
③ 저수온, 정체수, 탁수
④ 저수온, 유수, 청수

해설 침수해의 요인
- 수온 : 높은 수온은 호흡기질의 소모가 많아져 관수해가 크다.
- 수질
  ㉠ 탁한 물은 깨끗한 물보다, 고여 있는 물은 흐르는 물보다 수온이 높고 용존산소가 적어 피해가 크다.
  ㉡ 청고 : 수온이 높은 정체탁수로 인한 관수해로 단백질 분해가 거의 일어나지 못해 벼가 죽을 때 푸른색이 되어 죽는 현상
  ㉢ 적고 : 흐르는 맑은 물에 의한 관수해로 단백질 분해가 생기며 갈색으로 변해 죽는 현상

정답 52. ② 53. ③ 54. ④ 55. ④ 56. ②

57 다음 중 동상해 대책으로 틀린 것은?

① 방풍시설 설치
② 파종량 경감
③ 토질 개선
④ 품종 선정

해설 적기 파종하고, 한지에서는 파종량을 늘린다.

58 다음 중 식물학상 과실로 과실이 나출된 식물은?

① 쌀보리 ② 겉보리
③ 귀리 ④ 벼

해설 • 식물학상 종자 : 두류, 유채, 담배, 아마, 목화, 참깨, 배추, 무, 토마토, 오이, 수박, 고추, 양파 등
• 식물학상 과실
㉠ 과실이 나출된 것 : 밀, 쌀보리, 옥수수, 메밀, 들깨, 호프, 삼, 차조기, 박하, 제충국, 상추, 우엉, 쑥갓, 미나리, 근대, 시금치, 비트 등
㉡ 과실이 영(穎)에 쌓여 있는 것 : 벼, 겉보리, 귀리 등
㉢ 과실이 내과피에 쌓여 있는 것 : 복숭아, 자두, 앵두 등

59 다음 중 땅속줄기로 번식하는 작물은?

① 베고니아 ② 마
③ 생강 ④ 고사리

해설 종묘로 이용되는 영양기관의 분류
• 눈(芽, bud) : 포도나무, 마, 꽃의 아삽 등
• 잎(葉, leaf) : 산세베리아, 베고니아 등
• 줄기(莖, stem)
㉠ 지상경(地上莖) 또는 지조(枝條) : 사탕수수, 포도나무, 사과나무, 귤나무, 모시풀 등
㉡ 근경(根莖, 땅속줄기; rhizome) : 생강, 연, 박하, 호프 등
㉢ 괴경(塊莖, 덩이줄기; tuber) : 감자, 토란, 돼지감자 등
㉣ 구경(球莖, 알줄기; corm) : 글라디올러스, 프리지어 등
㉤ 인경(鱗莖, 비늘줄기; bulb) : 나리, 마늘, 양파 등
㉥ 흡지(吸枝, sucker) : 박하, 모시풀 등
• 뿌리
㉠ 지근(枝根, rootlet) : 부추, 고사리, 닥나무 등
㉡ 괴근(塊根, 덩이뿌리; tuberous root) : 고구마, 마, 달리아 등

60 다음 중 인과류로만 나열되어 있는 것은?

① 사과, 배 ② 복숭아, 자두
③ 무화과, 밤 ④ 감, 딸기

해설 과수(果樹, fruit tree)의 형태적 분류
㉠ 인과류(仁果類) : 사과, 배, 모과 등
㉡ 핵과류(核果類) : 복숭아, 자두, 살구, 매실 등
㉢ 장과류(漿果類) : 포도, 딸기, 무화과 등
㉣ 각과류(殼果類, =견과류) : 밤, 호두 등
㉤ 준인과류(準仁果類) : 단감, 감귤, 오렌지 등

제4과목 농약학

61 Fenthion 30% 유제를 500배로 희석해서 10a당 144L를 살포하여 해충을 방제하고자 할 때 Fenthion 30% 유제의 소요량(mL)은?

① 144 ② 188
③ 244 ④ 288

해설 10a당 소요 약량=단위면적당 사용량÷소요희석배수=144,000ml÷500=288

62 소나무에서 발생하는 솔나방을 방제하는데 주로 사용할 수 있는 유기인제 약제는?

① Trifluralin
② Fenitrothion
③ Chlorothalonil
④ Glufosinate ammonium

정답 57. ② 58. ① 59. ③ 60. ① 61. ④ 62. ②

해설 ① Trifluralin : 제초제
② Fenitrothion : 유기인계 살충제
③ Chlorothalonil : 살균제
④ Glufosinate ammonium : 제초제(아미노산 합성 저해제)

63 **살초작용에 따른 제초제의 구분에서 식물체의 뿌리로부터 위쪽으로만 약 성분이 전달되는 제초제는?**

① 호르몬형　② 비호르몬형
③ 접촉형　④ 이행형

해설 이행형 제초제(移行型除草劑) : 처리된 부위에서 양분이나 수분의 이동 경로로 이동하여 다른 부위에도 약효를 보이는 제초제

64 **전착제에 대한 설명으로 적절하지 못한 것은?**

① 우리나라에서는 농약의 범주에 속한다.
② 유효성분의 측정은 표면장력으로 확인한다.
③ 농약의 밀도를 높여 균일 살포를 돕는다.
④ 농약의 주성분을 식물체에 잘 확전, 부착시키기 위한 보조제이다.

해설 전착제
- 주성분을 병해충 또는 식물체에 전착시키기 위한 약제로 우리나라에서는 농약의 범주에 속한다.
- 농약의 주성분을 식물체에 잘 확전, 부착시키기 위한 보조제로 유효성분의 측정은 표면장력으로 확인한다.
- 전착제가 갖추어야 할 요건 : 확전성, 부착성, 고착성

65 **과실의 착색 · 숙기촉진을 위하여 주로 사용되는 약제는?**

① Butralin
② Indoxacarb
③ Calcium carbonate
④ Ethephon

해설 Ethephon : 식물체에 살포하면 식물체 내에서 에틸렌을 발생시키는 수용액 조절물질

66 **Kasugamycin 및 Streptomycin과 같은 살균제의 작용기작은?**

① 호흡 저해
② 단백질 합성 저해
③ 세포벽 형성 저해
④ 세포막 형성 저해

해설
- Protein(프로테인) 합성 저해제 : Blasticidin-s, Kasugamycine, 스트렙토마이신 등
- Chitin(키틴) 합성 저해
- 지질 합성 저해제 : Steroid 생합성을 저해
- 핵산생합성 저해 : YRNA 합성 관련 Polymerase 저해(Phenylamide계(페닐아미드계))

67 **농약관리법령상 농약의 방제 대상이 아닌 것은?**

① 곤충　② 응애
③ 선충　④ 천적

해설 "농약"이란 다음 각 목에 해당하는 것을 말한다.
가. 농작물[수목(樹木), 농산물과 임산물을 포함한다. 이하 같다]을 해치는 균(菌), 곤충, 응애, 선충(線蟲), 바이러스, 잡초, 그 밖에 농림축산식품부령으로 정하는 동식물(이하 "병해충"이라 한다)을 방제(防除)하는 데에 사용하는 살균제 · 살충제 · 제초제
나. 농작물의 생리기능(生理機能)을 증진하거나 억제하는 데에 사용하는 약제
다. 그 밖에 농림축산식품부령으로 정하는 약제

정답 63. ④ 64. ③ 65. ④ 66. ② 67. ④

68 식물생장조절제(PGR; Plant Growth Teg-ulator)로 사용되지 않은 농약은?

① Gibberellic acid
② 1−naphthylacetamide
③ Mepiquat chloride
④ Monocrotophos

해설 ① Gibberellic acid : 지베렐린
② 1-naphthylacetamide : NAD로 합성 옥신
③ Mepiquat chloride : 안티지베렐린
④ Monocrotophos : 살충제(모노크로토프스) : 유기인계 살충제 농약으로 조류와 꿀벌에 대한 독성이 있다. 사과와 담배, 배추 등의 진딧물이나 솔잎혹파리 방제에 사용된다.

69 침투성 제초제로 아래와 같은 구조를 갖는 성분은?

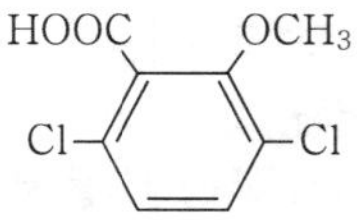

HOOC OCH_3
Cl Cl

① IAA ② 2, 4−D
③ dicamba ④ fluroxypyr

해설

Dicamba	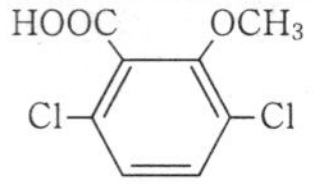 HOOC OCH_3, Cl, Cl
Captan (Orthocide)	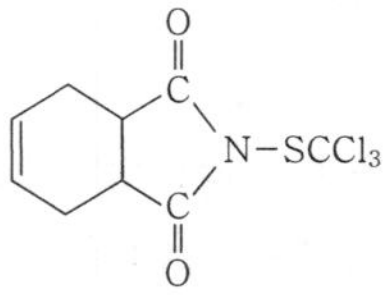 O, C, N−$SCCl_3$, C, O
Sulfonylurea 계	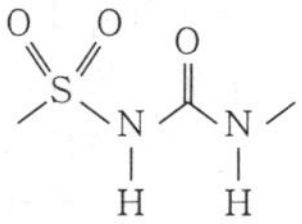 O O O, S, N N, H H
Parathion	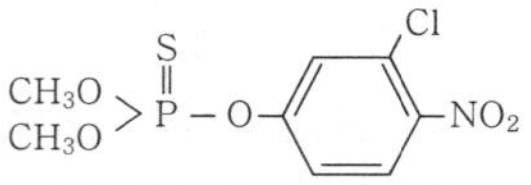 S, Cl, CH_3O CH_3O > P − O −, NO_2

70 저장 곡류(穀類)에 주로 사용되는 훈증제(fumigant)는?

① Triclopyr−TEA
② Procymidone
③ Methyl bromide
④ Alpha−cypermethrin

해설 메틸브로마이드는 현미, 소맥 등의 방충 목적으로 가스 훈증에 이용한다.

71 농약 등록을 위한 농약안전성 평가 항목 중 환경생물독성에 해당되는 것은?

① 급성 독성 ② 어독성
③ 아급성 독성 ④ 신경 독성

해설 농약의 어독성 구분

- 잉어에 대한 반수치사농도(mg/l/48hr) : 48시간 후에도 50%가 견뎌내는 약제 농도(TLm으로 표시)

구분	잉어 반수치사농도 (ppm, 48시간)	사용제한
Ⅰ급	0.5ppm 미만	한천에 유입시켜서는 안 된다.
Ⅱ급	0.5~2.0ppm	일시에 광범위하게 사용 금지
Ⅲ급	2.0ppm 이상	통상 방법으로 영향이 없다.

- 가장 어독성이 강한 약제 : 벤드린
- 어독성의 강도 : 유제 〉 수화제 〉 분제

72 비침투성 살균제인 Mancozeb에 대한 설명으로 옳은 것은?

① 유기유황계 농약이다.
② 무기유황계 농약이다.
③ 구리화합물이다.
④ 유기수은제 농약이다.

정답 68. ④ 69. ③ 70. ③ 71. ② 72. ①

해설 만코제브

- 탄저병을 비롯한 광범위한 보호살균제로 가장 널리 이용되고 있다.
- 유기유황제이다.
- 품목명은 만코지, 상품명은 다이센 M-45이다.
- 단점 : 고온다습 조건에서 불안정하다. 잘 밀봉하여 냉암소에 보관해야 한다.

73 Pyrethrin 살충제의 주요 살충기작은?

① 원형질독　② 호흡독
③ 근육독　④ 신경독

해설 제충국(국화과 식물)

- 살충성분 : 피레트린(Pyrethrin)
- 살충기작 : 신경독
- 살충제로 피레트린 II가 가장 살충성분이 강하다.
- 가정용 파리약, 모기약은 피레트린 I을 사용한다.

74 약해의 원인으로 가장 거리가 먼 것은?

① 농약제제에 불순물의 혼입
② 표준 사용량보다 적게 사용
③ 원제 부성분에 의한 이상 발생
④ 동시 사용으로 인한 약해

해설 약해의 발생 원인

- 대상 작물의 생육상태가 불량한 경우
- 사용 약제의 농도나 사용량이 과다한 경우
- 약제의 혼용으로 화학적 변화가 일어난 경우
- 생육적온보다 고온인 경우 농약의 과잉 흡수
- 생육적온보다 저온인 경우 약제에 대한 저항성 감소
- 공중습도가 높은 경우 농약의 침투량 증대
- 토양의 유기물 함량, 토양수분

※ 약해가 발생하는 환경 조건 : 가뭄>고온>과습

75 Captan(Orthocide)의 구조식은?

① $CH_2-NH-C(=S)-Na$ / $CH_2-NH-C(=S)-Na$

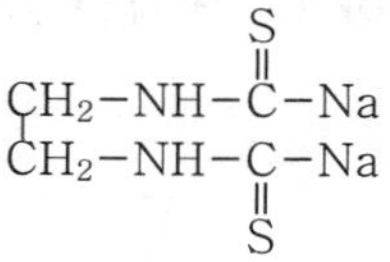

② Cl, Cl, Cl, Cl, Cl 치환 벤젠고리 -OH

③ (테트라하이드로프탈이미드 고리: C=O, C=O) $N-SCCl_3$

④ $(CH_3O)_2 > P(=S) - O -$ 벤젠고리 $- NO_2$

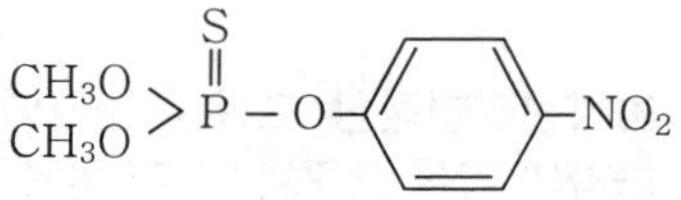

해설

Dicamba	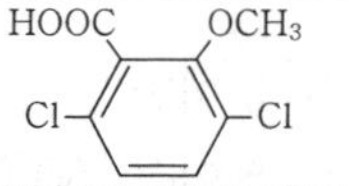 HOOC, OCH_3, Cl-, -Cl (벤젠고리)
Captan (Orthocide)	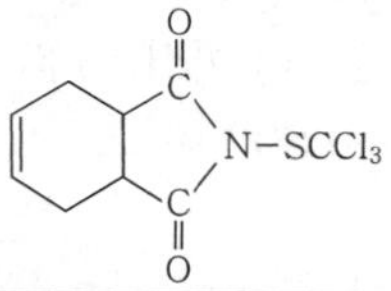 (C=O, C=O 고리) $N-SCCl_3$
Sulfonylurea계	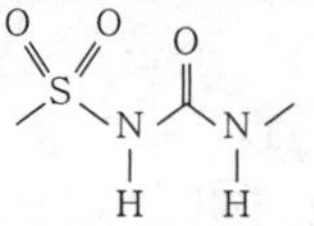 O O O, S, N, N, H H
Parathion	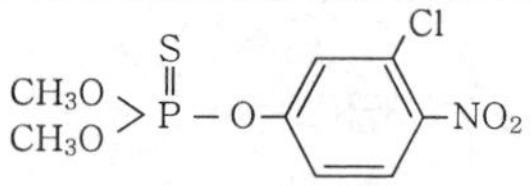 CH_3O, CH_3O > P(=S) - O - (벤젠고리, Cl) -NO_2

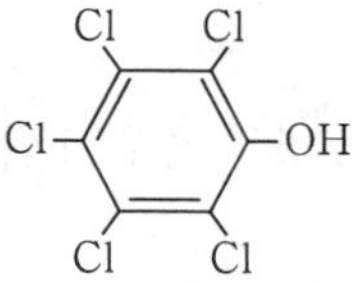

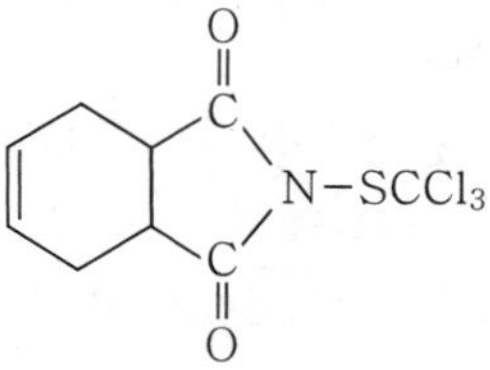

정답 73. ④ 74. ② 75. ③

76 벼 재배용 농약의 사용량을 고려한 어독성 구분을 위한 아래 식에 대한 설명 중 틀린 것은?

$$Z = \frac{Y}{X}$$

① 계산결과 Z〉5일 경우 Ⅰ급으로 구분한다.
② 계산결과 Z〈0.1일 경우 Ⅲ급으로 구분한다.
③ X는 농약 등의 어류 LD50이다.
④ Y는 농약 등의 논물 중 기대농도치(mg/L, 수심 5cm)이다.

해설 X : 농약 등의 어류 LC50(mg/l)

77 농약관리법령상 고독성 농약에 해당하는 농약의 급성 경구독성(LF50)은? (단, 농약은 고체이며, 단위는 mg/kg체중이다.)

① 5 미만
② 5 이상, 50 미만
③ 50 이상, 500 미만
④ 500 이상

해설

구분	LD, mg/kg 체중	
	경구독성	
	고상	액상
1급(맹독성)	〈5	〈20
2급(고독성)	5~49	20~199
3급(보통독성)	50~499	200~1,999
4급(저독성)	≧500	≧2,000

78 농약 보조제가 아닌 것은?

① 용제 ② 계면활성제
③ 증량제 ④ 도포제

해설 보조제란 살충제의 효력을 증진할 목적으로 사용하는 약제를 말하며 전착제, 증량제, 용제, 유화제(계면활성제), 협력제가 있다.

79 농약관리법령상 대립제(GG)의 검사항목은?

① 확산성 ② 수화성
③ 분말도 ④ 가비중

해설 대립제(GG)는 부유 확산되면서 약효가 발현되는 농약으로 유효성분과 확산성을 검사항목으로 한다.

80 다음 중 입자(粒子)의 크기가 가장 큰 제형은?

① 입제 ② 분제
③ 수화제 ④ 정제

해설 정제는 분말 또는 결정성의 의약품을 일정한 형상으로 압축하여 만든 고형의 약제로 가장 크다.

제5과목 잡초방제학

81 다음 중 벼와 광경합이 가장 크게 일어나는 잡초는?

① 논뚝외풀 ② 올미
③ 쇠털골 ④ 강피

해설
- 옥수수를 제외한 대다수 작물은 C_3 광합성 회로를 가지고 있으나 문제되는 잡초는 C_4 광합성 회로를 가지고 있어 광합성 효율이 매우 높고 불량 환경 조건에서 적응력이 강하다.
- C_4 광합성 회로를 가지고 있는 잡초 : 향부자, 우산잔디, 피, 왕바랭이, 띠

82 상호대립억제작용에 대한 설명으로 옳은 것은?

① 쌍자엽식물에는 있으나 단자엽식물에는 없다.
② 작물과 작물 간에는 일어나지 않는다.
③ 타감작용이라고 하기도 한다.
④ 작물은 발아 시에만 피해를 받는다.

정답 76. ③ 77. ② 78. ④ 79. ① 80. ④ 81. ④ 82. ③

해설 Allelopathy(상호타감작용. 유해물질의 분비) : 식물의 생체(잡초 뿌리에서 유해물질 분비) 및 고사체의 추출물이 다른 식물의 발아와 생육에 영향

83 다음 중 사초과 잡초가 아닌 것은?

① 둑새풀　② 향부자
③ 올방개　④ 너도방동사니

해설

<table>
<tr><th colspan="3">구분</th><th>잡초</th></tr>
<tr><td rowspan="6">논잡초</td><td rowspan="3">1년생</td><td>화본과</td><td>강피, 물피, 돌피, 둑새풀</td></tr>
<tr><td>방동사니과</td><td>참방동사니, 알방동사니, 바람하늘지기, 바늘골</td></tr>
<tr><td>광엽잡초</td><td>물달개비, 물옥잠, 여뀌, 자귀풀, 가막사리</td></tr>
<tr><td rowspan="3">다년생</td><td>화본과</td><td>나도겨풀</td></tr>
<tr><td>방동사니과</td><td>너도방동사니, 올방개, 올챙이고랭이, 쇠털골, 매자기</td></tr>
<tr><td>광엽잡초</td><td>가래, 벗풀, 올미, 개구리밥, 미나리</td></tr>
<tr><td rowspan="6">밭잡초</td><td rowspan="3">1년생</td><td>화본과</td><td>바랭이, 강아지풀, 돌피, 둑새풀(2년생)</td></tr>
<tr><td>방동사니과</td><td>참방동사니, 금방동사니</td></tr>
<tr><td>광엽잡초</td><td>개비름, 명아주, 여뀌, 쇠비름, 냉이(2년생), 망초(2년생), 개망초(2년생)</td></tr>
<tr><td rowspan="3">다년생</td><td>화본과</td><td>참새피, 띠</td></tr>
<tr><td>방동사니과</td><td>향부자</td></tr>
<tr><td>광엽잡초</td><td>쑥, 씀바귀, 민들레, 쇠뜨기, 토끼풀, 메꽃</td></tr>
</table>

84 잡초 종자의 산포 방법으로 틀린 것은?

① 가막사리 : 바람에 잘 날려서 이동함
② 소리쟁이 : 물에 잘 떠서 운반됨
③ 바랭이 : 성숙하면서 흩어짐
④ 메귀리 : 사람이나 동물 몸에 잘 부착함

해설 잡초의 전파 방법
- 작물의 종자 등에 섞여서 전파
- 바람에 의한 전파 : 민들레, 엉겅퀴속, 박주가리
- 물에 의한 전파 : 빗물, 관수 등
- 인축에 의한 전파 : 인축의 배설물, 사람의 옷, 동물의 털에 붙어서 전파(도꼬마리, 진득찰, 도깨비바늘, 가막사리)
- 농기구에 의한 전파

85 2년생 잡초에 대한 설명으로 틀린 것은?

① 망초, 냉이, 방가지똥 등이 있다.
② 2년 동안에 생활환을 완전히 끝낸다.
③ 월동기간에 화아가 분화하며 주로 온대지역에서 볼 수 있는 잡초이다.
④ 주로 봄과 여름에 발생하여 같은 해 여름과 가을까지 결실하고 고사한다.

해설 2년생 잡초
- 2년 동안에 일생을 마친다.
- 첫해에 발아, 생육하고 월동한다.
- 월동기간 중 화아분화 하여 이듬해 봄에 개화 결실 후 고사한다.
- 종류 : 달맞이꽃, 나도냉이, 갯질경이

86 잡초의 유용성에 대한 설명으로 틀린 것은?

① 토양의 침식을 방지한다.
② 병해충 전파를 막아준다.
③ 토양에 유기물을 공급한다.
④ 상황에 따라 작물로써 활용할 수 있다.

해설 잡초의 유용성
- 토양에 유기질(비료)의 공급
- 토양침식 방지 : 폭우에 의한 논뚝, 밭뚝, 제방 붕괴 방지
- 자원 식물화
  - ㉠ 사료작물 : 피 등 가축이 식용가능한 모든 잡초
  - ㉡ 구황식물 : 피, 올방개, 올미, 쑥 등 사람이 식용가능한 모든 식물
    - ※ 구황식물 : 계속된 흉년이나 전쟁 등으로 식량이 바닥났을 때 식량을 대신 할 수 있는 식물
  - ㉢ 약용작물 : 별꽃, 반하 등

정답 83. ① 84. ① 85. ④ 86. ②

㉣ 관상용 : 물옥잠
㉤ 염료용 : 쪽

- 유전자원(내성식물 육성을 위한)
- 수질정화(물이나 토양 정화) : 물옥잠, 부레옥잠
- 토양의 물리성 개선
- 조경식물로 이용 : 벌개미취, 미국쑥부쟁이, 술패랭이꽃

87 **다음 중 지하경으로 번식이 가능한 잡초로 가장 거리가 먼 것은?**

① 향부자 ② 올방개
③ 올미 ④ 돌피

해설 돌피는 1년생 잡초로 주로 종자번식을 한다.

88 **발아의 계절성에 대한 설명으로 옳은 것은?**

① 습도에 반응하여 발아하는 특성이다.
② 광도에 반응하여 발아하는 특성이다.
③ 온도에 반응하여 발아하는 특성이다.
④ 일장에 반응하여 발아하는 특성이다.

해설 잡초종자의 일반적 발아 특성

- 발아의 주기성 : 일정한 주기를 가지고 동시에 발아한다.
- 발아의 계절성 : 발아에 있어 온도보다는 일장에 반응하여 휴면을 타파하고 발아한다.→장일 조건(봄잡초), 여름(하잡초), 단일조건(가을잡초), 겨울(겨울잡초)
- 발아의 기회성 : 일장보다는 온도조건이 맞으면 발아하는 잡초도 있다.
- 발아의 준동시성 : 일정 기간 내에 동시에 발아하는 잡초의 특성
- 발아의 연속성 : 오랜 기간 동안 지속적으로 발아하는 유형의 잡초

89 **방동사니과 잡초가 아닌 것은?**

① 참새피 ② 매자기
③ 올방개 ④ 올챙이고랭이

해설 83번 문제 해설 참고

90 **다음 중 잡초의 초형이 가장 작은 것은?**

① 가막사리 ② 쇠털골
③ 올방개 ④ 피

해설 쇠털골이 3~10cm 정도로 가장 작다.

91 **밭잡초로만 나열되지 않은 것은?**

① 개비름, 닭의장풀
② 깨풀, 좀바랭이
③ 가래, 여뀌바늘
④ 메귀리, 속속이풀

해설 83번 문제 해설 참고

92 **벼와 피를 구분할 때 주요한 형태적 차이점은?**

① 잎초와 떡잎의 유무
② 잎선과 엽초의 유무
③ 엽신과 잎선의 유무
④ 잎혀와 엽이의 유무

해설 피와 벼의 차이점

- 벼 : 엽초, 엽이, 엽설, 엽신으로 구성
- 피 : 엽초, 엽신으로 구성

※ 피는 엽이, 엽설(잎혀)이 없다.

93 **잡초의 밀도가 증가되면 작물의 수량이 감소한다. 이에 따라 어느 밀도 이상으로 잡초가 존재하면 작물의 수량이 현저히 감소되는 수준까지의 밀도를 무엇이라 하는가?**

① 경제적 허용밀도
② 잡초허용 한계밀도
③ 잡초허용 최대밀도
④ 잡초피해 한계밀도

정답 87. ④ 88. ④ 89. ① 90. ② 91. ③ 92. ④ 93. ②

해설 잡초의 허용한계 밀도 : 어느 밀도 이상으로 잡초가 존재할 경우 작물의 수량이 현저히 감소되는 수준까지의 밀도를 말한다.

※ 경제한계밀도(economic threshold level) : 제초비용과 방제로 인한 수량이득이 상충되는 수준의 밀도를 허용한계밀도에 추가하여 허용한 잡초밀도를 말한다. 즉 제초비용과 방제로 인한 수량 증가에 따른 이득이 같아질 때의 잡초 밀도이다.

94 잡초의 생육 특성에 대한 설명으로 틀린 것은?

① 바랭이, 여뀌는 건조에 대한 내성이 크다.
② 향부자, 별꽃은 토양의 산소 농도가 낮아도 잘 발생한다.
③ 잡초 종자가 무거울수록 출아심도가 깊다.
④ 갈퀴덩굴, 둑새풀은 주로 비옥한 땅에서 발생하는 습성이 있다.

해설 향부자, 별꽃은 밭잡초에 해당하며, 토양 산소 농도가 낮아도 잘 발생하는 것은 수생잡초(논잡초)이다.

95 다음 중 잔디밭에 가장 많이 발생하는 잡초로만 나열된 것은?

① 민들레, 명아주
② 여뀌, 물피
③ 한련초, 개비름
④ 토끼풀, 꽃다지

해설 잔디밭 잡초 종류 : 바랭이, 토끼풀, 매듭풀, 강아지풀, 꽃다지 등

96 다음 중 포자로 번식하는 것은?

① 가래 ② 개구리밥
③ 생이가래 ④ 방동사니

해설 ① 가래 : 근경번식
② 개구리밥 : 뿌리가 나오는 옆에서 새로운 싹이 생겨 번식
④ 방동사니 : 1년생으로 종자번식

97 잡초의 생장형에 따른 분류로 틀린 것은?

① 총생형 : 둑새풀
② 분지형 : 광대나물
③ 포복형 : 가막사리
④ 직립형 : 명아주

해설 생장형에 따른 분류
- 직립형 : 명아주, 가막사리, 자귀풀
- 포복형 : 메꽃, 쇠비름
- 총생형 : 억새, 둑새풀, 피
- 분지형 : 광대나물, 사마귀풀
- 로제트형 : 민들레, 질경이
- 망경형 : 거지덩굴, 환삼덩굴

98 잡초 종자가 휴면하는 원인으로 거리가 가장 먼 것은?

① 배의 미숙
② 생장조절물질의 불균형
③ 물의 투수성 방해
④ 탄산가스의 결핍

해설 휴면의 원인
- 종피에 의한 휴면 : 불투수성, 불투기성, 가스교환의 방해, 배의 생장에 대한 기계적 장해
- 배의 불완전 및 미숙
- 발아억제 물질의 존재
  ㉠ 대표적인 발아억제 물질 : ABA(아브시스산)
  ㉡ 휴면성이 없는 잡초 : 올미, 너도방동사니

정답 94. ② 95. ④ 96. ③ 97. ③ 98. ④

99 잡초 종자의 모양이 올바르게 연결된 것은?

① 포크 모양 : 바랭이, 어저귀
② 낙하산 역할의 솜털 : 망초, 민들레
③ 비늘 모양의 가시 : 명아주, 도깨비바늘
④ 낚싯바늘 모양의 돌기 : 도꼬마리, 달개비

해설 종자의 이동 형태

- 솜털, 깃털 등으로 바람에 날려 이동 : 민들레, 망초, 방가지똥 등
- 꼬투리가 물에 부유하여 이동 : 소리쟁이, 벗풀 등
- 갈고리 모양의 돌기 등으로 인축에 부착하여 이동 : 도깨비바늘, 도꼬마리, 메귀리 등
- 결실하면 꼬투리가 터져 흩어져 이동 : 달개비 등

100 다음 중 발아 적온이 가장 높은 것은?

① 메귀리 ② 올챙이고랭이
③ 향부자 ④ 둑새풀

해설 올챙이고랭이는 다년생 사초과 논잡초로 발아적온이 높다.

정답 99. ② 100. ②

식물보호기사

2023년 CBT 기출복원문제

제1과목 식물병리학

01 식물병 발생에 필요한 3대 요인에 속하지 않는 것은?

① 기주 ② 병원체
③ 매개충 ④ 환경요인

해설 발병의 원인
- 주인 : 병해를 일으키는 병원체
- 유인 : 발병을 유발하는 환경조건
- 소인 : 병에 걸리기 쉬운 성질

02 다음 중 오이류 덩굴쪼김병의 방제 방법으로 가장 효과가 낮은 것은?

① 종자를 소독한다.
② 저항성 품종을 재배한다.
③ 잎 표면에 약제를 집중적으로 살포한다.
④ 호박이나 박을 대목으로 접목하여 재배한다.

해설 박과류 덩굴쪼김병
- 병원체 : *Fusarium oxysporum*
- 병징 : 유묘기에는 잘록증상으로 나타나며, 생육기에는 잎이 퇴색되고, 포기 전체가 서서히 시들며 황색으로 변해 말라 죽는다.
- 전염 : 토양전염(대표적인 토양전염병이다.)
- 예방 방법 : 접목재배한다.

03 다음 중 유주자를 형성하는 병원균은?

① 오이 흰가루병균
② 딸기 시들음병균
③ 고추 역병균
④ 토마토 잿빛곰팡이병균

해설 조균류
- 조균류는 난균류와 접합균류로 분류한다.
- 유주자(난균류)를 가지고 있고, 유주자로 헤엄을 쳐서 이동한다(빗물에 의해서도 전염된다).
  - 난균류 : *Phytophthora*(역병), *Pythium*(모잘록병), *Sclerospora*(노균병)
  - 접합균류 : *Rhizopus*(고구마 무름병)

04 배나무(기주) 붉은별무늬병균의 중간기주는?

① 매자나무
② 향나무
③ 소나무
④ 좀꿩의 다리

해설 과수(사과 · 배) 붉은별무늬병(적성병)
- 병원체 : *Gymnosporangium asiaticum*
- 병징 : 잎에 작은 황색 무늬가 생기면서 이것이 점차 커져 적갈색 얼룩 반점이 형성된다. 잎의 뒷면은 약간 솟아오르고 털 모양의 돌기에서 포자가 나온다.
- 예방 방법 : 중간기주인 향나무를 제거하거나 방제할 때 향나무를 같이 방제한다.

정답 01. ③ 02. ③ 03. ③ 04. ②

05 **식물 바이러스병을 진단하는 방법으로 옳지 않은 것은?**

① 지표식물검정법

② 효소항체검정법

③ 그람염색법

④ PCR법

해설 그람염색 반응은 세균의 분류에 이용하는 것으로 바이러스병의 진단과 거리가 멀다.

06 **감염된 식물체 중 가축이 먹으면 가장 해로운 병은?**

① 담배 모자이크병

② 보리 붉은곰팡이병

③ 콩 자주무늬병

④ 벼 도열병

해설
- 인축공통 독소 : mycotoxin
- 진균(곰팡이균)이 생산하는 독소 중에서 인축에 공통으로 중독증상을 일으키는 독소로 보리 붉은곰팡이병균, 귀리 맥각병균인 *Aspergillus flavus*를 생산한다.

07 **벼 줄무늬잎마름병의 병원(病原)은?**

① 바이러스

② 파이토플라스마

③ 세균

④ 진균

해설 줄무늬잎마름병의 병원균 및 발병 요인
- 바이러스를 지닌 애멸구에 의해 전염되는 바이러스에 의한 병이며, 애멸구는 잡초나 답리작물에서 유충의 형태로 월동한다.
- 따뜻한 지방에서 논 뒷그루재배, 다비재배한 경우 발생하기 쉽다.
- 조기재배, 밀파, 질소과다, 답리작 지대에서 많이 발생한다.
- 본답 초기부터 발생하며, 특히 분얼성기에 많이 발생한다.

08 **병든 식물체 조직의 면적 또는 양의 비율을 나타내는 것으로, 주로 식물체의 전체 면적당 발병 면적을 기준으로 하는 것은?**

① 발병도(severity)

② 발병률(incidence)

③ 수량 손실(yield loss)

④ 병진전 곡선(disease-progress curve)

해설
- 발병도(severity) : 병의 발생 정도. 주로 식물 잎의 전체 면적에 대한 발병 면적을 기준으로 한다.
- 발병률(incidence) : 병이 발생하는 비율
- 수량 손실(yield loss) : 수확량이 감소하거나 잃어버려 입은 손해
- 병진전 곡선(disease-progress curve) : 시기별로 병이 진전하는 상황을 조사하여 나타낸 곡선

09 **균사나 분생포자의 세포가 비대해져서 생성되는 것은?**

① 유주자

② 후벽포자

③ 휴면포자

④ 포자낭포자

해설
- 유주자 : 무성생식을 하는 포자의 1종으로 편모가 있어 물속에서 운동하는 것
- 후벽포자 : 영양체의 선단이나 중간 세포에 저장 물질이 쌓여 형태가 커지고 세포벽이 두꺼워져 세포벽의 대부분이 이중화되고 내구성을 가진 무성 포자
- 휴면포자 : 두꺼운 세포막으로 싸인 채 휴면하여 겨울이나 여름의 좋지 않은 환경을 견디어 내는 포자
- 포자낭포자 : 포자낭 안에 만들어지는 포자를 의미하며 세균의 포자, 접합균류의 포자낭포자 등이 그 예이다.

정답 05. ③ 06. ② 07. ① 08. ① 09. ②

10 **벼 흰잎마름병의 발생과 전파에 가장 좋은 환경조건은?**

① 규산 과용 ② 이상 건조
③ 태풍과 침수 ④ 이상 저온

해설 흰잎마름병의 발병 요인
- 볍씨, 볏짚, 그루터기, 잡초 등에서 월동하여 1차 전염원이 된다.
- 주로 7월 상순에서 8월 중순에 발병하며 균의 발육 최적온도는 26~30℃이고 폭우, 태풍에 의해 잎의 상처 또는 침수 후에 병원균이 수공이나 기공, 절단된 뿌리로 침입하여 많이 발생한다.
- 지력이 높은 논과 다비재배 시 발생하기 쉽고 저습지, 침관수피해지, 해안 풍수해 지대에서 급속히 발생한다.
- 출수기 이후 많이 발생한다.

11 **벼 오갈병의 주요 매개충은?**

① 애멸구 ② 진딧물
③ 딱정벌레 ④ 끝동매미충

해설 오갈병의 병원균 및 발병 요인
- 번개매미충과 끝동매미충에 의하여 전염되는 바이러스병으로 월동작물이나 잡초에서 월동한다.
- 따뜻한 지방에서 많이 발병하고 못자리, 본답 초기에 발생률이 높다.
- 잠복기간은 12~25일이다.

12 **다음 설명에 해당하는 병은?**

> - 오이 잎에 발생하는 병해로 수침상의 점무늬가 다각형의 담갈색 무늬로 발전한다.
> - 습기가 많으면 병든 부위의 뒷면에 서리 또는 가루모양의 곰팡이가 생긴다.

① 오이 노균병
② 오이 흰가루병
③ 오이 덩굴마름병
④ 오이 잿빛곰팡이병

해설
- 오이 흰가루병 : 잎, 줄기 등의 표면에 흰색 분말가루 같은 곰팡이(균사 및 분생포자)가 생기고 미세한 흑색의 자낭구가 밀생한다.
- 오이 덩굴마름병 : 대목에 발생 시 수침상으로 물러 썩는 증상을 나타내고, 갈색 줄기마름 증상을 보인 후 후기 병징으로는 줄기가 쪼개지면서 말라 죽는다. 잎과 떡잎에서는 갈색으로 마르면서 찢어지고 표면에 검은색 병자각을 형성한다.
- 오이 잿빛곰팡이병 : 꽃, 잎, 줄기, 열매에 발생하는 다범성 병으로 꽃잎이나 꽃이 달리 작고 연약한 가지 부분이 갈색으로 변한 후 그 부분이 썩으면 잿빛곰팡이가 많이 발생한다.

13 **마름무늬매미충(모무늬매미충)에 의해 전반되지 않는 병은?**

① 뽕나무 오갈병
② 벚나무 빗자루병
③ 붉나무 빗자루병
④ 대추나무 빗자루병

해설 벚나무 빗자루병은 자낭균에 의한 병해이다.

14 **1차 전염원에 대한 설명으로 가장 옳은 것은?**

① 가벼운 증상을 일으키는 전염원
② 병반으로부터 가장 먼저 분리되는 전염원
③ 월동한 병원체로부터 새로운 생육기에 들어 가장 먼저 만들어진 전염원
④ 작물 재배를 시작한 첫해에 나오는 전염원

해설
- 1차 전염원 : 1차 감염을 일으킨 오염된 토양, 병든 식물 잔재에서 월동한 균핵, 난포자, 식물조직 속에서 휴면상태로 있는 균사 등으로 병의 종류에 따라 하나 또는 그 이상일 수 있다.
- 2차 전염원 : 1차 감염 결과 발병하여 형성된 병원체가 다른 식물로 옮겨져서 2차 감염을 일으키는 전염원으로 비, 바람, 물, 곤충 등이 발병 원인이다.

정답 10. ③ 11. ④ 12. ① 13. ② 14. ③

15 **다음 중 진딧물에 의해 바이러스가 전염되어 발생하는 병은?**

① 콩 불마름병
② 벼 도열병
③ 배추 모자이크병
④ 대추나무 빗자루병

해설 • 콩 불마름병 : 세균
• 벼 도열병 : 곰팡이병
• 대추나무 빗자루병 : 파이토플라스마

16 **생물적 방제 방법의 가장 큰 장점은?**

① 친환경적이다.
② 비용이 많이 들지 않는다.
③ 속효성이다.
④ 잔효성이 길다.

해설 생물학적 방제 : 천적(곤충, 미생물)을 이용하여 병해충 방제에 이용하는 것을 말하며, 근래 환경농업에 이용한다.

17 **도열병균의 특정 레이스를 어떤 벼 품종에 접종하였더니 병반 형성이 전혀 없거나 과민성 반응이 나타났다면, 이 품종의 저항성으로 옳은 것은?**

① 수평 저항성
② 수직 저항성
③ 포장 저항성
④ 레이스 비특이적 저항성

해설 수직 저항성(진정 저항성=특이적 저항성)
• 병원균의 레이스에 대하여 기주의 품종 간에 감수성(병에 걸리기 쉬운 성질)이 다른 경우의 저항성을 말한다.
• 기주의 품종이 병원균의 레이스에 따라 저항성 정도의 차이가 크게 나타난다.
• 병원균의 침입에 대해 과민성 반응이 나타난다.
• 특이적 저항성, 진정 저항성이라고 한다.
• 수직 저항성은 소수의 주동유전자에 의해 발현된다.
• 재배 환경의 영향을 받지 않는다.
• 수직 저항성을 가진 품종은 레이스의 변이로 감수성으로 되기 쉽다. 즉 병원균의 새로운 레이스가 생기면 기존 저항성은 무너지게 된다.

18 **식물병의 표징을 볼 수 없는 병은?**

① 진균에 의한 병
② 세균에 의한 병
③ 바이러스에 의한 병
④ 담자균에 의한 병

해설 • 병징 : 식물이 병원체에 감염된 후 외부의 외형 또는 생육 이상, 색의 이상 등으로 나타나는 반응
• 표징 : 기생성 병의 병환부에 병원체 자체가 나타나는 것으로 곰팡이, 점질물, 균핵, 이상 돌출물 등이 이에 해당된다.

19 **식물병 진단 중 해부학적 방법으로 가장 옳은 것은?**

① 파지검출법 ② 유출검사법
③ 괴경지표법 ④ 즙액접종법

해설 • 해부학적 진단 : 유출검사법
• 생물학적 진단 : 파지검출법, 괴경지표법, 즙액접종법

20 **파이토플라스마에 의해 발생되는 대추나무 빗자루병의 방제 시 수간주입에 사용되는 효과적인 약제는?**

① 옥시테트라사이클린
② 디메토모르프
③ 티아벤다졸
④ 메틸브로마이드

해설 파이토플라스마는 방제가 대단히 어려우나 테트라사이클린계 항생물질에 감수성을 보인다.

정답 15. ③ 16. ① 17. ② 18. ③ 19. ② 20. ①

제2과목 농림해충학

21 곤충의 번성 원인에 대한 설명으로 가장 옳은 것은?

① 세대가 길고 산란수가 많다.
② 변태 시 적에게 쉽게 노출된다.
③ 불리한 환경에 적응하기 위해 휴면을 한다.
④ 행동이 민첩하고 농약에 강하여 생존율이 높다.

해설 다양한 곤충이 번성하게 된 원인
- 외골격이 발달하였다.
- 체구가 작다.
- 날개가 발달하였다.
- 번식력(생식능력)이 높다.
- 냉혈동물이기 때문에 저온에서도 에너지 소모가 적다.
- 기관계의 발달로 근육까지 외부로부터 직접 산소를 전달한다.
- 변태와 휴면으로 불량환경에 적응한다.
- 공진화로 종의 다양성으로 이어졌다.

22 거미와 비교한 곤충의 일반적인 특징이 아닌 것은?

① 배마디에는 3쌍의 다리와 2쌍의 날개가 있다.
② 곤충은 동물 중에 가장 종류가 많으며, 곤충강에 속하는 절지동물을 말한다.
③ 곤충은 머리, 가슴, 배 3부분으로 구성되어 있다.
④ 머리에는 입틀, 더듬이, 겹눈이 있다.

해설 곤충의 다리는 앞가슴에 앞다리 1쌍, 가운데 가슴에 가운데 다리 1쌍, 뒷가슴에 뒷다리 1쌍으로 모두 3쌍이 있다.

23 곤충의 다리는 5마디로 구성된다. 몸통에서부터 순서로 올바르게 나열한 것은?

① 밑 마디－도래 마디－넓적 마디－종아리 마디－발 마디
② 밑 마디－넓적 마디－발 마디－종아리 마디－도래 마디
③ 밑 마디－발 마디－종아리 마디－도래 마디－넓적 마디
④ 밑 마디－종아리 마디－발 마디－넓적 마디－도래 마디

해설 몸쪽부터 마디 순서 : 밑 마디(기절)→도래 마디(전절)→넓적 마디(퇴절)→종아리 마디(경절)→발 마디(부절)

24 앞날개가 경화되어 있는 곤충은?

① 벼메뚜기
② 검정송장벌레
③ 땅강아지
④ 썩덩나무노린재

해설
- 검정송장벌레는 딱정벌레목에 속한다.
- 딱정벌레목과 집게벌레목은 앞날개가 경화되어 있다.

25 곤충의 전형적인 더듬이의 주요 부분 중 존스턴기관을 가지고 있는 것은?

① 자루 마디(scape)
② 팔굽 마디(pedicel)
③ 채찍 마디(flagellum)
④ 관절점

해설 존스턴씨기관
- 모기류에서 잘 발달되어 있다.
- 더듬이 제2절(팔굽 마디(흔들 마디, 병절))에 있다.
- 청각기관의 일종이다.
- 편절에 있는 털의 움직임에 자극을 받는다.

정답 21. ③ 22. ① 23. ① 24. ② 25. ②

26 **곤충의 탈피와 변태를 조절하는 호르몬 분비에 관여하는 기관이 아닌 것은?**

① 뇌
② 전흉선
③ 말피기관
④ 알라타체

해설 말피기관
- PH 조절, 무기이온 농도 조절, 배설작용을 돕는다.
- 물과 무기이온의 재흡수 담당 → 삼투압 조절 담당
- 단백질 또는 핵산의 질소대사산물의 최종 방출(배설)

27 **곤충의 배설계(말피기관)에 대한 설명으로 옳지 않은 것은?**

① 말피기관의 끝은 막혀 있다.
② 지상 곤충은 주로 질소대사산물을 암모니아 형태로 배설한다.
③ 말피기관은 중장과 후장의 접속 부분에서 후장에 연결되어 있다.
④ 말피기관 밑부와 직장은 물과 무기이온을 재흡수하여 조직 내의 삼투압을 조절한다.

해설
- 지상의 모든 곤충은 요산으로 방출한다.
- 수생곤충은 암모니아태로 방출한다.

28 **날개가 있는 것은 날개맥이 없는 가늘고 긴 날개를 가지고 있고, 그 가장자리에 긴 털이 규칙적으로 나 있으며 좌우대칭이 아닌 입틀을 가지고 있는 곤충군은?**

① 총채벌레목
② 나비목
③ 노린재목
④ 매미목

해설 총채벌레목
- 몸길이 : 0.6~12mm 가량의 미소곤충
- 입틀 : 좌우가 같지 않다. 왼쪽 큰 턱이 한 개만 발달하여 먹이의 즙액을 빨아 먹는다.
- 더듬이 : 6~10마디
- 날개 : 2쌍, 가늘고 길며 날개맥이 없고 가장자리에 긴 털이 규칙적으로 나 있다.
- 대부분 식물에 기생하나 응애나 진딧물의 체액을 빨아먹는 포충성인 것도 있다.

29 **4령충에 대한 설명으로 옳은 것은?**

① 3회 탈피를 한 유충
② 4회 탈피를 한 유충
③ 부화한지 3년째 되는 유충
④ 부화한지 4년째 되는 유충

해설
- 1령충 : 부화하여 1회 탈피할 때까지의 유충
- 2령충 : 1회 탈피를 마친 유충
- 3령충 : 2회 탈피를 마친 유충
- 4령충 : 3회 탈피를 마친 유충

30 **다음 중 완전변태를 하지 않는 것은?**

① 버들잎벌레
② 진달래방패벌레
③ 복숭아명나방
④ 솔수염하늘소

해설
- 진달래방패벌레는 노린재목에 해당한다.
- 변태

㉠ 무변태 : 톡토기목, 낫발이목
㉡ 불완전변태(알→약충→성충) : 노린재목, 총채벌레목, 매미목, 메뚜기목, 집게벌레목
※ 매미목 : 콩가루벌레, 멸구류(애멸구, 벼멸구 등), 매미충류(끝동매미충, 번개매미충 등)
㉢ 완전변태(알→유충→번데기→성충) : 딱정벌레목, 나비목, 뱀잠자리목, 풀잠자리목, 밑들이목, 벼룩목, 파리목, 날도래목, 벌목
㉣ 과변태 : 기생성 벌류, 부채벌레목, 가뢰
※ 부채벌레목은 완전변태류에 속하지만, 과변태도 한다.

정답 26. ③ 27. ② 28. ① 29. ① 30. ②

31 **곤충 개체 간의 통신수단에 사용되는 물질로 가장 거리가 먼 것은?**

① hormone ② pheromone
③ allomone ④ kairomone

해설
- hormone : 곤충의 호르몬은 내분비선에서 분비하여 혈액에 방출되며 체색의 변화, 수분생리, 심장박동 조절, 휴면, 각종 대사작용 조절 등의 기능을 한다.
- pheromone : 곤충 체내에서 소량으로 만들어져 대기 중에 냄새로 방출되는 화학물질로, 같은 종 다른 개체에 정보전달을 목적으로 한다.
- allomone : 다른 종 개체 간 정보전달 물질로 생산자에게는 유리하고, 수용자에게는 불리하게 작용하는 방어물질로 이용된다.
- kairomone : 다른 종 개체 간 정보전달 물질로 생산자에게는 불리하고, 수용자에게 유리하게 작용한다.

32 **다음 중 곤충의 페로몬에 대한 설명으로 옳은 것은?**

① 체내에서 소량으로 만들어져 체외로 방출되며, 같은 종의 다른 개체에 정보전달 수단으로 이용된다.
② 체내에서 대량으로 만들어져 체외로 방출되며, 같은 종의 다른 개체에 정보전달 수단으로 이용된다.
③ 체내에서 소량으로 만들어져 체외로 방출되며, 다른 종과의 정보전달 수단으로 이용된다.
④ 카이로몬은 페로몬에 속한다.

해설 페로몬 : 같은 종의 다른 개체 간에 정보전달 목적으로 분비되는 물질이다.

33 **내배엽에서 만들어진 곤충의 소화기관은?**

① 중장 ② 소낭
③ 전위 ④ 후장

해설
- 수정→배자 형성→부화
- 포배엽 형성, 배자원기 형성
- 낭배 형성(중앙 부위가 함입되어 있음)
- 외배엽 : 전장, 후장, 신경계, 피부, 기관계 형성
- 중배엽 : 근육, 지방체, 생식기관, 순환기관 형성
- 내배엽 : 중장 조직 형성

34 **곤충의 선천적 행동이 아닌 것은?**

① 반사 ② 정위
③ 조건화 ④ 고정행위 양식

해설
- 곤충의 선천적 행동 : 반사, 정위, 고정행위 양식
- 곤충의 학습적(후천적) 행동 : 관습화(습관화), 조건화, 잠재학습

35 **다음 중 곤충이 휴면하는 데 가장 영향을 주는 주요 요인은?**

① 빛 ② 수분
③ 온도 ④ 바람

해설 휴면을 하는 원인
- 일장, 온도, 먹이, 생리상태, 어미의 나이 등 환경을 극복하기 위함이다.→ 온도의 영향이 가장 크게 좌우된다.
- 휴면에서 깨어나기 위해서는 휴면타파 조건이 갖추어져야 한다.

36 **생물적 방제에 대한 설명으로 옳지 않은 것은?**

① 효과 발현까지는 시간이 걸린다.
② 인축, 야생동물, 천적 등에 위험성이 적다.
③ 생물상의 평형을 유지하여 해충밀도를 조절한다.
④ 거의 모든 해충에 유효하며, 특히 대발생을 속효적으로 억제하는 데 더욱 효과가 크다.

해설 대상 해충이 제한적이며 속효적이지 못하다.

정답 31. ① 32. ① 33. ① 34. ③ 35. ③ 36. ④

37 **진딧물의 생식 방법에 대한 설명으로 옳은 것은?**

① 다른 곤충과는 달리 태생에 의해서만 번식한다.

② 양성생식과 단위생식을 함께 하며 태생도 한다.

③ 단위생식과 난생에 의해서만 번식한다.

④ 난생과 태생을 번갈아 한다.

해설 곤충의 생식 방법

- 난생(알로 번식) : 알을 낳아 부화하여 번식한다. 대부분의 곤충이 해당한다.
- 난태생 : 알이 몸 안에서 부화하여 구더기가 몸 밖으로 나온다(쉬파리).
- 태생 : 애벌레를 몸 안에서 키워 다 큰 애벌레를 몸 밖으로 낳는 것
- 양성생식 : 암수의 교미에 의해 번식하는 방법이다.
- 단위생식 : 수정과정 없이 암컷 혼자서 새끼를 낳는다.
  - ㉠ 해당 곤충 : 총채벌레, 밤나무순혹벌, 민다듬이벌레, 진딧물류(여름형), 수벌, 벼물바구미
  - ㉡ 진딧물은 단위생식에 의한 태생과 양성생식에 의한 난생(알)을 같이한다.
- 자웅혼성(자웅동체) : 좌우 중 한쪽이 암컷, 다른 한쪽이 수컷인 경우이다.
- 다배생식 : 1개의 수정란에서 여러 마리의 유충이 나온다(송충알좀벌).
- 유생생식 : 유충이나 번데기가 생식을 하는 것(체체파리(인축 해충)).

38 **다음 중 포도나무 줄기를 가해하는 해충으로만 나열된 것은?**

① 포도유리나방, 박쥐나방

② 포도쌍점매미충, 포도호랑하늘소

③ 포도뿌리혹벌레, 포도금빛잎벌레

④ 으름나방, 무궁화밤나방

해설
- 포도쌍점매미충 : 잎과 과실
- 포도호랑하늘소 : 가지의 눈 부위
- 포도뿌리혹벌레 : 잎에 충영(혹)을 형성하는 형과 뿌리에 충영을 형성하는 형이 있다.
- 포도금빛잎벌레 : 잎
- 으름나방 : 과실 흡즙
- 무궁화밤나방 : 과실 흡즙

39 **해충의 발생예찰 방법이 아닌 것은?**

① 통계적 예찰법

② 피해사정 예찰법

③ 시뮬레이션 예찰법

④ 야외조사 및 관찰 예찰법

해설 발생예찰 방법

- 야외조사 및 관찰에 의한 조사 : 가장 기본적인 조사법
- 통계적 예찰 방법 : 환경요인, 발생시기, 발생량 사이에 성립되는 회귀식을 계산하는 방법이다.
- 실험적 예찰 방법 : 실험적 방법으로 예찰하는 방법이다.
- 컴퓨터를 이용한 예찰 방법 : 시뮬레이션 모델, 크로스 모델 작성 방법

40 **종합적 해충방제에서 방제를 실시해야 하는 해충의 밀도 수준은?**

① 경제적 소득 수준

② 경제적 피해허용 수준

③ 물리적 피해 수준

④ 해충 밀도 수준

해설 경제적 피해 허용 수준 : 해충의 밀도가 경제적 피해 수준에 도달하는 것을 억제하기 위하여 방제 수단을 써야 하는 밀도 수준이다.

정답 37. ② 38. ① 39. ② 40. ②

제3과목 재배학원론

41 재배의 기원지가 중앙아시아에 해당하는 것은?

① 감자 ② 완두
③ 양파 ④ 콩

해설 주요 작물 재배기원 중심지

지역	주요작물
중국	6조보리, 조, 메밀, 콩, 팥, 마, 인삼, 배나무, 복숭아 등
인도, 동남아시아	벼, 참깨, 사탕수수, 왕골, 오이, 박, 가지, 생강 등
중앙아시아	귀리, 기장, 삼, 당근, 양파 등
코카서스, 중동	1립계와 2립계의 밀, 보리, 귀리, 알팔파, 사과, 배, 양앵두 등
지중해 연안	완두, 유채, 사탕무, 양귀비 등
중앙 아프리카	진주조, 수수, 수박, 참외 등
멕시코, 중앙아메리카	옥수수, 고구마, 두류, 후추, 육지면, 카카오 등
남아메리카	감자, 담배, 땅콩 등

42 다음 중 인과류로만 나열되어 있는 것은?

① 사과, 배
② 복숭아, 자두
③ 무화과, 밤
④ 감, 딸기

해설
- 인과류(仁果類) : 배, 사과, 비파 등
- 핵과류(核果類) : 복숭아, 자두, 살구, 앵두 등
- 장과류(漿果類) : 포도, 딸기, 무화과 등
- 각과류(殼果類, =견과류) : 밤, 호두 등
- 준인과류(準仁果類) : 감, 귤 등

43 신품종이 기본적으로 구비해야 하는 특성으로 옳지 않은 것은?

① 균일성 ② 변이성
③ 구별성 ④ 안정성

해설 신품종의 구비조건
- 구별성 : 신품종의 한 가지 이상의 특성이 기존의 알려진 품종과 뚜렷이 구별되는 것을 말한다.
- 균일성 : 신품종의 특성이 재배 · 이용상 지장이 없도록 균일한 것을 말한다.
- 안정성 : 세대를 반복해서 재배하여도 신품종의 특성이 변하지 않는 것을 말한다.

44 토양 구조에 대한 설명으로 옳지 않은 것은?

① 단립(單粒) 구조는 토양통기와 투수성이 불량하다.
② 입단(粒團) 구조는 유기물과 석회가 많은 표층토에서 많이 보인다.
③ 이상(泥狀) 구조는 과습한 식질토양에서 많이 보인다.
④ 단립(單粒) 구조는 대공극이 많고 소공극이 적다.

해설
- 단립구조
  - ㉠ 비교적 큰 토양입자가 서로 결합되어 있지 않고 독립적으로 단일상태로 집합되어 이루어진 구조이다.
  - ㉡ 해안의 사구지에서 볼 수 있다.
  - ㉢ 대공극이 많고 소공극이 적어 토양통기와 투수성은 좋으나 보수, 보비력은 낮다.
- 이상구조
  - ㉠ 미세한 토양입자가 무구조, 단일상태로 집합된 구조로, 건조하면 각 입자가 서로 결합하여 부정형 흙덩이를 이루는 것이 단일구조와는 차이를 보인다.
  - ㉡ 부식 함량이 적고 과식한 식질토양이 많이 보이며, 소공극은 많고 대공극은 적어 토양통기가 불량하다.
- 입단구조
  - ㉠ 단일입자가 결합하여 2차 입자가 되고 다시 3차, 4차 등으로 집합해서 입단을 구성하고 있는 구조이다.
  - ㉡ 입단을 가볍게 누르면 몇 개의 작은 입단으로 부스러지고, 이것을 다시 누르면 다시 작은 입단으로 부스러진다.

정답 41. ③ 42. ① 43. ② 44. ①

㉢ 유기물과 석회가 많은 표토층에서 많이 나타난다.

㉣ 대공극과 소공극이 모두 많아 통기와 투수성이 양호하며, 보수력과 보비력이 높아 작물 생육에 알맞다.

45 작물 체내에서 전류 이동이 잘 이루어져 결핍될 경우, 결핍증상이 오래된 잎에 먼저 나타나는 다량원소는?

① 아연 ② 철
③ 붕소 ④ 질소

해설 아연 결핍 시 황백화, 괴사, 조기낙엽, 감귤 잎무늬병, 소엽병, 결실불량을 초래한다. 우리나라 석회암 지대에서 결핍증세가 나타난다.

- 철 결핍 시 어린잎에 증상이 나타난다.
- 붕소 결핍 시 분열조직(생장점)에서 증상이 나타난다.
- 질소 결핍 시 오래된 잎에서 증상이 나타난다.

46 다음 중 작물재배 시 부족하면 수정 · 결실이 나빠지는 미량원소는?

① Mg ② B
③ S ④ Ca

해설 붕소(B)가 부족하면 수정, 결실이 나빠진다.

47 탈질현상을 경감시키는 데 가장 효과적인 시비법은?

① 질산태질소 비료를 논의 산화층에 시비
② 질산태질소 비료를 논의 환원층에 시비
③ 암모늄태질소 비료를 논의 산화층에 시비
④ 암모늄태질소 비료를 논의 환원층에 시비

해설 ① 질산태질소

- 물에 잘 녹고 속효성이며 밭작물 추비에 알맞다.
- 음이온으로 토양에 흡착되지 않고 유실되기 쉽다.
- 논에서는 용탈에 의한 유실과 탈질현상이 심해서 질산태질소 비료의 시용은 불리하다.

② 암모니아태질소

- 물에 잘 녹고 속효성이나 질산태질소보다는 속효성이 아니다.
- 양이온으로 토양에 잘 흡착되어 유실이 잘되지 않고, 논의 환원층에 시비하면 비효가 오래 간다.
- 밭토양에서는 속히 질산태로 변하여 작물에 흡수된다.
- 유기물이 함유되지 않은 암모니아태질소의 연용은 지력 소모를 가져오며, 암모니아 흡수 후 남는 산근으로 토양을 산성화시킨다.
- 황산암모늄은 질소의 3배에 해당하는 황산을 함유하고 있어 농업상 불리하므로 유기물의 병용으로 해를 덜어야 한다.

48 강산성 토양에서 가급도가 감소하여 작물 생육에 부족하기 쉬운 원소가 아닌 것은?

① 마그네슘 ② 칼슘
③ 망간 ④ 인

해설 토양반응과 작물의 생육

① 강산성에서의 작물생육

- 인, 칼슘, 마그네슘, 붕소, 몰리브덴 등의 가급도가 떨어져 작물의 생육에 불리하다.
- 암모니아가 식물체 내에 축적되고 동화되지 못해 해롭다.

② 강알칼리성에서의 작물생육

- 붕소, 철, 망간 등의 용해도 감소로 작물의 생육에 불리하다.
- 강염기가 증가하여 생육을 저해한다.

49 식물체 내의 수분 퍼텐셜에 대한 설명으로 틀린 것은?

① 세포의 부피와 압력 퍼텐셜이 변화함에 따라 삼투 퍼텐셜과 수분 퍼텐셜이 변화한다.
② 압력 퍼텐셜과 삼투 퍼텐셜이 같으면 세포의 수분 퍼텐셜이 0이 된다.
③ 수분 퍼텐셜과 삼투 퍼텐셜이 같으면

정답 45. ④ 46. ② 47. ④ 48. ③ 49. ④

원형질 분리가 일어난다.

④ 수분 퍼텐셜은 대기에서 가장 높고, 토양에서 가장 낮다.

해설 수분 퍼텐셜은 토양이 가장 높고, 대기가 가장 낮으며 식물체 내에서 중간 값이 나타나므로 수분의 이동은 토양→식물체→대기로 이어진다.

50 다음 논의 용수량(Q) 계산식에서 A에 해당하는 것은?

Q=(엽면증산량+수면증발량+지하침투량)$-A$

① 강수량 ② 강우량
③ 유효우량 ④ 흡수량

해설 용수량=(엽면증발량+수면증발량+지하침투량)-유효강우량

51 벼의 침관수 피해가 가장 크게 나타나는 조건은?

① 고수온, 유수, 청수
② 고수온, 정체수, 탁수
③ 저수온, 정체수, 탁수
④ 저수온, 유수, 청수

해설
- 수온 : 높은 수온은 호흡기질의 소모가 많아져 관수해가 크다.
- 수질
  ㉠ 탁한 물은 깨끗한 물보다, 고여 있는 물은 흐르는 물보다 수온이 높고 용존산소가 적어 피해가 크다.
  ㉡ 청고 : 수온이 높은 정체탁수로 인한 관수해로 단백질 분해가 거의 일어나지 못해 벼가 죽을 때 푸른색이 되어 죽는 현상
  ㉢ 적고 : 흐르는 맑은 물에 의한 관수해로 단백질 분해가 생기며 갈색으로 변해 죽는 현상

52 작물의 내동성에 대한 설명으로 가장 옳은 것은?

① 세포액의 삼투압이 높으면 내동성이 증대한다.
② 원형질의 친수성 콜로이드가 적으면 내동성이 커진다.
③ 전분 함량이 많으면 내동성이 커진다.
④ 조직즙의 광에 대한 굴절률이 커지면 내동성이 저하된다.

해설 세포액의 삼투압이 높으면 내동성이 증대한다.

53 다음 중 CO_2 보상점이 가장 낮은 식물은?

① 밀 ② 보리
③ 벼 ④ 옥수수

해설 C_4식물

C_3식물과 달리 수분을 보존하고 광호흡을 억제하는 적응기구를 가지고 있다.
- 날씨가 덥고 건조한 경우 기공을 닫아 수분을 보존하며, 탄소를 4탄소화합물로 고정시키는 효소를 가지고 있어 기공이 대부분 닫혀있어도 광합성을 계속할 수 있다.
- 옥수수, 수수, 사탕수수, 기장, 버뮤다그라스, 명아주 등이 이에 해당한다.
- 이산화탄소 보상점이 낮고 이산화탄소 포화점이 높아 광합성 효율이 매우 높은 특징이 있다.

54 식물의 일장감응 중 SI형 식물은?

① 메밀 ② 토마토
③ 도꼬마리 ④ 코스모스

해설
- SI형 식물은 도꼬마리, 만생종 벼가 해당한다.
- 메밀, 토마토 : II형 식물
- 코스모스 : SS형 식물

정답 50. ③ 51. ② 52. ① 53. ④ 54. ③

55 군락의 수광태세가 좋아지고 밀식 적응성이 높은 콩의 초형으로 틀린 것은?

① 잎이 크고 두껍다.
② 잎자루가 짧고 일어선다.
③ 꼬투리가 원줄기에 많이 달린다.
④ 가지를 적게 치고 가지가 짧다.

해설 군락의 수광태세가 좋은 콩의 초형
- 키가 크고 도복이 안 되며 가지를 적게 치고 가지가 짧다.
- 꼬투리가 원줄기에 많이 달리고 밑까지 착생한다.
- 잎은 작고 가늘며, 잎자루가 짧고 직립한다.

56 종묘로 이용되는 영양기관을 분류할 때 땅속줄기에 해당하는 것으로만 나열된 것은?

① 다알리아, 고구마
② 마, 글라디올러스
③ 나리, 모시풀
④ 생강, 박하

해설 땅속줄기로 번식이 가능한 작물 : 생강, 박하, 연, 호프

57 다음 중 장명종자에 해당하는 것은?

① 베고니아 ② 나팔꽃
③ 팬지 ④ 일일초

해설 장명종자의 종류 : 나팔꽃, 접시꽃, 가지, 녹두, 수박, 오이, 토마토

58 재배포장에서 파종된 종자의 발아상태를 조사할 때 "발아한 것이 처음 나타난 날"을 무엇이라 하는가?

① 발아전
② 발아의 양부
③ 발아기
④ 발아시

해설
- 발아율(PG; Percent Germination) : 파종된 총 종자 수에 대한 발아종자 수의 비율(%)이다.
- 발아세(GE; Germination Energy) : 치상 후 정해진 기간 내의 발아율을 의미하며, 맥주보리 발아세는 20℃ 항온에서 96시간 이내에 발아종자 수의 비율을 의미한다.
- 발아시 : 파종된 종자 중에서 최초로 1개체가 발아된 날
- 발아기 : 파종된 종자의 약 40%가 발아된 날
- 발아전 : 파종된 종자의 대부분(80% 이상)이 발아한 날
- 발아 일수 : 파종부터 발아기까지의 일수
- 발아 양부(良否) : 양, 불량 또는 양(균일), 부(불균일)로 표시한다.
- 발아 기간 : 발아시부터 발아 전까지의 기간

59 다음 중 연작의 피해가 가장 작은 작물로만 나열된 것은?

① 고추, 강낭콩, 수박
② 고구마, 완두, 토마토
③ 수수, 감자, 가지
④ 벼, 담배, 옥수수

해설 작물의 기지 정도
- 연작의 해가 적은 것 : 벼, 맥류, 조, 옥수수, 수수, 사탕수수, 삼, 담배, 고구마, 무, 순무, 당근, 양파, 호박, 연, 미나리, 딸기, 양배추, 꽃양배추, 아스파라거스, 토당귀, 목화 등
- 1년 휴작 작물 : 파, 쪽파, 생강, 콩, 시금치 등
- 2년 휴작 작물 : 오이, 감자, 땅콩, 잠두, 마 등
- 3년 휴작 작물 : 참외, 쑥갓, 강낭콩, 토란 등
- 5~7년 휴작 작물 : 수박, 토마토, 가지, 고추, 완두, 사탕무, 우엉, 레드클로버 등
- 10년 이상 휴작 작물 : 인삼, 아마 등

60 화성유도 시 저온 · 장일이 필요한 식물의 저온이나 장일을 대신하는 가장 효과적인 식물호르몬은?

① 지베렐린 ② CCC
③ MH ④ ABA

정답 55. ① 56. ④ 57. ② 58. ④ 59. ④ 60. ①

해설 지베렐린의 재배적 이용
- 휴면타파와 발아촉진
- 화성의 유도 및 촉진 : 저온, 장일에 의해 추대되고 개화하는 월년생 작물에 지베렐린 처리는 저온, 장일을 대체하여 화성을 유도하고 개화를 촉진하는 효과가 있다.
- 경엽의 신장 촉진
- 단위결과 유도 : 포도 거봉 품종은 만화기 전 14일 및 10일경 2회 처리하면 무핵과가 형성되고 성숙도 크게 촉진된다.
- 수량 증대 : 가을씨감자, 채소, 목초, 섬유작물 등에서 효과적이다.
- 성분 변화 : 뽕나무에 지베렐린 처리는 단백질을 증가시킨다.

제4과목 농약학

61 **전착제에 대한 설명으로 적절하지 못한 것은?**

① 우리나라에서는 농약의 범주에 속한다.
② 유효성분의 측정은 표면장력으로 확인한다.
③ 농약의 밀도를 높여 균일 살포를 돕는다.
④ 농약의 주성분을 식물체에 잘 확전, 부착시키기 위한 보조제이다.

해설
- 전착제 : 주성분(원제성분)을 병해충 또는 식물체에 전착시키기 위한 약제
- 전착제가 갖추어야 할 요건 : 확전성, 부착성, 고착성
- 실록세인 액제 : 농약의 부착성 및 습전성을 좋게 한다.

62 **분제(입제 포함)의 물리적 성질로서 가장 거리가 먼 것은?**

① 현수성(suspensibility)
② 비산성(floatability)
③ 부착성(deposition)
④ 토분성(dustibility)

해설 현수성은 수화제가 갖추어야 할 물리적 성질이다.

63 **농약 원제를 물에 녹이고 동결방지제를 가하여 제제화한 제형은?**

① 유제　② 수화제
③ 액제　④ 수용제

해설 액제 : 주제가 수용성인 것으로 가수분해의 우려가 없는 경우에 주제를 물 또는 메탄올에 녹인 후 계면활성제나 동결방지제인 ethylene glycol(에틸렌 글리콜)을 첨가하여 만든 액상 제형이다.

64 **농약에서 계면 활성제의 작용으로 거리가 먼 것은?**

① 습윤 작용(wetting property)
② 응집 작용(coagulating property)
③ 침투 작용(penetrating property)
④ 고착 작용(adhesive property)

해설 계면활성제는 습윤, 유화, 분산, 침투, 세정, 고착, 보호, 기포 등의 작용을 하는데, 농약의 주제를 변질시키지 않고 친화성이 있어야 한다.

65 **병의 예방을 목적으로 병원균이 식물체에 침투하는 것을 방지하기 위해 사용되며, 약효 시간이 긴 특징을 갖고 있는 약제는?**

① 보호살균제
② 직접살균제
③ 종자소독제
④ 토양살균제

정답 61. ③ 62. ① 63. ③ 64. ② 65. ①

해설 살균제

- 보호살균제 : 병원균이 침투하기 전 예방이 주목적이다. 즉 병원균의 포자가 좋아하는 것을 저지하거나 식물이 병원균에 대하여 저항성을 가지게 하여 병을 예방하는 약제를 말한다.
- 직접살균제 : 병원균 사멸이 주목적
- 종자소독제 : 종자에 부착된 병해충 사멸→베노밀(상품명 : 벤레이트), 티람
- 토양살균제 : 토양 병해충 사멸(클로로피크린 등)

66 Captan(Orthocide)의 구조식은?

① $CH_2-NH-C(=S)-Na$ / $CH_2-NH-C(=S)-Na$

② Cl, Cl, Cl, OH, Cl, Cl 치환 벤젠고리 (Cl–, –OH)

③ O=C–N–$SCCl_3$ (C=O) 고리 구조 (Captan 구조)

④ $(CH_3O)_2 > P(=S) - O -$ 벤젠고리 $- NO_2$

해설

Dicamba	HOOC, OCH_3, Cl–, –Cl 벤젠고리
Captan (Orthocide)	O=C, N–$SCCl_3$, C=O 고리 구조
Sulfonylurea계	O O S N H, O, N H
Parathion	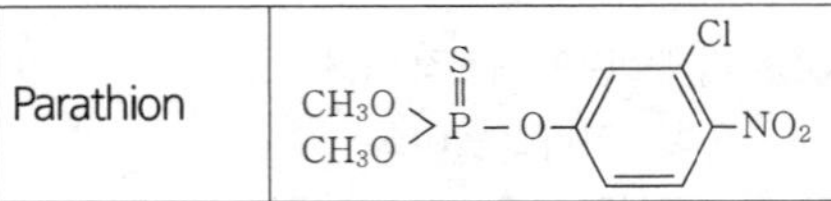

67 농약 살포법 중 유기분사 방식으로 살포액의 입자 크기를 35~100μm로 작게 하여 살포의 균일성을 향상한 살포법은?

① 분무법　　② 살분법

③ 연무법　　④ 미스트법

해설 미스트법

- 고속으로 송풍되는 미스트기로 살포하는 방법이다.
- 살포액의 농도를 3~5배 높게 하여 살포액량을 1/3~1/5로 줄여 살포하여 살포 시간, 노력, 자재 등을 절약할 수 있다.

68 유기인계 농약의 일반적인 특성으로 틀린 것은?

① 살충력이 강하고 적용 해충의 범위가 넓다.

② 인축에 대한 독성은 일반적으로 약하다.

③ 알칼리에 대해서 분해되기가 쉽다.

④ 동 · 식물체 내에서의 분해가 빠르다.

해설 유기인계 살충제 주요 특징

- 살충력이 강력하다.
- 적용 해충 범위가 넓다.
- 접촉독, 가스독, 식독작용, 심달성, 신경독, 침투성 작용이 있다.
- 이화명충, 과수의 응애, 심식충 등 흡즙성 해충에 유효하다.
- 인축에 대한 독성이 강하다.
- 알칼리에 분해(가수분해)되기 쉽다. 따라서 알칼리성 농약과 혼용해서는 안 된다.
- 일반적으로 잔류성은 짧다.
- 약해가 적다.
- 기온이 높으면 효과가 크고 기온이 낮으면 효과가 감소한다.

정답 66. ③　67. ④　68. ②

69 **농약의 작용기작에 의한 분류 중 Parathion이 속하는 분류는?**

① 에너지대사 저해
② 호르몬 기능 교란
③ 생합성 저해
④ 신경기능 저해

해설 파라티온(Parathion)
- Schrader(슈라더. 1946)에 의해 합성된 최초의 유기인계 살충제이다.
- 접촉독, 식독, 흡입독제로 신경전달에 관여하는 효소인 Cholinesterase의 작용을 저해(초산과 choline으로 가수분해)하여 살충효과를 발휘한다.
- 비침투성이고 심달성이 있다.
- 포유동물에 독성이 매우 강하다.
- 급성경구독성 LD50(rat)은 3.6mg/kg이다.
- 급성경피독성 LD50(rat)은 6.8mg/kg이다.

70 **피레스로이드(Pyrethroid)계 살충제의 특성에 대한 설명으로 틀린 것은?**

① 간접접촉제로서 곤충의 기문이나 피부를 통하여 체내에 들어가 근육마비를 일으킨다.
② 온혈동물, 인축에는 저독성이며 곤충에 따라 살충력이 강하다.
③ 중추신경계나 말초신경계에 대하여 매우 낮은 농도에서 독성작용을 일으키는 신경독성화합물이다.
④ 고온보다 저온상태에서 약효 발현이 잘 된다.

해설 제충국제
- 국화과 식물로 일명 여름국화이다.
- 가정용 모기약으로도 사용된다.
- 유효성분 : Pyrethrin(피레드린)
- 살충기작 : 신경독
- 살충제로 피레트린 II가 살충 성분이 가장 강하다.
- 가정용 파리약, 모기약은 피레트린 I 을 사용한다. → 포유동물에 독성이 낮다.
- 피레트린(pyrethrin)의 효력증진제 : piperonyl butoxide

71 **해충의 신체 골격을 이루는 키틴(chitin)의 생합성을 저해하는 살충제의 작용기작은?**

① 신경 및 근육에서의 자극전달 작용 저해
② 성장 및 발생과정 저해
③ 호흡과정 저해
④ 중장 파괴

해설 균체 성분 생합성 저해로 성장 및 발생과정 저해
- 균체 성분생합성의 특이적 부분을 저해
- protein 합성 저해제 : Blasticidin-s, Kasugamycine, 스트렙토마이신 등
- chitin 합성 저해
- 지질 합성 저해제 : Steroid 생합성을 저해
- 핵산생합성 저해 : YRNA 합성 관련 Polymerase 저해(Phenylamide계)

72 **강력한 접촉형 비선택성 제초제로서 비농경지의 논두렁 및 과수원에서 작물을 파종하기 전 잡초를 방제하는 데 이용되었으나, 독성 등으로 인해 품목 등록이 제한된 원제는?**

① Paraquat dichloride
② Mefenacet
③ Alachlor
④ Propanil

해설 ① 선택적 제초제
- 작물에는 피해를 주지 않고 잡초만 죽인다.
- 종류 : 2,4-D, MCPB(Tropotox. 트로포톡), DCPA 등

② 비선택적 제초제
- 작물 · 잡초를 모두 죽인다.
- 종류 : glyphosate, paraquat

정답 69. ④ 70. ① 71. ② 72. ①

73 교차저항성(cross resistance)에 대한 설명으로 가장 적절한 것은?

① 어떤 약제에 의해 저항성이 생긴 곤충이 다른 약제에 저항성을 보이는 것
② 동일 곤충에 어떤 약제를 반복 살포함으로써 생기는 저항성
③ 동일 곤충에 두 가지 약제를 교대로 처리함으로써 생기는 저항성
④ 어떤 약제에 대한 저항성을 가진 곤충이 다음 세대에 그 특성을 유전시키는 것

해설
- 교차저항성 : 어떤 농약에 대하여 이미 저항성이 발달된 경우 한 번도 사용하지 않은 농약에 대하여 저항성을 나타내는 현상이다.
- 복합저항성 : 작용 기작이 다른 2종 이상의 약제에 대하여 저항성을 나타내는 것이다.

74 농약의 일일섭취허용량(ADI) 설정식으로 옳은 것은? (단, NOAEL은 No Observable Adverse Effect Level, MRL은 Maximum Residue Limit의 약어이다.)

① NOEL÷식품계수
② NOEL÷체중
③ NOEL×안전계수
④ NOEL÷MRL

해설 ADI(1일 섭취 허용량)
- 실험동물에 매일 일정량의 농약을 혼합한 사료를 장기간 투여하여 2세대 이상에 걸친 영향을 조사하고, 건강에 전혀 영향이 없는 양을 구한 후 여기에 적어도 100배의 안전계수를 적용한다.

75 농약의 잔류에 대한 설명 중 옳지 않은 것은?

① 작물잔류성농약이란 농약의 성분이 수확물 중에 잔류하여 농약잔류허용기준에 해당할 우려가 있는 농약을 말한다.
② 안전계수란 사람이 하루에 섭취할 수 있는 약량을 말한다.
③ 작물 체내의 잔류농약은 경시적으로 계속하여 감소한다.
④ 농약의 작물잔류는 사용횟수와 제제 형태에 따라서 다르다.

해설 안전계수 : 동물 NOEL의 1/100을 적용

76 급성 독성 강도의 순서로 옳게 나열된 것은?

① 흡입 독성 > 경피 독성 > 경구 독성
② 경구 독성 > 흡입 독성 > 경피 독성
③ 흡입 독성 > 경구 독성 > 경피 독성
④ 경피 독성 > 경구 독성 > 흡입 독성

해설
- 급성 독성(직접 독성) : 주로 유기인계 살충제(흡입 독성 > 경구 독성 > 경피 독성)
- 만성 독성(간접 독성) : 주로 유기염소계 살충제(잔류농약이 함유된 농식품을 섭취하여 발현되는 중독)

77 농약 등록을 위한 농약안전성 평가 항목 중 환경생물 독성에 해당하는 것은?

① 급성 독성　　② 어독성
③ 아급성 독성　　④ 신경 독성

해설 농약의 어독성 구분
- 잉어에 대한 반수치사농도(LC50, mg/L/48hr) : 48시간 후에도 50%가 견뎌내는 약제농도(TLm으로 표시)

정답 73. ① 74. ③ 75. ② 76. ③ 77. ②

구분	잉어 반수치사농도 (ppm, 48시간)	사용제한
Ⅰ급	0.5ppm 미만	하천에 유입시켜서는 안 된다.
Ⅱ급	0.5~2.0ppm	일시에 광범위하게 사용 금지
Ⅲ급	2.0ppm 이상	통상 방법으로 영향이 없다.

- 가장 어독성이 강한 약제 : 벤드린
- 어독성의 강도 : 유제〉수화제〉분제
- 어독성은 우리나라에서 농약 등록 시 농약안전성 평가 항목으로써 환경 독성의 평가 항목에 해당된다.

78 경구 중독에 대한 설명과 해독 및 구호조치로 가장 거리가 먼 것은?

① 입을 통해서 소화기 내로 들어와 흡수중독을 일으키는 것을 말한다.
② 인공호흡을 시키고 산소를 흡입시킨 다음 안정시킨 후 모포 등으로 싸서 보온시킨다.
③ 따뜻한 물이나 소금물로 위를 세척한다.
④ 약물이 장내로 들어갈 염려가 있을 때는 황산마그네슘 용액에 규조토 등을 타서 먹여 배설시킨다.

해설 ②항은 흡입중독에 대한 응급조치 설명이다.

79 50% 벤타존 액제(비중 1.2) 100mL로 0.1% 살포액으로 만드는 데 소요되는 물의 양(L)은?

① 49.9 ② 59.9
③ 69.9 ④ 79.9

해설 액제의 희석에 소요되는 물의 양 산출
원액의 용량(cc)100mL×(원액의 농도50%/희석하려는 농도0.1%-1)×원액의 비중 1.2
=0.1×(50/0.1-1)×1.2=59.88

80 60kg 농작물에 50% 유제를 사용하여 원제의 농도가 8mg/kg 작물이 되도록 처리하려고 할 때, 소요 약량(mL)은? (단, 약제의 비중은 1.07이다.)

① 0.5 ② 0.7
③ 0.9 ④ 1.2

해설 소요약량(ppm 살포)
=(추천농도 8mg/kg×피처리물 60kg×100)÷(1,000,000×비중 1.07×원액의 농도 50)
=(8ppm×60kg×100)÷(1,000,000×1.07×50)
=48,000÷53,500,000=0.00089

제5과목 잡초방제학

81 상호대립억제작용(allelopathy)에 대한 설명으로 옳은 것은?

① 식물체 분비물질에 의한 상호작용
② 식물체 간의 빛에 대한 경합작용
③ 식물체 상호 간의 생육에 대한 상가작용
④ 영양소에 대한 식물체 상호 간의 경합작용

해설 잡초의 해작용
- 작물과의 경합에 따른 수량 저하 · 품질 저하
- Allelopathy(상호타감작용, 유해물질의 분비) : 식물의 생체(잡초 뿌리에서 유해물질 분비) 및 고사체의 추출물이 다른 식물의 발아와 생육에 영향
- 병해충의 전파
- 작물의 품질 저하
- 가축에 피해
- 미관의 손상 및 농작업의 어려움
- 경지 이용 효율 감소

정답 78. ② 79. ② 80. ③ 81. ①

82 **잡초의 유용성에 대한 설명으로 틀린 것은?**

① 토양의 침식을 방지한다.
② 병해충 전파를 막아 준다.
③ 토양에 유기물을 공급한다.
④ 상황에 따라 작물로써 활용할 수 있다.

해설 잡초의 유용성
- 토양에 유기질(비료)의 공급
- 토양침식 방지 : 폭우에 의한 논뚝, 밭뚝, 제방 붕괴 방지
- 자원 식물화
- 유전 자원(내성식물 육성을 위한)
- 수질 정화(물이나 토양 정화) : 물옥잠, 부레옥잠
- 토양의 물리성 개선
- 조경식물로 이용 : 벌개미취, 미국쑥부쟁이, 술패랭이꽃

83 **잡초 종자의 휴면타파 및 발아율을 촉진시키는 생장조절 물질과 가장 거리가 먼 것은?**

① 사이토카이닌
② 에틸렌
③ 지베렐린
④ MH

해설 MH(Maleic Hydrazide)
- Antiauxin의 생장 저해 물질로, 담배 측아 발생의 방지로 적심의 효과를 높인다.
- 감자, 양파 등에서 맹아 억제 효과가 있다.

84 **잡초 종자의 산포 방법으로 틀린 것은?**

① 가막사리 : 바람에 잘 날려서 이동함
② 소리쟁이 : 물에 잘 떠서 운반됨
③ 바랭이 : 성숙하면서 흩어짐
④ 메귀리 : 사랑이나 동물 몸에 잘 부착함

해설 잡초의 전파 방법
- 작물의 종자 등에 섞여서 전파
- 바람에 의한 전파 : 민들레, 엉겅퀴속, 박주가리
- 물에 의한 전파 : 빗물, 관수 등
- 인축에 의한 전파 : 도꼬마리, 진득찰, 도깨비바늘, 가막사리

85 **화본과 잡초와 사초과 잡초의 차이점에 대한 설명으로 가장 옳은 것은?**

① 화본과 잡초는 줄기가 삼각형이지만, 사초과 잡초는 줄기가 둥글다.
② 화본과 잡초는 속이 차 있지만, 사초과 잡초는 속이 비어 있다.
③ 화본과 잡초는 마디가 있지만, 사초과 잡초는 마디가 없다.
④ 화본과 잡초는 엽초와 엽신이 뚜렷하지 않지만, 사초과 잡초는 엽초와 엽산이 뚜렷하다.

해설
- 광엽잡초 : 잎이 둥글고 크며 잎맥은 그물맥이다.
- 화본과 잡초 : 잎의 길이가 폭에 비해 길고 잎맥은 나란히맥이며, 잎은 잎집과 잎몸으로 나누어져 있고, 줄기는 마디가 뚜렷한 원통형으로 마디 사이가 비어 있다.
- 사초과 잡초 : 화본과 잡초와 형태가 비슷하나 줄기가 삼각형이고 윤택이 있으며 속이 차 있고, 잎이 좁고 소수에 작은 꽃이 달리며 물속이나 습지에서 잘 자란다.

86 **다음 중 광발아 종자에서 적색광과 적외선광을 교체하여 조사하였을 때, 종자가 가장 발아되지 않는 것은?**

① 적외선광 조사→적색광 조사
② 적색광 조사→적외선광 조사
③ 적색광 조사→적외선광 조사→적색광 조사
④ 적외선광 조사→적외선광 조사→적색광 조사

정답 82. ② 83. ④ 84. ① 85. ③ 86. ②

해설 적색광은 광합성, 일장반응, 광발아성 종자의 발아를 주도하며, 근적외선은 식물의 신장을 촉진하여 적색광과 근적외선의 비(R/Fr ratio)가 적으면 절간 신장이 촉진되어 초장이 커지는데, 이는 색소단백질인 피토크롬이 적색광을 흡수하면 활성형인 Pfr형으로 전환되고, 근적외광을 흡수하면 불활성형인 Pr형으로 변하는 가역적 반응을 통해 종자의 발아, 줄기의 분지 및 신장 등에 영향을 미치기 때문이다.

87 잡초종자의 발아 습성으로 옳지 않은 것은?

① 발아의 준동시성
② 발아의 계절성
③ 발아의 불연속성
④ 발아의 주기성

해설 잡초종자의 일반적 발아 특성으로 주기성, 계절성, 기회성, 준동시성, 연속성을 가지고 있는 경우가 많다.

88 다음 중 잡초경합 한계기간이 가장 긴 작물은?

① 녹두　② 양파
③ 밭벼　④ 콩

해설 잡초경합 한계기간 : 녹두(21~35일), 벼(30~40일), 콩 · 땅콩(42일), 옥수수(49일), 양파(56일)

89 피의 형태적 특징으로 옳은 것은?

① 엽설(잎혀)은 없고, 엽이(잎귀)는 있다.
② 엽설(잎혀)은 있고, 엽이(잎귀)는 없다.
③ 엽설(잎혀)과 엽이(잎귀) 모두 있다.
④ 엽설(잎혀)과 엽이(잎귀) 모두 없다.

해설 피와 벼의 차이점
- 벼 : 엽초, 엽이, 엽설, 엽신으로 구성
- 피 : 엽초, 엽신으로 구성

그러므로 피는 엽이(잎귀), 엽설(잎혀) 모두 없다.

90 밭 잡초로만 나열되지 않은 것은?

① 개비름, 닭의장풀
② 깨풀, 좀바랭이
③ 가래, 여뀌바늘
④ 메귀리, 속속이풀

해설

구분			잡초
논잡초	1년생	화본과	강피, 물피, 돌피, 둑새풀
		방동사니과	참방동사니, 알방동사니, 바람하늘지기, 바늘골
		광엽잡초	물달개비, 물옥잠, 여뀌, 자귀풀, 가막사리
	다년생	화본과	나도겨풀
		방동사니과	너도방동사니, 올방개, 올챙이고랭이, 매자기
		광엽잡초	가래, 벗풀, 올미, 개구리밥, 미나리
밭잡초	1년생	화본과	바랭이, 강아지풀, 돌피, 둑새풀(2년생)
		방동사니과	참방동사니, 금방동사니
		광엽잡초	개비름, 명아주, 여뀌, 쇠비름, 냉이(2년생), 망초(2년생), 개망초(2년생)
	다년생	화본과	참새피, 띠
		방동사니과	향부자
		광엽잡초	쑥, 씀바귀, 민들레, 쇠뜨기, 토끼풀, 메꽃

정답 87. ③　88. ②　89. ④　90. ③

91 다음 중 암 조건에서도 발아가 가장 잘 되는 것은?

① 참방동사니
② 개비름
③ 독말풀
④ 소리쟁이

해설 • 광발아성 종자 : 바랭이, 쇠비름, 개비름, 향부자, 강피, 참방동사니, 소리쟁이, 메귀리
• 암발아성 종자 : 별꽃, 냉이, 광대나물, 독말풀
• 광무관 종자 : 화곡류, 옥수수

92 다음 중 작물과 잡초가 경합하고 있을 때 작물 수량 손실이 가장 높은 경우는?

① C_3작물과 C_4잡초
② C_3작물과 C_3잡초
③ C_4작물과 C_3잡초
④ C_4작물과 C_4잡초

해설 C_3작물과 C_4잡초의 경합은, C_4식물은 C_3식물에 비해 광포화점은 높고 이산화탄소 보상점은 낮아 광합성 효율이 높아 경합에 우세하다.

93 2년생 잡초에 대한 설명으로 틀린 것은?

① 망초, 냉이, 방가지똥 등이 있다.
② 2년 동안에 생활환을 완전히 끝낸다.
③ 월동 기간에 화아가 분화하며 주로 온대지역에서 볼 수 있는 잡초이다.
④ 주로 봄과 여름에 발생하여 같은 해 여름과 가을까지 결실하고 고사한다.

해설 2년생 잡초
• 2년 동안에 일생을 마친다.
• 첫해에 발아, 생육하고 월동한다.
• 월동기간 중 화아분화 하여 이듬해 봄에 개화 결실 후 고사한다.
• 종류 : 달맞이꽃, 나도냉이, 갯질경이

94 잡초의 생장형에 따른 분류로 옳은 것은?

① 직립형 – 가막사리, 명아주
② 로제트형 – 억새, 뚝새풀
③ 만경형 – 민들레, 냉이
④ 총생형 – 메꽃, 환삼덩굴

해설 생장형에 따른 분류
• 직립형 : 명아주, 가막사리, 자귀풀
• 포복형 : 메꽃, 쇠비름
• 총생형 : 억새, 둑새풀, 피(꽃이나 풀 따위에서 여러 개의 잎이 짤막한 줄기에 무더기로 붙어 남)
• 분지형 : 광대나물, 사마귀풀
• 로제트형 : 민들레, 질경이
• 망경형 : 거지덩굴, 환삼덩굴

95 다음 잡초 중 종자의 천립중이 가장 가벼운 것은?

① 별꽃 ② 명아주
③ 메귀리 ④ 강아지풀

해설 잡초 종자의 무게(천립중) : 메귀리>단풍잎돼지풀>선홍초>강아지풀>말냉이>별꽃>바랭이>냉이>명아주

96 잡초의 생물학적 방제용으로 도입되는 곤충이 구비해야 할 조건으로 가장 거리가 먼 것은?

① 영구적으로 소멸하지 않는 것
② 대상 잡초에만 피해를 주는 것
③ 대상 잡초의 발생 지역에 잘 적응할 것
④ 인공적으로 배양 또는 증식이 용이한 것

해설 천적의 구비 조건
• 포식자로부터 자유로워야 한다.
• 지역 환경에 쉽게 적응해야 한다.
• 접종지역에서의 이동성이 높아야 한다.
• 숙주를 쉽게 찾을 수 있어야 한다.
• 기주특이성이 있어 작물에 가해가 없어야 한다.
• 인공적 배양, 증식이 용이해야 한다.

정답 91. ③ 92. ① 93. ④ 94. ① 95. ② 96. ①

97 다음 설명에 해당하는 것은?

> 두 종류의 제초제를 혼합 처리할 때의 반응이 각각 제초제를 단독 처리할 때보다 효과가 감소하는 현상이다.

① 상가작용　② 길항작용
③ 상승작용　④ 독립작용

해설 • 상승작용 : 두 종류의 제초제를 혼합 처리할 때의 반응이 각각 제초제를 단독 처리할 때 반응을 합계한 것보다 크게 나타나는 경우이다.
• 상가작용 : 두 종류의 제초제를 혼합 처리할 때의 반응이 각각 제초제를 단독 처리할 때 반응을 합계한 것과 같게 나타나는 경우이다.
• 독립작용(독립효과) : 두 종류의 제초제를 혼합 처리할 때의 반응이 각각 제초제를 단독 처리할 때 반응이 큰 쪽과 같은 효과를 나타나는 경우이다.
• 길항작용(길항적 반응) : 두 종류의 물질을 혼합 처리 시의 반응이 단독 처리 시의 큰 쪽 반응보다 작게 나타나는 것이다.

98 다음 중 외래잡초로만 나열된 것은?

① 돼지풀, 올미
② 너도방동사니, 흰명아주
③ 개망초, 어저귀
④ 올방개, 광대나물

해설 외래잡초 종류 : 미국개기장, 미국자리공, 달맞이꽃, 엉겅퀴, 단풍잎돼지풀, 털별꽃아재비, 큰도꼬마리, 미국까마중, 소리쟁이, 돌소리쟁이, 좀소리쟁이, 미국나팔꽃, 미국가막사리, 망초, 개망초, 서양민들레, 가는털비름, 비름, 가시비름, 흰명아주, 도깨비가지, 미국외풀 등

99 잡초가 종내 변이를 일으키는 원인으로 가장 거리가 먼 것은?

① 돌연변이 발생
② 시비량의 변화
③ 자연교잡
④ 잡초의 생리적 형질 변화

해설 시비량과 같은 원인에 의한 변이는 환경변이이므로 유전되지 않아 종내 변이의 원인이 될 수 없다.

100 생태적 잡초방제 중 경합 특성을 이용한 방법과 가장 거리가 먼 것은?

① 작부체계 관리
② 관개수로 관리
③ 육묘(이식) 재배 관리
④ 재식밀도 관리

해설 ①, ③, ④는 작물의 건전한 생육을 도모하여 잡초와 경합에 우세하도록 하는 방제 방법이나, ②는 관개수를 통해 외부로부터 잡초 종자의 유입을 방지하는 예방적 방제에 해당한다.

정답 97. ② 98. ③ 99. ② 100. ②

2024년 CBT 기출복원문제

제1과목 식물병리학

01 그람음성세균에 해당하는 것은?

① 토마토 궤양병균
② 감자 더뎅이병균
③ 벼 흰잎마름병균
④ 감자 둘레썩음병균

해설 그람음성세균
- *Pseudomonas*(슈도모나스) : 가지과 작물 풋마름병
- *Xanthomonas*(잔토모나스) : 벼 흰잎마름병, 감귤 궤양병
- *Agrobacterium*(아그로박테리움) : 과수근두암종병(뿌리혹병)
- *Erwinia*(에르위니아) : 채소무름병, 화상병, 시듦병

02 소나무 잎마름병의 병징에 대한 설명으로 옳은 것은?

① 봄에 묵은 잎이 적갈색으로 변하면서 대량으로 떨어진다.
② 잎에 바늘구멍 크기의 적갈색 반점이 나타나고 동심원으로 커진다.
③ 수관 하부에 있는 잎에서 담갈색 반점이 생기면서 발생하여 상부로 점차 진전한다.
④ 잎에 띠 모양의 황색 반점이 생기다가 갈색으로 변하면서 반점들은 합쳐진다.

해설 소나무 잎마름병 발병 특성
- 장마철 이후부터 발생하기 시작하며, 특히 여름철 비가 많이 오고 잦을 때 발생한다.
- 잎과 가지가 갈색 또는 회갈색으로 변하고 점차 회백색을 띠면서 빠르게 말라 부스러진다.
- 처음에는 병반의 중앙부에는 세로로 갈라진 검은색 분생자좌가 형성되고, 습기가 많은 조건에서는 갈라진 부위로부터 검은 삼각뿔 모양의 포자각이 분출된다.

03 병든 식물체 조직의 면적 또는 양의 비율을 나타내는 것으로 주로 식물체의 전체면적당 발병 면적을 기준으로 하는 것은?

① 발병도(severity)
② 발병률(incidence)
③ 수량 손실(yield loss)
④ 병진전 곡선(disease-progress curve)

해설
- 발병률(incidence) : 병이 발생하는 비율
- 수량 손실(yield loss) : 수확량의 감소하거나 잃어버려 입은 손해
- 병진전 곡선(disease-progress curve) : 시기별로 병이 진전하는 상황을 조사하여 나타낸 곡선

04 균사나 분생포자의 세포가 비대해져서 생성되는 것은?

① 유주자 ② 후벽포자
③ 휴면포자 ④ 포자낭포자

정답 01. ③ 02. ④ 03. ① 04. ②

해설 후벽포자 : 영양체의 선단이나 중간 세포에 저장 물질이 쌓여 형태가 커지고 세포벽이 두꺼워져 세포벽의 대부분이 이중화되고 내구성을 가진 무성 포자

05 벼 줄무늬잎마름병의 병원(病原)은?

① 바이러스
② 파이토플라스마
③ 세균
④ 진균

해설 줄무늬잎마름병(縞葉枯病 Stripe, 병원체 : Rice stripe virus)은 바이러스를 지닌 애멸구에 의해 전염되는 바이러스에 의한 병이며, 애멸구는 잡초나 답리작물에서 유충의 형태로 월동한다.

06 병원균이 기주식물에 침입하면 병원균에 저항하는 기주식물의 반응으로 항균 물질 및 페놀성 물질 증가 등의 작용을 하는데, 이를 무엇이라 하는가?

① 침입저항성 ② 감염저항성
③ 확대저항성 ④ 수평저항성

해설 기주식물에 대한 병원체의 감염 경로에 따른 저항성 구분

- 침입저항성 : 기주의 유전자에 의해서 병원균의 침입이 억제되는 저항성
- 확대저항성 : 병원균이 침입한 다음 병원균에 저항하는 기주식물의 저항성

07 벼 오갈병의 주요 매개충은?

① 애멸구 ② 진딧물
③ 딱정벌레 ④ 끝동매미충

해설 오갈병(萎縮病, Dwarf, 병원체 : Rice dwarf virus)은 번개매미충과 끝동매미충에 의하여 전염되는 바이러스병으로 월동작물이나 잡초에서 월동한다.

08 벼 도열병에 대한 설명으로 옳지 않은 것은?

① 종자 소독으로는 방제효과가 매우 적다.
② 담녹갈색의 짧은 다이아몬드형 병무늬를 형성한다.
③ 잎, 잎자루, 잎혀, 마디, 이삭목, 이삭가지, 볍씨 등에 발생한다.
④ 볍씨의 발아 직후부터 발생하여 출수 후 성숙기까지 계속 발생한다.

해설 도열병은 종자 소독을 통해 예방 효과가 있다.

09 파이토플라스마에 대한 설명으로 옳지 않은 것은?

① 세포벽이 없다.
② 인공배지에서 생장하지 않는다.
③ 매개충에 의하여 전파되지 않는다.
④ 테트라싸이클린에 대하여 감수성이다.

해설 파이토플라스마 특징

- 원핵생물, 세포벽이 없다.
- 테트라싸이클린계에 감수성(테트라싸이클린계로 치료 가능)
- 인공배지에서 생장하지 않는다.
- 주로 각종 매미충류에 의해 매개된다.
- 식물의 체관부에 존재한다.
- RNA와 DNA, 리보솜을 가지고 있다.
- 무세포 배지에서 증식이 가능하다.

10 병원균이 기주교대를 하는 이종기생균은?

① 배나무 불마름병
② 사과나무 흰가루병
③ 배나무 붉은별무늬병
④ 사과나무 검은별무늬병

정답 05. ① 06. ③ 07. ④ 08. ① 09. ③ 10. ③

해설 배나무 붉은별무늬병

- 병원균 : *Gymnosporangium asiaticum*
- 겨울철을 향나무에서 월동하고 여름철엔 배나무에서 기생한다.

11 **마름무늬매미충(모무늬매미충)에 의해 전반되지 않는 병은?**

① 뽕나무 오갈병
② 벚나무 빗자루병
③ 붉나무 빗자루병
④ 대추나무 빗자루병

해설
- 뽕나무 오갈병 : 마름무늬매미충
- 붉나무 빗자루병 : 모무늬매미충
- 대추나무 빗자루병 : 마름무늬매미충
- 벚나무 빗자루병은 자낭균에 의한 병해이다.

12 **병원균이 담자기와 담자포자를 형성하는 것은?**

① 감자 역병
② 벼 깨씨무늬병
③ 배추 무사마귀병
④ 보리 겉깜부기병

해설
- 감자 역병 : 난균류
- 벼 깨씨무늬병 : 자낭균
- 배추 무사마귀병 : 조균류

13 **1차 전염원에 대한 설명으로 가장 옳은 것은?**

① 가벼운 증상을 일으키는 전염원
② 병반으로부터 가장 먼저 분리되는 전염원
③ 월동한 병원체로부터 새로운 생육기에 들어 가장 먼저 만들어진 전염원
④ 작물 재배를 시작한 첫해에 나오는 전염원

해설
- 1차 전염원 : 1차 감염을 일으킨 오염된 토양, 병든 식물 잔재에서 월동한 균핵, 난포자, 식물조직 속에서 휴면상태로 있는 균사 등으로 병의 종류에 따라 하나 또는 그 이상일 수 있다.
- 2차 전염원 : 1차 감염 결과 발병하여 형성된 병원체가 다른 식물로 옮겨져서 2차 감염을 일으키는 전염원으로 비, 바람, 물, 곤충 등이 발병 원인이다.

14 **식물 바이러스 입자를 구성하는 주요 고분자는?**

① 피막과 핵
② 세포벽과 세포질
③ 골지체와 RNA
④ 핵산과 단백질 껍질

해설 바이러스의 본체는 DNA 또는 RNA의 핵산이며, 단백질 껍질을 갖는다.

15 **식물병으로 인한 피해에 대한 설명으로 옳지 않은 것은?**

① 20세기 스리랑카는 바나나 시들음병으로 인하여 관련 사업이 황폐화되었다.
② 19세기 아일랜드 지방에 감자 역병이 크게 발생하여 100만 명 이상이 굶어 죽었다.
③ 20세기 미국 동부지방 주요 수종인 밤나무는 밤나무 줄기마름병으로 큰 피해를 입었다.
④ 20세기 미국 전역에서 옥수수 깨씨무늬병이 크게 발생하여 관련 제품 생산에 큰 차질을 가져왔다.

해설 20세기 스리랑카는 커피녹병으로 인하여 관련 사업이 황폐화되며, 커피 대신 차 재배가 시작된다.

정답 11. ② 12. ④ 13. ③ 14. ④ 15. ①

16 박테리오파지의 기주특이성을 이용하여 진단할 수 있는 병으로 가장 적절한 것은?

① 밀 속깜부기병
② 벼 줄무늬잎마름병
③ 보리 겉깜부기병
④ 벼 흰잎마름병

해설
- 박테리오파지 : 일반적인 바이러스와는 달리 세균을 숙주세포로 하는 바이러스의 총칭
- 밀 속깜부기병 : 담자균
- 벼 줄무늬잎마름병 : 바이러스
- 보리 겉깜부기병 : 담자균
- 벼 흰잎마름병 : 세균

17 토마토 풋마름병에 대한 설명으로 옳은 것은?

① 토마토에만 감염된다.
② 담자균에 의한 병이다.
③ 병원균은 주로 병든 식물체에서 월동한다.
④ 병원균이 뿌리로 침입하면 뿌리가 흰색으로 변한다.

해설 토마토 풋마름병은 감자, 가지, 토마토, 고추 등 가지과에서 발생하며, 병원균은 세균이고 병든 식물의 잔재에서 월동하여 토양전염한다.

18 식물체에 암종을 형성하며, 유전공학 연구에 많이 쓰이는 식물병원 세균은?

① *Erwinia amylovora*
② *Xanthomonas campestris*
③ *Clavibacter michiganensis*
④ *Agrobacterium tumefaciens*

해설
- *Erwinia amylovora* : 화상병균
- *Xanthomonas campestris* : 세균성 병원균
- *Clavibacter michiganensis* : 세균성 병원균

19 식물병에 있어서 표징(sign)이란?

① 식물의 외부적 변화
② 식물의 내부적 변화
③ 병에 대한 식물의 반응
④ 병환부에 나타난 병원체

해설 표징은 병원균의 포자나 병원균 그 자체가 보이는 것으로 병원체의 번식기관에 의한 것과 영양기관에 의한 것이 있다.

20 벼 흰잎마름병의 발생과 전파에 가장 좋은 환경조건은?

① 규산 과용
② 이상 건조
③ 태풍과 침수
④ 이상 저온

해설 흰잎마름병(白葉枯病, Bacterial blight, 병원체 : *Xanthomonas campestris*)은 주로 7월 상순에서 8월 중순에 발병하며, 균의 발육 최적온도는 26~30℃이고 폭우, 태풍에 의해 잎의 상처 또는 침수 후에 병원균이 수공이나 기공, 절단된 뿌리로 침입하여 많이 발생한다.

제2과목 농림해충학

21 곤충의 출생 방식으로 알이 몸 안에서 부화되어 애벌레 상태로 밖으로 나오는 것은?

① 난생 ② 태생
③ 배발생 ④ 난태생

해설
- 난생 : 알로 태어남
- 태생 : 애벌레로 태어남
- 난태생 : 알이 몸 안에서 부화되어 애벌레 상태로 나옴

정답 16. ④ 17. ③ 18. ④ 19. ④ 20. ③ 21. ④

22 **누에의 휴면호르몬이 합성되는 곳은?**

① 앞가슴샘 ② 알라타체
③ 카디아카체 ④ 신경분비세포

해설

종류	기능
카디아카체	• 심장박동 조절에 관여
알라타체	• 머릿속에 1쌍의 신경구 모양의 조직 • 변태호르몬(유약호르몬)을 분비
앞가슴선	• 번데기 촉진에 관여 • 탈피호르몬(MH)인 엑디손 분비. 허물벗기호르몬(EH). 경화호르몬 분비
환상선	• 파리류 유충에서 작은 환상 조직이 기관으로 지지
신경분비세포	• 누에의 휴면호르몬 분비 → 식도하신경절

23 **정주성 내부기생선충으로 2령 유충만이 식물을 침입할 수 있는 감염기의 선충이 되는 것은?**

① 침선충
② 잎선충
③ 뿌리혹선충
④ 뿌리썩이선충

해설 뿌리혹선충은 알 속에서 1회 탈피한 후 깨어난 2령 유충이 뿌리 속에 침입하여 3회 탈피 후 성충이 되며, 2령 유충이 구침으로 뿌리에 상처를 내고 영양을 흡수하면 그 부분의 조직이 혹 모양으로 변한다.

24 **벼를 가해하여 오갈병을 매개하는 것은?**

① 벼멸구 ② 먹노린재
③ 흰등멸구 ④ 끝동매미충

해설 벼의 바이러스병해 매개충은 대표적으로 벼 줄무늬잎마름병, 검은줄오갈병 등을 매개하는 애멸구와 오갈병을 매개하는 끝동매미충 등이 있다.

25 **부화유충이 처음 과일 표면을 식해하다가 과일 내부로 뚫고 들어가 가해하는 해충은?**

① 배나무이 ② 사과굴나방
③ 포도유리나방 ④ 복숭아심식나방

해설 복숭아심식나방

• 복숭아, 사과에 피해를 준다.
• 부화유충은 실을 내며 과육 속으로 파먹고 들어가거나 과피 밑에 그물 모양의 불규칙한 갱도를 만든다.
• 복숭아의 경우 파먹어 들어간 구멍으로 진이 나오며, 사과의 경우 즙액이 말라 백색의 작은 덩어리가 생긴다.

26 **곤충 날개가 두 쌍인 경우, 날개의 부착 위치는?**

① 앞가슴에 한 쌍, 가운데 가슴에 한 쌍 붙어있다.
② 가운데 가슴에 한 쌍, 뒷가슴에 한 쌍 붙어있다.
③ 앞가슴에 한 쌍, 뒷가슴에 한 쌍 붙어 있다.
④ 가운데 가슴에만 붙어 있다.

해설 • 가운데 가슴에 앞날개 1쌍, 뒷가슴에 뒷날개 1쌍이 붙어 있다.
• 앞가슴은 날개가 붙어 있지 않다.

27 **거미와 비교한 곤충의 일반적인 특징이 아닌 것은?**

① 배 마디에는 3쌍의 다리와 2쌍의 날개가 있다.
② 곤충은 동물 중에 가장 종류가 많으며, 곤충강에 속하는 절지동물을 말한다.
③ 곤충은 머리, 가슴, 배 3부분으로 구성되어 있다.
④ 머리에는 입틀, 더듬이, 겹눈이 있다.

정답 22. ④ 23. ③ 24. ④ 25. ④ 26. ② 27. ①

해설 곤충강과 거미강과의 차이

구분	곤충강	거미강
몸의 구분	머리, 가슴, 배 3부분	머리가슴, 배 2부분
몸의 마디	가슴과 배에 마디가 있다.	대개 몸에 마디가 없다.
더듬이	1쌍	없다(다리가 변형된 더듬이 팔).
눈	겹눈과 홑눈	홑눈만 있다.
다리	3쌍, 5마디로 구성	4쌍, 6마디로 구성
날개	2쌍	없다.
생식문	배 끝에 있다.	배의 앞부분에 있다.
호흡기	기관이나 숨문이 몸의 옆에 위치	기관과 허파가 배 아래쪽에 위치
독선	없거나 있다면 배 끝에 침	큰 턱이나 머리 가슴
탈피(변태)	대부분 한다.	하지 않는다.

28 곤충의 다리는 5마디로 구성된다. 몸통에서부터 올바른 순서로 나열한 것은?

① 밑 마디-도래 마디-넓적 마디-종아리 마디-발 마디
② 밑 마디-넓적 마디-발 마디-종아리 마디-도래 마디
③ 밑 마디-발 마디-종아리 마디-도래 마디-넓적 마디
④ 밑 마디-종아리 마디-발 마디-넓적 마디-도래 마디

해설 몸쪽부터 마디 순서 : 밑 마디(기절)→도래 마디(전절)→넓적 마디(퇴절)→종아리 마디(경절)→발 마디(부절)

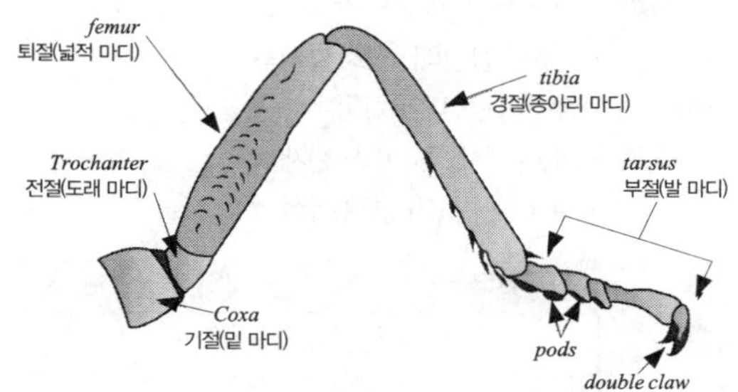

▲ 곤충의 다리 구조

29 총채벌레목에 대한 설명으로 옳지 않은 것은?

① 단위생식도 한다.
② 입틀의 좌우가 같다.
③ 불완전변태군에 속한다.
④ 산란관이 잘 발달하여 식물의 조직 안에 알을 낳는다.

해설 총채벌레목의 입틀은 좌우가 비대칭이다(입틀은 줄 쓸어 빠는 형으로 오른쪽 큰 턱은 기능을 잃고 작게 퇴화되어 있어서 좌우 비대칭이다).

30 다음 중 곤충이 휴면하는 데 가장 영향을 주는 주요 요인은?

① 빛 ② 수분
③ 온도 ④ 바람

해설 휴면을 하는 원인

- 일장, 온도, 먹이, 생리상태, 어미의 나이 등 환경을 극복하기 위함이다.→ 온도의 영향이 가장 크게 좌우된다.
- 휴면에서 깨어나기 위해서는 휴면타파 조건이 갖추어져야 한다.

31 앞날개가 경화되어 있는 곤충은?

① 벼메뚜기 ② 검정송장벌레
③ 땅강아지 ④ 썩덩나무노린재

정답 28. ① 29. ② 30. ③ 31. ②

해설
- 벼메뚜기 : 메뚜기목
- 검정송장벌레 : 딱정벌레목
- 땅강아지 : 메뚜기목
- 썩덩나무노린재 : 노린재목
- 주요 해충목의 날개 특성

곤충목	날개의 특징
파리목	• 앞날개가 발달 • 뒷날개는 퇴화 → 평균곤으로 변형되어 몸의 균형 유지
노린재목	• 앞날개는 변형된 반초시(반은 딱딱하고 끝부분은 막질로 구성)이다.
딱정벌레목 집게벌레목	• 앞날개가 경화되어 있다.

32 살충제 처리 후 무처리구의 생충률이 90%이고, 처리구의 생충률이 22.5%일 경우 처리구의 보정 사충률은?

① 75% ② 70%
③ 65% ④ 60%

해설 (0.9-0.225)÷0.9×100=75

33 자연생태계와 비교할 때 농생태계의 특징은?

① 영양단계의 상호관계가 간단하다.
② 영양물질 순환이 폐쇄적이다.
③ 종의 다양성이 높다.
④ 유전자 다양성이 높다.

해설 농생태계의 특징
- 종의 다양도가 낮다.
- 영속성이 없다(수명이 짧다).
- 식물 간에 경쟁력이 낮다.
- 환경에 대한 저항성이 낮다.
- 관리 측면에서 인위적인 요소가 크게 작용한다.

34 곤충의 유충 발육 단계에서 다음 령기의 유충으로 탈피하는 경우는?

구분	탈피호르몬	유약호르몬
㉠	고	고
㉡	고	저
㉢	저	고
㉣	저	저

① ㉠ ② ㉡
③ ㉢ ④ ㉣

해설
- 탈피호르몬과 유약호르몬의 농도에 의해 탈피 또는 변태를 결정하며, 탈피호르몬과 유약호르몬의 농도가 높으면 다음 령기에서 탈피한다.
- 유약호르몬(JH)의 농도가 높으면 다음 령기에서 탈피한다.
- 유약호르몬(JH)의 농도가 감소하면 번데기가 된다.
- 유약호르몬(JH)이 없으면 성충이 된다.

35 해충의 발생예찰 방법이 아닌 것은?

① 통계적 예찰법
② 피해사정 예찰법
③ 시뮬레이션 예찰법
④ 야외조사 및 관찰 예찰법

해설 해충의 발생예찰 방법 : 야외조사 및 관찰 방법, 통계학적 방법, 다른 생물 현상과의 관계를 이용하는 방법, 실험적 방법, 개체군 동태학적 방법, 컴퓨터 이용 방법 등이 있다.

36 우리나라에서 발생하는 해충 중 외래종이 아닌 것은?

① 섬서구메뚜기
② 꽃매미
③ 갈색날개매미충
④ 열대거세미나방

정답 32. ① 33. ① 34. ① 35. ② 36. ①

해설 섬서구메뚜기

- 메뚜기목 섬서구메뚜기과의 곤충으로 녹색, 회록색, 갈색 등 여러 가지 몸 색깔을 가지고 있으며, 길쭉한 마름모형이다.
- 논밭이나 풀숲에서 서식하며 꽃잎이나 풀잎 등 식물을 섭식한다.
- 벼, 보리 등 농작물에 피해를 주는 해충으로 취급된다.
- 연 1회 생식하며 암컷에 비해 수컷이 매우 작은 편이다. 6월~11월에 출현하며 한국, 일본 등지에 분포한다.

37 **작물의 재배시기를 조절하여 해충의 피해를 줄이는 방법은?**

① 화학적 방제법
② 경종적 방제법
③ 기계적 방제법
④ 물리적 방제법

해설 재배시기를 조절하여 회피하는 방법은 경종적 방제법에 해당한다.

38 **종합적 해충방제에서 방제를 실시해야 하는 해충의 밀도 수준은?**

① 경제적 소득수준
② 경제적 피해허용수준
③ 물리적 피해수준
④ 해충 밀도수준

해설 경제적 피해허용수준(ET)

- 해충의 밀도가 경제적 피해 수준에 도달하는 것을 막기 위해 방제 수단을 사용해야 하는 밀도 수준을 말한다.
- 해충에 의한 피해액과 방제비가 같은 수준의 밀도를 말한다.

39 **복숭아심식나방의 발생예찰에 이용되는 페로몬은?**

① 성페로몬
② 분산페로몬
③ 길잡이페로몬
④ 경보페로몬

해설 성페로몬 : 같은 곤충 종 내에 다른 성의 개체를 유인하기 위해 몸 외부로 분비하는 화학물질을 이용한다.

40 **내배엽에서 만들어진 곤충의 소화기관은?**

① 중장 ② 소낭
③ 전위 ④ 후장

해설 배자 발생

- 수정→배자 형성→부화
- 포배엽 형성, 배자원기 형성
- 낭배 형성(중앙 부위가 함입되어 있음)
- 외배엽 : 전장, 후장, 신경계, 피부, 기관계 형성
- 중배엽 : 근육, 지방체, 생식기관, 순환기관 형성
- 내배엽 : 중장 조직 형성

제3과목 재배학원론

41 **토양 구조에 대한 설명으로 옳지 않은 것은?**

① 단립(單粒) 구조는 토양통기와 투수성이 불량하다.
② 입단(粒團) 구조는 유기물과 석회가 많은 표층토에서 많이 보인다.
③ 이상(泥狀) 구조는 과습한 식질토양에서 많이 보인다.
④ 단립(單粒) 구조는 대공극이 많고 소공극이 적다.

정답 37. ② 38. ② 39. ① 40. ① 41. ①

해설 단립구조(單粒構造)

- 비교적 큰 토양입자가 서로 결합되어 있지 않고 독립적으로 단일상태로 집합되어 이루어진 구조이다.
- 해안의 사구지에서 볼 수 있다.
- 대공극이 많고 소공극이 적어 토양통기와 투수성은 좋으나 보수, 보비력은 낮다.

42 **식물의 진화와 관련하여 작물의 특징에 대한 설명으로 옳지 않은 것은?**

① 발아억제 물질이 감소하거나 소실되는 방향으로 발달되었다.
② 분얼이나 분지가 일정 기간 내에 일시에 발생하는 방향으로 발달하였다.
③ 개화기는 일시에 집중하는 방향으로 발달하였다.
④ 탈립성이 큰 방향으로 발달하였다.

해설 탈립성(脫粒性)

- 야생종은 탈립성이 강하며, 탈립성이 강한 품종은 수확작업의 불편을 초래한다.
- 콤바인(combine) 수확 시는 탈립성이 좋아야 수확과정에서 손실이 적다.

43 **다음 중 연작의 피해가 가장 작은 작물로만 나열된 것은?**

① 고추, 강낭콩, 수박
② 고구마, 완두, 토마토
③ 수수, 감자, 가지
④ 벼, 담배, 옥수수

해설 작물의 기지 정도

- 연작의 해가 적은 것 : 벼, 맥류, 조, 옥수수, 수수, 삼, 담배, 고구마, 무, 순무, 당근, 양파, 호박, 연, 미나리, 딸기, 양배추 등
- 1년 휴작 작물 : 파, 쪽파, 생강, 콩, 시금치 등
- 2년 휴작 작물 : 오이, 감자, 땅콩, 잠두 등
- 3년 휴작 작물 : 참외, 쑥갓, 강낭콩, 토란 등
- 5~7년 휴작 작물 : 수박, 토마토, 가지, 고추, 완두, 사탕무, 레드클로버 등
- 10년 이상 휴작 작물 : 인삼, 아마 등

44 **다음 중 작물이 주로 이용하는 토양수분은?**

① 모관수　② 결합수
③ 중력수　④ 흡착수

해설 모관수(毛管水, capillary water)는 표면장력으로 토양공극 내 중력에 저항하여 유지되는 수분을 의미하며, 모관현상에 의하여 지하수가 모관공극을 따라 상승하여 공급되는 수분으로 작물에 가장 유용하게 이용된다.

45 **다음 중 작물재배 시 부족하면 수정 · 결실이 나빠지는 미량원소는?**

① Mg　② B
③ S　④ Ca

해설 붕소(B) 결핍

- 분열조직의 괴사(necrosis)를 일으키는 일이 많다.
- 채종재배 시 수정 · 결실이 나빠진다.
- 콩과작물의 근류 형성 및 질소고정이 저해된다.
- 사탕무의 속썩음병, 순무의 갈색속썩음병, 셀러리의 줄기쪼김병, 담배의 끝마름병, 사과의 축과병, 꽃양배추의 갈색병, 알파파의 황색병을 유발한다.

46 **포도의 착색에 관여하는 안토시안의 생성을 가장 조장하는 것은?**

① 적색광　② 황색광
③ 적외선　④ 자외선

해설 • 가시광선

㉠ 적색광 : 광합성, 광주기성, 광발아성 종자의 발아를 주도한다.
㉡ 청색광 : 카로티노이드계 색소의 생성을 촉진한다.

정답 42. ④ 43. ④ 44. ① 45. ② 46. ④

- 근적외선 : 식물을 신장촉진하여 적색광과 근적외선의 비(R/Fr ratio)가 작으면 절간신장이 촉진되어 초장이 커진다.
- 자외선 : 신장을 억제하며, 엽육을 두껍게 하고, 안토시아닌계 색소의 발현을 촉진한다.

47 **재배에 적합한 토성의 범위가 넓은 작물의 순서로 가장 바르게 나열된 것은?**

① 담배〉밀〉콩
② 담배〉콩〉고구마
③ 수수〉담배〉팥
④ 콩〉양파〉담배

해설 작물종류와 재배에 적합한 토성

○ : 재배적지, △ : 재배 가능지

작물	사토	세사토	사양토	양토	식양토	식토
콩, 팥	○	○	○	○	○	○
녹두, 고구마	○	○	○	○	○	
근채류	○	○	○	○	△	
땅콩	○	○	○	△	△	
오이, 양파	○	○	○	○		
호밀, 조	△	△	○	○	○	△
귀리	△	△	△	○	○	△
수수, 옥수수, 메밀, 엽채류, 사탕무, 박하			○	○	○	
아마, 담배, 피, 모시풀			○	○		
강낭콩			△	○	○	
알파파, 티머시				○	○	○
밀					○	○

48 **줄기 선단에 있는 분열조직에서 합성되어 아래로 이동하여 측아의 발달을 억제하는 정아우세 현상과 관련된 식물생장조절물질은?**

① 옥신　　② 지베렐린
③ 시토키닌　　④ 에틸렌

해설 옥신의 생성과 작용

- 생성 : 줄기나 뿌리의 선단에서 합성되어 체내의 아래로 극성 이동을 한다.
- 주로 세포의 신장촉진 작용을 함으로써 조직이나 기관의 생장을 조장하나 한계 농도 이상에서는 생장을 억제하는 현상을 보인다.
- 굴광현상은 광의 반대쪽에 옥신의 농도가 높아져 줄기에서는 그 부분의 생장이 촉진되는 향광성을 보이나 뿌리에서는 도리어 생장이 억제되는 배광성을 보인다.
- 정아에서 생성된 옥신은 정아의 생장은 촉진하나 아래로 확산하여 측아의 발달을 억제하는데, 이를 정아우세현상이라고 한다.

49 **묘상에서 육묘한 모를 이식하기 전에 경화시키면 나타나는 이점에 대한 설명으로 가장 옳지 않은 것은?**

① 착근이 빠르다.
② 흡수력이 좋아진다.
③ 체내의 즙액 농도가 감소한다.
④ 저온 등 자연환경에 대한 저항성이 증대한다.

해설 체내의 즙액 농도가 증가한다.

50 **다음 논의 용수량(Q) 계산식에서 A에 해당하는 것은?**

Q=(엽면증산량+수면증발량+지하침투량)−A

① 강수량　　② 강우량
③ 유효우량　　④ 흡수량

해설 용수량=(엽면증발량+수면증발량+지하침투량)-유효강우량

정답 47. ④ 48. ① 49. ③ 50. ③

51 다음 중 수명이 가장 긴 장명종자는?

① 메밀 ② 가지
③ 양파 ④ 상추

해설 작물별 종자의 수명(中村, 1985; HARTMANN, 1997)

구분	단명종자 (1~2년)	장명종자 (5년 이상)
농작물류	콩, 땅콩, 목화, 옥수수, 해바라기, 메밀, 기장	클로버, 알파파, 사탕무, 베치
채소류	강낭콩, 상추, 파, 양파, 고추, 당근	비트, 토마토, 가지, 수박
화훼류	베고니아, 팬지, 스타티스, 일일초, 콜레옵시스	접시꽃, 나팔꽃, 스토크, 백일홍, 데이지

52 다음 중 작물의 내동성에 대한 설명으로 가장 옳지 않은 것은?

① 세포의 삼투압이 높아지면 내동성이 커진다.
② 원형질의 연도가 낮고 점도가 높은 것이 내동성이 크다.
③ 자유수의 함량이 적어지면 내동성이 커진다.
④ 지방 함량이 높은 것이 내동성이 강하다.

해설 원형질의 점도가 낮고 연도가 크면 결빙에 의한 탈수와 융해 시 세포가 물을 다시 흡수할 때 원형질의 변형이 적으므로 내동성이 크다.

53 다음 중 자연교잡률이 가장 낮은 것은?

① 수수 ② 밀
③ 아마 ④ 보리

해설 주요 작물의 자연교잡률(%) : 벼-0.2~1.0, 보리-0.0~0.15, 밀-0.3~0.6, 조-0.2~0.6, 귀리와 콩-0.05~1.4, 아마-0.6~1.0, 가지-0.2~1.2, 수수-5.0 등

54 눈이 트려고 할 때 필요하지 않는 눈을 손끝으로 따주는 것을 무엇이라 하는가?

① 적아 ② 환상박피
③ 절상 ④ 휘기

해설
- 환상박피(環狀剝皮, ringing, girdling) : 줄기 또는 가지의 껍질을 3~6cm 정도 둥글게 벗겨내는 작업으로 화아분화의 촉진 및 과실의 발육과 성숙이 촉진된다.
- 절상(切傷, notching) : 눈 또는 가지 바로 위에 가로로 깊은 칼금을 넣어 그 눈이나 가지의 발육을 조장하는 작업이다.
- 언곡(偃曲, 휘기; bending) : 가지를 수평이나 그보다 더 아래로 휘어서 가지의 생장을 억제시키고 정부우세성을 이동시켜 기부에 가지가 발생하도록 하는 작업이다.

55 다음 중 작물의 복토 깊이가 가장 깊은 것은?

① 오이 ② 당근
③ 생강 ④ 파

해설
- 0.5~1.0cm 복토 : 가지, 토마토, 소립목초종자, 파, 양파, 당근, 상추, 유채, 담배, 양배추, 순무, 차조기, 고추 등
- 2.5~3.0cm 복토 : 보리, 밀, 호밀, 귀리, 아네모네
- 3.5~4.0cm 복토 : 콩, 팥, 옥수수, 완두, 강낭콩, 잠두
- 5.0~9.0cm 복토 : 감자, 토란, 생강, 크로커스, 글라디올러스
- 10cm 이상 복토 : 튤립, 수선화, 히아신스, 나리

56 발아에 광선이 필요하지 않은 작물은?

① 상추 ② 금어초
③ 담배 ④ 호박

해설 혐광성종자(암발아종자)
- 광에 의하여 발아가 저해되고 암 조건에서 발아가 잘 되는 종자
- 호박, 토마토, 가지, 오이, 파, 나리과 식물 등

정답 51. ② 52. ② 53. ④ 54. ① 55. ③ 56. ④

57 토양의 pH가 낮아질 때 가급도가 가장 감소되기 쉬운 영양분은?

① Fe ② P
③ Mn ④ Zn

해설 산성토양의 해

- 과다한 수소이온(H^+)이 작물의 뿌리에 해를 준다.
- 알루미늄이온(Al^{+3}), 망간이온(Mn^{+3})이 용출되어 작물에 해를 준다.
- 인(P), 칼슘(Ca), 마그네슘(Mg), 몰리브덴(Mo), 붕소(B) 등의 필수원소가 결핍된다.
- 석회가 부족하고 미생물의 활동이 저해되어 유기물의 분해가 나빠져 토양의 입단형성이 저해된다.
- 질소고정균 등의 유용미생물의 활동이 저해된다.

58 종묘로 이용되는 영양기관을 분류할 때 땅속줄기에 해당하는 것으로만 나열된 것은?

① 다알리아, 고구마
② 마, 글라디올러스
③ 나리, 모시풀
④ 생강, 박하

해설
- 지상경 또는 지조 : 사탕수수, 포도나무, 사과나무, 귤나무, 모시풀 등
- 근경(땅속줄기) : 생강, 연, 박하, 호프 등
- 괴경(덩이줄기) : 감자, 토란, 돼지감자 등
- 구경(알줄기) : 글라디올러스 등
- 인경(비늘줄기) : 나리, 마늘 등
- 흡지 : 박하, 모시풀 등

59 식물의 일장감응 중 SI형 식물은?

① 메밀
② 토마토
③ 도꼬마리
④ 코스모스

해설 식물의 일장감응에 따른 분류 9형

일장형	대표작물
SL	프르뮬러(앵초), 시네라리아, 딸기
SS	코스모스, 나팔꽃, 콩(만생종)
SI	벼(만생종), 도꼬마리
LL	시금치, 봄보리
LS	피소스테기아(*physostegia*: 꽃범의 꼬리)
LI	사탕무
IL	밀
IS	국화
II	벼(조생종), 메밀, 토마토, 고추

60 탈질현상을 경감시키는 데 가장 효과적인 시비법은?

① 질산태질소 비료를 논의 산화층에 시비
② 질산태질소 비료를 논의 환원층에 시비
③ 암모늄태질소 비료를 논의 산화층에 시비
④ 암모늄태질소 비료를 논의 환원층에 시비

해설 질소

① 질산태질소($NO_3^- - N$)
- 질산암모늄(NH_4NO_3), 칠레초석($NANO_3$), 질산칼륨(KNO_3), 질산칼슘($Ca(NO_3)_2$) 등이 있다.
- 물에 잘 녹고 속효성이며 밭작물 추비에 알맞다.
- 음이온으로 토양에 흡착되지 않고 유실되기 쉽다.
- 논에서는 용탈에 의한 유실과 탈질현상이 심해서 질산태질소 비료의 시용은 불리하다.

② 암모니아태질소($NH_4^+ - N$)
- 황산암모늄($(NH_4)_2SO_4$), 염산암모늄(NH_4Cl), 질산암모늄(NH_4NO_3), 인산암모늄($(NH_4)_2HPO_4$), 부숙인분뇨, 완숙퇴비 등이 있다.

정답 57. ② 58. ④ 59. ③ 60. ④

- 물에 잘 녹고 속효성이나 질산태질소보다는 속효성이 아니다.
- 양이온으로 토양에 잘 흡착되어 유실이 잘되지 않고 논의 환원층에 시비하면 비효가 오래간다.
- 밭토양에서는 속히 질산태로 변하여 작물에 흡수된다.
- 유기물이 함유되지 않은 암모니아태질소의 연용은 지력소모를 가져오며 암모니아 흡수 후 남는 산근으로 토양을 산성화시킨다.
- 황산암모늄은 질소의 3배에 해당하는 황산을 함유하고 있어 농업상 불리하므로 유기물의 병용으로 해를 덜어야 한다.

제4과목 농약학

61 분제(입제 포함)의 물리적 성질로서 가장 거리가 먼 것은?

① 현수성(suspensibility)
② 비산성(floatability)
③ 부착성(deposition)
④ 토분성(dustibility)

해설 현수성은 수화제에 물을 가했을 때 고체 미립자가 침전하거나 떠오르지 않고 오랫동안 균일한 분산상태를 유지하는 성질로, 이와 같은 성질의 약액을 현탁액이라 하며, 액상시용제의 물리적 성질이다.

62 농약 원제를 물에 녹이고 동결방지제를 가하여 제제화한 제형은?

① 유제(乳劑)
② 수화제(水和劑)
③ 액제(液劑)
④ 수용제(水溶劑)

해설
- 유제(乳劑) : 물에 녹지 않는 농약원제를 유기용매에 녹이고 계면활성제를 유화제로 첨가하여 만든 것으로, 물에 희석하여 유탁액을 형성한 다음 살포한다.
- 수화제(水和劑) : 물에 녹지 않는 농약원제를 광물질의 증량제 및 계면활성제와 혼합하여 미세한 가루로 만든 것으로, 수화제를 물에 혼합하여 입자가 물속에 균등하게 분산된 현탁액을 사용한다.
- 수용제(水溶劑) : 물에 잘 녹는 농약원제를 수용성 증량제로 희석하여 입상의 고형으로 조제한 것으로, 물에 용해시켜 살포액을 만들면 완전히 녹아 투명한 액체가 된다.

63 유제(乳劑)에 대한 설명으로 옳지 않은 것은?

① 유제란 주제의 성질이 수용성인 것을 말한다.
② 살포액의 조제가 편리하나, 포장 · 수송 및 보관에 각별한 주의가 필요하다.
③ 유제에서 주제가 유기용매의 25% 이상 용해되는 것이 원칙이다.
④ 유제에서 계면활성제를 가하는 농도는 5~15% 정도이다.

해설 유제 : 주제가 지용성으로 물에 녹지 않는 것을 용제(유기용매)에 용해시켜 유화제인 계면활성제를 첨가하여 제조한 것이다.

64 유기인계 살충제의 작용 특성이 아닌 것은?

① 살충력이 강하고 적용 해충의 범위가 넓다.
② 식물 및 동물의 체내에서 분해가 빠르고, 체내에 축적작용이 없다.
③ 약제 살포 후 광선이나 기타 요인에 의하여 빨리 소실되는 편이다.
④ 고온일 때 살충효과가 나쁘고, 온도가 낮아지면서 효과가 증대된다.

해설 유기인계 살충제의 작용 특성
- 살충력이 강력하다.

정답 61. ① 62. ③ 63. ① 64. ④

- 적용 해충 범위가 넓다.
- 접촉독, 가스독, 식독작용, 심달성, 신경독, 침투성작용이 있다.
- 이화명충, 과수의 응애, 심식충 등 흡즙성 해충에 유효하다.
- 인축에 대한 독성이 강하다.
- 알칼리에 분해(가수분해)되기 쉽다. 따라서 알칼리성 농약과 해서는 안 된다.
- 일반적으로 잔류성은 짧다.
- 약해가 적다.
- 기온이 높으면 효과가 크고, 기온이 낮으면 효과가 감소한다.

65 농약에 사용되는 계면활성제의 친유성기를 갖는 원자단은?

① −OH ② −COOR
③ −COOH ④ −CN

해설 계면활성제는 지방산의 알킬기($R-$, $-C_nH_{2n+1}$)는 친유성을 갖고, 카르복실기($-COOH$), 히드록실기($-OH$), 카르복실산 나트륨기($-COON_a$) 등은 친수성을 갖는다.

66 약효 지속시간이 길어야 하는 보호살균제의 특성을 고려하였을 때, 보호살균제 살포액의 가장 중요한 물리적 특성은?

① 습윤성과 확전성
② 부착성과 고착성
③ 현수성과 유화성
④ 침투성과 입자의 크기

해설 보호살균제(protectant) : 병원균의 포자가 발아하여 식물체 내에 침입하는 것을 방지하기 위하여 사용되는 약제로, 병이 발생하기 이전에 작물체에 처리하여 예방을 목적으로 사용되는 것이므로 보호살균제는 약효 지속 기간이 길어야 하며, 물리적으로 부착성(附着性) 및 고착성(固着性)이 양호해야 한다(예 : 석회보르도액, 수산화구리제 등).

67 농약의 약효를 최대로 발현시키기 위한 방법으로 가장 거리가 먼 것은?

① 방제 적기에 농약 살포
② 적정 농도의 정량 살포
③ 병해충 및 잡초에 알맞은 농약의 선택
④ 효과가 좋은 농약 한 가지만을 계속 사용

해설 농약 사용에 따른 병해충의 저항성 회피 방법
- 약제사용 횟수를 줄인다.
- 동일 계통 약제의 연용을 피한다.
- 혼용 가능한 다른 계통의 약제를 혼용하여 사용한다.

68 살충제를 작용기작에 따라 분류하였을 때 가장 거리가 먼 것은?

① 성장저해제
② 신경전달저해제
③ 호흡저해제
④ 광합성저해제

해설 광합성 저해는 살초기작에 해당한다.

69 농약관리법령상 농약과 농약의 포장지에 포함되어야 할 표시사항이 바르게 연결되지 않은 것은?

① 대기오염성 농약 – 경고 표시와 안내문자
② 사람 및 가축에 위해한 농약 – 해독방법
③ 살충제 – 사용 방법과 사용에 적합한 시기
④ 토양잔류성 농약 – 저장 · 보관 및 사용상의 주의사항

해설 맹독성, 고독성, 작물잔류성, 토양잔류성, 수질오염성, 어독성 농약의 경우에 그 문자와 경구 또는 주의사항을 표시한다.

정답 65. ② 66. ② 67. ④ 68. ④ 69. ①

70 **해충의 신체 골격을 이루는 키틴(chitin)의 생합성을 저해하는 살충제의 작용기작은?**

① 신경 및 근육에서의 자극 전달 작용 저해
② 성장 및 발생과정 저해
③ 호흡과정 저해
④ 중장 파괴

해설 살충제
㉠ 곤충의 신경 기능 저해
- Acetylcholinesterase(AChE) 활성 저해 : 유기인계, carbamate계 화합물
- 신경전달물질 수용 저해제 : nicotin, nereistoxin, cartap
- Synapse 전막 저해제 : γ-BHC, aldrin
- 신경축색(axon) 전달 저해 : DDT, pyrethroid

㉡ 살충체 내 에너지대사 저해 : 2,4-dinitrophenol
㉢ 살충체 내 생합성 저해 - Chitin합성 저해제 : diflubenzuron, buprofezin
㉣ 곤충 호르몬 기능의 교란 : mesoprene, juvenile hormone(JH)

71 **유제를 1,500배로 희석하여 액량 15L로 살포하려 할 때 필요한 원액 약량(mL)은?**

① 1 ② 10
③ 100 ④ 1000

해설 10a당 소요 약량=단위면적당 사용량÷소요희석배수=15,000ml÷1,500=10

72 **50%의 Fenobucarb 유제(비중 : 1) 100mL를 0.05%액으로 희석하는 데 소요되는 물의 양(L)은?**

① 49.95 ② 99.9
③ 499.5 ④ 999.9

해설 희석할 물의 양=원액의 용량×(원액의 농도÷희석할 농도-1)×원액의 비중
=100ml×(50%÷0.05%-1)×1=99.9L

73 **60kg 농작물에 50% 유제를 사용하여 원제의 농도가 8mg/kg작물이 되도록 처리하려고 할 때 소요 약량(mL)은? (단, 약제의 비중은 1.07이다.)**

① 0.5 ② 0.7
③ 0.9 ④ 1.2

해설 소요약량(ppm 살포)
= (추천농도×피처리물×100)÷(1,000,000×비중×원액의 농도)
=(8ppm×60kg×100)÷(1,000,000×1.07×50%)=48,000÷53,500,000=0.00089

74 **수면시용법(水面施用法)으로 살포하는 약제가 갖추어야 할 특성으로 틀린 것은?**

① 물에 잘 풀리고 널리 확산되어야 한다.
② 물이나 미생물 또는 토양성분 등에 의하여 분해되지 않아야 한다.
③ 수중에서 장시간에 걸쳐 녹아 약액의 농도를 유지하여야 한다.
④ 가급적 약제의 일부는 수중에 현수되도록 친수 및 발수성을 갖추어야 한다.

해설 빠르게 확산되어 수면에 균일한 층을 형성하여야 한다.

75 **급성독성 강도의 순서로 옳게 나열된 것은?**

① 흡입독성 > 경피독성 > 경구독성
② 경구독성 > 흡입독성 > 경피독성
③ 흡입독성 > 경구독성 > 경피독성
④ 경피독성 > 경구독성 > 흡입독성

해설 급성독성의 강도는 흡입독성이 가장 크고, 경피독성이 작은 편이다.

정답 70. ② 71. ② 72. ② 73. ③ 74. ③ 75. ③

76 **농약의 혼용 시 주의할 점으로 가장 거리가 먼 것은?**

① 표준 희석배수를 준수하고 고농도로 희석하지 않는다.
② 동시에 2가지 이상의 약제를 섞지 않도록 한다.
③ 농약을 혼용하여 사용할 경우 안정화를 위해 1일 정도 정치한 후 사용한다.
④ 유제와 수화제의 혼용은 가급적 피하되, 부득이한 경우 액제, 수용제, 수화제=액상수화제, 유제의 순서로 물에 희석한다.

해설 농약을 혼용하여 조제한 살포액은 오래 두지 말고 당일에 바로 살포하여야 한다.

77 **농약잔류허용기준의 설정 시 결정 요소가 아닌 것은?**

① 토양 중 잔류특성(spervised residue trial in soil)
② 안전계수(safety factor)
③ 1일 섭취 허용량(ADI)
④ 최대무작용량(NOEL)

해설
- 최대잔류허용량(ppm)={1일 섭취허용량(ADI; mg/kg)×국민평균체중(kg)}÷{해당 농약이 사용되는 식품의 1일 섭취량(식품계수, kg)}
- ADI=최대무작용약량(NOEL)×안전계수(1/100)

78 **농약의 저항성 발달 정도를 표현하는 저항성 계수를 옳게 나타낸 것은?**

① 저항성 LD_{50} / 감수성 LD_{50}
② 감수성 LD_{50} × 저항성 LD_{50}
③ 감수성 LD_{50} /복합저항성 LD_{50}
④ 감수성 LD_{50} ×복합저항성 LD_{50}

해설 저항성 계수는 저항성과 감수성의 비로 나타낸다.

79 **농약관리법령상 농약의 방제 대상이 아닌 것은?**

① 곤충 ② 응애
③ 선충 ④ 천적

해설 "농약"이란 다음 각 목에 해당하는 것을 말한다.
가. 농작물[수목(樹木), 농산물과 임산물을 포함한다. 이하 같다]을 해치는 균(菌), 곤충, 응애, 선충(線蟲), 바이러스, 잡초, 그밖에 농림축산식품부령으로 정하는 동식물(이하 "병해충"이라 한다)을 방제(防除)하는 데에 사용하는 살균제 · 살충제 · 제초제
나. 농작물의 생리기능(生理機能)을 증진하거나 억제하는 데에 사용하는 약제
다. 그밖에 농림축산식품부령으로 정하는 약제

80 **약해의 원인으로 가장 거리가 먼 것은?**

① 농약제제에 불순물의 혼입
② 표준 사용량보다 적게 사용
③ 원제 부성분에 의한 이상 발생
④ 동시 사용으로 인한 약해

해설 약해의 발생 원인
- 대상 작물의 생육상태가 불량한 경우
- 사용 약제의 농도나 사용량이 과다한 경우
- 약제의 혼용으로 화학적 변화가 일어난 경우
- 생육적온보다 고온인 경우 농약의 과잉 흡수
- 생육적온보다 저온인 경우 약제에 대한 저항성 감소
- 공중습도가 높은 경우 농약의 침투량 증대
- 토양의 유기물 함량, 토양수분

※ 약해가 발생하는 환경 조건 : 가뭄 > 고온 > 과습

정답 76. ③ 77. ① 78. ① 79. ④ 80. ②

제5과목 잡초방제학

81 종자가 바람에 의해 전파되기 쉬운 잡초로만 나열된 것은?

① 망초, 방가지똥
② 어저귀, 명아주
③ 쇠비름, 방동사니
④ 박주가리, 환삼덩굴

해설 종자의 이동 형태
- 솜털, 깃털 등으로 바람에 날려 이동 : 민들레, 망초, 방가지똥 등
- 꼬투리가 물에 부유하여 이동 : 소리쟁이, 벗풀 등
- 갈고리 모양의 돌기 등으로 인축에 부착하여 이동 : 도깨비바늘, 도꼬마리, 메귀리 등
- 결실하면 꼬투리가 터져 흩어져 이동 : 달개비 등

82 논에 발생하는 1년생 잡초로 가장 옳은 것은?

① 띠　　② 물달개비
③ 개망초　　④ 쇠뜨기

해설 논잡초(1년생)
- 화본과 : 강피, 물피, 돌피, 둑새풀
- 방동사니과 : 참방동사니, 알방동사니, 바람하늘지기, 바늘골
- 광엽잡초 : 물달개비, 물옥잠, 여뀌, 자귀풀, 가막사리

83 식물의 광합성 회로 특성에 대한 설명이 옳은 것은?

① 대부분의 작물은 C_4 식물이다.
② 모든 잡초는 C_4 광합성 회로를 갖는다.
③ 광합성 회로가 C_4인 식물은 C_3인 식물보다 광합성에서 불리하다.
④ 돌피와 향부자와 같은 잡초는 C_4 식물이어서 생장이 빨라 경합에서 유리하다.

해설
- 대부분의 작품은 C_3 식물이다.
- 대부분 여름 잡초는 C_4 광합성 회로를 갖으나 겨울 잡초는 C_3 광합성 회로를 갖는 경우가 많다.
- 광합성 회로가 C_4인 식물은 C_3인 식물보다 광합성에서 유리하다.

84 쌍자엽 잡초와 단자엽 잡초 간 차이로 가장 옳은 것은?

① 쌍자엽은 엽맥이 평행맥이고, 단자엽은 망상맥이다.
② 쌍자엽은 생장점이 식물체 위쪽에 위치하고, 단자엽은 하단에 위치한다.
③ 쌍자엽은 배유가 있으나 단자엽은 배유가 없다.
④ 화본과 잡초는 쌍자엽 식물에 속하고, 광엽잡초는 단자엽 식물에 속한다.

해설
- 단자엽은 엽맥이 평행맥이고, 쌍자엽은 망상맥이다.
- 단자엽은 배유가 있으나 쌍자엽은 배유가 없다.
- 화본과 잡초는 단자엽 식물에 속하고, 광엽잡초는 쌍자엽 식물에 속한다.

85 잡초의 유용성에 대한 설명으로 옳지 않은 것은?

① 유기물이나 중금속 등으로 오염된 물이나 토양을 정화하는 기능이 있다.
② 근연 관계에 있는 식물에 대한 유전자 은행 역할을 할 수 있다.
③ 논둑 및 경사지 등에서 지면을 덮어 토양 유실을 막아준다.
④ 작물과 같이 자랄 경우, 빈 공간을 채워 작물의 도복을 막아준다.

해설 작물과 같이 자랄 경우, 작물과 한정된 자원에 대한 경합으로 작물에 해작용을 한다.

정답 81. ① 82. ② 83. ④ 84. ② 85. ④

86 잡초를 형태학적으로 분류할 때 관계없는 것은?

① 광엽 잡초
② 로제트형 잡초
③ 화본과 잡초
④ 방동사니과 잡초

해설 생장형에 따른 분류
- 직립형 : 명아주, 가막사리, 자귀풀
- 포복형 : 메꽃, 쇠비름
- 총생형 : 억새, 둑새풀, 피
- 분지형 : 광대나물, 사마귀풀
- 로제트형 : 민들레, 질경이
- 망경형 : 거지덩굴, 환삼덩굴

87 다음 중 잡초경합한계기간이 가장 긴 작물은?

① 녹두 ② 양파
③ 밭벼 ④ 콩

해설 잡초경합한계기간 : 녹두(21~35일), 벼(30~40일), 콩 · 땅콩(42일), 옥수수(49일), 양파(56일)

88 작물과 잡초 간의 경합에 대한 설명으로 옳은 것은?

① 잡초경합한계기간이란 파종 직후부터 성숙 말기까지의 시기를 말한다.
② 잡초경합한계기간에는 잡초에 의한 피해가 거의 없다.
③ 잡초허용한계밀도란 잡초가 전혀 없는 상태를 말한다.
④ 방제는 잡초경합한계기간에 중점적으로 실시해야 한다.

해설
- 작물과 잡초의 최대경합 : 작물과 잡초 간 경합으로 작물에 큰 피해를 주는 최대 경합 시기는 전 생육기간의 1/4~1/3에 해당하는 시기이다.
- 잡초의 허용한계 밀도 : 어느 밀도 이상으로 잡초가 존재할 경우, 작물의 수량이 현저히 감소하는 수준까지의 밀도를 말한다.

※ 경제한계밀도(economic threshold level) : 제초비용과 방제로 인한 수량 이득이 상충하는 수준의 밀도를 허용한계밀도에 추가하여 허용한 잡초밀도를 말한다. 즉 제초비용과 방제로 인한 수량 증가에 따른 이득이 같아질 때의 잡초 밀도이다.

89 잡초가 작물보다 경쟁에서 유리한 이유로 옳지 않은 것은?

① 번식 능력이 우수하다.
② 다량의 종자를 생산한다.
③ 휴면성이 결여되어 있다.
④ 불량한 환경조건에 적응력이 높다.

해설 잡초의 휴면성이 커서 작물과 경쟁에 유리하다.

90 천적을 이용한 생물학적 잡초방제법에서 천적이 갖춰야 할 전제 조건이 아닌 것은?

① 포식자로부터 자유로워야 한다.
② 지역 환경에 쉽게 적응하여야 한다.
③ 접종 지역에서의 이동성이 낮아야 한다.
④ 숙주를 쉽게 찾을 수 있어야 한다.

해설 천적의 조건
- 대상 잡초가 없어지면 소멸되어야 하고, 천적 자신이 기생식물에는 피해를 주지 않아야 한다.
- 환경에 잘 적응하고 다른 생물에 대한 적응성, 공존성, 저항성이 있어야 한다.
- 비산 또는 분산 능력이 커야 한다.
- 인공적으로 배양 또는 증식이 용이하며 생식력이 강해야 한다.

정답 86. ② 87. ② 88. ④ 89. ③ 90. ③

91 피의 형태적 특징으로 옳은 것은?

① 엽설(葉舌 : 잎혀)은 없고, 엽이(葉耳 : 잎귀)는 있다.
② 엽설(葉舌 : 잎혀)은 있고, 엽이(葉耳 : 잎귀)는 없다.
③ 엽설(葉舌 : 잎혀)과 엽이(葉耳 : 잎귀) 모두 있다.
④ 엽설(葉舌 : 잎혀)과 엽이(葉耳 : 잎귀) 모두 없다.

해설 피와 벼의 차이점

- 벼 : 엽초, 엽이, 엽설, 엽신으로 구성
- 피 : 엽초, 엽신으로 구성

※ 피는 엽이, 엽설(잎혀)이 없다.

92 제초제의 선택성에 영향을 미치는 요인 중 물리적 요인으로 가장 거리가 먼 것은?

① 처리 방법 ② 제형
③ 처리 약량 ④ 광도

해설 제초제의 선택성

- 생태적 선택성 : 작물과 잡초 간의 생육시기(연령)가 서로 다른 차이와 공간적 차이에 의해 잡초만을 방제하는 방법
- 형태적 선택성 : 식물체의 생장점이 밖으로 노출되어 있는지의 여부에 따라 나타나는 선택성의 차이에 의해 잡초를 방제하는 방법
- 생리적 선택성 : 제초제의 화학적 성분이 식물체 내에 흡수 · 이행되는 정도의 차이에 따라 잡초를 방제하는 방법
- 생화학적 선택성 : 작물과 잡초가 제초제에 대한 감수성이 다른 차이를 이용한 방제 방법

※ 벼는 프로파닐 유제 제초제의 성분을 분해하는 아실아릴아미다아제(acylarylamidase)를 가지고 있지만, 광엽성 잡초는 가지고 있지 않아 잡초만 살초하게 된다.

93 제초제의 상승 작용에 대한 설명으로 옳은 것은?

① 두 제초제를 단독으로 각각 처리하는 경우 효과가 크다.
② 두 제초제를 혼합하여 처리하는 경우가 단독으로 처리하는 경우보다 효과가 크다.
③ 두 제초제를 혼합하여 처리하는 경우와 단독으로 처리하는 경우의 효과가 같다.
④ 두 제초제를 혼합하여 처리하는 경우 작물의 생리적 장애 현상이 발생한다.

해설

- 상승작용 : 각각의 제초제를 단독으로 처리했을 때 방제효과를 합한 것보다 두 제초제의 혼합처리 효과가 더 큰 경우
- 상가작용 : 각각의 제초제를 단독으로 처리했을 때의 방제효과를 합한 것이 두 제초제의 혼합처리 효과와 같은 경우
- 길항작용 : 제초제를 혼합하여 처리했을 때 방제효과가 각각의 제초제를 단독으로 처리했을 때의 큰 쪽 효과보다 작은 경우

94 수용성이 아닌 원제를 아주 작은 입자로 미분화시킨 분말로 물에 분산시켜 사용하는 제초제의 제형은?

① 유제 ② 보조제
③ 수용제 ④ 수화제

해설 수화제

- 수화제란 물에 녹지 않는 주제를 카올린, 벤토나이트 등으로 희석한 후 계면활성제를 혼합한 것을 말한다.
- 특성 : 물에 희석하면 유효 성분의 입자가 물에 고루 분산되어 현탁액이 된다.
- 수화제가 갖추어야 할 중요한 물리성 : 현수성을 갖추어야 한다.

정답 91. ④ 92. ④ 93. ② 94. ④

95 **상호대립억제작용에 대한 설명으로 옳은 것은?**

① 잡초가 다른 작물의 생육을 억제하는 것은 아니며 잡초 간에만 일어나는 현상이다.

② 다른 종의 생육을 억제하는 주된 기작은 주로 차광에 의해 일어난다.

③ 죽은 식물 조직에서 나오는 물질에 의해서도 일어날 수 있다.

④ 제초제를 오래 사용한 잡초에 대한 내성을 나타내는 것이다.

해설 상호대립업제작용

- 식물체 내의 생성, 분해물질이 인접식물의 생육에 부정적 영향을 끼치는 생화학적 상호작용으로 타감작용이라고도 한다.
- 생육 중에 있는 식물이 분비하거나 생체 혹은 수확 후 잔여물 및 종자 등에서 독성물질이 분비되어 다른 식물종의 생장을 저해하는 현상으로 편해작용의 한 형태이다.
- 상호대립억제물질은 식물조직, 잎, 꽃, 과실, 줄기, 뿌리, 근경, 종자, 화분에 존재하며 휘발, 용탈, 분비, 분해 등의 방법에 의하여 방출된다.
- 상호대립억제물질은 세포의 분열 및 신장 억제, 유기산의 합성 저해, 호르몬 및 효소작용의 영향 등 식물체의 생장과 발달에 영향을 준다.

96 **잡초군락의 변이 및 천이를 유발하는 데 가장 크게 작용하는 요인은?**

① 경운

② 일모작 재배

③ 비료 사용 증가

④ 유사 성질의 제초제 연용

해설 잡초군락의 천이에 관여하는 요인으로는 재배작물 및 작부체계의 변화, 경종 조건의 변화, 제초 방법의 변화 등이 있으며, 동일 제초제의 연용 등 제초 시기 및 방법에 가장 크게 영향을 받는다.

97 **다음 중 잡초종합방제체계 수립을 위한 선형특성적 모형에서 시작부터 완성 단계로의 순서가 올바르게 나열된 것은?**

① 모형의 평가 및 수정→문제 유형의 검토→잡초군락의 예찰→제초 방법의 선정→방제체계의 적용

② 문제 유형의 검토→잡초군락의 예찰→제초 방법의 선정→방제체계의 적용→모형의 평가 및 수정

③ 제초 방법의 선정→잡초군락의 예찰→방제체계의 적용→문제 유형의 검토→모형의 평가 및 수정

④ 잡초군락의 예찰→문제유 형의 검토→방제체계의 적용→모형의 평가 및 수정→제초 방법의 선정

해설 잡초종합방제체계 수립을 위한 선형특성적 모형에서 시작부터 완성 단계로의 순서 : 문제유형의 검토→잡초군락의 예찰→제초 방법의 선정→방제체계의 적용→모형의 평가 및 수정

98 **다음 중 외래 잡초로만 나열된 것은?**

① 돼지풀, 올미

② 너도방동사니, 흰명아주

③ 개망초, 어저귀

④ 올방개, 광대나물

해설 외래 잡초 종류 : 미국개기장, 미국자리공, 달맞이꽃, 엉겅퀴, 단풍잎돼지풀, 털별꽃아재비, 큰도꼬마리, 미국까마중, 소리쟁이, 돌소리쟁이, 좀소리쟁이, 미국나팔꽃, 미국가막사리, 망초, 개망초, 서양민들레, 가는털비름, 비름, 가시비름, 흰명아주, 도깨비가지, 미국외풀 등

정답 95. ③ 96. ④ 97. ② 98. ③

99 **다음 잡초 중 종자의 천립중이 가장 가벼운 것은?**

① 별꽃 ② 명아주
③ 메귀리 ④ 강아지풀

해설 잡초종자의 무게(천립중) : 메귀리>단풍잎돼지풀>선홍초>강아지풀>말냉이>별꽃>바랭이>냉이>명아주

100 **잡초종자의 발아 습성으로 옳지 않은 것은?**

① 발아의 준동시성
② 발아의 계절성
③ 발아의 불연속성
④ 발아의 주기성

해설 잡초종자의 일반적 발아 특성

잡초종자는 발아의 주기성, 계절성, 기회성, 준동시성, 연속성을 가지고 있는 경우가 많다.

- 발아의 주기성 : 일정한 주기를 가지고 동시에 발아한다.
- 발아의 계절성 : 발아에 있어 온도보다는 일장에 반응하여 휴면을 타파하고 발아한다.→장일조건(봄잡초), 여름(하잡초), 단일조건(가을잡초), 겨울(겨울잡초)
- 발아의 기회성 : 일장보다는 온도조건이 맞으면 발아하는 잡초도 있다.
- 발아의 준동시성 : 일정 기간 내에 동시에 발아하는 잡초의 특성
- 발아의 연속성 : 오랜 기간 동안 지속적으로 발아를 하는 유형의 잡초

정답 99. ② 100. ③